对手规划的识别与应对

谷文祥　刘　莹　著

国家自然科学基金面上项目（No：60473042，60573067，60803102，61070084）和吉林省教育厅"十二五"科学技术研究重点项目（吉教科合字［2015］第 563 号，吉教科合字［2015］第 572 号）资助

科学出版社

北　京

内 容 简 介

本书综述了国内外学者的相关研究，对对手规划的研究历史、研究现状、研究方法和发展趋势等重要问题进行了比较详细的讨论，并在智能规划与规划识别的基础上，从对手领域出发引入对手规划的相关内容，详细介绍了适合一定对手领域的对手规划的识别和应对方法。本书以简明、通俗的语言把智能规划与规划识别、对手规划的识别与应对、敌意规划的识别与应对、网络入侵规划的识别与应对这一前沿的科学理论和方法介绍给广大读者。

本书可作为计算机专业硕士研究生或博士研究生教材，也可供相关领域研究人员和工程技术人员参考。

图书在版编目(CIP)数据

对手规划的识别与应对/谷文祥，刘莹著 . —北京：科学出版社，2016.5
ISBN 978-7-03-048311-9

Ⅰ.①对… Ⅱ.①谷… ②刘… Ⅲ.①人工智能-研究 Ⅳ.①TP18

中国版本图书馆 CIP 数据核字（2016）第 109126 号

责任编辑：刘凤娟 / 责任校对：邹慧卿
责任印制：肖 兴 / 封面设计：耕 者

科学出版社 出版
北京东黄城根北街 16 号
邮政编码：100717
http://www.sciencep.com

北京通州皇家印刷厂 印刷
科学出版社发行 各地新华书店经销

*

2016 年 5 月第 一 版 开本：720×1000 1/16
2016 年 5 月第 1 次印刷 印张：32 1/4
字数：626 000

定价：188 元
（如有印装质量问题，我社负责调换）

前　　言

本书是一部综述性专著，详细介绍智能规划与规划识别、对手规划的识别与应对、敌意规划的识别与应对，以及网络入侵规划的识别与应对。

智能规划的研究最早可以上溯到 1957 年，由于其重要的应用价值，近年来已经成为人工智能领域极为活跃的一个研究热点。特别是规划技术在航天器"Deep Space One"以及"沙漠风暴行动"等一系列领域中的成功应用，激起了研究人员的极大热情，各国在相关项目中也投入了大量的人力、物力和财力。目前，卡耐基梅隆大学、华盛顿大学、普渡大学、斯坦福大学、澳大利亚国立大学和美国国防部高级研究计划局（DARPA）等机构所做的工作比较突出，对这一领域的研究有着广泛而深刻的影响。其中，影响最大的研究成果当数美国卡耐基梅隆大学的 Blum 和 Furst 教授发表的论文 *Fast planning through planning graph analysis*。作者在该论文中提出的规划图算法被普遍认为是智能规划研究史上具有革命性的一个算法。

规划识别问题是指由观察者（即规划识别系统）观察动作执行者（即规划智能体）的动作，根据观察到的动作推断出规划智能体的目标，以及为完成该目标而实施的规划的过程。根据观察到的片面的、琐碎的现象，利用规划识别技术，可以推断出具有合理因果联系的、完整的规划描述。因此，规划识别技术广泛应用于故事理解、自然语言识别、多智能体交互系统、入侵检测等多个领域中。著名学者 Geib 和 Goldman 在美国 DARPA 举办的 DISCE 会议上发表的论文 *Plan recognition in intrusion detection systems* 指出，入侵检测系统需要智能规划识别技术来提高防御能力。此后，研究者相继提出适用于入侵检测领域的规划识别方法。

对手规划对当前规划领域提出了一个新的挑战，该领域不仅包括规划识别相关内容，同时还包含规划的生成，即产生应对规划。对手规划是智能体在存在竞争或敌对等因素的对手领域中执行的复杂规划。首先，对手领域是存在竞争或敌对等因素的特殊领域，在对手领域中，规划器首先需要正确识别对手的规划，然后才能生成有效的应对规划。其次，对手总是试图隐藏自己的规划和目标，甚至执行一些迷惑、诱导性动作来误导识别过程。当没有完全识别对手动作时，需要随着规划的执行逐渐修改现有规划以适应新的局势。最后，执行的应对规划要考虑对手的应对，从而保证应对规划的有效性，因此，对手领域的规划问题是一个与实际息息相关，比以往任何规划问题都难于处理的一部分。

应对规划的研究可以看作两个阶段。第一阶段，根据对手智能体的动作和规划识别其意图和目的；第二阶段，根据识别出的规划目的，我方做出相应的规划和应对。在多智能体系统中，应对规划是必不可少的组成部分。国际智能规划研究专家、马里兰大学计算机系教授 D. S. Nau 指出这方面的研究是智能规划的未来方向之一，并强调了规划识别和应对规划在智能规划应用过程中的作用。

2005 年 1 月，在国家自然科学基金项目"应对规划研究"和"对象集合动态可变的图规划及其数学模型的研究"的支持下，本书作者谷文祥带领项目组和他的研究生对应对规划和 1995 年由美国卡耐基梅隆大学 Blum 和 Furst 教授提出的国际难题"对象集合动态可变的图规划"发起冲击。在项目结题时，不但发表了多篇学术论文，还根据我们自己的算法开发出了可以处理对象集合动态可变的规划问题的规划器 CDOP，以及可以处理对象集合可变的概率规划问题的规划器 CDOFF。这一困扰大家十几年的国际难题被我们课题组较好地解决了。

本书分门别类地介绍最近十几年国内外相关研究的主要成果，着重介绍在图规划框架下智能规划的研究工作，特别关注当前研究的热点、难点问题，系统、全面地研究其间出现的各种新方法，客观、深入地介绍各项研究成果，重点展示对手规划的识别与应对、敌意规划的识别与应对，以及网络入侵规划的识别与应对技术的研究现状及面临的问题，试图勾画出目前对手规划与应对规划研究的重要方面、关键技术及其发展趋势，并结合我们自己的实际研究工作，以智能规划的发展过程为对象，以对手规划方法为中心，以对图规划进行的扩展为主线，综述对手规划与应对规划整体发展及其结构演进的大趋势，总结国内外有关理论书籍和文献，着重介绍 1995 年以来二十多年的发展情况。旨在以尽可能简明、通俗的语言及尽可能少的预备知识把智能规划与规划识别、对手规划的识别与应对、敌意规划的识别与应对和网络入侵规划的识别与应对这一前沿的科学理论介绍给广大读者。同时，我们还提供了一些有益的分析与研究资料，希望可以使读者摆脱在众多资料中辛苦查询的烦恼，为对此领域感兴趣的研究者带来快捷查找所需资料的方便，提供一个开阔视野、了解研究动态、尽快进入实质性研究的途径。

本书的前言、第 1 章、第 2 章、3.1 节、3.3 节、3.5 节、3.6 节、3.7 节由谷文祥、殷明浩和徐丽执笔；3.2 节、3.8 节、3.9 节由谷文祥和孙秀丽执笔；3.4 节由张新梅执笔；第 4 章由谷文祥、殷明浩和王芳执笔；第 5 章由谷文祥、殷明浩和张新梅执笔；第 6 章由刘莹和王艳执笔；第 7 章、第 8 章由刘莹和王金艳执笔；第 9 章由王金艳、李丽和李丹丹执笔；第 10 章和第 11 章由刘莹和尹吉丽执笔；第 12 章由刘莹执笔。最后由刘莹进行统稿，谷文祥进行修改、整理和定稿。在本书出版之前，刘莹又对全书的图表和文字的排版进行了统一处理，花费了大量时间和精力。

本书参考了《智能规划与规划识别》和 *Automated Planning：Theory and Practice* 两本专著。

本研究得到国家自然科学基金面上项目（No：60473042，60573067，60803102，61070084）和吉林省教育厅"十二五"规划科学技术研究重点项目（吉教科合字［2015］第 563 号，吉教科合字［2015］第 572 号）资助，在此表示感谢。

由于本书涉及的知识面比较宽，对手规划的识别与应对又是一个崭新的研究方向，而我们对这一领域的研究还不够深入，所以书中错漏之处在所难免，欢迎读者和专家批评和指正。

谷文祥　刘　莹

2016 年 1 月 15 日

目　　录

第1章 绪　　论

1.1　智能规划发展历史

智能规划是人工智能中研究较早的一个分支,它的研究最早可以追溯到 20 世纪 50 年代后期,当时人们利用程序来模拟人类的问题求解能力。作为此目的的第一个系统是由 Newell 和 Simon 设计的逻辑理论家程序,随后他们又设计了通用问题求解器(general problem solver,GPS)[1],这个系统将领域知识与一般的搜索控制信息相分离,采用分析当前状态和目标状态间差别的启发式方法来执行状态空间搜索,它在人工智能领域中具有非常重要的地位。

20 世纪 60 年代末,Green 提出使用定理证明的方法来构造规划,并基于此理论设计了 QA3 系统[2],因为它是第一个面向现实规划问题提出的规划系统,所以被大多数智能规划研究人员认为是第一个真正的规划器。然而,由于当时定理证明技术的不成熟,这种方法不久就被舍弃了。

20 世纪 70 年代出现了非线性规划(偏序、因果链接)方法,它在域独立规划中占有主导地位,该方法直到 20 世纪 90 年代中期仍深受欢迎[3—5]。基于此方法,1971 年 Fikes 和 Nilsson 设计了 STRIPS 规划系统[6],它是历史上最具影响力的规划系统之一。在 STRIPS 域中,状态是命题的集合,状态描述的改变由操作从集合中添加和删除命题来实现,搜索使用类似于 GPS 的启发式方法。这一系统采用的与文字相关的术语直到今天仍在使用,引入的 STRIPS 操作符使得规划可以非常容易地进行描述和操作,原来很神秘的规划问题求解从此变得明朗清晰起来。此后至 1977 年,先后出现了 HACKER,WARPLAN,INTERPLAN,ABSTRIPS,NOAH,NONLIN 等规划系统。

20 世纪 80 年代,对智能规划的研究陷入了低谷,这期间仅有 SIPE,ABTweak[7] 和 Prodigy[8] 等智能规划系统出现。人们通过使用模态逻辑和动态逻辑从理论上对演绎规划进行了调整[9],但这些工作对于规划算法的发展所起到的作用微乎其微。1987 年,Chapman 在此基础之上全面地分析了利用定理证明理论解决规划问题中出现的关键问题——模型与规划解的对应关系,提出了著名的模态真值标准理论,并设计了规划系统 TWEAK[10]。后来随着经典命题逻辑可满足问题的发展,规划问题的演绎方法和基于逻辑的方法在 20 世纪 90 年代末再次得到广泛应用。

　　20 世纪 90 年代,规划系统的效率得到了明显的提高,这种提高主要来源于规划领域的三种新方法。第一种方法是 1992 年 Kautz 等把规划问题求解转化为可满足(SAT)问题[11-13],这使得命题推理系统中的新技术可以直接应用于规划系统,从而有效地推动了规划研究;第二种方法是 1995 年由 Blum 和 Furst 提出的图规划[14,15],它第一次采用图的方式来解决规划问题,开辟了规划求解的新途径,使智能规划领域取得了革命性的进展[16];第三种方法是 1998 年由 Bonet 和 Geffner 提出的启发式[17],它利用启发式函数来指导状态空间搜索,实践证明采用启发式的规划器比没有采用启发式的规划器表现出了更强的问题求解能力,比较典型的规划器如 FF[18],HSP[17],GRT[19],ALTALT[20],MIPS[21,22]和 STAN[23]都采用了启发式搜索的思想。另外,值得一提的是,两年一次的国际规划竞赛在 1998 年首次召开,再一次掀起了规划研究的热潮,大赛为规划器的优劣提供了测试平台,对智能规划的理论研究起到了巨大的推动作用。

　　进入 21 世纪以来,国际规划竞赛又成功地召开了七届,不断涌现出杰出的规划器,在理论上也取得了很多重大突破。目前,规划系统对时序和数值问题的求解能力已引起人们的普遍关注,最新的规划系统大都考虑了对资源约束的处理。由于智能规划研究的难度大、应用广,未来此领域无疑将继续成为一个富有挑战性的国际研究热点和人工智能领域中最活跃的分支之一。

1.2　智能规划的应用

　　目前智能规划应用于自动系统中,使得自动化系统的灵活性、健壮性和适应性都得到提高。智能规划主要应用的研究领域有航空航天、机器人、智能企业和商业软件等[24]。

1.2.1　在航空航天中的应用

　　智能规划的一个重要应用领域是航空航天,美国国家航空航天局(NASA)投入了大量的人力和物力,用于开展关于规划理论及其应用的研究,并且将之应用于宇宙飞船等航空器上。1998 年底,美国的 NASA 发射的"Deep Space One"宇宙飞船的燃料自动控制系统使用了基于 SAT 的规划方法[25-27],以上实例表明智能规划的研究已经走出实验室应用于实际,并成为人工智能领域的研究热点。

1.2.2　在机器人中的应用

　　智能规划在机器人中的应用主要有环境的模型化描述、机器人能力的模型化描述、目标的模型化描述和实时的输入响应。机器人规划研究与其他规划研究的区别主要在于机器人处于有噪声的各种环境模型中,它通过感应器和交流信道得到的信息都存在噪声,这样机器人就需要利用感应和执行的整合来进行直接规划。

目前主要研究领域包括如下四个方面。

(1)路径规划:指机器人从一个开始的位置如何走到目标位置的控制机制以及要满足动态的约束。

(2)感知规划:主要是有关如何采集外部和内部信息的规划,如辨别物体、确定机器人位置、对环境的观察。

(3)任务规划:跟传统的规划问题相似,但注重时间和资源的分配与调度,且所处规划环境存在不确定信息。

(4)规划交流:指多个机器人之间及人与机器人之间如何进行信息交换,包括询问信息和反馈信息两大部分。

智能规划在机器人学中具体的应用方向有环境模型的描述、控制知识的表示、路径规划、任务规划、非结构环境下的规划、含有不确定性时的规划、协调操作(运动)规划、装配规划、基于传感信息的规划、任务协商与调度以及制造(加工)系统中机器人的调度。

1.2.3 在智能工厂中的应用

智能规划是人工智能研究中应用性很强的一个研究领域。例如,在工厂作业调度(job shop scheduling)规划问题中,要考虑在有限加工资源(车床、刨床、钻床)的情况下,根据已知的工件的加工顺序要求对整个车间的生产作出安排,使得加工完所有工件所需的时间尽可能少,每台机床的等待时间尽可能短。这就使得在同样设备条件下,由于作业调度规划合理并增加了生产能力,从而给工厂带来了可观的经济效益。

智能规划在智能化工厂中的应用[28]是指从生产设计到生成产品、监测生产的一系列过程,它不止包括单个企业,还可以处理多个企业之间的关系,如供应链和虚拟企业主要采用资源约束的方法进行求解[29]。

目前主要研究领域包括:

(1)生产流程规划:指在一个功能化的工厂中将一个生产要求转变为一组详细的操作指令。许多基于知识工程的软件在这方面取得了较好的效果,即先将现实生产流程转化为知识库中信息,然后再根据相应的生产要求进行转化。

(2)生产安排规划和调度:指根据客户需求安排生产计划,即我们通常说的企业资源计划(enterprise resource planning,ERP)作业调度。

1.2.4　在商业中的应用

智能规划在商业中的应用更加广泛。它对原有的经典规划的目标状态作了更大的扩充,目标状态可以不是明确的,而只满足某个条件。目前主要研究领域包括如下两个方面。

1. 网络信息集成

网络信息集成[30]的过程是根据领域本体的内容,从互联网上采集信息并将信息集成到领域本体中。网络信息集成的实质意义是为网络信息提供一种重新组织和理解的机制,目前研究主要集中在查询规划中。查询规划可以定义为:将对信息的对象框架的查询转化成只对信息源作访问的操作序列。在规划的执行过程中有时需要将信息源返回的结果合并起来分析以作出下一步的规划。所以信息的合并是查询规划中的一个重要环节。我们将信息的合并定义为:合并两个残缺信息对象的框架,即将两个属性值对集结合成一个属性值对集。合并的依据是信息源之间的相关链接。目前查询规划已经扩展到生物信息查询上,如 IBM 公司的 DiscoveryLink 系统。

2. 运输规划

在目前物流应用问题中,根据动态的运输要求而对一组交通工具进行实时规划(行程调整和计划安排)。这些交通工具可以是:在一个房子里边的移动机器人,在一个城市道路上的出租车,甚至是电梯。然而在这个问题中存在着很多的制约条件来使得运输规划变得复杂,例如,时间限制(time window)、最终期限、运输能力、行程时间、资源优化,更多的是像交通状况、天气状况、车辆中途损坏等不可预测的事件。另外,运输规划在突发事件的大规模运输调度中也有所应用[31],如短时间内的军事调度和部署。

另一个典型的运输规划问题是考虑在有限辆货运汽车的前提下,在不同的地点之间运送货物。规划的输出是一张车辆运转计划表,利用该表可使得汽车尽可能满载运输,空车运行情况尽可能少,车辆闲置的情况尽可能少,这当然也会给运输公司带来可观的效益。美国联合太平洋铁路公司(Union Pacific Railroad,UPRR)拥有约 31000 英里(1 英里＝1.609344 千米)的铁路,覆盖美国西部的 24 个州。但当时求解规划需要手工编码,且无法获取最优规划,因而造成巨大的浪费。Murphy 等于 1996 年 1 月为美国联合太平洋铁路公司建立了铁路自动调度系统(Rail Train Scheduler,RTS)[32],RTS 能够产生好的、低费用的调度计划。美国联合太平洋铁路公司由于使用了这个调度系统,每年可节约资金 50 万美元。

1.3 本书概要

全书共十二章：第 1 章,绪论；第 2 章,规划表示语言；第 3 章,图规划；第 4 章,启发式规划方法；第 5 章,符号模型检测理论；第 6 章,不确定规划；第 7 章,对象集合动态可变的图规划；第 8 章,八届国际规划比赛综述；第 9 章,规划识别；第 10 章,对手规划的识别与应对；第 11 章,敌意规划的识别与应对；第 12 章,网络信息对抗领域的敌意规划的识别与应对。

本书在智能规划与规划识别的基础上,对对手规划的识别与应对进行了全面介绍,通过分析、综合和总结国内外的研究情况,展示出了智能规划、规划识别、对手规划与应对规划研究的关键问题、主要技术和未来的发展方向。通过本书可以看出,规划与识别系统的处理能力日益增强,新方法层出不穷,理论正不断得到完善。但是由于智能规划与识别技术所涉及的理论和应用领域都十分广泛,对一些理论和应用的介绍还不够详细,有兴趣的读者可以查阅相关资料。

参 考 文 献

[1] Ernst G,Newell A,Simon H. GPS:a Case Study in Generality and Problem Solving[M]. New York:Academic Press,1969

[2] Green C. Application of Theorem Proving to Problem Solving[C]. Proceedings of the First International Joint Conference on Artificial Intelligence,1969:219—239

[3] Sacerdoti E D. The Nonlinear Nature of Plans[C]. Proceedings of the Fourth International Joint Conference on Artificial Intelligence,1975:206—214

[4] McAllester D A,Rosenblitt D. Systematic Nonlinear Planning[C]. Proceedings of the Ninth National Conference on Artificial Intelligence,1991:634—639

[5] Soderland S,Weld D. Evaluating Nonlinear Planning[R]. University of Washington CSE,91-02-03,1991

[6] Fikes R E,Nilsson J N. STRIPS:a new approach to the application of theorem proving to problem solving[J]. Artificial Intelligence,1971,2:189—208

[7] Yang Q,Tenenberg J. ABTWEAK:Abstracting a Nonlinear,Least-Commitment Planner [C]. Proceedings of the Eighth National Conference on Artificial Intelligence,1990:204—209

[8] Fink E,Veloso M. Prodigy Planning Algorithm[R]. Carnegie Mellon University,CMU-94-123,1994

[9] Rosenschein S J. Plan Synthesis:a Logical Perspective[C]. Proceedings of the Seventh International Joint Conference on Artificial Intelligence,1981:331—337

[10] Chapman D. Planning for conjunctive goals[J]. Artificial Intelligence,1987,32(3): 333—377

[11] Kautz H,McAllester D,Selman B. Encoding Plans in Propositional Logic[C]. Proceedings of the Fifth International Conference on Principles of Knowledge Representation and Reasoning,1996:1084—1090

[12] Kautz H,Selman B. Pushing the Envelope:Planning,Prepositional Logic,and Stochastic Search[C]. Proceedings of the Thirteenth National Conference on Artificial Intelligence, 1996:1194—1201

[13] Kautz H,Selman B. Blackbox:a New Approach to the Application of Theorem Proving to Problem Solving[C]. AIPS98 Workshop on Planning as Combinatorial Search,1998: 58—60

[14] Blum A,Furst M. Fast Planning through Planning Graph Analysis[C]. Proceedings of the Fourteenth International Joint Conference on Artificial Intelligence,1995:1636—1642

[15] Blum A,Furst M. Fast planning through planning graph analysis[J]. Artificial Intelligence,1997,90(1-2):281—300

[16] Daniel S,Weld D. Recent Advances in AI Planning[R]. Technical Report UW-CSE-98-10-01,AI Magazine,1999

[17] Bonet B,Geffner H. Planning as heuristic search[J]. Artificial Intelligence,2001,129(1-2): 5—33

[18] Hoffmann J,Nebel B. The FF planning system:fast plan generation through heuristic search[J]. Journal of Artificial Intelligence Research,2001,14:253—302

[19] Refanidis I,Vlahavas I. GRT:a Domain Independent Heuristic for STRIPS Worlds Based on Greedy Regression Tables[C]. Proceedings of the Fifth European Conference on Planning, 1999:347—359

[20] Nguyen X,Kambhampati S,Nigenda R S. Planning graph as the basis for deriving heuristics for plan synthesis by state space and CSP search [J]. Artificial Intelligence,2002,135:73—123

[21] Edelkamp S. Symbolic Pattern Databases in Heuristic Search Planning[C]. Proceedings of the Sixth International Conference on Artificial Intelligence Planning Systems,2002: 274—283

[22] Edelkamp S,Reffel F. Deterministic State Space Planning with BDDs[C]. Proceedings of the Fifth European Conference on Planning,1999:381—382

[23] Long D,Fox M. Efficient implementation of the plan graph in STAN[J]. Journal of Artificial Intelligence Research,1999,10:87—115

[24] Russel S,Norvig P. Artificial Intelligence,a Modern Approach[M]. New Jersey:Pretence Hall,Inc,1995

[25] http://www-aig. jpl. nasa. gov/public/planning/index. html

[26] 代树武,孙辉先. 航天器自主运行技术的进展[J]. 宇航学报,2003,24(1):17—20

[27] Estlin T,Smith B,Fisher F,et al. ASPEN-Automating Space Mission Operations using Automated Planning and Scheduling[C]. Proceedings of the Sixth International Symposium on Technical Interchange for Space Mission Operations and Ground Data Systems(SpaceOps 2000),2002:78—84

[28] Nau D S,Gupta S K,Regli W C. AI Planning Versus Manufacturing-Operation Planning:a Case Study[C]. Proceedings of the Fourteenth International Joint Conference on Artificial Intelligence,1995:1670—1676

[29] Philippe L. Algorithms for propagating resource constraints in AI planning and scheduling: existing approaches and new results[J]. Artificial Intelligence,2003,143(2):151—188

[30] Kwok C T,Weld D S. Planning to Gather Information[C]. Proceedings of the AAAI 13th National Conference on Artificial Intelligence,1996:32—39

[31] Wilkins D E,desJardins M. A call for knowledge-based planning[J]. AI Magazine,2001, 22(1):99—115

[32] Murphy K,Ralston E,Friedlander D,et al. The Scheduling of Rail at Union Pacific Railroad [C]. Proceedings of the Fourteenth National Conference on Artificial Intelligence,1997: 903—912

第 2 章　规划表示语言

　　一个问题求解系统通常由三部分组成:知识表示、存储知识的数据结构和知识推理。知识表示是知识推理的前提。一个规划器可以看成是一个问题求解系统,自然地,也由相应的三个部分组成:规划问题的定义、存储规划的数据结构(如规划图、状态空间图等)及规划的搜索。规划问题的定义是规划问题求解的前提,如果一个规划问题不能通过规划语言来表示,则任何一个规划器都不能对它进行求解,所以说规划语言的发展是智能规划发展的关键。1971 年 Fike 和 Nilson 的 STRIPS 系统[1]引入的 STRIPS 操作符使得规划可以非常容易地进行描述和操作。但随着规划技术的应用,人们发觉 STRIPS 表示的表达能力有很大的局限性,它不能满足一些实际问题的模型化要求。设计一种表达力更强的规划表示语言成为规划技术应用的关键,1996 年 E. Pednault 提出了动作描述语言(ADL)[2],ADL 除了具有 STRIPS 的表达能力外,还能表达条件效果、量化效果等语言特征。1998 年 Drew McDermott 提出了规划领域定义语言(PDDL),它逐渐地成为国际智能规划比赛(IPC)公认的标准。PDDL 不仅给出了规划问题定义的语法,还从语义的角度给出了规划的定义,能够刻画、模型化一个实际问题。PDDL 的表达能力非常强,能够刻画规划问题的时间和数值方面的属性,超过了现有的规划器所能处理的表达能力,向规划器的发展提出了挑战,指明了其发展方向。

　　规划语言也是规划领域的一种交流和沟通的标准,通过它我们可以比较不同的规划器在对同一规划问题处理时表现出的性能。

2.1　STRIPS 表示

　　STRIPS 是一个非常著名的规划器,产生于 20 世纪 70 年代,用来控制不稳定的可动机器人。

　　一种简单的规划问题的形式化方法是定义三个输入:

　　(1)利用某种形式语言对初始状态的描述。

　　(2)利用某种形式语言对目标的描述。

　　(3)利用某种形式语言对可能被执行动作的描述,这个描述通常被称为域理论。

　　STRIPS 表示可以定义经典规划问题,它用一系列基本文字来描述域的初始状态,将目标定义为命题的合取,并且考虑所有满足目标形式的状态。在 STRIPS 表示中,每个动作用一个合取形式的前提和合取形式的效果来描述,它们定义了状态之间的转移函数。只要动作的前提得到满足,这个动作就可以执行,并把其效果添加到新状态中。

2.2 动作描述语言

采用 STRIPS 语言描述的经典规划问题具有一定的限制条件,即动作的前提是命题的合取,动作的效果也是命题的合取,时间被离散地表示,动作既不能创建新对象,也不能消灭对象,并且动作一旦执行,其执行的效果是确定的。这种规划描述语言不能全面描述,甚至无法描述某些问题,不能满足一些实际问题的模型化需求,所以要解决此类现实问题必须重新设计新的问题描述语言。1996 年 E. Pednault 提出了动作描述语言——ADL。

ADL 所描述的操作对 STRIPS 进行了扩展,除具有 STRIPS 的表达能力外,还能表达条件效果、量化效果等语言特征。条件效果是动作描述中与上下文相依赖的效果,一般用 when 子句来表示。when 子句由两部分构成:前提和结论,动作执行之前,只有 when 子句的前提也同时满足,执行之后,才生成动作的效果;量化效果允许在动作的效果描述中具有存在量词和全称量词。ADL 的出现使得规划语言所能描述的问题类型增加。

2.3 规划领域定义语言

2.3.1 PDDL 的提出及其背景

规划的研究逐渐地从理论研究走向实际应用,然而,将规划技术运用到现实世界领域就涉及一个无法回避的问题,即如何对一个实际问题模型化并进行推理。Drew McDermott 于 1998 年提出 PDDL 的同时,进一步指出,一种语言的主要任务是表达世界的物理属性,而不是建议规划器如何搜索相应的解空间。

PDDL 是一种以动作为中心的语言,它的实质是表达动作的语法标准,动作的可使用性和效果通过前件和后件来描述。一个规划问题由一个域描述和一个问题描述组成。同一个问题域可以由许多不同的问题描述组成,在同一问题域中的不同的问题描述表示不同的规划问题。动作的前件和后件用由谓词、项和逻辑连接词组成的逻辑命题来表示。

PDDL 的核心是 STRIPS 表示,其扩展的表达能力包括表达问题域中对象的类型结构、动作和谓词中的参数类型、具有否定命题与条件效果的动作以及在前件与后件的表达中使用量词。

PDDL 包含了问题域对表达能力层次要求的语法描述,它通过使用 requirements 标志来表达特定问题域描述所要求的表达能力的层次水平。这样可以使一个规划系统优雅地拒绝那些具有它所不能处理的语言特征的问题域(即该问题域所要求的表达能力超过了规划系统所能处理的表达能力)。

2.3.2   PDDL 各版本简介

1. PDDL1. 2

PDDL1. 2 是 1998 年第一届国际智能规划比赛使用的规划语言,它只是简单地给出了如何定义规划问题的域及规划问题的语法标准,并没有给出规划的语义。PDDL1. 2 包含了 STRIPS 表示和 ADL,即 STRIPS 和 ADL 能够表达的问题,PDDL1. 2 也能表达。

2. PDDL2. 1

1998 年后,规划技术开始逐渐走向实际应用,一个规划系统能够解决以前命题化较难的问题域(如积木世界、火箭问题等)已经不再能够证明它的实用性。现代的规划器应该能够处理时序和数值,所以需要一种能够表达时序和数值的规划语言。Maria Fox 和 Derek Long 在 2002 年的第三届规划器比赛中提出了 PDDL2. 1[4],它去掉了 PDDL1. 2 中不常使用的部分,增加了数值表达、规划尺度和持续动作等新的表达能力。PDDL2. 1 的表达能力可以分为 5 个层次:第一层是 PDDL2. 1 的 STRIPS 部分;第二层是数值表达部分;第三层是离散的持续动作;第四层是连续的持续动作;第五层是 PDDL2. 1 的所有扩展及能够支持自发事件和物理过程模型化的附加组件。PDDL2. 1 与 PDDL 前面的版本兼容,下面具体地介绍 PDDL2. 1 中的几个新扩展。

PDDL2. 1 中的数值表达是通过函数来实现的,原始数值表达通过领域中的函数与对象组合而成,数值表达是由原始数值表达和算术操作符组成的表达式。数值条件通常是一对数值表达的比较,可以用一个三元组⟨exp, rel, exp'⟩来表示,其中 exp 和 exp'都是数值表达,而 rel 是关系操作符($<, >, =, \leqslant, \geqslant$)。数值效果利用赋值操作来更新原始数值表达,其中包括直接赋值和相对赋值。

PDDL2. 1 中规划尺度的引入是为了能够更好地根据问题域的特点来评价规划的质量,例如,对于运输之类消耗资源的问题域,一个好的规划应该是尽可能减少所消耗的能源(如汽油等),但对于一些比较看重时间资源的问题域,总的执行时间越少则该规划的质量越高。不同的问题域对规划质量的评价尺度是不同的,所以这里引入了规划尺度,即为特殊的问题域定义相应的规划尺度来评价规划的质量。在给定的不同规划尺度下,相同的初始状态和目标状态可能产生完全不同的最优规划。当然,一个规划器可能不利用规划尺度来指导求解过程,而只是利用规划尺度来评价规划解。

规划尺度在问题描述中定义,定义过程如下:

(1)为了在明确的具体量(数量)上定义一个规划尺度,必须先在问题域描述中引入对应的数值量。

(2)在问题描述中加入该规划尺度。

(3)在初始状态中对该规划尺度的值进行初始化。

(4)在对影响该规划尺度的动作中添加相应的数值效果。

PDDL2.1定义了两种形式的持续动作:离散持续动作和连续持续动作。我们通常认为逻辑变化是瞬时的,因此一个连续动作的连续方面是指数值如何在动作持续时间里变化。

离散持续动作中时序关系的模型化是通过在前提和效果中添加时间注释实现的。持续动作中的所有条件和效果必须都加上时间注释。对条件的注释明确了一个相应的命题是否必须在间隔的起始点(动作执行的时间点)成立,或在间隔的结束点(动作的所有效果成立的时间点)成立,或在起始点和结束点之间一直成立;对效果的注释明确了效果是否是瞬时的(即在间隔的起始点发生),或是延迟的(即它发生在间隔的结束点)。在离散持续动作中,除这几个时间点外,不能获取、访问其他的时间,所以离散的活动发生在动作的起始点或结束点;一个持续动作中的不变前提(条件)要求在间隔期间都成立,这个间隔是开区间(不包括动作的起始点和结束点)。离散持续动作和连续持续动作的区别主要体现在动作效果发生的时间上。离散持续动作抽象出某些变量连续的变化,使变化发生在执行过程的结束点上,即 $A(t)$ 中的 t 是常量,这样做可以简化动作模型,使动作容易处理。有些值具有连续变化的特点,如某些数值变量随时间的变化增加或减少,如果规划器为了达到目标,能够在任意一时间点上访问这些变量的值,就不能把动作效果发生在执行过程的结束点上,这时候 t 是一个连续变量,而 $e(t)$ 随着 t 的变化而变化,具有这样动作效果的持续动作称为连续持续动作。

3. PDDL+

PDDL+[5] 是对 PDDL2.1 的第五层进行描述。在 PDDL2.1 的第三层采用了一种离散的方法模型化时间和数值变量,即在动作说明中添加一个值来表示该动作的持续时间。然而这种方法有一些缺点:①在一个持续动作的执行过程中不可获取一个数值变量值的信息,这意味着引用同一变量的几个动作不能并行执行,即使只是访问该变量,而不改变它的值。②如果一个动作具有持续时间,则在没有规划器的干预下动作将在持续时间的结束点产生其效果。这阻碍了对作为一个过程的起始动作效果的模型化,且该动作必须明确结束。所以 PDDL+ 引入了两个附加的模型化部件:过程和事件。过程和事件的引入意味着那些具有用持续动作来模型化特点的领域在第五层可以使用由起始点、过程和结束点三部分组成的结构来进行模型化,在起始点和结束点可以运用动作或事件,也可以使用由活跃过程的效果导致一个数值到达关键阈值的点,我们称之为 start-process-stop 模型。在PDDL+中,动作具有瞬时的效果,它将改变问题域中的逻辑状态,动作可以开始一个过程;在一个过程中状态的逻辑变量部分值保持不变,但数值部分会随时间变化。

动作与过程的区别:动作导致状态转移,而过程则不会导致状态转移;

动作与事件的区别:规划是由动作而非事件构成;

过程与事件的区别:事件的数值后件中不能有与时间相关的效果,而过程的数值后件通常是与时间相关的效果。

一个过程可以由一个动作或由出现在世界中的某一事件来结束。

4. PDDL2.2

PDDL2.2[6]保留了 PDDL2.1 的前三层的表达能力,新增了导出谓词(derived predicates)和初始化时间文字(timed initial literals)这两种表达能力。

导出谓词在以前的一些规划系统中已经实现,包括 UCPOP。导出谓词是那些受不适用于规划器的任何动作所影响的谓词。然而,谓词的真值来自一些形如 if $\varphi(x)$ then $P(x)$ 的规则的集合。导出谓词提供了一种简洁和方便的方法来表达对关系传递闭包的更新,这种更新出现在那些包含一些结构的域中。

时间化初始文字是一种很简单的、表示某种限定形式的外部事件的方法:规划器事先已知事件将在某个时间点变为真或假的事实,与规划器动作的执行无关。时间化初始文字表示的是确定性的、无条件的外部事件,跟实际应用是密切相关的:在真实的世界中,确定性的、无条件的外部事件是很常见的,具有代表性的是时间窗口的形式(商店开门的时间、人们上班的时间,研究会议室占用的时间等)。

5. PPDDL1.0

PPDDL1.0[7,8]对 PDDL 进行了扩展,允许对马尔可夫决策过程(MDP)进行说明,如对概率效果的支持,对马尔可夫决策过程中的奖励值的模型化等。

MDP 是决策理论研究的一个重要方面,经常应用于决策分析、运筹学中。由于决策理论评估动作强弱程度的能力很强,而不确定规划又主要涉及动作的选择,所以决策理论是一种处理不确定规划的有效方法。目前,绝大部分关于不确定规划的研究都集中在马尔可夫决策过程框架下。马尔可夫决策过程模型是一个线性决策生成问题,由将一个状态转换成一个或几个可能的后继状态的动作组成,而且转换每一个可能状态时都带有一个概率值。在这一框架下的智能规划具有如下三个特点:

(1)动作有一组可能的输出。

(2)目标和效用值相连(经典规划下目标只能为真或假)。

(3)动作的每一个输出都有一个概率值,且一个动作所有输出的概率值之和为1。

PPDDL1.0可以对一个具有概率效果的动作进行定义,概率效果的语法是:$(\text{probabilistic} \quad p_1 e_1 \cdots p_k e_k)$,这意味着效果 e_i 出现的概率是 p_i,要求 $p_i \geqslant 0$ 且 $\sum_{i=1,\cdots,k} p_i = 1$。一个概率效果声明是带有概率权值效果的穷尽集合。

在基于马尔可夫的不确定规划中,一个状态的转移伴随着一个奖励值。在PPDDL1.0中预留了数值变量 reward 来表示从初始状态开始奖励值的累积之和,reward 的初始值为0,在规划执行过程中可以访问它的值。reward 通过动作效果中的更新效果伴随着状态转移。在 PPDDL1.0 中,动作通过一个数值效果对 reward 流进行更新:$(\langle \text{additive-op} \rangle \langle \text{reward fluent} \rangle \langle \text{f cxp} \rangle)$,其中 $\langle \text{additive-op} \rangle$ 表示增加(increase)或减小(decrease),$\langle \text{f-exp} \rangle$ 是一个不涉及 reward 的数值表达,在动作前提和条件效果的前项中不涉及 reward 流。

PPDDL1.0 中引入了新的要求标识:rewards 来表示对奖励值的支持。对于同时要求概率效果(:probabilistic-effects)和奖励值(:rewards)的问题域可以声明为:mdp,这个要求标识蕴涵着:probabilistic effects 和:rewards。

如果在规划问题定义中没有明确定义一个规划尺度,则一个概率规划问题的目标描述(:goal ϕ)可以表明规划目标是实现 ϕ 的概率最大。对于一个具有:rewards 要求标识的规划问题,默认的规划目标是使期望的奖励值最大。一般来说,一个规划问题定义中的规划尺度(:metric maximize f)意味着应该最大化或最小化规划尺度变量的期望值。PPDDL1.0 定义了一个特殊的优化尺度 goal-probability,它可显式地表明规划目标是实现目标的概率最大化(或最小化)。

6. PDDL3.0

PDDL3.0[9] 在 PDDL2.2 的基础上进行了扩展,新增了软目标和状态路径约束,增强了对规划质量的表达。其中强目标是在任何一个有效规划中必须被满足的目标,而软目标则是可以不被满足的目标。规划路径约束是用来约束规划的结构,分为硬路径约束和软路径约束两种。硬路径约束用来表示规划求解时必须满足的限制,而软路径约束是用来约束规划中的可能动作和到达的中间状态。软目标和软路径约束并不限制有效规划集,只是用来表达能影响规划质量的偏好。每个偏好有一个处罚值,如果一个规划违背了一个偏好,那么将增加该规划的处罚值。衡量规划的尺度是规划的处罚值是否达到最小化。由于加入软目标和状态路径约束,PDDL3.0 的表达能力可以分为以下六个层次:

(1)命题部分:ADL 或 STRIPS 域。

(2)数值时序表达部分。

(3)简单偏好:把软目标加入命题域。

(4)定性偏好:把软路径约束加入命题域。

(5)约束:将强路径约束加入数值时序表达域。

(6)复杂偏好:把软路径约束与(或)软目标加入数值时序表达域。

传统的规划是为规划问题产生一个满足所有目标的规划,但在实际的规划问题中,由于产生冲突或花费昂贵,这使得一些软目标和软约束得不到满足。一个好的规划应该是尽可能多地使软约束和软目标得到满足。为每个软目标或软约束指定一个优先级是非常必要的。这里使用了一种简单的定量方法:每个软目标或软约束带有一个权重,作为违背的处罚。也就是说,软目标或软路径约束是带有处罚值的偏好。

PDDL3.0 利用含有状态谓词的时序算子来描述状态路径约束,使用了一个新的 requirements 标记:constraints。基本的算子为 always,sometime,at-most-once 以及用于目标状态约束的 at end。在目标规范中,已有的 LTL 规则标准语义是根据当前的状态来解释没有被修饰的命题,这里没有被修饰的情况默认为 at end。在 PDDL3.0 中还加入了 within,用来表达最终时限。算子 sometime -before,sometime-after,always-within 不能被任意嵌套,只允许有限地嵌套。这里还为目标约束定义了两个算子:hold-during 和 hold-after。在规划问题文件中,包含路径约束的:constraints 文件通常出现在目标之后。除此之外,约束也可以出现在动作域文件中,视为安全条件或运行条件,用标记为:constrains…的片断来表示。PDDL3.0 允许非时序算子用于动作的前提条件中,也就是说,动作的所有前提被认为是一个状态。

PDDL2.2 中的目标描述符只能用于单个的状态,如动作的前提条件或条件效果以及顶层目标的最后状态。为了适应针对路径而不是单个状态的时序形式,PDDL3.0 采用支持有穷路径表达的语义。在 PDDL 域的规划中,一个事件(happening)是指发生在同一时刻的动作的所有效果集合。

定义 2.3.1 对于给定领域 D、规划 π 以及初始状态 I,π 产生路径$\langle(S_0,0),(S_1,t_1),\cdots,(S_n,t_n)\rangle$,当且仅当 $S_0=I$,对于由 π 产生的每一个 h,h 的发生时间为 t,存在一个 i 使得 $t_i=t$,S_i 是将事件 h 应用于 S_{i-1} 的结果,并且对于每个 $j\in\{1,\cdots,n\}$,在 t_j 有一个事件。

定义 2.3.2 对于给定领域 D、规划 π、初始状态 I 以及目标 G,如果 π 产生的路径$\langle(S_0,0),(S_1,t_1),\cdots,(S_n,t_n)\rangle$满足目标,即$\langle(S_0,0),(S_1,t_1),\cdots,(S_n,t_n)\rangle\models G$,则规划 π 是有效的。

更加通用的形式是$\langle(S_0,0),(S_1,t_1),\cdots,(S_n,t_n)\rangle\models(\text{and }\Phi_1\cdots\Phi_n)$,当且仅当

对于每一个 $i \in \{1, \cdots, n\}$，$\langle (S_0, 0), (S_1, t_1), \cdots, (S_n, t_n) \rangle \models \Phi_i$。

偏好的语法非常简单，形式为(preference [name]⟨GD⟩)，可以把偏好合并到目标及动作的前提条件中，如 $\langle (S_0, 0), (S_1, t_1), \cdots, (S_n, t_n) \rangle \models$ (preference Φ) 及 $S_i \models$ (preference Φ)，并且通过如下表达(is-violated ⟨name⟩)，来计算违背偏好的处罚。

2.4　规划语言的发展

规划语言是智能规划发展的关键。当前的规划器还不能完全处理规划语言的一些表达能力，所以说规划语言的发展为规划的发展指明了方向。从 STRIPS 表示到 ADL 以及从 ADL 到 PDDL，我们可以看出，规划语言的表达能力越来越强，它逐渐向实际应用的模型化发展来增强表达能力。

参 考 文 献

［1］Fikes R E,Nilsson J N. STRIPS:a new approach to the application of theorem proving to problem solving[J]. Artificial Intelligence,1971,2:189—208

［2］Pednault E. ADL:Exploring the Middle Ground between STRIPS and the Situation Calculus[C]. Proceedings of the Third International Conference on AI Planning Systems,1996:142—149

［3］Malik G,Howe A,Knoblock C,et al. PDDL-the Planning Domain Definition Language,Version 1. 2[R]. Technical Report CVC TR-98-003/DCS TR-1165,Yale Center for Computational Vision and Control,New Haven,CT,1998

［4］Fox M,Long D. PDDL2. 1:an extension to PDDL for expressing temporal planning domains [J]. Journal of Artificial Intelligence Research,2003,20:61—124

［5］Fox M,Long D. PDDL+level5:an Extension to PDDL2. 1 for Modeling Planning Domains with Continuous Time-dependent Effects[C]. Proceedings of the Third International NASA Workshop on Planning and Scheduling for Space,2003:1—48

［6］Stefan E,Jorg H. PDDL2. 2:The Language for the Classical Part of the 4th International Planning Competition[EB/OL]. http://www. research. ibm. com/ icaps04/planningcompetition. html,2001

［7］Younes H L S,Littman M. PPDDL1. 0:an Extension to PDDL for Expressing Planning Domains with Probabilistic Effects[R]. Technical Report CMU-CS-04-167,School of Computer Science,Carnegie Mellon University,2004

［8］Younes H L S,Littman M. PPDDL1. 0:The Language for the Probabilistic Part of IPC-4 [EB/OL]. Proc International Planning Competition,2004

［9］Alfonso G,Long D. Plan Constraints and Preferences in PDDL3 [EB/OL]. The Language of the Fifth International Planning Competition,2006,http://zeus. ing. unibs. it/ipc-5/

第3章 图 规 划

3.1 经 典 规 划

对任何事物的研究,都是从最基本最简单的情况入手,然后逐渐扩充、完善,规划也不例外。在规划中,我们通常通过添加一些约束来简化问题。

3.1.1 问题定义

为了简化规划问题,传统的规划[1]一般都作出如下假设:

(1)环境的状态的改变完全是由智能体(agent)动作的效果造成的,排除了其他可能的影响和干扰。

(2)智能体动作的前提与效果是完全确定的。

(3)智能体具有关于它所在环境的完全和确定的信息,且能够感知环境和动作的效果。

一般地,学者将具有上述假设的规划问题称为经典规划问题。相应地,将不满足这些假设之一(或更多)的规划问题称为非经典的规划。

经典规划是规划问题中最重要的也是最基本的一类。形式上,我们给出如下定义。

定义 3.1.1[1] 经典规划中的一个问题实例为一个四元组$\langle P, I, O, G \rangle$,包括一个状态变量集合$P$、一个状态$I$,$P$上的操作集合$O$,$P$上的一个命题公式$G$。其中,$I$为初始状态,公式$G$描述了目标状态。

定义 3.1.2[1] 设$\Pi = \langle P, I, O, G \rangle$为经典规划中的一个问题实例,一个操作序列$o_1, \cdots, o_n$为$\Pi$的一个规划,当且仅当

$$\text{app}_{o_n}(\text{app}_{o_{n-1}}(\cdots \text{app}_{o_1}(I) \cdots)) \models G$$

即,当顺序执行$o_1, \cdots, o_n$时,从初始状态出发,可以达到一个目标状态。

经典规划的求解方法主要可以归为两大类:状态空间规划和规划空间规划。

3.1.2 状态空间规划

状态空间规划主要是将状态空间搜索技术用于规划,不同的是,其中的状态采用的是逻辑表示而不是图标的表示方法。另外,由于其中的操作符同时显式地指

明了前提和效果,所以,相应地,我们可以前向或后向构建搜索,即进行前向规划(progression planning)和后向规划(regression planning)。

1. 前向状态空间搜索

前向规划器(progression planner)主要进行正向规划,即从初始状态到目标状态,考虑在一个给定状态中的所有可能动作的所有效果。

当一个操作的前提条件在当前状态中都得到满足,则该操作适用于当前状态。然后,我们利用当前状态与该操作生成后继状态,并且添加它的正的效果(添加效果列表),删除它的负的效果(删除效果列表)。

直到 20 世纪 90 年代初期,前向规划器一直被认为是低效的,因为如果在一个状态上有多个操作适用,那么它的分枝数量将是庞大的。而这些适用的操作中,又有相当大的一部分是与达到目标无关的。而且不幸的是,启发式也无能为力,因为启发式选取的是状态,而不是操作,而在启发式对状态进行选择之前,必须得算出所有的后继状态。同时,很难设计出针对逻辑表示的好的启发式。

2. 后向状态空间搜索

与前向规划器相反,后向规划器(regression planner)进行的是反向规划,即由目标状态到初始状态,反向应用操作,考虑为了达到一个状态,在前一状态中什么必须为真。如果一个动作的一个正效果(添加效果)在当前子目标中,则称该操作适用于当前目标。然后,我们通过删除该操作的负效果(删除效果列表)并添加该操作的所有前提条件来计算当前状态的前驱状态,并将该前驱状态作为下一步的子目标。具体过程将在 3.3 节中详细介绍。后向规划器有一个明显的优点,就是它只考虑相关的操作,即只对实现目标有作用的操作添加到搜索树中。但是,对于一个复杂一点的问题,它的分枝依然是庞大的,所以,启发式对它的集中搜索来说,仍然是很重要的。

图 3.1 阐释了前向状态空间和后向状态空间规划过程的区别。二者的主要区别是由这样的一个事实导致的:可能存在多个目标状态(甚至一个目标状态就是一个操作来说,可能有多个前驱状态),但只有一个初始状态。这种情况下,正向遍历需要重复计算当前状态的后继状态;而在后向遍历中,必须计算可能很大数目的目标状态的前驱状态。因此,很难说哪一种方法好。后向规划虽然实现起来比较复杂,但是当目标状态数目比较多时,它允许同时考虑多个规划前缀,每个都会引向一个目标状态。

无论是前向状态空间搜索还是后向状态空间搜索,如果没有一个好的启发式,效率都不会太高。

3. 问题分解

如前所述,对标准的基于状态空间的搜索来说,无论正向还是反向,都不具备

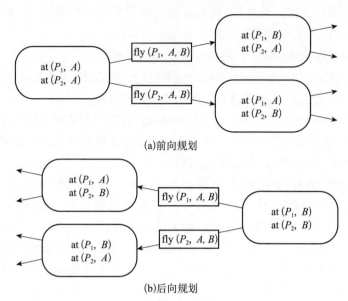

(a)前向规划

(b)后向规划

图 3.1   前向规划和后向规划规划过程的区别

足够的高效性。所以好的启发式是很重要的,但是很难得到。因此,需要更有效的方法来解决这种效率问题,问题分解便是其中的一种。我们可以将问题分解为多个子问题,单独解决这些子问题,然后再结合这些子问题的解来得到一个完整的解决方案。目标的合取表示方式正好便利了这一想法,算法可以分别运行于目标的每个合取式之上。当然,这种方法也存在一个问题,即为每一个部分目标找到的部分解决方案之间可能有冲突。但是,如果问题可以很完美地被分成相互独立且易处理的子问题,那么不但问题分解算法可以发挥最优的性能,而且各部分解决方案之间也不会发生冲突。

3.1.3   规划空间规划

在状态空间规划中,操作是应用在状态和目标上的,而在规划空间规划中,规划器搜索的是规划空间,其中的每个节点都是一个(可能的)部分规划。规划器从一个非常简单的部分规划开始,反复地提纯该部分规划(通常通过向其中加入一些操作与约束),直到它可以完整地解决规划问题。

在规划空间搜索中,因为节点都是部分规划,所以操作符将不再是 STRIPS 操作[2],而是规划提纯操作符。规划提纯操作符包括诸如向规划中添加一个步骤,并在这个步骤之上强加一个时序约束等。

3.1.4 偏序规划与全序规划

对于一个规划,如果其中一部分步骤是有序的,而另外一些彼此间没有时序要求,那么就将其称为偏序规划器或非线性规划器,而可以产生这样规划的规划器则称为偏序规划器或非线性规划器。1991 年,Soderland 和 Weld 等设计了世界上第一个系统且完备的非线形规划器,奠定了现代非线性规划系统的基础[3]。

相应地,我们把其中的规划步骤彼此间都有严格时序约束(有时,即使这些步骤之间没有必要排序,规划器仍然给了它们一个顺序,这个顺序往往是它们在规划过程中被执行的顺序)的规划器称为全序规划器或线性规划器,其中的规划称为全序规划或线性规划。智能规划的研究与发展可以说是从全序规划开始的。

一般来说,全序规划的产生通常由前向规划实现,其中的实现算法包括宽度优先搜索(需用大量的存储空间)、深度优先搜索(可能无限地循环下去,通常很浪费时间)和最优搜索(有信息的搜索,可以结合启发式);而偏序规划通常将目标状态分解成独立的状态集合,然后试图并行地满足它们,即上文介绍的问题分解技术。

由前文的表述可以看出,规划空间规划应该都是偏序规划,而状态空间规划则不一定,要视具体规划算法而定。

3.1.5 现代经典规划

上面只是对经典规划的基本知识及主要的求解方法做了概括的介绍,并没有涉及具体的求解算法。这是因为经典规划的发展几乎是伴随着整个自动规划的发展历程的,其求解方法多种多样,层出不穷。但最令人瞩目的就是图规划的问世。

1995 年,Blum 等设计的图规划系统 Graphplan 第一次采用了图的方式来解决规划问题[4],掀起了规划问题求解的新高潮,也将经典规划求解引入了一个新的阶段,可以说将经典规划求解引入了现在经典规划阶段。

图规划是解决经典规划问题的最经典的算法。因此,自其问世以来,图规划吸引了越来越多的目光,相关学者也对其展开了相当的研究,做了不少的改进与扩展,形成了图规划家族,大大推动了经典规划求解技术的发展。

图规划虽然是公认的经典而优雅的算法,但是仍然存在一些需要解决的问题。其中之一就是图规划采用的经典的 STRIPS 操作符不允许动作带有条件效果,而条件效果又是灵活处理现实问题所必需的。因此,Koehler 和 Nebel 等在 1997 年将规划图扩展到 ADL 的一个子集上,以允许操作中带有条件效果和量化效果[5]。同年,Gazen 和 Knoblock 等也将 UCPOP 的表达性与 Graphplan 的高效性相结合,提出了全扩展法来处理动作中的条件效果问题[6]。1998 年，Anderson，Smith 和 Weld 在图规划的基础上又提出了要素扩展法，将带有条件效果的动作扩展成相互独立的 STRIPS 操作描述[7]。由于 Graphplan 采用了正向图扩展，扩展了当前状态中所有可能被激活的节点，这不但占用了大量的存储空间，而且使稍后的解搜索算法必须遍历相当数量的无用节点。针对这一问题，Parker 等改变了图扩张和解搜索的方向，于 1999 年提出了以目标为导向的图规划[8]，即将上面提到的后向规划的思想用于图规划中，有效地解决了这一问题。很多规划领域要求一个更丰富的有关时间的概念，其中动作可以交叠执行，且有不同的持续时间，于是，Smith 和 Weld 于 1999 年提出了带有互斥推理的时序图规划（TGP）[9]，使图规划可以进一步处理时序问题。传统图规划中的约束都是强约束，即要么全都满足，要么全不满足，这种约束对解决现实问题来说，往往过于严格。因此，Miguel，Jarvis 和 Shen 等在 2000 年提出了灵活图规划的思想[10]，支持并处理了实际生活中处处存在的软约束的问题。此外，2001 年 Cayrol 等又将独立准则放宽，进而引出了比独立准则限制更少的核准准则，并将最小承诺思想用于图规划，提出并设计出了最小承诺图规划器[11]。紧接着，PDDL2.1 中引入了数值的概念，图规划也于 2002 年发展到了数值图规划[12]。

3.2　图规划方法

智能规划是当前人工智能领域中极为活跃的一个研究热点。近年来规划领域中出现了很多卓有成效的规划方法，其中最令人瞩目的是 1995 年 Blum 和 Furst 提出的基于规划图的快速规划方法——图规划，代表性的规划器有美国卡奈基梅隆大学的图规划器 Graphplan、德国的 IP²、英国的 STAN、美国盛顿大学的 SGP 等。

3.2.1　基本概念

1. 规划与规划问题
一个动作的序列叫做一个规划。
一个规划问题（planning problem）涉及以下四个集合：
(1) 一个操作（operator）的集合。
(2) 一个对象（object）的集合。
(3) 一个初始条件（intial condition）的集合，其中每个元素都是一个命题。
(4) 一个目标（goal）的集合，其中每个元素都是一个命题，而且要求规划结束时这些命题必须是真命题。
我们要回答的问题是：在初始条件下，对对象实施怎样一些操作，才能使问题目标得以实现。

例如,对于火箭问题,操作的集合是{move,load,unload},对象的集合是{火箭 R,货物 A,货物 B},初始条件的集合是{at $A\,L$, at $B\,L$, at $R\,L$, fuel R},问题目标的集合是{at $A\,P$, at $B\,P$}。

2. 动作与 no-op 动作

一个完全实例化的操作叫做一个动作(action)。例如,load 是操作,load $A\,L$ 是动作;move 是操作,move L-P 是动作。

一种对命题不作任何改变的动作叫做 no-op 动作。

通常,在几个命题均为真的情况下,一个操作可以被执行;当一个操作被执行后,通常有些真命题变假了,有些新命题产生了。而对 no-op 动作而言,任何一个真命题都可以成为它的前提,它被执行后,唯一的一个添加效果就是这个真命题。

3. 有效规划

设有一个动作的集合,其中的每个动作都被指明其被执行的时间步,在同一个时间步中被执行的任何两个动作都是不相冲突(interfere)的,所有的问题目标在最后的时间步均为真,那么,我们就称这个动作的集合为一个有效规划(valid plan)。

其中,两个动作相冲突是指,如果动作 a 删除动作 b 的前提,或者动作 a 删除动作 b 的添加效果。

如果一个动作的所有前提都在初始条件中,那么,这个动作可以在时间步 1 中被执行。一般地,对于 $t>1$,当一个动作的所有前提条件都在时间步 t 为真时,那么该动作在时间步 t 可以被执行。

如果动作 a 删除动作 b 的前提,动作 b 就不能被执行,当然动作 a 与 b 就不能同时被执行,所以此时动作 a 与 b 是冲突的。当动作 a 删除动作 b 的添加效果时,就改变了动作 b 对整个规划的影响,改变了动作 b 在整个规划中的作用,所以此时动作 a 与 b 也是相冲突的。

在规划问题中一个核心工作就是尽快找到一个有效规划。

4. 规划图

规划图(planning graph)是由两种节点、三种边组成的经典图。两种节点分别是命题节点(proposition node)和动作节点(action node),三种边分别是前提条件边(precondition edge)、添加效果边(add edge)与删除效果边(delete edge)。

5. 规划图节点间的互斥关系

1)两个动作节点 a 与 b 互斥

设 a 与 b 是在一个规划图中某一动作列上的两个动作,如果不存在一个有效规划能同时包含两者,就说动作 a 与 b 是互斥的。

判别方法:

(1)如果动作 a 删除动作 b 的前提,则动作 a 与 b 互斥;

(2)如果动作 a 删除动作 b 的添加效果,则动作 a 与 b 互斥;

(3)如果动作 a 的前提条件与动作 b 的前提条件互斥,则动作 a 与 b 互斥。

2)两个命题节点 p 与 q 互斥

设 p 与 q 是在一个规划图中某一命题列上的两个命题,如果不存在一个有效规划能同时包含两者,就说命题 p 与 q 是互斥的。

判别方法:

如果产生命题 p 的所有动作和产生命题 q 的所有动作都是互斥的,则命题 p 与 q 互斥。显然,命题互斥是利用动作互斥来判别的。

3.2.2　扩张规划图算法

1. 算法描述

1)时间步 1 的命题列的生成

把初始条件中的所有命题作为时间步 1 的命题列,一个命题对应一个命题节点。

2)时间步 1 的动作列的生成

考察操作集合中的每一个操作,把能够实例化的都进行实例化(只要一个操作的所有前提都在该时间步的命题列中,该操作就可以被实例化),每实例化一个操作,就得到一个动作节点。这样就可以生成时间步 1 的动作列。

将动作节点与作为其前提条件的命题节点用前提条件边相连接。

3)假定时间步 i 的命题列与动作列均已生成,时间步 $i+1$ 的命题列的生成

时间步 i 的所有动作(包括 no-op 动作)的添加效果构成时间步 $i+1$ 的命题列。

将时间步 i 的动作列中的每个动作节点与作为其添加效果的命题节点用添加效果边相连接,与作为其删除效果的命题节点用删除效果边相连接。

考察命题间的互斥关系,标出互斥的命题。如果支持命题 p 的任意一个动作都与支持命题 q 的所有动作相冲突,则说命题 p 与 q 互斥。

4)在刚刚生成的命题列中搜索问题目标

如果目标集中的所有命题均在此命题列中出现,并且任意两个命题都不互斥,则规划图扩张结束,转为搜索有效规划;如果目标集中还存在未在此命题列中出现的命题,则生成时间步 $i+1$ 的动作列。

5)时间步 $i+1$ 的动作列的生成

对操作集合中的每个操作,只要它的所有前提都出现在时间步 $i+1$ 的命题列中,并且任意两个命题都不互斥,便可以实例化该操作,并得到一个动作节点,把所

有可能实例化的操作都进行实例化,这样便得到时间步 $i+1$ 的动作列。

将时间步 $i+1$ 的每个动作节点与作为其前提条件的命题节点用前提条件边相连接。

考察动作间的冲突关系,对于每个动作做一个"我与……是冲突的"动作列表。

2. 火箭问题扩张规划图的实例(图 3.2)

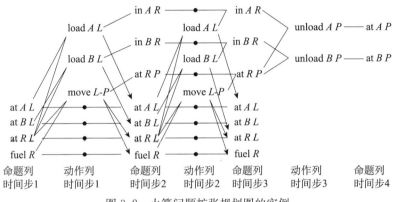

图 3.2 火箭问题扩张规划图的实例

3.2.3 搜索有效规划算法

1. 算法描述

从时间步 2 开始,每当一个时间步的命题列生成完毕后,就在此命题列中搜索目标集。如果在时间步 t 问题目标集合中还有未出现在命题列中的命题,则继续扩张规划图。如果在时间步 t 问题目标中的所有命题均出现在命题列中,并且任意两个都不相冲突,则进行有效规划搜索,算法如下:

在规划图的最后一列(必是第 t 个时间步的命题列),任意选择一个目标集中的命题(可以是命题列中上数第一个属于目标集的命题),考察在时间步 $t-1$ 中以这个命题为添加效果的所有的动作(叫做支持该命题的动作),从中选择一个动作,如动作 1。再从余下的问题目标集中选择一个命题,考察时间步 $t-1$ 中支持它的动作,从中选择动作 2,要求动作 2 与动作 1 不相冲突。如果动作 2 与动作 1 相冲突,就换一个与动作 1 不相冲突的动作来取代动作 2。以此类推,继续这一工作。最后,假定从时间步 $t-1$ 中选择动作 n,它支持目标集中最后一个命题,并且它与已经选择的动作 1,动作 2,…,动作 $n-1$ 不相冲突。

把动作 1 的所有前提,动作 2 的所有前提,…,动作 n 的所有前提都放到一起构成一个新的命题集,这是由时间步 $t-1$ 中的命题列中的命题构成的命题集,叫做次目标集。如果这个次目标集能用 $t-1$ 步实现,则原目标集就能用 t 步实现。创建次目标集的过程叫做目标集合创建步(goal set creation step)。

对次目标集在时间步 $t-1$ 继续这一过程。如果到某一步次目标集恰好是初始条件中命题集的子集,则有效规划就被找到;如果到某一步排在前面的一个目标支持它的任意一个动作都与已经选定的动作相冲突,则我们需要立即回退。注意,此时并不意味着没有有效规划,因为支持动作还可以有不同选法。

2. 火箭问题搜索有效规划实例(图 3.3)

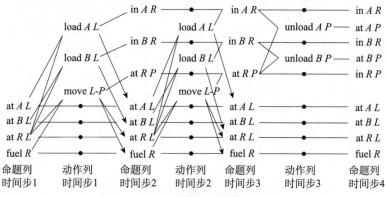

图 3.3 火箭问题搜索有效规划实例

在时间步 4 中我们发现问题目标集合中的所有命题都出现在命题列中,规划图扩张结束,开始搜索有效规划。对于"at A P"选择支持它的动作"unload A P";对于"at B P"选择支持它的动作"unload B P"。易知"unload B P"与"unload B P"不相冲突。

进行目标集合创建步:把"unload B P"的前提"in B R"和"at R P","unload A P"的前提"in A R"和"at R P"放到一起得到次目标集合:

$$\{\text{"in } A\,R\text{", "in } B\,R\text{", "at } R\,P\text{"}\} \tag{3.1}$$

对此次目标集合搜索支持动作。

选法 1:对次目标"in A R",可以有两种不同的选择,我们选支持动作 no-op 动作;对次目标"in B R",可以有两种不同的选择,我们选支持动作 no-op 动作;对次目标"at R P",可以有两种不同的选择,我们选支持动作 no-op 动作。这三个被选定的动作不相冲突,我们可以在此基础上进行目标集合创建步,得到次目标集合:

$$\{\text{"in } A\,R\text{", "in } B\,R\text{", "at } R\,P\text{"}\} \tag{3.2}$$

式(3.2)与式(3.1)完全相同,但是由于它们处于不同的时间步,寻找支持动作时就会遇到不同情况。首先,支持"in A R""in B R"的动作:"load A L"与"load B L"是不相冲突的。但支持"at R P"的动作"move L-P"却与"load A L""load B L"相冲突,而且别无选择,回退。

选法 2:对次目标"in A R",可以有两种不同的选择,我们选支持动作 no-op 动作;对次目标"in $B\,R$",可以有两种不同的选择,我们选支持动作 no-op 动作;对次目标"at $R\,P$",可以有两种不同的选择,我们选支持动作"move L-P"动作。这三个被选定的动作不相冲突,我们可以在此基础上进行目标集合创建步,得到次目标集合:

$$\{\text{"in }A\,R\text{"}, \text{"in }B\,R\text{"}, \text{"at }R\,L\text{"}, \text{"fuel }R\text{"}\} \qquad (3.3)$$

对此次目标集合搜索支持动作,可以得到动作:"load $A\,L$""load $B\,L$""no-op""no-op",它们不相冲突;进行目标集合创建步,可以得到:"at $A\,L$""at $B\,L$""at $R\,L$""fuel R",这恰好是初始条件集合的一个子集。

这样我们就得到有效规划,时间步 1:"load $A\,L$""load $B\,L$";时间步 2:"move $L\,P$";时间步 3:"unload $B\,P$""unload $B\,P$"。

注意,搜索有效规划可以看作一个动态约束可满足问题。第一步的约束条件是:选定的动作要支持某一目标而且与已经选定的动作不相冲突。第二步的约束条件是:选定的动作要支持某一次目标而且与已经选定的动作不相冲突。由于次目标集合与目标集合是不同的集合,所以这两个约束条件是不同的。

3. 记忆功能

Graphplan 搜索的另一个特征是它有记忆(memoization)功能。当一个次目标集被确定为在时间步 t 无解时,则在给出返回递归命令之前,它首先把这一次目标集和时间步 t 保存在垃圾站。等到再一次创建关于时间步 t 的次目标集时,在搜索之前,它首先检查垃圾站,看看是否该集合已经被证明是无解的。如果是,则立刻回退。这一功能除了对加速搜索有意义外,对于检查无解程序终止也是有帮助的。

4. 规划图稳定

规划问题中的操作集合是个有限集合,初始条件的集合也是个有限集合。因此,把操作集合中的操作利用初始条件进行实例化只能得到有限个动作,因而时间步 1 的命题列与动作列只能含有有限个节点。同理,时间步 t 的命题列与动作列只能含有有限个节点。由于时间步 t 中的每个动作只能有有限个添加效果,所以时间步 $t+1$ 中的命题节点只能有有限个,而把操作集合中的操作利用这有限个命题节点进行实例化也只能得到有限个动作节点。据此可知,一定存在一个时间步 n,使得时间步 n 的命题列作为命题的集合与时间步 $n+1$ 的相应命题集合完全相同。显然,把相同的操作集合应用于相同的命题集合来进行实例化的结果也必然相同,因而时间步 n 的动作列作为动作集合也与时间步 $n+1$ 的动作集合完全相同,如果这两个时间步的动作间的互斥关系也相同的话,我们不难证明,如果规划图继续扩展,那么对于任何正整数 $m>n$,时间步 m 的命题集合与时间步 n 的命题集合总相同,时间步 m 与时间步 n 的动作集合也相同。在这种情况下,我们就说规划图从第 n 步起已经稳定(level off)。

换言之,由于出现在时间步 t 的一个命题总可以作为一个 no-op 动作的添加效果出现在时间步 $t+1$ 的命题列中,所以时间步 $t+1$ 命题列所出现的命题的个数一定不小于时间步 t 命题列中所含命题的个数。如果正整数 n 是满足条件"时间步 n 中命题列所含命题的个数等于时间步 $n+1$ 中所含命题个数"的最小正整数,而且命题间有相同的互斥关系,那么我们就说"规划图从时间步 n 开始稳定"。

5. 目标序的有限作用

采用类似宽度优先的策略,就可以使 Graphplan 对目标序不敏感。

令 G 是某一时间步 t 的目标集,我们称时间步 $t-1$ 的非互斥动作集 A 为 G 的最小动作集,当且仅当满足以下两个条件:

(1) G 中的每个目标是 A 中某个动作的添加效果。

(2) 去掉 A 中的任何一个动作,剩余动作的添加效果集合不包含 G。

例如,我们的目标是 $\{g_1, g_2\}$。我们挑选得到 g_1 的动作 a_1;然后,挑选得到 g_2 的动作 a_2。如果动作 a_2 的添加效果既有 g_1 又有 g_2,那么 $\{a_1, a_2\}$ 就不是获得 $\{g_1, g_2\}$ 的最小动作集,最小动作集应该是 $\{a_2\}$。

定理 3.2.1 设 G 为时间步 t 的一个目标集,且问题在 t 步无解,那么无论 G 中的目标序如何,在时间步 $t-1$,Graphplan 试图获得 G 所考虑的目标集恰好是此刻获得 G 所有最小动作集的前提条件集合(如果 Graphplan 是 t 步可解的,那么在考虑全部的那些目标集合之前,Graphplan 可能停止)。

证明 我们限制 Graphplan 仅考虑最小动作集,需要证明每个这样的集合都被检验。令 A 是某一最小动作集,并且考虑 G 的某一任意的序。令 a_1 是 A 中支持 G 中第一个目标(记为 g_{a_1})的那个动作。令 a_2 是 A 中支持 G 中在去掉 g_{a_1} 后的第一个目标(记为 g_{a_2})的那个动作。更一般地,令 a_i 是 A 中的一个动作,它是支持在 G 中去掉 $a_1, a_2, \cdots, a_{i-1}$ 所支持的动作后的第一个目标(记为 g_{a_i})的那个动作。注意:A 中所有的动作用这种方法都被对应一个目标,这是因为 A 是最小动作集。动作的这一序意味着:在递归式的某一点,a_1 将是 Graphplan 为支持目标 g_{a_1} 而被选定的动作,a_2 将是 Graphplan 为支持目标 g_{a_2} 而被选定的动作,以此类推,可知 A 中所有的动作都被考虑了。证毕。

现在能够确定目标序的有限作用如下:假定 Graphplan 正在尝试解决时间步 t 的问题目标,并且失败,那么在搜索中检验的目标集合的目标总数与目标的序无关。

目标序的影响被限定如下:

(1) 检验一个新的目标集合(执行一个目标集合创建步)所占用时间的量。

(2) 在最后阶段问题目标被发现是可解的,这阶段执行工作的量(因为目标序可能影响目标集合被检验的顺序)。

经验告诉我们,与其他规划器(如 Prodigy 和 UCPOP)相比,Graphplan 对目标序的依赖非常小。

3.2.4 Graphplan 的局限性与未解决问题

(1)Graphplan 的一个主要局限是它只能应用于 STRIPS 领域。特别是,动作不能消灭对象,动作也不能创造对象,对对象实施某一动作的效果必须是能被静态确定的人或事。但现实中许多规划问题不满足这些条件。例如,如果一个动作允许挖任意深的洞,则可能有无穷多的对象被创造出来。又如,假定有这样一个动作"把屋里的所有的东西都涂红",这一动作的添加效果不能被静态地确定:一个对象被涂红取决于碰巧它当时在这个屋子里,所以被涂红的对象的集合是不能被静态地确定的。

这里就引出一个问题,即可否把规划图分析的模式推广,使其能够处理具有上述动作的规划环境。

(2)Graphplan 需要互斥关系作为问题的重要约束,并具有较强的并行执行能力,从而最小化动作执行的时间步。能否找到其他约束关系加于 Graphplan 以使之具有更强有力的求解能力是非常值得研究的。

(3)如果要保证找到最短规划,Graphplan 可能使问题本身变得很困难。所以通常只负责找出有效规划,而不管它是不是最短的。这就产生了规划的速度与规划的质量如何进行权衡的问题,Graphplan 的最小解问题,Graphplan 的最优解问题(注意,最小解未必是最优解,因为最小的未必是最经济的、最安全的和成功把握最大的)。

3.3 求解方向的变形

图规划自从 1995 年被提出以来,吸引了越来越多的研究者的注意力,研究者对其展开了大量的研究,其中不但包括扩大图规划解决问题范围以增强其能力,还包括改变其求解方向以提高其效率。这里,我们根据规划图扩张的方向,将图规划求解分为正向求解、反向求解和双向求解。

3.3.1 正向求解

所谓正向,就是将前向的思想用于 Graphplan。规划图的扩张是由初始条件开始,不断在当前状态上应用适用的动作,计算其后继状态,将规划图向后扩张,直到达到某一命题层,所有目标均出现且两两不互斥的时候,则开始解搜索。3.2 节中介绍的图规划过程就是图规划框架下的经典的正向求解过程,所以正向求解的图扩展及解搜索过程可以参见 3.2 节,这里不再赘述。这里只给出作为规划图扩张结果的一个简单例子。

图 3.4 为一个简单的火箭域的例子,图 3.5 即为与之相对应的正向扩张的规划图。

```
(define(domain rocket)
  (:action load-pkg
    :precondition(and(at ?craft ?loc)(at ?pkg ?loc))
    :effect(and(in ?pkg ?craft)(not(at ?pkg ?loc))))
  (:action unload-pkg
    :precondition(and(at ?craft ?loc)(in ?pkg ?craft))
    :effect(and(at ?pkg ?loc)(not(in ?pkg ?craft))))
  (:action fly-craft
    :precondition(and(at ?craft ?loc1))
    :effect(and(at ?craft ?loc2)(not(at ?craft ?loc1)))))
(define(problem example-problem1)
  (:domain rocket)
  (:init(and(at package earth)(at rocket earth)))
  (:goal(at package moon)))
```

图 3.4　一个简单的火箭域的例子

3.3.2　反向求解

正向图扩张存在的一个问题是它扩张了当前环境中所有可能被激活的而不仅仅是那些真正对实现目标有所贡献的动作和命题节点,因此而扩张出的无用节点占用了大量的空间。更重要的,这使得随后的解搜索过程也必须得遍历所有这些冗余节点,大大地影响了算法的性能。因此,学者提出了反向求解的解决方案,即由目标开始反向扩张规划图,只扩张那些可能对实现目标有所贡献的动作和命题,直至达到初始条件(满足一定互斥关系)。

需要说明的是,简单地逆转规划图扩张的方向并不意味着就可以提高规划器的性能,因为正向与逆向各有优缺点。某一方向的扩张,只有配合相应的解搜索算法及其他一些辅助功能,才能真正地提高性能。

我们将反向求解的图规划称为以目标为导向的图规划。

1. 以目标为导向的图规划[8]

以目标为导向的图规划从具体目标出发,以逆向方式构建规划图,并且对返回的图采用前向搜索的方式搜索有效规划(注意,3.2 节中介绍的正向求解图规划的解搜索算法为后向搜索)。

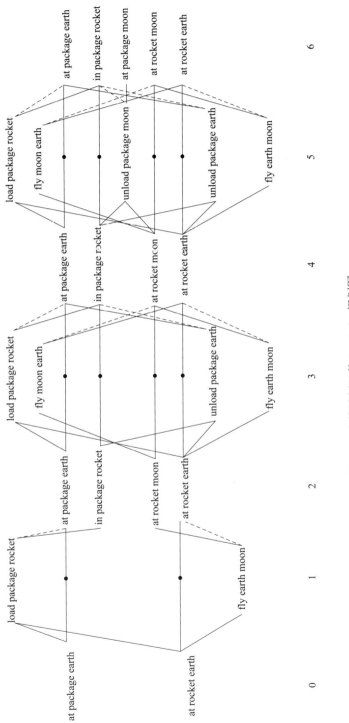

图 3.5 火箭域例子的 Graphplan 规划图

逆向构建规划图的方式保留了关于目标的信息,实现了动作方案的完全量化,从而在搜索阶段只需搜索相关可用的动作节点,而非所有可能被激活的节点。

和正向求解图规划的前向思想相对应,以目标为导向的图规划是基于回退的概念构建的:

(1)回退问题:给定动作 A 和命题 p,计算前提 Q,如果 Q 为真,则 A 在 Q 上是可用的,且通过在 Q 上运用 A 将使 p 为真。我们将 $Q=\langle A\rangle^R(P)$ 称为 p 通过 A 的回退。

(2)对于 STRIPS 操作有三种回退情况:

(a)如果 p 是 A 的一个添加效果,则 p 通过 A 回退到 A 的前提。

(b)如果 p 是 A 的一个删除效果,p 通过 A 回退到 false。

(c)如果 p 不出现在 A 的效果列,p 通过 A 回退到 p。

(3)公式的回退:通过动作 A 回退一个公式,要首先通过动作 A 独立地回退公式的各个合取项,然后联合回退结果。

(4)通过包含变量的动作回退命题,意味着计算出的前提 Q 也可能包含变量。

2. 相关定义

定义 3.3.1(一致性)　对于两个命题 $p=(p_1,p_2,\cdots,p_m)$ 和 $q=(q_1,q_2,\cdots,q_n)$,如果 $m=n$,且对于所有的序对 (p_i,q_i),$1\leqslant i\leqslant m$,或者 p_i 和 q_i 是相等的,或者两者之一是变量,则称 p 和 q 是一致的。

定义 3.3.2(等价性)　对于两个命题 $p=(p_1,p_2,\cdots,p_m)$ 和 $q=(q_1,q_2,\cdots,q_n)$,如果 $m=n$,且对于所有的序对 (p_i,q_i),$1\leqslant i\leqslant m$,或者 p_i 和 q_i 是相等的,或者两者都是变量,则称 p 和 q 是等价的。

定义 3.3.3(析取回退)　析取回退是一个目标公式集合在问题 P 中的回退。设 G 为目标公式的联合,函数 $\text{operator}_i()$ 返回所选取问题的第 i 个操作,函数 length() 返回问题中的操作数,partical-instantiations() 选取一个动作和一系列命题,并返回该动作在这些命题下的所有部分实例化结果,则 G 在 P 中的回退结果为 $Q=G\cup\{\bigcup \text{regress}(G,\text{action})|\text{action}\in\{\bigcup \text{partial\_instantiations}(\text{operator}_i(P),G),1\leqslant i\leqslant \text{length}(P)\}\}$。其中,regress() 选取一系列命题和一个动作,通过动作返回命题的经典回退,即 $\text{regresss}(Q,\text{action})=Q\text{-unifiable}(\text{add-effects}(\text{action}),Q)\cup \text{preconditions}(\text{action})$。

注意:"$\cup$"操作中,比较集合元素时,我们用 unify-equal 代替"$=$"。

规划图的第 $2n-2$ 层由第 $2n$ 层的析取回退生成。图 3.6 所示即为回退生成的图 3.4 中的火箭问题的规划图。

我们注意到,该规划图与 Graphplan 中的规划图一样,都是从左到右以数字升序标记。这初看起来似乎不太方便,因为以目标为导向的规划图实际上是从右到

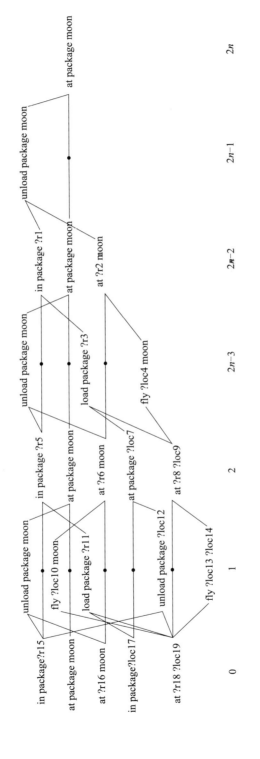

图3.6 以目标为导向的图规划的火箭域的规划图

左扩张的。但是，直觉上讲，规划图的方向实际上由规划的执行方向来确定。

图 3.6 所示规划图的绘制与标记方向均与其增长方向相反，这是因为它是反向扩张的。而 Graphplan 中的规划图的绘制与标记方向也将与它的搜索方向相反，这是因为，它是反向搜索的。

定义 3.3.4（回退冲突）　若在 $2t$ 时刻，p 的真值使命题 q 不可能为真，而在某个大于 $2t$ 的时刻，q 的真值在问题的解决方案中又恰被需要，则称 p 与 q 发生回退冲突。

形式上说，在 $2t$ 时刻，当下列条件满足时，p 和 q 被标记为回退冲突：

(1)q 在规划图 $m \geqslant 2t + 2$ 层出现。

(2)或者在规划图 $2t + 1$ 层不存在包含以 q 为添加效果且同约束树中任何动作一致的动作，或者对于约束树中每个包含 r 且与 q 一致的节点，以下条件至少一个成立：

(a)包含在规划图 $2t - 1$ 层中的以 p 作为添加效果的每个动作，也包含一个命题 s 作为删除效果，s 同包含 r 的分支的一个命题是等价的。

(b)规划图 $2t - 1$ 层中以 p 作为添加效果的某个动作，能同包含 r 的分支上的一个动作并行执行。

例如，假设为了达到图 3.4 所示的问题目标，搜索算法选择了动作⟨fly？loc10 moon⟩或⟨fly？ loc13？ loc14⟩作为规划的第一步，则接下来的状态将包含命题 at(package earth)，因为 at(package earth)是初始状态的一部分，且来回飞行一个空的火箭对包没有影响。然而，通过上述的条件 2(a)，at(package earth)与 in(package，？ r1)在图 3.5 所示的规划图的第 $2n - 2$ 层回退冲突，这是因为规划图第一层唯一的产生 at(package，earth)动作是⟨unload package？ loc12⟩，而这个动作有一个与 in(package，？ r1)一致的删除效果。

3. 约束树

以目标为导向的图规划保留了一种用于搜索的树型数据结构，称为约束树。

约束树的分枝代表了规划图中动作可能的偏序关系，而回退操作的作用是将命题与动作项集中于约束树的节点。

约束树的节点由两部分组成，上层是产生该节点的动作，下层是该节点的父节点的回退。对根节点而言，上层是空动作，下层是目标公式。

每一次向规划图中添加一个动作层的时候，来自该动作层的部分实例化的操作将逐个被考虑作为约束树的叶节点的可能的后继。其主要思想是：

(1)每次添加一个动作层到规划图，从这一层起的部分实例化操作被分别依次考虑，作为约束树可能的后继叶节点。

(2)在约束树中，一个节点的子节点只能是那些必须根据该节点所在分枝上的其他动作进行排序的动作节点。也就是说,想作为一个子节点,该动作必须支持它的一个前驱的一个前提,并且该动作必须与它的所有的前驱冲突。

(a)如果一个动作不支持它的任何前驱的前提,那么它将不被我们正在考虑的偏序关系所需要。

(b)如果该动作不与它的任何前驱冲突,但是还将被最后的解决方案需要,那么该动作将出现在约束树的另一个分枝。当我们检测一个规划前缀的时候,所有的分枝都将被考虑。

当新的动作被加入规划前缀的时候,我们就需要用约束树来检查新加入的动作是否与排序约束冲突。如果是,我们就说,世界状态的某个子集在应用了这个动作之后与问题目标构成了回退冲突。

图 3.7 即为图 3.4 所示的火箭域的约束树。

图 3.7 火箭域的约束树

4. 算法描述

以目标为导向的图规划算法如下所示:

Bsr-Graphplan(P, n, p_g, tree)

1. 若 $n<1$; //标识规划图扩展结束
2.   那么返回"失败";
3. 否则 $G \leftarrow \text{previous\_prop\_level}(p_g)$; //将目标公式中的命题赋给 G
4. $\text{next\_prop\_level}(p_g) \leftarrow \text{d\_regress}(G, P)$;
                  //把 G 的回退赋给规划图的下一个命题层
5. $A \leftarrow \{\bigcup \text{partial\_instantiations}(\text{operator}_i(P), G) \mid 1 \leqslant i \leqslant \text{length}(p)\}$;
                  //实例化所有同当前子目标相关的操作,并赋给 A
6. $\text{next\_action\_level}(p_g) \leftarrow A$; //将 A 赋给规划图的下一个动作层

7.　　　当约束树中有多个分支时　//扩展约束树下一层节点

8.　　　　　branch←next branch;

9.　　　　E←{action|action∈A,　//标识存在回退互斥的动作

10.　　　　　　　　∃p∈effects(action),

11.　　　　　　　　∃q∈literals(branch),

12.　　　　　　　　P 与 q 回退互斥};

13.　　　　l←literals(leaf(branch));　//将约束树分支叶节点命题赋给 l

14.　　　　children(leaf(branch))←{(action,Q)|action∈$A-E$,$Q=$ re-
　　　　　　　gress(l,action)};

　　　//向约束树添加去除引起回退互斥后的动作和通过动作回退的命题

15.　　I←initial-state(P);

16.　　G←goal-formula(P);

17.　　A←action-levels(p_g);

18.　　n←1;

19.　　plan←forward-search(G,I,A,n,tree,∅);　//前向搜索规划图

20.　　若 plan　//如果规划存在,返回规划,否则继续回退规划图

21.　　　　那么返回 plan

22.　　否则 Bsr_Graphplan(P,$n-1$,p_g,tree);

该算法有四个参数:P 为规划问题;n 为扩张规划图的最大的层数;p_g 为所生成的规划图,初始时只包含一个包括问题 P 的目标公式的命题层;tree 为偏序约束,初始时只由一个节点组成,该节点上半部分是空动作,下半部分为目标公式。算法的第 4～6 行递增地扩展规划图,在析取扩展(第 4 行)之后,域操作符在当前的子目标集合下以所有可能的方式部分实例化(第 5 行)。第 7～14 行用来递增地扩展约束树的下一层,逐个考虑源自析取扩展的部分实例化的操作符。带有回退冲突的动作在第 9～12 行标出,并在第 13,14 行从偏序树中剪除。第 19 行调用了一个规划图的前向搜索算法,具体如下:

Forward_Serach(G,S,action_levels,n,tree,plan)

1. 若 n>length(action_levels);　//标识前向搜索结束

2.　　那么返回"失败";

3. 若 $G⊂S$　//如果当前目标集合是初始状态的子集,返回规划

4.　　那么返回 plan

5. actions ← ∪instantiations(action_level[n],S);
　　　　　　//完全实例化当前动作层,并赋给 actions

6. 当存在没有被应用的动作时

7.　　　A←随机选取$\{a_1,a_2,\cdots,a_m\}\subset$actions；

　　　　　//随机选取属于 actions 的动作赋给 A

8. 若对于$\forall a \exists B$使得$a\in A,B\in$branches(tree)，

9.　　　　　$b\in$actions(B)，

10.　　　　a与b一致，

11.　　　　对于$\forall c\exists D$使得$c\in$ancestors(b)，

12.　　　　　　$D\in$plan$,d\in D$，

13.　　　　　　c与d一致

　　　　//分析约束树，删除包含互斥动作的子集

14.　　　那么 next_S←$\{\bigcup$progress$(S,a)|a\in A\}$；

　　　　　//应用A扩展S，把结果赋给下一个命题层

15.　　　若 next_S$\in$hash_table$[n]$

16.　　　　那么回溯；

　　　　　　//如果下一个状态层已经被标记失败，则回溯

17.　　　否则 solution←forward_search$(G,$next_S,action_levels$,n+1,$plan$+A)$；

　　　　　　//前向搜索下一个命题层

18.　　　　若 solution　//如果存在解决方案，则返回方案

19.　　　　　那么返回 solution；

20.　　　　否则 hash_table$[n]$←next_S；

21.　返回"失败"

前向搜索算法的输入分别是问题目标、初始状态、规划图动作层、第一动作层的索引、偏序约束树和一个空规划。一个全局的 hash 表用于存储由其出发不能够到达目标的状态(给定当前的规划图)。集合 S 初始时是问题的初始状态。第5～7行生成所有可能的来自当前动作层的动作联合，并在当前状态 S 中完全实例化。第7行的决策是可回溯的，尽管它看起来好像考虑了所有的动作的子集，但是包含冲突动作的子集将通过约束树分析后被自动地剪掉。通过联合 S 以及动作 A 的扩展来计算下一状态(第14行)，并在下一动作层，递归调用搜索算法(第17行)。在计算出每个新状态的基础上，我们检查 S 是否以前曾在第 n 层出现过(第15行)，且已被证实为失败。如果是，则搜索算法可以不需搜索 n 层以后的规划图而立即回退。而且，假设搜索算法确实搜索了 n 层以后的规划图，它也将找不到规划解。第20行标出了无效路径，并且这些记忆可用于以后的搜索中。需要注意的是，这些记忆，即使在像积木世界那样的域中，即每个状态从任意其他状态出发都可达，也是可能存在的，因为它们是根据一个特定的有界规划图，仅记忆那些在一

个特定数目的步骤内无法到达目标状态的状态。

3.3.3 基于双向并行的图规划

2004 年,我们通过引入同效动作、同效命题等新概念,提出一种从初始条件及目标集两端同时扩展规划图的新算法 BPGP[13]。该算法充分利用并行,消除了冗余的命题列,使生成的规划图比基本规划图小得多,从而在时间和空间两方面提高了效率。同时,该算法根据互斥关系的类型,首次采用对互斥先排序后处理的方法,并用数学归纳法严格证明了在图扩张阶段,只要处理互斥的顺序是先处理干扰后处理不相容效果,就可以得到一个无冲突规划图,该算法在扩张规划图阶段解决了互斥问题,成功地分解了规划提取阶段的任务。

1. BPGP 的图扩张

采用从初始条件及目标集两端同时扩展规划图的方法,利用两个进程分别从初始条件和目标集并行地扩张规划图Ⅰ、规划图Ⅱ,并在扩张规划图的同时,考虑动作互斥关系,为规划提取做准备。过程描述如下。

1)时间步 1 命题列的生成

将所有初始条件作为图Ⅰ时间步 1 的命题列,将所有目标作为图Ⅱ时间步 1 的命题列,并对照这两列考查是否有相同命题。若有,则在目标列的相同命题上做上标记,并在以后生成规划图Ⅱ的过程中中断该命题的进一步的扩张。若这时图Ⅱ已没有可扩张的命题,则算法结束。

2)图Ⅰ、图Ⅱ时间步 1 动作列的生成

令所有前提在初始条件中的动作形成一个集合,包括 no-op 动作。查看该集合动作间的互斥关系,找出各个相互独立集,再按以上处理互斥的方法,根据互斥关系类型排列相互独立集。若相互独立集的个数为 n,则形成 n 个动作列,并将前提与动作相连。

令所有效果在目标集中的动作形成一个集合,不包括 no-op 动作。查看该集合动作间的互斥关系,找出各个相互独立集,再按以上处理互斥的方法,根据互斥关系类型按处理互斥的相反顺序排列相互独立集。若相互独立集的个数为 m,则形成 m 个动作列,并把动作与效果相连。

3)图Ⅰ、图Ⅱ时间步 i 命题列的生成

时间步 $i-1$ 的命题列与后面刚刚生成的 n 列动作的作用效果作为图Ⅰ时间步 i 的命题列,并把效果与动作相连。时间步 $i-1$ 的命题列与后面刚刚生成的 m 列动作的作用前提作为图Ⅱ时间步 i 的命题列,并把前提与动作相连。同时,对照这两列检查是否有相同命题,若有,则在目标列的相同命题和其同效前提上做上标记,并在以后生成规划图Ⅱ的过程中中断该命题和其同效前提的进一步的扩张。

若这时图Ⅱ已没有可扩张的命题,则算法结束。否则,检查图Ⅰ时间步 i 命题列与其前一列的命题是否完全相同,若相同,则规划图达到稳定状态,算法结束。

4)图Ⅰ、图Ⅱ时间步 i 命题列后动作列的生成

令所有前提在图Ⅰ命题列 i 的动作形成一个集合,包括 no-op 动作。查看该集合动作间的互斥关系,找出各相互独立集,再按以上处理互斥的方法,根据互斥关系类型排列相互独立集。若相互独立集的个数为 n,则形成 n 个动作列,并把前提与动作相连。

令所有效果在图Ⅱ命题列 i 的动作形成一个集合,不包括 no-op 动作。查看该集合动作间的互斥关系,找出各相互独立集,再按以上处理互斥的方法,根据互斥关系类型按处理互斥的相反顺序排列相互独立集。若相互独立集的个数为 m,则形成 m 个动作列,并把效果与动作相连。

2. BPGP 的规划提取

规划问题的一个中心任务就是规划提取。规划提取的基本思想是:先判断规划是否存在,若不存在,则算法结束;若存在,则进行规划提取。采用从图Ⅰ逆向沿链搜索的方法,首先把图Ⅱ最后一列命题(其中互为同效前提的只选其中一个,且此命题要在图Ⅰ中存在)作为图Ⅰ的目标集,从图Ⅰ最后一列开始搜索,直到搜索到有效规划。在命题列 i 内给定一系列目标,找到一系列实现这些目标的动作(包括 no-op 动作),让这些动作的效果是目标集中的目标,从而这些动作的前提条件构成了命题列 $i-1$ 命题中的次目标,则命题列 i 中的目标也实现了,反复执行,直到找到一个有效规划。

这里需要注意如下三点:

(1)我们没有提到对规划图Ⅱ的搜索,因为图Ⅱ是从目标列扩张规划图,实际上这就是个搜索过程,所以现在可以省略该步骤,只需在有效规划中去掉某些同效动作。

(2)在搜索图Ⅰ中可能遇到这样的情况,即搜索的动作全部由 no-op 动作组成,这说明图Ⅱ的最后一列已达到初始目标(这是规划问题非常简单的特殊情况)。这时有效规划中应去掉这些 no-op 动作,即有效规划的动作在图Ⅱ中全部能找到。

(3)一般情况下,有效规划由图Ⅰ、图Ⅱ中的动作共同组成。

3. BPGP 的实现与实验结果

我们基于以上算法用 C 语言开发了 BPGP 规划系统,并且在一系列火箭域问题上与图规划算法做了对比。我们的实验着重于发现 BPGP 与图规划两种算法的不同。在第一个实验中,我们增加了货物的数量,让一个火箭来运送它们,结果显示 BPGP 产生的规划图的节点数比 Graphplan 少得多。另一个实验,我们增加了初始状态的不相关命题,实验表明,当初始状态的不相关命题增加时,BPGP 受到的影响很小,而 Graphplan 的性能变得越来越差。其他实验表明,当问题的复杂性

增加或有效规划不存在时，BPGP 的优越性能更加显著。

3.4　最小承诺的图规划

由于图规划算法具有良好的性能，引起了人们的广泛关注，这方面的研究也在不断增加。研究者主要采用几种方法对图规划进行改进，如在搜索规划之前缩小搜索空间、改进域表示语言、改进规划的搜索等。在上述所有的这些改进工作中，无论图构造的方法如何，所生成的规划结构都保持不变。其规划表示为由可并行执行的动作所构成集合的最短序列。算法的每一步生成规划图的每一列，每一列和规划的每个动作集相关。

2001 年，Cayrol 和 Régnier 等在 Artifical Intelligence 上发表了相关论文[11]，该论文在对规划进行形式化分析的基础上，指出了要求规划中的每个动作集是独立集合的限制过强，可以将动作间的独立要求部分放宽。因此，他们引入了动作间的核准关系，并且形式化地证明了在规划图的每一列执行的动作集为核准集合就可以了。但是，在搜索有效规划期间，需要进行额外的校验过程，以确保对于规划图的每一列，动作可按某一顺序执行，这就是最小承诺的图规划算法（LCGP）的基本思想。

3.4.1　预备知识

1）核准

一个动作 a_1 核准（authorization）动作 a_2（记作 $a_1 \angle a_2$），当且仅当 $a_1 \neq a_2$ 和 $\mathrm{add}(a_1) \bigcap \mathrm{del}(a_2) = \varnothing$ 且 $\mathrm{prec}(a_2) \bigcap \mathrm{del}(a_1) = \varnothing$，即动作 a_2 不删除动作 a_1 的添加效果，且动作 a_1 不删除动作 a_2 的前提。

在图 3.8 中，我们可以看出动作 C_1 核准动作 C_2。

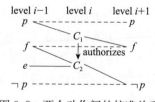

图 3.8　两个动作间的核准关系

2）禁止

动作 a_1 禁止（forbid）动作 a_2，当且仅当动作 a_1 不核准动作 a_2，即 $\mathrm{not}(a_1 \angle a_2)$。一个动作集序列 S，表示为 $\langle Q_i \rangle_n$，当 $n = 0$ 时，$S = \langle \rangle$；当 $n > 0$ 时，$S = \langle Q_1, Q_2, \cdots, Q_n \rangle$。如果动作集是单元素的（如 $Q_1 = \{a_1\}, Q_2 = \{a_2\}, \cdots, Q_n = \{a_n\}$），则相应的动作集序列就称作动作序列，记为 $\langle a_1, a_2, \cdots, a_n \rangle$。我们用 $(2^A)^*$ 表示动作集 A 形成的动作集序

列的集合,A^* 表示动作集 A 形成的动作序列的集合。函数 first, rest 和 length 的定义如下:$\text{first}(\langle Q_1,Q_2,\cdots,Q_n\rangle)=Q_1$,$\text{rest}(\langle Q_1,Q_2,\cdots,Q_n\rangle)=\langle Q_2,\cdots,Q_n\rangle$,$\text{length}(\langle Q_i\rangle_n)=n$。

3)动作集序列的连接

设 $S,S'\in(2^A)^*$,$S=\langle Q_i\rangle_n$,$S'=\langle Q'_i\rangle_m$,则定义

$$S\oplus S'=\begin{cases}\langle\,\rangle, & n+m=0\\ \langle R_i\rangle_{n+m}, & n+m>0\end{cases}$$

其中

$$R_i=\begin{cases}Q_i, & 1\leqslant i\leqslant n\\ Q'_{i-n}, & n+1\leqslant i\leqslant n+m\end{cases}$$

4)动作集的线性化

动作集 $Q(Q=\{a_1,\cdots,a_n\})$ 的线性化,即动作集 Q 的一个排列,如 $\langle a_1,\cdots,u_n\rangle$,用 $\text{Lin}(Q)$ 来表示。

5)独立动作集序列的应用

$E\,\Re\,S=$

如果 $S=\langle\,\rangle$ 或者 $E=\bot$

那么仍为当前状态 E;

否则,如果 $\text{first}(S)$ 是独立的,并且 $\text{prec}(\text{first}(S))\subseteq E$

那么为 $[(E-\text{del}(\text{first}(S)))\cup\text{add}(\text{first}(S))]\,\Re\,\text{rest}(S)$;

否则为 $\bot$

式中,$\Re$ 为命题集合;$\bot$ 为不可能状态。

6)$\Re$ 下的规划

动作集序列 S 是从状态 E 出发的关系 $\Re$ 的一个规划,当且仅当 $E\,\Re\,S\neq\bot$。

7)$\Re$ 下规划的属性

E 是一状态,S 是一非空动作集序列,且 $S=\langle Q_1,Q_2,\cdots,Q_n\rangle$,则有

$$E\,\Re\,S\neq\bot\Rightarrow\forall S_1\in\text{Lin}(Q_1),\cdots,\forall S_n\in\text{Lin}(Q_n)$$

则 $E\,\Re\,S=E\,\Re(S_1\oplus\cdots\oplus S_n)$。

8)核准序列(authorized sequence)

一个动作序列是核准的,当且仅当对于任意的 $\forall i,j\in[1,n]$,$i<j\Rightarrow a_i\angle a_j$。

易知,对于 $\forall i\in[1,n-1]$,后面执行的动作不删除前面所有动作的添加效果,且前面执行的所有动作不删除后面执行动作的前提。

9)核准的动作集,核准的线性化序列

一个动作集 $Q\in(2^A)^*$ 是核准的,当且仅当能够找到一个核准的线性化序列 $S\in\text{Lin}(Q)$;反之,如果找不到,该动作集就是禁止的。而一个动作集的核准的线

性化序列,需满足两个条件:

(1)该序列是给定集合的线性化。

(2)该序列是核准序列。

10)核准图

设 Q 是一动作集,$Q = \{a_1, \cdots, a_n\}$,Q 的核准图为 $AG(N, C)$,其中:$N = \{n(a_1), \cdots, n(a_n)\}$ 是动作节点的集合,C 是表示动作间顺序约束的弧的集合,从 $n(a_i)$ 到 $n(a_j)$ 有一条弧 $\Leftrightarrow a_i$ 必须先于 a_j 执行(如:a_j 禁止 a_i 时)即:对于 $\forall a_i \neq a_j \in Q$,$(n(a_i), n(a_j)) \in C \Leftrightarrow \mathrm{not}(a_j \angle a_i)$(即 $n(a_i)$ 与 $n(a_j)$ 间无环)。

11)Q 是动作集,$AG(N, C)$ 是 Q 的核准图,则有 AG 无环 $\Leftrightarrow Q$ 是核准的

设 $N = \{n(a_1), \cdots, n(a_m)\}$,因为

$$AG \text{ 无环}$$

所以

$$AG \text{ 的节点间存在着一个拓扑排序}$$

所以

$$\forall 1 \leqslant i < j \leqslant m, (n(a_i), n(a_j)) \notin C$$
$$\Leftrightarrow \forall 1 \leqslant i < j \leqslant m, \mathrm{not}(\mathrm{not}(a_j \angle a_i))$$
$$\Leftrightarrow \forall 1 \leqslant i < j \leqslant m, a_j \angle a_i$$
$$\Leftrightarrow Q \text{ 是核准的}$$

3.4.2　最小承诺的图规划算法

由于最小承诺的图规划算法是对图规划算法的部分修改而得到的,它们的基本思想相似,因此,下面将通过描述最小承诺的图规划算法与图规划算法之间的不同之处来给出最小承诺的图规划算法。同样地,最小承诺的图规划算法也分为图扩张和解搜索两个阶段。

1. 图扩张

在这个阶段,最小承诺的图规划与图规划的唯一区别在于动作间互斥关系的计算。在图规划中,两个动作 a_1 和 a_2 互斥,当且仅当以下条件成立:

(1)$a_1 \neq a_2$。

(2)它们不独立(即其中的一个禁止另一个:$\mathrm{not}(a_1 \angle a_2)$ 或 $\mathrm{not}(a_2 \angle a_1)$),或者一个动作的某个前提与另一动作的一个前提互斥。

而在 LCGP 中,两个动作 a_1 和 a_2 互斥,当且仅当以下条件成立:

(1)$a_1 \neq a_2$。

(2)每个动作都禁止另一个:$\mathrm{not}(a_1 \angle a_2)$ 且 $\mathrm{not}(a_2 \angle a_1)$,或者一个动作的某个前提与另一动作的一个前提互斥。

2. 解搜索

在扩张之后,最小承诺的图规划算法试图使用层-层的方法从规划图中提取规划。从所构造的最后一列的包括目标的命题集开始,寻找能满足目标的不同的动作集合。然后选择其中的一个集合(回溯点),并在前一列中寻找满足这些动作前提的动作集合,再次搜索。在每一列中,所选择的动作集合除要满足这个集合中所有动作的前提不互斥外,它还必须是核准的,即必须找到一个动作序列,在这个序列中,任何一个动作都不删除在它之后执行的动作前提,或在它之前执行动作的添加效果。如果找不到这样的集合,则进行回溯。

要判断一个动作集合是否是核准的,以及如果该集合是核准集合,那么它核准的动作序列是什么,SearchSeq 函数将给出答案。

SearchSeq(Q)

　　输入:动作集 Q。

　　输出:如果 Q 不是核准的,则失败;否则,输出满足 $E\mathfrak{R}^*\langle Q\rangle=E\mathfrak{R}S$ 的动作序
　　　　　列 S。

　　Begin

　　　　设 AG(N,C):=Q 的核准图

　　　　返回 Stratify(AG);

　　End

Stratify(G)

　　输入:一个有向图 $G(N,C)$,其中 N 是动作节点的集合,C 是弧的集合。

　　输出:如果 G 是有环的,则失败;否则,输出独立动作集的序列,并且该序列中
　　　　　的各个动作集合满足 $Q_1\bigcup\cdots\bigcup Q_n=\{a_i\,|\,n(a_i)\in N\}$ 且 $Q_1\bigcap\cdots\bigcap Q_n=\varnothing$
　　　　　这个条件。

　　设无前趋的节点集合 without-pred:=$\varnothing$ 且搜索序列 Res:=$\langle\rangle$;

　　当 $N\neq\varnothing$ 时,执行

　　　　without-pred:=$\{n(a)\in N\,|\,$动作 a 的前趋集合 Pred(a)=$\varnothing\}$;

　　　　如果 without-pred=$\varnothing$,则返回失败;

　　　　否则

　　　　　　Res:= Res$\bigoplus\langle\{a\,|\,n(a)\in$ without-pred$\}\rangle$;

　　　　　　N:= $N-$without-pred;

　　　　　　C:= $C-\{(n_1,n_2)\in C\,|\,n_1\in$ without-pred$\}$;

　　返回搜索序列 Res。

3.4.3　简单的规划问题举例

为了说明图规划和最小承诺的图规划算法间的区别,下面给出一个简单的规

划问题,分别采用这两种算法来解决。设命题集合 $P = \{a, b, c, d\}$,动作集合 $A = \{A, B, C\}$,且

prec(A) = $\{a\}$ prec(B) = $\{a\}$ prec(C) = $\{b, c\}$
add(A) = $\{b\}$ add(B) = $\{c\}$ add(C) = $\{d\}$
del(A) = $\varnothing$ del(B) = $\{a\}$ del(C) = $\varnothing$

初始状态 $I = \{a\}$,目标 $G = \{d\}$。

采用图规划算法得到的规划图如图 3.9 所示。其中,该图中从命题到动作的黑线表示前提链,从动作到命题的黑线表示添加效果,虚线表示删除效果,灰线表示空动作。

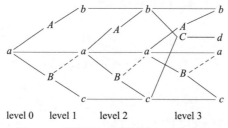

图 3.9   采用图规划算法得到的规划图

动作 A 和 B 总是互斥的,因为 B 删除了 A 的前提 a 而使得它们不独立。在第一列中,$\{a, c\}$ 和 $\{b, c\}$ 都是互斥的命题对。所以,不能在第二列中应用动作 C 来生成目标。而在这一列中,由于命题 b 的 no-op 动作和动作 B 不互斥,所以命题 b 和 c 不互斥。在第三列中,就可以应用动作 C,这样目标 d 就出现了。那么就可以采用逆向链算法来提取有效规划了。目标列仅包括命题 d,算法寻找满足第三列中目标命题的动作,支持 d 的唯一动作是 C。此时的目标列是 C 的前提 $\{b, c\}$。算法记录 C 为第三列中找到的规划动作,然后在第二列中寻找支持目标列的动作。但不能选择动作对 $\{A, B\}$、$\{A, \text{no-op}_c\}$ 和 $\{\text{no-op}_b, \text{no-op}_c\}$,因为它们互斥。唯一可能的选择是 $\{\text{no-op}_b, B\}$,它被记录在第二列的当前规划中。这时的目标列是 $\{b, a\}$,在第一列中唯一可能的支持动作是 $\{A, \text{no-op}_a\}$。因此,找到的有效规划为 $\langle A, B, C \rangle$。

采用最小承诺的图规划算法得到的规划图如图 3.10 所示。由于核准关系是独立关系的部分放松,是不对称的,动作 A 核准动作 B,是当 A 不删除 B 的前提且 B 不删除 A 的添加效果时满足,所以 B 必须在动作 A 之后应用,且在得到的结果中包括 A 和 B 的添加效果的并集。那么在 LCGP 中,两个动作互斥,是当它们的前提互斥或当它们互不核准时。根据这个新定义,A 和 B 就不再互斥了,因为 A 核准 B。这样,在第一列中,命题 b 和 c 也不互斥,所以可以在第二列中应用动作 C。目标 d 在第二列中出现,然后执行解搜索。目标列初始化为 $\{d\}$,算法寻找支持 d 的动作:动作 C 被记录在第二列的当前规划中。此时,目标列就是 C 的前提:

$\{b,c\}$。支持$\{b,c\}$的动作仅为不互斥的动作 A 和 B,因为 A 核准 B。此外,为了确保找到这两个动作的一个排序,算法必须执行一个额外的测试过程。因为只有两个动作,顺序是显然的,最终所找到的规划是按图规划算法所能找到的规划:$\langle A,B,C \rangle$。

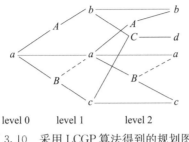

level 0　　　　level 1　　　　level 2

图 3.10 采用 LCGP 算法得到的规划图

但需要注意的是,当要为三个以上的动作寻找一个排序时,会遇到一个问题。假如考虑 C,D,E 这三个动作,它们满足:C 核准 D,但 D 不核准 C;D 核准 E,但 E 不核准 D;E 核准 C,但 C 不核准 E,那么就找不到$\{C,D,E\}$的一个排序。因为 C 不核准 E,所以$\langle C,D,E \rangle$,$\langle C,E,D \rangle$都是不可能的,并且这两个排序是循环的,所有其他的排序也都是不可能的。

3.4.4　最小承诺的图规划算法的优缺点

在最小承诺的图规划算法中,规划中的动作间的约束减弱了,规划图中每一列的互斥对减少了。因此,通过上述例子和一些实验结果,我们可以看出,与图规划算法相比,最小承诺的图规划算法显示出了一定的优越性。

1. 优点

(1)对同一列来说,图规划的图是最小承诺的图规划算法的子图,因此采用最小承诺的图规划算法目标通常出现得更早,即图扩张进程较快,最坏的情况是二者相同。

(2)搜索空间较紧凑,在一些规划域中加快了搜索速度。

(3)实验结果表明,在经典规划域中,最小承诺的图规划算法能够比图规划以及图规划家族的其他规划器解决更多的问题。

2. 缺点

就规划的步数而言,LCGP 所找到的规划解不是最优的。

3.5　图规划中的条件效果

自从图规划问世,并在 STRIPS 域中脱颖而出以来,越来越多的研究都集中在扩展图规划来处理更具表达力的语言和更复杂的规划问题。在这一节中,我们将扩展图规划来允许规划中动作带有条件效果。

3.5.1　条件效果

条件效果是动作描述中与上下文相依赖的效果,一般用一个 when 子句来引导。

when 子句由两部分组成:前提(antecedent)和结论(consequent)。

when 子句的执行就像动作的执行一样,只有在执行前,它的前提被满足,它才能被执行,并产生结论中的效果。如果把动作的前提看成是主要前提,那么 when 子句的前提则是次要前提(secondary precondition)。

同时,我们将不用 when 引导的,即不依赖上下文的效果称为非条件效果。

例如,图 3.11 所示的是简单的公文包问题域的带有条件效果的动作描述,公文包中可能含有支票或/和钥匙,而所有在公文包中的物品将随公文包一起移动。

```
move-briefcase(?loc ?new)
      :prec(and (at briefcase ?loc)(location ?new)
                (not( = ?loc ?new)))
      :effect(and(at briefcase ?new)(not(at briefcase ?loc))
                  (when(in paycheck briefcase)
                     (and(at paycheck ?new)
                        (not(at paycheck ?loc))))
                  (when(in keys briefcase)
                     (and(at keys ?nes)
                        (not(at keys ?loc)))))
```

图 3.11　移动公文包动作示例

图 3.11 中,when 引导的一个子句便是一个条件效果,其中前半子句为次要前提也称为效果条件,后半子句为与该前提相对应的条件效果。只有在动作执行之前,次要前提为真,在动作执行之后,与之相对应的结论才可实现。例如,对于对作 move-briefcase(? loc ? new),除非条件效果(at briefcase ? new)和 not(at briefcase ? loc)之外,还得考虑条件效果:若移动包的时候支票在包中,即(in paycheck briefcase),移后则有条件效果支票在"? new"而不在"? loc",即(at paycheck ? new)和(not(at paycheck ? loc)),否则动作 move-briefcase(? loc ? new)不影响支票状态。对于钥匙,同理。

下面,我们将分别介绍三种在图规划中处理条件效果的方法。

3.5.2　全扩展法

全扩展法[6]的实质是将主要前提集和各个次要前提集组成的集合的子集(包括真子集)进行重新组合,将上述带有条件效果的动作扩展成几个相互独立的 STRIPS 操作。

我们来看一个例子。以图 3.11 为例,其中的主要前提(at briefcase? loc),

(location? new)和 not(＝? loc? new)分别与两组次要前提(in paycheck brief-case)和(in keys briefcase)组成的集合的子集进行组合,将 move-briefcase 动作分解为如图 3.12 所示的四个独立的 STRIPS 动作概要。第一个是公文包为空的情况,第二个是钥匙在公文包中,第三个是支票在公文包中,第四个是钥匙和支票都在公文包中的情况。

```
move-briefcase-empy(?loc ?new)
    :prec(and(at briefcase ?loc)(location ?new)
            (not( = ?loc ?new))
            (not(in paycheck briefcase))
            (not(in keys briefcase)))
    :effect(and(at briefcase ?new)(not(at briefcase ?loc))
move-briefcase-paycheck(?loc ?new)
    :prec(and(at briefcase ?loc)(location ?new)
            (not( = ?loc ?new))
            (in paycheck briefcase)
            (not(in keys briefcase)))
    :effect(and(at briefcase ?new)(not(at briefcase ?loc))
            (at paycheck ?new)(not(at paycheck ?loc)))
move-briefcase-keys(?loc ?new)
    :prec(and(at briefcase ?loc)(location ?new)
            (not( = ?loc ?new))
            (not(in paycheck briefcase))
            (in keys briefcase))
    :effect(and(at briefcase ?new)(not(at briefcase ?loc))
            (at keys ?new)(not(at keys ?loc)))
move-briefcase-both(?loc ?new)
    :prec(and(at briefcase ?loc)(location ?new)
            (not( = ?loc ?new))
            (in paycheck briefcase)
            (in keys briefcase))
    :effect(and(at briefcase ?new)(not(at briefcase ?loc))
            (at paycheck ?new)(not(at paycheck ?loc))
            (at keys ?new)(not(at keys ?loc)))
```

图 3.12　移动公文包问题的 4 个 STRIPS 操作

这种方法存在的问题是它可能导致动作数目的指数级增长。如果公文包中还可能有一本书,那么就需要有 8 个动作概要。如果再有一支笔,则要 16 个概要,等等。大体上说,如果一个动作有 n 个条件效果,在每个前提中有 m 个可选项,那么在最坏情况下,所需的相互独立的 STRIPS 动作的数目是 2^{nm} 个。这种爆炸频繁发生在量化的条件效果中。如图 3.13 所示为一个量化了其中所有物品的公文包。

实际上,对每一件在公文包中的物品,该操作都有一个条件效果。如果有 20 件物品可能在公文包中,完全扩展将产生上百万个 STRIPS 操作。

```
move-briefcase(?loc ?new)
    :prec(and(at briefcase ?loc)(location ?new)
            (not( = ?loc ?new)))
    :effect(and(at briefcase ?new)(not(at briefcase ?loc))
            (forall ?i(when(in ?i briefcase)
                    (and(at ?i ?new)
                        (not(at ?i ?loc)))))
```

图 3.13　移动公文包的量化的条件操作

3.5.3　要素扩展法

处理带有条件效果的动作的第二种方法是要素扩展法[7]。

要素扩展法的基本思想是:将动作所有的效果条件化,使所有的效果都变成了条件效果,针对每个效果产生一个动作元件。

元件(component)是要素扩展法中一个重要的概念。一个元件由两部分组成:前提(antecedent)和结果(consequent)。具体地说,每个带有条件效果的动作都将产生一个唯一的与非条件效果相对应的元件,并且,针对每一个条件效果,也都产生一个与之对应的动作元件。简单地说,一个元件的前提是动作的前提并上它所对应的那个条件效果的前提,一个元件的结果(效果)就是它所对应的条件效果。

例如,图 3.11 所示的动作,按照要素扩展法可有三个动作元件(图 3.14)。

```
move-briefcase(?loc ?new)
    :effect (when (and (at briefcase ?new)(location ?new)
                    (not( = ?loc ?new)))
            (and (at briefcase ?new)
                not(at briefcase ?loc))))
        (when (and (at briefcase ?new)(location ?new)
                    (not( = ?loc ?new))
                    (in paycheck briefcase))
            (and (at paycheck ?new)
                (not(at paycheck ?loc))))
        (when (and (at briefcase ?new)(location ?new)
                    (not( = ?loc ?new))
                    (in keys briefcase))
            (and (at keys ?new)
                (not(at keys ?loc))))
```

图 3.14　移动公文包动作的完全条件化

C_1:前提为(at briefcase ? loc)$\wedge$(location ? new)$\wedge$(not(= ? loc ? new)),

　　结果为(at briefcase ? new)∧(not(at briefcase ? loc))。

　　C_2：前提为(at briefcase ? loc)∧(location ? new)∧(not(= ? loc ? new))∧
(in paycheck briefcase)，

　　结果为(at paycheck ? new)∧(not(at paycheck ? loc))。

　　C_3：前提为(at briefcase ? loc)∧(location ? new)∧(not(= ? loc ? new))∧
(in keys briefcase)，

　　结果为(at keys ? new)∧(not(at keys ? loc))。

　　通过避免将带有条件效果的动作扩展成指数级数目的单纯的 STRIPS 动作，要素扩展法大大地提高了速度。但是，这种性能提高是建立在复杂性开支的基础上。首先，要素扩展法要推理动作的个体效果，所以需要更复杂的规则来定义规划图构建期间的必要的互斥关系约束。最棘手的扩展情况是，一个条件效果是由另一个引起的，即不可能执行一个效果而不引起另一个也发生。其次，要素扩展法也使后向链搜索有效规划变得复杂，因为它需要面对非期望条件效果的无效前提上的子目标。

3.5.4　IP² 扩展法

　　第三种处理条件效果的方法是 IP² 规划器采用的 IP² 扩展法[5]。IP² 是 Koehler，Nebel，Hoffmann 和 Dimopulos 基于图规划开发的将问题域的表示语言扩充到 ADL 的一个规划器，IP² 规划器中处理条件效果的方法被称为 IP² 方法。

　　IP² 方法的基本思想是：将带有条件效果的动作不做任何预处理直接嵌入规划图中，在扩张规划图的过程中对条件效果进行处理。

　　定义 3.5.1　在 IP² 中，将一个操作定义为一个四元组，包括：

　　(1)一个用字符串表示的名称。

　　(2)一个定义了类型的变量列表。

　　(3)一个由原子命题的合取组成的前提条件 φ_0。

　　(4)有可能的全称量化公式的合取组成的效果，其形式为 $\varphi_i \Rightarrow \alpha_i, \delta_i$，其中 φ_i 被称为效果条件(被限制为原子命题的集合)，α_i, δ_i 为实际的效果(同样被限制为原子命题的集合，α_i 为添加效果，δ_i 为删除效果)。

　　例如，与图 3.11 等价的动作描述如图 3.15 所示。

```
name:  move-briefcase
par:   l₁:location, l₂:location
pre:   at-b(l₁)
eff:   add at-b(l₂), del at-b(l₁)
       ∀x:object[in(x)⇒add at(x,l₂), del at(x,l₁)]
```

图 3.15　带有条件效果和全称量化效果的操作

　　一个值得注意的是，简单例子 $\varphi_i \Rightarrow \forall x$:add $p(x)$ 是无效的效果描述，因为效

果条件在全称量词的范围之外。

定义 3.5.2　一个动作 o 为一个操作的基本实例化,其形式为

$$o : \varphi_0$$
$$\alpha_0, \delta_0$$
$$\varphi_1 \Rightarrow \alpha_1, \delta_1$$
$$\cdots\cdots$$
$$\varphi_n \Rightarrow \alpha_n, \delta_n$$

其中,$\varphi_i, \alpha_i, \delta_i$ 都是基本原子命题的集合,φ_0 表示 o 的前提条件,α_0 为 o 的添加效果列表,δ_0 为删除效果列表。一个条件效果包括效果条件 φ_i,添加效果列表 α_i 和删除效果列表 δ_i。图 3.16 显示了对象域为 {letter, toy}、位置变量的值域为 {office, home} 的移动公文包问题的一个操作符的基本实例。

```
name: move-briefcase
par:  office,home:location
pre:  at-b(office)
eff:  ∅⇒add at-b(home),del at-b(office);
      in(letter) ⇒add at(letter,home),del at(letter,office);
      in(toy) ⇒add at(toy,home),del at(toy,office).
```

图 3.16　移动操作的一个可能的基本实例化

定义 3.5.3　与在 Graphplan 中一样,我们将一个规划图 $\Pi(N, E)$ 定义为一个层次图,其节点集合 $N = N_o \bigcup N_F$,其中 N_o 和 N_F 分别包含动作节点集合和基本原子命题集合,且 $N_o \bigcap N_F = \varnothing$。它的边的集合 $E = E_P \bigcup E_A \bigcup E_D$,其中 E_P 为前提条件边,E_A 为添加效果边,E_D 为删除效果边集合。

在上述定义的基础上,IP^2 方法并不是像其他方法那样直接将动作描述分解成若干独立的部件,而是将带有条件效果的动作不做任何预处理直接嵌入规划图中,在扩张规划图的过程中对条件效果进行处理。

IP^2 的图扩张算法与原始的图规划算法有较大的区别,也正是这些区别使得 IP^2 系统可以处理动作中的条件效果,而二者的主要区别在于效果边和下一命题层 $N_F(n+1)$ 的构建过程不同。

给定一个条件效果 $\varphi_i(o) \Rightarrow \alpha_i(o), \delta_i(o)$,$IP^2$ 首先处理单个添加效果 $f \in \alpha_i(o)$。如果下面几个条件都被满足,该效果将被添加进 $N_F(i+1)$:

(1) $\varphi_i(o) \subseteq N_F(n)$。

(2) $\varphi_i(o)$ 中的所有命题在 $N_F(n)$ 中两两不互斥。

(3) 在 $N_F(n)$ 中的 $\varphi_i(o)$ 中的所有命题都不与 $\varphi_0(o)$ 中的命题互斥。

前两个条件保证了效果条件可用,第三个条件检测前提条件与效果条件是否

可以同时在同一个状态中为真——尽管我们可以认为一个合理的操作描述都该保证这一点。只有当上述所有条件都被满足了,效果 f 才可能在下一命题层中为真。如果 f 不在 $N_F(n+1)$ 中,则添加一个新的命题节点;否则,仅需要建立一条添加效果边,指向所有在 $N_F(n)$ 中同时又在 $\varphi_i(o)$ 中发生的命题。由于一个动作可以在不同的效果条件下达到同一个原子命题,所以在一个动作节点和一个命题节点间可存在多条边。对于一个删除效果 $f \in \delta_i(o)$,过程类似。当所有目标命题都在 $N_F(\max)$ 中发生,或是目标不可实现时,规划图扩张终止。

例如,给定如下动作集合 $\{op_1, op_2, op_3\}$ 和一个初始状态 $I = \{d_1, d_2, d_3, x, y, z\}$ 及目标 $G = (a, b, c)$:

op$_1$ 　　　　　　　　op$_2$ 　　　　　　　　op$_3$
pre:d_1 　　　　　　　pre:d_2 　　　　　　　pre:d_3
eff:add a,del d_1 　　　eff:add b,del d_2 　　　eff:add c
　　　　　　　　　　　$y \Rightarrow$ add x 　　　　　$y \Rightarrow$ add x
　　　　　　　　　　　$x \Rightarrow$ del a 　　　　　$z \Rightarrow$ add y

图 3.17 即为第一次达到目标的规划图(省略了空动作)。虚线为删除效果边,带箭头并指向其效果条件的边为条件效果边。这三个动作不互斥,因为它们仅在条件效果上有冲突。关于互斥,在 IP 系统中有详细定义,这里不加赘述。

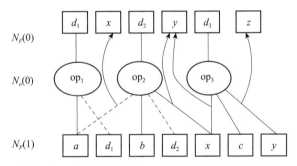

图 3.17　IP 系统扩展的一个简单的规划图的例子

在解搜索过程中,与原始的 Graphplan 不同,IP^2 系统在动作选择阶段选取的是一条能到达目标命题的添加效果边,而不是一个动作。这是因为,同一个动作可能通过不同类型的效果(条件的或非条件的)或是在不同的效果条件下达到相同的目标命题。通过选择一条添加效果边,也就间接地选择了一个动作。

我们这里只是介绍一下 IP^2 系统对条件效果的处理方法,有关算法的具体细节可查阅相关资料。

3.5.5 利用兄弟元件改进要素扩展法

2003 年,我们将带有条件效果的动作分解成元件,利用互斥延迟算法进行规划图的扩张[14]。规划图生成后,从初始条件出发,利用一个前向搜索过程搜索规划解。在搜索过程中,选择的不是单个的动作,而是独立集,这样可以明显地减小搜索空间。同时,该方法还利用了独立集之间的执行次序作为独立集选择的启发式,加快搜索过程。在此基础上,我们又通过引入兄弟元件和非兄弟元件改进了图规划算法,经验证明,这种算法大大减少了规划图中节点间的互斥,加速了有效规划的搜索[15]。

由同一动作产生的元件称为兄弟元件,由不同动作产生的元件称为非兄弟元件。每一个兄弟元件其实是对父动作的一个局部描述,所以说兄弟元件之间是互相影响和作用的,而非兄弟元件之间不存在这种约束作用。兄弟元件之间有一些公有前提,即其父动作的原有前提。但每一个兄弟元件又有其私有前提,即产生其所对应的条件效果的次要前提。由于兄弟元件之间具有公有前提,所以它们之间很容易产生引致关系。

我们对算法有以下两点改进:

(1)区分了由引致关系引起的互斥关系和由其他因素引起的互斥关系,并且在搜索过程中对这两种互斥关系区别对待。如果是其他因素引起的互斥关系,那么直接进行回溯,另选一个支持次目标的元件;如果是引致关系引起的互斥关系,则可以选择一个引致元件进行抵制。

(2)在对引致元件进行抵制时,选择元件的私有前提进行抵制,而不能选择元件的公有前提进行抵制。

根据以上这两点我们对搜索算法进行了改进,算法描述如下:

(1)$SC_i \leftarrow \varnothing$;//$SC_i$ 是第 i 层中支持第 $i+1$ 层次目标的元件集合

(2)$G_{i-1} \leftarrow \varnothing$;// G_{i-1} 是第 $i-1$ 层的次目标集合

(3)对于每个第 $i+1$ 层的次目标 g,在第 i 层上选择一个支持目标 g 的元件 C_s,如果元件 C_s 不在 SC_i 中,则进行以下操作:

(a)查看 SC_i 中是否有与元件 C_s 互斥的元件;

(b)若 SC_i 中没有与元件 C_s 互斥的元件,则添加元件 C_s 到集合 SC_i 中,把元件 C_s 的前提加入到第 $i-1$ 层次目标集 G_{i-1} 中;

(c)若 SC_i 中有与元件 C_s 互斥的元件,则查看它与元件 C_s 是由引致关系引起的互斥关系,还是其他因素引起的互斥关系:

(i)如果是引致关系引起的互斥关系,则选择其中一个引致元件进行抵制,在对元件进行抵制时,我们先选元件的私有前提进行抵制,即通过 no-op 将元件的某一个私有前提的否定从第 $i-1$ 层持续到第 $i+1$ 层,将元件被抵制的私有前提的否定添加到第 $i-1$ 层的次目标集 G_{i-1} 中;

(ii)如果是其他因素引起的互斥关系,则回溯重新选一个支持该目标的元件。

(4)直到 $i=1$ 时,SC_1,SC_3,SC_5,… 中所有元件的父动作(元件 C_i 的父动作是指产生元件 C_i 的动作)的序列构成了一个完整的规划;否则,$i=i-2$,重复步骤(1)～(3)的操作。

3.5.6 四种方法的比较

1)全扩展法和要素扩展法的比较

实验结果表明,对于简单问题(在一秒内可找到规划的问题),全扩展法要比要素扩展法快。但对于稍难的问题,要素扩展法要优于全扩展法。

2)IP^2 法和要素扩展法的比较

这两种方法有些类似,最大的区别是:IP^2 法将动作看成一个对于每个条件效果有一个单独效果子句的整体;只有当两个动作的非条件效果和前提条件相冲突时,两动作才互斥;否定的原子不能用 IP^2 算法进行明确的处理。实验结果表明,对于不包括互斥关系的带条件效果的动作,IP^2 和要素扩展的性能差不多,但当引致互斥不能被确认时,IP^2 不如要素扩展效率高。

3)利用兄弟元件改进要素扩展法和要素扩展法的比较

利用兄弟元件改进要素扩展法使要素扩展法从空间和时间上得到了极大的改善。

3.6　利用约束可满足问题在规划图中求解

3.6.1 约束满足问题

1. CSP[16,17]

CSP 由变量的集合 X、变量的值域 D、约束的集合 C、问题的目标 G 组成。例如,八皇后问题、地图着色问题、调度问题都是典型的 CSP 问题。

2. DCSP[18]

DCSP 由变量的集合 X、变量的活跃标志、变量的值域 D、约束的集合 C、变量激活约束以及问题的目标 G 组成。DCSP 问题的目标是为所有活跃变量找到能同时满足约束的赋值。

规划图与 DCSP 存在对应关系,即规划图中的命题对应于 DCSP 变量,动作冲突关系近似看作 DCSP 的各种约束,而支持命题的动作相当于命题的值域,目标中的命题相当于初始活跃变量。解决 DCSP 有两种方法:直接法,如图规划;间接法,将 DCSP 转化为 CSP,并使用解决 CSP 问题的标准算法来解决 DCSP。

3.6.2   约束满足问题求解技术

1. 朴素回溯法

按顺序对未赋值的变量进行赋值,若失败,则回溯到前一个变量,为它重新赋值。

2. 前向检查法[19]

无论何时,一旦变量 x 被赋值,前向检查法考察与 x 存在约束的未被赋值的变量 y,然后从 y 的值域中除去那些与 x 的当前赋值存在约束的值。

3. 边一致法

边一致法是一种快速传播约束的方法。在约束图中,边一致法考察所有 x 及与 x 相邻的节点 $\{y_1, y_2, \cdots, y_n\}$。如果对于节点 x 的一个取值 v_{11},节点 y_1 的值域中没有一个可以满足 x 与 y_1 之间的约束关系,则把 v_{11} 从 x 的值域中除去。当考察完 x 的所有相邻节点之后,再用相同的方法来考察 y_1,以此类推。显然,朴素回溯法和正向检查法是不完全的边一致法。

4. 动态变量排序[20]

下一个要赋值的变量是通过一种指标确定的,通常是选择值域规模最小的变量。

5. 由冲突引导的回溯[21]

当前变量赋值失败后,不一定回溯到在它之前刚赋完值的变量,而是通过它的冲突集进行回溯,每次回溯到当前变量冲突集中赋值时间离它最近的变量。

6. 爬山算法

从一个随机产生的状态开始,转到具有最好估价值的邻居。若到达一个严格局部最小状态,则重新随机选择开始状态。

3.6.3   用 EBL 和 DDB 提高图规划搜索效率

EBL 通过对搜索树中失败的叶子(外部)节点的解释,计算出对内部节点失败的原因。DDB 是通过对一个搜索节点失败解释的约束的集合,得出效果 "false"[22,23]。

加入 EBL/DDB 特性的图规划的后向搜索算法描述如下:

Find-plan(G:目标集, p_g:规划图, k:列号)

若 $k=0$,则返回一个空的子规划 P,并且返回"成功";

若存在一个记忆 M 且 $M \subseteq G$

返回"失败",并且把 M 作为冲突集返回;

调用 Assign-goals$(G, p_g, k, \varnothing)$；

　　若赋值失败且返回值是一个冲突集 M

　　　　把 M 作为冲突集存储；

　　　　从 M 经过 $k+1$ 列选择的动作集回退，得到 R；

　　　　返回"失败"，同时把 R 作为冲突集返回；

　　若赋值成功，且返回一个 k 列的子规划 P，

　　　　则返回 P，同时返回"成功"；

算法结束

Assign-goals$(G$：目标集，p_g：规划图，k：列号，A：动作集$)$

　　若 $G = \varnothing$

　　　　设 U 为 A 中所有动作前提条件组成的集合；

　　　　调用 Find-plan$(U, p_g, k \ 1)$；

　　　　　　若 Find-plan 失败且返回一个冲突集

　　　　　　　　则"失败"，同时返回 R；

　　　　　　若 Find-plan 成功且返回一个长度为 $k-1$ 的子规划 P

　　　　　　　　则返回"成功"，同时返回一个长度为 k 的子规划 $P \cdot A$；

　　否则$(G \neq \varnothing)$

　　　　从 G 中选择一个目标 g；

　　　　置 cs $\leftarrow \{g\}$，设 A_g 为 k 列中支持 g 的动作集合；

L1：若 $A_g = \varnothing$，则失败且把 cs 作为冲突集返回；

　　　否则$(A_g \neq \varnothing)$，选择一个动作 $a \in A_g$，$A_g \leftarrow A_g - a$；

　　　　　若 a 与 A 中的某个动作 b 互斥

　　　　　设选择动作 b 是为了支持目标 l

　　　　　置 cs $\leftarrow$ cs$\bigcup \{l\}$；

　　　　　转 L1；

　　　　否则$(a$ 不与 A 中的任何动作互斥$)$

　　　　　调用 Assign-goals$(G - \{g\}, p_g, k, A\bigcup\{a\})$；

　　　　　　若上面的调用结果为失败且返回冲突集 C

　　　　　　　若 $g \in C$，则 cs $\leftarrow$ cs$\bigcup C$；//冲突集合并

　　　　　　　　　转 L1；

　　　　　　否则$(g \notin C)$，返回"失败"且把 C 作为冲突

　　　　　　　集返回；

　　算法结束

实验证明，EBL/DDB 能够极大地提高 Graphplan 的性能，但记忆预测的平均

失败次数有了增长。Graphplan 的大部分时间花在记忆匹配上,然而如果不使用记忆匹配,一般情况下,它表现得更糟。针对上述情况,我们从一个新的角度重新理解了图规划与 DCSP 的关系,把基于记忆的变量/值排序策略运用到图规划的逆向搜索,从而加速了图规划的问题求解进程[24]。

3.7 灵活图规划算法

近年来,学者除继续研究如何提高规划效率之外,还对如何扩展规划算法处理问题的范围、如何提高规划的质量进行了大量的研究。图规划算法可以成功地解决经典 STRIPS 域中的问题,但此算法对获取现实世界问题的细节是不充分的,导致某些有解的问题求不到解,或者导致某些质量较低的解。针对这种情况,2000年爱丁堡大学的 Miguel 教授在第 14 届欧洲人工智能会议上提出灵活图规划方法(FGP)[10,25,26],这种方法可以看作对人工智能规划领域问题求解综合效率的提升和对原有的规划定义的扩展。虽然它的一些理论问题与应用问题是世界上公认的难题,但它在实际应用中的良好前景马上吸引了众多研究者,使它成为目前智能规划中的一个研究热点。与以往规划方法的研究对象不同,灵活规划方法关注的是一类更为复杂的问题,其规划解往往更符合实际需要,这种方法力求提高规划解的综合质量,处理的问题也从理想向现实迈进了一步,因此在解决实际问题上,灵活规划具有其独特的优势。

3.7.1 图规划的局限性

本节通过具体实例,分析经典规划存在的不足及原因所在,首先让我们看一个来自物流管理域的简单例子,如图 3.18 所示。

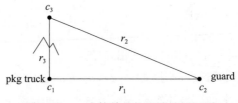

图 3.18 一个简单的物流域规划问题

这个问题的目标是把包裹 pkg 运到城市 c_3。有三个可能的操作:装载(load)、行驶(drive)、卸载(unload)。装载包裹需要包裹和卡车(truck)在同一地点,装载士兵需要士兵(guard)和卡车在同一地点,卸载包裹有前提:包裹在卡车上(on pkg truck),卸载士兵有前提士兵在卡车上(on guard truck)。起初,卡车在城市 c_1,包裹在城市 c_1,士兵在城市 c_2,道路 r_1 是由城市 c_1 到城市 c_2 的一条道路,r_2 是城市 c_2

到城市 c_3 的一条道路，r_3 是城市 c_1 到城市 c_3 的一条道路。

将上述问题形式化，描述如图 3.19 所示。

```
Initial Conditions:(and(at truck c₁)(at pkg c₁)(at guard c₂)(connects r₁ c₁ c₂)
(connects r₂ c₂ c₃)(connects r₃ c₁ c₃))
Goal:(at pkg c₃)
operator:
  load
      params:(?t truck)(?o pkg)(?o guard)(?c city)
        :precondition(at ?t ?c)(at ?o ?c)
        :effect(on ?o ?t)
  drive
      params:(?t truck)(?o city)(?d city)(?r road)
        :precondition(at ?t ?o)(connects ?r ?o ?d)
        :effect(at ?t ?d)
  unload
      params:(?t truck)(?o pkg)(?o guard)(?c city)
        :precondition(at ?t ?c)(on ?o ?t)
        :effect(at ?o ?c)
```

图 3.19 例子中的 STRIPS 说明

这个问题很显然有一个有效规划，那就是首先在城市装载包裹，然后沿 r_3 行驶，最后卸载包裹，即 {load, drive, unload}。但现在问题变得复杂了，例子中加入了很多细节：①包裹是贵重的；②在这三条路中 r_1，r_2 是两条主要的公路，而 r_3 是一条崎岖的非常不安全的山路；③问题的目标是希望把包裹安全地送到城市，也就是说在原来目标的基础上强调了安全。

现在抛开专业知识，人为地为这个问题提出一个解决方案，我们会怎么做？首先看一下目标，它强调的是安全，而不是效率，那我们就要选择最安全的方法。第一步把车从 c_1 开到 c_2；第二步装载士兵；第三步把车再从 c_2 开回 c_1；第四步装载包裹；第五步把车从 c_1 开到 c_2；第六步把车由 c_2 开往 c_3；第七步卸载包裹。其中前三步是为了第四步装载包裹和第七步卸载包裹有士兵的看护，而第五步和第六步是为了避免走不安全的山路。这个解决方案共七步，而刚才用经典图规划算法得到的有效规划是三步。虽然我们的解决方案多走了四步，但它不但保证了包裹的装载和卸载都在士兵的看护下进行，而且避免了走 r_3 这条不安全道路，也就是说我们现在得到的解决方案考虑了问题的细节，也考虑了目标所强调的安全。

但我们可以发现，如果用经典图规划解决这个问题是不会得到这个解决方案的，因为我们找到一个三步规划后，算法就会立即结束。显然，经典图规划对获取现实世界中的某些细节是不充分的。为了圆满地解决以上问题，Miguel 教授提出了灵活图规划的思想。

3.7.2　灵活规划问题

从以上实例可以看出,灵活图规划更重视规划的质量,在某种程度上是以规划长度来换取规划质量。

1. 相关概念

1)满意度

满意度是一个有穷成员度组成的集合 $\{l_\perp, l_1, \cdots, l_\top\}$ 中的元素,用来表示人们对特定前提下执行操作的满意程度。其中端点分别表示完全不满意和完全满意。例子中这个集合被定义为 $\{l_\perp, l_1, l_2, l_\top\}$。no-op 动作是一种特殊情况,它具有满意度 $l_\top$。

2)主观真值度

主观真值度是一个全序集合 $\{k_\perp, k_1, \cdots, k_\top\}$ 中的元素。其中端点分别表示完全的虚假和完全的真实。例子中这个集合被定义为 $\{k_\perp, k_1, k_2, k_\top\}$。在本例中我们可以通过模糊数学中的隶属函数为包裹赋予主观真值度。

3)灵活命题

灵活命题就是被主观赋予真值度的命题。这种命题之所以重要是因为我们可以通过它把问题的细节和主观意识加到实际问题中,如(valuable pkg k_2)就是一个灵活命题,它是一个问题的细节,而且这个命题具有主观性。例如,包裹的价值是1000 美元,有人认为它是比较贵重的,有人可能认为它不贵重,包裹是否贵重因人而异,取决于主观意识。在这个例子中,可以在原来的初始条件中加入灵活命题(valuable pkg k_2),表示包裹比较贵重。在这里我们可以对比一下灵活命题和普通命题,首先在形式上灵活命题含有主观真值度,而且灵活命题是模糊的,多值的,我们可以通过调整主观真值度来表示包裹非常贵重、包裹比较贵重、包裹有些贵重,包裹不太贵重;而普通命题是二值的、布尔的,命题的值非真即假,包裹要么贵重,要么不贵重。因此,我们原来接触的普通命题又被称为布尔命题,原来接触的经典规划问题又被称为布尔规划问题。当灵活规划问题的主观真值度集合只有 $k_\perp$ 和 $k_\top$ 时,灵活规划问题就变成了经典规划问题,从这个意义上讲,经典规划问题是灵活规划问题的一个特例。

2. 灵活规划问题

现在我们就在经典规划问题的基础上介绍一下灵活规划问题。它依然涉及四个集合:对象集合、灵活操作集合、灵活命题的初始条件以及灵活目标条件。下面分别说明这四个集合。

1)对象集合

灵活规划问题的对象与经典图规划问题的对象是相同的,因为灵活规划中涉及的操作仍旧不能创造和消灭对象。

2）灵活操作集合

经典图规划中操作的一般形式如图 3.4 所示，由操作名、参数、前提和效果组成。而灵活操作是一个从灵活前提空间到灵活效果集和满意度集映射的析取，如图 3.20 所示。与经典操作相同的是上半部分——操作名和参数，不同的是下半部分：经典图规划的下半部分是前提和效果，而在灵活图规划中则变成了若干个类似于条件效果的子句，其中每个子句都是一个三元组，分别是灵活前提的合取、灵活效果的合取和这些前提下的满意度。这里我们以 load 操作为例说明一下三个子句的语意，第一个子句表明包裹价值很小，这时即使士兵不在场，我们对装载这个操作的满意度依旧很高；第二个子句表明包裹比较有价值，士兵在场，这时执行 load 操作的满意度也很高；第三个子句表明包裹比较有价值，但士兵不在场，这时执行 load 操作的满意度较低。另外要说明的一点是，这个例子操作的效果集合是相同的，但在实际中未必如此，而且在通常情况下，各个子句的效果集合是不同的。

```
(operator load
(params(?t truck)(?p package)(?l location)(?g guard))
{when(preconds(at ?t ?l)(at ?p ?l)(valuable ?p≤k₁))
    (effects(on ?p ?t)(at ?p ?l))
    (satisfaction l_T)}
{when(preconds(at ?t ?l)(at ?p ?l)(on ?g ?t)(valuable ?p≥k₂))
    (effects(on ?p ?t)(at ?p ?l))
    (satisfaction l_T)}
{when(preconds(at ?t ?l)(at ?p ?l)(not(on ?g ?t))(valuable ?p≥k₂))
    (effects(on ?p ?t)(at ?p ?l))
    (satisfaction l₂)})


(operator drive
(params(?v vehicle)(?o location)(?d location)(?r₁ major-road)(?r₂ track))
{when(preconds(at ?v ?o)(connects ?r₁?o?d))
    (effects(not(at ?v ?o)(at ?v ?d))
    (satisfaction l_T)}
{when(preconds(at ?v ?o)(connects ?r₂?o?d))
    (effects(not(at ?v ?o)(at ?v ?d))
    (satisfaction l₁)}
```

图 3.20　灵活操作中 load 和 drive

图 3.20 中第一个子句表示包裹没有价值，这时只要包裹和卡车在同一城市，即使没有士兵在场，我们对执行 load 这个操作的满意度依旧很高；第三个子句表示包裹价值很高，但士兵不在场，这时执行 load 操作，也会得到效果

(on ? p ? t)，但这时的满意度较低。

3）包括灵活命题的灵活初始条件集合

包括灵活命题的灵活初始条件集合是在原来经典的初始条件集合的基础上添加了灵活命题。这是为了把问题的细节和主观意识加到问题中，来影响未来的有效规划。例如，在这个例子原来的初始条件中加入灵活命题（valuable pkg k_2），表示包裹比较贵重，其中 k_2 就是刚才讲过的主观真值度。

4）灵活目标集合

灵活目标的格式如图 3.21 所示，其中 θ 是灵活命题，l 是满意度。

```
(goad γ
{when θ_i (satisfaction l_i)}
{when θ_j (satisfaction l_j)})
```

图 3.21　灵活目标

3.7.3　灵活图规划算法描述

1. 图扩张阶段

图扩张阶段与经典规划图的生成过程大致相同：初始条件作为图的第一层命题，然后根据灵活操作子句的前提和其中的互斥情况，形成动作层，灵活操作子句的添加效果再形成下一个命题层，以此类推。

但在这个过程中，灵活图规划与经典图规划还存在以下不同之处。

1）实例化

在经典图规划中，实例化的对象是操作，而在灵活图规划中实例化的是子句，并且一个操作的不同子句可能有些可以被实例化，有些不可以被实例化。这一点非常好理解，因为每个子句的前提是不同的。另外，在灵活规划中，实例化后得到的动作是带有满意度的，这个满意度值就等于动作对应那个子句所带有的满意度值。

2）互斥

灵活图规划中的互斥定义被加强了，这里的加强是指在经典图规划中的互斥判定方法在灵活图规划中仍然有效，而且添加了其他判断条件。在动作互斥的判定方法中添加了一个新的判断条件，即一个命题是一个动作的结果又是另一个动作的前提，但这个命题作为结果与作为前提的满意度不同，则这两个动作互斥。在命题互斥的判断方法中也添加了一个新的判断条件，即如果同一层的两个相同命题有不同的满意度，则这两个命题互斥。

3）输出

当经典规划器找到一个规划解时，规划图扩张阶段结束。但灵活规划器在找到一个较低满意度的规划解时，会继续扩张规划图去寻找满意度更高的规划解。

例如,灵活规划器在解决上例时,当找到一个三步规划解时,由于这个规划解没有考虑任何安全因素,它的满意度自然非常低,这时,图扩张过程会继续进行,直到找到那个七步规划解。这点不同也决定了经典规划器和灵活规划器的输出不同,经典规划输出的是一个规划解,而灵活规划输出的是一系列规划解,且每个规划解都带有其相应的满意度,这些规划解按满意度从低到高依次输出。

4)满意度的推理

在灵活图规划的生成过程中,需要推理命题和动作的满意度。命题的满意度等于以该命题为前提的所有动作的满意度的最大值。动作的满意度等于操作本身的满意度和动作效果中命题满意度的最小值。可以根据命题和动作的满意度得到整个灵活有效规划的满意度,灵活有效规划的满意度被定义为用于规划的每个动作和每个目标的满意度的合取结合,也就是说灵活规划的满意度等于规划中的所有操作和目标中最小的那个满意度值。一个规划解的质量是满意度和长度的结合,在满意度相同的情况下,规划解较短的那个规划较优。

5)剪枝

为减少灵活图规划的开销,可以按以下方式剪枝:满意度为 l_i 的一个规划已经找到了,但 l_i 这个满意度较低,图扩张过程会继续向前去寻找带有更高满意度的规划。这时添加满意度小于等于 l_i 的动作就是没有必要的。因此,满意度小于等于 l_i 的动作就会被剪枝。

2. 灵活图搜索算法

可以将灵活图搜索过程看作一个 CSP 问题来解决,本节介绍一种灵活规划提取中最简单的算法——局部交换算法(LC)。局部交换算法把变量分为三个集合 X_1,X_2,X_3,这三个集合满足 $X_1 \bigcup X_2 \bigcup X_3 = X$ 且 $X_i \bigcap X_j = \varnothing (i,j \in \{1,2,3\})$。其中 X_1 存放的是已赋值的变量,且其中变量的值不可修改;X_2 存放的是已赋值的变量,且其中变量的值可修改;X_3 存放的是当前尚未赋值的变量。

具体算法:首先把所有变量都放在 X_3 中,作为初始状态,然后执行以下算法。

(1)如果 X_3 为空,算法结束,否则在 X_3 中选择一个变量 x_i,为其赋值,并把它放在 X_2 中;

(2)检查 x_i 的取值是否与 X_2 中已有的取值冲突,如果冲突,则

(a)将 x_i 放入 X_1 中,保证其值不变;

(b)清空 X_3,将与 x_i 冲突的变量放入 X_3,重新为其赋值。

这样就形成一个新的子问题,之后的任务就是递归地解决这个子问题。

如果不冲突,则返回第(1)步,继续为下一个变量赋值。

图 3.22 给出了利用局部交换算法求解问题过程的片段。

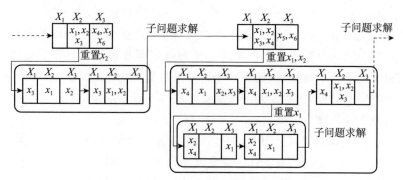

图 3.22　用局部交换算法求解问题过程的片段

3.7.4　以目标为导向的灵活图规划

本部分将给出以目标为导向的灵活图规划算法[27]，以及互斥关系和满意度的逆向推理和传播。

1. 互斥关系与满意度的逆向推理和传播

1）互斥关系

以目标为导向的灵活图规划算法是逆向扩张规划图的，因此需要逆向推理和传播互斥关系。在经典图规划中逆向互斥的判别方法如下：

（1）两个动作逆向互斥，如果满足以下任意一条：

（a）静态冲突，如一个动作的效果删除另一个动作前提或效果。

（b）它们的效果集合完全相同。

（c）一个动作支持的命题和另一个动作支持的命题成对互斥。

（2）两个命题逆向互斥，如果一个命题支持的所有动作与另一个命题支持的所有动作成对互斥。

在图 3.23 中，O_1 和 O_2 互斥，因为它们都唯一支持 p，这又导致 R 和 S 互斥，因为它们支持的动作互斥，最后，O_5 和 O_7 是互斥的，因为它们所支持的命题互斥。图中的黑弧线表示互斥关系。

众所周知，规划图扩张算法效率的高低与互斥处理的好坏息息相关，处理互斥问题一直是图规划算法中公认的重点和难点，要得到一个有效规划必须解决好互斥问题。在灵活图规划中添加了动作互斥和命题互斥的判断方法。

（1）动作互斥的判断方法。

一个命题既是一个动作的效果又是另一个动作的前提，但这个命题作为效果的满意度与作为前提的满意度不同，则这两个动作互斥。例如，两个动作 a_1 和 a_2，a_1 的添加效果是 p，它的满意度是 l_1，a_2 的前提也是 p，而它的满意度是 l_2，那么 a_1 和 a_2 互斥。

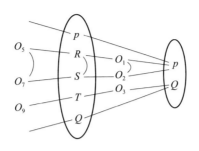

动作列　　命题列　　动作列　　命题列

图 3.23　逆向传播互斥

（2）命题互斥的判断方法。

如果同一层的两个相同命题有不同的满意度,则这两个命题互斥。例如,p 在某一层具有满意度 l_1 和 l_2,则这两个带有不同满意度的 p 互斥。

2）满意度的逆向推理和传播

在灵活图规划的生成过程中,需要推理命题和动作的满意度,由于以目标为导向的灵活规划算法是逆向生成规划图,所以需要逆向推理满意度。

（1）命题满意度的推理。

目标的满意度由人为确定,普通命题的满意度等于以该命题为前提的所有动作的满意度的最大值。例如,a_1 的前提为 p,a_2 的前提也为 p,a_1 的满意度为 l_1,a_2 的满意度为 l_2,$l_1 > l_2$,则可以推出 p 在当前层的满意度为 l_1。

（2）动作满意度的推理。

动作的满意度等于操作本身的满意度和动作效果中命题的满意度的最小值。例如,动作 a 本身的满意度为 l_1,a 有两个效果 p_1,p_2,p_1 的满意度为 l_2,p_2 的满意度为 l_3,$l_1 > l_2 > l_3$,则动作 a 在当前层的满意度为 l_3。

（3）灵活规划的满意度。

与 3.7.3 节中相同,此处不再赘述。

2. 以目标为导向的灵活图规划算法

以目标为导向的灵活图规划算法（GDFGP）分为灵活图扩张和有效规划提取两个阶段,这两个阶段交替执行[28—29]。算法从目标开始逆向扩张规划图,并且避免了满意度传播这一复杂过程。

1）灵活图扩张算法

采用从目标集扩张灵活规划图的方法,具体算法如下。

（1）时间步 1 命题列的生成。

把问题目标中的所有命题作为规划图的第一列,一个命题一个节点,赋给每个目标命题最高的满意度。

(2)时间步1动作列的生成。

对每个灵活操作的各个子句进行考察,只要一个子句的一个效果命题在目标集中,就将该子句实例化为动作,并赋予它相应的满意度。如果一个动作的满意度大于等于目标的满意度,就添加此动作,得到一个动作节点,从而形成时间步1的动作列。考察动作之间的互斥关系,并把动作与效果相连。若有些目标不能找到这样一个动作支持它,就在满意度集合 L 中,把低于当前且最接近当前满意度的满意度赋给目标,并且重新执行算法。若不存在这样的满意度,则算法结束。

(3)时间步 i 命题列的生成。

时间步 $i-1$ 动作的前提构成了时间步 i 命题列。考察命题之间的互斥关系,并把其前提与动作相连。此时如果初始条件的所有命题均在此命题列中出现,并且任意两个命题都不互斥,则规划图扩张结束,转为有效规划提取阶段。

(4)时间步 i 动作列的生成。

对每个灵活操作的各个子句进行考察,只要一个子句的一个效果命题在 i 列中,就将该子句实例化为动作,并赋予它相应的满意度。如果一个动作的满意度大于等于目标的满意度,就添加此动作,得到一个动作节点,从而形成时间步 i 的动作列。考察动作之间的互斥关系,并把动作与其效果相连。若有些命题不能找到这样一个动作支持它,就在满意度集合 L 中,把低于当前且最接近当前满意度的满意度赋给此命题,并且重新执行算法,否则算法结束。

2)有效规划提取算法

规划问题的一个中心任务就是规划提取。GDFGP 算法采用正向搜索,从图扩张的步骤(3)开始,每当一个时间步的命题列生成完毕后,就在此命题列中搜索初始条件。如果在时间步 t 的问题初始条件中所有命题均出现在命题列,并且任意两个都不互斥,则进行有效规划提取,否则继续扩张灵活规划图。

有效规划提取的基本思想:判断是否存在有效规划,如果不存在,则算法结束。否则,进行有效规划提取。采用从初始条件开始正向搜索有效规划的方法,首先把初始条件作为命题集,然后开始搜索有效规划,直到找到为止。有效规划提取算法的具体步骤如下:

(1)从命题集中选取一个命题,寻找一个动作 a_1,它满足以下要求:

(a)动作与当前命题在同一时间步;

(b)动作的前提包括此命题;

(c)如果满足前两个条件的动作有多个,则选择满意度最高的那个动作。

(2)然后,在命题集中再选取一个命题,为它寻找一个动作 a_2,它满足以下要求:

(a)动作与当前命题在同一时间步;

（b）动作的前提包括此命题；

（c）保证 a_1 和 a_2 不互斥；

（d）如果满足前三个条件的动作有多个，则选择满意度最高的那个动作。如果这样的动作不存在，算法立即回溯。

（3）以此类推，继续这一工作，直到算法为命题集中的每个命题找到这样的动作。令这些动作的效果构成一个命题集，执行上述过程，直到目标命题集合是此命题集的子集。

3. GDFGP 实现与经验结果

我们开发了 GDFGP 规划系统，并且在一系列营救域问题上验证了算法的有效性。该系统在 Windows XP 操作系统，CPU 为赛扬 1.8G 的系统环境下采用 JAVA 语言编程实现。

由于灵活规划问题比布尔规划问题复杂得多，不难想象，解决灵活规划问题的灵活规划器要比解决布尔规划问题的经典规划器速度慢。实验证明，GDFGP 规划系统在得到较低满意度的规划解时与经典规划器速度相仿，而在得到较高满意度的规划解时与经典规划器速度相差较大。但 GDFGP 规划系统得到的规划解的综合质量更高，更具有实际意义，这一点在营救域规划问题上体现的非常明显。

3.7.5 基于启发式搜索的灵活规划

1. 算法的提出背景

传统的规划问题是一种强约束问题，即约束条件要么完全满足，要么完全不满足，这种框架对刻画现实世界的很多复杂问题来说过于严格。对于灵活规划问题，传统的布尔规划器是无能为力的，只能借助于灵活规划器。实验证明灵活规划器在解决很多布尔问题上不但优于 Graphplan 和 STAN 等规划器，而且还能解决很多布尔规划器不能解决的问题。

启发式搜索是在搜索中加入了与问题有关的启发式信息，用以指导搜索朝着最有希望的方向前进，加速问题的求解过程并最终找到最优解。基于启发式搜索和灵活规划的优点，我们将启发式思想运用到灵活规划中，提出了基于启发式搜索的灵活规划的算法，简称为 FP-H（flexible planning based on heuristic）。

2. 基于启发式搜索的灵活规划算法（FP-H）

1）基本思想及说明

FP-H 算法[30]中的相关定义与 3.7.3 节中介绍的相同，其基本思想是用状态空间表示法来表示灵活规划问题。将初始命题集合作为初始状态，也为当前状态，选择适合的动作，并利用启发式信息生成状态空间搜索树。不断检查所要求满意度的目标状态是否出现，同时进行剪枝，若目标状态出现，并且该状态中的所有命题都不互斥,则搜索成功。若未完全出现,则再寻找一个状态作为当前状态继续进行搜索。重复上述过程,直到目标状态出现或不再有可供使用的状态及操作时为止,规划结束。

在灵活规划中所求得的其实是折中的规划[31],灵活规划的质量既要考虑到对规划的满意度,又要考虑到规划解的长度。当两个规划解具有相同的满意度时,规划长度较短的规划更好。因此满意度为 l_T 以下的规划不能简单地认为是不完美的规划。将启发式搜索应用到灵活规划中,对其代价做如下规定:

(1)动作的代价与它的前提条件有关,一个动作的代价等于支持它的前提条件的命题的代价之和。

(2)命题的代价可以用修改后的代价和互斥代价法进行计算。

由于灵活规划问题中对于满意度的要求不同,得到的折中规划也不同。在进行规划搜索时,用户可以先给出所要求达到的目标的满意度值,以及规定的最大规划长度。在给出满意度值及最大规划长度后,再进行搜索,从而尽可能找到符合该满意度的长度的最短规划。

灵活规划目标是一系列子目标的组合,最终目标的满意度是各子目标满意度的合取。用户也可以事先给出所要达到的目标的各种不同满意度的目标组合。

2)算法描述

(1)将灵活规划问题用状态空间表示法进行表示,将初始条件集合作为初始状态 S_0,目标集合作为目标状态 G,动作集合作为状态搜索的操作集合 Ω,初始状态 S_0 为当前状态。

(2)检查目标集合是否完全出现在初始状态中,如果出现,则不用搜索,找到规划解,算法结束。否则生成状态空间搜索树,进行搜索。

(3)把初始状态 S_0 作为当前状态。检查操作集合 Ω 中的所有动作,如果一个动作的所有前提都出现在初始状态 S_0 中,则将状态 S_0 通过该动作向前扩展,过程如下:

(a)将状态 S_0 通过所有适用的动作向前扩展,得到很多个子状态(后继状态),用 $S_{10}, S_{11}, \cdots, S_{1n}$ 表示;

(b)检查目标集是否出现,若出现,则搜索成功,转到(5);否则继续向下进行搜索。

(4)将扩展所得到的各个子状态所使用的动作及其满意度进行标记,同时标记互斥。

(a)计算各状态的满意度,各状态的满意度用 M_i 表示,M_i 为当前状态的上一状态的满意度与扩展到当前状态所使用的操作的满意度的合取。而上一状态的满意度可以通过此方法继续计算得到。当某一状态的满意度 M_i 小于用户所要求的规划满意度 l_i 时,该状态可以舍弃。

（b）计算所有未舍弃的状态的启发函数，其计算过程如下：

$$H(S) \leftarrow \infty \quad \text{if} \quad p,q \in S \quad \text{mutex}(p,q)$$

$$\sum_{p \in s} h(p) \quad \text{otherwise}$$

$$h(p) \leftarrow \min\left\{h(p), 1 + \sum_{i=1,n} h(r_i)\right\}$$

其中，$h(p)$可通过一个迭代的过程来完成：

（i）初始时，若命题 p 在初始状态中，则 $h(p)$ 为 0，否则为 ∞；

（ii）对于每个动作 a，若命题 $p \in \text{add}(a)$，则修改 $h(p)$，如果动作 a 的前提条件为 $C = r_1, r_2, \cdots, r_n$，则 $h(p)$ 更新为 $h(p) \leftarrow \min\left\{h(p), 1 + \sum_{i=1,n} h(r_i)\right\}$。

（c）根据用户所要求的规划的满意度选择当前状态，若有多个 M_i 符合时，选择启发函数值小的状态，若仍然有多个，则任意选择一个，并标记其他状态，留待回溯时使用。

（d）将所选状态作为当前状态进行搜索，方法同（3），将生成的各子状态用 S_{i0}，$S_{i1}, \cdots, S_{in}$ 表示，检查目标集是否完全不互斥的出现，若出现，则搜索成功，转到（5），若不出现则重复过程（4）。

（e）如果将某一状态进行扩展，所得的所有子状态都不能满足要求时则回溯，返回到上一个可供选择的已标记的状态，将其作为当前状态，返回到（d）。

（5）目标集出现，将由该目标状态到初始状态所使用的所有动作反向输出即为规划解。

（6）若在规定的最大规划长度内仍找不到规划解则搜索失败。

3. 基于启发式搜索的灵活规划问题的求解模型

基于启发式搜索的灵活规划系统集合了灵活规划和启发式搜索两者的优点，图 3.24 为规划系统流程图，其大致的工作流程如下：

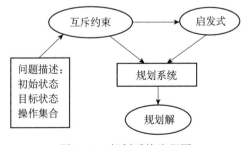

图 3.24 规划系统流程图

（1）将所要解决的灵活规划问题用 PDDL 进行描述，包括初始状态描述，目标状态，以及动作描述。

（2）读入规划问题，进行编译，规划器调用所要解决的规划问题，找到互斥关系并标记。

（3）根据找到的互斥关系，利用改进后的启发函数计算所需的各状态的启发式的值。

（4）利用启发性信息进行搜索，生成规划解，然后输出。

3.7.6　基于软约束的多智能体灵活规划

目前对多智能体的研究工作主要集中在多智能体系统上，即把多个独立的、具有自治能力的智能体组织起来，形成多智能体系统（MAS）。MAS 是指多个智能体成员之间通过信息传递相互协调地共同完成一个任务，它们之间也可能存在竞争关系。多个智能体的组合可以完成比单个智能体更为复杂的任务，求解能力远远超过单个智能体，且系统中各个智能体是自治的。多智能体规划不仅应用于工业、军事上，在卫星探测、协作机器人、运输系统、规划和调度等领域也有很多应用。它由于巨大的理论研究价值和应用前景受到越来越多研究者的关注。

1. 多智能体规划描述

多智能体关注的是多个智能体进行规划，包括多个智能体为了一个共同目标的规划、与其他智能体协作（规划融合）的规划、智能体如何协调自己和其他智能体的规划，以及根据任务或资源与其他智能体进行协商后提炼自己的规划。多智能体规划与规划、调度、分布式系统、并行计算、多智能体系统等都有交叉。目标就是为每个智能体找到完成其私有目标的规划，并在此基础上，将多个智能体的规划相互协作地融合在一起，以达到全局目标，求得全局规划解。

1）多智能体规划的特点

多智能体规划[32]是经典人工智能规划的扩展。智能体内部的信息是私有的，对外界不可见。同时，每个智能体也拥有一些可以被其他智能体访问的公有信息，规划的任务是在初始的资源分配情况下，智能体之间相互协作地执行一系列动作来达到预先指定的共同目标或智能体个体目标。

在多智能体规划中，由于资源分布在多个不同的智能体之间，单个智能体很难独立地完成任务，所以这些智能体需要相互协作地进行规划，多智能体规划具有如下一些特性。

（1）分布性：资源分布在多个智能体中，主要应用于分布式问题域，用来解决那些无法用集中式规划方法求解的问题。

（2）私有性：智能体内部的信息是私有的。例如，公司的商业机密不可以对外公开，尤其是对其竞争对手更应该完全保密。因此，在分布式规划中，重要的、私有的信息可以得到很好的保护。

（3）合作性：尽管智能体具有一些私有信息，但很多情况下，一个智能体没有其他智能体的帮助就无法完成任务，或者与其他智能体合作可以更有效地达到目标。在这种情况下，智能体之间就需要相互协作，邻近的两个智能体可以访问它们的共享数据。

基于以上特性，将多智能体规划问题转化为分布式约束可满足问题（CSP）是一个很好的方法。但由于它只支持强约束，即约束要么满足、要么不满足，是不灵活的，致使许多实际问题不能用分布式 CSP 描述和求解。为了克服强约束求解规划问题的缺点，Miguel，Shen 和 Javis 提出了灵活约束可满足问题[33]。

2）多智能体规划求解

智能体之间的行为信赖关系可以表示为约束。Sapena 和 Onaindia 等提出可以将多智能体规划问题描述为分布式约束可满足问题（dis-CSP）[34]。在 dis-CSP 中，变量和约束都分布在多个不同的智能体之间，目标是找到一组或多组满足所有约束的完全赋值。

多智能体规划技术对于问题的不同部分涉及许多不同的解。求解多智能体规划问题的过程主要分为如下 6 个阶段。

（1）全局任务分解阶段。在这一阶段，全局目标或任务被分解，每个子任务都能被一个智能体完成。除单智能体规划技术和非线性规划以外，很多新技术都应用于求解多智能体规划中。例如，集中式多智能体规划方法，就是应用了经典的规划框架来构造和执行多智能体规划任务的。

（2）任务分配阶段。把子任务分配给多个智能体，集中式多智能体规划方法通常也涉及将任务分给多个智能体的情况。同时，也存在以分布式方式来创建类似的任务分配情况，给智能体一个更高的自治性和私有性。

（3）规划前协调。在这一阶段，智能体在开始创建各自规划之前进行协调。规划前协调可以用于协调多个具有自治性和竞争关系的智能体。对于一个规划问题，如果有一组不相关的子目标需要被满足，且在规划活动过程中不能被干扰，那么每一个智能体都要求完全自治。同时，必须保证任何一个规划都要用于解决规划问题的一部分。规划前协调的方法是为子目标添加一个最小附加约束集合，以保证能够通过独立规划来求解。

（4）单独规划。这一阶段由不同智能体的规划构成。智能体可以使用任何一种规划技术，甚至不同智能体可以使用不同的技术。许多方法可融合第四阶段和第三/第五阶段。在偏序全局规划（PGP）框架下，以及一般全局规划（GPGP）中，每个智能体具有部分规划的概念，并使用特定的规划表示。在这一阶段中，协调是这样实现的：如果智能体 A 将自己部分规划通知智能体 B，B 会将 A 提供的信息融合到自己的部分全局规划中，这样 B 就可以提高全局规划的质量。

（5）规划后协调。与第三阶段相对应，在这一阶段，智能体在创建各自规划之后进行协调。在给定多个智能体各自规划的条件下，这种规划融合方法的目的在于为多个智能体构建一个联合的规划。将多个规划融合为一个全局规划的方法可以用于处理具有冲突和冗余动作的问题，主要通过 A^* 搜索算法和基于搜索代价的启发式实现。

（6）规划执行。前五个阶段执行完毕后即可执行规划。

目前为止，多智能体规划的研究都建立在一系列假定条件下，但在现实世界中的大多数问题都不满足这样的假设，或者说这些假设对实际问题来说都过于严格。假设主要包括：

（a）世界状态是完全稳定的。在早期的人工智能规划研究中，假定世界是静态的，即世界状态的改变完全由智能体执行动作而引起。

（b）世界是确定的。即假定每个动作的结果已知。但在多智能体规划环境中，情况并非如此。比如，一个动作的前提条件成立的情况下，另一个智能体执行某个动作可能会改变当前世界的状态。然而在这种假设前提下，所有的智能体之间的动作都相互协调一致。

（c）智能体会最大化他们的效用。多个智能体会同时工作，并努力最大化各自的效用，即最大限度上满足自己的目标。

（d）各个智能体关于世界的知识都具有正确性和一致性。或者说，世界是完全可观察的。

（e）目标状态可达，并且所有智能体各自的私有目标也是可满足的。

（f）不要求学习。换句话说，已发生的动作只影响当前状态，而对其他的智能体没有影响。

（g）通信具有可靠性，即假定所有的消息都是安全的。

基于以上七种假设，我们对布尔命题和动作做出适当放宽，以更好地满足现实世界规划问题的需要。

2. 多智能体灵活规划

在现实生活中有一类问题，既具有灵活规划问题的属性，也有多智能体规划问题的特点。对于这类规划问题，不能单纯地使用动态灵活约束可满足方法或分布式的方法求解。因此，我们将软约束引入进来，并结合两者各自的特点，优势互补，开发新的多智能体灵活规划模型，以处理更多经典规划无法处理的问题，扩大规划的应用范围。

1）基本概念

定义 3.7.1　多智能体灵活规划中的智能体是一个能够独立执行特定动作的实体，智能体做出决策时必须服从协作机制，它被形式化为一个五元组 Ag＝〈Adj,

$I, G', A_s, m\rangle$。

Adj 是与 Ag 临近的一组智能体构成的集合。假设 ag_1 和 ag_2 是两个智能体，若 ag_1 可以访问 ag_2 的公有信息，则称 ag_1 与 ag_2 临近，或 ag_2 与 ag_1 临近，表示为 $ag_1 \in Adj(ag_2)$ 或 $ag_2 \in Adj(ag_1)$。一个智能体只能和它的临近智能体通信。

I 是由智能体的状态信息构成的一组灵活命题的集合，$I = \{I_p, I_s\}$，I_p 表示私有信息，I_s 表示公有信息。I_p 部分的信息只能由 Ag 自身访问而不能被其他智能体访问，而 I_s 部分的信息则可以被 Ag 和它的临近智能体访问。

G' 代表 Ag 的目标集，这些目标本质上是一些灵活命题，它们可以以一定的满意度被满足，并且 G' 对于其他智能体是不可见的。

A_s 是 Ag 的一组灵活动作构成的集合，且 A_s 的信息对于其他智能体不可见。一个灵活动作 $a_s \in A_s$ 可以形式化描述为一个 4 元组 $\langle pre_s(a_s), add_s(a_s), del_s(a_s), l_i\rangle$，其中 $pre_s(a_s), add_s(a_s)$ 和 $del_s(a_s)$ 分别表示灵活动作 a_s 的前提条件，添加效果和删除效果；l_i 是满意度，表示前提条件对于 a_s 的支持程度。

m 代表代价函数，Ag 总是以最小化代价函数为目标进行规划。

定义 3.7.2 一个多智能体灵活规划形式化定义为一个 4 元组 $\langle Ag, I, G_s, A_s\rangle$。

Ag 是多个智能体构成的集合。

I 代表规划问题的初始条件，是一组灵活命题的集合。它由智能体的初始状态信息构成，包括公有信息和私有信息两部分，即 $I = \bigcup\limits_{ag \in Ag} I(ag)$。

G_s 代表规划问题的目标条件，是所有智能体灵活目标命题的并集。这些目标可以一定的满意度被满足。灵活命题的形式为 $(\rho, \phi_1, \phi_2, \cdots, \phi_j, k_i)$，$\phi_i \in \Phi$ 且 k_i 是有穷集合 K 中的一个元素，它表示灵活命题的真值度。K 由有限个真值度 $k_\perp$，$k_1, \cdots, k_\top$ 构成，其中 $k_\perp$ 和 $k_\top$ 分别表示命题完全为假和完全为真。当处理真值度为 $k_\perp$ 或 $k_\top$ 的灵活命题时，分别采用 $\neg(\rho, \phi_1, \phi_2, \cdots, \phi_j)$ 或 $(\rho, \phi_1, \phi_2, \cdots, \phi_j)$ 的形式。灵活命题[17]通过模糊关系 R 描述，R 定义为一个成员函数 $\mu_R(\cdot): \Phi_1 \times \Phi_2 \times \cdots \times \Phi_j \rightarrow K$，$\Phi_1 \times \Phi_2 \times \cdots \times \Phi_j$ 是 Φ 子集的笛卡儿积。换句话说，如果每个智能体都以以下的满意度达到了各个的私有目标，则规划的全局目标也以一定的满意度被满足。灵活规划问题的满意度定义为每个灵活动作和灵活目标满意度的最小值。

A_s 是一组灵活动作的集合，它是所有智能体各自灵活动作的并集，

$$A_s = \bigcup\limits_{\forall ag \in Ag} A_s(ag)$$

灵活动作通过一个模糊关系描述，此模糊关系是从灵活前提空间到一个全序的满意度范围 L 和一组灵活效果的映射。L 由有限真值度构成，其中 $l_\perp$ 和 $l_\top$ 分别表示命题完全不满足和完全满足。

定义 3.7.3 一个局部规划定义为一个部分序的偶对 $\langle ag, a_s \rangle$。其中，ag 是一个智能体，$a_s \in A_s(ag)$ 是 ag 的一个灵活动作。ag 执行完一个灵活动作 a_s 后，ag

或 ag 的临近智能体发生了状态转移。一个全局规划是通过协调所有的局部规划得到的,通过执行全局规划可以使规划由初始状态到达目标状态。

定义 3.7.4　一个灵活服务是一个抽象的灵活操作,是一个智能体为了帮助其他智能体实现一些公有灵活命题(我们称为灵活服务目标)所执行的操作。每一个灵活服务都具有一定的满意度,它是由相应操作对应的前提条件对它的支持程度决定的。

当一个智能体本身不能达到其私有灵活目标时,就要向它的临近智能体寻求帮助,即请求临近智能体实现一组灵活命题,我们称为灵活服务请求。

定义 3.7.5　一个灵活服务请求 Q 是智能体为了达到其私有目标或为其他智能体提供灵活命题而向它的临近智能体请求的一个公有灵活命题或多个公有灵活命题的集合。

实际上,灵活服务、灵活服务请求、灵活服务目标更符合实际问题描述的需要。

2)问题实例

在这一部分,我们给出 UM-Translog 域中一个简单的多智能体灵活规划问题的实例。有两种类型的智能体:仓库(w_1,w_2,w_3)和卡车(t_1),警卫(guard)用来保证运输的安全。每个仓库有两个区域:存储区(storage area)和装载区(load area),存储区有一组托盘,通过机械手在托盘上装载或卸载货物,包裹可以移入或移出装载区。存储区的信息是私有的,其他智能体不可见,而装载区的信息是公有的。卡车用于在不同的仓库之间运送货物,当装载或卸载贵重货物时必须有警卫在场。代价函数是达到目标所需要动作数。

初始状态如图 3.25 所示,货物 a 和 b 是贵重物品,而 c 不是。警卫在 w_2 处,卡车在 w_1 处。目标状态如图 3.26 所示。t_1 没有私有目标。

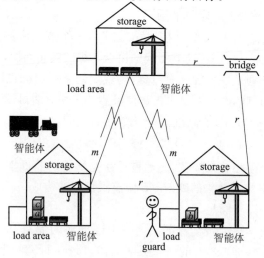

图 3.25　规划问题的初始状态

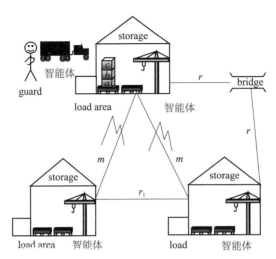

图 3.26 规划问题的目标状态

只有卡车 t_1 和仓库之间可以通信，仓库之间不能直接通信。装载区的信息是公有信息，可以由卡车 t_1 访问，而装载区的信息是私有的，对外不可见。在本实例中，需要用到如下的谓词。

w_i 代表仓库；

r_i 代表主干公路；

m_i 代表山路；

on？pkg_1？pkg_2 表示货物 pkg_1 在货物 pkg_2 上；

at-la？pkg 表示货物 pkg 在仓库的装载区；

load(unload)-truck？pkg？guard 表示装载或卸载货物 pkg，当 pkg 是贵重物品时，警卫 guard 必须在场；

load(unload)-truck？pkg？no guard 表示装载或卸载货物 pkg，当 pkg 是贵重物品时警卫 guard 是否在场都无关紧要；

guard-boards-truck？t_1 表示警卫上卡车 t_1；

at？obj？location 表示物品 obj 在 location；

drive-truck？source？destination？route 表示卡车 truck 通过路线 route 从源地 source 行驶到目的地 destination，route 原则上应该是主干公路，但也可以是山路；

connects？$location_1$？$location_2$？road 表示地点 $location_1$ 和 $location_2$ 由路段 road 相连。

装载和卸载动作的前提描述如下：①卡车和货物必须在同一地点；②如果货物比较贵重，装货、卸货时必须有警卫在场；③运送货物必须通过主干公路。前提①

是强约束,必须满足,前提②和③是软约束或具有偏好,在规划过程中可以适当放松。经典的多智能体规划是基于强约束的,由于约束条件限制得非常严格,所以很多实际问题都不能得到有效的解决。我们通过分布式灵活 CSP 技术求解多智能体灵活规划问题,并在规划长度和规划质量之间做出折中。规划的质量是由规划长度和满意度共同决定的,当满意度相同时,长度越短的规划质量越高。本例中,K 和 L 分别是:$K = \{k_\perp, k_1, k_2, k_\top\}$,$L = \{l_\perp, l_l, l_2, l_\top\}$。

多智能体灵活规划对于如上所述问题是非常有用的,在没有警卫的情况下装载或卸载货物会破坏规划的质量,使规划的满意度降到 l_2,通过山路运送货物会使规划的满意度降到 l_1。我们可以得到不同满意度和规划长度的规划解,如表 3.1～表 3.4 所示。

表 3.1　规划长度为 8 满意度为 l_1 的规划

No.	灵活操作	满意度
1	load-truck(a, no guard)	l_2
2	load-truck(c, no guard)	$l_\top$
3	drive-truck(w_1, w_2, r_1)	$l_\top$
4	load-truck(b, no guard)	l_2
5	drive-truck(w_2, w_3, m_2)	l_1
6	unload-truck(c, no guard)	$l_\top$
7	unload-truck(b, no guard)	l_2
8	unload-truck(a, no guard)	l_2

表 3.2　规划长度为 9 满意度为 l_2 的规划

No.	灵活操作	满意度
1	load-truck(a, no guard)	l_2
2	load-truck(c, no guard)	$l_\top$
3	drive-truck(w_1, w_3, m_1)	l_1
4	unload-truck(c, no guard)	$l_\top$
5	unload-truck(a, no guard)	l_2
6	drive-truck(w_3, w_2, m_2)	l_1
7	load-truck(b, no guard)	l_2
8	drive-truck(w_2, w_3, m_2)	l_1
9	unload-truck(b, no guard)	l_2

表 3.3　规划长度为 9 满意度为 l_2 的规划

No.	灵活操作	满意度
1	load-truck(a, no guard)	l_2
2	load-truck(c, no guard)	$l_\top$
3	drive-truck(w_1, w_2, r_1)	$l_\top$
4	load-truck(b, no guard)	l_2
5	drive-truck(w_2, bridge, r_2)	$l_\top$
6	drive-truck(bridge, w_3, r_3)	$l_\top$
7	unload-truck(a, no guard)	l_2
8	unload-truck(b, no guard)	l_2
9	unload-truck(c, no guard)	$l_\top$

表 3.4　规划长度为 12 满意度为 $l_\top$ 的规划

No.	灵活操作	满意度
1	drive-truck(w_1, w_2, r_1)	$l_\top$
2	guard-boards-truck(t_1)	$l_\top$
3	load-truck(b, guard)	$l_\top$
4	drive-truck(w_2, w_1, r_1)	$l_\top$
5	load-truck(c, guard)	$l_\top$
6	load-truck(a, guard)	$l_\top$
7	drive-truck(w_1, w_2, r_1)	$l_\top$
8	drive-truck(w_2, bridge, r_2)	$l_\top$
9	drive-truck(bridge, w_3, r_3)	$l_\top$
10	unload-truck(a, guard)	$l_\top$
11	unload-truck(b, guard)	$l_\top$
12	unload-truck(c, guard)	$l_\top$

3. 求解多智能体灵活规划

1）协作规划

当多个智能体需要协作规划时，它们需要彼此交换信息以得到它们的私有目标或命题，在这一部分，我们将用 PDDL 形式描述前面给出的问题实例，并转化成灵活 CSP 求解。

2）交换信息

在一个多智能体灵活规划问题中，具有灵活服务请求的智能体向它的临近智能体发出消息询问服务的代价，服务请求消息用命题存储，每个命题只存储一条请求消息。当智能体收到服务请求消息，但却不能提供服务时，它将无穷大作为代价的返回值。否则，智能体执行如下的动作：

（1）分析灵活服务请求以提供相应的灵活服务。

（2）如果需要的话智能体将向它的临近智能体发出请求。

（3）如果灵活服务请求能以一定的满意度被满足,则智能体计算服务代价并作为返值返回给服务请求。

3）将问题转化为灵活约束可满足问题解释图

每一个灵活服务都可以看作一个 PDDL 形式的灵活规划操作,灵活服务请求对应操作的前提条件和删除效果,灵活服务目标对应操作的添加效果。为了描述方便,假定每一个动作的代价都是 1。例子中的所有灵活服务请求和每个智能体的目标如表 3.5 所示。

表 3.5 每个智能体对应的灵活服务请求和灵活目标列表

agent	service number	flexible service goal	flexible service requirement	cost	satisfaction
w_1	#1	$\{t_1:\text{at-la } a\}$	$\varnothing$	2	$l_\top$
	#2	$\{t_1:\text{at-la } c\}$	$\varnothing$	1	$l_\top$
	#3	$\{t_1:\text{at-la } a,\ t_1:\text{at-la } c\}$	$\varnothing$	2	$l_\top$
w_2	#1	$\{t_1:\text{at-la } b\}$	$\varnothing$	1	$l_\top$
w_3	#1	$\{w_3:\text{on } c\,b\}$	$\{t_1:\text{at-la } b,\ t_1:\text{at-la } c\}$	2	$l_\top$
	#2	$\{w_3:\text{on } b\,a\}$	$\{t_1:\text{at-la } b,\ t_1:\text{at-la } a\}$	2	$l_\top$
	#3	$\{w_3:\text{on } c\,b,\ w_3:\text{on } b\,a\}$	$\{t_1:\text{at-la } b,\ t_1:\text{at-la } c,\ t_1:\text{at-la } a\}$	3	$l_\top$
t_1	#1	$\{w_3:\text{at-la } a\}$	$\{w_1:\text{at-la } a\}$	1～5	$l_1～l_\top$
	#2	$\{w_3:\text{at-la } b\}$	$\{w_2:\text{at-la } b\}$	2～3	$l_1～l_\top$
	#3	$\{t_1:\text{at-la } c\}$	$\{w_1:\text{at-la } c\}$	1～3	$l_1～l_\top$
	#4	$\{w_3:\text{at-la } a,\ w_3:\text{at-la } b\}$	$\{w_1:\text{at-la } a,\ w_2:\text{at-la } b\}$	2～5	$l_1～l_\top$
	#5	$\{w_3:\text{at-la } a,\ w_3:\text{at-la } c\}$	$\{w_1:\text{at-la } a,\ w_1:\text{at-la } c\}$	1～5	$l_1～l_\top$
	#6	$\{w_3:\text{at-la } a,\ w_3:\text{at-la } b,\ w_3:\text{at-la } c\}$	$\{w_1:\text{at-la } a,\ w_1:\text{at-la } c,\ w_2:\text{at-la } b\}$	2～5	$l_1～l_\top$

例如,将智能体 t_1 的服务 ♯4 转化成如图 3.27 所示的 PDDL 形式。

```
(:action t₁-service₄
  :parameters(?a package ?b package)
  :precondition (and(connects m₁ w₁ w₃)
                    (connects m₂ w₂ w₃)
                    (valuable? a ⩾k₂)
                    (valuable? b ⩽k₁)
                    (at t₁ w₁)
                    (at guard w₂)
                    (w₁:at-la a)
                    (w₂:at-la b))
  :effect (and(not(w₁:at-la a))
              (not(w₂:at-la b))
              (w₃:at-la a)(w₃:at-la b)
              (increase(cost)2))
  :satisfaction l₁)
```

图 3.27 智能体 t_1 的服务 ♯4 转化成 PDDL 形式

基于文献[34]~[36]的研究,我们将多智能体灵活规划转化为灵活 CSP,并用分布式灵活 CSP 技术进行求解[37]。所需变量如下:

(1)Inplan(o_s)∈{0,1}表示如果灵活操作 o_s 在规划中取值为 1,否则为 0。

(2)Support(p_s,o_s)∈O_s,O_s 是能为灵活操作 o_s 提供灵活命题 p_s 的灵活操作的集合,此变量隐含了智能体之间的因果连接关系。

(3)Start(o_s)∈[0,∞)表示灵活操作 o_s 的开始时间。

(4)Time(p_s,o_s)∈[0,∞)表示因果关系 Support(p_s,o_s)发生的时间。

如果 o_s 是规划中的灵活操作,则必须满足如下的约束:

(1)如果 p_s 是灵活操作 o_s 的灵活前提,产生 p_s 的灵活操作 o_s' 必须在规划中,即 Support(p_s,o_s)=s'→Inplan(o_s')=1;

(2)一个灵活操作的效果必须在其此操作的开始时间的下一个时间步为真,即 Support(p_s,o_s)=o_s'→Time(p_s,o_s)=Start(o_s')+1。

(3)灵活操作 o_s 的前提 p_s 必须在 o_s 的开始时间之前为真,即 Time(p_s,o_s)⩽Start(o_s)。

(4)如果 o_s 请求灵活命题 p_s,同时 p_s 又是灵活动作 o_s' 的删除效果,则动作 o_s 和 o_s' 互斥:Start(o_s)≠ Start(o_s')+1。

如果 o_s 请求灵活命题 p_s,同时 p_s 又是灵活动作 o_s' 的删除效果,则必须满足 (Start(o_s')+1 <Time(p_s,o_s))∨(Start(o_s)<Start(o_s'))。

4. 智能体优先级

每个智能体都要对涉及它灵活服务的变量和约束进行处理,如果一个智能体的灵活服务请求可以由另一个智能体的灵活服务添加(提供),则这两个智能体需要共享一些变量和约束。共享变量由具有较高优先级的智能体进行赋值,然后再由其他智能体检测此赋值与共享约束是否有冲突,如果共享约束被破坏,则高优先级的智能体要继续尝试其他的赋值,直到没有冲突为止。

在一个多智能体灵活规划问题中,共享的状态信息由高优先级的一方传向低优先级一方。为了保持赋值的一致性,将智能体的优先级定义如下:

(1)临近智能体个数较多的智能体优先级比临近智能体个数较少的智能体高。

(2)共享约束多的智能体比共享约束少的智能体优先级高。

(3)具有简单结构的智能体,即灵活服务和灵活服务请求个数比较少的智能体的优先级高。

(4)如果两个智能体之间有因果连接,则提供灵活服务的智能体比请求服务的智能体优先级高。

(5)如果一个灵活服务可以由多个不同的智能体提供,则满意度大的智能体具有较高的优先级。

本过程结束时,每个智能体将有许多待执行的具有一定代价和满意度的灵活服务,并且什么时候执行灵活服务是确定的,表 3.6 给出了规划实例的一个全局规划。

表 3.6　实例对应的最终规划

priority	agent	flexible service	description
0	w_2	#1	Move package b from storage area to load area of agent w_2
1	w_1	#3	Move package a and c from storage area to load area of agent w_1
2	t_1	#6	Transport package b from load area of agent w_2 to load area of agent w_3 by t_1, transport package a and c from load area of agent w_1 to load area of agent w_3
3	w_3	#3	Put package b on a, and put package c on b

在现有的多智能体规划基础上,加入了软约束,提出了新颖的针对分布式规划域的多智能体灵活规划,并以一个具体的 logistics 实例诠释了多智能体灵活规划的求解过程。首先,将每个灵活服务用 PDDL 形式描述;其次,将规划问题转化为灵活约束可满足问题(CSPs),智能体之间必须满足特定的约束;最后,将灵活约束可满足问题分配给多个不同的智能体求解。与传统的分布式规划相比,我们的方法可以用于求解智能体之间需要相互协作的灵活规划问题。

3.7.7 灵活图规划方法特性

相对经典规划方法,灵活图规划方法具有以下特性。

1. 灵活性

经典图规划中用到的约束被称为硬约束,这类约束已被证明过于死板,难以支持现实世界中经常遇到的软约束,灵活规划方法在图规划框架的基础上加入了处理松散软约束和综合分析受损的规划结果的能力,对满意度和规划长度进行折中处理,从而能够更加灵活地解决现实世界中的规划问题。

2. 人机交互

灵活规划中的人机交互是通过灵活命题实现的,用户可以通过灵活命题把个人偏好和主观意识加入到实际问题中。灵活命题往往涉及问题的细节,它具有主观性,被赋予的真值度大小取决于主观意识。在这种情况下,针对相同问题,不同用户,规划器所求的规划解及其满意度可能完全不同。

3. 模糊性

正如模糊理论的创始人 Zadeh 所说,随着系统复杂性的增加,我们描述系统行为的精确性和有效性就随之下降,模糊性也不可避免。由于灵活规划的特殊性,人的干预必不可少,而人类思维本身的模糊性,决定了灵活规划的模糊性,因此将模糊知识运用到相关算法中是必不可少的。

3.8 数值图规划

自从 Graphplan 的形式化语言扩展到 ADL 后,规划问题的另一重要方面——带有资源约束的规划问题成为发展的焦点。为了对资源进行推理,一个规划操作描述必须在以下三个方面进行扩展:

(1)在普通的逻辑前提后能够说明资源需求。

(2)扩展效果描述以能够说明哪种资源变量被动作提供、生产或消耗。

(3)数据库查询表允许对资源需求和资源效果的紧凑表示。

一个涉及资源的规划问题描述包括常量及其类型的说明和数据库信息。初始状态的说明中要描述逻辑事实,并为规划问题中涉及的所有资源变量赋一个精确值或一个初始化区间。同时,目标描述中要包含资源目标和逻辑目标。

这方面的研究有代表性的规划器是 koehler 的规划系统 Resource-IPP[38]。Resource-IPP 搜索算法总的思想是:将处理逻辑目标的 ADL 搜索算法和处理资源目标的区间算术相结合。区间算术比较简单且不会对规划器产生明显的负担,问题在于对资源冲突的处理,它给规划系统产生了一个巨大的搜索空间。

3.8.1 ADL 中的基本概念

1. 状态、规划问题、操作

由于 IPP4.0 引入了否定谓词,所以状态不再是逻辑原子的集合,而是基本文字(文字由原子或原子的否定组成)的集合。

定义 3.8.1(状态) 所有基本文字的集合用 P 来表示,一个状态 S 是一个基本文字的集合,$S \in 2^P$。

一个状态是完整的且一致的,如果每个 P 中的基本文字 $p(p \in P)$ 满足:p 或者 $\neg p$ 为真且包含在状态中(即 p 或者 $\neg p$ 其中一个在状态 S 中为真)。

如果接受不完整状态,则可将 p 和 $\neg p$ 同时为假解释为在这个状态中不清楚 p 的真值。

如果 p 和 $\neg p$ 同为真或同为假且包含状态中,则这个状态是不一致的(同时包含 p 和 $\neg p$,而 p 和 $\neg p$ 是冲突的)。不一致状态中至少包含一个基本原子和它的否定,用 $\bot$ 表示逻辑假,$\top$ 表示逻辑真值。不一致状态可以用来表示空前提条件或空的效果条件(effect condition),它将在每个状态中得到满足。

例 3.8.1 $P = \{A, \neg A, B, \neg B, C, \neg C\}$。$S_1 = \{A, \neg B, C\}$ 是一个完整且一致的状态。$S_2 = \{A, C\}$ 是一个不完整的状态。$S_3 = \{A, B, \neg B, C\}$ 是一个不一致的状态。

定义 3.8.2(规划问题) 一个规划问题是一个四元组 (O, D, I, G),其中 O 是操作集合,D 是域的描述(一个用具有类型常量来声明对象的确定的集合),I 是初始状态,G 是目标状态,I 和 G 都用一个逻辑公式来描述。

一个操作是一个比较复杂的结构,它由名称、参数列表、前提条件和效果组成。

定义 3.8.3(操作) 一个操作是一个四元组,由以下四个部分组成:

(1)名称,是一个字符串。

(2)一个由类型变量组成的参数列表。

(3)前提条件。

(4)效果。

对不同的规划语言,前提条件和效果的语法结构必须满足不同的语法限制。

定义 3.8.4(STRIPS 操作) 在一个 STRIPS 操作中,前提条件和效果限定于文字的集合,所有变量必须都在操作的参数列表中出现。

定义 3.8.5(STRIPS 动作) 一个 STRIPS 动作是用相应类型的常量对 STRIPS 操作中的参数进行实例化得到的,其中所有文字必须是基本的。

定义 3.8.6(规划) 一个规划是一个部分序的动作序列。

2. 条件效果

条件效果是 ADL 的一个重要特征,动作执行时的上下文不同,将导致不同的效果。

定义 3.8.7（条件效果） 一个效果是条件化的,如果它具有 $pre_i \rightarrow eff_i$ 这种形式,其中 pre_i 和 eff_i 都是文字集合。

定义 3.8.8（全称量化条件效果） 称一个条件效果是全称量化的,当且仅当它具有 $\forall x\ pre_i \rightarrow eff_i$ 这种形式,且所有出现在效果中的变量必须是全称量化变量或是操作中的参数。

定义 3.8.9（ADL 动作） 一个 ADL 动作 o 是一个操作的基本实例化,如果具有下面这种形式:

$$o: pre_0$$
$$\varphi_0: eff_0$$
$$\varphi_1: pre_1 \rightarrow eff_1$$
$$\cdots\cdots$$
$$\varphi_n: pre_n \rightarrow eff_n$$

其中 pre_i 和 eff_i 都是基本文字集合;pre_0 表示 o 的前提条件;eff_0 是非条件效果;$\varphi_1 \sim \varphi_n$ 都是条件效果,动作 o 的所有效果 $\varphi_0 \sim \varphi_n$ 表示为 $\varphi(o)$。

3. 并行 ADL 规划的语义

Graphplan 的一个显著特点是能够利用规划中动作的并行性。对于标准的 STRIPS 操作,比较容易定义什么时候两个动作可以并行执行。如果动作具有全称量词和条件效果,则有几种可能的语义来定义对一个状态运用一个并行动作集合后的结果,下面讨论其中的两种。

下面,考虑公文包移动问题中的 move 操作。这个问题中有两个可能对象 letter 和 toy,两个可能的地点 home 和 office,生成下面这个具有一个非条件效果集合和两个不同的条件效果的动作,如图 3.28 所示。

```
move(office,home)
:precondition  at-b(office)
:effect  at-b(home), ¬at-b(office)
         in(letter)→ at(letter,home), ¬at(letter,office)
         in(toy)→ at(toy,home), ¬at(toy,office)
```

图 3.28 具有条件效果的动作 move 的定义

对一个给定的状态运用这样一个单个动作的结果是很容易定义的,如果这个动作是可用的,且动作效果的效果条件在该状态中成立,就将该效果添加到状态描述中,并去除所有被动作的效果所改变的原子,以保持一个一致的状态。

定义 3.8.10（在一个状态下执行一个动作序列后的结果） 设 O 为具有条件效果的 ADL 动作集合,O^* 为 O 上的所有序列,且 Res 是一个从状态和动作序列到状态的函数：

$$\text{Res}: 2^p \times O^* \to 2^p$$

在一个状态 S_p 执行只包含动作 o 的动作序列所得到的结果可以定义为

$$\text{Res}(S_p, \langle o \rangle) = \begin{cases} (S_p \cup \Phi(S_p, o)) \setminus \overline{\Phi}(S_p, o), & S_p \vDash \text{pre}_0 \\ \text{未定义}, & \text{其他} \end{cases}$$

式中，$\Phi(S_p, o) = \bigcup_{S_p \vDash \text{pre}_i, i \geqslant 0} \text{eff}_i, \overline{\Phi}(S_p, o) = \{ \neg p \mid p \in \Phi(S_p, o) \}$。

在一个状态下执行一个包含多个动作的序列的结果可以递归定义为

$$\text{Res}(S_p, \langle o_1, \cdots, o_n \rangle) = \text{Res}(\text{Res}(S_p, \langle o_1, \cdots, o_{n-1} \rangle), \langle o_n \rangle)$$

定义 3.8.11（在一个状态下执行一个动作集合序列的结果）　设 Res^* 是一个从状态和动作集合序列到状态的函数：

$$\text{Res}^*: 2^p \times (2^o)^* \to 2^p$$

在一个状态下执行空序列的结果定义为

$$\text{Res}^*(S_p, \langle \ \rangle) = S_p$$

执行只包含一个非空动作集合的序列的情况下，所得到的结果可以定义为

$$\text{Res}^*(S_p, \{ o_1, \cdots, o_n \})$$
$$= \begin{cases} \left(S_p \cup \left(\bigcup_{i=1,\cdots,n} \Phi(S_p, o_i) \right) \right) \Big\backslash \bigcup_{i=1,\cdots,n} \overline{\Phi}(S_p, o_i), & \text{以下条件①～④满足} \\ \text{未定义}, & \text{其他} \end{cases}$$

上式涉及的四个条件描述如下：

① $\forall o_i: S_p \vDash \text{pre}_0(o_i)$;

② $\forall o_i, o_j, i \neq j: \Phi(S_p, o_i) \cup \Phi(S_p, o_j) \nvDash \bot$;

③ $\forall o_k, o_j, k \neq j: \forall \text{pre}_i(o_k)$ with $S_p \vDash \text{pre}_i(o_k): \text{Res}(S_p, o_j) \vDash \text{pre}_i(o_k)$;

④ $\forall o_k, o_j, k \neq j: \forall \text{pre}_i(o_k)$ with $S_p \nvDash \text{pre}_i(o_k): \text{Res}(S_p, o_j) \nvDash \text{pre}_i(o_k)$。

执行一个序列 $Q = \langle Q_1, \cdots, Q_n \rangle$，所得到的结果可定义为

$$\text{Res}^*(S_p, Q)$$
$$= \begin{cases} \text{Res}^*(\text{Res}^*(S_p, \langle Q_1, \cdots, Q_{n-1} \rangle), \langle Q_n \rangle), & \text{Res}^*(S_p, \langle Q_1, \cdots, Q_{n-1} \rangle) \text{可定义} \\ \text{未定义}, & \text{其他} \end{cases}$$

条件①需要集合中所有动作的所有前提条件在状态 S_p 状态下被满足。条件②则保证在某种意义上所有动作彼此独立无关，这种意义是指每一对动作的非条件效果和条件效果与已经满足的条件效果的条件是一致的。条件③则说明在状态 S_p 下有效的动作的前提条件或者是条件效果的条件，不能被其他动作的非条件效果或者条件效果变得无效。条件④则说明在状态 S_p 下无效的效果条件也不能因

为其他动作的执行而变得有效。

对上述四个条件而言,一方面,Res* 的定义会生成一个唯一的状态(最终状态);另一方面,这个定义的约束太强,且在动作选择时试图满足条件①～④,特别是为了满足条件③和④时,复杂化了规划过程。

定义 3.8.12 设 ξ_p 为一个状态集合,R 为从状态集合和动作集合序列到状态集合的函数:

$$R: 2^{2^p} \times (2^o)^* \rightarrow 2^{2^p}$$

执行空序列的结果定义为

$$R(\xi_p, \langle\ \rangle) = \xi_p$$

对于只包含一个非空动作集合的序列 $Q = \langle q_1, \cdots, q_n \rangle$,执行结果可以定义为

$$R(\xi_p, Q)$$
$$= \begin{cases} \left\{ T \in 2^p \middle| \begin{array}{l} T = \mathrm{Res}(S_p, q), \\ S_p \in \xi_p, q \in \mathrm{Seq}(Q) \end{array} \right\}, & \forall S_p \in \xi_p, q \in \mathrm{Seq}(Q), \mathrm{Res}(S_p, q) \text{可定义} \\ \text{未定义}, & \text{其他} \end{cases}$$

式中,$\mathrm{Seq}(Q)$ 表示动作集 $Q = \{q_1, q_2, \cdots, q_n\}$ 的所有线性化的集合。

执行由多个并行动作集合组成的序列所得结果定义为

$$R(\xi_p, \langle Q_1, \cdots, Q_n \rangle)$$
$$= \begin{cases} R(R(\xi_p, \langle Q_1, \cdots, Q_{n-1} \rangle), \langle Q_n \rangle), & R(\xi_p, \langle Q_1, \cdots, Q_{n-1} \rangle) \text{可定义} \\ \text{未定义}, & \text{其他} \end{cases}$$

4. 资源效果和资源需求

定义 3.8.13(资源需求) 一个资源需求是一个具有以下形式的表达式:

$$\langle \mathrm{rvar} \rangle \langle \mathrm{comp} \rangle \langle \mathrm{arex} \rangle$$

式中,$\langle \mathrm{rvar} \rangle$ 是一个资源变量名称,$\langle \mathrm{comp} \rangle$ 是一个算术比较符,包括 $=, \leqslant, \geqslant$;$\langle \mathrm{arex} \rangle$ 是一个由以下形式组成的算术项

$$z$$
$$f(?\ x_1, \cdots, ?\ x_n)$$
$$z[+|-|\times|\backslash] f(?\ x_1, \cdots, ?\ x_n)$$
$$f(?\ x_1, \cdots, ?\ x_n)[+|-|\times|\backslash] z$$

式中:z 是一个有理数;$f(?\ x_1, \cdots, ?\ x_n)$ 是一个函数符号,它的参数 $?\ x_i$ 必须是操作的逻辑参数。

定义 3.8.14(资源效果) 一个资源效果是一个具有以下形式的表达式:

$$\langle \mathrm{rvar} \rangle \langle \mathrm{ass} \rangle \langle \mathrm{arex} \rangle$$

式中：⟨rvar⟩是一个资源变量名称；⟨ass⟩是赋值操作符（:＝,＋＝,－＝）；⟨arex⟩是如定义 3.8.13 中定义的算术项。如 $\$x:=700$ 和 $\$y+=distance(?x,?y)*0.3$ 都是资源效果（以 $\$$ 开头的变量为资源变量，以？开头的变量为逻辑变量。如 $\$x\geqslant5$ 和 $\$y\leqslant height(?x)$ 都是资源需求）。

定义 3.8.15　一个具有资源约束的动作是一个 ADL 动作,它除具有逻辑前提外,还包含一个资源需求集合,同时又在非条件逻辑效果上增加了一个资源效果集合。

例如：

move(? from,? to：room)

:precondition robby－at(? from),$\$traveled\_distance\leqslant100-distance(?from,?to)$

:effect robby－at(? to),￢robby-at(? from),$\$traveled\_distance+=distance(?from,?to)$

扩展上述形式的操作要求对初始状态和目标的概念做相应的调整。

定义 3.8.16　具有资源约束的初始状态和具有资源约束的目标是由一个基本文字集合和一个资源需求集合组成。

例如：

initial：$\$gripper=0,\$balls(A)=6,\$balls(B)=0,robby\text{-}at(A),\$traveled\text{-}distance=0$

goal：$\$balls(B)=6$

3.8.2　BRL

基本资源表示语言 BRL 是 ADL 的一个扩展,具有以下三个特征：

(1)动作的资源需求可以在前提条件中详细说明。

(2)动作的资源效果可以出现在它的非条件效果中。

(3)数据库查询表支持对资源需求和资源效果的紧凑表示。

规划算法能使 IPP 生成满足资源约束的规划,但不能够让系统灵活地优化规划中资源的使用。造成上述问题的原因有两个：

(1)当资源在一个规划任务中起作用时,必须考虑各种不同的优化函数。

(2)考虑所希望的优化函数必须需要一种不同类型的搜索算法。

1. 提供、生产和消耗资源的动作

为了对资源进行推理,一个规划操作描述必须在以下三个方面进行扩展：

(1)在普通的逻辑前提能够说明资源需求。

(2)扩展效果描述以能够说明哪种资源变量被动作提供、生产或消耗。

(3)数据库查询表允许对资源需求和资源效果紧凑表示。

例如,机器人问题,用 BRL 表示时也使用 move 操作,但与其他语言不同的是增加了对机器人所行走的距离的跟踪,这个距离是通过访问数据库中不同房间的距离来计算得到的。增加这样一个简单的项是为了避免机器的能源(电)耗尽。如果机器走的距离小于 100 个单元,则可以进行 move 操作。否则需要对它的电池进行重新充电,这个充电就是简单地把所行走的距离重新设置为 0。

用特定的手臂来拿起和放下一个特定的球的 pick 和 drop 操作则被两个更为抽象的 pick-a-ball 和 drop-a-ball 操作替换。资源变量 $gripper 用来记录机器人手中球的数量,$balls(A) 和 $ball(B) 分别记录房间 A 和 B 中球的数量,资源变量 $traveled_distance 表示机器人所走过的距离,具体如图 3.29 所示。

```
move(?from,?to: room)
:precondition robby-at(?from), $traveled_distance ≤ 100 − distance(?from,?to)
:effect      robby-at(?to), ¬robby-at(?from),
             $traveled_distance + = distance(?from,?to)


pick-a-ball(?room: room)
:precondition robby-at(?room), $gripper ≤ 1, $balls(?room) ≥ 1
:effect      $gripper + = 1, $balls(?room) - = 1


drop-a-ball(?room: room)
:precondition robby-at(?room), $gripper ≥ 1
:effect      $gripper - = 1, $balls(?room) + = 1


recharge(?room: room)
:precondition robby-at(?room)
:effect      $traveled_distance: = 0
```

图 3.29　用 BRL 表示的操作

move 操作是资源变量 $traveled_distance 的生产者,它描述了机器人从一个房间移动到另一房间当且仅当它在源房间里并且已经移动过的距离小于 100 单元;该操作的效果是机器人在目标房间中,但不在源房间内,且它的移动距离 $traveled_distance 增加了。BRL 允许特殊的二元谓词 =,≥,≤,在谓词所连接的两个参数中,第一个参数表示资源变量,第二个参数则是一个算术表达式。算术表达式中可以包含数据库查询模式,如 distance($?x,?y$),也可以包含合理的数字、内建函数的混合算数运算等。当操作被实例化时,数据库查询模式也相应实例化,如 distance(Room A, Room B)。

pick_a_ball 操作是资源变量 $gripper 的生产者,也就是说它增加了这个资源的值,同时它又是资源变量 ＄balls(? room)的消耗者,因为它减少了房间里的球的数量。drop_a_ball 操作的效果与 pick_a_ball 的效果刚好相反,它是资源变量 ＄gripper 的消耗者,同时它又是资源变量 ＄balls(? room)的生产者。rechange 操作是资源变量 ＄traveled_distance 的提供者,它对机器人的电池重新充电是为了避免机器人的能源(电)耗尽,重新充电即将它将走过的距离重新设置为 0。资源提供者给资源分配一个特殊的值,这个值与操作应用时所在状态中该资源所具有的值无关。

所有的结果都限定于正数。例如,不允许 ＄gripper＋＝－500,也就是说动作是一个生产者,但实际上这种结构却减少了资源的值。

2. 涉及资源的规划问题

一个规划问题的描述包括通常的常量及其类型的说明,例如,前面的例子中只有两个房间仍为逻辑常量 room:A B 和数据库信息,如:

database:distance(B,A)   5

distance(A,B)   5

初始状态的说明中要描述逻辑事实,并为规划问题中涉及的所有资源变量赋一个精确值或一个初始的区间。在下面的例子中,逻辑事实说明机器人在房间 A 中,资源变量的初始值说明机器人的机器手中没有球,6 个球在房间 A 中,0 个球在房间 B 中。

initial:＄gripper＝0, ＄balls(A)＝6, ＄balls(B)＝0

robby－at(A), ＄traveled-distance ＝ 0

目标描述中只包含了一个资源目标,即房间 B 中的球数等于 6:

goal:＄balls(B)＝ 6

3. BRL 的语义

定义 3.8.17 一个 BRL 格式的资源约束动作具有以下结构:

o:pre_0, req_0

ϕ_0:eff_0, res_0

ϕ_1:$pre_1 \rightarrow eff_1$

……

ϕ_n:$pre_n \rightarrow eff_n$

式中,pre_0 是动作 o 的逻辑前提,eff_0 是动作的非条件化逻辑效果,ϕ_1 到 ϕ_n 是动作的条件化逻辑效果,req_0 是资源需求,res_0 是非条件化资源效果,它必须是唯一的,即对于每一个资源变量 $\$x$ 只能在一个效果中说明。

动作的逻辑部分解释和通常用的语义一样,下面对于资源需求 req_0 和它的资源效果 res_0 进行解释,并对允许在状态描述中出现的资源需求赋予意义。

一个资源需求是一个具有以下形式的表达式:⟨rvar⟩⟨comp⟩⟨number⟩。其中,⟨rvar⟩是一个资源变量名称,⟨comp⟩是一个算术比较符($=,\leqslant,\geqslant$),⟨number⟩是一个有理数,这个有理数由数据库查询表的实例化、简化与算术表达式构成。

一个资源效果是一个具有以下形式的表达式:⟨rvar⟩⟨ass⟩⟨number⟩。其中,⟨rvar⟩是一个资源变量名称,⟨ass⟩是赋值操作符($:=,+=,-=$),⟨number⟩是一个正的有理数,这个有理数由数据库查询表的实例化、简化与算术表达式构成。

状态中对一个资源变量的解释是一个有理数,与之类似,对于逻辑变量可以赋予值$\bot$或$\top$,一个资源变量被赋予一个有理数。例如:一个状态 S 可以用集合 $\{a=\top,\neg b=\top,c=\bot,\$x=7.56,\$y=15\}$ 来表示。

定义 3.8.18　设 P 为所有基本文字的集合,$\$X$ 为所有资源变量的集合,一个状态 S 由一个基本文字集合和一个为所有资源变量 $\$x_i\in\$X$ 赋予一个有理数 $z_i\in Q$ 的序对 $\langle\$x_i, z_i\rangle$ 集合组成。

$$S\subseteq P\cup(\$X\times Q)$$

一个状态描述由两部分组成:逻辑部分 S_P 和资源部分 $S_\$$,逻辑部分由一个基本文字集合组成,资源部分由资源变量/值这样的序对组成。要求 $S_\$$ 是一致的,即对于 $\$X$ 中的每个资源变量 $\$x_i\in\$X$ 在状态中至多出现一次,且被赋予一个唯一的值。

定义 3.8.19　对等式 $\$x=z$ 的解释 I 为 $I(\$x=z)=\langle\$x, z\rangle$,对不等式 $\$x\geqslant z$ 的解释 I 为 $I(\$x\geqslant z)=\{\langle\$x, z_i\rangle\}$ 且 $z\leqslant z_i\leqslant+\infty$,对不等式 $\$x\leqslant z$ 的解释 I 为 $I(\$x\leqslant z)=\{\langle\$x, z_i\rangle\}$ 且 $-\infty\leqslant z_i\leqslant z$。

需要注意的是,一个不等式描述的是一个状态的集合。

定义 3.8.20　一个状态 $S_\$$,其中 $\langle\$x, z\rangle\in S_\$$,动作 o 在资源变量 $\$x$ 上的资源需求得到满足当且仅当 z 是该资源需求解释中的一个值($z\in I(\mathrm{req}_0(o,\$x))$),即 $S_\$? \models \mathrm{req}_0(o,\$x)$,说明如果 $z\in I(\mathrm{req}_0(o,\$x))$,则 $S_\$$ 满足动作 o 的所有资源需求,记为 $S_\$ \models \mathrm{req}_0(o)$。

定义 3.8.21　假设 O 是定义 3.8.17 中的资源约束动作的集合,O^* 为 O 上所有动作序列,Res' 为一个从状态和动作序列到状态的函数:

$$\mathrm{Res}':(\$X\times Q)\times O^*\rightarrow(\$X\times Q)$$

在一个状态 $S_\$$ 下执行一个只包含一个动作 o 的序列的结果定义为

$$\mathrm{Res}'(S_\$,\langle o\rangle)=\begin{cases}\langle\$x_i,z'\rangle, & S_\$ \models \mathrm{req}_0(o)\\ \text{未定义}, & \text{其他}\end{cases}$$

式中,对于每个资源变量 $\$x_i$,其新值 z' 通过以下方法得到:

设 z 为 $\$x_i$ 在 $S_\$$ 中的值,即 $\langle\$x_i,z\rangle\in S_\$$,则

$$z'=\begin{cases} z+z_0, & \mathrm{res}_0(o)=\$x_i+=z_0\,(\text{动作 } o \text{ 是 } \$x_i \text{ 的生产者}) \\ z-z_0, & \mathrm{res}_0(o)=\$x_i-=z_0\,(\text{动作 } o \text{ 是 } \$x_i \text{ 的消费者}) \\ z_0, & \mathrm{res}_0(o)=\$x_i:=z_0\,(\text{动作 } o \text{ 是 } \$x_i \text{ 的提供者}) \\ z, & \text{否则} \qquad\qquad (\text{动作 } o \text{ 不影响 } \$x_i) \end{cases}$$

在一个状态下执行一个包含多个动作的序列的结果可以递归定义为

$$\mathrm{Res}'(S_\$,\langle o_1,\cdots,o_n\rangle)=\mathrm{Res}'(\mathrm{Res}'(S_\$,\langle o_1,\cdots,o_{n-1}\rangle),\langle o_n\rangle)$$

定义 3.8.22 两个动作 o_i 和 o_j 对于资源 $\$x$ 是资源相容的,如果满足以下条件:

(1)如果 o_i 是 $\$x$ 的提供者,则 o_j 不允许影响 $\$x$;同样地,如果 o_j 是 $\$x$ 的提供者,则 o_i 不允许影响 $\$x$。

(2)如果 o_i 是 $\$x$ 的消费者,则 o_j 必须为 $\$x$ 的消费者或不影响 $\$x$;同样地,如果 o_j 是 $\$x$ 的消费者,则 o_i 必须为 $\$x$ 的消费者或不影响 $\$x$。

(3)如果 o_i 是 $\$x$ 的生产者,则 o_j 必须为 $\$x$ 的生产者或不影响 $\$x$;同样地,如果 o_j 是 $\$x$ 的生产者,则 o_i 必须为 $\$x$ 的生产者或不影响 $\$x$。

如果集合中的任意两个动作对于所有资源变量是资源相容的,则一个动作集合是资源相容的。一个资源相容集合对于一个给定的资源变量来说只能包含生产者集合或消费者集合或一个独个的提供者。

定义 3.8.23 设 R^* 为一个从状态和动作集合序列到状态的函数:

$$R^*:(\$X\times Q)\times(2^O)^*\rightarrow(\$X\times Q)$$

在一个状态下执行空动作集合的结果定义为

$$R^*(S_\$,\langle\;\rangle)=S_\$$$

在一个状态 $S_\$$ 下执行一个只包含一个非空动作集合 $O=\{o_1,\cdots,o_n\}$ 的序列的结果定义为

$$R^*(S_\$,\langle O\rangle)=\begin{cases} \langle\$x_iz'\rangle, & \forall o_i\in O:S_\$\vdash\mathrm{req}_0(o_i)\text{ 且 } O \text{ 是资源相容的} \\ \text{未定义}, & \text{其他} \end{cases}$$

对于每个资源变量 $\$x_i$,它的新值 z' 通过以下方法得到:

设 z 为 $\$x_i$ 在 $S_\$$ 中的值,即 $\langle\$x_i,z\rangle\in S_\$$,则

$$z'=\begin{cases} z+\displaystyle\sum_{i=1,\cdots,n}z_{o_i}, & \$x_i \text{ 被 } O \text{ 所生产} \\ z-\displaystyle\sum_{i=1,\cdots,n}z_{o_i}, & \$x_i \text{ 被 } O \text{ 所消费} \\ z_{o_i}, & \$x_i \text{ 被 } O \text{ 所提供} \\ z, & \text{其他} \end{cases}$$

对一个状态运用一个动作集合序列 $O=\langle o_1,\cdots,o_n\rangle$ 定义为

$$R^*(S_\$,\langle o_1,\cdots,o_n\rangle)=R^*(R^*(S_\$,\langle o_1,\cdots,o_{n-1}\rangle),\langle o_n\rangle)$$

定义 3.8.24 R' 为一个从状态集合和动作集合序列到状态集合的函数:

$$R':2^{(\$X\times Q)}\times(2^O)^*\to 2^{(\$X\times Q)}$$

执行空动作集合的结果定义为

$$R'(\xi_\$,\langle\ \rangle)=\xi_\$$$

对于只包含一个非空动作集合的序列,运行结果定义为

$$R'(\xi_\$,Q)=\begin{cases}\bigcup\limits_{S_{\$_i}\in\xi_\$}R^*(S_{\$_i},Q), & \forall i,R^*(S_{\$_i},Q)\ 可定义\\ 未定义, & 其他\end{cases}$$

递归情况的定义类似于 R^* 函数的递归定义。

Res 和 Res′ 函数定义了当在一个状态下执行一个动作时会发生什么结果,R 和 R' 函数定义了当在一个状态集合下执行一个并行动作集合时会发生什么结果。

定义 3.8.25 设状态 $S=S_P\bigcup S_\$$ 为一个资源约束的状态,o 为一个 BRL 动作,在状态 S 下执行只包含动作 o 的序列的结果定义为

$$\text{Result}(S,\langle o\rangle)=\begin{cases}\text{Res}(S_P,\langle o\rangle)\bigcup\text{Res}'(S_\$,\langle o\rangle), & 二者都可定义\\ 未定义, & 其他\end{cases}$$

在状态集合 $\xi=\{(S_{P_1}\bigcup S_{\$_1}),(S_{P_2}\bigcup S_{\$_2}),\cdots\}$ 下执行一个并行动作集合序列 O 的结果定义为

$$\text{Result}^*(\xi,\langle O\rangle)$$

$$=\begin{cases}\bigcup\limits_{S_i\in\xi}\left(R\left(\{S_{P_i}\},\langle O\rangle\right)\right)\times\left(R\left(\{S_{\$_i}\},\langle O\rangle\right)\right), & 二者都可定义\\ 未定义, & 其他\end{cases}$$

3.8.3　搜索算法

1. 基本思想

IPP 搜索算法是处理逻辑目标的 ADL 搜索算法和处理资源目标的区间算术的一种结合。区间算术比较简单且不会对规划器产生明显的负担,问题在于对资源冲突的处理,它给规划系统产生了一个巨大的搜索空间。

算法执行过程如下:

(1)从规划图中提取一个有效规划(通过回溯搜索生成一个规划,它是逻辑有效的)。

(2)前向传播该规划以确定资源变量的效果,如果出现冲突,则添加解决冲突

的动作到该规划中。

(3)在规划被修改的时间步开始一个新的回溯搜索。

搜索算法涉及以下内容: G_n 为时间步 n 的逻辑目标; R_n 为时间步 n 的资源目标; max 是图中的最后一个事实层的层号, 即图中最后一个动作层的层号为 max$-$1; S_n^G 为执行一个长度为 $n-1$ 的规划所得到的状态集合所满足的逻辑事实; S_n^R 为执行一个长度为 $n-1$ 的规划所得到的状态集合所满足的资源值; S_0^G, S_0^R 分别为被初始状态 S 所满足的事实和资源值。

资源目标利用区间来表示, 资源目标来源于目标中的资源需求和动作前提中的资源需求, 它们能够通过不等式来说明。一个不等式可以被解释为一个给定的资源变量的可能集合, 它可以通过值的上、下界来描述。并不要求初始状态和目标状态是唯一的, 事实上, 当使用不等式时, 由于该资源的可能取值将是一个有效的初始状态集合和有效的目标状态集合, 这些状态的不同之处在于资源的取值不同, 但有效的逻辑事实相同。规划过程的目标是找到一个规划, 它对于所有的初始状态都是有效的且至少能够达到其中一个目标状态。例如, 在初始状态中说明 $\$ x \geqslant 10$, 然后寻找一个适用于所有可能的值的规划; 如果在目标状态中说明 $\$ x \geqslant 10$, 则构建一个实现 $\$ x$ 的其中一个可能值的规划即可。

算法使用以下推理模块:

choose-actions(选择动作):输入的是目标二元组 $\langle G_n, R_n \rangle$, 返回的是动作集合 Δ_{n-1} 和新的目标二元组 $\langle G_{n-1}, R_{n-1} \rangle$ 或失败信息;

add-actions(添加动作):输入的是一个资源目标 R_n, 一个状态描述 S_{n-1}^G, S_{n-1}^R 和一个动作集合 Δ_{n-1}; 返回的是一个修改后的动作集合 Δ_{n-1}' 和新的目标二元组 $\langle G_{n-1}, R_{n-1} \rangle$ 或失败信息;

propagate-and-check(前向检测):输入的是一个状态描述 S_{n-1}^R 和一个动作集合 Δ_{n-1}, 它计算新的状态描述 S_n^R 且进行测试 $S_n^R \vdash R_n$, 如果测试成功则返回真(true), 否则返回假(false)。

图 3.30 总结了这些模块如何相互作用。给定时间步 max 的原始目标, choose-actions 模块在每个时间步选择一个有效的动作集合直到初始状态。如果没有这样的有效动作集合存在, 则规划器回溯到规划图的更高一层。如果choose-actions 模块在规划图的最后一层失败, 则说明不存在长度为 max 时间步的规划解, 将规划图扩展到 max$+$1 时间步。当到达初始状态后, 则进行终结测试(termination test), 如果逻辑目标和资源目标都满足, 则找到一个有效规划。

如果终结测试失败了, 则激活 propagate-and-check 模块, 它的输入是时间步 $n-1$ 的资源变量的值, 时间步 $n-1$ 所选择的动作集合, 根据这两个输入确定资源变量在时间步 n 的值。然后检查这些值是否满足时间步 n 的资源目标, 如果满足,则找到一个有效规划,搜索结束;如果资源目标没有被满足,则通过 add-actions 模块来考虑解决冲突的动作。如果在时间步 n 找到这样一个动作,则重新计算该时间步的目标,然后重新调用 choose-actions 模块。choose-actions 模块从时间步 n 的目标出发,搜索一个新的到达初始状态的规划,由于目标的重新计算,从时间步 n 到时间步 0 之间的动作选择必须重新考虑。如果 add-actions 模块在时间步 n 找不到解决冲突的动作,那么 propagate-and-check 模块继续在时间步 $n+1$ 执行,检查是否能在规划图中的更高一层时间步修改规划。

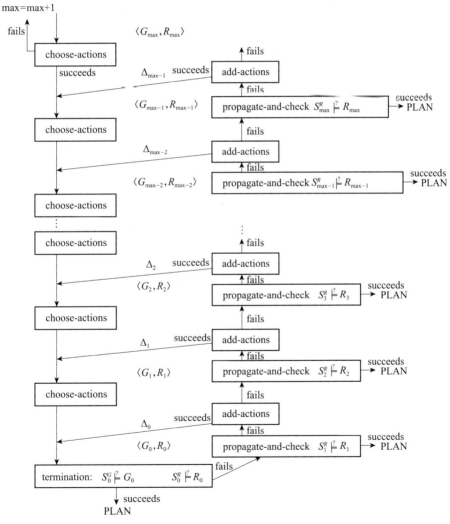

图 3.30 各推理模块的相互作用

2. 选择一个有效的动作集合

给定时间步 n 的一个逻辑目标集合 G_n 和一个资源目标集合 R_n,搜索算法选择一个动作集合 Δ_{n-1},要求 Δ_{n-1} 能够实现逻辑目标且是资源相容的。

1)无冲突动作集合的选择

IPP 选择一个最小的无冲突动作集合 Δ_{n-1} 来实现逻辑目标,另外,它对 Δ_{n-1} 进行以下测试:所有 Δ_{n-1} 中的动作 $o(o\in\Delta_{n-1})$ 必须是两两资源相容的;如果对于资源变量 $\$x$ 有一个资源目标

$$R_n(\$x) = [\min_n(\$x), \max_n(\$x)]$$

且 Δ_{n-1} 包含一个 $\$x$ 的提供者,即一个动作具有 $\$x := z$ 这个效果,则

$$z \in [\min_n(\$x), \max_n(\$x)]$$

必须成立。

如果这两个测试中的任何一个不成立,则放弃动作集合 Δ_{n-1},尝试选择另一个动作。若不存在满足所有条件的动作选择,则回溯。

2)计算逻辑目标集合 G_{n-1} 和资源目标集合 R_{n-1}

给定一个有效动作选择 Δ_{n-1},目标 G_n 和 R_n,可以通过以下过程计算下一时间步的新目标 G_{n-1} 和 R_{n-1}。

(1)逻辑目标集合 G_{n-1} 的计算。

逻辑目标通过 Δ_{n-1} 中动作所被选的效果的效果前提和前提条件得到;IPP 通过冲突消除来消除条件效果之间的潜在冲突;

资源目标集合 R_{n-1} 的计算:

(2)新的资源目标 R_{n-1} 集合通过以下方法得到。

(a)设 $R_n(\$x) = [\min_n(\$x), \max_n(\$x)]$ 为时间步 n 资源变量 $\$x$ 的资源目标,既然 Δ_{n-1} 必须是资源相容的,那么以下四种情况之一必须出现:

情况1:Δ_{n-1} 中的所有动作($o\in\Delta_{n-1}$)都不影响 $\$x$,资源目标保持不变:

$$R_{n-1}(\$x) = R_n(\$x)$$

情况2:Δ_{n-1} 中包含 $\$x$ 的一个提供者,$\$x$ 的新资源目标变为任意:

$$R_{n-1}(\$x) = [-\infty, +\infty]$$

情况3:Δ_{n-1} 中包含 $\$x$ 的生产者集合 $o_1, \cdots, o_k$,它们的联合效果将目标区间向左推进:

$$\min_{n-1}(\$x) := \min_n(\$x) - \sum Z_{o_i} \quad (i=1, \cdots, k)$$

$$\max_{n-1}(\$x) := \max_n(\$x) - \sum Z_{o_i} \quad (i=1, \cdots, k)$$

情况4:Δ_{n-1} 中包含 $\$x$ 的消费者集合 $o_1, \cdots, o_k$,它们的联合效果将目标区间向右推进:

$$\min_{n-1}(\$x) := \min_n(\$x) + \sum_{i=1, \cdots, k} z_{o_i}$$

$$\max_{n-1}(\$x):=\max_n(\$x)+\sum_{i=1,\cdots,k}z_{o_i}$$

(b)将 Δ_{n-1} 中的每个动作 o 的资源需求添加到 R_{n-1} 中。

(c)对于每个资源变量,如果得到一个非空资源目标,即

$$\forall \$x\ R_{n-1}(\$x)\bigcap_{o\in\Delta_{n-1}} \text{req}_0(o,\$x)\not\models\varnothing$$

目前,IPP 计算目标区间与被选动作对同一资源变量的资源需求表示的所有区间的交集。如果交集为空,则说明新的资源目标与至少一个动作的资源需求是相矛盾(冲突)的,且它们不能在同一时间被满足。例如,如果 IPP 已经确定

$$R_{n-1}(\$x)=[3,8],$$

但其中一个被选动作运用要求 $\$x\geqslant 10$,则 $[3,8]\bigcap[10,+\infty]=\varnothing$。

如果测试失败,放弃 Δ_{n-1},重新选择动作;如果测试成功,新资源目标从交集中得到:

$$\forall \$x\ R_{n-1}(\$x)=R_{n-1}(\$x)\bigcap_{o\in\Delta_{n-1}} \text{req}_0(o,\$x)$$

3)终止测试

如果 $S_0^G\models G_0$,即时间步 0 的逻辑目标在初始状态成立;并且 $S_0^R\models R_0$,即资源变量的所有可能的初始值在时间步 0 所要求的范围内,那么算法在初始状态成功结束。IPP 从初始状态的资源需求得到的每个区间是时间步 0 相应资源目标区间的子区间。测试成功后,$P=\langle\Delta_0,\cdots,\Delta_{\max-1}\rangle$ 就是该规划问题的规划解。如果因为逻辑目标未满足而导致测试失败,则 IPP 回溯,去寻找另一个规划;如果因为资源目标未满足而测试失败,但逻辑目标满足,则 IPP 进入前向传播阶段并对可能的资源冲突进行修正。

3. 前向传播和资源冲突

如果 IPP 寻找到一个逻辑规划,但对资源的终止(termination)测试失败,则进入前向传播阶段。这意味着,这个规划器构造了一个完整的规划,它对每个时间步的逻辑目标来讲是合理的,为了使这个规划对资源目标也合理,则在每个时间步 n 必须满足 $S_n^R\models R_n$ 这个条件。

传播和检测模块的目的在于验证 $S_n^R\models R_n$ 这个条件。

首先计算(确定)状态描述 S_n^R,给定一个状态描述 S_{n-1}^R 和动作集 Δ_{n-1},使用定义 3.8.23 的 R^* 来确定新的状态描述 S_n^R。当 Δ_{n-1} 中的动作的资源要求被破坏时,传播将返回不确定的结果。在这种情况下,动作集不能执行,该动作集无效。控制将返回到选择动作模块,需要重新选择动作集合 Δ_{n-1}。

然后测试 $S_n^R\models R_n$。如果前向传播产生一个已定义的状态,则根据定义 3.8.20测试 $S_n^R\models R_n$。如果测试成功,IPP 返回规划 $P=\langle\Delta_0,\cdots,\Delta_{\max-1}\rangle$ 作为规划问题的规划解。正如下面的合理性证明一样,在这种情形下,在图中的所有时间步 $n\leqslant k\leqslant\max$ 都要满足 $S_n^R\models R_k$。从实现的角度上说,S_n^R 和 R_n 对于每个资源变量

x 都分别包含一个区间,传播和检测模块测试 S_n^R 所包含区间是否包含于 R_n 所包含的区间。如果对某一个资源变量没有关于该资源变量的资源目标存在,则 R_n 对于该资源变量所包含的区间是 $[-\infty,+\infty]$,也就是说这个测试是随意满足的。

如果测试失败,IPP 分析资源冲突。在已经执行规划的前一部分 $\langle \Delta_0,\cdots,\Delta\max-1\rangle$ 之后,设 $[\mathrm{smin}_n(\$ x),\mathrm{smax}_n(\$ x)]$ 是 $\$ x$ 在时间步 n 可能值的区间,设 $[\mathrm{min}_n(\$ x),\mathrm{max}_n(\$ x)]$ 是时间步 n 中这个资源变量的目标区间。

测试成功的一个必要条件就是状态变量的长度应该小于或者等于目标变量的长度,即

$$|\mathrm{smax}_n(\$ x)-\mathrm{smin}_n(\$ x)| \leqslant |\mathrm{max}_n(\$ x)-\mathrm{min}_n(\$ x)|$$

如果这个条件遭到破坏,则规划器需要将状态区间的长度变短。可能成功的唯一方法就是添加 $\$ x$ 的提供者,因为生产者或者消费者只是能将区间"推到"某个方向而已。

因此,如果

$$|\mathrm{smax}_n(\$ x)-\mathrm{smin}_n(\$ x)| > |\mathrm{max}_n(\$ x)-\mathrm{min}_n(\$ x)|$$

则 IPP 激活添加动作模块,这个模块试图在动作集 Δ_{n-1} 中添加一个提供者 o,并且 o 具有结果 $\$ x:=z$,这个动作 o 需要满足如下条件:

$$z \in [\mathrm{min}_n(\$ x),\mathrm{max}_n(\$ x)]$$

$\Delta_{n-1}\bigcup\{o\}$ 是资源相容的;并且动作 o 的逻辑无条件结果必须与逻辑目标 G_n 相一致。

如果这些条件之一被破坏,则 o 不是一个有效的选择,冲突就不能被解决。在这种情况下,控制又转回到选择动作模块,它需要选择另外的动作集 Δ_{n-1}。

如果满足

$$|\mathrm{smax}_n(\$ x)-\mathrm{smin}_n(\$ x)| \leqslant |\mathrm{max}_n(\$ x)-\mathrm{min}_n(\$ x)|$$

并且状态区间不包含在目标区间内,则有两种可能的冲突情况出现:一种是状态区间在左,目标区间在右;另一种是目标区间在左,状态目标在右。

在 A 情况下,状态区间位于目标区间的左边,需要往右推。为了能往右移,则必须添加 $\$ x$ 的生产者或者提供者,如图 3.31 所示。

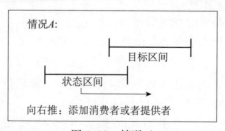

图 3.31　情况 A

在 B 情况下,状态区间位于目标区间的右边,需要往左推。为了能往左移,则必须添加 $\$ x$ 的消费者或者提供者,如图 3.32 所示。

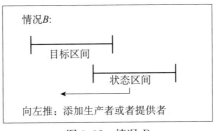

图 3.32 情况 B

为了使选择有效,提供者必须满足上面陈述的条件。而对于生产者或者消费者来说,只需满足最后两个条件,也就是说,它必须是资源相容的,同时它的非条件逻辑效果必须与目标相一致。

这个过程产生了动作集 Δ_{n-1} 的一个扩展集合,这至少会减少一个资源冲突。对这个集合来说,新的资源目标和新的逻辑目标像以前一样被计算,IPP 在时间步 $n-1$ 给出这些新的目标之后,需要重新进行规划。

如果新的目标是不一致的,则添加动作模块需要在时间步 n 尝试对动作集合的另外的修正方法(添加模块需要重新选择要添加的动作)。如果不存在可以解决冲突的选择,那么该模块使用失败,这时在时间步 $n+1$ 中激活传播检测模块。也就是说,它在朝着目标的方向上尽力解决规划图中更高时间步的冲突。

4. 一个例子

下面我们举一个例子来例示搜索算法求解的过程。

给定下面的操作集合、初始状态及目标,如图 3.33 所示。

```
move(?from,?to: room)
:precondition   robby-at(?from), $traveled_distance≤100 - distance(?from,?to)
:effect         robby-at(?to), ￢robby-at(?from),
                $traveled_distance + = distance(?from,?to)


pick-a-ball(?room: room)
:precondition robby-at(?room), $gripper≤1, $balls(?room)≥1
:effect       $gripper + = 1
              $balls(?room)- = 1


drop-a-ball(?room: room)
:precondition robby-at(?room), $gripper≥1
:effect       $gripper- = 1
              $balls(?room) + = 1


Initial: $gripper = 0, $balls(A) = 6, $balls(B) = 0, robby-at(A)
goal: $balls(B) = 1
```

图 3.33 假设例子中的操作、初始状态及目标的描述

IPP 如何构造将一个球运到房间 B 中这个规划问题的规划呢？既然逻辑目标为空,规划图只扩展到时间步 0,即只建立了初始事实层。但由于 $balls(B)=0$ 不能 $\vDash$ $balls(B)=1$,也就是 $[0,0]$ 不包含于 $[1,1]$,所以终止测试失败。又由于规划图中只有一层,所有没有可能的 propagate-and-check,因此规划图向前扩展。让我们假设 IPP 在一个长度为 2 的规划图中失败了,则将规划图扩展到长度 3(时间步 3),从该层出发,每个时间步选择的动作集合为空,所以资源目标未发生改变,这就产生了表 3.7 所示的情况。

表 3.7　IPP 求解失败描述

层	逻辑目标/动作	$ gripper	$ balls(A)	$ balls(B)
F_3	$\varnothing$	$[-\infty,+\infty]$	$[-\infty,+\infty]$	$[1,1]$
A_2	$\varnothing$			
F_2	$\varnothing$	$[-\infty,+\infty]$	$[-\infty,+\infty]$	$[1,1]$
A_1	$\varnothing$			
F_1	$\varnothing$	$[-\infty,+\infty]$	$[-\infty,+\infty]$	$[1,1]$
A_0	$\varnothing$			
F_0	robby-at(A)	$[0,0]\subseteq[-\infty,+\infty]$	$[0,6]\subseteq[-\infty,+\infty]$	$[0,0]\nsubseteq[1,1]$

又一次在初始状态进行终止测试,测试失败(因为资源目标未满足)。然后激活 propagate-and-check 模块,它根据空规划确定了资源变量在时间步 1 的可能值,产生了 $gripper\in[0,0]$, $balls(A)\in[0,6]$, $balls(B)\in[0,0]$。问题出现在资源变量 $balls(B)$ 上,因为在时间步 1 要求 $balls(B)\in[1,1]$,既然状态的区间在目标区间的左侧,则通过 add-actions 模块添加一个 $balls(B)$ 的生产者或提供者。在这个问题中,唯一可能的选择是 drop-a-ball(B),它被添加到时间步 0 的动作集合 A_0 中,则时间步 0 的新的逻辑目标是 robby-at(B) 且新的资源目标是 $balls(B)$ $\in[0,0]$ 和 $gripper\in[1,+\infty]$。既然逻辑目标在初始状态中不满足,则回溯,又激活 add-actions 模块,因为没有其他的选择,所以在下一时间步激活 propagate-and-check 模块,然后出现了同样的冲突情况。同样地,drop-a-ball(B) 是唯一可能的选择,从事实层 1 开始重新规划,move(B,A) 是唯一的动作选择,这样就生成了在初始状态下逻辑正确的规划(逻辑上有效的规划),如表 3.8 所示。

表 3.8　IPP 逻辑目标满足的情况

层	逻辑目标/动作	$ gripper	$ balls(A)	$ balls(B)
F_3	$\varnothing$	$[-\infty,+\infty]$	$[-\infty,+\infty]$	$[1,1]$
A_2	$\varnothing$			
F_2	$\varnothing$	$[-\infty,+\infty]$	$[-\infty,+\infty]$	$[1,1]$
A_1	drop-a-ball(B)			
F_1	robby-at(B)	$[1,+\infty]$	$[-\infty,+\infty]$	$[0,0]$
A_0	move(B, A)			
F_0	robby-at(A)	$[0,0]\nsubseteq[1,+\infty]$	$[0,6]\subseteq[-\infty,+\infty]$	$[0,0]\subseteq[0,0]$

但不巧的是,资源目标在这个时间步未满足,出现了关于资源变量 $ gripper 的资源冲突。这个冲突在时间步 0 和 1 不能被 add-actions 模块所修正,因而回溯到 drop-a-ball(B) 这个解决冲突的动作,因为没有其他的可选动作,add-actions 模块在时间步 1 失败,在事实层 2 激活 propagate-and-check 模块。

再一次出现同样的资源冲突情况,因为 IPP 仍然在每个时间步选择的动作集合为空,冲突触发了 drop-a-ball(B) 动作,但这次在动作层 2 添加这个动作。在动作层 1,考虑通过 no-op 动作或 move(B,A) 动作来实现逻辑目标 robby-at(B),当选择 move(B,A) 后,no-op 动作放到初始状态的执行中,这样将生成一个逻辑有效的规划,如表 3.9 所示。

表 3.9 IPP 规划求解成功描述

层	逻辑目标/动作	$ gripper	$ balls(A)	$ balls(B)
F_3	$\varnothing$	$[-\infty, +\infty]$	$[-\infty, +\infty]$	$[1,1]$
A_2	drop-a-ball(B)			
F_2	robby-at(B)	$[1, +\infty]$	$[-\infty, +\infty]$	$[0,0]$
A_1	move(B, A)			
F_1	robby-at(A)	$[1, +\infty]$	$[-\infty, +\infty]$	$[0,0]$
A_0	no-op			
F_0	robby-at(A)	$[0,0] \nsubseteq [1, +\infty]$	$[0,6] \subseteq [-\infty, +\infty]$	$[0,0] \subseteq [0,0]$

由于在资源变量 $ gripper 上的冲突,在解决冲突时应该添加一个该资源变量的生产者到动作层 0 中,存在两种可能性:pick-a-ball(A) 和 pick-a-ball(B),但只有前者可以成功,并且生成该规划问题的一个解。终止测试最后满足表 3.10 所示的条件。

表 3.10 IPP 测试条件

层	逻辑目标/动作	$ gripper	$ balls(A)	$ balls(B)
F_3	$\varnothing$	$[-\infty, +\infty]$	$[-\infty, +\infty]$	$[1,1]$
A_2	drop-a-ball(B)			
F_2	robby-at(B)	$[1, +\infty]$	$[-\infty, +\infty]$	$[0,0]$
A_1	move(B, A)			
F_1	robby-at(A)	$[1, +\infty]$	$[-\infty, +\infty]$	$[0,0]$
A_0	pick-a-ball(A)			
F_0	robby-at(A)	$[0,0] \subseteq [0,0]$	$[0,6] \subseteq [-\infty, +\infty]$	$[0,0] \subseteq [0,0]$

3.8.4 嵌入模糊部件的数值图规划算法

嵌入模糊部件的数值图规划生成算法[39],基本上与图规划的生成算法相同。但是由于模糊部件的引入,需要对数值规划中的互斥及满意度在规划图中的传播方法给出新的定义。

1. 数值图规划中的互斥定义

规划的互斥关系包括命题互斥和动作互斥。

定义 3.8.26（命题互斥）　如果两个命题对同一核心命题给出不同的满意度表示,则这两个命题互斥;一个命题的所有支持动作与另一个命题的所有支持动作互斥,那么这两个命题互斥。

定义 3.8.27（动作互斥）　(1)不一致效果:对于在命题列 i 中某一命题,如果当它分别作为两个动作的添加效果时的真值度不同,这两个动作互斥;(2)冲突:对于同一命题,在命题列 i 中作为某个动作的添加效果与在第 $i-1$ 列中作为另一个动作的前提条件时的真值度不同,则我们称这两个动作互斥。(3)竞争需求:两个动作的所有前提条件互斥。

2. 满意度、优先权传播

当规划图由第 i 层动作列扩展到第 $i+1$ 层命题列时,每个模糊命题的真值度等于所有以该命题为添加、删除效果的动作的满意度的最大值。

当规划图由第 i 层命题列扩展到第 $i+1$ 层动作列时,每个模糊动作的满意度等于其所有前提条件命题真值度的最小值。

每个资源约束动作的优先权等于其前提条件中资源需求优先权的合取值。

我们定义满意度、优先权传播的意义在于:利用这种传播算法,能在符合条件(模糊目标达到满意度且无互斥,资源目标出现)的目标出现时,立刻停止规划图扩张,最大限度地减少空间浪费。

3. 规划图和约束满足问题的对应关系

1999 年 Kambhampati[40] 提出了规划图和(动态)约束满足问题的意义对应关系[41],其中:

(1)规划图中的命题相当于动态约束满足问题中的变量。

(2)支持命题的动作相当于命题的值域。

(3)目标中的命题相当于初始活跃变量。

DCSP 是用 restriction/relaxation 边连接的 CSP 序列。restriction 边和 relaxation 边分别表示向问题中添加或删除约束,对所有约束满足问题的改变都可以通过修改约束集合来实现,如图 3.34 所示。虽序列中的每个约束满足问题都可以独立的使用约束满足技术求解。但是采用动态约束满足技术会最大程度的利用先前问题求解的成果。这种重用技术会大大提高问题求解效率。Kambhampati 的工作为我们将高效的约束满足问题求解技术应用于规划提取奠定了理论基础。

我们用动态约束满足问题求解中局部修改技术(local change,LC)改进原数值图规划搜索算法。在时间步有限的规划图结构中,使用 LC 技术有以下两点好处:

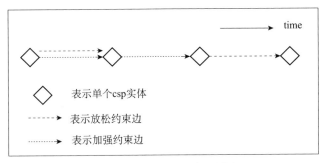

图 3.34　DCSP 问题求解模式

①LC 技术的重用性,在规划提起阶段最大程度的避免重复搜索工作,从而提高搜索效率;②每步搜索的返回值都是当前最优解且在规划目标出现时 LC 算法能够有效地结束搜索过程。

4. 嵌入模糊部件的 LC 算法

在这里我们把嵌入模糊部件的 LC 算法(3.7.3 节)称作 Fuzzy LC 算法。Fuzzy LC 算法和 LC 算法在机构上是基本一致的,均使用变量集合 X_1,X_2,X_3 来控制搜索。在模糊框架下定义的软约束性,使得 Fuzzy LC 算法为每个变量都寻求一个最优的赋值,而 LC 是在满足所有约束的条件下为每个变量赋值。Fuzzy LC 算法重复选择同一个变量 $x_i \in X_3$,并把其值域中与 X_2,X_3 中变量一致性最高的值赋给它。Fuzzy LC 算法的变量修改方法与 LC 类似,算法再找到对当前所有变量的赋值时结束。显然这个过程比前约束的情况下要复杂,但是我们通过软约束得到问题细节信息可以用来缩小算法的复杂度。

我们将 Fuzzy LC 算法以伪代码的形式给出,首先介绍伪代码中的几个符号:

(1)rc:当前一致程度的最大值。问题求解过程中每个分支上的问题/子问题的一致程度小于/等于该值时,剪枝发生在该分支上。

(2)con X_1 和 con X_{12}:分别记录了 X_1 和 $X_1 \bigcup X_2$ 中变量赋值的一致性。用来指导增量式计算当前的一致程度。如此定义是因为在计算一致性时只需要计算新赋值变量 x_i 的与 con X_1 和 con X_{12} 的一致性。

算法伪代码定义如图 3.35 所示。

下面用一个例子更直观的说明 Fuzzy LC 算法。

如图 3.36 所示(课程表问题),变量 x_1,x_2,x_3 分别表示教学计划的三个组成部分:报告会、练习和学术会议。约束 c_1 表示教授 A 有优先权/偏好 0.75 主持四次学术会议;约束 c_2 表示教授 B 指导 3 至 4 次练习的优先权为 0.5,约束 c_3 表示本学期至少要安排 1 次学术会议;约束 c_4 是强约束,表示每学期的课时总和为 7 次。

Fuzzy-LC solve( )

1. Procedure Fuzzy-LC solve( )

2. $X_1 \leftarrow \varnothing$

3. $X_2 \leftarrow$ 所有已赋值变量

4. $X_3 \leftarrow$ 所有未赋值变量

5. initcons$\leftarrow$InitTest(X_2, C_r)

6. if $X_3 = \varnothing$

7. rc$\leftarrow$intcons

8. initsolutions$\leftarrow$assignments(X_2)

9. Else rc $\leftarrow \perp$

10. $X'_3 \leftarrow$choose$(X_2. C_r) \cup X_3$

11. $X'_2 \leftarrow X_2 - X'_3$

12. result$\leftarrow$Fuzzy-LCvariables$(X_1, X'_2, X'_3,$ $T, T)$, rc)

13. if result$<$ rc

14. Assignment$(X_2) \leftarrow$initsolution

15. return rc

16. Else turn result

(a)

1. Procedure Fuzzy-LC variables$(X_1, X_2, C,$ cons X_1, cons X_{12}, rc)

2. if $X_3 = \varnothing$

3. return cons X_{12}

4. Else

5. Select and Remove $x_i \in X_3$

6. cons $X_{12} x_i \leftarrow$ Fuzzy-LC variables$(X_1, X_2,$ C, cons X_1, cons X_{12}, rc)

7. If cons $X_{12} x_i <$ rc

8. return $\perp$

9. Else

10. return Fuzzy-LC variables$(X_1, X_2 \cup \{x_i\},$ C, cons X_1, cons X_{12}, rc)

(b)

图 3.35   算法伪代码

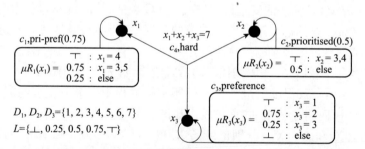

图 3.36   课程表问题

Fuzzy LC 算法求解过程如下：

变量集合 $X = \{x_1, x_2, x_3\}$；

变量值域 $D_1 = D_2 = D_3 = \{1, 2, 3, 4, 5, 6, 7\}$；

满足度域 $L = \{\perp, 0.25, 0.5, 0.75, \top\}$

(1)选择为 x_1 赋值，$c_1(x_1)$

   $x_1 \leftarrow 4$，赋值满意度$\top$

     $X_1 = \{\}, X_2 = \{x_1\}, X_3 = \{x_2, x_3\}$；

(2)选择为 x_2 赋值，$c_2(x_2)$

$x_2\leftarrow3$,赋值满意度$\top$

$X_1=\{\},X_2=\{x_1,x_2\},X_3=\{x_3\}$;

(3)选择为 x_3 赋值,$c_3(x_3),c_4(x_1,x_2,x_3)$

c_4赋值满意度$\perp$

repair $c_4(x_1,x_2,x_3)$

选择 x_1

$X_1=\{x_3\},X_2=\{x_2\},X_3=\{x_1\}$;

(4)选择为 x_1 赋值,$c_1(x_1)$

$x_1\leftarrow3$,赋值满意度 0.75

最后赋值结果:$x_1\leftarrow3,x_2\leftarrow3,x_3\leftarrow1$;

(5)问题求解满意度计算:

$0.75\wedge\top\wedge\top=0.75$。

5. 规划提取算法

基于增量式局部修改的规划提取算法如图 3.37 所示,算法描述如下:

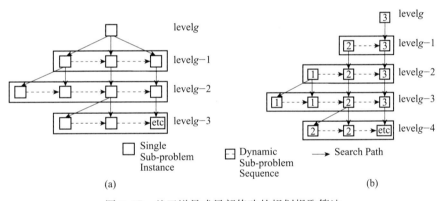

图 3.37 基于增量式局部修改的规划提取算法

(1)将规划图对应成一个动态约束满足问题:模糊目标和资源目标对应初始活跃变量;规划图中的模糊命题、资源需求和资源效果对应变量;支持模糊动作和资源动作共同构成变量的值域;

(2)重复下面的过程,直到规划所有的初始条件都得到赋值:

(a)设规划的目标在 g 列出现,g 列的所有变量构成了 g 列的子问题,为每个子问题赋一个标号值。

(b)对 g 列的子问题进行赋值,要求对模糊命题变量的赋值没有冲突出现,对资源变量按照优先权次序赋值。把所有失败的子问题赋值编号记录在记忆中。

计算所有模糊命题变量赋值的满意度的合取值,也记录在记忆中。

(c)所有对 g 列问题赋值的动作的前提条件构成了 $g-1$ 列的子问题。按照

(b)种方法对 $g-1$ 列的子问题进行编号。$g-1$ 列与 g 列重复的子问题标号相同。如果 g 列中这个子问题赋值成功,则不再为这个子问题重复赋值,否则按照记忆对失败子问题剪枝。对尚未赋值的子问题赋值,并计算赋值满意度。如果所得满意度低于记忆中的满意度,则从重新赋值,否则更新记忆中的满意度。如果对 $g-1$ 列赋值失败,则重新为 g 列赋值。

(d)继续生成子问题,重复上述过程,直到所有初始条件命题赋值成功。

(3)增量式局部修改算法具有三个优点:

(a)$level_g$ 与 $level_{g-1}$ 中会有许多重复的子问题,局部修改技术可以重复利用先前问题的解来解决当前问题。

(b)每个子问题都被编号,在规划提取过程中的失败赋值被记录下来,以免在以后的赋值中重复失败的操作。

(c)不断修改赋值满意度,使得在规划提取过程中,规划解的质量得到优化。

3.9　时　序　规　划

经典的 STRIPS 模型假设所有的动作都有相同的单位持续时间,这一假设在很多现实世界的规划领域中是不足以解决现实问题的。因为在现实领域中,动作往往有完全不同的持续时间(从毫秒到小时),也因此导致了动作执行的交叠,而不是简单的串行,或首尾时间相同的并行。为了解决这一问题,许多学者很早便提出了时序规划这一概念,展开了各种各样的研究,并取得了相当的进展,包括涉及资源问题的时序规划,概率时序规划,同一动作有不同持续时间的时序规划,等等。在这一节中,我们将详细介绍最经典最基本的图规划框架下的时序规划,即时序图规划(TGP)[9]。

3.9.1　概述

对许多现实世界问题来说,动作用瞬间完成的经典 STRIPS 域规划模型来表达是不够的,它们要求动作具有不同的持续时间,而且还可能需要数值资源。例如,在许多 NASA 的规划应用中,具有这些特性的动作尤其普遍。

实际上,人们对时序规划的研究已经有较长的历史,但能广泛应用的时序规划系统却很少,这是由这些系统在性能上存在着局限性所致。例如,Deviser[42] 就是一个早期的时序规划器,但它需要一个 HTN(层次任务网络)概要库和大量特定领域的启发式。另外 FORBIN[43] 把 HTN 简化和时序投影法相结合来处理一个类似于时序的问题,但这个系统只能运行几个例子。IxTeT[44] 是一个较新的时序规划器,它把 HTN 分解。Allen 等开发了几个优雅的基于时序逻辑的时序规划器[45—47],但它们都不支持数值的持续时间。Zeno 规划器[48]使用递增的 Simplex 算法来支持具有数值持续时间且可发生连续变化的动作,但性能低劣。TSTS[49] 使用动态的、时序 CSP 来进行规划。STAN 尽管不处理具有不同持续时间的动作,但使用了一个与紧凑规划图相类似的表示形式。

以上这些系统虽然取得了一定程度上的成功,但是它们或是伸缩性差,或是需要人类建立复杂的时序约束网络和指定的启发式来辅助进行规划。

图规划作为一种人工智能系统规划方法,取得了巨大的成功。因此,扩展它处理时序规划也就是一个很自然的想法了,TGP 和 TPSYS[50,51]都是以规划图为基础开发出的时序规划器。其中,TGP 按事件递增的方式构造一个紧凑的规划图结构,在这个图中包括命题节点和动作节点,且每个节点只出现一次。它允许动作具有不同的持续时间,但要求动作在执行结束时才产生效果,并且执行条件在整个执行过程中都是成立的。在算法中引入了命题与动作间的互斥关系,区分了永久互斥和条件互斥关系,而且实验结果还表明条件互斥推理对系统性能起到举足轻重的作用。

TPSYS 与 TGP 相比,也是利用规划图来表示时间流的,不同的是它使用 PDDL2.1 的语义,并且可以处理动作在执行的开始或结束时产生效果的情况。

在 TGP 和 TPSYS 的基础之上,CPPlanner[52]将时序规划中的动作表示能力又做了进一步扩充,使得动作在整个过程中随时都可以产生效果。同时,它还提出了利用关键路径来搜索有效规划的新方法,使用该方法可以剪去与实现最终目标无关的分枝,从而大大提高了搜索效率。

此外,LPGP[53]也是利用图规划框架来处理时间的规划器,但与前面提到的 TGP 和 TPSYS 不同的是,它给出了 PDDL2.1 语义的精确表示。它使用图本身来表示规划的逻辑结构,而非时间流,即用图来捕获动作执行的开始点与结束点,以及它们之间的关系,并且用一个独立的线性约束求解器来处理时序约束。采用这种方法来进行时序规划,对大多数问题来说,可以减少搜索空间。但其不足之处是,它找到的解是次优解。

3.9.2 时序动作

1. 时序动作的概念

我们将时序规划问题所考虑的动作,即带有连续持续时间的动作称为时序动作。

2. 时序动作的表示

为了正确地表示时序动作,我们对 STRIPS 动作语言做了一个简单的扩展,以允许每个动作都有一个非负的起始时间 s 和一个正实数的持续时间 d,并且采用了一个保守的动作模型：

(1)所有的前提条件必须在动作的开始 s 为真；

(2)不受动作本身影响的前提条件必须在动作的执行过程$[s, s+d]$中，全程为真；

(3)效果在动作执行期间未定义，且仅保证在最后时间点 $s+d$ 为真。

这意味着，如果一个动作的某个前提或效果是另一个动作的某个前提或效果的否定，那么这两个动作无论如何无法重叠执行。

图 3.38 所示为一个简单的问题域的扩展 STRIPS 动作描述：动作 A 和 B 没有前提条件，且分别产生 P 和 Q，A 的持续时间为 1，B 的持续时间为 2。C 的前提为 P 和 Q，持续时间为 3。

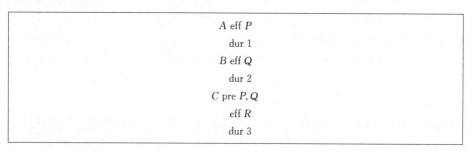

图 3.38　一个只有三个动作的简单的问题域的动作描述

3.9.3　时序规划图

1. 时序规划图的结构

和经典规划图相同，时序规划图也是由动作节点层和命题节点层构成，且命题到动作的弧代表了前提条件关系，动作到命题的弧表示了效果关系。但与经典规划图不同的是，时序规划图仅由一个动作列和一个命题列(注意，我们这里用的是"列"而不是"层"。列和层的区别在于，这里的列就是最普遍意义的一个竖排称为一列，而层是由同一时间被扩展进规划图的动作(或命题)所组成的，我们称为动作层(或命题层))构成，且每个动作、命题、互斥关系和无用结构都由一个数字标签来注释：对于命题节点和动作节点，这个数字表示该命题(或动作)首次出现在规划图中的层数，对于互斥关系和无用节点，其标签标记了该关系最后成立的层数。这种结构有如下特点，也恰是这些可以被当作规则的特点的产物：

(1)命题和动作单调递增：如果一个命题 P(或动作 A)在某一层中出现，那么它将在所有后续命题(动作)层中出现。

(2)互斥关系是单调递减的：如果命题 P 和 Q 间的互斥关系 M 存在于某一层，那么 M 应该存在于之前的所有 P 和 Q 同时出现的命题层。动作实例间的互斥关系的行为也类似。

(3)无用结构单调递减：如果子目标 P,Q 和 R 在某一层不可实现，那么它们在之前的所有命题层中都无法实现。

现在我们来举一个简单的例子。问题域如图 3.38 所示：由于 C 同时需要 P 和 Q，所以它最早得等到时间 2 才能开始执行，且 R 最早的产生时间为 5。与该规划问题相对应的时序规划图如图 3.39 所示。

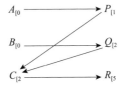

图 3.39　一个有三个动作的简单域的规划图

由图 3.39 我们可以看出，尽管规划图为每个动作仅存储一个节点，但它并不限制规划器在一个规划中对一个动作仅有一个实例。规划解提取过程将搜索整个规划图，将动作的实例化加入到规划中，由于这个后向链搜索可能穿越环路，所以一个动作可能有多个实例被加入到规划中。实际上，这个紧凑的编码方案有如下三个优点：

(1)扩展阶段的空间消耗大大减少，因为层与层间无重复信息。

(2)扩展阶段的速度将大大提高，因为它可以以递增的方式更新规划图，这将在后面有详述。

(3)最重要的，使用这种表示方法，就再也不需要限制动作必须有单位持续时间，而且节点的标签可以是一个实数，表示动作的起始时间，代替规划图层的整数标记。这个想法虽然在概念上比较简单，但它隐藏了惊人数目的细节，这将在后续行文中详细阐明。

2. 生成互斥关系

图 3.40 给出了动作/命题互斥的一个简单问题域阐述。粗线代表互斥关系（不考虑类型）。互斥上的标记代表互斥成立的条件。∞ 表示 X 与 $\neg X$ 永久互斥。当 Λ 成立时，A 与 Q 条件互斥，当 Θ 时 B 与 P 条件互斥，其中 $\Lambda=\{A<[Q, \Theta=\{B<[P$。

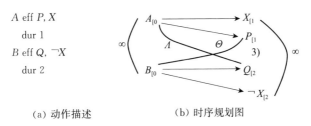

　(a) 动作描述　　　　　　(b) 时序规划图

图 3.40　动作/命题互斥的一个简单问题域阐述

以图 3.40 为例，因为 A 和 B 分别产生 X 和 $\neg X$，它们永远不可能同时执行（我们将其归为下文将介绍的永久互斥，且在规划图中用 ∞ 表示），因此，实现 P 和 Q 的唯一途径是顺序执行 A 和 B（顺序无所谓）。所以，P 和 Q 间互斥应该在时间 3 终止，但是标准的图规划不能够推理出这一事实。TGP 中通过两种方式来修补这种推理缺陷：

（1）除了原始的动作对或命题对之间的互斥，还引入了动作/命题间的互斥。

（2）将互斥关系分为始终成立的永久性互斥和随着图扩张在以后的时间可能终止的条件互斥。

1）永久互斥

定义 3.9.1　命题 P 和 Q 为永久互斥，当且仅当 P 是 Q 的否定。

定义 3.9.2　动作 A 与命题 P 永久互斥，当 $\neg P$ 是 A 的一个前提或效果，或 P 为 A 的一个效果。

定义 3.9.3　动作 A 与动作 B 永久互斥，当且仅当如下至少一条成立：

（1）A 或 B 删除了对方的前提或效果。

（2）A 和 B 有永久互斥的前提。

2）条件互斥

与永久互斥相反，一个条件互斥是暂时的，它可能先前适用，但根据一个命题的额外支持，后期可能终止，影响条件互斥成立的条件是关于如下变量的不等式：

（a）一个动作的持续时间，记为 $|A|$。

（b）一个动作或命题在规划图中首次出现的时间 $[A$。

（c）一个动作可能的最早结束时间 $A]$。

（d）一个动作实例化开始执行的时间 $\{A$，或一个命题变为真的时间 $\{P$。

（e）一个动作实例化结束的时间 $A\}$。

需要注意，$A]=[A+|A|,A\}=\{A+|A|,A\}\leqslant A)$。

我们现在给出三个条件互斥的定义。

定义 3.9.4　设 P 和 Q 为两个命题，对于支持 P 的每个动作 A_i，设 Φ_i 为 A_i 与 Q 互斥的条件（Φ_i 为真，表示永久互斥，为假则表示无互斥，为 γ 时，A_i 与 Q 条件互斥）。对于支持 Q 的每个动作 B_j，设 Ψ_j 为 B_j 与 P 互斥的条件。设

$$\Phi=\wedge_i(\Phi_i\vee(A_i]>\{P))\wedge\wedge_j(\Psi_j\vee(B_j]>\{Q))$$

如果 Φ 被满足，则 P 和 Q 当 Φ 时条件互斥。

通俗地说，当 P 与 Q 的所有的支持动作条件互斥时，命题 P 与 Q 条件互斥，反之亦然。上述定义中的不等式保证一件事，即一个动作被认为是一个命题的一个支持，仅当它在该命题为真之前结束。

定义 3.9.5　设 A 为一个动作，P 为一个命题，对 A 的每个前提 Q_i，设 Φ_i 为 P 与 Q_i 互斥的条件（为真则永久互斥，为假则无互斥，为 γ 时，P 与 Q_i 条件互斥），对 P 的每个可能的支持动作 B_j，设 Ψ_j 为 A 与 B_j 互斥的条件。设

$$\Phi = (\vee_i \Phi_i) \vee (\wedge_j (\Psi_j \vee (B_j] > \langle P))) \wedge (\langle A < [P)$$

如果 Φ 被满足,则动作 A 与命题 P 当 Φ 时条件互斥。

通俗地说,当 P 与 A 的任一前提条件互斥或 A 与 P 的所有支持动作条件互斥的时候,动作 A 与命题 P 条件互斥。

定义 3.9.6 设 A 与 B 为两个非永久互斥的动作,对于 B 的每个前提 P_i,设 Φ_i 为 A 与 P_i 互斥的条件,对于 A 的每个前提 Q_j,设 Ψ_j 为 B 与 Q_j 互斥的条件。设 $\Phi = \vee_i \Phi_i \vee \vee_j \Psi_j$。如果 Φ 被满足,则动作 A 与 B 当 Φ 时条件互斥。

通俗地说,当 A 与 B 的任一前提条件互斥,或相反的时候,动作 A 与 B 条件互斥。

为了使读者清楚这些规则如何起作用,我们再来考虑一下图 3.31 的例子。定义 3.9.1 表明,X 与 $\neg X$ 为永久互斥。定义 3.9.5 进一步指明,当 $\langle A < [Q$,即 $\langle A < 2$ 时,A 与 Q 条件互斥;当 $\langle B < [P$,即 $\langle B < 1$ 时,B 与 P 条件互斥。直观上看,这也是合理的——如果 A 在时间 2 之前开始,那么它将与 P 的支持动作 B 重叠,但是 A 与 B 为永久互斥。最后,定义 3.9.4 显示,当 $(\langle A < 2) \wedge (\langle B < 1)$ 时,命题 P 与 Q 条件互斥。将动作的持续时间加入到不等式的两边,产生如下 P/Q 互斥条件:$(A) < 3) \wedge (B) < 3)$。因此我们可以得出结论 P 和 Q 当 $(\langle P < 3) \wedge (\langle Q < 3)$ 时条件互斥,且这个条件与标准图规划中的结束于时间步 3 的命题互斥相同。

3. 递增的图扩张

TGP 可以以一种递增的方式来扩张上文所描述的时序规划图,更精确地说,是规划器可以跟踪图中发生的改变,并仅仅检测那些可能受这些改变影响的命题、动作和互斥关系,具体细节如下:

(1)向图中加入一个命题节点(例如,作为一个新加动作的新的效果)可以导致新的动作(那些以之作为前提的动作)的加入。

(2)向图中加入一个动作可以导致新的命题(该动作的效果)被加入,且/或可以为已存在的命题提供新的支持。这个新的支持可能导致一个动作/命题条件互斥的终结(根据定义 3.9.5)。

(3)终止命题 P 和 Q 间的条件互斥可以引入新的动作(同时以 P 和 Q 为前提的动作),而且,它可以导致一个动作/命题条件互斥的终止(根据定义 3.9.5),如 P 和 Q 的一个消耗 C 之间的互斥。

(4)终止一个动作 A 和命题 P 之间的条件互斥可以导致一个命题/命题间条件互斥的终止(根据定义 3.9.4),例如,P 与 A 的一个效果 R 之间。而且,它还可以引起一个动作/动作间条件互斥的终止(根据定义 3.9.6),如 A 和 P 的一个消耗 C 之间。

(5)终止动作 A 与 B 之间的条件互斥可以导致一个动作/命题条件互斥的终

止(根据定义 3.9.5),如 A 与 B 的一个效果 R 之间。

这些关系如图 3.41 所示。

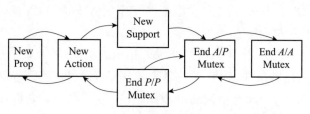

图 3.41   TGP 用这个因果图来引导其处理事件

在时序规划图的扩张中,TGP 保持两个以时间为序的队列,NewSupport 和 End$P$/PMutex。NewSupport 由元组$\langle A, P, t\rangle$构成,表示 P 在时间 t 有来自 A 的支持。End$P$/PMutex 包含序对(M, t),表示 M 为命题/命题条件互斥,并在时间 t 结束。为了提高效率,TGP 还建立了一个临时列表:NewProp,即在 NewSupport 中涉的新命题的集合。

给定一个时序规划问题,TGP 的图扩张过程为下述步骤的循环:

(1)向规划图中添加新的动作及其效果。注意:TGP 仅需考虑一个前提在 NewProp 中,或两个前提的条件互斥在 End$P$/PMutex 中的动作(在时间 0,初始条件由这一步的一个特别的实例加入到图中)。

(2)为新动作添加永久互斥和条件互斥关系,包括动作/命题互斥和动作/动作互斥。

(3)增加时间到 NewSupport 或 End$P$/PMutex 队列的下一入口。

(4)遍历因果关系图的递归算法,用新的支持重新检测可能终止动作/命题、动作/动作和命题/命题间条件互斥的命题。

(5)添加涉及新命题的动作/命题和命题/命题互斥(永久的和条件的)。

(6)如果所有的目标均出现在规划图中,且两两不互斥,则调用解搜索算法。否则(或解搜索算法返回失败),则循环。

3.9.4   解搜索

当规划图一旦扩展到一个时间 t_G,其中所有目标均出现,且两两不互斥时,TGP 将运行一个后向链搜索算法提取有效规划。具体算法如下:

(1)从 Agenda 队列中取出$\langle G, t\rangle$。

(2)如果 $t=0$ 且 G 初始不为真,则返回失败(回溯)。如果 $t>0$,则设 S 等于动作集$\{A_i\}$,满足 A_i 以 G 作为一个效果且 $A_i] \leqslant t$。

(3)从 $S \cup$ (persist-G)中选出不与 Plan 中任何动作互斥的动作 A。添加$\langle A, t-|A|\rangle$到 Plan 中,且对于 A 的每个前提 P,添加$\langle P, t-|A|\rangle$到 Agenda 中。如果不

存在这样的动作 A，则回溯。为了算法完备，所有这种一致的动作 A 都必须被考虑。

上述解搜索算法主要通过两种数据结构实现：Agenda 和 Plan。Agenda 是由序对 $\langle P_i, t_i \rangle$ 组成的队列，其中 P_i 为（子）目标命题，t_i 是到其为止目标必须实现的时间。Agenda 初始化时，对于每个顶层目标 G_i，将 $\langle G_i, t_G \rangle$ 加入到队列中，且队列以时序降序存储。Plan 存储正在被构建的规划，形式为序对 $\langle A_i, s_i \rangle$ 的集合，其中 s_i 为 A_i 的开始时间，初始为空。因为在图扩展阶段没有显式地加入为达到一个目标的持续动作 persist-G，所以这里就需要显式地考虑它们。实际上，持续动作就是占用一个空间，以保证 TGP 记得检测所有相关的动作/命题互斥。不幸的是，持续动作的加入增加了规划空间的冗余，并且可能导致额外的搜索。

我们再来考虑图 3.38，假设目标是 P 和 Q。最短的规划需要执行动作 A 和 B，且需要两个时间单位。显然，A 可以在 $[0,1]$ 间隔中的任何时间开始，但是 TGP 不考虑所有这样的时间，因为那里面有无数的数字。实际上，上述算法约束开始时间为动作持续时间集合的最大公约数的整数倍，而且这并不影响其完备性。在 TGP 中，我们进一步加强这个约束，即动作要尽可能晚开始执行，除非这样可以引起互斥。

参 考 文 献

[1] Bridge D. Artificial Intelligence Planning：Classical Planning[EB/OL]. www. cs. ucc. ie/~dgb/courses/ai/notes/notes25. pdf

[2] Fikes R，Nilsson N. STRIPS：a new approach to the application of theorem proving to problem solving[J]. Artificial Intelligence，1971，2：189—208

[3] Soderland S，Weld D. Evaluating Nonlinear Planning[R]. University of Washington CSE，91-02-03，1991

[4] Blum A L，Furst M L. Fast Planning through Planning Graph Analysis[C]. Proceedings of the Fourteenth International Joint Conference on Artificial Intelligence，1995：1636—1642

[5] Koehler J，Nebel B，Hoffmann J. Extending Planning Graphs to an ADL Subset[C]. Proceedings of the Fourth European Conference on Planning，1997：273—285

[6] Gazen B，Knoblock C. Combining the Expressivity of UCPOP with the Efficiency of Graphplan[C]. Proceedings of the Fourth European Conference on Planning，1997：221—233

[7] Anderson C R，Smith D E，Weld D S. Conditional Effects in Graphplan[C]. Proceedings of the Fourth International Conference on Artificial Intelligence Planning Systems，1998：44—53

[8] Parker E. Making Graphplan Goal-Directed[C]. Proceedings of the Fourth European Conference on Planning，1999：333—346

[9] Smith D，Weld D. Temporal Planning with Mutual Exclusion Reasoning[C]. Proceedings of the Sixteenth International Joint Conference on Artificial Intelligence，1999：326—333

[10] Miguel I,Jarvis P,Shen Q. Flexible Graphplan[C]. Proceedings of the Fourteenth Europe-an Conference on Artificial Intelligence,2000:506—510

[11] Cayrol M,Régnier P,Vidal V. Least commitment in graphplan[J]. Artificial Intelligence, 2001,130(1):85—118

[12] Koehler J. Metric Planning Using Planning Graphs[R]. Technical Report TR No. 127,Al-bert Ludwigs University,1999

[13] Gu W X,Xu L,Zhang X M. Research and implementation based on bidirectional-paralleled graphplan algorithm[C]. Proceedings of the Third International Conference on Machine Learning and Cybernetics,2004,8:239—243

[14] 刘日仙,谷文祥,欧华杰. 处理条件效果的互斥延迟算法的研究[J]. 东北师大学报,2003, 40(1):32—35

[15] Gu W X,Liu R X,Yin M H. A New Algorithm for Handling Conditional Effects in Intelli-gent Planning[C]. Proceedings of the Third International Conference on Machine Learning and Cybernetics,2004:2365—2367

[16] Frost D,Dechter R. In Search of the Best Constraint Satisfaction Search[C]. Proceedings of the twelfth National Conference on Artificial Intelligence,1994:301—306

[17] Bayardo R,Schrag R. Using CSP Look-back Techniques to Solve Real-world SAT Instances [C]. Proceedings of the Fourteenth National Conference on Artificial Intelligence,1997: 203—208

[18] Mittal S,Falkenhainer B. Dynamic Constraint Satisfaction Problems[C]. Proceedings of the Eighth National Conference on Artificial Intelligence,1990:25—32

[19] Tsang E. Foundation of Constraint Satisfaction[M]. San Diego,California:Academic Press,1993

[20] Kambhampati S. On the relations between intelligent backtracking and failure-driven expla-nation-based learning in planning in constraint satisfaction[J]. Artificial Intelligence,1998, 105(1—2):161—208

[21] Prosser P. Domain Filtering Can Degrade Intelligent Backtracking Search[C]. Proceedings of the Thirteenth International Joint Conference on Artificial Intelligence,1993:262—265

[22] Gomes C,Selman B,Kautz H. Boosting Combinatorial Search through Randomization[C]. Proceedings of the Fifteenth National Conference on Artificial Intelligence,1998:431—437

[23] Kambhampati S. Improving Graphplan's Search with EBL & DDB Techniques [C]. Pro-ceedings of the Sixteenth International Joint Conference on Artificial Intelligence,1999: 982—987

[24] Gu W X,Cai D B,Ren F. Exploiting graphplan's memory to improve its CSP-style search [C]. The Proceedings of International Symposium on computing and Information,2004,8: 213—219

[25] Miguel I,Shen Q. Fuzzy rrDFGP and Planning[J]. Artificial Intelligence,2003,148:11—52

[26] Miguel I. Dynamic Flexible Constraint Satisfaction and its Application to AI Planning [D].

Edinburgh：University of Edinburgh，2001

［27］Daniel S Weld. Recent Advances in AI Planning［R］. Technical Report UW-CSE-98-10-01；In AI Magazine，1999

［28］Xu L，Gu W X，Zhang X M. Backward-Chaining Flexible Planning［J］. Lecture Notes in Computer Science Series 3930，Springer-Verlag Berlin Heidelberg，1—10

［29］徐丽，谷文祥，张新梅，等. Goal-Directed Flexible Graphplan［C］. Proceeding of 2005 International Conference on Machine Learning and Cybernetics，EI：05509538729，2005：137—142

［30］李杨，陈佳豫，韩诚山，等. 基于启发式搜索的灵活规划的算法研究与系统实现［C］. 计算机科学，2008，35（4）：207—210

［31］Miguel I，Shen Q，Jarvis P. Efficient Flexible Planning via Dynamic Flexible Constraint Satisfaction.［J］Engineering Applications of Artificial Intelligence，2001：301—327

［32］de Weerdt M，ter Mors A，Witteveen C. Multi-agent Planning：An Introduction to Planning and Coordination.［R］Handouts of the European Agent Summer School，2005：1—32

［33］Miguel I，Shen Q，Jarvis P. Flexible Planning by Leximin Fuzzy Constraint Satisfaction［C］. Proceedings of the 4th International Workshop on Soft Constraints，2002：43—55

［34］Sapena O，Onaindia E，Garrido A，et al. A Distributed CSP Approach for Solving Multi-Agent Problems［C］. CP-ICAPS 2007 Joint Workshop on Constraint Satisfaction Techniques for Planning and Scheduling Problems，2007：68—75

［35］Vossen T，Ball M，Lotem A，et al. Applying integer programming to AI planning［J］. Knowledge Engineering Review，2001（16）：85—100

［36］van den Briel M，Kambhampati S. Optiplan：unifying IP-based and graph-based planning［J］. Journal of Artificial Intelligence Research，2005，24：623—635

［37］王俊淑. 基于软约束的多 Agent 灵活规划［D］. 长春：东北师范大学，2009

［38］Koehler J. Planning under Resource Constraints［C］. Proceedings of the European Conference on Artificial Intelligence（ECAI'98），1998：489—493

［39］任斐，嵌入模糊部件的数值图规划［D］. 长春：东北师范大学，2006

［40］Kambhampati S. Planning graph as a（Dynamic）CSP：exploiting EBL，DDB，and other CSP search techniques in Graphplan［J］. Journal of Artificial Intelligent Research，2000，12（1）：1—34

［41］Schiex T. Arc Consistency for Soft Constraints［C］. Proc. 6th International Conference on Principles and Practice of Constraint Programming，Singapore，2000：411—424

［42］Vere S. Planning in time：windows and durations for activities and goals［J］. IEEE Trans. on Pattern Analysis and Machine Intelligence，1983，5：246—267

［43］Dean T，Firby J，Miller D. Hierarchical planning involving deadlines，travel times，and resources［J］. Computational Intelligence，1988，4（4）：381—398

［44］Ghallab M，Laruelle H. Representation and Control in IxTeT，a Temporal Planner［C］. Proceedings of the Second International Conference on Artificial Intelligence Planning Systems，1994：61—67

[45] Allen J, Koomen J. Planning Using A Temporal World Model[C]. Proceedings of the Eighth International Joint Conference on Artificial Intelligence, 1983:741—747

[46] Pelavin R, Allen J. A Model for Concurrent Actions Having Temporal Extent[C]. Proceedings of the Sixth National Conference on Artificial Intelligence, 1987:246—250

[47] Allen J. Planning as Temporal Reasoning[C]. Proc. Conf. Knowledge Representation and Reasoning, 1991:3—14

[48] Penberthy J, Weld D. Temporal Planning with Continuous Change[C]. Proceedings of the Twelfth National Conference on Artificial Intelligence, 1994: 1010—1015

[49] Muscettola N. HSTS:Integrating Planning and Scheduling[R]. Technical Report CMU-RI-TR-93-05, Camegie Mellon University, 1993

[50] Garrido A, Onaindia E, Barber F. Time-optimal Planning in Temporal Problems[C]. Proceedings of the Sixth European Conference on Planning, 2001:379—392

[51] Garrido A, Fox M, Long D. A Temporal Planning System for Durative Actions of PDDL2. 1[C]. Proceedings of the Fifteenth Eureopean Conference on Artificial Intelligence, 2002: 586—590

[52] Dinh T B, Smith B. CPPlanner:A Temporal Planning System Using Critical Paths[C]. Proceedings of the Thirteenth International Conference on Automated Planning and Scheduling, 2003:32—36

[53] Long D, Fox, Maria. Exploiting A Graphplan Framework in Temporal Planning[C]. Proceedings of the Thirteenth International Conference on Automated Planning and Scheduling, 2003:52—61

第4章 启发式规划方法

近几年,规划领域蓬勃发展,出现了许多很有发展前景的规划方法,规划系统的效率在不断地提高。其中比较引人注目的主要有三种方法,它们也是促使规划系统效率不断提高的主要原因:第一种方法是由卡内基梅隆大学的 Blum 和 Furst 在 1995 年提出的图规划(Graphplan)方法;第二种方法是将规划问题看作满足性问题,把规划问题转换成命题满足性问题来解决;第三种方法就是启发式搜索方法,这种方法的思想是将规划问题看作一个搜索问题,运用人工智能领域中的启发式搜索技术,在状态空间中根据启发式信息引导搜索朝可能的目标节点方向进行,直到找到目标节点。

大部分采用启发式搜索方法的规划器,首先从规划实例的描述中获取启发函数,然后利用该启发函数信息在状态空间中引导搜索。搜索的成功与否主要与启发式的选择、所采用的搜索算法及搜索方向等因素有关。基于启发式搜索方法开发的规划器在规划大赛中,无论是在求解问题的效率上还是在求解问题的能力和范围上,都有令人满意的表现,其中在 2000 年举行的规划大赛中,所有获奖的自动规划器中有五分之四是基于启发式思想的。

本章首先介绍启发式设计的基本原则——放松(relaxation)的概念,然后选取四款具有代表性的基于启发式搜索的规划器:HSP[1,2],HSP-r[3],FF[4,5] 和 LPG[6] 来详细说明启发式方法在规划领域中的具体应用。

4.1 启发式的设计原则——放松

节点选择启发式 Select(C)通常根据节点的"被期望"程度来从节点集合 C 中选取节点。我们用启发式函数 h 为节点集合 C 中的每个节点计算一个估计值 $h(u)$,习惯上,被选择的就是拥有最小估计值的节点,即

$$\text{Select}(C) = \text{argmin}\{h(u) \,|\, u \in C\}$$

节点选择启发式用来解决不确定选择的问题,它通常不是十分可靠,不能够保证由它所选择出来的节点一定就是最好的节点:这个节点不一定会导致最优解甚至可能会导致得不到解。我们希望启发式能够获取尽可能多的信息,也就是说尽可能地靠近选择最好节点的意图。节点选择函数 h 选择错误节点的个数越少,说明它所提供的信息就越丰富。我们也希望启发式函数计算起来能够简单高效。通

常在启发式的设计和选择时要兼顾它提供信息的丰富性和对它计算的难易程度这两点。

节点选择启发式通常基于以下的放松原则:为了估计一个节点 u 的"被期望"程度,我们通常考虑通过对原来的问题做一些简化假设和放松某些约束而得到一个更简单的问题。使用节点 u 去解决放松后的问题并从中获得对节点 u 的"期望"程度的估计,然后将得到的解作为当原问题也使用节点 u 时所可能获得的解的一个估计。放松后的问题同原来的问题越相近,所作的估计就会越准确。另一方面,放松问题越简单,启发式计算就会越简单。然而,在大多数情况下,在这两者之间找到一个最佳的结合点并不是一个简单的问题,这需要对问题的结构有一定程度的了解。

通常我们会根据某些代价尺度来寻求一个最优解。如果一个节点能够导致一个较低代价解,那么这个节点的"期望"程度相对较高。$h(u)$ 是对所有由节点 u 导致的解的最小可能代价 $h^*(s)$ 的估计(如果从节点 u 无法导致任何一个解,那么 $h^*(u)=\infty$)。如果 $h(u)<h^*(u)$,那么启发式函数 h 就是可纳的。启发式搜索算法,比如说迭代深度搜索算法,如果所采用的节点选择启发式是可纳的话,通常都能够保证找到最优解。但是,经常我们会牺牲启发式的信息丰富性以换取它的可纳性。

4.2　HSP

HSP[2] 是一款基于启发式搜索思想的域独立规划器。在 HSP 中,启发式搜索算法利用启发式函数由初始状态向目标状态执行前向搜索。这个过程同解决八数码问题的启发式搜索过程相似,唯一的区别就是启发式函数不同。在八数码问题中,启发式假定是给定的(例如,可以假设启发式是曼哈顿距离的总和),而在规划中,启发式需要从规划问题的描述中来提取。因此,HSP 需要从 STRIPS 编码中找到一个恰当的启发式,并使用该启发式来引导搜索过程。

4.2.1　启发式

在 STRIPS 规划中,对于规划问题 P,HSP 忽略掉了它的删除列表得到放松问题 P',从放松问题 P' 中来获取 P 的启发式。换句话说,P' 同 P 很相近,只是在 P' 中删除列表被假定为空。这样处理的结果是,动作会添加新的原子,但是不会删除任何已经存在的原子。当所有的目标原子都出现的时候,解决问题 P' 的动作序列就产生了。同规划器 STPPLAN 和 Graphplan 一样,HSP 也假定动作概要已经被基本的动作实例所代替,不处理变量的情况。

对于任何的初始状态 s，到达 P' 中的目标的最优代价 $h'(s)$ 是到达原问题 P 中的目标的最优代价 $h^*(s)$ 的下界。因此可以把启发式函数 $h(s)$ 设置为 $h'(s)$，这样就获取到了一个能提供信息的并且可纳的启发式。然而问题是，计算 $h'(s)$ 仍然是一个 NP 难题。因此，HSP 取了一个近似估计，即将启发式设置为对放松问题的最优代价 $h'(s)$ 的一个估计。

HSP 中，将从状态 s 到达原子 p 的代价定义为 $g_s(p)$：

$$g_s(p) = \begin{cases} 0, & p \in s \\ \min_{op \in O(p)} [1 + g_s(\text{prec}(op))], & \text{其他} \end{cases}$$

式中，$O(p)$ 表示添加效果中包含 p 的动作，即 $p \in \text{add}(op)$，$g_s(\text{prec}(op))$ 表示从状态 s 到达动作 op 的前提条件集合的估计代价。

HSP 采用了简单的前向链过程（forward chaining procedure）来计算 $g_s(p)$。计算的大致过程如下：首先进行初始化，若 $p \in s$，则将 $g_s(p)$ 初始化为 0，否则初始化为 ∞。然后，如果某个动作 op 对状态 s 来说是可用的，即它的前提条件在状态 s 中被满足了，则将该动作的效果 $p \in \text{add}(op)$ 添加到状态 s 中，且将 $g_s(p)$ 更新为

$$g_s(p) := \min[g_s(p), 1 + g_s(\text{prec}(op))]$$

这样不断地更新下去，直到 $g_s(p)$ 的值不再变化为止。

通常，规划器中原子集合 C 的代价 $g_s(C)$ 的定义是根据集合中的原子的代价来定义的，例如，可以将 $g_s(C)$ 定义为集合中各个原子的代价的加权和，或者定义为集合中原子代价的最大值（或最小值）等。这里主要介绍两种定义方式：

(1) 将 $g_s(C)$ 定义为集合 C 中的各个原子的代价和：

$$g_s^+(C) = \sum_{r \in C} g_s(r)$$

称这个启发式为加法启发式，并用 h_{add} 来标记。启发式 h_{add} 假定目标都是独立的。然而，当某些子目标的获取将导致其他子目标获取困难时，这个假设就会导致加法启发式 h_{add} 不可纳，即，它会过高估计真实的代价。

(2) $g_s(C)$ 定义为集合 C 中的原子代价的最大值：

$$g_s^{\max}(C) = \max_{r \in C} g_s(r)$$

称这个启发式为最大代价启发式，并用 $h_{\max}$ 标记。不同于加法启发式，最大代价启发式是可纳的，因为到达一个原子集合的代价不可能低于到达集合中任何一个原子所花费的代价。但是，最大代价启发式所携带的信息量较小。事实上，加法启发式是将所有子目标的代价结合起来考虑，而最大代价启发式只考虑了那些代价大的子目标，而忽略了其他的子目标。加法启发式虽然是不可纳的，但是却可以提供较为丰富的信息，更有助于规划，而且它的计算也很容易。HSP 采用了第一种定

义方式即加法启发式 h_{add} 来引导搜索过程。

4.2.2　搜索算法

　　HSP 采用由加法启发式 h_{add} 引导的爬山搜索算法从初始状态向目标状态进行前向搜索。爬山搜索算法的思想是：每一步选择最好的子节点来进行扩展，重复该过程直到目标出现为止。在 HSP 中，最好的节点指的是能使启发式 h_{add} 值最小的节点。因此，在每一步都要为产生的状态 s 计算原子代价 $g_s(p)$（估计的）和启发式 $h(s)$。在 HSP 中，爬山算法以几种方式进行了扩展。特别地，连续的"高原"移动次数会被记录下来，当次数超过了预先约定的界限时，就要重新开始搜索。此外，所有产生的状态都被存储在一个哈什表中，这样被访问过的状态在搜索过程中就可以避免再次被访问，它们的启发式值也无须再次被计算。该算法还使用了一个从不同的状态开始进行搜索的简单方案，以避免两次陷入同样的"高原"。

　　HSP 参加了 1998 年的规划大赛。在 STRIPS 域中，HSP 同基于 Graphplan 和 SAT 的规划器：IPP，STAN，Blackbox 进行了角逐，表 4.1 给出了最后的对比结果。比赛分两轮，第一轮有 140 个问题，第二轮有 15 个问题。表中显示了每个规划器能够解决问题的数目，解决问题所花费的平均时间，每个规划器最快产生解的个数或者是能够产生最短解的个数。IPP，STAN 以及 Blackbox 都是最优的并行规划器，它们能够使时间步数目最小（几个动作可以同时被执行）但是动作数目不一定是最少的。

表 4.1　AIPS'98 对比结果（STRIPS 域）

轮	规划器	平均时间	解决问题的数目	最快产生解的问题数目	产生最短解的问题数目
	Blackbox	1.49	63	16	55
第一轮	HSP	35.48	83	19	61
	IPP	7.40	63	29	49
	STAN	55.41	64	24	47
	Blackbox	2.46	8	3	6
第二轮	HSP	25.87	9	1	5
	IPP	17.37	11	3	8
	STAN	1.33	17	5	4

　　从表 4.1 中可以看出，就解决问题的数量而言，HSP 无疑是最优秀的规划器，它解决了 165 个问题中的 91 个问题，比其他参赛规划器多出将近 20 个问题。但是，它的一个明显不足就是速度很慢，往往需要花费比其他规划器多得多的时间才能找到规划解，而且找到的规划的长度较长，不能保证所要求的规划解的质量。

4.2.3 HSP2.0——最优最先搜索规划器

表 4.1 以及其他的一些实验表明,在很多的问题域中,基于启发式思想的 HSP 系统可以拥有同当前流行的基于图规划和满足性规划思想的规划器相匹敌的性能。只是,HSP 不是一个最优性规划器,更糟糕的是 HSP 的搜索算法是不完备的。而 HSP2.0[7] 通过将爬山算法转换成最优最先(best-first)搜索(BFS)很好地克服了这些缺点。此外,HSP2.0 不但在性能上大大地超过了 HSP,而且超过了很多同类的规划器。这里我们所说的性能指的是:所能够解决问题的数量,得到解所花费的时间以及在动作数目意义上的解的长度。

HSP2.0 将加法启发式 h_{add} 应用在最优最先搜索算法中来引导从初始状态到目标状态的前向搜索。最优最先搜索同 A^* 算法一样有一个 open 表和一个 closed 表,但是通过估计函数 $f(n) = g(n) + W \cdot h(n)$ 来给节点加权,其中 $g(n)$ 是累加代价(accumulated cost),$h(n)$ 是对到达目标的代价的估计,$W \geqslant 1$ 是一个常量。当 $W=1$ 时,即为 A^* 算法,当 $W \neq 1$ 时即是所谓的加权 A^*(WA^*)算法。一般情况下,W 的值越大,到达目标的速度就越快,但是最后得到的解的质量相对较低。事实上,如果启发式是可纳的,那么当 W 的值大于 $1/W$ 时,由 WA^* 找到的解就能够保证不超过最优代价。HSP2.0 采用的是带有非可纳启发式 h_{add} 的 WA^* 算法。参数 W 的值被固定为 5,但是 W 的值的范围在区间 $[2,10]$ 内时并没有太大的区别。

4.3 HSP-r

我们在 4.2 节中提到 HSP 系统虽然求解率较其他的规划器优秀,但是它的速度却相对来说较慢。分析发现,造成 HSP 求解效率低下的主要瓶颈就是 HSP 需要对每个状态进行计算,从而导致了计算时间的增加。HSP-r 重新形式化了 HSP 来避免这个瓶颈的产生。HSP-r[3] 同 HSP 基于同样的思想并且使用了相同的启发式,它们的区别就在于搜索算法的不同,HSP-r 采用了由目标状态向初始状态的后向搜索算法,而 HSP 采用的则是从初始状态向目标状态的前向搜索算法。我们将会看到,搜索方向的改变将会使得 HSP-r 只计算一次启发式。HSP-r 可以访问到更多的状态,能够在较短的时间内产生更优的规划解,比如说对于 kautz 和 selman 设计的 30 个军事后勤问题中的每个问题,HSP-r 都能在 3 秒内解决,而且,规划解的规模也从本质上变小。HSP-r 比 HSP 具有更强的鲁棒性。但是,HSP-r 并不是在所有的问题域中都比 HSP 表现优秀,例如,在积木世界中,HSP-r 就不能够解决 HSP 所能解决的问题。

从目标开始的后向搜索是一个很早就出现了的思想,就是通常所说的回归搜索(regression search)。在回归搜索中,通过运用动作的逆动作,从目标向初始状态进行搜索。在每个决策点,计算的是当前节点的前驱节点。这种搜索算法的一个最大的优点就是:它只考虑相关操作,被选出的动作是能够使目标原子为真的动作。

4.3.1　状态空间

HSP-r 和 HSP 可以被理解为在两个不同的状态空间中搜索。HSP 搜索的是前向的状态空间 S;而 HSP-r 搜索的是后向的状态空间 R。在 HSP-r 中,一个 STRIPS 规划问题定义为一个四元组 $P = \langle A, O, I, G \rangle$,其中 A 表示一个原子的集合,O 是一个操作的集合,$I \subseteq A, G \subseteq A$ 分别表示初始条件集合和目标集合。与前向状态空间的定义相似,同一个 STRIPS 规划任务 P 相联系的后向状态空间也被定义为一个五元组 $\langle S, s_0, S_G, A(\cdot), f, c \rangle$,其中:

(1)状态 S 是由 A 中的原子所组成的集合。

(2)初始状态 s_0 是目标集合 G。

(3)目标状态 $s \in S_G$,而 $s \subseteq I$。

(4)可以应用在状态 s 上的动作集合 $A(s)$ 由这样的操作组成:$op \in O$ 且这些操作是相关的、一致的;亦即,$\mathrm{add}(op) \cap s \neq \varnothing$ 且 $\mathrm{del}(op) \cap s = \varnothing$。

(5)状态 $s' = f(a, s)$,含义为在状态 s 上运用动作 $a = op, a \in A(s)$,这样得到 $s' = s - \mathrm{add}(op) + \mathrm{prec}(op)$;

同任何一个状态空间 $\langle S, s_0, S_G, A(\cdot), f, c \rangle$ 的解一样,这个状态空间的解也是一个动作的有限序列 $a_0, a_1, \cdots, a_n$。对于给定的一个状态序列 $s_0, s_1, \cdots, s_{n+1}$,$s_{i+1} = f(a_i, s_i), i = 0, 1, \cdots, n, a_i \in A(s_i), i = 0, 1, \cdots, n$,且 $s_{n+1} = S_G$。此外,还要求该反向的动作序列在状态空间 S 中也是一个有效规划解,因为 R 中可能产生从 S 的初始状态出发不可达的状态。

4.3.2　启发式

HSP-r 在如上描述的后向状态空间中进行搜索,所采用的启发式同 4.2 节中描述的 HSP 所使用的加法估计启发式 h_{add} 相同。但是这些估计值从初始状态 $s_0 \in S$ 开始只被计算一次,这是 HSP-r 同 HSP 的最主要的差别。同任何一个状态 s 相关的启发式被定义为

$$h(s) = \sum_{p \in S} g(p)$$

换句话说,估计从 R 中的任何一个状态 s 到达目标状态的代价就是估计从 S 中的初始状态到达状态 s 的代价。

4.3.3 互斥

回归搜索经常会导致一个从初始状态无法到达的状态,从而得不到解。Graphplan 已经认识到这个问题,给出了一种基于互斥关系概念的解决方法。HSP-r 采用了同 Graphplan 相同互斥思想,但是在形式化上稍有不同。

互斥关系是一个原子对 $\langle p,q \rangle$,如果下列情况之一出现,则 p 和 q 就被定义为互斥:

(1) p,q 不能同时出现在初始条件中。

(2)一个动作添加了 p 却删除了 q,或者删除了 p,却添加了 q。

但是这个定义很弱,不能识别出 $\langle \mathrm{on}\langle a,b \rangle, \mathrm{on}(a,c) \rangle$ 这样的互斥对,因为像 move(a,d,b) 这样的动作添加了第一个原子但是却没有删除第二个原子。

因此 HSP 采用一种不同的定义来重新定义互斥关系,这个定义使得当动作添加 p 而没有删除 q 的时候,仍然能够保证识别出 p 和 q 之间的互斥关系。

定义 4.3.1 给定一个操作的集合 O 和一个初始状态 s_0,原子对 $\langle p,q \rangle$ 的集合 M 是互斥关系的集合当且仅当在 M 中的所有序对 $\langle p,q \rangle$,

(1)在 s_0 中,p 和 q 不能同时为真。

(2)对于每个 op$\in O$,op 添加了 $p,q\in \mathrm{del}(\mathrm{op})$,或者 $q\notin \mathrm{add}(\mathrm{op})$,并且对于某些 $r\in \mathrm{prec}(\mathrm{op})$,$\langle r,q \rangle \in M$。

(3)对于每个 op$\in O$,op 添加了 $q,p\in \mathrm{del}(\mathrm{op})$,或者 $p\notin \mathrm{add}(\mathrm{op})$,并且对于某些 $r\in \mathrm{prec}(\mathrm{op})$,$\langle r,q \rangle \in M$。

如果 p,q 违反定义 4.3.1 的(1)~(3)中的任何一条规则,我们就称 $\langle p,q \rangle$ 为"有害对"(bad pair)。

很容易验证,如果 $\langle p,q \rangle$ 属于一个互斥集合,那么 p 和 q 确实是互斥的,也就是说,没有一个可达状态可以同时包含它们两个。同样地,如果 M_1 和 M_2 是两个互斥关系的集合,那么它们的并集 $M_1 \cup M_2$ 也是一个互斥关系的集合。根据这个定义,我们可以知道一定存在一个最大互斥关系集合。但是 HSP-r 并没有去计算这个最大互斥关系集合,而只利用如下的方式来获取一个近似最大互斥关系集合:

首先从一个序对集合 M_0 开始,不断从中删除所有的有害对,直到再也没有有害对存在为止,最后得到的互斥关系集合标记为 M^*,其中初始集合 M_0 是这样选择的:$\langle p,q \rangle$ 和 $\langle q,p \rangle$ 在 M_0 中当且仅当某个 op$\in O$,$p\in \mathrm{add}(\mathrm{op})$ 且 $q\in \mathrm{del}(\mathrm{op})$。

HSP-r 中的互斥关系只考虑 M^* 中的序对。同 Graphplan 中的定义相似,M^* 也不能保证捕捉到所有的互斥关系,但是互斥关系的计算却很容易并且会剪枝掉大量的后向状态空间。

4.3.4　搜索算法

HSP-r 算法运用启发式函数 h 在后向状态空间 R 中引导搜索,剪枝掉包含有互斥关系的状态。实际的算法设计顾及了对以下四点的考虑:

(1)希望 HSP-r 能够解决状态空间较大的问题(比如说,不是很常见的 10^{20} 大小的状态空间)。

(2)HSP-r 节点的产生速度虽然比 HSP 快,但是同域指定的搜索算法相比,速度还是比较慢。

(3)启发式函数,虽然可提供丰富的信息,但是是不可纳的,很多情况下都过高地估计了真实的最优代价。

(4)当有多条路径可以到达同一个状态时,规划中的很多状态空间都是冗余的。

这些问题在节点产生速度要慢几个时间级别的 HSP 中是显然存在的。在很大的状态空间中如此慢地生成一个节点,使得如 A^* , IDA^* , DFSBB(DFS with branch and bound)等最优搜索算法都要被排除掉。HSP 运用了爬山算法,但对其进行了几个方面的扩展,如对过去的状态的记忆,对"高原"移动次数的限制,以及重新启动次数的限制。在 HSP-r 中,我们想要利用一种完备的算法来更快地产生节点。经过多次实验,建立了一个简单的算法,叫做贪婪最优最先算法(GBFS)。GBFS 是一种 BFS 算法,它的代价函数为 $f(n)=g(n)+W \cdot h(n)$,其中 $g(n)$ 是已经累加的代价(accumulated cost)(步数), $h(n)$ 是估计代价, W 是一个实数参数。GBFS 与 BFS 的区别在于,在从 open 表中选取拥有最小代价的节点 n 之前,GBFS 首先要检测最后一个节点 n' 的最小代价子节点 n'' 被用来扩展是否是"足够好"的。如果足够好的话,GBFS 就选择这个子节点,否则的话像 BFS 一样选择节点 n 。在 HSP-r 中,如果节点 n'' 比它的父节点 n' 看来更接近目标节点,也就是说 $h(n'')<h(n')$,那么 n'' 就是足够好的。实质上,GBFS 就是先运用爬山算法,但是当发现"不一致"(discrpancy)时,则以 BFS 的方式回退。HSP-r 通过记录这样的"不一致"出现的次数用来控制 LDS(limited discrepancy search)或者纯 BFS 算法,但是这样做并没有得到理想的效果。在 HSP-r 中,对 W 做小的改动不会有太大的影响,但是当 $W=1$ 的时候,有些规划问题不能够得到解决。

4.3.5　相关工作

HSP-r 和 HSP 是实时规划器 ASP 的后继规划器。这三款规划器都将规划问题当成启发式搜索问题来解决,采用了相同的启发式,但是搜索方向不同或者说是所采用的搜索算法不同。另外一款基于同样思想的规划器是 UNPOP[8]。有趣的是,在 HSP-r 中,启发式由前向传播获得,但是被用来引导后向的搜索,而在 UN-POP 中,启发式由后向传播获得,但是被用来引导前向的搜索。

4.4 FF 规划系统

FF(Fast-Forward)[4] 是一个前向链的启发式状态空间域独立的规划器。它采用了和 HSP 同样的思想获取启发式:要获取问题 P 的启发式,先忽略掉问题 P 的所有操作的删除列表,即将问题 P 放松为一个简单的问题 P'。但是二者在很多的重要细节方面还是有所不同的。HSP 所采用的技术只是对 P' 的解的长度做了一个粗略的估计,而 FF 则利用图规划算法来显式地提取 P' 的解。放松解中所含的动作数目被用作对到达目标的距离的估计。这些估计值将会控制加强爬山算法。加强爬山算法是一种新颖的搜索算法,它是爬山算法一个变形,对于每个中间状态,该算法使用宽度优先搜索为该状态找到一个较优但可能是非直接的后继状态。放松后的规划可以用来剪枝搜索空间。而且通常情况下,确实有用的动作都会被包含在放松规划当中。

4.4.1 FF 系统结构

图 4.1 给出了 FF 系统的一个大体结构。

图 4.1　FF 的基本系统结构

FF 最基本的启发式技术就是放松的 Graphplan,后面将会介绍。在每个搜索状态中,加强爬山算法都会调用该技术。对于一个给定的状态,放松的 Graphplan 会反馈给搜索算法一个关于估计的目标距离的信息以及一个当前状态的最有希望的后继状态。上面给出的结构中嵌入了几种优化技术以处理在测试过程中可能会出现的特殊情况:

(1)如果一个规划任务包含一个使目标不可达的状态,加强爬山算法就会失败而找不到解。这种情况下,一个完备的搜索引擎就会被触发,从当前断点开始继续解决这个规划任务。

(2)在当前的目标排序下,加强爬山算法有时候会浪费很多的时间来到达那些稍后才需要被考虑到的目标。FF 采用了以下两个技术来避免这一点:

(a) 目标删除, 剪枝掉那些看上去出现太早的目标。

(b) 目标日程, 将目标以预先确定的顺序提供给规划器来处理。

4.4.2   符号说明

为了引入 FF 的基本技术以及后面叙述的方便, 我们有必要先来介绍一下可能会涉及的概念以及符号含义说明。首先只考虑简单的 STRIPS 域的规划任务。

定义 4.4.1(状态)   一个状态 S 是一个逻辑原子的有限集合。

在 FF 中, 我们约定所有的操作都是基本的, 也就是说只考虑动作。

定义 4.4.2(STRIPS 动作)   一个 STRIPS 动作是一个三元组 $o = (\mathrm{pre}(o),$ $\mathrm{add}(o), \mathrm{del}(o))$, 其中, $\mathrm{pre}(o)$ 表示动作 o 的前提条件列表; $\mathrm{add}(o)$ 表示动作 o 的添加效果列表; $\mathrm{del}(o)$ 为删除效果列表, 每个列表都是原子的集合。

在一个状态 S 上运用一个 STRIPS 动作 o 后获得的结果定义如下:

$$\mathrm{Result}(S, \langle o \rangle) = \begin{cases} (S \cup \mathrm{add}(o)) \setminus \mathrm{del}(o), & \mathrm{pre}(o) \subseteq S \\ 未定义, & 其他 \end{cases}$$

当 $\mathrm{pre}(o) \in S$ 这种情况时, 我们说动作在状态 S 上可用。

将一个动作序列作用在状态 S 上的递归定义如下:

$$\mathrm{Result}(S, \langle o_1, o_2, \cdots, o_n \rangle) = \mathrm{Result}(\mathrm{Result}(S, \langle o_1, o_2, \cdots, o_{n-1} \rangle), \langle o_n \rangle)$$

定义 4.4.3(规划任务)   一个规划任务是一个三元组 $P = (O, I, G)$, 其中 O 是动作的集合, I(初始条件)和 G(目标集合)是原子的集合。

FF 的启发式方法是基于放松的规划任务, 定义如下。

定义 4.4.4(放松的规划任务)   给定一个规划任务 $P = (O, I, G)$, P 的放松任务 P' 被定义为 $P' = (O', I, G)$。其中,

$$O' = \{(\mathrm{pre}(o), \mathrm{add}(o), \varnothing) \mid (\mathrm{pre}(o), \mathrm{add}(o), \mathrm{del}(o)) \in O\}$$

一言概之就是 FF 忽略掉了所有动作的删除列表从而来获得放松的规划任务。以这样的方式所获取的放松规划任务, 使得在运用图规划算法对其进行图扩张的时候不会有任何的互斥关系产生。

定义 4.4.5(规划)   给定一个规划任务 $P = (O, I, G)$, 一个规划 P 就是一个由动作集合 O 中的动作组成的一个动作序列, 而该序列能够解决该任务, 即 $G \subseteq \mathrm{Result}(I, P)$。一个动作序列被称为是 P 的放松规划, 当且仅当该动作序列能够解决任务 P 的放松任务 P'。

4.4.3   用 Graphplan 作为启发式估计

这一部分将介绍在 FF 中使用的基本启发式方法。这种启发式方法通过将 Graphplan 运用在放松规划任务上来获取, 最后得到的目标估计不依赖于独立性

假设。

我们首先来看一下 HSP 中所使用的启发式方法。给定一个规划任务 $P=(O, I,G)$,HSP 会评估每个状态 S 到达目标状态的距离,以此来引导之后的启发式搜索。然而,为放松规划找到一个长度意义上的最优规划是 NP 难题,因此 HSP 采用了一种粗略估计,计算公式为

$$\text{weight}_S(f) := \begin{cases} 0, & f \in S \\ i, & \min_{o \in O, f \in \text{add}(o)} \left[\sum_{p \in \text{pre}(o)} \text{weight}_S(p) \right] = i-1 \\ \infty, & \text{其他} \end{cases}$$

HSP 假设命题可以独立到达,在某种意义上就是说一个命题集合的权值,可以被估计为各个命题权值的和。由此,一个状态 S 的启发式估计就是

$$h(S) := \text{weight}_S(G) = \sum_{g \in G} \text{weight}(g)$$

考虑下面这样的一个规划任务,初始状态为空,目标集合为 $\{G_1, G_2\}$,三个动作:

$$\text{op}G_1 = (\{P\}, \{G_1\}, \varnothing)$$
$$\text{op}G_2 = (\{P\}, \{G_2\}, \varnothing)$$
$$\text{op}P = (\varnothing, \{P\}, \varnothing)$$

通过上面的公式计算,最后命题 P 的权值为 1,每个目标命题的权值为 2。假设命题可以独立到达,那么从初始状态到达目标状态的距离就被估计为 4。但是很显然,这个规划任务用三步就可以解决,即,HSP 的命题独立性假设导致了过高估计。为了解决这个问题,FF 把 Graphplan 应用在放松规划任务上,并为该放松规划任务提取一个显式的放松规划解。下面将会看到这种方式是可行的,即 Graphplan 将会在线性时间内为放松规划找到规划解。

1. 放松任务的规划图

Graphplan 做的很重要的一件事情就是在构造规划图的过程中进行了互斥关系的推理。然而对不包含任何的删除列表的放松规划任务来说,它的规划图中却不会包含任何的互斥关系。

下面将给出几个命题和定理及其证明过程。

命题 4.4.1 $P'=(O', I, G)$ 表示一个放松的 STRIPS 任务。运用 Graphplan 算法构造的 P' 的规划图将不会包含任何的命题或者是动作互斥。

证明 用归纳法来证明。

[基始]:在时间步 0:在时间步 0 的时候只有互相有干涉的动作才被标注为互斥关系,而动作没有删除效果,因此任何两个动作都不可能有互相干涉的关系,所

以任何两个动作之间都不存在互斥关系。

[归纳]:时间步 i→时间步 $i+1$:假设在时间步 i,任何两个动作之间都不存在互斥关系,那么在时间步 $i+1$,任何两个命题之间也不存在互斥关系。由此可知,接下来任何两个动作之间也不会存在竞争,它们也不互相干扰。

命题 4.4.2　$P'=(O',I,G)$ 表示一个放松的 STRIPS 任务。对规划任务 P' 来说,Graphplan 的搜索算法中不会产生任何的回溯。

证明　只有当产生命题 f 的动作和已经被选择出来的动作都互斥时才会发生回溯。由命题 1 知道没有互斥关系存在,因此,回溯不能发生。同时也可以知道,如果 f 在规划图的第 i 层,那么在第 $i-1$ 层至少有一个动作支持它。

虽然上述的论证足可以说明命题 2 是成立的,但是却并没有说明 Graphplan 算法是如何工作于没有删除列表的规划任务上的。事实上,它的工作过程大致如下:假如给定一个规划任务,它是可解的,规划图一直扩展,直到到达某一包含了所有目标命题的命题层。然后,递归搜索算法被触发,从当前层开始,在它的前一层为该层的所有目标选择支持动作,如果成功,则将这些支持动作的前提条件放在一起形成新的目标集合,再为这些新的目标在它们的前一层寻找支持它们的动作,如此下去,直到到达初始状态。因此,搜索算法只是从顶层到底层扫描了一遍规划图,找到放松规划任务的解。特别地,这个过程在关于规划任务大小的多项式时间内就可以找到解。

假如 $P'=(O',I,G)$ 表示一个可解的放松的 STRIPS 任务,其中任何一个动作的添加列表的最大长度为 l,则 Graphplan 将会在关于 l,$|O'|$ 和 $|I|$ 的多项式时间内找到规划解。

假定运用 Graphplan 为放松规划任务找了一个解 $\langle O_0,\cdots,O_{m-1}\rangle$,其中 O_i 表示在时间步 i 可以并行执行的动作集合,m 表示第一个包含所有目标的命题层的层号。因为 FF 所关注的是对串行解的长度的估计,所以将启发式定义如下:

$$h(S):=\sum_{i=0,\cdots,m-1}|O_i|$$

由此启发式获取的估计值,通常要比 HSP 获取的估计值要小,因为提取规划的过程要考虑到命题之间的积极交互作用(positive interactions)。

再来考虑一下前面给出的(三个动作的)例子。

从初始状态开始,运用 Graphplan 方法,在命题层 2 得到了所有的目标,选择动作 opG_1 和 opG_2 来支持这两个目标,然后在命题层 1 得到了一个新目标 P,选择动作 opP 来支持它。最后得到了规划解 $\{\{opP\},\{opG_1,opG_2\}\}$,可以看出正确的目标距离估计是 3,与 HSP 得到的 4 显然不同。

2. 解长度的优化

FF 将 Graphplan 的启发式估计用在贪婪算法中。根据从测试实例中得到的经验,距离估计越准确,这种方法工作越好。前面已经提到过,获取一个最优的串行规划是 NP 难题,因此,我们所要做的是运用一些技术使得 Graphplan 返回尽可能短的规划解。下面给出 FF 中所使用的两种技术,第一种技术是空动作优先,它保证了放松规划的最低标准,第二种技术是关于启发式最优化技术。

1)空动作优先(no-op-FIRST)

原 Graphplan 算法对所谓的空动作进行了扩展使用。空动作是一些哑动作(dummy actions),它们只负责把命题从一个命题层传播到下一个命题层。对某个插入到某个命题层的命题 f 来说,同它对应的空动作也会被插入到与它同时间步的动作层当中去,且这个空动作除具有添加效果 f 之外再也没有其他的效果。当执行后向搜索的时候,空动作和其他的动作一样被考虑。

在 Graphplan 中,默认采用了空动作优先启发式,也就是说,如果存在一个空动作能够到达命题 f,那么这个空动作会被优先考虑。对一个放松的规划任务来说,空动作优先启发式保证了找到的规划解的最小标准。

命题 4.4.3 用 (O', I, G) 表示一个放松的 STRIPS 任务,且它是可解的。运用空动作优先策略,则 Graphplan 返回的规划解中每个动作至多出现一次。

证明 用反证法证明。

假设某个动作 o 在找到的规划解 $\langle O_1, \cdots, O_{m-1} \rangle$ 中出现了两次,使它出现在第 i 层和第 j 层 $(i < j)$,即 $o \in O_i, o \in O_j$。

现在处在第 j 层的动作 o 被选择用来支持处在第 $j+1$ 层的命题 f。因为算法使用的是空动作优先策略,这就意味着在第 j 层不包含能够到达 f 的空动作,否则的话就会选择空动作,而不会选择动作 o 来支持命题 f。

但是动作 o 在前面的动作层 i 已经出现,命题 f 也必定被动作 o 添加到规划图的第 $i+1$ 命题层,且 $i+1 \leq j$,所以对应 f 的空动作也必将被添加到规划图的第 $i+1$ 动作层,而且还会添加到之后的所有动作层 i' 中,其中 $i' \geq i'+1$。所以动作层 j 必定包含了支持 f 的空动作,在该动作层不会选择动作 o 来支持命题 f,即动作 o 不可能在一个规划解中出现两次。同假设相反,所以命题成立。

2)困难程度启发式

通过上面的讨论我们知道,当一个命题存在空动作支持时,优先来选择空动作支持命题,但是当命题不存在空动作来支持它的时候,该如何来选择支持它的动作呢?最好的一个想法可能就是选择一个前提条件看起来很"容易"的动作。在构造规划图的时候,FF 为每个动作的前提条件做了一个简单的衡量

$$\text{difficulty}(o) := \sum_{p \in \text{pre}(o)} \min(i \mid p \text{ 在时间步 } i \text{ 为真})$$

当一个动作被第一次插入到规划中的时候,它的困难程度就被计算出来。在规划提取阶段,当某个命题没有空动作支持的时候,只需要选取具有最小困难程度

的命题就可以了。当有很多种方式可以到达一个命题,而其中的某些方式要比其他的方式需要更小的耗费,在这种情况下,上面的启发式工作得较好。

3)动作集合的线性化

假设运用 Graphplan 算法在时间步 i 得到了一个并行的动作集合 O_i。因为我们只对串行规划的长度感兴趣,所以面临的问题就是如何线性化的问题。某些线性化会得到更短的规划解。如果动作 $o \in O$ 添加了另一个动作 $o' \in O$ 的前提条件 p,且限制动作 o 在 o' 之前执行,那么就不需要将命题 p 放到新目标集合中去。现在的问题就是,如何找到一个能最小化新命题集合的一个动作的线性化,而解决这个问题是一个 NP 难题。

定义 4.4.6(最优动作线性化问题) 最优动作线性化问题是这样一个问题:给定一个放松 STRIPS 动作集合 O 和一个正整数 K,是否存在一个双射函数 f: $O \mapsto \{1, 2, \cdots, |O|\}$,当执行动作序列 $\langle f^{-1}(1), \cdots, f^{-1}(|O|) \rangle$ 时,没有被满足的前提条件的个数最多是 K。

判定最优动作线性化问题是 NP 完全的。

我们以一定的顺序来线性化一个动作序列,目的就是要使得不被满足的前提条件的个数最少,进而,就会得到较短的规划解。我们不希望花费过大可能计算代价来寻找最优的动作线性化。有很多可以得到近似解的方法,例如,对每个动作 o,如果它添加了另一个动作的前提条件,那么就引入一个顺序约束 $o < o'$,而且尽可能地线性化有这种约束的动作。然而,在实验中,一个动作添加了另一个动作的前提条件这样的情况出现的概率很小,没有必要进行如此大量的计算。因此,FF 仅按照动作被选择的顺序来线性化动作。

3. 高效实现

FF 中,对于 Graphplan 的实现充分运用了放松规划任务不会包含任何互斥关系这个事实,其中规划任务的说明通常包含两部分,操作概要(用常量来实例化以产生动作)和一个约束的集合。FF 系统只实例化那些可达动作。这里,一个动作的可达性指的是所有的前提条件都出现的动作。FF 在构建规划任务的规划图时采用了双层的规划图结构:一个命题层和一个动作层,其中每个动作都带有指向前提条件、添加效果和删除效果的指针。所有的 FF 的计算都是建立在这种图结构之上的。

对放松规划图来说,由于其不包含任何的互斥关系,所以我们只需要表示“层籍”,即规划图中,命题或动作第一次出现时它所在的层号。在规划图扩张之前,所有命题和动作的层籍值都被初始化为 ∞。每个动作都带有一个计数器,初始化为 0。规划图的第一层通过将初始命题层的所有命题的层籍值设为 0 来隐式地构建,然后,当命题 f 的“层籍”被设置时,所有的以 f 为前提条件的动作的计数器就会加

1,当一个动作 a 的计数器的数值等于它的前提条件的个数时,动作 a 就会被添加到当前层的动作调度列表中去。处理完第 i 命题层的命题后,将第 i 动作层的调度列表中的动作的层籍值赋值为 i,并将它未在前面出现过的添加效果添加到下一个命题列的命题调度列表中。处理完动作层 i 后,将在命题层 $i+1$ 的命题调度列表中的所有命题的层籍值设置为 $i+1$。如此下去,直到所有的目标命题都有一个小于 ∞ 的层籍值。然后调用图 4.2 的解搜索机制。

放松规划提取算法

  循环变量 i 从 1 到 m

    将层籍为 i(layer-membership$(g)=i$)的目标放入第 i 层的目标集(G_i);

  循环变量 i 从 m 到 1

    对于 G_i 中所有的没有在第 i 层标记为真的目标 g

      选择一个层籍为 $i-1$ 的带有最小难度的动作 o 来支持目标 g;

      对于动作 o 的所有前提条件 f,如果它的层籍不为 0,并且在 $i-1$ 层没有标记为真

        则将其并入它所隶属的那层的动作集中去$(G_{\text{layer-membership}(f)}:=G_{\text{layer-membership}(f)}\bigcup\{f\})$;

      对于 o 的所有添加效果 f

        在 i 层和 $i-1$ 层将其标记为真;

算法结束

图 4.2 放松规划提取

4.4.4 爬山算法的一个新的变体

  本部分引入 FF 的基本搜索算法。在 HSP 的第一个版本中,HSP1.0 使用了爬山算法的一个变形,该算法总是选择当前状态的最好后继状态作为下一个状态。由于对状态进行估计是需要花费很大代价的,因此 FF 也采用了局部搜索算法,希望能够做尽可能少的状态估计计算就可以到达目标状态。FF 设计了一种不同的搜索算法——爬山算法的加强形式,该搜索算法将局部搜索同系统的搜索方法结合起来使用。

  加强爬山算法利用启发式前向搜索来求规划解,搜索空间就是所有的可达状态所组成的空间以及它们对应的启发式估计。利用前面定义的启发式 $h(S)=\sum_{i=1,\cdots,m-1}|O_i|$,最后形成的搜索空间在结构上非常简单,尤其是局部最小和高原现象出现的也很少。

  对于任何一个状态,FF 的思想都是采用穷尽法来搜索其拥有更优启发式估计的下一个状态。具体的算法如图 4.3 所示。

加强爬山算法
　　将当前的规划初始化为空规划〈〉;
　　$S_:=I$
　　当 $h(S)\neq0$ 时,执行以下循环
　　　　使用完整的广度优先搜索找到最近的较优后继 $S'(h(S')<h(S))$;
　　　　如果没有找到这样的状态 S',则输出失败,整个算法结束;
　　　　将从 S 到 S' 的路径添加到当前规划中,$S:=S'$;//迭代执行,直到到达目标状态(估计值为零的
　　　　　状态,搜索结束
　　算法结束

图 4.3　加强爬山算法

　　同爬山算法一样,图 4.3 中所描述的加强爬山算法也是从初始状态出发,到达一个中间状态 S,然后触发一个从状态 S 开始的完备的宽度优先搜索算法。这种方法的结果是,或者找到最近的更优后继,即,最近的且拥有严格更优启发式估计的状态 S',或者返回失败。如果是后一种情况,那么整个算法都失败了;如果是前一种情况,那么从状态 S 到状态 S' 的路径就会被添加到当前的规划中,然后继续搜索。当到达目标状态——估计值是 0 的状态时,搜索停止。

　　FF 实现了标准宽度优先搜索算法。搜索状态被保存在一个队列中,每次,搜索过程首先从队列中移除第一个状态 S',然后运行 Graphplan 来对它进行估计。如果所估计的值优于状态 S,搜索成功。否则,将 S' 的后继放入到队列的尾部。FF 采用了一个 hash 表来保存访问过的状态以避免向队列中加入重复的状态。如果再也没有新的状态可以获取,那么宽度优先搜索失败。

　　定义 4.4.7(死点)　利用 (O,I,G) 表示一个规划任务,状态 S 被称为死点,当且仅当状态 S 本身是可达的,但是从状态 S 出发,没有一个动作序列可以到达目标状态,即,

$$\exists P:S=\mathrm{Result}(I,P)\,\text{且}\,\neg\exists P':G\subseteq\mathrm{Result}(S,P')$$

　　如果一个任务不包含任何的死点状态,那么该任务就被称做是没有死点的,此时,该任务是可解的;否则,初始状态本身就是死点。

　　命题 4.4.4　利用 $P=(O,I,G)$ 表示一个规划任务,如果 P 是无死点的,那么加强爬山算法就会找到解。

　　证明　假设加强爬山算法找不到解,即不能到达目标状态。设 P 表示当前的规划,$S=\mathrm{Result}(I,P)$ 表示某个中间状态,且宽度优先搜索不会改善当前的状况。当前 $h(s)>0$,搜索还没有结束。如果存在一个从 S 到达目标状态 S' 的路径,那么完备的宽度优先搜索就会找到这条路径,得到 $h(S')=0<h(S)$,然后终止。然而这样的一条路径不存在,说明 S 是一个死点状态,同命题 4.4.4 的题设矛盾。

　　定义 4.4.8(无死点问题)　无死点问题是这样一个问题:给定一个规划任务

$P=(O,I,G)$，P 是无死点的吗?

判定无死点问题是 PSPACE 完全的。

FF 使用加强爬山算法作为基本的搜索算法,当爬山算法陷入了死点或者失败时,FF 就使用完备的最优最先算法来解决这些特殊的情况。

4.4.5 剪枝技术

在这一部分,我们将介绍两个基本的启发式技术,原则上,这两个技术在任何的前向状态空间搜索算法中都可以被用来剪枝搜索空间。

有益动作(helpful actions)技术是指选择当前搜索状态的最有希望的后继状态。在很多问题域中,该启发式对 FF 的性能起着至关重要的作用。

附加目标删除(added goal deletion)技术是指剪枝掉那些看起来显然出现太早的目标。通过测试启发式发现,该技术对包含目标顺序的任务可以起到一定作用,而对于不包含目标顺序的则不会有任何的作用。

1. 有益动作

对于状态 S,我们定义一个动作集合 $H(S)$,它们是所有可以作用在状态 S 上的动作中最有希望被选中的动作。考虑 Gripper 域(1998 年 AIPS 规划大赛使用的一个问题域):有两个房间 A 和 B,一定数量的球,初始时球都在房间 A 中,目标是将这些球移动到房间 B。规划器控制一个机器人,这个机器人通过 move 操作在两个房间来回移动,它有两个机器臂可以抓取或者放下小球。每个机器臂每次只能拿一个球。下面来看一个将两个球移动到房间 B 中的任务,也就是说,当前的搜索状态,机器人处在房间 A 中,每个机器臂都抓着一个小球。对当前的状态来说,有三个可以应用的动作,即移动到房间 B,或者是将其中的一个球放回房间 A。用我们的启发式得到如下的放松规划

$$\langle \{move\ A\ B\}, \{drop\ ball_1\ B\ left, drop\ ball_2\ B\ right\} \rangle$$

这是一个包含两个时间步的并行的放松规划。在第一个时间步只选择在当前状态下有意义的动作,即移动到房间 B 中。接下来所选取的动作都要参考放松规划第一个时间步所选取的动作,称这样的动作为有益动作。在上面的例子中,这个方法将分枝因子从三个削减到一个。

有时仅参考已被放松规划器选择的动作来选择后续动作的限制太强。考虑以下实例中积木世界四个动作分别为 stack,unstuck,pickup 和 putdown。规划器控制着一个单臂的机器人,这些操作可以将一块积木堆叠到另一块积木上(stack 动作),将一块积木从另一块积木上拿下来(unstack),将一块积木从桌子上拿起(pickup),或者是将机器臂上拿着的积木放到桌子上。初始时,机器臂拿着积木 C,积木 A 和 B 放在桌子上。目标是将积木 A 叠放到积木 B 上。从当前的状态开始,放松的 Graphplan 方法将会返回如下三个具有三个时间步的最优解:

$$\langle\{\text{putdown }C\},\{\text{pickup }A\},\{\text{stack }A\,B\}\rangle$$
$$\langle\{\text{stack }C\,A\},\{\text{pickup }A\},\{\text{stack }A\,B\}\rangle$$
$$\langle\{\text{stack }C\,B\},\{\text{pickup }A\},\{\text{stack }A\,B\}\rangle$$

所有这些都是有效解,因为在放松规划中,对最后我们要得到的解来说,将 C 放在 A 或者 B 上是否会删除我们所需要的命题无关紧要。如果 C 在 A 上,我们就不再需要将 A 拿起(pickup),也不可能将 A 叠放到 B 上。

从放松规划器的角度来看,每个解中的第一动作都是将 C 放下,使机器臂空闲下来。提取的放松规划解可能会是上面三个解中的任何一个。如果恰好是第二个或者是第三个的话,那么由于限制在选取下一个动作的时候要根据第一个动作,即 stack $C\,A$ 或者 stack $C\,B$,我们就会失去得到最优解的路径。我们为状态 S 定义了一个如下面描述的有益动作集合

$$H(S):=\{o\,|\,\text{pre}(o)\subseteq S,\text{add}(o)\bigcap G_1(S)\neq\varnothing\}$$

式中,$G_1(S)$ 表示由放松的 Graphplan 在第一个时间步构建的目标集合。换句话说,有益动作即是所有可应用的动作,且它们在第一个时间步至少添加了一个目标。在上面的积木世界例子中,使机器臂空闲是目标之一,它使得三个开始动作相对初始状态来说都是有益的,也就是说,他们是 $H(I)$ 中的元素。

FF 中有益动作的概念同 McDermott 提出的有益动作相似,Drew McDermott 提出的有益动作被用在计算贪婪回归图(greedy regression graphs)的启发式估计中。

有益动作概念同 Nebel 等提出的相关性(relevance)也有相似之处。有益动作启发式与相关性概念的主要区别在于:通常意义上,相关性强调的是对解决整个规划任务的有用动作,而有益动作强调的仅是针对下一步来说是有用的动作。有益动作方法有一个缺点,就是在每一个状态都需要重新计算有益动作。在 FF 中,在运行放松的 Graphplan 时我们可以任意获取有益动作。

下面,我们通过一个实例来说明有益动作剪枝技术不能保证完备性。之后给出将该剪枝技术嵌入 FF 搜索算法中的一些说明。

1)完备性

在下面的例子当中,有益动作启发式从当前的状态空间中剪枝掉了所有的解。假如初始状态是 $\{B\}$,目标是 $\{A,B\}$,动作如下

name	(pre,	add,	del)
$\text{op}A_1=($	$\varnothing,$	$\{A\},$	$\{B\})$
$\text{op}A_2=($	$\{P_A\},$	$\{A\},$	$\varnothing)$
$\text{op}P_A=($	$\varnothing,$	$\{P_A\},$	$\varnothing)$
$\text{op}B_1=($	$\varnothing,$	$\{B\},$	$\{A\})$
$\text{op}B_2=($	$\{P_B\},$	$\{B\},$	$\varnothing)$
$\text{op}P_B=($	$\varnothing,$	$\{P_B\},$	$\varnothing)$

在这个规划任务当中,到达目标 A 有两种方式,其中一个为 opA_1,它删除了另一个目标 B;另一个为 opA_2,它需要 P_A 作为它的前提条件,而 P_A 要由动作 opP_A 获取。因此在第一种方式下,需要应用到两个动作而不是一个。放松的 Graphplan 仅能够找到第一种方式,因为从时间步的意义上来说,这种方式是最优的。通过图构造创建的单个时间步目标集合为

$$G_1(I) = \{A, B\}$$

这使得我们能够获取两个有益动作,即

$$H(I) = \{opA_1, opB_1\}$$

式中,opB_1 作用在初始状态上,没有引起任何状态转移;另一个动作 opA_1 则使初始状态转移到了一个只包含 A 的状态。对于这个状态,我们获取了一个同样的有益动作集合 $\{opA_1, opB_1\}$,这次第一个动作没有引起任何状态的转移,而第二个动作则使我们回到了初始状态,因此有益动作就将解从这个规划任务的状态空间中剪枝掉。

在 STRIPS 域中,当允许非时间步意义上的最优规划时,通过考虑 Graphplan 找到的第一个放松规划和计算 Graphplan 可能找到的所有规划的一种联合,可以从理论上来克服有益动作剪枝技术的不完备性。准确地说,在搜索状态 S 中,考虑放松任务 (O', S, G),扩张放松规划图直到到达命题层 $|O'|$,将顶层目标集合 $G_{|O'|}$ 设置为 $G_{|O'|} := G$。然后,从命题层 $|O'| - 1$ 开始向前直到命题层 1。其中对于每层 i,目标集合 G_i 按如下方式产生:首先将 G_{i+1} 放入 G_i 中,对于任意一个动作,若该动作的添加效果和 G_{i+1} 的交不为空,则将该动作的前提条件放入 G_i 中。如果至少添加了 G_1 中的一个命题的所有动作都被定义为是有益的,那么就可以终止扩张。可以证明,在这种处理方式中,从状态 S 出发的所有最优解的开始动作都可以被认为是有益的。然而,在所有的 STRIPS 测试域中,一个完备的方法总是将所有可应用的动作都选作有益动作。

2)将有益动作剪枝技术嵌入到 FF 搜索算法当中

有益动作剪枝技术仅在加强爬山算法中使用到,而完备的最优优先算法仍然保持不变。在宽度优先搜索中,状态 S 仅通过 $H(S)$ 来产生它的更优后继状态,这使得爬山算法即使在可逆的规划任务中也是不完备的。但是,经过测试发现,如果使用融合了有益动作剪枝技术的加强爬山算法都无法解决的问题,那么使用单纯的爬山算法也无法解决。

2. 附加目标删除

研究者发现,在很多的规划领域中存在着目标顺序约束问题,而 FF 有时会浪费很多的时间去过早地获取了那些稍后才需要被考虑到的目标。因此,附加目标删除技术的目的在于能够及时向搜索过程提供关于目标顺序的信息,防止这些不

必要的浪费。

附加目标删除技术的基本思想是：对于一个状态 S，首先采用 Graphplan 方法为该状态生成一个放松规划 P，如果 P 中包含了一个动作 o，即 $o \in P$，且它删除了已经被获取的目标 G，那么就将 S 从搜索空间中给移除，即，不产生状态 S 的任何的后继状态。该思想受启发于 Koehler 和 Hoffman 在 2000 年提出的一种思想，即如果剩余目标只有在破坏已经被获得的目标 G 的条件下才能够到达，那么 G 就应该被延迟到达。

下面来看积木世界的一个例子。初始时，有三个积木 A, B, C 放在桌子上，目标是将积木 B 叠放到积木 C 上，将积木 A 叠放到积木 B 上。设规划器的目前状态是 A 在 B 上，但是 B 和 C 放在桌子上，即 $on(A, B)$ 为真，而 $on(B, C)$ 为假。Graphplan 为状态 S 找到了如下的放松规划：

$$\langle \{ unstack\ A\ B \}, \{ pickup\ B \}, \{ stack\ B\ C \} \rangle$$

目标 $on(A, B)$ 刚被获得就被第一个动作 unstack A B 删除掉了。所以，此刻将 A 放在 B 上并不是一个明智的选择，因此将这种可能性从搜索空间中剪枝掉，进而生成了第一个动作是将 B 放在 C 上的这样的一个规划解。同有益动作剪枝技术一样，附加目标删除方法也具有不完备性。

我们以同有益动作相似的方法将附加目标删除启发式嵌入到 FF 搜索算法中。和前面的一样，该方法仅被嵌入到单纯的爬山算法中，而当使用最优最先搜索算法时则将该方法完全关闭掉。

另外，FF 在嵌入了该算法之外还嵌入了另外一种方法。处理目标顺序约束的一个最通用的方法是先在预处理阶段尽量识别出它们，然后在规划时利用它们剪枝搜索空间中的碎片。这种思想也正是所谓的目标排序方法的基本原则。FF 实现了一个简单的目标排序，并利用它来进一步增强性能。在预处理阶段，规划器检查所有的目标对，看它们之间是否存在着顺序约束。

4.4.6　扩展到 ADL 域

到现在为止，我们一直将 FF 限制在简单的 STRIPS 域中，事实上，FF 可以处理 ADL 任务[9]，更确切地说，是 PDDL 的 ADL 子集。

FF 扩展主要分为以下四个部分：

（1）在 ADL 域和任务描述上运用预处理方法，将指定的任务编译成命题范式形式。

（2）扩展规划状态的启发式估计来处理这些范式结构。

（3）调整剪枝技术。

（4）调整搜索机制。

1. ADL 规划任务的预处理

FF 的预处理阶段几乎和 IPP 规划系统使用的方法相同,详细的方法建议读者参阅 IPP 的相关论文,此处不再赘述。

2. 带有条件效果的放松图规划

这里将给出如何通过修改 FF 版本的 Graphplan 方法来使之能够处理 ADL 表示结构。

1)带有条件效果的放松规划图

关于 ADL 中条件效果的表示,可参见 3.5 节中 IP² 扩展法。以下将动作的条件效果和非条件效果统称为效果。

为放松任务构建规划图的方法几乎可以直接拿来处理 ADL 动作。只是这里需要为每一个动作的所有效果设置一个额外的层籍值。一个效果的层籍值指的是该效果的前提条件,以及它所对应的动作的所有前提第一次全部都出现的层。为了以有效的方式来计算这些层籍值,FF 为每一个动作 o 的每个效果 i 都设置了一个计数器,当一个条件 $c \in \mathrm{pre}^i(o)$ 出现或动作的前提条件 $p \in \mathrm{pre}(o)$ 出现时,计数器就增加 1。当计数器的值等于 $|\mathrm{pre}^i| + |\mathrm{pre}(o)|$ 时,效果就得到它的层籍值。效果的添加效果 $\mathrm{add}^i(o)$ 被添加到下一层。重复这个过程直到所有目标都第一次出现。

2)带有条件效果的放松规划的有效规划提取

ADL 的放松规划的规划提取机制有两点不同于对应的 STRIPS 部分。ADL 的机制是选择到达的效果而不是选择动作。一旦动作 o 的一个效果 i 被选定,则效果的所有条件及动作 o 的所有前提条件都要会加入到它们对应的目标集合中。之后,不单是效果自身的添加效果 $\mathrm{add}^i(o)$ 被标记为真,而且所有蕴涵这些添加效果的效果也被标记为真,亦即指的就是动作 o 的这样的一些效果 $j:\mathrm{pre}^j(o) \subseteq \mathrm{pre}^i(o)$。

3. ADL 剪枝技术

1)有益动作

对于 STRIPS 域,我们规定在时间步 1 至少获取了一个目标的可用动作才是有益动作。对于 ADL 域,FF 将这个定义修改为:出现了具有可以在时间步 1 到达某个目标的效果的所有可用动作都是有益动作,其中一个效果出现当且仅当它的效果条件在当前的状态中被满足。

$$H(S) := \{o \mid \mathrm{pre}(o) \subseteq S, \ \exists\, i:\mathrm{pre}^i(o) \in S \wedge \mathrm{add}^i(o) \bigcap G_1(S) \neq \varnothing\}$$

2)附加目标删除

在原来的方法中,如果放松规划为状态 S 所选择的动作中存在某个动作将刚刚被满足的目标 A 给删除掉了,那么 FF 就将状态 S 删除掉。这里只需要将动作换为效果就可以了,也就是说,如果放松规划为状态 S 找到的规划解中存在某个效果将刚刚被满足的目标 A 给删除掉了,那么 FF 就将状态 S 删除。

4. ADL 状态转移

最后,为了使搜索算法可以处理命题式的 ADL 正规形式,需要重新来定义状态转移函数。前向搜索,无论是爬山算法、最优最先搜索或是其他的一些前向搜索方式,通常面对的都是完全指定的搜索空间。因此可以确切计算出一个上下文依赖动作执行后的效果。根据 Koehler 等的方法,FF 将 ADL 状态转移函数 Res 定义如下,它是一个从状态和 ADL 形式的动作到状态的映射:

$$\mathrm{Res}(S,o) = \begin{cases} (S \cup A(s,o)) \backslash D(s,o), & \mathrm{pre}(o) \subseteq S \\ \text{未定义}, & \text{其他} \end{cases}$$

其中,

$$A(S,o) = \bigcup_{\mathrm{pre}^i \subseteq S} \mathrm{add}^i(o), \quad D(S,o) = \bigcup_{\mathrm{pre}^i \subseteq S} \mathrm{del}^i(o)$$

4.4.7　基于部分延迟推理的快速前向规划系统

1. FF 规划系统的局限性

在图 4.1 所示的 FF 规划系统的主要结构中,放松图规划模块是 FF 系统的核心模块之一。它一方面为系统提供当前状态到目标状态的估计值,一方面为加强爬山搜索提供有用动作,并裁减未搜索的状态空间。FF 使用目标排序方法降低问题求解难度,使用放松图规划模块提供的信息来引导搜索,并利用不完备的加强爬山搜索快速求解规划,只有当爬山搜索失败时才调用 best-first 算法。上述各种技术的综合使得 FF 在大部分逻辑规划问题求解中表现出优异的性能。然而我们发现,与求解 STRIPS 规划问题相比,FF 系统在求解 ADL 域问题时,虽然在较小规模问题上性能良好,但在处理大规模问题中,效率通常比较低。其原因在于,FF 使用 IP² 方法处理 ADL 动作的结果中存在诱导组件互斥关系,并且这种关系的处理需要在动作的删除效果上进行推理。然而,放松图规划模块完全忽视了动作的删除效果,不能处理组件之间的诱导关系,提供了不完备的有用动作,因而不能正确引导算法向实际的解空间"爬山","爬山"失败的 FF 必须调用 best-first 方法求解。

我们以 ADL 规划标准测试域"Briefcase world"为例来说明放松图规划引导加强爬山搜索的局限性。图 4.4 给出了 ADL 描述的 Briefcase 域。在该域中有三个动作:move,take-out 和 put-in,分别表示移动公文包,取出包内物品,向包内放置物品。其中 move 动作是条件效果动作:当包内有物品时,该物品会随着包的移动而移动。

```
(define(domain Briefcase world)
(:requirements :adl)
(:types portable location)
(:predicates (at?y-portable?x-location)
          (in?x-portable)
          (is-at?x-location))
(:action move
:parameters (?m?l-location)
:precondition (is-at?m)
:effect (and (is-at?l) (not (is-at?m))
          (forall (?x-portable) (when (in?x)
          (and (at?x?l) (not (at?x?m)))))))))
(:action take-out
    :parameters (?x-portable)
    :precondition (in?x)
    :effect (not (in?x)))
(:action put-in
    :parameters (?x-portable?l-location)
    :precondition (and (not (in?x)) (at?x?l) (is-at?l))
    :effect (in?x))
```

图 4.4　ADL 语言描述的公文包

　　在"Briefcase world"类问题中,FF 的加强爬山搜索即使在最简单的问题上也会失败。例如,某个规划问题的初始状态为物品 o 在公文包内(in o),物品 o 在 L 地(at o L),公文包在 L 地(is-at L),问题的目标状态为物品 o 在 L 地(at o L),公文包在 L_1 地(is-at L_1)。在求解该问题时,FF 首先通过放松图规划模块获取初始状态的启发值和有用动作。图 4.5 给出了该问题的放松规划图的基本结构,其中虚线表示 no-op 动作。

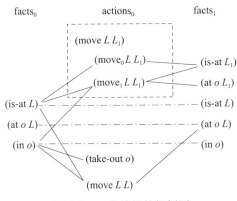

图 4.5　一个放松的规划图

当放松规划图扩展到第一命题层时,所有的目标命题已经出现,图扩展过程结束。放松图规划模块根据 no-op 优先的原则以及具有最小难度的动作优先原则,得到一条放松规划(move $L L_1$),并反馈给加强爬山模块这样的信息:当前状态到达目标状态的距离是 1,有用动作是(move $L L_1$)。加强爬山模块应用动作(move $L L_1$),转移到状态:公文包和物品 o 在 L_1 地。由于该状态不是目标状态,系统会再次调用放松图规划模块。放松图规划模块再次反馈给加强爬山模块这样的信息:当前状态到达目标状态的距离仍然是 1,有用动作是(move L_1 L)。加强爬山模块发现经由动作(move L_1 L)转移到的状态不比当前状态好,因此进行宽度优先搜索寻找估计值小于 1 的状态,结果发现经过有用动作可达的搜索空间中没有估计值更好的状态,报告加强爬山搜索失败。

事实上,从初始状态出发,只要使用动作(take-out o)取出物品 o,再使用动作(move $L L_1$),就可以到达目标状态。放松图规划只能发现有用动作(move $L L_1$)的原因——它只考察了组件(move$_0$ $L L_1$)的一个效果(is-at L_1),而没有发现执行组件(move$_0$ $L L_1$)会触发组件(move$_1$ $L L_1$)的执行,从而产生效果(at $o L_1$)。如果它能够发现(at $o L_1$)和目标(at $o L$)相冲突,在执行动作(move $L L_1$)之前把物品 o 从公文包中取出,就可以正确地引导加强爬山算法。然而,忽略动作的全部删除效果使得这种推理成为不可能。

2. 朴素条件效果规划图上的延迟部分推理

1)处理具有条件效果的规划动作

和 STRIPS 相比,ADL 具有更强的知识表达能力,可以描述更为复杂的世界模型。其特点在于允许在逻辑表达式中使用全称量词和条件效果。目前处理条件效果的主要方法有三种:全扩展方法(full expansion),FF 采用的 IP^2 扩展方法和 Weld 等介绍的分枝扩展(factor expansion)方法。全扩展法的不足在于扩展之后的动作数目随着问题中涉及的对象数目呈指数级增长,后两者从本质上是相同的,生成的动作数相对于涉及的对象数线性增长。此处,我们采用的是第三种方法,即基于分枝扩展的处理方法。分枝扩展的主要思想是将动作所有的效果条件化,每个效果产生一个动作组件,一个组件由两部分构成:前提(antecedent)和结果(consequent)。组件的前提是来自(属于)它的动作前提和条件效果的前提的合取,组件的结果就是对应的条件化效果。例如,在图 4.6 中的这个简单规划问题中,一个 move 动作被分枝扩展法处理为如图 4.7 所示的三个组件。我们称组件(move$_0$ l_0 l_1)来自(属于)动作(move l_0 l_1)。

虽然 IP^2 方法和分枝扩展方法可以显著地减少动作规模,但同时也会带来规划图扩展和搜索的复杂性,其主要原因是诱导关系的存在[10]:

```
(define (problem briefcase-example)
(:domain Briefcaseworld)
(:objects l₀ l₁ -location
          o₁ -portable)
(:init (at o₀ l₀) (is-at l₁))
(:goal (and (at o₀ l₁) (is-at l₀))))
```

图 4.6　一个公文包问题

```
name: (move₀ l₀ l₁)
pre: (is-at l₀)∧¬(is-at l₁)
add: (is-at l₁)∧¬(is-at l₀)


name: (move₁ l₀ l₁)
pre: (is-at l₀)∧¬(is-at l₁)∧(in o₀)
add: (is-at l₁)∧¬(is-at l₀)∧(at o₀ l₁)∧¬(at o₀ l₀)


name: (move₂ l₀ l₁)
pre: (is-at l₀)∧¬(is-at l₁)∧(in o₁)
add: (is-at l₁)∧¬(is-at l₀)∧(at o₁ l₁)∧¬(at o₁ l₀)
```

图 4.7　动作 $(move\ l_0\ l_1)$ 的三个组件

(1)在图的扩展过程中,我们在动作的每个组件上进行推理,而不是在动作上推理。但求得的规划解是由动作构成,而不是由组件构成。这使得在规划图建立的过程中需要使用更复杂的规则来定义组件间的互斥关系。

(2)在规划求解过程中,我们必须通过否定某个组件的前提以抵制多个组件之间由于相互诱导而出现的消极作用。

2)朴素条件效果规划图

在 DPR-NCEPGFF 系统中,我们利用在朴素条件效果规划图上进行延迟部分推理(DPR-NCEPG)来获取启发式信息[11]。我们知道,在设计启发式函数时有两个最为重要的因素需要考虑:

(1)启发式函数的可纳性。与放松图规划相似,DPR-NCEPG 所提供的启发式函数是不可纳的。但是由于考虑到了组件之间的相互关系,我们的启发式函数具有更多信息,因此 DPR-NCEPGFF 求得的规划解更接近最优解。

(2)计算启发式函数的花费。花费越长的时间来计算启发式信息,获得的启发式信息可能越多,极端情况下是直接求解该问题,将该问题的解作为启发式信息。显然,这种做法是不可取的。

实验表明,我们的 DPR-NCEPG 方法可以快速地计算状态的启发值,而且可以提供较多的启发信息。

标准的条件效果规划图扩展方法和规划图扩展方法相同,只是在动作层中我们添加的是组件而不是动作。对于组件 C_i,当它的所有前提都在当前命题列出现并且不存在两两互斥时,C_i 就被加入到下一个组件列。C_i 被添加后,它的结果被加入下一个命题列。

两个组件 C_n 和 C_m 互斥的定义如下:

(1)干扰/不一致效果:C_n 和 C_m 来自两个不同的动作,并且组件 C_n 的结果删除了组件 C_m 的前提或者结果(反之也成立)。

(2)竞争需要:C_n 的某个前提和 C_m 的某个前提在 $i-1$ 命题列互斥。

(3)诱导组件:存在第三个组件 C_k,C_k 由 C_n 在第 i 列诱导,且 C_k 和 C_m 互斥。

组件 C_n 诱导组件 C_k 的定义如下:

(1)C_n 和 C_k 来自同一个动作,并且

(2)C_n 和 C_k 不互斥,并且

(3)C_k 的前提的否定在 $i-1$ 列不被满足。即:假设 C_k 的前提为 $p_1 \wedge p_2 \wedge \cdots \wedge p_s$,则我们要求对于所有的 $j(j=1,\cdots,s)$,$\neg p_j$ 不出现在 $i-1$ 命题列或者 $\neg p_j$ 和 C_n 的某个前提互斥。

组件 C_n 诱导组件 C_k 意味着 C_n 的执行必然伴随导致 C_k 的执行。用 Antecedents(C_n)表示出现在 C_n 的前提中的文字的集合;用 Consequents(C_n)表示出现在 C_n 结果中的文字的集合;用 Context(C_n)表示在 C_n 执行之前所面临的状态。出现诱导的情况有两种:

(1)当 Antecedents(C_k) $\subseteq$ Antecedents(C_n)时,C_n 必然诱导 C_k。

(2)若 Antecedents(C_n) $\subseteq$ Antecedents(C_k) 且 Antecedents(C_n) $\subseteq$ Context(C_n),则 C_n 条件诱导 C_k。

可以看出,后一种诱导是有条件的,因为诱导的发生是与 C_n 执行前的状态有关的。如果存在文字 $p \in$ Antecedents(C_k) 且 $p \notin$ Context(C_n),则 C_n 的执行不会诱导 C_k 的执行。当 C_n 诱导 C_k 时,若不希望 C_k 的结果发生,则有两种选择:

(1)当 C_n 必然诱导 C_k 时,可以放弃选择 C_n。

(2)当 C_n 条件诱导 C_k 时,可以尝试抵制 C_k 的执行。

抵制组件 C_k 执行的简单方法是使某个文字 p 在 C_k 执行前为假,p 满足

$$p \in (\,\text{Antecedents}(C_k) - \text{Antecedents}(C_n)\,)$$

FF 系统在构造放松规划图时,完全忽视了动作的删除效果,因此在放松图规划中,上述的三种组件互斥关系完全不存在。然而,完全忽视这三种互斥关系会导致启发式信息丢失过多,从而导致加强爬山搜索总会失败。一种解决方案是在图构造的过程中完全考虑上述三种互斥关系,然而正如文献[12]中所述,互斥关系的计算和检查需要大量的计算时间(事实上,互斥关系的计算是构造规划图时耗费时

间最多的工作),而在反向提取规划解的过程中进行组件抵制的尝试,也会导致大量的回溯,因而,这样的启发式模块引导的搜索效率必然降低。

为了找到一个能产生有效的引导信息而计算费用又相对较低的推理方法,来高效地引导状态空间搜索,我们将上述的三种互斥关系进一步划分。显然,在STRIPS 规划问题中只存在前两种互斥,第三种互斥关系只存在于 ADL 域中。我们将前两种互斥关系称为静态互斥,第三种互斥关系称为动态互斥。由于在构造规划图时同时计算上述三种互斥关系需要花费过多的计算时间,因此,在 DPR-NCEPGFF 系统中,构造条件效果规划图时我们不计算任何互斥关系,但需要将删除效果添加到条件效果规划图中,我们将构造出的这种条件效果规划图称为朴素的条件效果规划图(NCEPG)。在 NCEPG 上求解规划时,采用了一种部分延迟推理的方法。该方法考虑组件之间的诱导关系。这样做的理由如下:

(1)从条件效果规划图中存在的互斥类型来看,只有第三种互斥关系超出了经典图规划框架。在经典的图规划中,静态互斥关系在构造规划图的过程中进行,起到了为后面的规划求解裁减搜索空间的作用;在条件效果规划图中,互斥的计算起着同样的作用。但是,放松图规划在构造过程中没有计算任何互斥关系,只是作为从当前状态到目标状态的可达性的分析手段,所以我们希望朴素的条件效果规划图可以起到同样的作用。

(2)在 STRIPS 规划问题中,使用完全忽略静态互斥的方法,FF 几乎在所有的规划问题中表现出色。因此,在朴素条件效果规划图中只计算动态互斥,这样可以使我们的方法和放松图规划在 STRIPS 域上得到兼容,不会丢失 FF 的优点。

(3)由于在延迟部分推理中需要根据组件的删除效果来计算组件之间的动态互斥关系,所以我们在构造朴素的条件效果规划图中不能忽略动作的删除效果。

3)部分延迟推理

从条件效果规划图中存在的互斥类型来看,只有第三种互斥是超出经典的图规划框架的。鉴于放松图规划在完全忽略了前两种类型互斥的计算时,仍然具有很强的启发作用,我们希望只要处理条件效果规划图中的诱导组件互斥,就能够在 ADL 域的规划问题上对状态空间搜索产生有效的启发作用。因此,做出了如下限定:

(1)在搜索过程中,假定组件所属于动作的执行顺序就是组件被选择的顺序。

(2)在求解规划的过程中,以不完全的方式进行诱导组件互斥关系的处理,且只考虑在给定的组件执行顺序下所产生的诱导组件互斥关系。

在这些限定条件下,我们重新定义了原来问题中的诱导关系的子集和诱导组件互斥关系的子集。

定义 4.4.9 在求解规划的过程中,时间步 i 的同一个动作的一个组件 C_n 诱导另一个组件 C_k,当组件 C_k 前提中的任一文字 p 满足下列条件之一:

(1)p 被本列已经选择的组件添加。

(2)p 为出现在当前命题列之前的目标。

(3)p 是 C_n 的前提。

(4)当前考察的是第 1 列的目标,而 p 出现在第 0 列命题列中。

用 SC_i 表示时间步 i 已经选择的支持组件集合。我们总是在下一个组件 C_n 被加入 SC_i 之前检查诱导组件互斥关系。

定义 4.4.10　在求解规划的过程中,时间步 i 的组件 C_n 和已经选择的组件集合 SC_i 存在诱导组件互斥关系,当且仅当存在一个由 C_n 诱导的组件 C_k,并且 C_k 删除了后一命题列的已经为真的目标或者删除了前面命题列包含的目标。

从定义 4.4.10 可以看出,诱导组件互斥关系的发生和不同的规划解存在联系,它们随着规划解的变化而变化。

当 DPR-NCEPG 发现 C_n 和 SC_i 存在诱导组件互斥关系时,对 C_k 进行抵制处理。抵制的方法是先选择某个命题 p,p 满足约束 $p \in (\text{Antecedents}(C_k) - \text{Antecedents}(C_n))$,且 p 不是目标,然后选择一个当前列的组件删除 p。

下面具体介绍在朴素的条件效果规划图上进行延迟部分推理的算法 DPR-CEPG,如图 4.8 所示。为一个命题目标 g 寻找支持组件时,如果一个动作的组件添加了 g,这个组件就成为备选组件。我们仍然使用 No-op 优先原则和具有最小难度的动作优先原则,为目标 g 在多个备选组件中选择一个支持组件。若一个组件被选择,则这个组件所来自的动作就被加入最终的规划解。

```
function PInduce(Cₙ, Cₖ, T)
1. for each literal p∈ Antecedents(Cₖ)
2.    if p is not true at facts level T then
3.       if p is not a goal at facts level L<T then
4.          if p∉ Antecedents(Cₙ) then
5.             if T = 1 and p is not at facts level 0 then
6.                return false
7. return true
procedure ConfrontCheck( Cₙ, T )
1. let CC ={ Cᵢ|Cᵢ and Cₙ both comes from action a }
2.    for each Cₖ∈ CC do
3.       if PInduce( Cₙ,Cₖ,T ) then
4.          if Cₖ deletes a goal g,which is true at T
5.                            or appears before facts level T then
6.             for each fᵢ∈ Antecedents( Cₖ )
7.                for each component Cₘ,fᵢ∈ Consequents( Cₘ ) do
8.                   if not DeleteGoal( Cₘ,T ) then
9.                      add action a′ from which Cₘ comes to the plan
10.                     update state estimation
```

图 4.8　DPR-NCEPG 算法

如前所述,我们认为规划解的多个动作是串行执行的,执行的顺序就是它们被选择的顺序。因此,当时间步 $i-1$ 的组件 C_n 被选择以支持时间步 i 的某个目标 g 时,如果 C_n 的前提被时间步 $i-1$ 已经选择的组件添加,就不再作为目标。在一个选定的组件 C_n 加入时间步 $i-1$ 已经选择的支持组件集合之前,我们对 C_n 进行诱导关系检查,调用过程 ConfrontCheck( )。这里,只对组件 C_n 所来自的带有条件效果的动作进行处理。判断一个动作是否带有条件效果的方法很直接的,只需判断它包含的组件数目是否大于 1。ConfrontCheck( )过程逐个考察和 C_n 来自同一个动作的组件 C_k。首先调用函数 PIduce( ),判断在当前的组件执行顺序下,组件 C_n 是否诱导组件 C_k。若 C_n 诱导 C_k,并且 C_n 和 SC_{i-1} 存在诱导组件互斥关系,则对 C_k 进行抵制,选择 C_k 前提中的某个文字 p,满足 $p \in \text{Antecedents}(C_k) - \text{Antecedents}(C_n)$。对于文字 p,选择一个删除 p 但不删除时间步 i 已实现的目标的组件 C_m,若不存在这样的 C_m,则放弃抵制 C_k。若存在这样的 C_m,则把 C_m 加入 SC_{i-1},把 C_m 的前提作为目标向前传递。重要的是,若 C_m 在时间步 0 的组件层,则把它所属的动作加入有用动作集。

以图 4.5 中的放松规划图为例。我们为时间步 1 的目标(is-at L_1)选择支持组件(move$_0$ $L L_1$)。在把组件(move$_0$ $L L_1$)加入已选择组件集 SC_0 之前,对它进行 ConfrontCheck( )处理,组件(move$_1$ $L L_1$)和它都来自同一个动作(move $L L_1$)。组件(move$_1$ $L L_1$)被(move$_0$ $L L_1$)诱导,且删除了第 0 列的目标(at o L),因此需要被抵制。算法尝试选择(take-out o),并删除(move$_1$ $L L_1$)的前提之一(in o),抵制成功。把(take-out o)加入到已选择的组件中,把(take-out o)所属于的动作加入到有用的动作集。因为动作(move $L L_1$)没有其他组件,检查结束。因此,在本例中,由 DPR-CEPG 得到的规划是{(take-out o), (move $L L_1$)},有用动作集合为{(take-out o), (move $L L_1$)}。显而易见,加强爬山算法得到了由 DPR-NCEPG 反馈的这两个有用动作后,可以扩展到存在解的状态空间,最终能够保证搜索成功。相比之下,放松图规划模块不会发现(take-out o)这个有用动作。事实上,规划解必须由(take-out o)构成,因此加强爬山算法不能搜索到规划解。

与 FF 系统相比,DPR-NCEPGFF 系统在计算启发式信息时考虑了组件之间的一部分动态互斥关系,最终获得的启发式函数所含的信息量更大,因而求得的规划解质量更高。

4.5 LPG

LPG[6]是一款采用局部搜索来解决规划图问题的快速规划器。它能够使用各种基于参数化的目标函数的启发式。这些参数被用来给由当前的搜索状态所表示的偏序规划中的不一致性加权,在搜索的过程中运用拉格朗日乘子动态评估。

LPG 的基本思想受 Walksat 的启发。在 Kautz 和 Selman 的 Blackbox 中,Walksat
被用来解决规划图的 SAT 编码,即 Blackbox 将规划问题看作满足性问题,然后运
用了 Walksat 来解决该转化后的满足性问题。Blackbox 和 LPG 的区别是:LPG
充分运用了规划图结构,而 Blackbox 只依赖于通常的满足性问题的启发式,而且
要求将规划图转化成命题从句。另外,LPG 能够处理动作代价,得到质优解,这由
一个"任意时间"(anytime)过程来实现。该过程致力于最小化一个目标函数,该目
标函数基于偏序规划中的不一致性的个数和它的整个代价。该目标函数也可以将
并行步数和规划的整个持续时间考虑进去。实验表明,LPG 非常高效,在很多著
名问题的解决上优于规划图类算法。

4.5.1　在动作图空间中的局部搜索

本部分将给出必要的背景知识:规划图,动作图以及 Gerevini 和 Serina 在
1999 年提出的基本的局部搜索技术。

1. 规划图和动作图

规划图在前面已经给出详细的介绍,这里直接给出关于动作图的相关概念和
叙述。

用 $[u]$ 来表示动作节点 u(或者命题节点)所代表的动作(或者是命题)。

如果下列情况之一成立,就说在规划图 G 的子图 G' 的第 i 层的命题节点 q 被
支持:

(1)在 G' 的 $i-1$ 层存在一个表示具有效果 $[q]$ 的动作的动作节点。

(2) $i=0$,也就是说 $[q]$ 是初始状态中的命题。

给定一个规划问题 Π,它对应的规划图 G 可以在多项式时间内被构造出来。
在规划图的最后一层,目标全部出现且两两不互斥。不失一般性,我们约定:最后
一层的目标节点是特殊动作 $[a_{end}]$ 的前提条件。该动作会出现在任何一个有效规
划中。

定义 4.5.1(动作图)　动作图 A 是规划图 G 的一个包含动作 a_{end} 的子图。如
果 a 是 G 的一个动作节点且该节点也在 A 中,那么 G 中对应该节点的动作 $[a]$ 的
前提条件和添加效果以及对应的连接边也包在 A 中。

定义 4.5.2(解图)　G 的解图是 G 的一个动作图 A_s,A_s 中的动作的所有前提
条件节点都获得了支持,而且动作之间不存在互斥关系。

G 的解图代表着规划问题 Π 的一个有效规划解。如果搜索解图失败,则可以
通过添加额外的层来扩展规划图,扩展后再重新进行搜索。

2. 相邻状态和基本的搜索启发式

给定一个规划图 G,局部搜索算法从 G 的一个初始动作图 A(一个偏序规划)

开始,通过不断地对规划图进行修正来改进当前的偏序规划,从而将动作图逐渐地向解图推进。有两个基本的修正方法:一个是向当前的动作图中添加一个新的动作节点,另一个就是从当前的动作图中删除一个动作节点(连同与该动作相关的边)。

搜索过程的任何一步都会产生一个新的动作图,究竟向当前的规划图中添加或者删除哪些动作则由出现在当前动作图中的约束背离(或者称作不一致性)来确定。

定义 4.5.3　约束背离或不一致性,或者指的是包含了当前动作图中的某个动作的一个互斥关系,或者指的是一个未被支持的命题,而该命题是当前偏序规划中的一个动作的前提条件。

搜索解图(最后的搜索状态)的方案通常包含两个主要的步骤。第一步是搜索的初始化,在这一步中,我们主要构造一个初始动作图;第二步是从该初始动作图开始,在整个的动作图空间中运用局部搜索算法进行搜索。有许多的方法可以用来产生初始动作图,其中下述三种可能方法会在多项式时间内生成初始动作图,这三种方法已在 LPG 中得以实现:

(1)随机产生一个动作图作为初始图。

(2)找一个所有动作的前提条件都获得了支持的动作图作为初始图(但是其中可能会存在一些互斥关系)。

(3)从输入给搜索过程的动作图中选取一个作为初始图。

一旦计算出一个初始的动作图,每个搜索步就会在当前的动作图中随机地选取一个不一致性。如果这个不一致性是一个未获得支持的命题节点,那么为了消除这个不一致性,或者向当前的动作图中添加一个动作来支持它或者将以该命题为前提条件的动作从当前的动作图中移除。如果选择的这个不一致性是一个互斥关系的话,那么就将卷入这个互斥关系的两个动作之一移除。当我们添加或者是删除一个动作来解决不一致性的时候,也添加或者删除了规划图中的连接动作和其对应的前提条件节点及效果节点的边。

给定一个规划图 G 以及 G 的一个动作图 A 和 A 中的一个约束背离 s,s 的相邻状态集合 $N(s,A)$ 指的是通过在动作图 A 上运用一定的图修正来解决约束背离 s 而获得的一个动作图的集合。在搜索的每一步中,相邻状态集合中的每个元素都会根据估价函数而被加权,拥有最佳估价值的元素就会被选择作为下一个子图(搜索状态)。给定一个规划图 G 的一个动作子图 A,A 的通用估价函数 F 定义如下:

$$F(A) = \sum_{a \in G} \mathrm{mutex}(a,A) + \mathrm{precond}(a,A)$$

式中,

$$\mathrm{mutex}(a,A)=\begin{cases} 0, & a\notin A \\ \mathrm{me}(a,A), & a\in A \end{cases}$$

$$\mathrm{precond}(a,A)=\begin{cases} 0, & a\notin A \\ \mathrm{pre}(a,A), & a\in A \end{cases}$$

其中，$\mathrm{me}(a,A)$ 表示 A 中和动作 a 有互斥关系的动作的数目；$\mathrm{pre}(a,A)$ 表示 A 中动作 a 的未获得支持的前提条件的个数。

容易看出来，当搜索到达一个动作图，它的 F 值是 0 的时候，就找到了解图。

使用这种简单的通用公式来引导局部搜索常常容易导致搜索陷于局部最小无法逃脱。因此，LGP 使用了参数化的动作估价函数 E 来替代 F，估价函数 E 允许指定不同的启发式类型。函数 E 指明了向当前的动作图所表示的偏序规划中插入一个动作 $[a]$ 所需要的代价（E^i），以及移除一个动作 $[a]$ 所需要的代价（E^r）：

$$E([a],A)^i=\alpha^i \cdot \mathrm{pre}(a,A)+\beta^i \cdot \mathrm{me}(a,A)+\gamma^i \cdot \mathrm{unsup}(a,A)$$

$$E([a],A)^r=\alpha^r \cdot \mathrm{pre}(a,A)+\beta^r \cdot \mathrm{me}(a,A)+\gamma^r \cdot \mathrm{sup}(a,A)$$

其中，$\mathrm{me}(a,A)$ 和 $\mathrm{pre}(a,A)$ 的定义和 F 中的定义相同；$\mathrm{unsup}(a,A)$ 指的是由于向 A 中添加了动作 a 后，使得原来未获得支持而现在变成被支持的命题的个数；$\mathrm{sup}(a,A)$ 指的是由于从 A 中移除动作 a 而导致的原来被支持而现在不再被支持的命题的个数；α, β, γ 是用来限定函数的参数。

通过恰当地设定这些参数值就可以获得不同的启发式，其目的在于能够使搜索尽可能不受局部最小的影响。这些参数值需要满足下面的约束：在 E^i 中，α^i，$\beta^i > 0$，$\gamma^i \leqslant 0$；在 E^r 中，$\alpha^r, \beta^r \leqslant 0$，$\gamma^r > 0$。注意 E 的正系数（$\alpha^i, \beta^i, \gamma^r$）决定 E 的增长，同不一致性的数目的增长有关；相似地，非正的系数决定着 E 的减少，同不一致性的数目的减少有关。

Gerevini 和 Serina 曾经给出三个用来引导局部搜索的基本启发式：Walkplan，Tabuplan 以及 T-Walkplan，这里我们主要来关注 Walkplan。Walkplan 同 Walksat 所使用的启发式很相似。在 Walkplan 中，设 $\gamma^i = 0$，$\alpha^r = 0$，$\beta^r = 0$，即，动作估价函数是

$$E([a],A)^i=\alpha^i \cdot \mathrm{pre}(a,A)+\beta^i \cdot \mathrm{me}(a,A)$$

$$E([a],A)^r=\gamma^r \cdot \mathrm{sup}(a,A)$$

相邻状态集合中最好的元素即是引入了最少的约束背离的动作图（Walkplan 不考虑当前动作图中已经被解决的约束背离）。同 Walksat 一样，Walkplan 也使用了一个噪音参数 p：给定一个动作图 A 和一个约束背离（随机选择的），如果存在一个修正没有引入新的约束背离，那么对应的 $N(a,A)$ 中的这个动作图就会被选择作为下一个动作图。否则，以概率 p 从 $N(a,A)$ 中选取一个动作图，根据动作估价函数的最小值以概率 $1-p$ 选取下一个动作图。

4.5.2 相邻状态的提炼

本部分给出对前部分所描述的基本局部搜索技术的改进。

1. 基于拉格朗日乘子的动态启发式

E 中 α,β,γ 的值可以很大程度地影响搜索的效率。因为它们的值是静态的,只有将它们的值在搜索前就恰当地协调好才能获得最优的性能。此外,对于不同的规划领域,最优参数的设定也是不同的,即使是同一个领域的不同规划问题也是如此。为了解决这个问题,LPG 对估价函数进行了如下的修正:同解决 SAT 问题所使用的拉格朗日乘子相似,LPG 将估价函数的项用动态系数来加权。

这些乘子的使用对 LPG 的局部搜索算法有两个很重要的改进。首先,修正后的代价函数提供的信息更加丰富,能够精确地分辨出相邻状态集合中的各个元素。第二,新的代价函数不会依赖任何的静态系数(α,β,γ 系数可以被忽略掉,所有新乘子的初始默认值几乎不十分重要)。

通常的想法是每个约束背离都同一个对它进行加权的动态乘子相联系。如果乘子的值很大,那么对应的约束背离就被认为是“困难的”,而值低的话则认为是“容易的”。通过运用这些乘子,对一个动作图的质量估计不但要考虑出现在该动作图中的约束背离的数目,也要考虑到对解决这些特殊的约束的困难程度的估计。

因为在搜索的过程中引起的约束背离的数目会很大,所以实际操作中并不是为每个约束背离都分别保存一个乘子,而是将与同一个动作相联系的约束背离赋一个乘子。特别地,对于每个动作 a,我们将包含该动作的互斥关系的集合赋一个乘子 λ_a^m,对 a 的所有的前提条件都赋值一个乘子 λ_p^m,直观上这些乘子用来估计满足动作 a 的所有前提条件的困难程度,以及避免让 a 同动作图中其他的动作产生互斥关系的困难程度。这些乘子可以用来精炼(refine)代价函数 $E([a],A)^i$ 和代价函数 $E([a],A)^r$。因此,Walkplan 的代价函数变为

$$E_\lambda([a],A)^i = \lambda_p^a \cdot \mathrm{pre}(a,A) + \lambda_m^a \cdot \mathrm{me}(a,A)$$
$$E_\lambda([a],A)^r = \Delta_a^-$$

其中,Δ_a^- 表示在 A 中移除动作 a 后,由原来的被支持而现在变成不再被支持的前提条件个数的和,用 λ_p^a 来加权,即

$$\Delta_a^- = \sum_{a_j \in A-\langle a \rangle} \lambda_p^{a_j} \cdot (\mathrm{pre}(a_j, A-[a]) - \mathrm{pre}(a_j, A))$$

乘子都有同样的默认初始值,这些初始值在搜索的过程中被动态地更新。直观上,若动作引入的约束背离很难被解决,则与之相关的乘子增大,反之,若动作引入的约束背离很容易被解决,则与之相关的乘子减小。这些都将导致我们更偏好相邻状态中那些从全局看来更容易解决的图(即更接近解图的图)。

当局部搜索陷入了局部最小或者是到达了一个高原的时候,乘子的值就会被更新(即,当相邻中的所有元素都使得 E_λ 大于零)。将对当前动作图中出现的约束背离负有责任的动作的乘子增加一个很小的量 δ^+,将没有确定任何约束背离的动作的乘子减小一个很小的量 δ^-。例如,如果动作 a 在当前的动作图 A 中,且同图中的另一个动作存在着互斥关系,那么 λ_a^m 就会被增加一个预先已定义的小值 δ^+(否则就被减少 δ^-)。

2. 空动作的传播

观察发现,无论什么时候向当前规划(动作图)中添加一个动作,它的效果就会被传播到下一个时间步(层),除非有一个动作阻止了这个传播,空动作的传播技术便是基于此观察。假设 P 是动作 a 在时间步 t 的一个效果,通过添加相应的空动作我们将 P 一直传播下去,直到在当前的图中遇到同传播 P 的空动作互斥的动作才停止传播。为了保证合理性,无论什么时候,只要我们在时间步 t 后添加了一个同某个空动作互斥的动作,那么就必须在时间步 t 阻止这个空动作。同样地,当阻止空动作进行传播的动作被移除后,那么该空动作就可以继续进行传播(除非还存在另一个阻止它继续传播下去的动作)。空动作的传播可以运用规划图这种数据结构有效地保存。

很明显这种传播很有用因为它能够消除更深的不一致性(一个动作被添加用来支持一个指定的前提条件,但是这个动作的效果通过对应的空动作的传播也可以支持额外的前提条件)。此外,空动作传播可以用来扩展相邻状态集合,也许可能会削减搜索的步数。给定动作图 A 中第 l 层的一个动作的未获得支持的前提条件 Q,A 的关于 Q 的基本的邻居包括从 A 中移除动作 a 后生成的图或者是向 A 中的第 $l-1$ 层添加一个支持 Q 的动作后生成的图。原则上,在这些动作中我们可以选择一个空动作来支持 Q(如果存在的话),这意味着 Q 已经被之前的某个动作支持(或者可能出现在初始状态),然后一直持续到当 a 被执行的时间步。不采用这样的空动作,而是选择之前出现的以 Q 为效果的那个动作,这样 Q 就可以一直被传播到 l 层。当存在多个这样的动作的时候,搜索邻居中将会包含添加它们中的任何一个而生成的动作图。

实验结果表明,使用空动作传播可以很大程度地减少搜索步数和找到规划解所要求的 CPU 时间。

3. 动作顺序和逐渐增长的图长度

通常,搜索方法不会以穷尽的方式来检验搜索空间,因此前面部分描述的搜索技术不能确定什么时候必须来扩张当前的规划图。最初,我们采用在一定数目的搜索步骤后就自动扩张规划图的技术来克服这个限制。但是这么做有个缺点,当图被扩张几次后,大量的 CPU 时间被浪费在搜索最后一次扩张之前扩张的图上。

另一种在搜索过程中扩张图的方法,用由两种类型的图修正技术而获得的动作图来扩张相邻状态集合,这些修正基于有序的互斥动作和可能扩张的规划图。

给定两个在时间步 i 互斥的动作,该算法会检测这个不一致性是否可以通过将其中的一个动作延迟到时间步 $i+1$ 或者将它占先(anticipate)到时间步 $i-1$ 的方式来消除。如果将一个动作从动作图 A 的第 i 步移动到第 $i+1$ 步后得到的动作图相对 A 来说没有包含任何新的不一致性,我们就说在时间步 i 的动作 a 可以被延迟到时间步 $i+1$。将动作 a 占先到时间步 $i-1$ 的条件与此要求相似。

当被卷入到某个互斥关系的动作之一可以被延迟或者占先的时候,相对应的动作图也总会被从相邻状态集合中选出来。如果存在多个这样可能的修正,我们会从中随机选取一个。如果两个动作没有一个可以被延迟(或者占先),则将尽力结合图扩张来延迟(或者占先)其中的一个动作。首先,将规划图向前扩张一层;然后将所有时间步 $i+1(i-1)$ 的动作向前移动一层;最后,倘若所执行的移动不会引入新的不一致性(即移动的动作阻止了用来支持后面时间步上的前提条件的空动作),那么就将其中的一个动作加入到时间步 $i+1(i-1)$。如果两个动作中的任何一个在图扩张后仍然不能够被移动,那么就将其中的一个动作移除。

例如,在图 4.9(a) 中,令动作 a_1 和动作 a_2 在第 i 层互斥。假设 a_1 有两个获得支持的前提条件 P_1 和 P_2,一个添加效果 P_6,P_6 被后面的层的某个动作所需要。命题 P_8 被动作 a_2 支持,且它是动作 a_4 的一个前提条件;命题 P_7 没有被用作任何动作的前提条件。图 4.9(b) 展示了动作 a_1 可以被延迟到第 $i+1$ 层的情况。因为:①a_1 和 a_4 之间不存在互斥关系;②a_1 和支持 P_5 和 P_9 的空动作不存在互斥关系;③在第 i 层,支持 a_1 的前提条件的空动作没有和该层的任何其他动作互斥。所以由①②③的分析可知,动作 a_1 可以被延迟到第 $i+1$ 层。

图 4.9(c) 展示的是动作 a_1 不能被延迟到第 $i+1$ 层的情况(例如,动作 a_4 删除了动作 a_1 的某个前提条件),但是可以结合图扩展来延迟。因为:①a_1 和支持 P_5,P_8,P_9 的空动作不互斥;②支持 a_1 的前提条件的空动作和第 i 层的任何一个动作都不互斥,所以动作 a_1 可以被延迟。

4. 启发式前提条件代价

前面所描述的启发式函数 E 和 E_λ 通过考虑未被支持的前提条件的个数和未被满足的互斥关系的个数来估价相邻状态集合中的动作图。实验分析表明,虽然这个函数的计算相当快,但有时拥有更加精确的信息也是非常重要的。事实上,虽然插入一个新动作 a_1 比插入另一个可供选择的动作 a_2 会引入更少的新的未被支持的前提条件,但是 a_1 的未被支持的前提条件可能会比 a_2 未被支持的前提条件更难被满足(即解决由 a_1 引入的不一致性比解决由 a_2 引入的不一致性需要花费更多的搜索步)。因此,我们通过运用一个启发式来估计支持前提条件的困难程度来精炼 E_λ。准确地说,$E_\lambda(a,A)^i$ 变为

$$E_H(a,A)^i = \lambda_p^a \cdot \max_{f \in \mathrm{pre}(a)} H(f,A) + \lambda_m^a \cdot \mathrm{me}(a,A),$$

其中 $H(f,A)$ 表示的是支持 f 的启发式代价,递归定义如下:

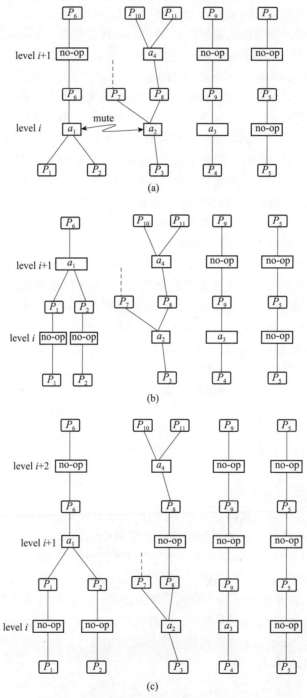

图 4.9　用动作排序和增长规划图长度来处理互斥关系的例子

$$H(f,A)=\begin{cases} 0, & a \text{ 被支持} \\ H(f',A), & a_f \text{ 是前提为 } f' \text{ 的 no-op 动作} \\ \max_{f'\in \text{pre}(a_f)} H(f',A)+\text{me}(a_f,A)+1, & \text{其他} \end{cases}$$

其中,

$$a_f=\underset{\langle a'\in A_f\rangle}{\text{argmin}}\{E(a',A)^i\}$$

A_f 是规划图中处于 f 所在层之前的层,且是以 f 为效果的动作节点的集合。非正式地,一个未被支持的命题 f 的启发式代价需要考虑所有处于 f 所在层之前的层,且在以 f 为效果的动作之后才能确定。在这些动作当中,根据原来的动作估价函数 E 来选取拥有最佳估计(a_f)的动作。$H(f,a)$ 就是不断地将由 a_f 所引入的互斥关系的数目同 a_f 中的动作的未被支持的前提条件的启发式代价的最大值进行求和计算。最后一项"+1"考虑到了向 a_f 中插入一个支持 f 的动作。

相似地,通过考虑将一个动作 a 移除使得一个被支持的命题变为不被支持的最大代价来精炼从 A 中移除动作 a 后的代价。确切地说,就是如下的函数:

$$E_H(a,A)^r= \max_{\langle f,a_j\rangle\in K} \lambda_p^{a_j} \cdot H(f,A-a)$$

其中 K 是序对 $\langle f,a_j\rangle$ 的集合,而 f 是动作节点 a_j 的一个前提条件,由于动作 a 从 A 中移除,使之由原来的被支持变为现在的不被支持。

在图 4.10 中,给出一个例子说明函数 H 的使用。每个动作节点同一个数字对相连(括号中),表示的是该动作的未被支持的前提条件的个数以及和该动作有关的互斥关系的个数。例如,在 $l+1$ 层的动作 a_3 有两个未被支持的前提条件,包含了五个互斥关系。每个命题节点和同一个数字相连,该数字表明的是支持它所需要花费的代价。假定我们现在要确定在第 $l+2$ 层的一个未被支持的前提条件 P_1 的启发式代价。花费最小代价到达 P_1 的动作是 a_2。花费最小代价到达 P_3 的动作是 a_5,a_5 的所有前提条件都获得了支持。因此我们有

$$H(p_3,A)= \max_{f'\in \text{pre}(a_5)} H(f',A)+\text{me}(a_5,A)+1=0+2+1$$

因为 $H(p_4,A)=0$,所以有

$$H(p_1,A)= \max_{f'\in \text{pre}(a_2)} H(f',A)+\text{me}(a_2,A)+1=3+1+1$$

4.5.3 模型化规划质量

在这一部分我们将介绍如何扩展上述技术来处理动作带有任意数值的规划,例如,这个数值可以表示该动作的执行代价。考虑这个信息对于实际中产生质优规划是非常重要的。大多数的域独立规划器都忽略了这个,仅仅使用动作数目(或

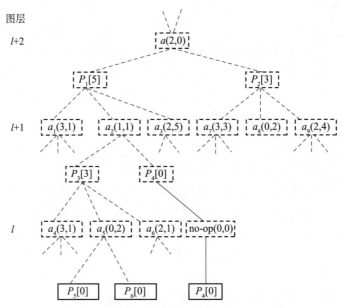

图 4.10　未被支持的前提条件的启发式代价实例

虚线框对应的是不属于 A 的动作或者是命题

者是并行步数)来衡量一个规划的质量。在 LPG 的框架中,将局部搜索的目标函数扩展一项,用来估价一个规划(动作图)的全部搜索代价,该项定义为规划中所有动作的代价的和。同样地,也可以在一个规划中用并行的步数来衡量一个规划的质量。

用户可以根据相对的重要性来给修正后的目标函数(执行代价和步数)的优化项加权。更正式地,通用的估价函数可以被修正为

$$F^+(A) = \mu_C \cdot \sum_{a \in A} \text{cost}(a) + \mu_S \cdot \text{step}(A)$$
$$+ \sum_{a \in A} (\lambda_m^a \cdot \text{mutex}(a, A) + \lambda_p^a \cdot \text{precond}(a, A))$$

其中,$\text{cost}(a)$ 为动作 a 的执行代价;μ_C 和 μ_S 是由用户设置的非负系数,用来给执行代价和并行数目的相对重要性加权($\mu_C + \mu_S \leqslant 1$);$\text{step}(A)$ 是包含至少一个非空动作的动作图 A 的并行步数。前面定义的估价函数 E_H 精炼为 E_H^+(U 表示的是前提条件的集合,这些前提条件由动作 a 获得,在移除动作 a 后它们就不再被支持):

$$E_H^+(a, A)^i = \frac{\mu_C}{\text{max}_{CS}} \cdot (\text{cost}(a) + \max_{f \in \text{pre}(a)} H_C(f, A))$$

$$+ \frac{\mu_S}{\text{max}_{CS}} \cdot (\text{step}(A+a) - \text{step}(A))$$

$$+ \max_{f \in pre(a)} H_S(f,A)) + \frac{1}{\max_E} \cdot E_H(a,A)^i$$

$$E_H^+(a,A)^r = \frac{\mu_C}{\max_{CS}} \cdot (-cost(a) + \max_{f \in U} H_C(f,A-a))$$

$$+ \frac{\mu_S}{\max_{CS}} \cdot (step(A-a) - step(a))$$

$$+ \max_{f \in u} H_S(f,A-a)) + \frac{1}{\max_E} \cdot E_H(a,A)^r$$

其中，$H_C(f,A)$ 和 $H_S(f,A)$ 分别表示，当要求支持 A 中的 f 时，对执行代价和并行步数增加的估计。H_C 和 H_S 的递归定义同前面给出的 H 的定义相似：如果 f 在 A 中被支持，那么 $H_C(f,A)=0$，且 $H_S(f,A)=0$，否则

$$H_C(f,A) = cost(a_f) + \max_{f' \subset pre(a_f)} H_C(f',A)$$

$$H_S(f,A) = step(A+a_f) - step(A) + \max_{f' \in pre(a_f)} H_S(f',A)$$

其中 a_f 同 H 中的定义一样。再以图 4.10 为例，假设 $cost(a_2)=10$，$cost(a_5)=30$，则有 $H_C(p_1,A)=40$。

因数 $\frac{1}{\max_{CS}}$ 和 $\frac{1}{\max_E}$ 用来标准化 E_H^+ 的项，使每个项小于或者等于 1。如果没有这个标准化，对应于执行代价的项（第一项）的值可能比对应于约束背离的项（第三项）的值要高很多。如果不在乎规划的有效性的话，这么做将会产生高质量的规划解。相反，当当前的偏序规划包含很多的约束背离时，我们希望搜索时能更多地关注满足这些逻辑约束。$\max_{CS}$ 的值定义为

$$\mu_C \cdot \max_C + \mu_S \cdot \max_S，其中 \max_C(\max_S)$$

是邻居中所有动作图中 E_H^+ 的第一项的最大值，乘以当前动作图中约束背离的数目 K；$\max_E$ 是能够消除正在考虑的不一致性的所有动作的 E_H 的最大值。

修正后的启发式函数 E_H^+ 可以用来产生一系列的有效规划，其中每个规划在执行代价或者是并行步数上都比它的前一个规划有所改进。这些规划中的第一个是产生的第一个不包含任何约束背离的规划 π（即 F^+ 的第三项为零）。然后 π 被用来初始化第二次的搜索，当产生一个优于 π 的有效规划 π' 时搜索就停止，以此类推下去。这是一个任意时间过程（anytime process），可以逐渐地改进规划的质量，可以在任何时间停止搜索，给出到目前为止所计算出的不一致性。每次开始一次新的搜索时，就通过随机移除动作来强制向初始规划中引入不一致性。相似地，当到达一个没有优于它前面的有效规划时也要引入一些不一致性。

这种模型化规划质量的方法可以被扩展用来处理时序规划的限定形式，每个动作都和一个持续时间 $D(a)$ 相关联。在这种假设下，规划中每个时间步的动作的

执行都要在下一个时间步的动作开始执行之前终止。我们在 F^+ 中包含进一个新项,该项同当前偏序规划中的每一步的持续时间最长的动作成正比,依此可以搜索一个最小可能时间的并行规划。令 $\mathrm{Delay}(a,A)$ 表示由动作图中的动作 a 所确定的时序延迟,即

$$\mathrm{Delay}(a,A) = \max(0, D(a) - \max_{a' \in S} D(a'))$$

其中 S 是 A 中和 a 在同一层的动作的集合(不包括 a),E_H^+ 中用来处理规划持续时间的新项相应为

$$+\mathrm{Delay}(a,A) + \max_{f \in U} H_D(f,A), \quad \text{在 } E_H^+ (a,A)^i \text{ 中}$$

$$-\mathrm{Delay}(a,A) + \max_{f \in U} H_D(f,A-a), \quad \text{在 } E_H^+ (a,A)^i \text{ 中}$$

其中,$H_D(f,A)$ 是对支持 f 所需要增加的代价的估计($H_D(f,A)$ 的形式化定义同 $H_C(f,A)$ 的定义相似)。

尽管通过考虑动作之间的因果关系(动作的效果和前提条件之间的依赖性),以前的一些假设可以被放松,但是,通常最小化 F^+ 的持续时间项并不能保证一定会导致最短的可能并行规划。另外,当问题领域只允许线性规划的时候,最小化持续时间项就对应着搜索最优规划。因此,这个简单地搜索持续时间最优化技术应该被看做一种近似的求解方法。

4.6 基于因果图启发的多值规划算法

4.6.1 基本概念

在介绍基于因果图启发的多值规划算法(AMCG)前,我们需要了解一些基本概念,以便于更好地理解该系统。本节主要介绍多值规划任务、域转移图以及因果图的相关概念。

1. 多值规划任务

在搜索空间巨大时,启发式规划方法可以减少状态空间大小,但不保证找到完备的规划解;另一种减少空间的方法是,减少规划公式表示问题的丰富性,从而获得有效性。多值规划任务是基于后者提出的一个重要概念。

经典规划问题都是基于 STRIPS 命题域的,其中所有变量都是布尔型变量,而问题的命题二元编码与多值域编码对规划状态空间有着很大的影响。除 MOVIE 域外,其他规划任务在命题域的因果图都存在环,而在多值域,我们则可以找出无环因果图。

目前,规划问题都采用 PDDL 来表示,状态变量的非二元值域形式的研究日益

受到关注,其中一种重要形式就是 SAS$^+$ 规划任务[13] 的提出。SAS$^+$ 规划可看作 STRIPS 命题规划域的变化形式,它允许状态变量有一个非二元的有限值域,其基本原子是 $v=d$,其中 v 是一个状态变量,d 是 v 值域中的一个值。

SAS$^+$ 对规划域有以下几个约束条件:

(1)次独立性(post-uniqueness):对于一个效果,最多只有一个操作生成该效果,即所需要的效果确定了规划中的操作。

(2)单值性(single-valuedness):对于正在执行的任意两个操作,如果需要同一状态变量的取值满足各自的条件,那么在这些条件中,这个状态变量的取值必须是相同的。即在任何时刻,同一状态变量的取值是唯一的。

(3)单一性(unariness):每一个操作只影响一个状态变量。

SAS$^+$ 与经典 STRIPS 任务主要区别有两点:一是用多值状态变量取代命题原子;二是除了经典规划任务中的前提条件(pre-condition)、添加效果和删除效果外,还引入一个新的概念,即优势前提(prevail-condition)。

Backstrom 和 Nebel 分析了 SAS$^+$ 不同子类的复杂性,并证明其可以在多项式时间内找到最优规划。上述三个特性中,其中单一性与因果图的无环性相关,次独立性则隐含表示了域转移图是简单的环或树。

多值规划任务[14] 是基于 SAS$^+$ 规划任务而提出的,它与 SAS$^+$ 任务基本等价。与 SAS$^+$ 规划不同的是,多值规划任务包括公理和条件效果,本节主要研究如何将其应用于具有单一性的 STRIPS 规划域中。

定义 4.6.1(多值规划任务)　一个多值规划任务(multi-valued planning task,MPT)可以看做一个四元组 $\Pi=\langle V,s_0,s_g,O\rangle$,其中:

(1)V 为状态变量集,且对于 V 中每个状态变量 v,v 都有一个有限值域 D_v。

(2)s_0 为初始状态集,是对 V 中所有状态变量的赋值。

(3)s_g 为目标状态,是对 V 中部分状态变量的赋值。

(4)O 为操作集,可将一个状态映射到另一可能不同的状态,一个操作的形式为 $\langle \text{pre},\text{eff}\rangle$,其中前提条件 pre 以及效果 eff 都是对 V 中部分变量的赋值。效果是三元组 $\langle \text{cond},v,d\rangle$,其中 cond 为部分变量赋值,表示效果的执行条件,v 为被影响的变量,$d\in D_v$ 是变量 v 的新值。

定义 4.6.2(多值规划任务状态空间)　一个多值规划任务 Π 的状态空间 $S(\Pi)$ 是一个有向图,它的顶点集由集合 V 的所有状态组成。设 s 和 s' 为 V 中的两个状态,图中的弧表示为 (s,s'),如果存在某个动作 $o=\langle \text{pre},\text{eff}\rangle\in O$,$s'$ 为状态 s 执行动作 o 后的状态,那么 $s(\Pi)$ 将包含弧 (s,s')。

定义 4.6.3(多值规划任务的规划)　给定一个多值规划任务 Π、初始状态 s_0 及目标状态 s_g,那么多值规划任务的规划就是对状态空间 $S(\Pi)$ 的有向图中的路径进行计算,从而获得路径的动作序列,或者证明 s_g 不可达。

我们以交通运输域的 STRIPS 规划任务为例。交通运输域共有三种对象:城市,卡车,货物,各个城市之间可能有公路,公路可以是单向的,也可以是双向的。域中共有三种操作:装载货物(load),卸载货物(unload)移动卡车(move)。

图 4.11 表示一个运输规划任务 $Task_1$,图中的节点表示不同的城市,灰色的节点表示卡车初始所在地,弧表示两个不同城市之间的公路,两种虚线弧分别指向货物和卡车从初始地所要到达的目标地,其中灰色的地点表示货物初始所在地。该问题中共有 9 个不同的城市,每相邻的两个城市间有双向的公路,有一辆卡车,初始位置在 P_1,货物的初始位置也为 P_1,目标是货物和卡车都在 P_9。

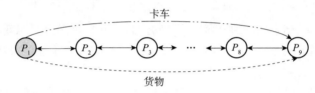

图 4.11　规划任务 $Task_1$

将该任务转换为多值规划任务 $\Pi = \langle V, s_0, s_g, O \rangle$,其中各个组成部分如下:

(1)状态变量集:$V = \{v_c, v_t\}$,其中 v_c 表示货物所在地,值域为 $\{P_1, P_2, P_3, P_4, P_5, P_6, P_7, P_8, P_9, t\}$,其中 $v_c = t$ 表示货物在卡车里;v_t 表示卡车所在地,值域为 $\{P_1, P_2, P_3, P_4, P_5, P_6, P_7, P_8, P_9\}$。

(2)操作集:$O = \{\langle \{v_t = P_1\}, \{v_t = P_2\} \rangle, \langle \{v_t = P_2, v_c = P_2\}, \{v_c = t\} \rangle, \langle \{v_t = P_8, v_c = t\}, \{v_c = P_8\} \rangle, \cdots\}$。我们没有列出 O 中的所有操作,而是对每种操作各举一例,这三个操作分别表示卡车从 P_1 到 P_2 的 move 操作,在 P_2 地装载货物操作 load,以及在 P_8 地卸载货物操作 unload。其余操作类似。

(3)初始状态:$s_0 = \{v_c = P_1, v_t = P_1\}$。

(4)目标:$s_g = \{v_c = P_9, v_t = P_9\}$。

2. 域转移图

将原始 STRIPS 规划任务转换为多值规划任务后,需要提取规划任务的结构信息,主要由两种数据结构存储:域转移图和因果图,最后再利用这些结构信息定义因果图启发方法。

状态变量的域转移图主要存储变量改变值的情况,即变量由一个值改变为另外一个值,以及值改变的条件。域转移图是后面将要讨论的因果图启发的核心,下面给出域转移图的定义。

定义 4.6.4(域转移图)　对于一个状态变量 $v \in V$,v 的域转移图 $DTG(v)$ 是一个带标记的有向图,其中顶点集合为 v 的所有可能取值;对于图中的两个不同顶点 d 和 d',当且仅当存在满足下列条件的操作 $\langle pre, eff \rangle$ 时,图中包含从 d 到 d' 的

有向弧:

(1)pre(v)＝d 或 pre(v)没有定义。

(2)eff(v)＝d'。

这条弧以 pre 中除去 v 以外的其余变量的赋值做标记,这个标记称为变量 v 从值 d 转移到值 d' 的条件。

从定义可以看出,域转移图表示一个变量是否可以从其值域中的一个值转移到另一个值,以及该转移是否以其他变量的赋值为条件。也就是说,如果存在某个动作将变量 v 的值从 d 改变为 d',则图中必然有一条弧与之对应,弧上的标记则描述了这次转移的必要条件。对于 DTG(v) 中的任意两个节点,我们允许有多条弧存在,因为同一值在不同条件下会有不同转移。如果规划任务中所有操作都是一元的,那么域转移图、状态以及状态转移是一致的。所以规划任务的执行可以看作各个域转移图的同步移动,而一个图中的移动取决于其他图中的活动节点。

规划任务 Task₁ 中,变量 v_t 的域转移图如图 4.12 所示,表示卡车在九个城市间的移动情况。图中的转移都没有条件,因为卡车的移动不依赖于其他变量(v_c)。变量 v_c 的域转移图如图 4.13 所示,表示货物所有可能的转移。如货物从卡车中 ($v_c=t$) 转移到 P_1($v_c=P_1$),需要以卡车在 P_1($v_t=P_1$) 为条件,相对应的操作是 unload;反之,从 $v_c=P_1$ 到 $v_c=t$ 的转移与操作 load 相对应,其他转移情况类似。

图 4.12　v_t 的域转移图

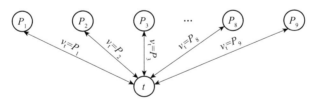

图 4.13　v_c 的域转移图

3. 因果图

因果关系图刻画了变量之间的相互依赖关系,它也是因果图启发的一个核心概念,我们首先给出因果关系图的相关定义。

定义 4.6.5(因果关系图)　若Π＝$\langle V, s_0, s_g, O \rangle$是一个多值规划任务,则Π的因果图 $CG(\Pi)$ 为一有向图,图中的点为 V 中的变量;对于两个状态变量 u 和 v,当且仅当存在满足下列条件的操作$\langle$pre,eff$\rangle$时,图中包含从 u 到 v 的弧:

(1)eff(v)有定义。

(2)eff(u)或者 pre(u)有定义。

从定义可以看出,如果目标变量的值依赖于源变量,那么因果图包含从源变量到目标变量的弧。所以,因果图表示变量间的层次关系,即一个变量的取值是否依赖于其他变量,或者影响其他变量的取值,这里我们将源变量称为低层变量或影响变量,目标变量称为高层变量或被影响变量。此处考虑的都是无环因果图,在无环因果图中,操作都是一元的,即每个操作只影响一个状态变量。

关于因果图需要注意两个重要属性:

(1)在规划任务中可由一个状态 S 到达另一状态 S',当且仅当在由因果图中所有变量的祖先引发的子任务中,由 S 可到达 S'。但当由同一操作所影响的变量的弧不包含在因果图中时,这一属性不成立。

(2)可分离性。当因果图中变量的祖先很少时,利用这一属性可以方便地对规划任务求解,这也是为什么很多学者集中于研究无环因果图的原因之一。

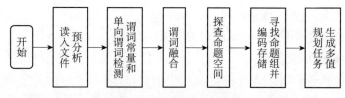

图 4.14 Task_1 因果图

从规划任务 Task1 的域转移图中可以看出,变量 v_c 的转移以变量 v_t 的赋值为前提,称为变量 v_c 依赖于变量 v_t,或 v_t 影响 v_c,而 v_t 不依赖于 v_c。因此,v_c 为高层变量,v_t 为低层变量。这种关系可以通过因果图表示出来,图 4.14 是 Task1 的因果图,图中只包含一条从 v_t 到 v_c 的弧。

4.6.2 AMCG 规划算法

在因果图启发式规划中,对一个规划任务求解分三步进行:首先是翻译阶段,将一个经典 STRIPS 型规划任务转化为多值规划任务;其次是知识编译阶段,根据任务的属性及操作,得到一个表示各个状态变量间依赖性关系的因果图,一个状态到目标的距离启发值是目标中所有变量的启发值之和,这样可以得到任何一个状态的启发值;最后是搜索阶段,利用贪心最佳优先搜索得到规划任务的解[15]。

1. 翻译阶段

翻译阶段即把原始的 STRIPS 型规划任务转化为多值规划任务。翻译阶段的流程图如图 4.15 所示。

开始 → 读入文件 → 预分析 → 单向谓词常量和谓词检测 → 谓词融合 → 探查命题空间 → 寻找编码存储组并 → 规划任务 → 生成多值

图 4.15 翻译阶段流程图

翻译阶段步骤如下:

（1）预分析：分析问题的输入（包括域文件和问题文件），并转化为数据结构表示，对所有的谓词、命题和操作编号。

（2）常量谓词和单向谓词检测：常量谓词指实例化时不被任何操作所影响的谓词。两种常见的常量谓词：标识不同类型的对象，如（TRUCK? tru）用于定义多个火车对象；提供对象间持久的链接关系，如（in-city? obj? city）表示某个对象在某个城市内。由于在规划过程中常量谓词在任何状态中的值都保持不变，所以可忽略常量谓词的编码。单向谓词指随时可能改变，但只沿某一特定方向而改变的谓词。如在 Grid 域中，门一旦被打开就不会再锁，因此只对在初始状态中被锁着的门进行编码。

寻找常量谓词和单向谓词的方法：考察所有动作，检查动作的所有效果列表中的谓词，不出现在任何效果列表中的谓词为常量谓词；而单向谓词或者出现在添加效果中，或者出现在删除效果中，但不能在二者中同时出现。

（3）谓词融合：一组互斥的命题组可以转换为一个多值变量，其中变量值域中的取值个数即为互斥命题组中命题的个数。谓词融合是获得互斥命题组的基础，同时，通过谓词融合可以减少状态空间编码大小，所以谓词融合是编译阶段中的核心步骤。

定义 4.6.6（谓词平衡性及融合谓词） 给定一个 n 元谓词（pred $p_1\cdots p_n$），如果第 i 个变量 p_i 所对应的某个对象可以使得（pred $p_1\cdots p_n$）的值为真，那么用 $\sharp$（pred$p_1\cdots p_{i-1}p_{i+1}\cdots p_n$）表示所有满足该条件的对象 p_i 的个数。若在整个规划过程中 $\sharp$（pred $p_1\cdots p_{i-1}p_{i+1}\cdots p_n$）的值衡为 1，则称谓词 pred 平衡于第 i 个变量。为保持谓词平衡性，我们将两个或多个谓词进行融合，将得到的谓词称为融合谓词。

如果得到 $\sharp$（pred $p_1\cdots p_{i-1}p_{i+1}\cdots p_n$）或 $\sharp$（pred＋other$_1$＋$\cdots$＋other$_n$ $p_1\cdots p_{i-1}p_{i+1}\cdots p_n$）的值恒为 1，即谓词 pred 或融合谓词 pred＋other$_1$＋$\cdots$＋other$_n$ 平衡于第 i 个变量，那么我们就能够获得互斥命题组。

谓词融合及检测谓词 pred$_i$ 平衡性的方法：

（a）对于一个给定的谓词 pred 以及参数 i，首先检查每个动作 a 的所有添加效果，对于某个添加效果 e，看 e 所对应的谓词是否 pred；若是，则检测动作 a 是否有对应的删除效果（即谓词为 pred，除第 i 个参数不同外，具有相同的参数列表）若存在那么就得到 $\sharp$（pred $p_1\cdots p_{i-1}p_{i+1}\cdots p_n$）的值恒为 1。

（b）如果在某个一般动作 a 的添加效果中出现谓词 pred 对应的命题，而在删除效果中没有出现，就对所有的动作的删除效果进行检验，寻找与（pred $p_1\cdots p_n$）对应的命题具有相同变量列表的谓词（other $p_1\cdots p_n$）（忽略 p_i），如果找不到，谓词（pred $p_1\cdots p_n$）就不可以进行融合，如果找到就进行融合得到谓词 pred＋other，该融

合谓词平衡于第 i 个变量，即 $\sharp(\mathrm{pred}+\mathrm{other}\ p_1\cdots p_{i-1}\ p_{i+1}\cdots p_n)=1$。

(c)对融合谓词 pred+other 递归调用以上算法。

(4)探查命题空间：从初始状态开始，枚举可到达的谓词的所有实例，利用宽度优先搜索，对可到达的命题集进行扩展。具体方法如下：

(a)初始化队列，由初始状态中的命题组成。

(b)从队列中删除第一个命题 f，将 f 加入到可到达命题集 S 中。

(c)对前提条件为 S 的子集，且前提中包含命题 f 的操作进行实例化。检查这些操作的添加效果，如果还没有在 S 或队列中出现，则将其加入队列尾部。

(d)检查队列是否为空，若是，结束探查，否则转到(2)。

(5)实例化和编码阶段：将常量对象代入变量，得到动作的实例化；如果一个谓词组合能够平衡，那么对该谓词实例化后可以得到一组互斥的命题，因此，结合融合谓词，问题所定义的对象和状态，以及可到达的命题集，可以得到命题组，对其编码存储。

(6)生成多值规划任务：因为同样的命题可能包含在不同的互斥组中，所以并不是每一个互斥组都对应一个 MPT 状态变量。因为只需对其进行一次编码，所以需要注意变量的选择。

2. 知识编译阶段

知识编译阶段的主要任务是从多值规划任务中需要提取结构信息，生成域转移图和因果图，以便于利用这些结构信息定义因果图启发方法。其中域转移图表示一个变量是否可以从其值域中的一个值转移到另一个值，以及该转移是否以其他变量的赋值为条件。因果图表示变量间的层次关系，即一个变量的取值是否依赖于其他变量，或者影响其他变量的取值。对于含有环的因果图，可以通过忽略操作的前提进行剪枝得到一个无环图。

知识编译阶段主要完成三个任务：生成每个状态变量的域转移图；生成整个规划任务的因果图；生成用于前向搜索 MPT 规划的后继状态生成器（succeessor generators）。

知识编译阶段的流程图如图 4.16 所示，步骤如下：

(1)从翻译阶段生成的文件中读取变量、初始状态、目标、操作信息。

(2)根据所有操作信息，获得每个变量所影响的变量集（后继），以及影响每个变量的直接前辈。

(3)利用 Tarjan 算法得到无权因果图，并获得其最大强连通子图。对强连通子图进行拓扑排序，从低层变量到高层变量，得到新的节点顺序。

(4)对因果图剪枝，去除不重要变量，得到因果图；不重要变量指不在目标中且在因果图中不存在到达目标的路径的变量。

（5）判断因果图是否无环因果图，若否，通过忽略一些前提条件，去除因果图中的环，得到无环因果图。

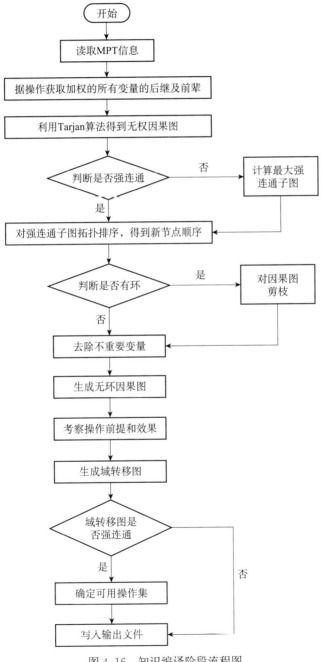

图 4.16 知识编译阶段流程图

对带有环的因果图的剪枝方法为：对于一个多值规划任务Π，首先赋给每个状态变量不同的权值，其中变量的权重为所有指向该变量的弧的权重总和，而弧的权重为与之相关联的动作的个数。根据变量的权值的大小可以计算变量之间的拓扑关系进行拓扑排序，再根据变量之间的拓扑关系，删除 $CG(\Pi)$ 中的部分边。删除规则为：若 $v<v'$，则称 v' 为高层变量，v 为低层变量，并且只保留低层变量到高层变量之间的弧。通过该方法，我们可以得到的一个无环因果关系图 $CG'(\Pi)$，$CG'(\Pi)$ 是 $CG(\Pi)$ 的子图，同样描述了变量之间的部分依赖关系。如果得到的因果图自身已是无环的有向图，这时我们就不需要对该图进行剪枝。

(6)通过考察所有操作的前提条件和效果，生成状态变量的域转移图；检查域转移图是否强连通，若是，则该问题可以在多项式时间内求解，否则将预处理错误写入输出文件。

(7)确定可用操作集，生成用于前向搜索的后继状态生成器。

3. 搜索阶段

在搜索阶段首先计算一个状态的因果图启发值，再采用一定的搜索方法对多值规划任务求解。AMCG 规划器采用贪心最好优先搜索方法，与标准的最好优先搜索方法比较，并利用了 FF 中的帮助动作来加速搜索算法的求解。搜索流程如图 4.17 所示。

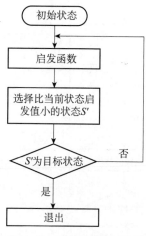

图 4.17 搜索阶段流程图

4.6.3 启发函数的设计

在基于启发式搜索的规划方法中，启发函数的准确性对其性能有重大影响，我们设计了因果图混合启发函数，并将其应用于 AMCG 规划器中。首先介绍一下 Fast Downward 因果图启发函数，分析该方法的缺点，然后引入改进的启发函数。

1. 因果图和代价法

Helmert 提出的因果图启发方法的基本思想是：计算一个状态 s 到达目标 s_g 的距离 $h^a_{cg}(s)$，将这个距离记为状态 s 的因果图启发值，这里 $h^a_{cg}(s)$ 定义为

$$h^a_{cg}(s) = \sum_{v \in s_g} \text{cost}_v(s(v), s_g(v))$$

其中，$\text{cost}_v(s(v), s_g(v))$ 表示变量 v 从状态 s 中的值转移到目标 s_g 中的值所需的代价。从该式中可以看出，一个状态的因果图启发值为目标中各个变量的启发值之和，因此这是一种和代价法。为了跟其他基于因果图的启发方法相区分和比较，我们将这种方法称为因果图和代价法。在计算变量 v 从域中的一个值 d 转移到另一个值 d' 的代价 $\text{cost}_v(d,d')$ 时，需要结合域转移图和因果图，主要利用的是 Dijkstra 算法：

（1）如果在因果图中，变量 v 没有直接前辈，那么 $\text{cost}_v(d,d')$ 为 v 的域转移图中从 d 到 d' 的最短路径长度；若不存在从 d 到 d' 的路径，则 $\text{cost}_v(d,d')$ 为 ∞。

（2）令 V_v 为因果图中 v 的直接前辈的集合，如果 v 从 d 到 d' 的转移以 V_v 中变量 v_p 的赋值为前提，则在 v_p 的域转移图中寻找满足该赋值的最短路径长度，并将该长度添加到 $\text{cost}_v(d,d')$ 中。

（3）所有高层转移的基本代价都为 1。

我们以 Task_1 为例来说明因果图和代价法。初始状态 s_0 到目标 s_g 的因果图启发距离为

$$h^a_{cg}(s_0) = \text{cost}_{v_c}(P_1, P_9) + \text{cost}_{v_t}(P_1, P_9)$$

这里对目标中的两个变量分别计算其启发值，由于低层变量 v_t 的转移不受高层变量 v_c 的影响，所以首先计算变量 v_t 的启发值。根据 v_t 的域转移图以及 Dijkstra 算法启发值即为 $\text{DTG}(v_t)$ 中 P_1 到 P_9 的最短路径长度 8，对应规划为

$$\{\text{move}(P_1, P_2), \text{move}(P_2, P_3), \text{move}(P_3, P_4), \text{move}(P_4, P_5), \text{move}(P_5, P_6),$$
$$\text{move}(P_6, P_7), \text{move}(P_7, P_8), \text{move}(P_8, P_9)\}$$

再计算变量 v_c 从 P_1 到 P_9 的转移启发值，由于 v_c 的转移以变量 v_t 的赋值为前提，所以计算 v_c 的启发值时要结合 $\text{DTG}(v_t)$ 和 $\text{DTG}(v_c)$。从 $\text{DTG}(v_c)$ 可以看出，首先需要 v_c 从 P_1 到 t，以 $v_t = P_1$ 为转移条件，由于这个条件在初始状态满足，所以这一步的代价为 1，对应于在 P_1 的 load 操作；下一步是 v_c 从 t 到 P_9 的转移，以 $v_t = P_9$ 为转移条件，所以我们需要通过 $\text{DTG}(v_t)$ 计算 v_t 从 P_1 到 P_9 的转移代价，可以得到其值为 8，所以该步的转移代价为 $1+8=9$，对应规划为

$$\{\text{move}(P_1, P_2), \text{move}(P_2, P_3), \cdots, \text{move}(P_8, P_9), \text{unload}\}$$

因此变量 v_c 从 P_1 到 P_9 的转移启发值为 $1+9=10$。最后得到状态 s_0 的因果图启

发值为 $8+10=18$。

应该注意的是,计算 v_c 的启发值之后,状态变为 $\{v_c=P_9, v_t=P_9\}$,这时 v_t 的值刚好与目标中的值相同,所以 v_c 的转移对 v_t 产生了正作用(即使得 v_t 偏向于目标),因此对卡车的转移代价估计过高。事实上,状态 s_0 的最优启发值为 10,相对应的最优规划为

$$\{\text{load}, \text{move}(P_1, P_2), \text{move}(P_2, P_3), \cdots, \text{move}(P_8, P_9), \text{unload}\}$$

可以看出因果图启发采用的是和代价法,主要体现在两个方面:首先,一个状态的启发值为目标中各个变量的启发值之和,这与 HSP 中所用的经典和代价法相同;其次,如果一个变量有多个转移条件,那么所有转移条件的代价都应该加入这个变量的转移启发值中。因此,因果图和代价法是不可纳的,只有当目标中只有一个原子,且变量的转移条件不多于一个时,因果图和代价法是可纳的。

2. 因果图最大代价法

Helmert 提出的因果图启发采用的是和代价法,即将目标中各个变量的启发值之和作为整体状态的启发值,但在实际问题中,各个变量之间通常不是独立的,目标中一个变量被满足时,可能对其他变量产生正作用。作用最大时表现为使得其他变量也到达目标。所以,我们引入最大代价法,其对状态的估价更优。因果图最大代价法的计算方法为

$$h_{cg}^m(s) = \max_{v \in s_g} \text{cost}_v(s(v), s_g(v))$$

在规划任务 Task_1 中,首先计算 v_t 从初始 P_1 到目标 P_9 的转移代价启发值为8,再计算 v_c 的转移代价。根据算法可知计算 v_c 启发值之后的状态变为 $\{v_c=P_9, v_t=P_9\}$,由于这时 v_t 的值刚好与目标中的值相同,所以 v_c 的改变对 v_t 产生了正作用(即使得 v_t 偏向于目标),这时利用和代价法对状态 s_0 的估值 18 就过高。实际上,此任务的最优规划解为 10 步(括号中数字表示步数):卡车先在 P_1 装载货物(1),再从 P_1 移动到 P_9(8),最后在 P_9 处卸载货物(1)。Task1 中如果利用最大代价法,即可得到最优启发值 10。

同 HSP 中所用的最大代价法不同的是,因果图最大代价法也是不可纳的。因为,在计算 $\text{cost}_v(s(v), s_g(v))$ 时,其中嵌入了和代价法。但因果图最大代价法的可采纳性要优于因果图和代价法。当变量间产生积极作用时,如果利用因果图和代价法得到的启发值过高,就可能使得搜索求解过程减慢,或者得到的规划解长度不是最优的,而用因果图最大代价法则会得到最优解。当且仅当变量的域转移图中的转移条件不多于一个时,即没有转移条件间产生的作用时,因果图最大代价法是可纳的。

3. 因果图混合启发法

当状态变量间产生了最大正作用(即接近目标),利用因果图最大代价法可以

得到一个最优值。但实际问题中，可能变量间产生负作用（即背离目标），或者产生的正作用不是最大的。因此，我们结合和代价法和最大代价法提出一种改进策略，即含有比例系数的因果图混合启发法（AMCG）。

我们提出的改进策略中，引入了两个系数 α 和 β，一个状态 s 的因果图混合启发值 $h_{cg}^{am}(s)$ 定义为

$$h_{cg}^{am}(s) = \alpha \sum_{v \in s_g} \text{cost}_v(s(v), s_*(v)) + \beta \max_{v \in s_g} \text{cost}_v(s(v), s_g(v))$$

其中 $0 < \alpha, \beta < 1$，α 表示和代价启发值的系数，β 表示最大代价启发值的系数。显然，当 $\alpha = 1, \beta = 0$ 时，$h_{cg}^{am}(s)$ 表示因果图和代价法；当 $\alpha = 0, \beta = 1$ 时，$h_{cg}^{am}(s)$ 表示因果图最大代价法。

这里应该注意的是，一般情况下 $\alpha + \beta = 1$，但我们并没有对此做限制，这是为了调整合适的系数 α 和 β，从而取得一个更优的启发值。例如，利用和代价法得到的启发值过低估计时，如果添加非零系数 β，则可能会得到一个更优的启发值。但针对不同的规划任务，如何调整系数 α 和 β，才能得到一个最优的因果图启发值，这是一项困难的任务，这里暂不对此进行讨论。

为了更进一步说明含有比例系数的因果图混合启发方法的性能，我们考虑对 Task1 稍作修改：对象以及初始状态均不变，目标变为 $s_g = \{v_c = P_9, v_t = P_2\}$，即得到如图 4.18 所示规划任务 Task2。

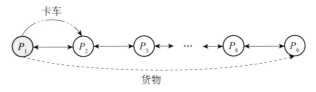

图 4.18 规划任务 Task2

显然，利用原始因果图和代价启发法，卡车的转移代价启发值为 1：$\{\text{move}(P_1, P_2)\}$，货物的转移代价启发值为 10：

$$\{\text{load}, \text{move}(P_1, P_2), \text{move}(P_2, P_3), \cdots, \text{move}(P_8, P_9), \text{unload}\}$$

可以得到该任务的因果图启发值为 $1 + 10 = 11$；若利用因果图最大代价法，因果图最大启发值为 10。但由于计算 v_c 的启发值后到达状态为：$\{v_c = P_9, v_t = P_9\}$，这时的状态中 $v_t = P_9$，它离目标 $v_t = P_2$ 更远，即 v_c 对 v_t 产生了负作用，实际该任务的最优启发值为 $7 + 10 = 17$，对应的最优规划解为：卡车先在 P_1 装载货物（1），再从 P_1 移动到 P_9（8），再在 P_9 处卸载货物（1），最后再从 P_9 移动到 P_2（7）。这时如果令 $\alpha = 1, \beta = 0.6$，则可以得到该启发值为 $1 \times 11 + 0.6 \times 10 = 17$。所以通过改进后的策略，可以得到更优的启发值，从而减少搜索时间，提高求解性能。

4.7　小　　结

基于距离的启发式最初是为规划空间时序规划器 IxTeT 提出来的。IxTeT 引入了依赖于放松技术的 flaw-selection 和 solver-selection 启发式来估计到目标的距离。关于将基于距离的启发式应用在规划领域中的益处的系统描述要归功于 Bonet 和 Geffner 在 HSP 规划器上所做的工作。曾经一段时间,状态空间规划一度被认为太简单而不能进行高效地规划,不过采用最优优先搜索算法的 HSP 规划器却在 AIPS'98 的规划大赛中给人以惊人的表现。之后,又对 HSP 进行了一系列的改进,比如说采用后向搜索的改进,可纳启发式的改进,进一步扩展 HSP 使其处理时间和资源的规划问题等[16]。启发式和 Graphplan 之间的关系很早就被一些研究者认识到,Graphplan 框架下的基于距离的目标顺序启发式也陆续被提出来。

HSP 的成功启发了 Hoffman 开发了快速前向规划系统(FF)。FF 的启发式估计基于同 HSP 相同的放松技术,不同的是 FF 为放松规划任务提取一个显式的解,而且 FF 不但运用得到的解信息来计算启发式估计,还用这些信息来剪枝当前状态的后继状态。FF 也对爬山算法进行了一些修改,以防止搜索算法陷入到局部最小。在 AIPS'00 规划大赛中,FF 战胜了 HSP。

Blum 和 furst 在 1997 年提出的图规划方法已经成为一种很重要的规划方法,之后各种各样的规划器都在此基础上开发出来。LPG 规划器基于局部搜索和规划图,大大地超越了之前由 Gerevini 和 Serina 提出的技术。LPG 的搜索空间由规划图的特殊子图——动作图构成,动作图代表了一个偏序规划。目前存在的很多规划器对规划质量这个概念的理解还只限制在动作的数目和并行的时间步数方面。而 LPG 能够处理考虑到了动作的执行代价的更精确的规划质量概念的规划问题。之后,LPG 也不断地被扩展和改进[17—27],如 LPG-TD 能够处理 PDDL2.2 中所描述的"定时初始条件"(timed initial literals)和"诱导谓词"(derived predicates)。

参 考 文 献

[1] Bonet B,Geffner H. HSP:heuristic search planner entry at AIPS-98 planning competition [J]. AI Magazine,2000,21(2):13—33

[2] Bonet B,Geffner H. Planning as heuristic search[J]. Artificial Intelligence,Special issue on Heuristic Search,2001,129(1-2):5—33

[3] Bonet B,Geffner H. Planning as Heuristic Search:New Results[C]. Proceedings of the Fifth

European Conference on Planning,1999:360—372

[4] Hoffmann J,Nebel B. The FF planning system:fast plan generation through heuristic search [J]. Journal of Artificial Intelligence Research,2001,14:253—302

[5] Hoffmann J. FF:The Fast-Forward planning system[J]. AI Magazine,2001,22(3):57—62

[6] Gerevini A,Serina I. LPG:a Planner based on Local Search for Planning Graphs[C]. Proceedings of the Sixth International Conference on Artificial Intelligence Planning and Scheduling,2002:13—22

[7] Bonet B,Geffner H. HSP2:decription HSP planner in AIPS-2000 competition[J]. AI Magazine,2001,22(3):77—80

[8] McDermott D. Using regression graphs to control search in planning[J]. Artificial Intelligence,1999,109(1-2):111—160

[9] Hoffmann J. The Metric-FF planning system:translating"ignoring delete lists"to numerical state variables[J]. Journal of Artificial Intelligence Research,special issue on the 3rd International Planning Competition,2002,20:291—341

[10] Weld D,Anderson C,Smith D. Extending Graphplan to Handle Uncertainty & Sensing Actions. Proc. 15th National Conference on AI,1998

[11] 蔡敦波. 基于延迟部分推理的快速前向规划[D]. 长春:东北师范大学,2006

[12] Edelkamp S. Symbolic Pattern Databases in Heuristic Search Planning. AIPS 2002,2002:274—283

[13] Domshlak C,Brafman R I. Structure and complexity in planning with unary operators[J]. Journal of Artificial Intelligence Research,2003,18:315—349

[14] Helmert M. A Planning Heuristic Based on Causal Graph Analysis[C]. Proc. ICAPS-04,2004,161—170

[15] 李晋丽. 基于因果图的启发式规划研究与实现[D]. 长春:东北师范大学,2009

[16] Haslum P,Geffner H. Heuristic Planning with Time and Resources[C]. In Workshop Notes of the IJCAI-01 Workshop on Planning with Resources,2001:121—132

[17] Gerevini A,Saetti A,Serina I. Planning through Stochastic local search and temporal action graphs[J]. Journal of Artificial Intelligence Research,2003,20:239—290

[18] Gerevini A,Saetti A,Serina I. Planning in PDDL2. 2 Domains with LPG-TD(short paper) [Z]. International Planning Competition,14th International Conference on Automated Planning and Scheduling,2004:23—25

[19] Gerevini A,Saetti A ,Serina I. LPG-TD:a Fully Automated Planner for PDDL2. 2 Domains (short paper)[Z]. International Planning Competition,14th International Conference on Automated Planning and Scheduling(ICAPS-04),booklet of the system demo section,2004

[20] Gerevini A,Saetti A,Serina I. An approach to temporal planning and scheduling in domains with predicatable exogenous events[J]. Journal of Artificial Intelligence Research,2006,25:187—231

[21] Gerevini A,Saetti A,Serina I,et al. Fast Planning in Domains with Derived Predicates:an

Approach Based on Rule-Action Graphs and Local Search[C]. Proceedings of the Twentieth National Conference on Artificial Intelligence,2005:1157—1162

[22] Gerevini A,Saetti A,Serina I. Integrating Planning and Temporal Reasoning for Domains with Durations and Time Windows[C]. Proceedings of the Nineteenth International Joint Conference on Artificial Intelligence,2005:1226—1231

[23] Gerevini A,Saetti A,Serina I,et al. Planning with Derived Predicates through Rule-Action Graphs and Relaxed-Plan Heuristics[R]. Technical Report 2005-01-40,Università degli Studi di Brescia,2005

[24] Gerevini A,Saetti A,Serina I. Planning with Numerical Expressions in LPG[C]. Proceedings of the Sixteenth European Conference on Artificial Intelligence,2004:667—671

[25] Gerevini A,Saetti A,Serina I. On Managing Temporal Information for Handling Durative Actions in LPG[C]. Proceedings of the Eight Congress of the Italian Association for Artificial Intelligence,2003:91—104

[26] Gerevini A,Serina I,Saetti A,et al. Local Search Techniques for Temporal Planning in LPG [C]. Proceedings of the Thirteenth International Conference on Automated Planning and Scheduling,2003:62—72

[27] Gerevini A,Serina I. Planning as propositional CSP:from walksat to local search for action graphs[J]. Constraints Journal,2003,8:389—413

第5章 符号模型检测理论

5.1 域描述语言 NADL

本节介绍符号模型检测领域中经常采用的域描述语言——NADL,该描述语言功能强大,能够描述非确定性、含多智能体的规划问题。下面分别从 NADL 语言描述的规划问题、NADL 的语法、NADL 的语义和 NADL 的 OBDD 表示这几方面详细介绍 NADL。

5.1.1 采用 NADL 描述的规划问题

NADL 描述的规划问题由状态变量的定义、系统智能体与环境智能体的描述、初始条件和目标条件构成。

(1)状态变量分为命题状态变量和数值状态变量,它的赋值集合定义了域的状态空间。

(2)系统智能体是可由规划器控制的智能体行为的模型,环境智能体是不可由规划器控制的世界的模型。每个智能体是用它可执行的动作集合来描述的,一个动作由三部分组成:约束变量集合,前提公式集合和效果公式集合。系统智能体和环境智能体必须是独立的,即系统智能体和环境智能体的状态变量集合、动作约束集合的交集都为空。假设动作是同步执行的,执行时间固定且相等。每一时间步,所有智能体只执行一个动作,由这些动作构成的动作元组称为联合动作(joint action)。由联合动作的含义可知它需满足:①各个动作的效果相容;②各个状态变量集合的交集为空。

(3)初始条件和目标条件是分别在初始状态和目标状态为真的公式。

为了更好地理解 NADL,下面以 robot-baby 域(由 Schopper[1] 提供)中的一个规划问题为例,如图 5.1 所示。有两个状态变量:一个是数值状态变量 pos,其取值范围是 $\{0,1,2,3\}$;一个是命题状态变量 robot_works。Robot 是唯一的系统智能体,它可以执行动作 Lift-Block(拿起积木)和 Lower-Block(放下积木)。Baby 是唯一的环境智能体,它可以执行动作 Hit-Robot。因为每个智能体在每一时间步只能执行一个动作,所以可得到两个联合动作(Lift-Block,Hit-Robot)和(Lower-Block,Hit-Robot)。初始状态是 robot 在位置 0 拿着一个积木,目标是把积木举高到位置 3。

```
                    variables
                       n at(4)pos
                         bool robot_works
                    system
                      agt:Robot
                       Lift-Block
                          con:pos
                          pre:pos<3
                          eff:robot_works→pos' = pos + 1,pos' = pos
                       Lower-Block
                          con:pos
                          pre:pos>0
                          eff:robot_works→pos' = pos-1,pos' = pos
                    environment
                      agt:Baby
                       Hit-Robot
                          con:robot_works
                          pre:rue
                          eff:¬robot_works⇒¬robot_works'
                    initially
                        pos = 0∧robot_works
                    goal
                    pos = 3
```

图 5.1　robot-baby 问题的 NADL 域描述

5.1.2　NADL 语法

NADL 描述是一个七元组 $D=(SV,S,E,\mathrm{Act},d,I,G)$,其中:

(1)SV=PVar∪NVar,是状态变量的有穷集合,由命题变量的有穷集合 PVar 和数值变量的有穷集合 NVar 构成。

(2)S 是系统智能体的非空的有穷集合。

(3)E 是环境智能体的有穷集合。

(4)Act 是动作描述 (c,p,e) 的集合,这里,c 是被动作约束的状态变量,p 是集合 SForm 上的前提状态公式,e 是集合 Form 上的效果公式。因此,

$$(c,p,e)\in\mathrm{Act}\subset 2^{\mathrm{SV}}\times\mathrm{SForm}\times\mathrm{Form}$$

(5)d:Agt→2^{Act} 是一个函数,它把智能体(Agt=$S\cup E$)映射到智能体的动作。因为每个动作只属于一个智能体,所以函数 d 必须满足下面的条件:

$$\bigcup_{\alpha \in \text{Agt}} d(\alpha) = \text{Act}$$

$$\forall \alpha_1, \alpha_2 \in \text{Agt}, \quad \alpha_1 \neq \alpha_2 \Rightarrow d(\alpha_1) \bigcap d(\alpha_2) = \varnothing$$

(6) $I \in$ SForm 是初始条件。

(7) $G \in$ SForm 是目标条件。

有效的域描述要求:系统智能体的动作和环境智能体的动作是独立的,即

$$\bigcup_{\substack{e \in E \\ a \in d(e)}} c(a) \bigcap \bigcup_{\substack{s \in S \\ a \in d(s)}} c(a) = \varnothing$$

其中,$c(a)$ 是动作 a 的约束变量集合。

公式 Form 的公式集合由以下的符号构成:

(a) 当前状态变量 v 和后继状态变量 v' 的有穷集合,其中 $v \in$ SV。

(b) 自然数 N。

(c) 算术操作符 $+$,$-$,$/$,$\times$ 和 mod。

(d) 关系操作符 $>$,$<$,$\leqslant$,$\geqslant$,$=$ 和 $\neq$。

(e) 布尔操作符 $\neg$,$\vee$,$\wedge$,$\Rightarrow$,$\Leftrightarrow$ 和 $\rightarrow$。

(f) 特殊符号 true,false,括号和逗号。

算术表达式集合由下列规则构造:

(a) 每个数值状态变量 $v \in$ NVar 是一个算术表达式。

(b) 自然数是一个算术表达式。

(c) 如果 e_1 和 e_2 是算术表达式,$\oplus$ 是算术操作符,那么 $e_1 \oplus e_2$ 是算术表达式。

公式 Form 集合由下列规则生成:

(a) True 和 False 是公式。

(b) 命题状态变量 $v \in$ PVar 是公式。

(c) 如果 e_1 和 e_2 是算术表达式,R 是关系操作符,那么 $e_1 R e_2$ 是公式。

(d) 如果 f_1,f_2 和 f_3 是公式,那么 $(\neg f_1)$,$(f_1 \vee f_2)$,$(f_1 \wedge f_2)$,$(f_1 \Rightarrow f_2)$ $(f_1 \Leftrightarrow f_2)$ 和 $(f_1 \rightarrow f_2, f_3)$ 是公式。

需要指出的是,在上述定义中 if-then-else 操作符"$\rightarrow$"优先级最低。

5.1.3 NADL 语义

公式中所有符号的意义和以往相同,if-then-else 操作 $f_1 \rightarrow f_2, f_3$ 是 $(f_1 \wedge f_2) \vee (\neg f_1 \wedge f_3)$ 的缩写。每个数值状态变量 $v \in$ NVar,都有一个有限的取值范围 $\text{rng}(v) = \{0, 1, \cdots, t_v\}$,其中 $t_v > 0$。

域描述 $D = (\text{SV}, S, E, \text{Act}, d, I, G)$ 的形式化语义由一个非确定有穷自动机 (NFA) 给出。非确定有穷自动机 $M = (Q, \Sigma, \delta)$,Q 是状态集合,Σ 是输入值集合,$\delta : Q \times \Sigma \rightarrow 2^Q$ 是状态转移函数。M 的构造过程如下:Q 是所有可能状态的赋值集

合,$Q=(\text{PVar}\rightarrow Б)\times(\text{NVar}\rightarrow N)$,其中 $Б=\{\text{true},\text{false}\}$;$\Sigma$ 是系统智能体的联合动作集合,即$\{a_1,a_2,\cdots,a_{|S|}\}\in\Sigma$,当且仅当$(a_1,a_2,\cdots,a_{|S|})\in\prod\limits_{a\in S}d(\alpha)$,其中$|S|$表示 S 中元素的数目。把状态转移关系 $T\subseteq Q\times\Sigma\times Q$ 定义为特征函数 $T(s,i,s')=(s'\in\delta(s,i))$的集合。

为了定义 M 的转移关系 $T:Q\times\Sigma\times Q\rightarrow Б$,用所有智能体的联合动作 J 约束转移关系$t:Q\times J\times Q\rightarrow Б$,通过存在量词的限制形成输入 Σ,则有

$$T(s,i,s')=\exists j\in J,\quad i\subset j\wedge t(s,j,s')$$

转移关系 t 是 3 个关系 A,F 和 I 的合取。设动作 $a=(c,p,e)$,当前状态为 s,后继状态为 s',$P_a(s)$表示动作 a 的前提公式 p 的值,$E_a(s,s')$表示动作 a 的效果公式 e 的值。则关系 A,F 和 I 定义如下:

$A:Q\times J\times Q\rightarrow Б$定义联合动作在当前状态和后继状态中的约束,则有

$$A(s,j,s')=\bigwedge_{a\in j}(P_a(s)\wedge E_a(s,s'))$$

$F:Q\times J\times Q\rightarrow Б$是一个框架关系,可确保不受约束的变量仍保持其值不变。设 $c(a)$表示动作 a 的约束变量集合,$C=\bigcup\limits_{a\in j}c(a)$,则有

$$F(s,j,s')=\bigwedge_{v\notin C}(v=v')$$

$I:J\rightarrow Б$可确保并发动作的约束变量集合交集为空,j^2 表示集合$\{(a_1,a_2)\mid(a_1,a_2)\in j\times j\wedge a_1\neq a_2\}\}$,则有

$$I(j)=\bigwedge_{(a_1,a_2)\in j^2}(c(a_1)\bigcap c(a_2)=\varnothing)$$

转移关系 t 为

$$t(s,j,s')=A(s,j,s')\wedge F(s,j,s')\wedge I(j)$$

5.1.4　NADL 的 OBDD 表示

要想建立描述规划域 $D=(\text{SV},S,E,\text{Act},d,I,G)$的 NFA 中转移关系 $T(s,i,s')$的 OBDD 表示 $\tilde{T}$,需定义布尔变量集合来表示当前的状态 s、联合动作输入 i 和后继状态 s'。假设动作 a 由数字 p 标识,可由智能体 α 执行,智能体可执行的动作采用以下方法来表示:如果用来表示 α 的动作的布尔变量集合 A_α 所表示的二进制形式的数值等于 p,那么动作 a 被定义为智能体 α 的动作。命题状态变量用一个布尔变量表示,数值状态变量的二进制形式用布尔变量集合表示。

但需注意转移关系中用来表示状态和输入动作的布尔变量之间的顺序。根据模型检测知识可知,合理的布尔变量顺序是:先是表示作为输入的联合动作的变量,然后是交错排列的当前状态和后继状态的布尔变量。例如,设 A_{e_1} 到 $A_{e_{|E|}}$,A_{s_1}

到 $A_{s_{|S|}}$ 分别用来表示环境智能体和系统智能体联合动作的布尔变量集，$x_{v_j}^k$ 和 $x'^k_{v_j}$ 是用来表示当前和后继状态中状态变量 $v_j \in \mathrm{SV}$ 的第 k 个布尔变量，则变量顺序如图 5.2 所示。其中，m_i 用来表示状态变量 v_i 的布尔变量的数目，n 为状态变量的数目，即 $|\mathrm{SV}|$。

$$
\begin{aligned}
A_{e_1} \prec \cdots \prec A_{e_{|E|}} \prec A_{s_1} \prec \cdots \prec A_{s_{|S|}} \\
\prec x_{v_1}^1 \prec x'^1_{v_1} \prec \cdots \prec x_{v_1}^{m_1} \prec x'^{m_1}_{v_1} \\
\cdots\cdots \\
\prec x_{v_n}^1 \prec x'^1_{v_n} \prec \cdots \prec x_{v_n}^{m_n} \prec x'^{m_n}_{v_n}
\end{aligned}
$$

图 5.2 布尔变量的顺序

用来表示 $\widetilde{T}$ 的 OBDD 构造方法与 5.1.3 节中 T 的构造方法相似。其中，逻辑表达式与 OBDD 运算相对应。算术表达式用相应的二进制数的 OBDD 列表示，当涉及算术关系时，OBDD 列就分解为单个 OBDD。

建立用来表示定义联合动作约束的 OBDD $\widetilde{A}$，需要涉及用来表示这些动作的布尔变量的值。设 $i(\alpha)$ 是一个函数，把智能体 α 映射到表示它的动作的布尔变量的值，$b(a)$ 是动作 a 的标识符值，$\widetilde{P}(a)$ 和 $\widetilde{E}(a)$ 表示动作 a 的前提和效果公式的 OBDD，则 $\widetilde{A}$ 为

$$
\widetilde{A} = \bigwedge_{\substack{\alpha \in \mathrm{Agt} \\ a \in d(\alpha)}} \left(i(\alpha) = b(a) \Rightarrow \widetilde{P}(a) \wedge \widetilde{E}(a) \right)
$$

表示框架关系的 $\widetilde{F}$ 为

$$
\widetilde{F} = \bigwedge_{v \in \mathrm{SV}} \left(\left(\bigwedge_{\substack{\alpha \in \mathrm{Agt} \\ a \in d(\alpha)}} (i(\alpha) = b(a) \Rightarrow v \notin c(a)) \right) \Rightarrow s'_v = s_v \right)
$$

其中，$s_v = s'_v$ 表示 v 的所有当前和后继状态中的布尔变量两两相等。表达式 $v \notin c(a)$ 的值为 true 或 False，是由代表 true 或 false 的 OBDD 来表示的。

表示动作干扰约束的 $\widetilde{I}$ 为

$$
\begin{aligned}
\widetilde{I} = & \bigwedge_{\substack{(\alpha_1, \alpha_2) \in S^2 \\ (a_1, a_2) \in c(\alpha_1, \alpha_2)}} (i(\alpha_1) = b(a_1) \Rightarrow i(\alpha_2) \neq b(a_2)) \\
& \bigwedge_{\substack{(\alpha_1, \alpha_2) \in E^2 \\ (a_1, a_2) \in c(\alpha_1, \alpha_2)}} (i(\alpha_1) = b(a_1) \Rightarrow i(\alpha_2) \neq b(a_2))
\end{aligned}
$$

其中，$c(\alpha_1, \alpha_2) = \{(a_1, a_2) \mid (a_1, a_2) \in d(\alpha_1) \times d(\alpha_2) \wedge c(a_1) \cap c(a_2) \neq \varnothing\}$。

表示转移关系的 $\widetilde{T}$ 是用存在量词约束环境智能体的动作变量 $\widetilde{A}$，$\widetilde{F}$ 和 $\widetilde{I}$ 关系

构成的合取式 $\widetilde{T} = \exists A_{e_1}, \cdots, A_{e_{|E|}} \widetilde{A} \wedge \widetilde{F} \wedge \widetilde{I}$。

5.2　符号模型检测方法的由来

模型检测方法,最初是由 Clarke 和 Allen Emerson[2] 1981 年提出的,这是一种检测有穷状态并发系统的自动化检测技术。其中,待检测的系统说明(specification)表示为时态逻辑,交互系统模型化为状态转移图。检测方法的基本思想是,使用一个有效的搜索过程来判断状态转移图是否满足说明,如果满足,则以回答正确终止;否则,给出一个执行的反例,指出公式没有被满足的原因。

不过,状态爆炸问题使得这种方法难以应用到大规模状态空间的交互系统,以至于许多研究者预测模型检测方法没有实际的应用价值。1986 年,Bryant 提出采用有序二元决策图(OBDD)[3] 表示转移关系的方法,这使得通过模型检测来验证大规模系统的想法得以实现。假设交互系统的行为是由 n 个布尔状态变量 $v_1, v_2, \cdots, v_n$ 来确定的,那么这个系统的转移关系可表示为布尔公式 $R(v_1, v_2, \cdots, v_n, v_1', v_2', \cdots, v_n')$,其中 $v_1, v_2, \cdots, v_n$ 表示当前状态,$v_1', v_2', \cdots, v_n'$ 表示后继状态。通过把这个公式转换为 BDD,就可以得到转移关系的一种非常简洁的表示。在原始的模型检测算法的基础上采用 BDD 来表示转移关系的方法,被称为符号模型检测[4],后来是由 McMillan 命名的[5]。

由于模型检测主要检测采用时态逻辑描述的说明,所以,本章余下部分首先介绍与时态逻辑有关的基本概念,然后介绍二元决策图(BDD)的形式及其化简,最后阐述符号模型检测方法和转移关系的划分。

5.3　逻辑及形式化表示

5.3.1　量化布尔公式

QBF(quantified boolean formulas)[6] 通过量化布尔变量来扩展普通命题逻辑,它为布尔公式的复杂运算提供了一种简便记法。

1. QBF 语法

给定一个命题变量集合 $V = \{v_1, \cdots, v_n\}$,QBF(V)公式递归定义如下:

(1) true 和 false 是公式。

(2) V 中的每个变量都是公式。

(3) 如果 f 和 g 是公式,那么 $\neg f, f \wedge g$ 和 $f \vee g$ 是公式。

(4) 如果 f 是公式,且 $v \in V$,那么 $\exists v. f$ 和 $\forall v. f$ 是公式。

QBF(V)的真值赋值是函数 $\sigma:V\rightarrow\{\text{false},\text{true}\}$,记为:$\sigma\langle v\leftarrow a\rangle$,定义如下:

$$\sigma\langle v\leftarrow a\rangle(w)=\begin{cases}a, & v=w \\ \sigma(w), & \text{否则}\end{cases}$$

2. QBF 语义

如果 f 是 QBF(V)中的一个公式,σ 是一个真值赋值,则用 $\sigma\models f$ 来表示 f 在赋值 σ 下为真。关系 $\models$ 可递归定义如下:

(1)$\sigma\models v$ 当且仅当 $\sigma(v)=\text{true}$。

(2)$\sigma\models\neg f$ 当且仅当 $\sigma\not\models f$。

(3)$\sigma\models f\wedge g$ 当且仅当 $\sigma\models f$ 且 $\sigma\models g$。

(4)$\sigma\models f\vee g$ 当且仅当 $\sigma\models f$ 或 $\sigma\models g$。

(5)$\sigma=\exists v\,f$ 当且仅当 $\sigma\langle v\leftarrow\text{false}\rangle\models f$ 或 $\sigma\langle v\leftarrow\text{true}\rangle\models f$。

(6)$\sigma\models\forall v\,f$ 当且仅当 $\sigma\langle v\leftarrow\text{false}\rangle\models f$ 且 $\sigma\langle v\leftarrow\text{true}\rangle\models f$。

对于 V 中命题变量构成的一个向量 $v=(v_1,\cdots,v_m)$,定义如下的缩写形式[7]:

$$\exists v f\equiv\exists v_1(\cdots(\exists v_m f)\cdots)$$
$$\forall v f\equiv\forall v_1(\cdots(\forall v_m f)\cdots)$$

5.3.2 Kripke 结构

Kripke 结构是一个有穷状态转移图[8],可用它来反映一个有穷状态转移系统的行为。本节所采用的 Kripke 结构可定义为:$K=\langle S,R\rangle$,其中 S 是有穷状态集,$R\subseteq S\times S$ 是转移关系。K 的状态和转移关系,分别代表它所表示的有穷转移系统的状态以及可能的状态改变。K 中的路径 π 是状态集 S 中状态的无穷序列 $q_0q_1\cdots$,对于 $i>0$,有 $\langle s_i,s_{i+1}\rangle\in R$ 成立。

例 5.3.1 一个状态转移系统,它的状态集 $S=\{A,B,C,D\}$,转移关系 $R=\{\langle A,B\rangle,\langle B,D\rangle,\langle C,A\rangle,\langle D,B\rangle,\langle D,C\rangle\}$,则该系统的 Kripke 结构如图 5.3 所示。

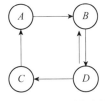

图 5.3 含 4 个状态和 5 个转移的 Kripke 结构

5.3.3 计算树逻辑

计算树逻辑(computation tree logic,CTL)[9]是一种说明 Kripke 结构所表示

的系统行为的分枝时态逻辑(branching-time temporal logic)。首先指定 Kripke 结构中的一个状态为初始状态，然后把这个结构转换成一个以这个状态为根的无穷树，从而 Kripke 结构形成一个执行树。树中的每条路径是 Kripke 结构中的一条路径，它表示 Kripke 结构所建模系统的可能执行路径。

例 5.3.2　求图 5.3 所示的 Kripke 结构中从状态 D 开始的执行树，如图 5.4 所示。

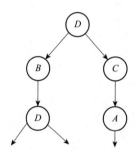

图 5.4　图 5.3 所示的 Kripke 结构中状态从 D 开始的执行树

CTL 公式是由路径量词和时态操作符构成的。路径量词包括 A("对于所有的执行路径来说")和 E("对于某条执行路径来说")，可用来描述执行树中的分枝结构。对于某个特定状态，可用这两个量词来说明从该状态开始的所有路径具有某些性质或某条路径具有某些性质。时态操作符包括 F("将来")、G("总是")、U("直到")和 X("下次")，它们可描述穿过执行树的一条路径所具有的性质。例如：用时态操作符 U("直到")连接 f 和 g 这两个性质，若在一条路径上的某个状态中 g 成立，且在这条路径上的该状态的所有前驱状态中 f 成立，则 $(f \mathrm{U} g)$ 性质成立。

1. CTL 语法

给定一个有穷状态集 S，CTL 公式的语法可递归定义如下：

(1) 2^S 的每个元素是公式。

(2) 如果 f 和 g 是公式，则 $\neg f$，$(f \wedge g)$，$\mathrm{A}(f \mathrm{X} g)$，$\mathrm{E}(f \mathrm{X} g)$，$\mathrm{A}(f \mathrm{U} g)$ 和 $\mathrm{E}(f \mathrm{U} g)$ 是公式。

其余的时态操作可看作是根据下列规则演变得到的：

$$f \vee g = \neg(\neg f \wedge \neg g)$$
$$\mathrm{A}F g = \mathrm{A}(\mathrm{true} \bigcup g)$$
$$\mathrm{E}F g = \mathrm{E}(\mathrm{true} \bigcup g)$$
$$\mathrm{A}G f = \neg \mathrm{E}(\mathrm{true} \bigcup \neg f)$$
$$\mathrm{E}G f = \neg \mathrm{A}(\mathrm{true} \bigcup \neg f)$$

2. CTL 语义

给定 Kripke 结构，就可给出相应的 CTL 公式。设 Kripke 结构 $\mathrm{K} = \langle S, R \rangle$，

CTL 公式的语义递归定义如下：

(1) $K, q_0 \models P$ 当且仅当 $q_0 \in P$。

(2) $K, q_0 \models \neg f$ 当且仅当 $q_0 \nvDash f$。

(3) $K, q_0 \models E(f \mathrm{U} g)$ 当且仅当存在一条路径 $q_0 q_1 \cdots$，对于 $i \geqslant 0$，有 $K, q_i \models g$，并且对于所有的 $0 \leqslant j < i$，$K, q_j \models f$。

(4) $K, q_0 \models A(f \mathrm{U} g)$ 当且仅当对于所有的路径 $q_0 q_1 \cdots$，存在 $i \geqslant 0$，有 $K, q_i \models g$，并且对于所有的 $0 \leqslant j < i$ 来说，$K, q_j \models f$。

在上面 CTL 公式的语义定义中 $K, q \models f$ 表示 f 在 Kripke 结构 K 状态 q 中成立。则 AFf 表示所有的执行路径将最终到达 f 成立的状态，与之类似，EFf 表示存在某条执行路径可到达 f 成立的状态。AGf 表示在所有执行路径上的任何状态中 f 总成立，与之类似，EGf 表示存在一条执行路径，在该路径上的任何状态中 f 总成立。

例 5.3.3 设 K 表示图 5.3 所示的 Kripke 结构。图中四个转移构成了一个循环 $DCABD$，以 D 为起点的任何一条执行路径上，从所访问的状态都可到达 D。因此，$K, D \models AGEF\{D\}$。

5.4　二元决策图

5.4.1　OBDD 的值

有序二元决策图（OBDD）是布尔公式的正则形式，最早是由 Bryant 提出的。OBDD 表示线性有序布尔变量集的函数，与二元决策图（BDD）类似，但它的结构是一个带根有向无环图而不是树，而且在从根到树叶的游历过程中所出现的变量是全序的。BDD 包括一个或两个终端节点（分别标记为 1 或 0）和变量节点集。每个变量节点都带有一个布尔变量，有两条出边分别为高边和低边。给定变量的一种赋值，这个布尔函数的值按如下方式来确定：在从根节点开始的路径上，若所带的变量值为真，则沿着高边游历；若所带的变量值为假，则沿着低边游历。若到达的终端节点标记为 1，则该函数值为真，否则该函数值为假。

例 5.4.1 图 5.5 中的 OBDD 表示公式 $a \wedge b \vee c$，使用的变量顺序是 $a < b < c$。给定变量 a, b 和 c 的一种布尔赋值，如赋值 $\langle a \leftarrow 1, b \leftarrow 0, c \leftarrow 1 \rangle$，可以到达标记为 1 的叶节点，因此该公式在这个赋值下为真。

5.4.2　BDD 的化简

1. 化简规则

化简后的 BDD 需要满足以下条件：

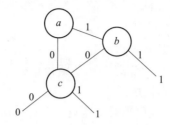

图 5.5   公式 $a \wedge b \vee c$ 的 OBDD

(1)不存在两个不同的节点 m 和 n,它们所带的变量名相同,且低后继和高后继分别相同(图 5.6(a))。

(2)不存在这样的变量节点 m,它的低后继和高后继相同(图 5.6(b))。

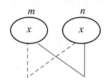

(a) 带有相同变量,且低后继和高后　　　　　　(b) 引起对一个变量进行
继分别相同的节点可合并为一个节点　　　　　　冗余测试的节点要被删

图 5.6   BDD 的化简

2. 化简 BDD 的优点

(1)通过化简 BDD,表示规则结构函数的 BDD 中的节点数目通常比该函数的真值赋值个数少,表示对称函数的 BDD 大小随函数的变量数呈多项式增长。

(2)化简 BDD 可以使之正则化。用一个共享 BDD 子图的多根图来表示 BDD 集合,可节省大量的空间。

BDD 的大小主要取决于变量顺序。如例 5.5 所示,如果变量的真值赋值信息可以减少许多布尔函数真值的不确定性,那么就使这些变量排列的位置接近,这是选择变量排序的启发式原则。按照这个原则为 BDD 中的变量排序,所得到的 BDD 就是 OBDD。

例 5.4.2   对函数 $(x_1 \wedge y_1) \vee (x_2 \wedge y_2) \vee \cdots \vee (x_n \wedge y_n)$ 来说,采用变量顺序为 $x_1, y_1, \cdots, x_n, y_n$ 的 BDD 大小与采用变量顺序为 $x_1, \cdots, x_n, y_1, \cdots, y_n$ 的 BDD 大小相差指数倍。对第二种排序来说,在 BDD 的上半部分,即在 x 变量测试的位置,缺少关于 y 变量的赋值信息,因此节点数呈指数级增长。当 $n = 3$ 时,这个问题的 BDD 如图 5.7 所示。

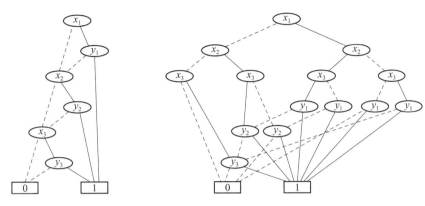

(a) BDD随表达式中的变量数呈线性增长　　　　　　(b) BDD呈指数级增长

图 5.7　表示函数 $(x_1 \wedge y_1) \vee (x_2 \wedge y_2) \vee \cdots \vee (x_n \wedge y_n)$ 的两个 BDD

5.5　符号模型检测

　　符号模型检测是针对应用模型检测方法检测交互系统时,遇到的状态空间爆炸这一问题而产生的。其基本思想是使用 BDD 来表示状态集和转移关系的特征函数。给定一个集合 A,它的特征函数 $A(x) \equiv x \in A$ 是识别 A 中所有元素的一个布尔函数。由于集合代数与布尔代数同构,集合的并、交和补运算分别对应于集合的特征函数的析取、合取和否运算。所以,文中不区分集合运算和与它们相对应的布尔运算。给定 Kripke 结构 $K = \langle S, R \rangle$,可使用布尔状态变量的向量 $v = (v_1, \cdots, v_{\lceil \log(|S|) \rceil})$ 来表示一个状态。任何状态子集 Q 可通过一个布尔函数 $Q(v)$ 来表示,而布尔函数 $Q(v)$ 可用一个 BDD 来表示。与之类似,转移关系的特征函数可用布尔函数 $R(v, v')$ 来表示(不带上标和带上标的变量分别表示当前状态和后继状态)。

　　例 5.5.1　图 5.3 中的 Kripke 结构可用两个状态变量 $v = (v_1, v_2)$ 来表示,$A = (\text{false}, \text{false}), B = (\text{true}, \text{false}), C = (\text{false}, \text{true}), D = (\text{true}, \text{true})$。则转移关系的特征函数是

$$
\begin{aligned}
R(v, v') = & \neg v_1 \wedge \neg v_2 \wedge v'_1 \wedge \neg v'_2 \\
& \vee v_1 \wedge \neg v_2 \wedge v'_1 \wedge v'_2 \\
& \vee \neg v_1 \wedge v_2 \wedge \neg v'_1 \wedge \neg v'_2 \\
& \vee v_1 \wedge v_2 \wedge v'_1 \wedge \neg v'_2 \\
& \vee v_1 \wedge v_2 \wedge \neg v'_1 \wedge v'_2
\end{aligned}
$$

　　在符号模型检测中,基于 BDD 运算来计算前驱状态和后继状态。状态集 C 的后继状态,可通过计算 C 的像找到:

$$\mathrm{IMG}(C) \equiv (\exists v.\, C(v) \land R(v, v'))[v'/v]$$

可使用存在量词来对状态进行抽象。$\mathrm{IMG}(C)$ 的输入是用当前状态变量 $C(v)$ 表示的 C 的特征函数,输出是用当前状态变量表示的状态的特征函数,$\mathrm{IMG}(C)$ 的状态是从 C 经一步转移可到达的,这样的状态可能在 C 内。输出之所以用当前状态变量表示,是因为便于作为后续像计算的输入。从 C 可达的状态可通过计算 C 中状态的像得到,直到找到一个不动点。计算像的过程中,所有的布尔函数都是用 BDD 来表示的,所有的布尔运算也是直接在这些 BDD 上执行的。

例 5.5.2   对于图 5.3 所示的 Kripke 结构中的状态 D,有 $D(v) = (v_1 \land v_2)$,D 的像由下式给出

$$
\begin{aligned}
\mathrm{IMG}(D) &= (\exists v.\, (v_1 \land v_2) \land R(v, v'))[v'/v] \\
&= (\exists v.\, v_1 \land v_2 \land \neg v_1' \land v_2' \lor v_1 \land v_2,\, \land v_1' \land \neg v_2')[v'/v] \\
&= (\neg v_1' \land v_2' \lor v_1' \land \neg v_2')[v'/v] \\
&= \neg v_1 \land v_2 \lor v_1 \land \neg v_2
\end{aligned}
$$

因此,可得到 $\mathrm{IMG}(D) = \{B, C\}$,这与直接观察该图所得的结果一致。

状态集 D 的前驱状态,可通过计算 D 的前像得到

$$\mathrm{PREIMG}(D) \equiv \exists v'.\, R(v, v') \land D(v)[v/v']$$

其中输入是用当前状态变量表示的 D 的特征函数,输出是用当前状态变量表示的状态的特征函数,从 $\mathrm{PREIMG}(D)$ 中的状态出发经一步转移可到达 D 中的状态。

5.6   转移关系的划分

计算像和前像的过程中,经常会遇到这样的问题:

(1)表示中间结果的 BDD 常常要比表示最终结果的 BDD 大。

(2)如果用一个 BDD 来表示完整的转移关系,转移关系可能会变得非常大,表示转移关系的 BDD 也会变得非常复杂。

为了解决上述问题,在符号模型检测中采用的最有效方法是转移关系划分,它分为析取划分和合取划分两种方法。这两种划分方法的出发点是:由于像的计算和前像的计算都可直接在子关系上进行,所以,不需要计算完整的转移关系。对于本系统涉及的通用规划问题而言,其中每个关系通常仅修改一小部分的状态变量,适宜的划分方法是析取划分。在析取划分中,未被修改的后继状态变量不受转移关系表达式的约束,抽象后的转移关系表达式被划分,其中的每个划分仅修改一小部分状态变量。例如,设 m'_i 表示在划分 $P_i(P_1, P_2, \cdots, P_n$ 中的一种划分)中被修改的后继状态变量。像的计算就可以不量化未修改变量,在较小的表达式上运算,其表达式为

$$IMG(C) = \bigvee_{i=1}^{n} (\exists m_i. \ P_i(v', m_i') \wedge C(v))[m_i'/m_i]$$

其中，$C(v)[m_i/m_i']$ 表示用 m'_i 代替 $C(v)$ 中的 m_i。

则前像计算表达式为

$$PREIMG(C) = \bigvee_{i=1}^{n} (\exists m_i'. \ P_i(v, m_i') \wedge C(v)[m_i/m_i'])$$

其中，$C(v)[m_i/m_i']$ 表示用 m'_i 代替 $C(v)$ 中的 m_i。

参 考 文 献

[1] Schoppers M. Universal Planning for Reactive Robots in Unpredictable Environments[C]. Proceedings of IJCAI-87,1987:1039—1046

[2] Clarke E M,Emerson E A. Synthesis of Synchronization Skeletons for Branching Time Temporal Logic[C]. Proc. IBM Conf. on Logics of Programs,1981:52—71

[3] Bryant R E. Graph-based algorithms for boolean function manipulation[J]. IEEE Transactions on Computers,1986,8:677—691

[4] Burch J R,Clarke E M,McMillan K,et al. Symbolic Model Checking:10^{20} States and Beyond [C]. Proceeding of the Fifth Annual Symposium on Logic in Computer Science,1990: 428—439

[5] McMillan K L. Symbolic Model Checking [M]. Norwell, MA: Kluwer Academic Publishers,1993

[6] Aho A V,Hopcroft J E,Ullman J D. The Design and Analysis of Computer Algorithms[M]. MA:Addison Wesley,1974

[7] Rune M J. Efficient BDD-based Planning for Non-Deterministic,Fault-Tolerant,and Adversarial Domains[D]. Pittsburgh,Pennsylvanian:Carnegie Mellon University,2003

[8] Clarke E,Grumberg O,Peled D. Model Checking[M]. Cambridge,MA:MIT Press,1999

[9] Burch J R,Clarke E M,Long D E. Symbolic Model Checking with Partitioned Transition Relations[C]. International Conference on Very Large Scale Integration,1991:49—58

第 6 章　不确定规划

按照规划问题中所涉及的知识是否具备完整性,可以把规划问题分为经典规划和不确定规划。不确定规划用来处理带有不确定性的规划问题。随着经典智能规划方法在实际问题中的应用,人们发现现实世界是动态的、复杂的,往往很难获得完备的信息,从而认识到不确定规划的意义,并致力于不确定规划问题的研究。

本章主要介绍不确定规划的基本概念以及图规划框架下的几种解决不确定规划问题的方法。

6.1　不确定规划简介

6.1.1　不确定规划问题

前面学习的各种经典规划问题都是基于这样的一些假设:

(1)环境状态的改变完全是由智能体的动作的效果造成的,排除了其他可能的影响和干扰。

(2)智能体的动作的效果是完全确定的。

(3)智能体能够感知环境和它的动作的效果。

然而,这些假设使得经典规划仅能应用在简单的推理中,而在实际应用中得不到有效的利用。现实世界是复杂的,往往很难得到完全的信息。这样,规划中就出现了不确定的因素。而经典规划无法解决这种具有不确定性的规划问题,这时就产生了不确定规划。不确定规划的不确定源主要有两个:初始状态不确定和动作效果不确定。

人们在对世界状态知识和动作结果上认识的不完整性导致了不确定性的存在,不确定规划的表示方法有很多种,主要有概率表示法、析取表示法及逻辑表示法。采用析取表示法来表示不确定性主要以 CGP[1],SGP[2],CNLP[3] 等为代表,采用概率表示法来表示不确定性主要以规划器 Buridan[4],C-Buridan[5],MDP 及 PGP[6] 等为代表,在后面将详细介绍 CGP,SGP 和 PGP 的核心算法。

6.1.2　不确定规划问题的解

对于前面讨论的经典规划问题,最终得到的规划解是一个动作序列,从初始状态开始执行这个动作序列可以到达目标状态。由于不确定规划中初始状态和动作的效果可能是不确定的,所以不确定规划问题的解不单单是一个动作序列,它还将根据不同的规划问题满足一些其他条件。

可以将不确定规划问题分为两类:随机规划(contingent plan)和一致规划(conformant plan),针对两类不同的不确定规划问题,其解要求满足不同的额外条件,在介绍这些问题之前,首先介绍一种特殊的动作——感知动作。

以往规划中所涉及的动作,其作用是改变命题的真值,称其为因果动作(causal action),又把其效果称为因果效果(causal effects)。而有些动作是用来感知未知命题的真值,并不改变命题真值,称这些动作为感知动作(sensing action),其效果称为感知效果(sensing effects)。

不确定规划按照有无感知动作可以分为带有感知动作的随机规划和不带有感知动作的一致规划。二者的区别如下。

(1)随机规划:带有分支的规划,在执行过程中根据感知动作的结果来选择要执行的分支。

(2)一致规划:由于不带有感知动作,无法感知世界信息,则寻找在所有可能世界都可用的规划。

对于随机规划问题,通常是找到从初始状态到达目标状态的随机规划,即带有分支的规划,且要求其成功概率超过给定的阈值,如规划器 PGP。而一致规划问题,要求找到一个适合于所有世界(所有可能情况)的动作序列,如 CGP。在后面的章节中,将详细介绍这几款规划器的核心算法。

综上所述,经典智能规划的目的是目标完成,而不确定规划的目的是规划成功。目标完成和规划成功之间既有联系又有区别,目标完成一般仅仅是要求目标描述在规划执行后为真,但规划成功不仅要求在规划执行完成后为真,而且要求它还满足一些其他条件。

6.1.3 不确定规划方法

解决不确定规划的方法有很多,下面简要介绍几种主要方法的基本思想[7],有兴趣的读者可以借助参考文献做进一步的研究。

1. 条件规划

条件规划(conditional planning)通过说明可能产生的每一个偶然性来生成规划,从而处理初始条件、动作不确定的规划问题。根据是否具有感知动作可分为随机规划和一致规划,即前面所提到的。在随机规划中,存在感知动作,并允许主体决定特定命题的真值。执行时,规划根据感知动作的结果进行分支,将包含感知动作的条件加入到规划中。典型的规划器有 Warplan-C,CNLP,SENSP[8] 等。一致规划并不依靠运行时的信息寻找动作的条件,它试图找到适合每一种可能的世界情况的规划。典型的规划器有 QBFPLAN[9]，GPT[10]，CMBP[11] 等，其中 QBFP-LAN 是通过把一致规划问题编译成量化布尔公式（quantified Boolean formulas）来解决一致规划问题。GPT 是通过将一致规划问题转化为在信念空间的启发式搜索来解决一致规划问题。CMBP 是用符号模型检测和 BDD 方法求解一致规划问题。

随机规划和一致规划都有各自的使用领域，如果感知动作代价小，用随机规划的效率较高，但如果感知动作难以实现或不可能实现，那么一致规划是最好的替代方法。

2. 基于决策理论框架的规划

由于决策理论评估动作的强弱程度能力很强，而不确定规划又主要涉及动作的选择，所以决策理论处理不确定规划是一种有效的方法。目前，绝大多数的研究都集中在马尔可夫决策过程（MDP）框架下，利用这一框架解决的智能规划问题有如下特点：动作有一组可能的输出，目标和效用值相连，动作的每一个输出都有一个概率值。典型的规划器有 PGP。

3. 基于编译的不确定规划

该类规划方法是利用可满足性问题来解决规划问题。它的主要思想是将一个规划问题转换为一个可满足性问题，然后利用标准的求解器进行求解。例如，MaxPlan[12] 是利用该类方法求解问题的不确定规划器。

1995 年 Blum 和 Furst 提出的图规划算法，凭借其良好的性能吸引了很多学者的研究。该算法在不确定领域的应用也取得了很大的成果。在本章的后面章节中，将介绍三种图规划框架下的不确定规划方法——PGP，CGP，SGP。其中，CGP 是一致规划器，PGP 为随机规划器，而 SGP 是将处理一致规划中的方法应用于随机规划的一款规划器。由于它们都是基于图规划算法的，所以它们具有共同的特点，即规划速度快、效率高。

6.2　图规划框架下的概率规划

用概率方法表示的不确定规划问题，称为概率规划问题。不确定规划问题已经成为当前智能规划研究领域的热门课题，由于概率方法能够较合理地对不确定信息进行定量描述，所以成为众多研究者的首选方法。研究者提出了许多有效的概率规划器：Buridan 是在部分可观察条件下的第一个概率规划器；C-Buridan 扩展了 Buridan 产生随机规划；规划器 MaxPlan 把规划问题编译成一个 E-MAJSAT 问题并被用来解决相应的规划问题。1999 年，A. L. Blum 教授和 J. C. Langford 教授在规划图框架的基础上提出了概率规划算法 PGraphplan（PGP），相比当时存在的概率规划器,速度较快。下面详细介绍 PGP 算法。

6.2.1 PGP 概述

PGP 算法利用图规划算法中的规划图结构进行概率规划问题求解,其求解环境是初始状态已知,处理的对象是动作结果不确定的规划问题。它采用一个概率分布来描述动作结果的不确定性,动作执行后有若干个可能结果,每个结果附有相关的概率值。

PGP 所解决的规划问题包含以下 4 个集合:初始状态集、目标状态集、对象集、动作集。其中动作集合中的动作带有不确定的效果,且每个效果都有相应的概率值。在问题的已知条件中,还需要给定最大时间步 T 及规划解必须满足的概率值(阈值)。概率规划问题的解是在给定的时间限制内产生一个最优规划,其中最优指成功概率最大,即给定这些已知条件组成的规划问题后,需要在 T 时间步内找到一个从初始状态到达目标状态的随机规划,且其成功概率要大于等于给定阈值。PGP 所求的规划解是随机规划,即带有分支的规划。

PGP 算法与 Graphplan 算法类似,包括两个阶段,即规划图扩张和有效规划提取。在具体介绍这两个算法之前,首先给出如何在图规划框架下表示概率规划。

6.2.2 图规划框架下的表示方法

首先回顾一下经典图规划中的规划图结构:规划图由两种节点三种边来表示,两种节点包括命题节点、动作节点。三种边为前提条件边、添加效果边、删除效果边。规划图由命题层、动作层交替组成。偶数层包含命题节点,第 0 层包含初始状态中的节点。奇数层包含的节点为动作实例,即动作节点。对于每一个操作,如果其所有前提条件节点都存在于前一个命题层,且它们不互斥,则添加动作节点,连接动作节点与其前提条件的边称为前提条件边。添加动作的效果到规划图形成下一个命题层,连接动作与其添加效果的边称为添加效果边,连接动作与其删除效果的边称为删除效果边。

概率规划的问题框架与经典规划相比,其唯一的区别在于动作效果是不确定的。所以概率规划在图规划框架的表示与经典规划基本相同,只是在动作的表示上略有差异,在此只介绍如何在图规划框架下表示不确定性的动作。

对于不确定性动作,在动作执行之前,不知道具体哪一个结果发生,但有这样一个假设:对于一个规划问题,动作执行后的所有可能结果及其概率分布是已知的。图规划框架下不确定动作的一般形式为

(operator 操作名称

　　　　参数

前提条件

带有概率分布的效果）

例如,对于积木世界中的一个动作,在图规划框架下表示为

(operator faststack

    (params(⟨x⟩ OBJECT)(⟨y⟩ OBJECT))

      (preconds(clear ⟨x⟩)(clear ⟨y⟩)(on-table ⟨x⟩)(arm-empty))

    (effects (0.7(del(on-table ⟨x⟩))(add(on ⟨x⟩ ⟨y⟩))(del(clear ⟨y⟩)))

      (0.3)))

该动作带有两个可能的效果,执行动作后,以 0.7 的概率产生添加命题(on ⟨x⟩ ⟨y⟩),删除命题(on-table ⟨x⟩)和命题(clear ⟨y⟩),而以 0.3 的概率不产生这些效果。

在图形表示上也与图规划类似,只是在动作的添加效果边和删除效果边必须附上相应的概率值。图 6.1 给出了积木世界 faststack 动作在图规划框架下的表示形式。

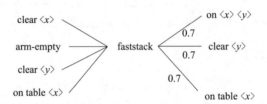

图 6.1　积木世界 faststack 动作在图规划框架下的表示

6.2.3　图扩张算法

经典的图规划算法中,首先把初始条件中的所有命题作为时间步 1 的命题列,一个命题一个节点。然后对操作集合中的每一个操作进行考察,把能够实例化的都进行实例化,每实例化一个操作,就得到一个动作节点。这样就可以生成时间步 1 的动作列,并将动作节点与作为其前提条件的命题节点用前提条件边相连接。假定时间步 t 的命题列与动作列都已经生成,时间步 t 的所有动作(包括 no-op 动作)的添加效果构成时间步 $t+1$ 的命题列。将时间步 t 的动作列的每个动作节点与作为其添加效果的命题节点用添加效果边相连接,与作为其删除效果的命题节点用删除效果边相连接。考察命题间的互斥关系,标出互斥的命题。在刚刚生成的命题列中搜索问题目标,如果目标集中的所有命题均在此命题列中出现,并且任意两个命题都不互斥,则规划图扩张结束,转到有效规划提取阶段;如果目标集中还存在未在此命题列中出现的命题,则生成时间步 $t+1$ 的动作列。对操作集合中的每个操作,只要它的所有前提条件都出现在时间步 $t+1$ 的命题列中,并且任意

两个命题都不互斥,便可以实例化该操作,并得到一个动作节点,把所有可能实例化的操作都进行实例化,这样便得到时间步 $t+1$ 的动作列。将时间步 $t+1$ 的每个动作节点与作为其前提条件的命题节点用前提条件边相连接,考察动作间的互斥关系。

PGP 的规划图扩张算法与经典图规划的方法很类似,只是存在以下三点不同:

(1)PGP 规划图扩张算法中,连接动作节点与其添加、删除效果之间的边一定要标记相应的概率值。

(2)PGP 在进行规划图扩张时不考虑互斥关系,这是因为该算法采用前向链搜索,互斥关系将起不到作用。

(3)PGP 与经典图规划在规划图扩张算法的停止方式上存在不同,PGP 算法存在两种停止方式:

(a)自动停止方式,该种停止方式与经典规划方法相同,当所有目标命题都出现在一个命题列时,停止规划图扩张,进行有效规划提取。若找不到规划解,则继续交替进行扩张规划图、有效规划提取,直到找到规划解或规划图稳定。此种停止方式适合于用户没有给定最大时间步的情况;

(b)一直扩张到给定的最大时间步 T 步为止,当用户给定最大时间步时,采用这种停止方式,即扩张规划图直到最大时间步,然后再检查是否所有目标都出现且两两都不互斥,如果不满足,则返回无解;否则进行有效规划提取。

6.2.4 有效规划提取算法

PGP 算法采用前向链方法搜索有效规划,它利用动态规划算法计算从每一状态出发到达目标的最高成功概率及最优动作,从而找到成功概率最大的随机规划。为了求解问题的方便,PGP 算法的提出者对问题作了这样一个假设:每个时间步只允许执行一个非空动作。动态规划算法是解决马尔可夫决策过程的主要方法,具体算法将在后面介绍。首先给出 PGP 算法的基本求解过程:

(1)从时间步 0 的初始状态出发,根据所有可行动作,前向顺次找到每个时间步的所有可能状态;

(2)利用动态规划算法计算从每一状态出发到达目标状态的最高成功概率及最优动作,并记录。

对于如图 6.2 所示的规划图,首先前向找到执行每一个动作后的所有可行状态,即执行一个动作后产生的不同结果。在初始状态执行动作 opA 后的所有后续状态如图 6.3 所示。

找到执行所有动作的所有可能状态后,利用动态规划算法计算从每一状态出

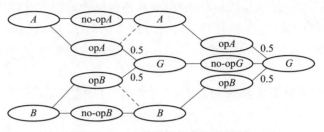

图 6.2　一个简单的概率规划问题

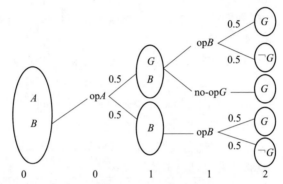

图 6.3　执行动作 opA 后的所有可能世界状态

发到达目标状态的最高成功概率。

动态规划算法

DPsolve(s,t)：计算从时间步 t 的状态 s 出发到达目标状态的最高成功概率。

Value(s,t)：返回值，即最高成功概率值。

算法如下：

(1)若目标全部在状态 s 中，则 Value$(s,t)=1$；否则，若已到限定时间 t，则 Value$(s,t)=0$。

(2)若 Value(s,t) 已经有记录，则直接赋值为先前计算得到的值。

(3)考虑在当前状态 s 上每一个可能执行的动作 a：

①考虑在状态上执行 a 得到的每个可能状态 s'，递归调用 Value$(s',t+1)$；

②根据第 2 步计算得到的所有可能状态的值，计算概率加权平均值，记为 Value(s,a,t)，即执行动作 a 后的可能概率值。

(4)从上述所有可能执行的动作中找出最大的概率值作为 Value(s,t) 的值，记录下来，并将概率最大的动作记为最优动作。

利用动态规划算法求解上面的例子，过程如图 6.4 所示。

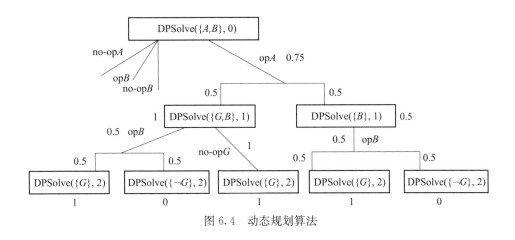

图 6.4   动态规划算法

6.2.5   缩减状态空间方法

PGP 算法以动态规划算法作为它的开始点,利用规划图来削减搜索空间。由于在 PGP 算法中没有使用互斥信息,PGP 通过规划图传递额外的两种不同信息。第一类信息告知规划器不同的节点对于规划目标有怎样的作用,第二类信息告知规划器节点对目标完成的作用的大小。这两类信息有着共同的目的:当路径无法在给定的时间步内到达规划目标时,将告知规划器,并在递归调用过程中返回失败。下面详细介绍这两类信息。

1. 一元及互相需要节点

一个比较简单的优化方法是通过规划图由后向前的扫描,从规划图中删除与目标节点没有连接路径的那些节点,其余的节点称为有用节点。首先将所有目标节点标记为有用节点,对于动作节点,只要有一个添加效果标记为有用节点,则该动作标记为有用节点;对于命题节点,若它是有用动作(包括空动作)的前提,则也标记为有用节点。在有效规划提取阶段,可以删除那些无用的节点,这种简单的方法有效地减少了搜索的空间。为了进一步地缩减搜索空间,为每一个没有被移除的节点分配一个一维向量,记录从该节点可以到达的目标。对于一个状态,规划器检查状态中所有节点的一维向量,看是否存在没有被包含在内的目标命题,如果有,则说明该状态无法到达目标状态,立即回溯。事实上,如果支持某一个目标的动作仅有空动作,则可以用这个动作的前提来替代该目标来定义一维向量。

这类信息的一个更有用的形式是二元互相需要节点。假设节点 P 有一个或多个到达目标的路径,但是所有这些路径都使用到了节点 Q(例如,所有有用动作如果以 P 为前提条件,同时也以 Q 为前提条件),在这种情况下,添加边"P need Q"到规划图中,如果命题 Q 不在该状态中,则允许规划图从一个状态中删除命题

P。按如下规则定义命题"P need Q"：以 P 作为前提条件的所有动作(1)也以 Q 作为前提条件(2)或需要以 Q 作为前提条件的某个动作，则命题 P 需要命题 Q；对于空动作 a 与动作 b(包括空动作)，如果 a 的添加效果需要一个命题 G，但 G 只能由 b 执行产生，则空动作 a 需要动作 b；对于非空动作 a 与空动作 b，如果 b 的添加效果 G 不是 a 的添加效果，并且 a 的所有添加效果都需要 G，则称非空动作 a 需要空动作 b。

例如，对于一个机器人问题，初始时机器人手中有钥匙，机器人必须走到走廊尽头，打开门，扔掉钥匙使手臂为空，才可以继续做后续工作。在这种情况下，前行的动作需要维持手中有钥匙的空动作来确保机器人不过早地扔掉钥匙。

2. 值传递

这类信息的思想是在规划图的节点上存储信息，来计算一个 A^* 搜索中的可能启发值，该方法与上面介绍的方法相比，更大程度地缩减了搜索空间。

假定从初始状态到目标状态的代价为 $t_{\max}$，一个非空动作的执行代价为 1，意味着要执行 $t_{\max}$ 个非空动作。那么若从初始状态到时间步 t 的某一状态 s 花费的代价小于 t(假定为 $t-1$)，即执行了 $t-1$ 个非空动作，这样在余下的 $t_{\max}-t$ 时间步，要执行 $t_{\max}-(t-1)$ 个动作，然而这是不可能的。因为如果可能的话，就需要在某个时间步执行两个非空动作，这与给定的假设"每个时间步只允许执行一个非空动作"相矛盾，所以在给定的时间 $t_{\max}$ 内到达目标状态是不可能的。因此返回一个给定状态的真正代价值还是很有用的。值传递的思想就是通过规划图的节点传递启发值，一个状态的启发值定义为状态中每一个节点的启发值的和。一个状态的启发值应该大于等于它的真值。如果规划器发现时间步 t 的一个状态 s 的启发值小于 t，则立刻回溯。

下面具体介绍如何为每一个节点建立启发值：

(1)将 $t_{\max}$ 平均赋给 $t_{\max}$ 时间步的每个目标，其余命题赋 0。

(2)将时间步 $t+1$ 的命题启发值反向传递给时间步 t 的动作。

空动作的值是其添加效果的值；非空动作 a 的值为 $-1+\sum\limits_{e\in \text{add effect}(a)} \text{Hvalue}(e)$。

注意：未删除的前提条件也作为 a 的添加效果。将具有 k 个概率结果的非空动作看作 k 个独立的确定动作。

(3)将时间步 t 的动作的启发值传给时间步 t 的命题。

先将空动作的值传给其前提；对每一个非空动作，比较其启发值与其所有前提之和，若大于，则分配差值。若没有被删除的前提，则在所有前提中平均分配。若有被删除的前提，则在被删除的前提中平均分配。

规划图扩张完毕后，建立上述各种信息，以备有效规划提取阶段利用，利用以上这些启发式信息可以很大程度上减少搜索空间。

6.2.6 结论及未解决问题

PGP 算法采用前向链方法搜索有效规划,利用上面介绍的启发式信息来减少搜索空间。然而图规划的最大优越性就体现在其使用互斥信息,从而可以较快地找到较短的规划。2004 年,谷文祥,欧华杰等对 PGP 算法进行了扩展,在 PGP 的规划图扩张过程中使用互斥信息[13]。虽然改进后的 PGP 算法没有改变搜索方式,使得互斥关系在规划提取阶段仍起不到作用,无法减少搜索空间,但由于加入了互斥的概念,使得扩张后的规划图的节点数大大减少,从而减少了存储节点的空间以及图扩张及规划提取的时间。改进后的 PGP 算法要快于原有算法。同时,谷文祥等也将只能处理 STRIPS 风格动作的 PGP 算法扩展为允许条件效果的出现。

PGP 与同时期的处理概率规划的规划器相比,速度较快,但其也有自身的不足。为了使问题简单,PGP 算法是基于“每个时间步只允许执行一个非空动作”这样的一个假设,这就使得 PGP 算法没有充分利用图规划的优势,即允许动作并执行,从而找到最短规划。

PGP 算法只能处理动作效果不确定的概率规划问题,没有涉及初始条件不确定的情况。其涉及概率规划问题也是完全可观察的,即在动作执行之前,了解动作所有可能的结果。

PGP 处理的概率规划问题对所有的目标条件都是一致对待的,并没有体现出用户对不同目标的偏好。

6.3 一致图规划

不确定领域的规划问题是一个难题。如果不确定规划中存在感知信息,则获得一个随机规划还是有可能的,也就是说得到的规划是带有分支的,执行哪一个分支取决于感知动作的结果。例如,前面介绍的 PGP 算法。然而,即使没有感知信息,也可以获得一个有用的规划,无论现实世界处在哪一个状态中,该规划都能成功,称这类型的规划为一致规划。本节介绍一种一致规划算法——一致图规划(conformant graphplan,CGP)。一个基于图规划算法的规划器,针对初始条件不确定及动作效果不确定的规划问题可以找到合理的规划解。这就需要在原有图规划的规划图扩张及有效规划提取算法上进行细致的修改。尤其是规划提取阶段必须考虑动作在其他世界中不期望发生的效果,也必须阻止这些效果的发生。下面详细介绍相关内容。

6.3.1 CGP 概述

前面介绍过当现实世界中出现不确定因素时,存在两种基本的规划方法:

　　(1)随机规划——规划带有分支,哪一个分支被执行依赖于感知动作的效果。

　　(2)一致规划——不带有分支,也不依赖于感知信息,但无论现实世界存在于哪一个状态中,规划都会成功。

　　当感知动作代价小,但效果动作代价高且危险时,随机规划有很大意义。然而,这两种规划都有它们的应用领域。当感知信息很困难或根本不可能时,一致规划将是最好也是唯一的替代方法。举个例子,很难感知一个机件表面是否干净,或是一个机器是否经过消毒,而清洁一下机件表面或对机器进行消毒是很简单的工作,并且解除了问题中的不确定性。

　　在上例中,一致规划通过把命题确认到已知的状态中来移除世界状态中的一些不确定因素。通常,一致规划包含事实分析(case analysis)来确保目标在任何一个情况下都能够被满足。例如,假设一个患者得了几种病中的一种,但是又不能具体确定,则需要找到一个药物治疗规划,该规划涵盖所有的病症(没有坏的药物反应),这就是一个一致规划问题。

　　目前已经有很多规划系统包含了随机规划,而仅 Buridan,C-Buridan 和 UDTPOP 研究了一致规划。这三个系统都是概率规划器,且限制为命题形式。另外,这些规划器的速度很慢。CGP 算法是对图规划的改进,通过构建一致规划来处理不确定问题。不同于 Buridan,C-Buridan 和 UDTPOP,CGP 不是基于概率的,初始条件可能包含析取式,动作可能具有不确定的效果,但系统不考虑不同命题的可能性。

　　CGP 算法分为两个阶段,即规划图扩张、有效规划提取。其基本思想是为每一个可能的世界创建一个规划图。但由于缺少感知动作,一个动作可能在所有世界中都被执行,这将使规划提取阶段变得复杂。尤其是当 CGP 在一个可能世界中选择了一个动作,则必须考虑该动作在其他可能世界状态中会产生什么效果。如果这个动作的效果在其他世界状态中是不被期望的,则 CGP 必须在其他世界状态中抵制该动作。

6.3.2　预备知识

　　在给出具体算法之前,先介绍一些相关的预备知识:

　　1. 图规划算法

　　CGP 是基于图规划算法的,由于在 6.2 节中已经回顾了图规划算法的规划图扩张及有效规划提取的具体步骤,在这里不再详细介绍。

　　2. 否定的前提条件

　　尽管图规划算法中没有涉及处理否定的前提条件的情况,但它仍是处理条件效果的直接以及重要先决条件。命题 p 与 $\neg p$ 在任何给定的一层都是互斥的。如果一个动作删除了一个命题(即有一个否定的文字作为效果),则必须添加这个否定的文字到规划图的下一个命题层中。

3. 条件效果

图规划仅支持简单的 STRIPS 风格的操作。目前,已经有部分学者研究允许使用条件效果的图规划算法。为了表述清楚,引用 Gazen 和 Knoblock 所使用的简单方法,即把带有条件效果的动作分解成单独的动作(通过考虑条件效果中的先决条件的所有最小一致联合)。以 ADL 域中的动作为例来具体介绍:

op pre:P

    eff:(and E (when C1F)

        (when C2G))

这个操作可以扩展为以下四个 STRIPS 操作:

op1   pre:(and P $\neg$C1 $\neg$C2)

      eff:E

op2   pre:(and P $\neg$C1 $\neg$C2)

      eff:(and E G)

op3   pre:(and P C1 $\neg$C2)

      eff:(and E F)

op1   pre:(and P C1 C2)

      eff:(and E F G)

称这四个操作为原来 ADL 域操作的四个方面。

6.3.3 CGP 算法

首先,将问题限制为只有初始条件不确定的情况(即动作的效果是确定的),在后面再放松这个限制。初始条件表示为肯定或否定文字的联合。允许语言中使用析取(or)和异或(xor)。

1. 规划图扩张算法

一致图规划的基本思想是把初始条件的不确定性表示为可能世界的集合,并行地在每一个可能世界中扩展规划图。所以,首先为每一个可能世界初始化一个单独的规划图,规划图扩展阶段与经典规划的方法基本相同。

对于 Mcdermott 于 1987 年提出的"洗手间炸弹问题"(bomb in toilet),对其扩展规划图。问题域中存在两个包裹,其中一个装有炸弹,将带有炸弹的包裹浸在水中会使炸弹解除。初始条件形式化为(and armed(xor in(P_1) in(P_2))),目标为$\neg$Armed,唯一的一个操作为

Dunk (?pkg)pre:

　　　　　　eff:(when In (?pkg) ￢Armed)

该操作带有的非空方面为

Dunk* (?pkg)pre:In(?pkg)

　　　　　　eff:￢Armed

图 6.5 为这个例子的可能世界规划图（PWPGs）的第一层。在世界 w_1 中，Dunk*(P_1)可以被用来到达目标，而在世界 w_2 中，Dunk*(P_2)可以被用来到达目标。在两个规划图中都存在动作 Dunk* 与维持 Armed 的空动作间的互斥，因为一个命题和它的否定形式不能同时为真。注意，图 6.5 中的两个规划图是独立的——没有从一个世界到达另外一个世界的交叉连接。在规划提取阶段，即使规划图是独立的,也要考虑一个动作在不同世界的不同方面。后面也将介绍不同的 PWPGs 中的命题间的互斥关系。为了方便算法使用 $p{:}w$ 表示世界 w 中的命题 p,同样使用 $a{:}w$ 表示世界 s 中的动作 a。

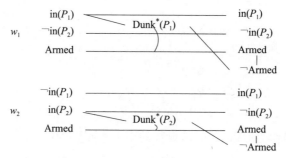

图 6.5　基本的"bomb in toilet"的所有可能世界的规划图

2. 有效规划提取

图规划算法中，当规划图中的一层包含所有目标状态,且彼此之间不互斥时,开始采用后向链搜索方法搜索有效规划。当存在不确定性时,要确保在每一个可能世界都满足目标。这需要在原有规划提取算法上作一些改动。第一,CGP 只有当所有世界中的那一层都包含目标状态,且它们不互斥时才进行规划提取。第二,搜索过程中每一步向后搜索一个规划层,对于所有世界状态同时进行。第三,搜索过程需要考虑不同的可能世界间的相互影响。

考虑图 6.5 的可能世界规划图,其目标状态为 ￢Armed。在第一层,￢Armed 在两个 PWPGs 中均出现了,所以 CGP 开始后向提取有效规划。在世界 w_1 中目标 ￢Armed 只能通过 Dunk*$(P_1){:}w_1$ 来实现,同样在世界 w_2 中目标只能通过 Dunk*$(P_2){:}w_2$ 来实现。这两个方面不互斥,所以它们的次目标在第 0 层由初始条件来满足。因此,规划把两个包裹都浸入水中可以达到目标。

　　然而这个基于简单思想的方法存在一个问题,即如果选择一个动作执行,则必须在其他所有的可能世界中考虑它的效果。由于没有感知信息,规划无法确定自己处于哪一个世界,所以无法限制一个动作的效果仅在一个世界发生。每个世界状态都是不同的,执行一个动作可能导致在其他可能世界发生该动作的另一个效果,即一个完全不同的另一个效果。

　　同样以"洗手间炸弹问题"为例来说明这个问题。该问题对于动作 Dunk 添加一个前提条件和一个非条件化的效果,如下所示:

```
Dunk (?pkg)        pre:￢Clogged
                   eff:(and clooged
                          (when In (?pkg) ￢Armed))
```

该动作具有两个方面:

```
Dunk－(?pkg)        pre:(and ￢Clogged ￢In(?pkg))
                   eff:Clogged
Dunk＋(?pkg)        pre:(and ￢Clogged In(?pkg))
                   eff:(and Clogged ￢Armed)
```

　　同样地,在初始条件中也添加厕所没有堵的事实,目标状态不变。添加这些条件后,对于所有可能世界,问题是不可解的,因为不可以同时将两个包裹都浸入到水中。对扩展后的问题进行规划图扩张,得到的规划图的第一层如图 6.6 所示。

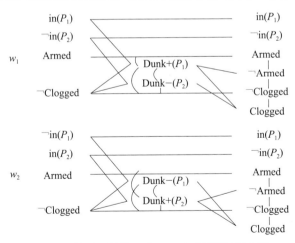

图 6.6　扩展后的"bomb in toilet"问题的规划图

　　在第一层,￢Armed 在两个 PWPGs 中都成立,所以 CGP 开始后向提取有效规划。目标 ￢Armed:w_1 只能由 Dunk＋(P_1):w_1 到达,同样目标 ￢Armed:w_2 只能由 Dunk＋(P_2):w_2 到达。接下来考虑这两个方面在对方世界的影响。对于方面 Dunk+(P_1):w_1,确保它在世界 w_1 中发生,规划必须执行动作 Dunk(P_1),这将导致 Dunk+(P_1):w_1,也同时产生了方面 Dunk−(P_1):w_2。因为 Dunk−(P_1):w_2 与 Dunk+(P_2):w_2 互斥,所以同时把两个包浸入水中失败。规划失败的原因是动作在 w_1 中的一个方面 Dunk+(P_1):w_1 导致了 w_2 中的方面 Dunk−(P_1):w_2,称这种关系为引发,定义如下。

定义 6.3.1（可能引发）　假设方面 a:w 在第 i 层的 PWPG 出现,且 a':$v(v\neq w)$ 是在 PWPG 中第 i 层的同一动作的不同方面,则称 a:w 可能引发 a':v,反之亦然。

在上面的例子中,Dunk+(P_1):w_1 可能引发 Dunk−(P_1):w_2,反之亦然。同样的关系也存在于 Dunk−(P_2):w_1 与 Dunk+(P_2):w_2。

可以采用抵制的方法来消除不期望发生的可能引发,但有时候某些可能引发是不可消除的。为了阻止或抵制方面 a':v,规划器需要确保它的一个前提条件在第 $i-1$ 层为假,并且在第 i 层其他方面执行过程中保持为假。所以,如果 a':v 具有前提条件 $p_1,p_2,\cdots,p_n$,则规划器必须找到一个前提条件 p_j:v 在第 $i-1$ 层为假,且保持为假直到 $i+1$ 层。实现这个目标的简单方法是用空动作来维持 $\neg p_j$:v,对于命题 $\neg p_j$:v 存在于第 i 层,且不与规划中第 i 层的其他方面互斥,则将维持该命题的空动作添加到规划中,且它的前提条件 $\neg p_j$:v 添加到第 $i-1$ 层的次目标中。注意,当要抵制一个动作的方面时,规划需要去选择哪一个前提条件 p_j:v 来抵制,这就为规划提取过程提供了另外一个回退点。

根据可能引发的方面及抵制的概念,可以对 CGP 算法的规划提取阶段作详细的描述。令 $i+1$ 为最新的命题层,S_{i+1} 表示到达第 $i+1$ 层的次目标,将其实例化为每一个可能世界的目标 G 的集合:$\{g$:$w|g\in G,w\in W\}$。

（1）A_i 表示第 i 层所选择的动作方面的集合,初始时设置为空。

（2）对于每一个次目标 g:$w\in S_{i+1}$ 在第 i 层选择一个到达目标 g:w 的方面 a:w,且它与 A_i 中其他的方面是一致的,如果 a:w 不在 A_i 中:

（a）添加 a:w 到 A_i 中;

（b）对于 a:w 中的每一个前提条件 p:w,如果 p:w 不在 S_{i-1} 中,则添加 p:w 到 S_{i-1} 中。

（3）令 D_i 表示 A_i 中的方面所引发的所有方面。对 A_i 中的每一个方面 a:w,抵制 D_i 中所有与 a:w 互斥的所有可能引发的方面。

（4）如果 $i=1$,返回完整的规划 $A_1,A_3,\cdots,A_{n-1}$,否则 $i-2$,循环。

3. 引发互斥

在图 6.6 的例子中,在发现可能引发的方面 Dunk−(P_1):w_2 不能够被抵制之前,不得不在规划提取过程中选择方面 Dunk+(P_1):w_1 来支持世界 1 的目标。由于 Dunk−(P_1):w_2 与期望的方面 Dunk+(P_1):w_2 互斥,从而导致规划失败。事实上,在那一层 Dunk$+(P_1)$:w_1 总是引发 Dunk$-(P_1)$:w_2,称这种引发为必然引发。由于 Dunk$-(P_1)$:w_2 与 Dunk$+(P_1)$:w_2 互斥意味着 Dunk$+(P_1)$:w_1 与 Dunk$+(P_1)$:w_2 也应该标记为互斥,所以该定义可以描述为如下形式。

定义 6.3.2（必然引发）　假设方面 a:w 为一个 PWPG 中第 i 层的一个方面,且 a':$v(v \neq w)$ 是相同动作在同一层的另外一个方面。如果 a':v 的每一个前提条件 p_j 满足:$\neg p_j$:v 不在第 $i-1$ 层,或 $\neg p_j$:v 在第 $i-1$ 层与 a:w 的某个前提条件互斥,则称 a:w 在第 i 层必然引发 a':v。

以上条件使得 a':v 在第 i 层是不可抵制的。

在上面的例子中,可以发现在第 1 层中 Dunk$-(P_1)$:w_2 不能够被抵制,因为它的任何一个前提条件的否定形式都不在第 0 层。因此,Dunk$+(P_1)$:w_1 必然引发 Dunk$-(P_1)$:w_2。反过来也成立,Dunk(P_2) 的方面之间也有相同的关系。给定了必然引发的概念,来描述引发的互斥规则。

引发互斥　如果方面 a:w 在第 i 层必然引发 a':v,且 a':v 与第 i 层的另一个方面 b:u 互斥,则 a:w 与 b:u 也互斥。

引发互斥规则如图 6.7 所示。图 6.8 中显示了图 6.6 所给例子的几个引发互斥关系。其中最重要的是 Dunk$+(P_1)$:w_1 与 Dunk$+(P_2)$:w_2 互斥,由此推出 $\neg$Armed:w_1 与 $\neg$Armed:w_2 互斥。因此导致了在第 2 层时,该问题没有其他选择可以替换,从而规划问题无解。

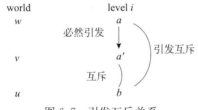

图 6.7　引发互斥关系

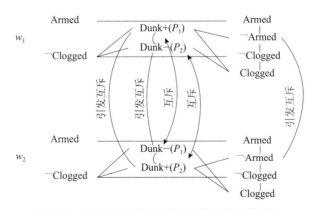

图 6.8　"洗手间炸弹问题"的部分引发互斥关系

引发互斥大大提高了 CGP 的性能。如果不使用引发互斥,CGP 始终通过在规划提取阶段抵制不期望发生的动作方面时,发现的引发互斥来发现矛盾,将会浪费很多时间来推理互斥以及回溯。引发互斥关系,不能够替代规划提取阶段的抵制。它只能消除必然引发带来的矛盾,不能消除可能引发带来的潜在矛盾。

4. 带有不确定效果的一致规划

目前为止,问题的所有不确定性均来源于初始条件的不确定。现在,将问题扩展为带有包含不确定性结果的动作。为了与 Buridan 的表示方法一致,通过用分离的结果的列表替换原来动作效果的方法来表示一个动作的不确定效果,其中的每一个结果列表都是传统的效果列表。

同样针对上面的例子,假设执行 Dunk 操作后,动作的效果是不确定的,要么厕所被堵,要么没有被堵。操作的具体内容表示为

Dunk (?pkg)　　　　pre:　　　　　¬Clogged

　　　　　　　　　outcomes: (when In(?pkg)¬Armed)

　　　　　　　　　　　　　　(and Clogged

　　　　　　　　　　　　　　　　(when In(?pkg)¬Armed)

采用分离的结果列表来替换原来动作的效果,得到的动作方面如下所示:

Dunk − (?pkg)　　　pre:　　　　(and ¬Clogged ¬In(?pkg))

　　　　　　　　　outcomes: ∅

　　　　　　　　　Clogged

Dunk + (?pkg)　　　pre:　　　　(and ¬Clogged ¬In(?pkg))

　　　　　　　　　outcomes: ¬Armed

　　　　　　　　　(and Clogged ¬Armed)

需要为 Dunk−使用一个空的效果,来表示该方面没有任何效果,其中的∅表示空效果。

当不确定性来源于初始条件时,规划图的扩展与原始规划图的扩展相同,只是在每一个 PWPG 中都扩展一个规划图。当动作带有不确定效果时,将出现不同的情况,带有不确定效果的动作每出现一次,可能世界的数量就乘上动作可能结果的数量。如图 6.9 所示的方面 Dunk+(P_1),将世界 w 分成两个可能的世界,w_1,w_2 对应于 Dunk+(P_1)的两个可能结果。当一个世界被分开,其他动作的结果也必须被分开。例如,命题 in(P_1)的持续动作在两个新的世界中都要出现。

在例子中,假设方面 Dunk−(P_2)也发生在规划图的这一层。它同样带有不确定的效果,则世界 w 将被分成 4 个可能的状态,如图 6.10 所示。

由于带有不确定性操作的存在,需要改变 CGP 的图扩张算法。新的算法中将延迟添加命题到下一个命题层,直到所有的方面都添加结束,以确保可以知道可能

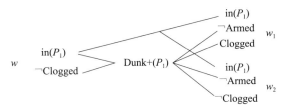

图 6.9　被一个不确定动作分割后的世界状态

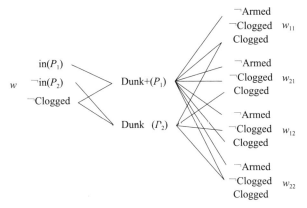

图 6.10　"洗手间炸弹问题"中一个世界被两个不确定动作分割后的世界

世界要被分成多少个新的可能世界。

考虑规划图当前层的一个世界 w。令 $U=\{u_1,\cdots,u_n\}$ 为世界 w 中带有不确定效果的动作方面集合，令 o_j 为动作方面 u_j 的不同结果的数量，则世界 w 被分成 $\prod\limits_{j=1}^{n} o_j$ 个新的世界。采用序列 $s_1,\cdots,s_n$ 作为下角标，来标记这些新的可能世界。由 w 分离出来的可能世界集合为

$$\{w_{s_1,\cdots,s_n} \mid s_j=1,\cdots,o_j\}。$$

如果 a 为不带有不确定性效果的一个方面，则它的效果要添加到所有的可能世界中，从 a 到它的效果的连接也要添加到所有可能的世界中。然而，如果 a 为 u_m 的一个不确定方面，则 a 的结果 k 的效果只添加在对应于结果 k 的世界子集中，即当 $s_m=k$ 的子集中：

$$\{w_{s_1,\cdots,s_{m-1},k,s_{m+1},\cdots,s_n} \mid s_j=1,\cdots,o_j,j\neq m\}。$$

和以前一样，这些效果要与方面 a 连接。

如果带有不确定结果的动作频繁地出现在规划图中，则可能导致可能世界的数量迅速增长。减少可能世界的一个方法就是利用动作方面之间的互斥关系。尤其是两个互斥的方面具有不确定的结果，他们可以共享可能世界，则可能世界的数

量为两个方面的结果的数量的最大值,而不是乘积。通常,在三个或更多的方面之间共享世界需要他们彼此是二元互斥的。

虽然带有不确定效果的动作方面进一步划分了可能世界,但是不需要对先前给出的规划提取算法作修改。然而,需要对互斥关系的定义做些改变。由于无法预测一个不确定方面的哪一个结果在实际情况中发生,则必须考虑到最坏的情况。如果一个方面的任何一个结果删除了另一个方面的前提条件或是可能效果,则这两个方面互斥。这时,修改图规划算法中的一个基本互斥规则如下。

影响/不一致效果　　在第 i 层的两个动作方面,如果一个动作方面可能删除另外一个的前提条件或是可能效果,则它们是互斥的。

以上介绍了 CGP 的基本思想及主要算法,CGP 用 Common Lisp 语言实现,接受 PDDL 域的表示方式,允许在初始条件中出现析取式,操作带有不确定的效果。实验产生了一个单独的规划图,其中每一层的每一个命题都标记了它所在的可能世界,并取得了很好的效果,其速度和性能都优于同期的处理一致规划问题的规划器,尤其是使用了引发互斥关系的概念,明显地改善了规划提取过程的性能。

6.3.4　结论及未解决问题

CGP 是基于图规划算法产生一致规划的规划器;它试图建立一个非随机规划,该规划对于现实情况处于哪一个世界都会成功。CGP 的中心思想是为每一个可能世界创建一个单独的规划图。原有图规划的规划图扩展算法修改如下:

(1)为每一个可能的世界分别添加动作的方面。

(2)当动作的方面带有不确定效果时,进一步分割可能世界并添加到规划图中。

规划提取阶段试图在所有的世界中都到达目标。为了保持稳定性,必须考虑在不同世界中所选的方面的相互作用。更具体一些,当一个世界中所选择的动作方面在另一个世界中引发了不期望发生的方面时,规划要抵制不期望发生的方面。

最后,在不同世界之间也可能推断出互斥关系(导致不同世界间的命题间的互斥关系)。实验结果已经显示,这些引发互斥关系明显地改善了规划提取过程的性能。

开发 CGP 的目的是否可以将 STRIPS 规划领域性能优越的图规划算法扩展用来处理带有不确定性的规划问题,实验表明答案是肯定的。CGP 的性能明显优于以前的一致规划。然而,该方法也有一些缺点和局限性。

首先,虽然可能世界的概念很明确,但它也很麻烦。随着不确定性的增加,可能世界的数量成指数级增加且性能恶化。

其次,CGP 没有考虑概率信息,但这不是固有的局限性,可以在规划扩展阶段为每一层的每个命题计算最优概率并且存储。

最后,可能世界的方法也可以被用于感知动作和随机规划,Weld,Anderson 和 Smith 已经对这方面进行了研究并取得了一定的成果。

6.4　感知图规划

如前所述,可以将一致图规划中的可能世界的方法应用于带有感知动作的随机规划问题中,本节介绍利用这种思想的一款规划器——感知图规划(SGP)。

6.4.1　SGP 概述

若一个智能体不能获取世界状态的完整信息,它就需要推理可能的世界状态或是考虑它的某些动作是否可以缩减不确定性。随机规划器控制的智能体试图产生一个稳定的规划,它在规划执行之前可以考虑和处理所有的可能性。所以一个随机规划中可能包含用来收集信息的感知动作,从而选择不同的规划分支。以前的随机规划器很难检测模糊语义、不完整性等。本节介绍 SGP,Graphplan 算法的一个扩展,来解决随机规划问题。SGP 将动作区分为两种:一种为感知未知命题的值,另一种为改变命题的真值。SGP 解决了 CNLP 及 Cassandra 中的不足,且 SGP 速度较快。

经典规划器具有不现实的假设:智能体具有初始世界状态的完整信息,交替地进行规划及智能体不具有很好的前瞻性。随机规划产生的规划解是根据执行感知动作获得的信息来选择动作,即使面临不确定性时,也可以产生比较稳定的规划。以前的随机规划具有以下不足:

(1)不能区分动作的感知效果和因果效果,或不能明确地对待感知信息。

(2)如果不存在感知动作,则即使存在有效规划,他们也经常无法产生有效规划。

(3)先前的随机规划速度较慢。

本节介绍 SGP 随机规划方法为图规划算法的扩展。SGP 是 Weld 等在 1998 年提出的一款不确定规划器。SGP 利用图规划算法处理初始状态具有不确定性、动作带有条件效果且具有感知动作的不确定规划问题,在求解问题过程中使用了 CGP 中的可能世界方法,从而解决了初始状态具有不确定性的随机规划问题。

SGP 根据感知动作的返回结果来区分不同的世界,用知识命题来表示感知动作的结果。SGP 算法也分为两个阶段:规划图扩展及有效规划提取。在规划图扩展阶段 SGP 算法采用了可能世界的方法,并结合感知动作。有效规划提取阶段,SGP 算法把规划提取过程表示为一个 CSP 问题从而求解。由于 SGP 算法使用感知动作来感知当前所有的世界,这样大大减少了搜索空间,从而提高了效率。

6.4.2 预备知识

SGP 是将一致规划中可能世界的思想和方法应用于带有感知动作的随机规划问题中。因此 SGP 是基于图规划算法以及 CGP 算法的,由于这两个算法在前面已经详细介绍,这里就不再赘述,下面给出一些其他的相关知识。

1. 条件效果

条件效果即动作的效果带有自身的条件,当一个动作执行后,只有条件效果的条件满足了,才能得到相应的条件效果。通常条件效果用一个 when 子句来表示,例如,

```
medicate:pre:
           eff:(when I ¬I)
               (when ¬H D)
```

一个动作既可以包含非条件的效果,又可以包含条件效果。上面的例子中的动作没有自身的前提条件,即它是无条件执行的,并且它只包含条件效果。由于图规划算法只能处理经典 STRIPS 风格的动作,很多学者就致力于研究如何重新表示条件效果,使图规划算法可以处理带有条件效果的动作。已经有很多成功的方法,如全扩展、因素扩展等,它们具有各自的优点及应用领域。在本文介绍的方法中使用的是全扩展法。

2. 全扩展

全扩展方法是把一个动作根据其条件效果分解成几个独立的动作,每一个动作叫做原动作的一个方面,再利用基本的图规划方法进行规划求解,在规划处理过程中处理的都是动作的方面。

在具体实施过程中,根据动作的效果(包括条件效果及非条件效果)的不同组合将原动作分解成独立的方面,有一个这样的不同的组合就要有一个实现这个组合的方面。其中任何一个方面的前提为在组合中出现的条件效果的前提合取上原动作的前提再合取上没有在组合中出现的条件结果的前提的否定命题。例如,将上面的 medicate 动作按上述规则分解,得到的动作方面如下:

```
Med1:pre:(and I H)      eff:¬I
Med2:pre:(and I ¬H)    eff:(and ¬I D)
Med3:pre:(and ¬I H)    eff:
Med4:pre:(and ¬I ¬H) eff:D
```

6.4.3 SGP 算法

SGP 算法同样包括规划图扩张及有效规划提取两个阶段。其中规划图扩张算法是基于 CGP 算法的,利用了可能世界的思想,将为每一个可能世界分别扩张规划图。有效规划提取阶段,SGP 算法将规划问题转化为 CSP 问题,然后利用解决

CSP 问题的方法来解决随机规划问题。首先来介绍一下图规划框架下的感知动作的概念、表示方法及作用。

1. 感知动作

在 SGP 中,动作可以分为两种,即感知动作和因果动作。所谓感知动作即带有感知结果的动作,一个感知结果用一个 sense wff 子句来表示,其中 sense 为一个关键字,表示这是一个感知结果;wff 是一个逻辑命题表达式,即这个感知动作要观测的命题的逻辑表达式。如果在执行感知动作时 wff 值为真,则感知动作的返回结果是 T,如果在执行感知动作时 wff 为假,则感知动作返回 F。感知动作的实质是一个检测动作,它检测 wff 在某一时刻的值,不改变任何命题的值,这一点与因果动作不同。在规划问题中引入感知动作后就可以产生具有分支的规划了,规划可以根据感知动作的结果来分别选择不同的动作。

感知动作表示为"动作名 sense wff"。感知动作有两点限制:其一是感知动作不以条件效果的形式出现,其二是感知动作不带有前提条件。这两点限制不会影响感知动作的表达能力。

由于感知动作的返回值只是简单的二元值 T 或 F,不便于规划器利用,所以在 SGP 中把感知动作的结果转化为知识命题。规划可以通过知识命题对整个世界进行一个划分,引入形如 $K\urcorner u:v$ 的知识命题来表示"如果智能体在 w_v 中,它将知道它不在 w_u 中"。

假设一个问题描述中包含两个命题 P 和 Q,并且智能体不了解初始状态的任何信息,所以,对于这两个命题取不同的真值组成的初始状态将有四个可能。假设有两个感知动作,动作 A 感知表达式 $P \wedge Q$,动作 B 感知 $P \vee Q$。表 6.1 中为执行动作 $A,B,\{A,B\}$ 后得到的知识命题。

从表 6.1 中可以发现,每一个感知动作都定义了可能世界的不同划分方法。例如,如果智能体在 w_1 中,执行动作 A 后,它可以感知到它不在其他的任何可能世界。但是,如果智能体在 w_2 中,则 A 只能感知到它不在 w_1 中,它无法得知自己是否在 w_3 及 w_4 中。

表 6.1　执行感知动作后的世界划分情况

	初始状态	执行 A 后	执行 B 后	执行 $\{A,B\}$ 后
w_1	$P \wedge Q$	$K\urcorner 2:1$ $K\urcorner 3:1$ $K\urcorner 4:1$	$K\urcorner 4:1$	$K\urcorner 2:1$ $K\urcorner 3:1$ $K\urcorner 4:1$
w_2	$P \wedge \urcorner Q$	$K\urcorner 1:2$	$K\urcorner 4:2$	$K\urcorner 1:2$ $K\urcorner 4:2$
w_3	$\urcorner P \wedge Q$	$K\urcorner 1:3$	$K\urcorner 4:3$	$K\urcorner 1:3$ $K\urcorner 4:3$
w_4	$\urcorner P \wedge \urcorner Q$	$K\urcorner 1:4$	$K\urcorner 1:4$ $K\urcorner 2:4$ $K\urcorner 3:4$	$K\urcorner 1:4$ $K\urcorner 2:4$ $K\urcorner 3:4$

对于感知动作,在图规划框架下按如下规则表示:假设有感知动作 Inspect sense wff,在规划图中,将 wff 所涉及的命题作为感知动作的前提条件,把 Inspect 引入的知识命题作为它的效果添加到规划图中。

2. 规划图扩张

SGP 的规划图扩张算法是基于 CGP 的图扩张算法的,SGP 算法表示初始状态中的每一个可能世界,并为每一个世界生成一个规划图。在规划图扩张过程中的每一步,SGP 先不考虑感知动作,依次把每个世界的规划图向前扩张一步,其扩张方法与经典图规划方法一样。把所有的世界都扩张完了一步之后,再把跨越各个世界的感知动作添加到规划图中。

ExpandGraph: 扩展 $i-1$ 命题层到 $i+1$ 命题层

　　对于每个可能世界 w_u

　　　　对于非感知动作的每个方面 A

　　　　　　如果 A 的所有前提发生在 $i-1$ 层,且不互斥

　　　　　　　　则在 i 层实例化 A,将它的效果添加到 $i+1$ 层,并且用边将它与其前提和效果连接起来;

　　对于每个感知动作 S　　//S 的效果为 sense wff

　　　　假定 wff 涉及 k 个原子命题 $\{P_1,\cdots,P_k\}$;

　　　　对于每个可能世界 w_u

　　　　　　用 V_j 表示 $P_j:u$ 在命题层 $i-1$ 的值的集合;　　//例如,V_j 是 $\{T\}$、$\{F\}$ 或 $\{T,F\}$

　　　　　　用 C_u 表示 $V_1\times\cdots\times V_k$ 滤掉所有互斥得到的子集;

　　　　　　　　//在 w_u 的 $i-1$ 命题层中,如果每个命题都是确定的,那么 $|C_u|=1$;但是最坏情况下,$|C_u|=2^k$

　　　　　　用 C 表示 $C_1\times\cdots\times C_w$ 滤掉世界间所有互斥得到的子集

　　　　　　　　//在所有世界中如果每个 P_j 是确定的,那么 $|C|=1$;但是最坏情况下,$|C|=(2^k)^w$

　　　　对于每一个 $c\in C$;

　　　　　实例化感知动作 S,将感知动作节点加入 i 动作层,将 wff 所涉及的命题与感知动作节点相连;

　　　　　将 c 作用于 wff,得到 w 个元素的向量 D;

　　　　　对于变量 u 从 1 变化到 w

　　　　　　对于变量 v 从 $u+1$ 变化到 w

　　　　　　　如果 $D(u)\neq D(v)$

　　　　　　　　则添加知识命题节点 $K\ \neg u:v$ 与 $K\ \neg v:u$ 到 $i+1$ 层,并用添加效果边连接;

　　标出动作层 i 的互斥关系;

　　标出命题层 $i+1$ 的互斥关系;

　　算法结束

图 6.11　SGP 规划图扩张算法

CGP 的规划图扩张算法的基本思想是把初始条件的不确定性表示为可能世界的集合,并行的在每一个可能世界中扩展规划图。首先为每一个可能世界初始化一个单独的规划图,规划图扩展阶段与经典规划的方法基本相同。SGP 与 CGP 在图扩张算法上一个最主要的不同在于:SGP 根据每一个动作的逻辑感知定义及

规划图第 $i-1$ 命题层的状态来计算第 $i+1$ 层的知识命题。这个计算过程在 $i \geqslant 3$ 时就变得相当复杂,因为初始状态以后的任何命题层中都可能出现一个命题和它的否定命题同时存在的情况。具体算法如图 6.11 所示,其中包括如何扩展非感知动作、如何扩展感知动作以及互斥的处理,互斥的定义与 CGP 中的定义一致。当每一个世界中都到达了目标状态且目标命题之间不存在互斥时,规划图扩张结束,转为有效规划提取算法阶段。

给定一个规划问题,它包括两个初始状态:$w_1 = \{\neg I, \neg H, \neg B, \neg D\}$,$w_2 = \{I, H, \neg B, \neg D\}$,规划问题中包含三个动作,前面定义的 Medicate 动作,感知动作 Inspect wff B,带有条件效果的动作 Stain,当 B 为真时,I 为真。动作 Stain 的两个方面表示如下:

```
Stain1:pre:I      eff:B
Stain2:pre:¬I     eff:
```

目标状态为 $\neg I \wedge \neg D$。根据上面介绍的规划图扩张算法,得到的规划图如图 6.12所示。

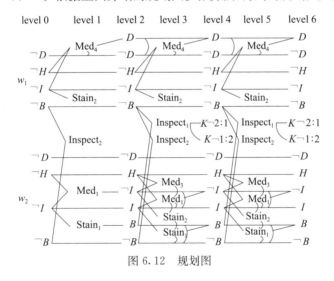

图 6.12　规划图

可以发现在第 1 层执行感知动作 Inspect 没有任何效果,因为在 w_1 和 w_2 中 $\neg B$ 都为真,当告知 B 为假时,智能体得不到任何有用信息。然而在第一层执行动作 Stain 和在第 3 层执行 Inspect 后,情形就不同了。Stain 动作改变了世界状态,使 Inspect 可以区分世界。使得第 4 层包含知识命题 $K \neg 2:1$ 和 $K \neg 1:2$。这些特殊的命题由一个单独的动作实例来支持,这个动作的前提分布在两个不同的世界中。这点是 SGP 算法的独特之处。

SGP 规划图扩张算法考虑从每一个可能世界获得的感知结果的集合,然后对他们进行交叉相乘来确定感知动作所引发的世界区分集合。这些世界的区分就导致了后续规划层中出现知识命题 $K \neg u : v$。

下面更详细地介绍这一过程。如果 P 或 $\neg P$ 在规划图中 w_u 的第 i 层没有出现,则说一个命题 P 在可能世界 w_u 的第 i 层是确定的。在所有可能世界的第 0 层所有的命题都是确定的。

运用图 6.11 中给定的规划图扩张算法描述图 6.12 的第 2 层到第 4 层的扩展过程,当算法在 SGP 中添加因果动作方面 $\text{Stain}_2 : 1$ 和 $\text{Stain}_1 : 2$ 到第 3 层时,SGP 考虑 Inspect 动作,并重复跨世界计算 $C = \{\langle\langle F \rangle, \langle T \rangle\rangle, \langle\langle F \rangle, \langle F \rangle\rangle\}$。按图 6.11 中的方法作用于 C 的第一个元素,得到 $D = \langle F, T \rangle$ 表示感知动作可以区分两个世界,SGP 添加命题 $K \neg 2 : 1$ 和 $K \neg 1 : 2$。而用图 6.11 中的方法作用于 C 的另一个元素得到 $D = \langle F, F \rangle$,此时感知动作没有区分世界的能力。具体的计算方法详见图 6.11。

3. 有效规划提取算法

经典规划对应于线性程序,动作都是顺次执行的。随机规划,对应于 if-then-else 状态的程序,可以模型化为执行树,其分支根据感知动作获得的信息来选择。

SGP 规划提取过程是 CGP 算法的逻辑扩展。当 SGP 为了支持目标 $P : u$ 而添加动作方面 $A : u$ 到规划中时,需要考虑该动作方面的所有可能引发方面 $A' : v$,检查是否与前面已添加的方面互斥。如果出现互斥,则有以下三个选择:

(1)SGP 抵制 $A' : v$,考虑执行动作的另外一个方面 $A'' : v$;

(2)SGP 通过感知动作来决定 $A' : v$ 是否可以执行,通过某些感知信息来区分 w_u 和 w_v,以至于智能体可以在 w_u 中执行 A 而不在 w_v 中执行 A;

(3)SGP 回退,即回退到 $P : u$ 的决策支持 $A : u$,或者回退到更早的决策支持。

SGP 的有效规划提取过程与 CGP 的有很大的不同,SGP 把每一层的部分指定规划表示为动态约束满足问题(CSP),即动态变量的集合及相关的约束。当动作 A 的一个方面添加到规划中所有 w 个可能世界的第 i 层中时,SGP 创建 w 个新的 CSP 变量:$A_1, \cdots, A_w$。A_u 的可能取值的集合为 A 在规划图中在 w_u 的第 i 层出现的所有方面加上 no-exec 的集合。假定 SGP 令 A_1, A_2 都等于特殊值 no-exec,且对所有满足 $u > 2$ 的 A_u 都取非 no-exec,则表示在所有的可能世界状态中都执行动作 A,除了世界 w_1 和 w_2。

智能体在除了 w_1, w_2 的所有可能世界中执行动作 A 的唯一方法是智能体可以将 w_1, w_2 与其他世界区分开。重要的是智能体必须知道 $K \neg u : v$ 和 $K \neg v : u$,其中 $v \in \{1, 2\}, u > 2$。而无须知道它自己处于哪一个世界,如不需要区分 w_1 和 w_2。

SGP 有效规划提取过程的具体算法如图 6.13 所示。

以上面例子中扩展的规划图为例,描述规划提取算法。算法开始于第 6 层,在世界 w_1 中,两个目标都仅能用 no-op 操作来支持,所以 SGP 选择这两个动作。在 w_2 中,有 no-op 和 Med_1 两个选择,假设选择了 Med_1。这时,算法建立两个 CSP

变量:M_1 和 M_2。M_2 的值域仅为 Med_1,而 M_1 的值域为 $\{\text{Med}_4, \text{no-exec}\}$。由于 Med_4 与 $\neg$D-no-op 互斥,约束传递要求 Medicate 不可以在 w_1 中执行。由于在 M_1 的值域中缺少替换的方面,抵制被排除,no-exec 成为唯一的一致选择。这就使 SGP 在第 4 层的次目标包含 $K\neg 2{:}1$ 和 $K\neg 1{:}2$,最终导致 Inspect$_1$ 添加到第 3 层,Stain$_1$ 添加到第 1 层。

ExtractSoln(在 i 层上的目标 $G = \{\cdots, P{:}x, \cdots\}$)

　　如果 $i = 0$ 并且 G 中的所有目标都在初始状态中出现

　　　　则返回成功;

　　否则如果 $i = 0$ 或者 G 包含两个互斥的目标

　　　　则回溯;

　　设 $V = \varnothing$;// V 将是待赋值的 CSP 变量

　　对于每一个 $P{:}x \in G$

　　　　在 $i-1$ 层选择一个支持它的方面 $A_j{:}x$;

　　　　如果没有这个的动作 $A_j{:}x$,或者 $\exists v \in V$ 使得 $A_j{:}x$ 与 v 的所有可能取值互斥

　　　　　　则回溯;

　　　　令方面 $A_j{:}x$ 来自动作 A;

　　　　对于每一个可能世界 w_y,创建一个新的 CSP 变量 A_y;

　　　　　　如果 A_y 不在 V 中

　　　　　　则将之加入;// A_y 的值域为在 w_y 中 A 方面加上 no-exec

　　　　将 A_x 的值域限制为 A_j;

　　对于每一个变量 A_y,$B_z \in V$

　　　　令 A_y 与 B_z 的一致约束为方面 $A_j{:}y$,$B_k{:}z$ 的非互斥对组成的集合,其中 A_y,B_z 分别来自动作 A,B;

　　对于每个动作 A

　　　　对于所有不同的世界对 w_y,w_z

　　　　　　如果 $K\neg y{:}z$ 出现在规划图的第 i 层

　　　　　　　　则 $A_y = \text{no-exec}$ 与 A_z 的任何取值都一致;

　　　　　　否则 $A_y = \text{no-exec}$ 仅与 $A_z = \text{no-exec}$ 一致;

　　用 CSP 方法为 $\forall v \in V$ 赋值;

　　　　如果不存在这样的赋值,则回溯;

　　令 $G_{i-2} = \varnothing$;//这将作为次目标集合

　　对于每个 $A_x \in V$

　　　　如果 $A_x \neq \text{no-exec}$

　　　　　　则 $G_{i-2} = G_{i-2} \cup \{A_x$ 取值的前提条件$\}$;

　　　　否则对于每个 $A_y \in V$ 且 $A_y \neq \text{no-exec}$

　　　　　　$G_{i-2} = G_{i-2} \cup \{K\neg x{:}y, K\neg y{:}x\}$

　　递归调用 ExtractSoln(G_{i-2}, $i-2$);

算法结束

图 6.13　SGP 有效规划提取算法

6.4.4　结论

本节介绍了 SGP、扩展 Graphplan 算法来处理不确定初始条件和动作带有感知效果或因果效果的规划问题。SGP 将 CGP 算法中的可能世界方法应用于随机规划中，为每一个可能世界分别扩展规划图。规划图扩张阶段首先考虑非感知动作，添加非感知动作以及非感知动作的添加效果，然后添加感知动作及感知动作的效果——知识命题来区分不同的世界。SGP 产生带有分支的随机规划，并把有效规划的提取过程形式化为动态 CSP 问题。由于可能世界的数量可能是指数级的，随机规划的速度也会指数级地慢于具有完备信息的规划。

SGP 算法的优点是它利用了一致规划中的可能世界的思想，从而解决了初始状态具有不确定性的随机规划问题，并且利用感知动作来感知当前所有世界的信息，从而大大缩减了搜索空间，提高规划器效率，但 SGP 没有结合数字化的概率推理，只是为每一个可能世界建立独立的规划图结构，这使算法比较复杂，而且在具有完全信息的规划中，执行效率会降低。

6.5　基于决策理论的多目标概率规划

在现实世界中，遇到的规划问题是非常复杂的。智能体不仅面临执行任务的不确定性，同时还需要智能体生成可执行的规划满足多个目标，所谓多个目标就是需满足多个约束条件。多目标概率规划是概率规划与现实规划问题相结合的产物，有着广泛的应用前景。本节我们将详细地介绍多目标概率规划的求解方法。

6.5.1　规划问题模型

1. 多目标概率规划问题

多目标概率规划问题（multi-objective probabilistic planning problem）由以下四个集合组成。

（1）初始条件集合：集合中的每个元素是描述初始世界状态的一个命题。

（2）目标集合：由命题元素构成，并且在规划结束时这些命题必须为真。

（3）对象集合：集合中的每个元素是智能体可以施加操作的对象。

（4）操作集合：集合中的每个元素是描述操作的命题，对每个操作进行实例化后即变成可执行的动作。

2. 概率动作

一个完全实例化的操作叫做动作。规划的任务就是在给定规划问题的初始条件之后，对对象实施一系列动作，使问题目标得以实现。

我们考虑的是概率动作,概率动作由合取的前提条件和不确定的效果两部分组成,动作的每个不确定的效果都附上相应的概率值。例如,动作"faststack"前提条件需要机器人的手臂是空的,木块 A 在桌子上并且是空的,木块 B 是空的这四个命题的合取。动作执行后有 80% 的概率实现效果木块 A 在木块 B 上,有 20% 的概率智能体动作执行失败,什么也没发生,我们假设执行后产生的所有可能结果事先已知。

3. 规划解

多目标概率规划的规划解是满足所有限定目标约束的最优规划,该规划解称为理想解。在实际求解中,这种理想最优解通常是无法得到的。而实际求得的是权衡多个目标,使得所有目标尽量满足的可行解,也称为非劣解。

其实概率规划问题本质就是多目标问题,它需要同时满足规划成功概率最大时消耗的代价最小。在现实世界中,大部分规划问题都包含多个目标约束。例如,一个规划问题需满足以下所有目标约束,使得规划消耗的代价最小,规划成功的概率最大,规划的分支最少,规划完工时间和消耗的资源最少等,智能体需要同时考虑这些目标来生成规划。

4. 多目标概率规划的求解模型

我们采用马尔可夫决策问题模型(MDP)来求解多目标概率规划问题。将多目标概率规划求解模型定义为一个六元组 $\langle S, s_0, G, A, P_a, V \rangle$,它有如下特点:首先,状态转移是概率的;其次,状态是完全可知的;最后,评价函数是包含多个目标。该模型定义如下。

M1. 离散的有限的状态空间 S;

M2. 初始状态 $s_0 \in S$;

M3. 目标集合 $G \subseteq S$;

M4. 在状态 $s \in S$ 下可用的动作集合 $A(s) \subseteq A$;

M5. 转移概率 $P_a(s'|s)$ 其中 $s \in S, a \in A(s)$ 它表示在状态 s 下执行动作 a 到达状态 s' 的概率;

M6. 函数 $V(s,a) > 0$,它包含多个目标,$v_i(s,a) \in V(s,a)$,其中 $i \in [1, k]$,它表示 k 个目标中的一个目标向量;

M7. 状态是完全可观察的。

该求解模型的规划解是从状态到动作的映射函数 $\pi: S \to A$,称其为策略,它是从初始状态 s_0 出发的马尔可夫链。该规划解指定了智能体在可能到达的任何状态下应当采取什么行动。$\pi(s)$ 表示策略 π 为状态 s 推荐的行动。一个确保能到达终止状态的策略叫做适当策略,对于每一个状态,它能保证有一个目标状态的期望评估值是有限的且是可以计算的。

6.5.2　多目标评价函数

目前已有的概率规划算法的评价函数通常都只针对单个目标,它们忽略了现实中存在的多个目标或对其他目标进行人为的限定。然而许多现实世界中的规划问题通常都带有多目标属性,也就是说它们需要同时满足不止一个目标,这对研究多目标的概率规划问题是很重要的。例如,航空器运行需要同时考虑优化工作时间、使得目标成功的概率、燃料的效率、有效载荷和重量等。在这部分中,我们首先回顾单目标公式的研究,然后介绍多目标优化方法和怎样利用该方法构造多目标概率规划的目标函数。

1. 单目标评价函数

大部分基于概率规划的研究都只是最优化单个目标,如只是最大化目标成功的概率或仅是最小化期望花费的代价。这些方法通过贝尔曼最优方程定义每个状态的值函数。

例如,最优化到达终点成功的概率,它完全忽略了规划的代价及其目标。通常的做法是假定在一个有限的范围内,即在时间步 k 内寻找概率最大的规划。用贝尔曼方程定义最小化每个状态不满足目标的概率,值函数如下:

$$V(s)=0, \quad \text{如果 } t=k \text{ 并且 } s \text{ 是目标状态}$$

否则,

$$
\begin{aligned}
V(s) &= \min_{a \in A(s)} Q_V(a,s) \\
\pi_V(s) &= \operatorname*{argmin}_{a \in A(s)} Q_V(a,s) \\
Q_V(a,s) &= \sum_{s' \in S} p_a(s' \mid s) V(s')
\end{aligned}
\tag{6.1}
$$

计算 $V(s_0)$ 初始状态的最小值和相应的策略 π,即规划解。

另一个单目标公式是最优化到达目标的期望代价,假设代价 $c_T(s)$ 为目标状态的代价,$c(a,s)$ 是非终止状态花费的代价。最小化每个状态 s 的期望代价的贝尔曼方程如下:

$$V(s)=c_T(s), \quad \text{如果 } s \text{ 是目标状态}$$

否则,

$$
\begin{aligned}
V(s) &= \min_{a \in A(s)} Q_V(a,s) \\
\pi_V(s) &= \operatorname*{argmin}_{a \in A(s)} Q_V(a,s) \\
Q_V(a,s) &= c(a,s) + \sum_{s' \in S} p_a(s' \mid s) V(s')
\end{aligned}
\tag{6.2}
$$

以上两个单目标值函数是目前求解概率规划算法经常定义的两类评价函数。

2. 多目标优化理论

多目标优化是近 20 年来迅速发展起来的一门新兴学科,作为最优化的一个重要分支,它主要研究在某种意义下多个数值目标的同时最优化问题,由于现实世界中的大多数最优化问题都要涉及许多个目标,因此,对于多目标最优化的研究在国际上引起了人们极大的关注和重视。这一学科不论在理论研究或实际应用方面,均取得了较大的发展。我们将这一学科的基本理论和基本求解方法应用到概率规划中,对多目标概率规划进行求解。

1)多目标优化问题的数学模型

多目标优化问题的数学模型一般可以描述为[14]

$$
\begin{aligned}
&\min f_1(x_1, x_2, \cdots, x_n) \\
&\qquad \cdots\cdots \\
&\min f_r(x_1, x_2, \cdots, x_n) \\
&\max f_{r+1}(x_1, x_2, \cdots, x_n) \\
&\qquad \cdots\cdots \\
&\max f_m(x)(x_1, x_2, \cdots, x_n) \\
&\text{s. t. } g_i \leqslant 0, i = 1, 2, \cdots, q_1 \\
&\qquad h_i = 0, \quad i = 1, 2, \cdots, q_2
\end{aligned}
\tag{6.3}
$$

其中 $f_i(x)(i=1,2,\cdots,m)$ 是目标函数,$g_i(x)$ 和 $h_i(x)$ 是约束函数,$x=(x_1,x_2,\cdots,x_n)^{\mathrm{T}}$ 是 n 维变量;$X=\{x\in\mathbb{R}^n \mid g_i\leqslant 0(i=1,2,\cdots,p_1), h_i=0(i=1,2,\cdots,p_2)\}$ 是问题的可行域。在这个多目标优化问题中有 $m(m\geqslant 2)$ 个目标(其中 r 个是极小化目标,$m-r$ 个是极大化目标),以及 q_1+q_2 个约束。

如果多目标优化问题的目标全部是极小化目标,约束全部是不等式约束,则得到标准的多目标优化模型:

$$
\begin{aligned}
&\min(f_1(x), f_2(x), \cdots f_m(x))^{\mathrm{T}}, \\
&\text{s. t. } g_i(x) \leqslant 0, \quad i = 1, 2, \cdots, q_1。
\end{aligned}
\tag{6.4}
$$

2)多目标优化问题的解

在求解单目标优化问题时,人们寻找的是一个最好的解。在多目标优化问题中,由各个目标之间相互矛盾、相互制约,一个目标的改善往往是以其他目标的损失为代价,不可能存在一个使每个目标都达到最优的解,多目标优化问题的解是满足决策者要求的非劣解,对于 $x^*\in X$,若不存在 $x\in X(x\neq x^*)$ 使得 $f(x)\leqslant f(x^*)$ 成立,则 x^* 为多目标优化问题的一个非劣解(noninferior solution)。具体地说,设 $f(x)=(f_1(x),f_2(x),\cdots,f_m(x))^{\mathrm{T}}$ 是多目标优化问题的向量目标函数,x^* 是问题的非劣解意味着在可行域 X 中找不到一个解 x 能满足:

(1)x 对应的向量目标函数 $f(x)$ 中的每一目标值都不比 $f(x^*)$ 中相应的值大；

(2)$f(x)$ 中至少有一个目标值要比 $f(x^*)$ 中的相应值小。

也就是说在可行域中找不到比非劣解更好的解，如果要改善问题的一个目标，必然会导致其他目标的损失。

3. 多目标评价函数

对于多目标概率规划问题，我们根据智能体提供的决策偏好信息构造一个评价函数，使得智能体需满足的多个目标都集中于该评价函数中，多目标评价函数的重要意义在于算法用它来评价规划解的好坏，它是控制解搜索过程的核心。

多目标优化理论中常用的构造的评价函数的方法有：线性加权法、极大极小法、理想点法、ε-约束法等，下面我们就利用这些方法的原理来构造多目标概率规划中的评价函数。

1)线性加权法

线性加权法是最简单、最基本也是应用最广泛得多目标优化算法。其核心思想是根据各个目标 v_i 在智能体决策中的重要程度，分别赋予一个非负的权系数 $\omega_i \geqslant 0$ $(i=1,2,\cdots,m)$，$\sum\limits_{i=1}^{m} \omega_i = 1$，然后把这些带权的目标加起来构造多目标的评价函数：

$$V(s) = \sum_{i=1}^{m} \omega_i v_i(s) = \omega^{\mathrm{T}} v(s) \tag{6.5}$$

求解以这个函数为评价函数 MDP 规划问题可以得到一个最优策略 π^*，该策略能使公式(6.5)的值最小，即为原多目标概率规划问题的一个非劣规划解。根据最优策略 π^*，可选择使得后继状态的评估值最小的行动：

$$\pi^*(s) = \operatorname*{argmin}_{a \in A(s)} \sum_{i=1}^{m} \omega_i v_i(s) \tag{6.6}$$

最优动作有时也称为贪婪动作，最优策略也称为贪婪策略。

图 6.14 中，在状态为 s 上有两个可执行的动作 a 和 b，它们都是概率动作。动作 a 有两个可能效果，根据前面的迭代计算策略 π_1 到达目标的成功概率为 1.0，期望花费的代价为 50，策略 π_2 到达目标的成功概率为 0.5，期望花费的代价为 10。动作 b 也有两个可能效果，策略 π_3 到达目标的概率为 0.75，期望花费的代价为 30，策略 π_4 到达目标的概率为 0.0，期望花费的代价为 0。

我们以图 6.14 包含两个目标的概率规划问题为例，用线性加权法构造评价函数并计算相应的函数值。这两个目标分别是最小化期望代价和最大化目标成功的概率，多目标值函数如下：

$$V(s) = \omega_1 v_1(s) + \omega_2 v_2(s)$$

$$=\omega_1 \min_{a\in A(s)} Q_{V_1}(a,s) + \omega_2 \min_{a\in A(s)} Q_{V_2}(a,s) \tag{6.7}$$

当 s 是目标状态时

$$V_1(s) = 0, \quad V_2(s) = c_T(s)$$

否则，

$$Q_{V_1}(a,s) = \sum_{s'\in S} p_a(s'\mid s) V_1(s')$$

$$Q_{V_2}(a,s) = c(a,s) + \sum_{s'\in S} p_a(s'\mid s) V_2(s')$$

将数值代入公式(6.7)中，将多目标优化转化成单目标最优化问题求解，

$$V(s) = \omega_1 \min\{70\% \times 1.0 + 30\% \times 0.5, 40\% \times 0.75 + 60\% \times 0.0\}$$
$$+ \omega_2 \min(1 + 70\% \times 50 + 30\% \times 10, 1 + 30\% \times 30 + 70\% \times 0\}$$
$$= 0.3\omega_1 + 10\omega_2 .$$

这里假设 $\omega_1 = 0.8, \omega_2 = 0.2$，那么 $V(s_0) = 2.24, \pi_v(s) = a_1$。

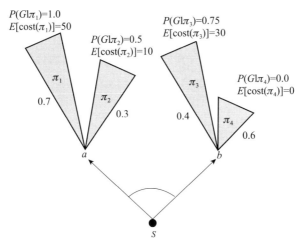

图 6.14 包含两个目标的概率规划的例子

通过变化权系数的值，可以求得原多目标概率规划问题的非劣规划解集的子集。但是一般来说，取遍所有的 $\omega > 0$ 也不能保证得到所有的非劣规划解。

2)极大极小法

极大极小法是在对各个目标来说最不利的情况下找出最有利的解。对多目标最小化问题，选取各个目标函数 $v(s)$ 中最大的值构造评价函数，即取

$$V(s) = \max_{1\leqslant i\leqslant m}\{v(s)_i\}$$

多目标规划问题就可以归结为数值极小化问题：

$$\min_{x\in X} V(s) = \min_{x\in X} \max_{1\leqslant i\leqslant m}\{v(s)_i\} . \tag{6.8}$$

求解以这个函数为评价函数的 MDP 规划问题是为了找到一个最优策略 π^*，根据最优策略 π^*，可选择使得后继状态的评估值最小的动作：

$$\pi^*(s) = \underset{a \in A(s)}{\text{argmin}} \max_{1 \leqslant i \leqslant m} \{v(s)_i\}, \tag{6.9}$$

依据上面的公式来寻找最优动作，搜索多目标概率规划问题的非劣规划解。

3）理想点法

在多目标概率规划中，如果决策者事先对各个目标 $v_i(x)$ 给出期望目标值 $\overline{v_i}$ 使之满足：$\overline{v_i} \leqslant \min\limits_{s \in S} v_i(x)$，$i = 1, 2, \cdots, m$，则称 $\overline{v} = (\overline{v_1}, \overline{v_2}, \cdots, \overline{v_m})^{\mathrm{T}}$ 为理想点。理想点法的思想是求在目标空间内某种意义下离理想点最近的可行解，即求 $s \in S$，使得 $v(s)$ 与 $\overline{v}$ 在给定范数意义下的偏差最小：

$$\min_{s \in S} V(x) = \min \| v(s) - \overline{v} \| 。 \tag{6.10}$$

使用理想点法我们需要选择一种范数计算评价函数，还要给出理想点，而且理想点必须满足一定要求，不能随便给出。在实际应用中使用很不方便，这里我们简单介绍下理论，并没有应用该方法构造多目标的评价函数。

4）ε-约束法

ε-约束法也称为参考目标法，其原理是根据智能体的偏好选择一个主要目标式，而将其他 $m-1$ 个目标放入到约束条件中去，从而将原多目标优化转变为 $\min v_{\text{main}}(x)$，s. t. $v_i(x) \leqslant \varepsilon_i$，$i = 1, 2, \cdots, m$，$s \in S$。其中，参数 ε_i 是事先设定的，表示智能体对第 i 个目标容许接受的阈值。如果适当地选择参数，则每个非劣解都可以用 ε-约束法得到，它在保证主目标效益的同时，又照顾了其他目标，使得它在许多实际问题中受到决策者的偏爱。

6.5.3　多目标概率规划求解算法

我们选择了三种比较成熟的求解单目标概率规划算法，并在这些算法的基础上提出了求解多目标概率规划的算法，以弥补它们只能求解单个目标约束的局限性。LRTDP(labeled RTDP)算法是 Bonet 和 Geffner 在 2003 年 ICAPS 会议中提出[15]的，它是带有标记的实时动态编程算法，有效地改进了 RTDP 的收敛性。HDP 和 LDFS 是分别是 Find-and-Revise 框架下的两个启发式动态编程算法，HDP 算法是 Bonet 和 Geffner 在 2003 年 IJCAI 会议中提出的[16]，它的算法思想是通过深度优先搜索对生成的状态空间进行查找，并且利用标记机制记录已访问过的状态。LDFS 算法是 Bonet 和 Geffner 在 2006 年 ICAPS 会议中提出[17]，它的算法思想是：深度优先搜索和学习及更新当前状态值使之与其后续状态一致。以上这三种算法的搜索思想已经是很完备的，但不足之处是它们都根据单目标的评价函数进行规划解的搜索。我们应用前面介绍的多目标优化方法构造的评价函数替换原有的单目标函数,改变搜索的指导思想,用多目标评价函数引导解搜索的过程、评估规划解得质量,考虑的目标更全面、均衡。因此,我们提出 mLRTDP,mHDP 以及 mLDFS 算法,这些算法能够有效地对多目标概率规划进行求解[18,19]。

1. 多目标 LRTDP 算法(mLRTDP)

LRTDP 算法是 RTDP 算法基础上引入"标记"机制,用来求解完全可观察的概率规划问题,与其他动态编程算法相比有两个优点:一是它不需要计算整个状态空间的代价值;二是它能快速地生成较好的策略即规划解。"标记"机制加速了算法的收敛速度,其主要思想是:当启发式值在状态 s 以及从 s 出发利用贪婪策略可达的那些状态上收敛时,标记状态 s 为可解状态。当标记程序不能标记一个状态可解时,更新该状态评价函数的值。我们选择在 LRTDP 算法基础上进行研究,并提出了 mRTDP 算法。该算法适用于求解多目标概率规划问题,而不再局限于单个目标的约束。

mRTDP 实际是多目标评价函数控制贪婪搜索过程与异步价值迭代算法的结合。首先介绍算法用到的假设条件和相关概念,满足的假设是 Bertsekas 在 1995 年提出的假设[20]:

(1)从每个状态出发都会以一个正的概率到达目标状态。

(2)从状态 s 出发利用贪婪策略可达的状态称为状态 s 的相关状态。

(3)我们把 $|V_{i+1}(s)-V_i(s)|$ 称为误差或冗余,如果 $|V_{i+1}(s)-V_i(s)|\langle\varepsilon,\varepsilon\rangle 0$ 是由算法事先给定的,则称评价函数在状态 s 上收敛。

(4)从状态 s 出发利用贪婪策略可达的所有状态组成的图,称为状态 s 的贪婪图。

(5)状态 s 的贪婪图中所有状态组成的集合,称为状态 s 的贪婪封装集。

"标记"机制由一个被称为 CheckSolved 的标记程序完成,它用来记录多目标评价函数在其上已经收敛的状态,避免重复访问,并更新未收敛的状态。

CheckSolved 程序执行的过程如下。

(1)以状态 s 为根节点搜索 s 的贪婪图,查找冗余大于 ε 的状态 s',即检查是否存在还未收敛的状态。

(a)如果没有这样的 s' 存在,状态 s 被标记为可解,返回 true,即当前多目标评价函数函数 $V(s)$ 在状态 s 上收敛。同时标记状态 s 贪婪封装集中的所有状态为可解,即收敛。

(b)如果发现冗余大于 ε 的状态 s',将 s' 存入 closed 表中等待更新。

(2)当所有冗余大于 ε 的状态都被找出并存储在一个等待更新的 closed 表中时,搜索结束,更新这些未收敛状态的 $V(s)$ 值,返回 false。

程序中状态 s 的标记用哈希表中的一比特位表示,记为 $s.\mathrm{SOLVED}$。状态 s 被标记为可解,当且仅当 $s.\mathrm{SOLVED}=\mathrm{true}$。

下面给出标记程序的伪代码:

```
CheckSolved(s: state,ε: float)
begin
    rv＝true
    open＝NULL
    closed＝NULL
    if ¬s. SOLVED then open. PHSH(s)
    while open≠NULL do
        s＝open. POP()
        closed. PUSH(s)
        if s. RESIDUAL()〉ε then   //核对误差
            rv＝false
            continue
        a＝s. GREEDYACTION()   //扩展状态
        foreach s'such that P_a(s'|s)〉0 do
            if ¬s'. SOLVED &. ¬IN(s', open∪closed)
                open. PUSH(s')
    if rv＝true then
        foreach s'∈ closed do   //标记相关状态
        s'. SOLVED＝true
    else
        while closed≠NULL do   //更新未收敛的状态及其祖先节点
        s＝closed. POP()
        s. Update()
    return rv
end
```

mLRTDP 的每次试验当到达一个可解状态时终止（初始时只有目标状态是可解的），然后反向调用 ChechSolved 程序，从试验中最后一个不可解状态开始回溯到初始状态 s_0，直到程序在某些状态上返回 false。mLRTDP 算法当初始状态 s_0 被标记为可解时最终收敛。

mLRTDP 算法的伪代码如下。

```
mLRTDP(s: state,ε: float)
    begin
        while ¬s. SOLVED do mLRTDPTRIAL(s,ε)
    end
```

```
mLRTDPTRIAL(s: state, ε: float)
begin
      visited=NULL
    while ⌐s. SOLVED do
      visited. PUSH(s)     //压入堆栈
      if s. GOAL()then break     //核对是否到达目标状态
      a=s. GREEDYACTION()     //根据贪婪策略选择最优动作
      s. UPDATE()     //更新相应状态的值
      s=s. PICKNEXTSTATE(a)     //随机选择下一个状态
      while visited≠NULL do     //反向调用标记程序进行标记
      s=visited. POP()
      if ⌐CHECKSOLVED(s,ε)then break
end
```

```
state::GREEDYACTION()     //选择贪婪动作
begin
```
$$
\text{return } \underset{a\in A(s)}{\arg\min}\, s.\,\text{Qvalue}(s)
$$
```
end
```

```
state::QVALUE(a:action)     //计算多目标评价函数的值
begin
```
$$
\text{return } \sum_{i=1}^{m} c_i(a,s) + \sum_{i=1}^{m} \omega_i v_i(s) \cdot s'.\,\text{VALUE}
$$
```
end
```

```
state::UPDATE()     //更新当前状态的动作和评价函数的值
begin
      a=s. GREEDYACTION()
      s. VALUE=s. QVALUE(a)
end
```

```
state::PICKNEXTSTATE(a: action)     //随机选择后继状态
  begin
```

```
        pick s′ with probability Pa(s′|s)
    end
state::RESIDUAL()    //计算冗余
begin
    a＝s. GREEDYACTION()
    return|s. VALUE-s. QVALUE(a)|
end
```

mLRTDP 算法是针对 LRTDP 算法的局限性进行改进,利用多目标评价函数引导规划解得搜索,继承了单目标贪婪搜索和标记机制的思想,保证了算法的有效性,所求得的规划解是多目标概率规划的一个非劣规划解。

2. 多目标 HDP 算法(mHDP)

Bonet 和 Geffner 提出了新的启发式动态规划算法 HDP,它是目前求解单目标概率规划问题最为高效的算法之一。我们之所以选择在它基础上进行研究是因为它综合了启发式搜索和动态规划的优点,可以在不需要评估整个状态空间的基础上寻找最优规划解。mHDP 算法继承了 HDP 算法高效性的优点,同时弥补了它只能处理单目标规划问题的局限性。

首先介绍一般性启发式算法框架 FIND-and-REVISE,它同样适用于多目标概率规划问题下的算法。从初始状态 s_0 出发的找出在贪婪策略下的冗余差大 ε 的状态 s,称其为不一致状态,更新这些不一致状态的评价函数值,直到找不到这样的状态为止。下面给出 Find-and-Revise 的算法伪代码:

```
start with a lower bound function V: ＝h
repeat
    FIND a state s in the greedy graph GV with R(s)〉ε
    REVISE V at s
until no such state is found
return V
```

FIND-and-REVISE 算法执行的过程中,每一次迭代 FIND 操作查找贪婪图,从初始状态 s_0 开始,算法不断扩展贪婪图,直到多次迭代后贪婪图相对完整。算法最后对于这个贪婪图的所有状态,计算出一个 ε-consistent 的评价函数。可以根据实践需要,选择 ε 的大小,当 ε 趋近于 0 时,V 趋近于最优值函数 V^*。

mHDP 的主要思想是利用多目标初始世界状态知识和可纳的启发式信息生成最优策略,而不需要计算整个状态空间评价函数的值。首先它利用 Tarjan 的线性算法[21]来确定状态空间中的强连通分支部分,然后利用标记机制在强连通分支图中检测可解状态。

mHDP 是 FIND-and-REVISE 的一个实例化算法,FIND 操作被系统地以深度优先搜索进行,并标记已访问过的状态。一个状态被定义为可解的(solved),即在 s 上评价函数 V 是 ε-consistent 的,并且在所有从 s 出发,通过贪婪策略 π_V 能到达的状态上也是 ε-consistent 的。当这些条件满足时,在 s 及从 s 能到达的状态上,不需要进一步进行更新。如果找不一致的状态 s 时,我们用 s 的后继状态的值来更新当前状态 s 的多目标评价函数的值,这里的评价函数是采用线性加权法构造的。即

$$V(s) = \min_{a \in A(s)} \left[\sum_{i=1}^{m} c_i(a, s) + \sum_{i=1}^{m} \omega_i v_i(s) \cdot V(s') \right]$$

当初始状态 s_0 是可解的并且一个 ε-consistent 的评价函数找到的时候,算法结束。

由于贪婪图中存在环,mHDP 采用解决循环的标记思想,标记检查作为 FIND 搜索的一部分,它同样运用 Tarjan 线性算法来检查有向图的强连通分支。在有向图 G_V 中,s 与 s' 之间的"~"关系为 $s = s'$ 或 s 可从 s' 到达且 s' 可从 s 到达。G_V 中的强连通分支称为等价类,由 s 与 s' 之间的"~"定义并因此形成一个特定的集合,用 C 表示,并定义 Component C 是 ε-consistent,当 C 中的所有 s 都满足 ε-consistent;Component C 是可解的,当 C 中的每一个 s 都是可解的。由此定义 G_V^C:图的顶点是 G_V 中的 Components,边是 $C \rightarrow C'$,当 C' 中某一状态能由 C 中的某一状态到达时。显然,G_V^C 是一个非循环的图。另外,

(1)状态 s 是可解的当且仅当 Component C 是可解的。

(2)Component C 是可解的当且仅当 C 是一致的且对所有的 C',$C \rightarrow C'$ 是可解的。

从而在循环图 G_V 中标记状态的问题可映射到非循环图 G_V^C 中标记 Components 的问题,而后者则可以通过标准的动态规划方法解决。

图 6.15 中如果状态 2 是不一致的状态,我们就标记 C_1 和 C_2 分支中所有状态为可解状态,而 C_3 和 C_4 中所有状态为不可解状态。Tarjan 算法在 $O(n+e)$ 时间内检测有向图的强连通部分,其中检测为深度优先,n 代表状态数目($n \leqslant |S|$ in G_V),e 为边的数目。mHDP 算法如下。

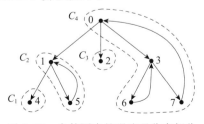

图 6.15 贪婪图中的强连通分支部分

HDP(s:state)

begin

    while ¬s. SOLVED do

           index:＝0

           mDFS(s)　//调用 mDFS()

           [reset IDX to ∞ for visited states]

           [clean stack and visited]

end

mDFS(s:state)

begin

    if s. SOLVED ∨ s. GOAL then

           s. SOLVED:＝true

           return　false

   foreach $a \in A(s)$ do

$$s. \text{QVALUE} = \sum_{i=1}^{m} c_i(a, s) + \sum_{i=1}^{m} \omega_i v_i(s) \cdot s'. \text{VALUE}　//计算多目标评$$

  价函数的值

  if s. RESIDUAL$>\varepsilon$ then　//核对冗余

           s. UPDATE()

           return true

    visited. PUSH(s)　//标记状态信息,寻找强连通分支

    stack. PUSH(s)

    s. IDX:＝s. LOW:＝ index

    index:＝index＋1

    flag:＝false

    for $s' \in s$. SUCCESSORS do　//递归调用 mDFS()

      if s'. IDX $=\infty$ then

           flag:＝flag ∨ mDFS(s')

        s. LOW:＝min$\{s$. LOW,s'. LOW$\}$

      else if $s' \in$ stack then

        s. LOW:＝min$\{s$. LOW,s'. IDX$\}$

   if flag then　//更新不一致状态的评价函数值

        s. UPDATE()

        return true

```
    else if s. IDX＝s. LOW then   //标记可解状态
        while stack. TOP≠s do
            s'：=stack. POP( )
            s'. SOLVED：=true
        stack. POP( )
        s. SOLVED＝true
        return flag
end
```

算法 mHDP 继承了 HDP 的性质：给定初始可纳的函数值，mHDP 在所有相关状态下，产生一个 ε-consistent 的评价函数，并在 ε 趋于 0 时，收敛于最优评价函数。

定理 6.5.1 对于一个 M1—M7 的多目标概率规划模型，给定一个初始可纳的、单调的评价函数 $v_0(s)$：

(1)mHDP 产生一个 ε-consistent 的评价函数，循环次数不超过

$$\varepsilon^{-1} \sum_{s \in S} \{V^*(S) - v_0(s)\} (收敛性);$$

(2)且在 ε 趋于 0 时在所有相关状态下得到最优评价函数值（最优性）。

首先证明算法在执行的任意时刻，对任意状态 i，都有 $V(i) \leqslant V^*(i)$。采用演绎法，对于初始可纳的值函数，在每个状态都有 $V(i) = v_0(i) \leqslant V^*(i)$。对于任意状态 i，假设算法某一步，$V(i) \leqslant V^*(i)$，执行演绎，则在状态 i 上可能执行更新：

$$V(i) = \min_{a \in A(s)} \left[\sum_{i=1}^{m} c_i(a,s) + \sum_{i=1}^{m} \omega_i v_i(s) \cdot V(s') \right]$$

$$\leqslant \min_{a \in A(s)} \left[\sum_{i=1}^{m} c_i(a,s) + \sum_{i=1}^{m} \omega_i v_i(s) \cdot V^*(s') \right] = V^*(i).$$

显然，mHDP 每次调用 mDFS，以深度优先的方式，叶子节点或者是已经标记为 SOLVED 的状态，或者是不一致的状态（在这种情况下，算法对不一致状态的函数值进行更新计算）。由于算法的任意时刻，都有 $V(i) \leqslant V^*(i)$，则算法的迭代次数不会超过 $\varepsilon^{-1} \sum_{s \in S} \{V^*(S) - v_0(s)\}$，其中 $s \in S$ 是所有相关的状态。同时，当 ε 趋于 0 时，任意状态 i 的函数值趋于最优评价函数值 $V^*(i)$。

mHDP 算法保留了 HDP 算法的搜索方法以及 Tarjan's 确定强连通分支并进行标记的思想，由于需要对每个状态计算的是多目标的评价函数的值，因此算法的整体计算效率要比原来针对单目标的 HDP 算法慢很多，但它扩大了启发式动态编程算法的应用范围，更接近现实中的规划问题。

3. 多目标 LDFS 算法（mLDFS）

2005 年，Bonet 和 Geffner 结合 DP 算法的优点和 HS 算法的有效性，发展了一种通用的算法框架 LDFS，以期望达到一般性和有效性。LDFS 是 Find-and-Revise 框架下另一个实例化的启发式动态编程算法。LDFS 框架清晰化和一般化贯穿于各种算法模型中的启发式算法族的 2 个关键点：学习（learning）和下界（lower bounds）。LDFS 结合更新下界和初始状态知识来为规划问题计算部分最优策略（partial optimal policies），它利用这些概念，表示出一个一般性的框架，这个框架能够覆盖一系列模型问题。

这部分对 LDFS 在 MDP 问题上的应用进行扩展，用多目标优化方法定义的评价函数替代原有的评价函数引导搜索过程，将扩展后的算法称之为 mLDFS 算法。

mLDFS 算法的基本特点是：求解时结合有界和迭代加深 A^*（IDA^*）[22] 搜索算法进行解搜索。在每次迭代中，如果存在一个不超过最优代价的解，那么找到解，否则，更新多目标评价函数的值，求解过程重新开始进行。对于任何一个可纳的评价函数，算法在策略 π 下找到一个从初始状态 s_0 出发能够到达的状态 s，在保证 $\mathrm{Res}V(s) > \varepsilon$ 情况下更新状态的评价函数值，最后返回评价函数。mLDFS 主要通过两个循环来实现算法：一个循环位于状态 s 上的贪婪动作 a 上，其中 $a \in A(s)$；另一个循环是在 s 的所有可能后继 s' 上。搜索中的端（tip）节点是：不一致的状态 s、终止状态和被标记为可解（solved）的状态。一个状态被标记为可解当且仅当在该状态下进行搜索时没有找到不一致的状态。如果 s 是一致的且在对 s 的后继状态 s' 搜索后标记位为真，则 s 被标记为可解的，并记录动作 a，s 上的其他动作将不再被搜索。否则，对下一贪婪动作进行试验，一直到没有这样的动作存在时为止，更新状态 s 评价函数的值。算法结束时返回评价函数和相应贪婪策略，即原多目标概率规划问题的一个非劣解。mLDFS 算法伪代码如下。

```
mLDFS(MDP)-DRIVER(s₀)
begin
    while s₀ is not SOLVED do
        mLDFS(MDP)(s₀, ε, 0, stack)
        Clear ACTIE bit on all visited states
    return(V, π)
end


mLDFS(MDP)(s, ε, index, stack)
begin
    if s is SOLVED or terminal then
```

if s is terminal then $V(s) := \sum_{i=1}^{m} c_T(a, s)$ //如果是目标状态计算 $V(s)$ 的值

    Mark s as solved return true

if s is ACTIVE then return false //更新

Push s into stack

$s.\,\mathrm{idx} := s.\,\mathrm{low} := \mathrm{index}$

$\mathrm{index} := \mathrm{index} + 1$

$\mathrm{flag} := \mathrm{false}$

foreach $a \in A(s)$ do

    if $Q_V(a, s) - V(s) > \varepsilon$ then continue

    Mark s as ACTIVE

    $\mathrm{flag} := \mathrm{true}$

    foreach $s' \in s.\,\mathrm{SUCCESSORS}$ do

        if $s'.\,\mathrm{idx} = \infty$ then

            $\mathrm{flag} := \mathrm{mLDFS}(s', \varepsilon, \mathrm{index}, \mathrm{stack}) \,\&\, \mathrm{flag}$ //递归调用

            $s.\,\mathrm{low} = \min\{s.\,\mathrm{low}, s'.\,\mathrm{low}\}$

        else if s' is ACTIVE then

            $s.\,\mathrm{low} = \min\{s.\,\mathrm{low}, s'.\,\mathrm{idx}\}$

    if flag then break

    while $\mathrm{stack.\,top.\,idx} > s.\,\mathrm{idx}$ do

        $\mathrm{stack.\,top.\,idx} := \mathrm{stack.\,top.\,idx} := \infty$

if $\neg \mathrm{flag}$ then //更新状态 s 的多目标评价函数

    $$V(s) := \min_{a \in A(s)} \left[\sum_{i=1}^{m} c_i(a, s) + \sum_{i=1}^{m} \omega_i v_i(s) \cdot V(s') \right]$$

    $\pi(s) := a$

    $s.\,\mathrm{idx} := s.\,\mathrm{low} := \infty$

    Pop stack

else if $s.\,\mathrm{low} = s.\,\mathrm{idx}$ then

    while $\mathrm{stack.\,top.\,idx} \geqslant s.\,\mathrm{idx}$

        Mark s as SOLVED //标记可解

            $\mathrm{stack.\,top.\,idx} := \mathrm{stack.\,top.\,idx} := \infty$

            Pop stack

    return flag

end

mLDFS算法同样应用了基于 Tarjan 线性算法的标记机制,该算法中进行标记是为了避免进入循环,同时标记可解状态。当初始状态被标记为可解时,算法结束,返回相应的策略,即多目标概率规划的非劣规划解。通过调节权值系数,多次调用以上算法,可以得到一个非劣规划解的子集。

事实上,这里我们提出的 mLDFS,mHDP 以及 mLRTDP 这三种算法都可以理解成在 FIND-and-REVISE 每次的迭代中依据某种选择相应的子图上进行搜索,它们之间的区别主要在于最优动作的选择方法不同,后继状态的选择方法不同,不一致状态在搜索过程中更新的时机不同。mLDFS 主要应用的是贪婪搜索,mHDP 中应用的是深度优先搜索,而 mLDFS 中采用的是 IDA* 搜索算法,它们都是应用了启发式搜索的算法。根据用户事先给的参数 ε,通过计算多目标评价函数 V 在从初始状态 s_0 按照不同的搜索路径可达的状态上是否一致,更新不一致状态的评价函数值。当初始状态可解时,算法结束返回评价函数的值和相应的规划解。

6.5.4　启发式的应用

前面提出的三种求解多目标概率规划问题的算法都假定初始评价函数的值由一个提供有效估计的启发式函数给出,mLRTDP,mHDP 以及 mLDFS 都需要初始的启发式函数是可纳的。可纳的启发式信息是通过对原来规划问题进行放宽求解得出的。我们在规划器的开发中应用了两种放宽方法:min-min 放宽方法以及 Strips 放宽方法。第一种方法在原问题的状态空间中定义了一个确定的最短路径问题,第二种放宽方法在 PPDDL 描述原规划问题的原子空间上定义了一个确定的最短路径问题。第一种方法求最短路径问题在状态个数的多项式时间完成,第二种方法在原子个数的多项式时间给出启发式函数。这两种方法都能生成每个状态到达目标状态的期望代价的下界值,min-min 放宽方法求出的代价值在对规划解搜索的指引能力上要优于 Strips 放宽方法。

1. min-min 状态放宽方法

min-min 放宽方法的思想是改变输入多目标概率规划问题的评价函数的形式,将

$$V(s)^* \xlongequal{\text{def}} \min_{a \in A(s)} \left[\sum_{i=1}^m c_i(a,s) + \sum_{i=1}^m \omega_i P(s'|s,a) V_i^*(s') \right]$$

转化成一个确定的最短路径问题的函数形式,即

$$V(s)^* \xlongequal{\text{def}} \min_{a \in A(s)} \sum_{i=1}^m c_i(a,s) + \min\{V_{\min}^*(s') : P(s'|s,a) > 0\}.$$

在对描述语言的处理上,min-min 放宽方法改变每个带有概率效果操作的表示方法 $o = \langle \varphi, [p_1 : \alpha_1, \cdots, p_n : \alpha_n] \rangle$,其中 φ 是操作 o 的前提条件,α_i 表示第 i 个概率

效果,对应相应的概率 p_i,将原规划问题的操作的表示方法放宽为独立的、确定的操作,形式如 $o_i=\langle\varphi,a_i\rangle$,$1\leqslant i\leqslant n$。min-min 放宽方法是为原规划问题的每个操作选择一个最便利的非确定效果,因此放宽后得出的启发式期望值是原规划问题评价函数的下界。

min-min 放宽是求确定的问题,因此,可以通过标准的路径搜索算法求解,即利用 Dijkstra 算法、A^* 算法以及 IDA^* 算法求解。采用 IDA^* 搜索方法计算 min-min 放宽后的启发值,规划器采用该启发式方法时可通过在命令行输入参数进行选择。

2. Strips 放宽方法

Strips 放宽方法将 min-min 放宽后的确定规划问题转化成 Strips 规划问题,然后用求解经典规划的方法求解放宽后的规划问题,并得出原 MDP 问题的下界。求解 Strips 的经典方法都是在原子个数的多项式时间内完成,需要将 min-min 放宽的问题投影到 Strips 规划问题形式上,变换过程需要指数级的时间及空间。

在本节设计的规划器中,直接从原规划问题中提取 Strips 放宽问题,原规划问题的概率操作形式:

$$o=\langle\mathrm{prec},[p_1:(\mathrm{add}_1,\mathrm{del}_1),\cdots,p_n:(\mathrm{add}_n,\mathrm{del}_n)]\rangle$$

其中,prec,add_i,del_i 是文字的合取,分别表示操作 o 的前提条件和第 i 个添加效果和删除效果,p_i 表示对应的概率值,其和为 1。Strips 放宽将上面的操作分解成 n 个相互独立的 Strips 操作,形式为 $o_i=\langle\mathrm{prec}_i,\mathrm{add}_i,\mathrm{del}_i\rangle$,$1\leqslant i\leqslant n$。

本节规划器中采用的 Strips 放宽方法的得到启发式如下:

(1) h^m 启发式(h-m)[23],利用求最短路径算法计算原子组成的图的启发式值 $h^m(s)$,用它来估计从状态 s 到达目标状态的期望代价值。规划器采用该启发式方法时可在命令行输入参数进行选择。

(2) FF(ff)启发式利用 FF 规划器应用的启发式函数[24],它创建了一个放宽的规划图并在其上寻找规划,启发式是在这个规划中操作的个数。放宽的规划图是用图规划的方法创建的,放宽条件忽略了删除效果。ff 启发式可以在输入问题大小的多项式时间完成。这种启发式是有效的,但它是不可纳的。

6.5.5　多目标概率规划器

多目标概率规划器 MOPP(Multi-Objective Probabilistic Planner)是基于启发式搜索算法来求解多目标概率规划问题,采用高级的概率规划语言 PPDDL 作为描述多目标概率规划问题域的语言和 MOPP 规划器的输入语言。该规划器中包含了前面提出的三种适用于多目标概率问题的求解算法,并结合多种有效的启发式共同求解。

1. 系统功能设计

MOPP 规划系统主要由以下功能模块组成,如图 6.16 所示。

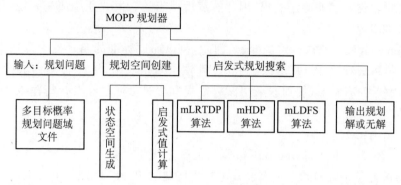

图 6.16　MOPP 规划器功能模块

(1)问题输入:将问题域描述为文件系统内部,转化为系统内部表示。

(2)规划空间创建:对状态空间进行扩展,根据启发式方法计算启发式值,该系统中包含多种启发式方法,根据输入参数确定计算哪种启发式。

(3)启发式规划搜索:该规划系统中包含三种启发式搜索规划解的算法,根据命令行输入的参数调用相应算法,根据不同算法寻找不一致状态,更新相对应状态多目标评价函数的值,返回相应策略及初始状态评价函数的值。

(4)将策略转化成规划解的形式输出或输出无解。

2. 系统工作流程

MOPP 规划器系统工作流程如下。

(1)输入问题域文件:读入问题域文件和操作文件。

(2)读入参数信息:读入相应的参数信息,根据参数选择采用的启发式方法和求解多目标概率规划问题的解搜索算法。

(3)生成状态空间:根据输入文件得出状态空间并存入相应的数据结构中。

(4)启发式值计算:选择一种启发式方法计算所有状态启发式的值,作为初始评价函数的值。

(5)规划解的搜索:选择 mLRTDP,mHDP 以及 mLDFS 算法中的一种进行规划解的搜索,在可达的状态中寻找不一致的状态,并更新这些状态的值,直到初始状态被标记为可解。

(6)结束:输出规划解,程序结束。

3. 实验结果与分析

我们分别在矩形、环形型、赛道型三种类型的地图上选取了不同规模的问题对应用前面的三种算法分别进行测试。同时,考虑两个目标,即到达目标状态的成功概率最大和到达目标状态回报值最高。由于多目标评价函数计算量要比先前的算法大很多,因此多目标求解概率规划的算法在运行速度上相对较慢。

实验证明,我们所提出的求解多目标概率规划问题的算法是可行的、有效的。规划器就结合了上面的启发式方法来计算启发式的值并作为每个状态评价函数的初始值。启发式方法的应用能够降低搜索空间,加快规划解搜索的速度。我们对原有单目标规划问题进行了合理的扩充,通过对起核心作用的多目标评价函数进行构造,成功地将已有的经典的单目标概率规划算法扩展到解决多目标概率规划问题中来,具有一定的应用价值和发展前景。

6.6 图规划框架下的可能性规划

在前面曾经提到在经典规划领域,规划通常有一些过强的约束,为了放松这些约束,很多研究人员采取了各种不同的方法。本节主要探讨如何处理动作结果是非确定性的规划问题。

6.6.1 为什么引入可能性规划

至少有三个原因使得我们利用可能性理论而不是概率来对规划建模:

(1)对一个具体的动作而言,确定其动作结果集合的概率值(数值表示)通常需要大量的实验来获得。而可能性理论的优势在于它的定性表示能力更强[25],因而即使在对于不确定性缺乏一个精确的评估标准的时候,采用可能性理论也可以适用。实际上,正是因为概率论在处理无知或者部分无知上的不足,导致了人工智能领域引入了证据理论、可能性理论和非单调逻辑等方法来表示知识的不完全信息。这些方法对于状态表示的部分无知的无偏估计尤为有效[26]。

(2)可能性规划本身可以被认为是概率规划的一个补充,使用可能性来对规划建模并不排斥我们继续使用概率,即使使用可能性来做知识表示,在决策层次上,概率依然可以使用。Smets[27]等就提出了一种"pignistic"方法来从信念函数中计算概率值的方法。而我们也正在研究使用模糊概率来表示不确定规划的方法。

(3)更为重要的是,采用可能性理论建模不确定性可以使得我们更容易的使用定性决策的方法。事实上,使用概率模型在规划中进行定量决策的方法已经被使用。虽然可能性理论在表示部分无知上更为有效,但是其核心同样也是定性的,它的衡量和计算的标准只需要 min,max,反序函数这类简单的操作。而定性的本质使得在实际系统中,即使智能体对于动作的结果只有很少的知识,规划依然可以进行。

6.6.2 可能性规划表示

设 X 是一个有限的可能状态集合，规划中的动作可以被看成一个函数 $f:X\rightarrow C$，C 为动作的可能性结果的集合。在确定性规划中，X 和 C 都只含一个确定的状态，而在可能性规划中，X 和 C 是状态的集合，π 是描述当前状态为哪个具体状态的可能性分布函数。换言之，我们对于智能体当前处于哪个状态，动作执行后智能体又处于哪个状态都没有完全的信息。在这里，状态 X 上的一个可能性分布 π 在 V 上取值，且 V 是一个全序集合。我们要求 V 有界，即 $\sup V=1$，$\inf V=0$。$\pi(x)\leqslant \pi(x')$ 表示 x 作为当前状态至少和 x' 一样合理。$\pi(x)=0$ 表示 x 作为当前状态是不可能的，$\pi(x)=1$ 表示 x 作为当前状态是完全可以的。我们要求对于所有的当前可能性状态集合 X，存在 $x\in X$，使得 $\pi(x)=1$，从而保证当前状态中至少有一个作为当前状态是完全合理的。对于当前状态的完全无知用 $\pi?$ 来表示。对于任意状态 x，有 $\pi?(x)=1$。即对于所有的状态都认为是完全可能的。根据 π 可以得到一个函数 Pi，$\mathrm{Pi}(X)=\{\pi,X\rightarrow V\}$，用于表示 X 上的所有的可能性分布。我们要求 V 的基数必须大于 X 的基数，这是为了保证 X 上可以有一个全序集合。显然可以证明 X 包含于 $\mathrm{Pi}(X)$。

因为 X 可以用一个可能性分布函数 $u_{\{x_0\}}$ 来表示：

$$\text{若 } x=x_0，\text{则 } u_{\{x_0\}}(x)=1；\text{否则，} u_{\{x_0\}}(x)=0。$$

上面的 $u_{\{x_0\}}(x)$ 被称作一个确定状态函数，为了简便起见，将 $u_{\{x_0\}}(x)$ 记作

$$\pi=\{x_0\}\text{或者 } \pi=x_0。$$

同理，X 的任何一个子集 A 可以表示为 $\pi=A$。而 X 可以表示为 $\pi=X$，事实上，这里的 π 即是 $\pi?$。

使用一个可能性分布来表示动作的可能性结果也包含有一种互斥关系，即对于一个动作导致的可能性状态集合只有一个状态为当前状态，我们只是因为缺乏信息才导致采用一个可能性状态集合来描述，而状态中的每个元素都被赋予一个可能值，从而构成一个正规模糊集合。

例如，对于一个动作，如果有两个可能性结果，则由当前状态可以导致两个可能性状态 $x,y,\pi(x)=\lambda,\pi(y)=\mu$，我们将这种情况称为二元定性结果，表示为 $(\lambda/x,\mu/y)$。同理，一个 n 元定性结果可以表示为 $(\mu_1/x_1,\mu_2/x_2,\cdots,\mu_n/x_n)$。由于对一个动作的各个结果的可能性赋值可能来自多个来源，我们引入合成分布函数，使用 $\pi=(\lambda/\pi_1,\mu/\pi_2)$ 来表示，且 $\pi=\max(\min(\pi_1,\lambda),\min(\pi_2,\mu))$。对于一个二元定性结果，我们认为是上述可能性合成的特例，其中，$\pi_1=x,\pi_2=y$。上述的这种合成方法，可以被看作是 Dubois 等的概率混合方法的一个"counterpart"[28]。

6.6.3 相关定义

根据上面的讨论我们进一步给出可能性规划相关的定义。

1. 可能性状态

定义 6.6.1（可能性状态） 设 S 为当前所有可能的状态集合，S 上的一个可能性分布 π 是 S 到一个有界的完全稠密的全序格 L 上的映射，则 S 中的每个状态被称为一个可能性状态。每个可能性状态都是当前世界状态的一个可能描述。

定义 6.6.2（反序映射） 在 L 上定义一个反序映射 n，即 L 上的一个逆映射。使得 L 中任意元素 x,y，若 $x>y$，则有 $n(x)<n(y)$。令格的上确界为 $1L$，下确界为 $0L$。显然，$n(0L)=1L$，$n(1L)=0L$。这里，由于状态是有限的，设 L 为一个有限格，因而 n 的作用可以被记做 L 的反序运算。

可能性分布多用于描述由于信息的不完全导致的知识的无知或者部分无知，在可能性规划中我们将可能性运用于描述信息不完全的动作的不确定结果。运用可能性分布，可以分辨出动作导致哪些状态是合理的，哪些是不合理的；哪些状态是正常的，哪些是出人意料的。

定义在 S 上可能性分布 $\pi:S\to L$ 被用于表示当前状态取值得一个灵活限制，$\pi(s)=0L$ 表示 s 为当前状态是不可能的，而 $\pi(s)=1L$ 表示 s 的出现是完全合理的。对于不同的状态可以同时取同一可能值，可以有多个状态都取值为 1，即可以有多个状态作为当前状态都是合理的。譬如移动这个动作，如果机器人的前后左右都没有障碍，那么移动到任何方向都是正常的。为了保持正规性和一致性，要求至少有一个状态是完全合理的，即存在一个状态 s 使得 $\pi(s)=1L$，因此 π 应该是一个正规可能性分布。严格地讲，一个可能性分布可以被看作一个模糊集合的隶属度的分布。

引理 6.6.1 对于两个可能性分布 π 和 π'，称 π 至少比 π' 明确，如果对于任意状态 s，都有 $\pi(s)\leqslant\pi'(s)$，则称这时 π 比 π' 所带的信息量要大。

引理 6.6.2 状态的完全知识，对于可能性状态集合 S，若有且仅有一个状态 $s,\pi(s)=1L$，且所有非 s 的状态 s'，有 $\pi(s')=0L$，则称我们对于当前的状态的知识是完全的。显然，对于一个确定的动作，我们对其导致的状态的知识是完全的。由此可以看出，确定性规划是可能性规划的一个特例。

引理 6.6.3 状态的完全无知，对于可能性状态集合 S，若对于任意状态 s，都有 $\pi(s)=1L$，则称我们对于当前状态的知识是无知的。

对于状态的完全认知或状态的完全无知都是可能性状态分布的特例，更多的情况是我们对于状态的知识是部分可知的，即对于某些状态我们认为其存在的合理性是大于另一些状态的。

有时，我们常常可能碰到这样的问题，机器人是往前走了么？事实上，机器人的前进方向可能性是左前方、右前方、正前方。上述动作都可以导致机器人向前的移动,那么如何来衡量机器人向前移动的可能性呢,我们可以根据可能性分布计算 A 的部分信任度。下面给出解决上述问题的形式化描述,如图 6.17 所示。

```
⟨action - def⟩            :: = (: action ⟨action symbol⟩
                              [: parameters (⟨typed list (var)⟩)]
                              ⟨action - def body⟩)
⟨action symbol⟩           :: = ⟨name⟩
⟨action - def body⟩       :: = [:precondition ⟨GD⟩]
                              [:effect ⟨effect⟩]
⟨GD⟩                      :: = ⟨atomic formula (term)⟩
                              |(and ⟨GD⟩*)
                              |(not ⟨term⟩)
                              |(not ⟨GD⟩)
                              |(or ⟨GD⟩*)
⟨atomic formula (x)⟩:: = ⟨⟨predicate⟩ ⟨x⟩*⟩
                              |⟨predicate⟩
⟨term⟩                    :: = ⟨name⟩|⟨variable⟩
⟨effect⟩            :: = (⟨poss-effect⟩ | and ⟨poss-effect⟩*)
⟨poss-effect⟩            :: = ⟨possibility⟩⟨p-effect⟩
⟨p-effect⟩               :: = ⟨atomic formula (term)⟩
                              |(not ⟨atomic formula (term)⟩
⟨possibility⟩            :: = ⟨number⟩
```

图 6.17　可能性动作的 BNF 范式

设 S 为可能性状态集合,A 为 S 的子集,则

(1)A 和 π 的一致性表现为 $\Pi(A) = \sup(\pi(x)), x \in S$。

(2)由 π 可以导出 A 的确定程度为

$$N(A) = n(\Pi(\mathrm{supplement}(A))) = \inf(n((\pi(x)))), x \in \mathrm{supplement}(A)。$$

这里称 $\Pi(A)$ 为 A 发生的可能性。其定义的根据在于 A 发生的可能性由其可能性最大的元素决定,即机器人前进的可能性的值等于向左前方、右前方、正前方前进的可能性的值最大者。$N(A)$ 是 A 发生的必然性,如果发现机器人没有向后方、左方、右方移动,那么 A 向前方移动的必然性为 1。

2. 可能性动作

我们用可能性分布可以表示状态的不确定性,用 π 来描述当前状态的合理程度或可能程度。下面就介绍一下可能性动作,即含有可能性效果的动作。

设 S 为当前世界的可能性状态,X 为 S 上可实施动作的所有可能性结果,a 表示一个可能性动作。对于动作效果的不确定性,用一个可能性分布 $\pi(\cdot|s,a)$:

$X \to L$ 来刻画。$\pi(x|s,a)$ 描述了 x 作为在状态 s 下执行动作 a 的效果的可能性或合理性，$\pi(x|s,a) = 0L$ 表示这是不可能的，$\pi(x|s,a) = 1L$ 表示这是不出乎意料的。

此处采用扩张 STRIPS 域的方法来表示动作，可以在规划运行期间动态扩展动作，这样可以提高效率。在图 6.17 中，可以看到可能性动作的 EBNF 范式。

3. 可能性规划

一条规划可以被表示为一个三元组 $\langle A, E, O \rangle$，其中 A 为动作集合，E 为动作间的连接，O 为动作间的约束关系，约束关系可以是逻辑关系，也可以是时序关系。

定义 6.6.3（可能性规划模型） 给定初始状态 I，$A_0, A_1, \cdots, A_n$ 为动作集合，A_i 表示在第 i 时间步可以执行的动作，一个可能性规划模型 M 可以被看作由多个命题集合构成，在时间步 t 可能为真的命题集合 P 被表示为 $M \models tP$。要求动作 $A_t = \{\langle p_1, e_1 \rangle, \langle p_2, e_2 \rangle, \cdots, \langle p_n, e_n \rangle\}$ 满足：

（1）$M \models t p_i$。

（2）$M \models t+1 e_i$。

（3）若命题流 f 不出现在 $\bigcup e_i$ 中，则 $M \models t f$ 当且仅当 $M \models t+1 f$。

可能性规划问题可以被描述为寻找一个满足上述条件的模型 M 和一个动作流，且有 $M \models 0I$，$M \models n\text{Goal}$。我们可以证明若对于一个可能性规划问题如果存在一条规划，必然存在上述的一个模型 M。

我们的目标不仅仅只为找到一个可能的规划，而是在给定的时间步内寻找到一个可能性最大的规划。假设初始条件是完全已知的，我们的规划模型可以被转换为完全可观察的可能性马尔可夫决策模型。

因此，一个可能性规划问题是由下面的六个部分构成：

（1）一个可以被实例化为可能动作的操作集合；

（2）一个有限的动态的有类型的实体集合；

（3）一个确定命题集合描述的初始状态；

（4）一个确定命题集合描述的终结状态；

（5）具有可能性效果的动作集合；

（6）明确的离散的时间步概念。

6.6.4 可能性规划图算法

可能性规划图算法[29]与规划图算法相似，算法包括两个过程：可能性规划图构造构成和可能性规划图分析过程。

1. 可能性规划图构造

可能性规划图是一个紧凑的有向图结构，可能性规划图包括两种节点和三种边。

（1）动作节点：用于表示一个可能性动作。

（2）命题节点：用于表示一个可能性命题。

（3）前提边：用于连接动作节点和表示动作前提条件的命题节点。

（4）添加效果边：用于连接动作节点和动作效果为真的命题节点。

（5）删除效果边：用于连接动作节点和动作的删除效果的边。

一个可能性规划图按照上面的说明构成了一个层次有向结构，由命题节点组成的命题层和动作节点组成的动作层交替构成。规划图从初始命题组成的命题层开始，通过前提边连接下层动作层，动作层则通过效果边连接下层命题层，以此类推。

图 6.18 是可能性规划图扩张过程，使用一个五元组 $\langle P,A,G,E,O \rangle$ 来表示可能性规划图。其中，P 为命题节点集合，A 为动作节点集合，G 为目标命题集合，E 为边集合，O 为动作和命题间的约束关系。$\operatorname{operator}_i()$ 函数用于取得问题 P 中第 i 个操作，$\operatorname{length}()$ 用于返回可能性规划图中操作的个数，$\operatorname{instantiate}()$ 用于根据命题实例化动作。若当前命题层为 S，则下一层为 $S \bigcup \{\bigcup \operatorname{progress}(S, \operatorname{action}) \mid \operatorname{action}$ in $\bigcup \operatorname{instantiate}(\operatorname{operator}_i(), \Theta) \mid 1 \leqslant i \leqslant \operatorname{length}(P)\}$。给定一个用于表示当前状态的命题集合，一个可能动作，$\operatorname{progress}()$ 函数用于表示执行动作后描述可能到达的所有可能的世界状态的命题集合的并。换言之，$\operatorname{progress}(S, \operatorname{action}) = \bigcup \{S - \{\operatorname{delete\_effects}(\operatorname{action})\} \bigcup \{\operatorname{add\_effects}(\operatorname{action})\}\}$。

2. 可能性规划图搜索过程

当可能性规划图构造成功后，可能性规划图搜索过程被调用。利用 Dubois 在定性决策方程和 bellman 等式我们给出了衡量一条规划可能性大小的测度方程。设一条规划 P 是由动作序列 $a_0, a_1, \cdots, a_{N-1}$ 构成，由于要求智能体在规划执行过程中不作任何观察，因此，从给定的 s_0 出发通过执行 $\langle a_i \rangle_{i=0}, \cdots, {}_{N-1}$ 到达 S_N 的可能性被定义为

```
POSSGraph(⟨Γ, A, Б, Ω, C⟩, n)

1. if n<1

2. then Θ = initial_state(Γ)

3. else Θ = proposition_level (Γ, n-1)

4. A⟨n⟩ = {∪ instantiate(operatori()，Θ)｜1≤i≤length
(P)}

5. Δ = initial_state(Γ)

6. plan = ANALYSER(Δ, g，⟨Γ, A, Б, Ω, C⟩, n)

7. if (plan)

8. return plan
```

图 6.18 可能性规划图扩张过程

$s_N \in S, \quad \pi[s_N \mid s_0, \langle a_i \rangle_{i=0}, \cdots, {}_{N-1}]$.

$$= \max(s_1) \min(\pi[s_1 \mid s_0, a_0], \pi[s_N \mid s_1, \langle a_i \rangle_{i=0}, \cdots, {}_{N-1}])$$

$$= \max(s_1, \cdots, s_{N-1}) \min(i=0, \cdots, N-1) \pi[s_{i+1} \mid s_i, a_i]$$

更一般地,将之定义为

$$\pi[s_N \mid \pi_{\text{init}}, \langle a_i \rangle_{i=0}, \cdots, N-1] = \max(s_0)\min(\pi[s_N \mid s_0, \langle a_i \rangle_{i=0}, \cdots, N-1], \pi_{\text{init}}(s_0))$$

若 Goals 为希望达到的目标,则执行一条规划其成功的可能性由下面两个函数决定:

(1) Pessimistic case:$\Pi[\text{Goals} \mid \pi_{\text{init}}, \langle a_i \rangle_{i=0}, \cdots, N-1]$
$$= \max(s_0 \in S)\min(\Pi[\text{Goals} \mid s_0, \langle a_i \rangle_{i=0}, \cdots, N-1], \pi_{\text{init}}(s_0))$$
$$= \max(s_0 \in S, s_N \in \text{Goals})\min(\pi[s_N \mid s_0, \langle a_i \rangle_{i=0}, \cdots, N-1], \pi_{\text{init}}(s_0))$$

(2) Optimistic case:$\Pi[\text{Goals} \mid \pi_{\text{init}}, \langle a_i \rangle_{i=0}, \cdots, N-1]$
$$= 1 - \Pi[\overline{\text{Goals}} \mid \pi_{\text{init}}, \langle a_i \rangle_{i=0}, \cdots, N-1]$$
$$= \min(s_0 \in S, s_N \in \text{Goals})\max(n(\pi_{\text{init}}(s_0)), n(\pi[s_N \mid s_0, \langle a_i \rangle_{i=0}, \cdots, N-1]))。$$

图 6.19 中给出了如何在可能性规划图中求得最佳规划的算法伪代码,根据上述定义,可以证明上述最佳规划的子规划也是最佳的。

在上述搜索方法的基础上,进一步对搜索方法进行优化,采用了类似 Pgraphplan 的方法,运用两种信息对可能性规划图进行剪枝。第一种信息告诉我们哪些节点是和哪些目标相关的,第二种信息告诉我们这些节点对于目标的实现的贡献究竟多大。由于和概率规划图采取了同种方法,此处不再赘述。

```
t←N;
If s = Goals
Then Poss*[N](s) = 1L
Else Poss*[N](s) = 0L
While t〉= 1
  t = t − 1;
for s s∈Si do
for optimistic case:
    Poss*[t](s) = max(a∈As){max(s′∈St + 1)
min( π(s↑s, Dt(s)), Poss*[t + 1](s))};
    D*[t](s) = argmax(a∈As){max(s∈St + 1)min( π(s↑s, Dt(s)),
Poss*[t + 1](s))};
    For pessimistic case:
    Poss*[t](s) = max(a∈As){min(s∈St + 1)max(n(π(s↑s, Dt(s))),
n(Poss*[t + 1](s) )) };
    D*[t](s) = armax(a∈As){min(s∈St + 1)max(n(π(s↑s, Dt(s))), n
(Poss*[t + 1](s) )) };
    Return Poss[0](init);
```

图 6.19 可能性规划搜索方法

6.6.5　结论

在过去十几年中,概率规划是不确定规划的主要研究方向之一,同为描述不确定的方法,可能性规划一直没有受到智能规划研究界的重视。事实上,相对于概率而言,模糊性在知识表示方面具有更强的知识表达能力。而引入可能性理论,使得我们可以找出一条定性规划,即智能体在当前状况不熟悉的情况下,依然可以寻找到一条最优的规划。

由于规划图算法在规划领域的特殊地位和突出的效率,我们给出了一种基于规划图的可能性规划算法。使用 Visual C++6.0 实现了上述算法,实验证明算法是高效和稳定的。

参 考 文 献

[1] Smith D E, Weld D S. Conformant Graphplan[C]. Proceedings of the Fifteenth National Conference on Artificial Intelligence, 1998:889—896

[2] Weld D, Anderson C, Smith. Extending Graphplan to Handle Uncertainty & Sensing Actions[C]. Proceedings of the Fifteenth National Conference on Artificial Intelligence, 1998: 897—904

[3] Peot M, Smith D. Conational Nonlinear Planning[C]. Proceedings of the First International Conference on AI Planning Systems, 1992:189—197

[4] Kushmerick N, Hanks S, Weld D. An Algorithm for Probabilistic Planning[J]. Artificial Intelligence, 1995, 76:239—286

[5] Draper D, Hanks S, Weld D. Probabilistic Planning with Information Gathering and Contingent Execution[C]. Proceedings of the Second International Conference on Artificial Intelligence Planning Systems, 1994:31—36

[6] Blum A L, Langford J C. Probabilistic Planning in the Graphplan Framework[C]. Proceedings of the Fifth European Conference on Planning, 1999:319—332

[7] 张友红,谷文祥,刘日仙. 非确定规划及带有时间和资源的规划的研究[J]. 计算机应用研究,2005,22(3):37—42

[8] Etzioni O, Hanks S, Weld D, et al. An Approach to Planning with Incomplete Information [C]. Proceedings of the Third International Conference Principles of Knowledge Representation and Reasoning, 1992:115—125

[9] Rintanen J. Constructing Conditional Plans by a Theorem-prover[J]. Journal of Artificial Intelligence Research, 1999, 10:323—352

[10] Bonet B, Geffner H. Planning with Incomplete Information as Heuristic Search in Belief Space[C]. Proceedings of the Fifth International Conference on Artificial Intelligence Planning and Scheduling, 2000:52—61

[11] Bryant R E. Symbolic Boolean Manipulation with Ordered Binary-decision Diagrams[J]. ACM computing Surveys,1992,24(3):293—318

[12] Majercik S M,Littman M L. MAXPLAN:A New Approach to Probabilistic Planning[C]. Proceedings of the Fourth International Conference on Artificial Intelligence Planning Systems,1998:86—93

[13] Gu W X,Ou H J,Liu R X. An Improved Probabilistic Planning Algorithm Based on Pgraphplan[C]. Proceedings of the Third International Conference on Machine Learning and Cybernetics,2004,8:2374—2377

[14] Lei X J, Shi Z K. Overview of multi-objective optimization methods [J]. Journal of Systems Engineering and Electronics,2004,15(2):142—146

[15] Bonet B,Geffner H. Improving the Convergence of Realtime Dynamic Programming [C]. Proceedings of 13th International Conference on Automated Planning and Scheduling (ICAPS),Trento,Italy,2003

[16] Bonet B,Geffner H. Faster Heuristic Search Algorithms for Planning with Uncertainty and Full Feedback [C]. Proceedings of the 18th International Joint Conference on Artificial Intelligence,2003

[17] Bonet B,Geffner H. Learning in depth-first search:a unified approach to heuristic search in deterministic,non-deterministic,probabilistic,and game tree settings[R]. Blai Universidad Simon Bolivar,Technical Report 2005

[18] 刘小飞. 多目标概率规划算法的研究与实现[D]. 长春:东北师范大学,2009

[19] 谷文祥 刘小飞. A New Algorithm For Probabilistic Planning Based On Multi-Objective Optimization[C]. Proceedings of 2008 International Conference on Machine Learning and Cybernetics,2008:1812—1817,ISBN:978—1—4244—2095—7,EI/ISTP

[20] Bertsekas D. Dynamic programming and optimal control [M]. Athena Scientific

[21] Tarjan R E. Depth first search and linear graph algorithms [J]. SIAM Journal on Computing,1972,1(2):146—160

[22] Korf R. Depth-first iterative-depeening:An optimal admissible tree search [J]. Artificial Intelligence,42(2—3):189—211

[23] Haslum P,Geffner H. Admissible heuristic for optimal planning// Chien S,Kambhampati S, Knoblock C,ed. Proceedings of the 6th International Conference on Artificial Intelligence Planning and Scheduling. AAAI Press,2000:140—149

[24] Hoffmann J. Nebel B. The FF planning system:Fast plan generation through heuristic search [J]. Journal of Artificial Intelligence,2001,42(2—3):189—211

[25] Dubois D, Prade H. Possibility Theory as a Basis for Qualitative Decision Theory[C]. Proceedings of IJCAI,1995:19—25

[26] Dubois D,Prade H. Representing partial ignorance// Tech. Report IRIT/94-40-R,IRIT, Univ. P. Sabatier,Toulouse,France,1994. Also in IEEE transactions on System,Man and Cybernetics

［27］Smets. Constructing the Pignistic Probability Function in a Context of Uncertainty. ［C］ Proceedings of UAI，1990：29—39

［28］Dubois D，Prade. Aggregation of possibility measures. In MDMUFSPT，55—63，Kluwer Academic Publication，1990

［29］殷明浩. 图规划框架下的可能性规划的研究与实现［D］. 长春：东北师范大学，2004

第 7 章　对象集合动态可变的图规划

1995 年在国际人工智能联合会议(IJCAI‐95)上,卡耐基梅隆大学的 Blum 和 Furst 教授将如何处理对象集合动态可变的图规划问题作为一个未解决的难题提了出来。2003 年,在国际人工智能联合会议(IJCAI‐03)上,华盛顿大学的 Weld 教授又一次将该问题作为未解决的重要问题之一。可见,该问题已被国内外的研究学者公认为是一项科研难题。经过东北师范大学科研团队多年的研究与探索,该难题已经得到了初步解决。本章就该方向的研究做一介绍。

7.1　图规划框架下可创建/删除对象的规划

本节对需创建/删除对象的规划问题进行了研究,提出了对象命题化的思想,在此基础上给出了一种基于图规划的创建/删除对象的规划算法(CDOGP)[1,2]。与图规划相比,新的规划方法不仅能完成 Graphplan 所能完成的所有规划,而且能完成一部分需创建/删除对象的规划。

7.1.1　关于可创建/删除对象的规划问题分类

对于可创建/删除对象的规划问题,我们把它分为两类。

1)创建的新对象的性质不可预知

在规划搜索前不知道可能创造出何种对象,也不知道新创建的对象有何性质,需要在创造新对象的同时把涉及新对象的动作加进来,即在创建新对象的同时把涉及新对象的操作加到操作集合。

例如,在一个规划中有一个操作是把两种化学溶液混合,其结果可能产生一种新物质,而对新物质有什么性质在规划前可能是未知的。

2)创建的新对象的性质可预知

在规划搜索前知道可能创造出何种对象,动作集合中有些动作的参数类型虽然在初始对象集合中不存在,但可以预计到要创造出何种对象。

例如,在一个运输方面的规划中,如果给了一个火车头和一个火车尾,那么在规划前就可能知道规划中可能创建一个火车,而火车具有能移动的属性。

由于现实中的绝大多数规划都是某一具体领域的规划,在执行规划前就可能知道创造出的新对象的性质,这属于第二类问题。此处主要讨论第二类问题。

7.1.2　关于可创建/删除对象规划的动作的表示

1. 动作的表示

我们把动作分为两类:普通动作和删除/创建对象动作。

定义 7.1.1(删除/创建对象操作)　如果执行一个操作对应的动作产生了新对象或删除了已有的对象,则称为删除/创建对象操作,与之对应的动作称为创建/删除对象动作。操作的表示如图 7.1 所示。

定义 7.1.2(普通操作)　除了创建/删除对象操作的其他操作我们称为普通操作,与之对应的动作称为普通动作。这类操作就是图规划可描述的操作,其对应的动作不涉及对象的增减。

图 7.1　CDOGP 操作表示

2. 操作限制

对能创建对象的一类操作进行如下限制。

(1)由于通常所见的创建/删除对象动作,在创建对象的过程中,往往删除了一些对象,这样一个新对象就能根据它在创建时的一些参数而确定,所以任意一个操作在实例化时,由它的一些参数来确定其所创建的对象,这些参数被称为决定性参数。即一个创建对象的操作如果两次实例化时决定性参数相同,则其产生的新对象为同一个对象。

(2)对初始操作集中的动作的限制。设初始操作集为 $\{oper_1, oper_2, \cdots, oper_n\}$,其中的操作是可以创建对象的操作,对其做如下限制:

(a)任意一个操作参数表中的决定性参数的类型不能与效果表中创建对象集中的新对象的类型相同,这是为了避免创建对象操作的递归调用。

(b)不存在一个动作序列 $oper_{i,1}, oper_{i,2}, \cdots, oper_{i,m}$,使 $oper_{i,j}$ 产生的新对象是 $oper_{i,j+1}$ 的参数,而 $oper_{i,m}$ 产生的新对象又是 $oper_{i,1}$ 的参数。这是为了避免创建对

象操作循环递归调用。

以上两条限制主要为了保证在规划图中创建的对象是有限的,也只有这样,才能保证在无解的情况下规划图能进入"稳定"状态。

3. 关于新对象的命名和区分

对新增对象的命名方法:"动作名"+"序号"。其中,序号为该动作所创建的新对象的个数。例如,动作 train 创造的第一个对象为 train1,第二个对象为 train2,以此类推。

7.1.3 对象命题化的思想

创建/删除对象的规划中,执行创建/删除对象的动作后,必然造成对象的动态变化,因此对象有动态变化的特征;并且在创建一些对象的时候往往删除了另外一些对象,因此对象之间也存在冲突关系。

图规划中的命题也存在动态变化与相互冲突的特征,且已有成熟的解决命题冲突与动态变化的方法,因此我们就考虑用处理命题的方法来处理对象,这就产生了对象命题化的思想。

对象命题化是指用一个命题表示一个对象在某一层是否存在,通常用"alive c"来表示对象 c 在某一层是否存在。这样命题分为普通命题与对象命题两类。

定义 7.1.3(普通命题) 用来表示对象的属性与状态的命题称为普通命题。

定义 7.1.4(对象命题) 用来表示对象是否存在的命题称为对象命题。

对象命题化思想虽然十分简单,但是在后面可以看到,它的引入将处理创建/删除对象的操作变得非常方便。对象的动态变化与相互冲突可通过对对象命题的处理来实现,并且由于它的引入,不用从根本上改变图规划,这样,对图规划的研究成果就可很方便地应用到创建/删除对象的图规划中。

7.1.4 可创建/删除对象的图规划的基本思想与算法

在此只讨论涉及有限个对象的创建/删除对象的规划问题,并且新对象的性质在执行规划图扩张之前可预知。总的思想就是对 Graphplan 做适当改变使之能处理创建/删除对象的规划问题。

1. 创建/删除对象的规划问题

一个创建/删除对象的规划问题涉及以下四个有穷集合:

(1)一个操作集合(其中包括普通动作和删除/创建对象的动作)。

(2)一个对象集合。

(3)一个初始条件集合(其中包括普通命题和对象命题)。

(4)一个目标集合。

2. CDOGP 的规划图

CDOGP 的规划图是一个由两种节点、三种边组成的经典图。

(1)两种节点:命题节点和动作节点,其中命题节点包括普通命题和对象命题节点,动作节点包括普通动作和删除/创建对象的动作节点。

(2)三种边:前提条件边、添加效果边与删除效果边。其中前提条件边和规划图一样,连接一个动作和它的前提;添加效果边连接一个动作和它的添加命题,包括指向新增对象命题节点的边;删除结果边连接一个动作和它要删除的命题,包括指向删除的对象对应的对象命题节点的边。

3. CDOGP 中的互斥定义及判断

1)对象互斥定义及判断

定义 7.1.5(对象互斥) 设对象 A 与对象 B 是在一个规划图某一时间步上的两个对象,如果不存在一个有效规划能同时包含两者,就说对象 A 与对象 B 在该时间步互斥。对象之间的互斥关系在 CDOGP 中反映在对象命题之间的互斥关系。

判断方法:如果在某时间步产生两个对象的动作都两两互斥,则这两个对象在该时间步互斥。

例如,在时间步 t,动作 1 产生了对象 A,动作 2 产生了对象 B,动作 3 产生了对象 B,动作 1 与动作 2 互斥,且动作 1 与动作 3 互斥,则在时间 t 对象 A 与对象 B 互斥。

2)动作的互斥定义及判断

定义 7.1.6(动作互斥) 设动作 a 与 b 是在一个规划图某一动作列上的两个动作,如果不存在一个有效规划能同时包含两者,就说动作 a 与动作 b 在该时间步互斥。

判断方法:

(1)如果两个动作的前提互斥,或者一个动作删除了另一个动作的前提或效果命题。

(2)一个动作删除了一个对象,另一个动作的前提或效果命题的参数中包含该对象。

以上两个条件如果同一层中的两个动作满足其一,则这两个动作互斥。

3)命题的互斥定义及判断

定义 7.1.7(命题互斥) 设普通命题 p 与 q 是在一个规划图某一命题列上的两个命题,如果不存在一个有效规划能同时包含两者,就说命题 p 与 q 互斥。

判断方法:

(1)产生两个命题的动作都互斥。

(2)在该层中如果两个对象互斥,则对于所涉及所有该对象的命题都两两互斥。

以上两个条件如果同一时间步中的两个命题满足其一,则这两个命题在该时间步互斥。

4. CDOGP 的规划图生成算法

下面介绍 CDOGP 的规划图生成算法。

(1)从初始条件开始,先把初始对象集中的对象命题化,把命题化后得到的命题及初始条件作为第1时间步的命题列,第1时间步命题列各个命题都不互斥。

(2)设在第 n 时间步的命题列已完全生成,与目标集相比,如果命题层中已包含目标集中的所有命题,且任意两个不互斥,则转向规划搜索算法。如果规划搜索算法找到有效规划,则输出有效规划,结束;否则如果第 n 时间步的命题列与第 $n-1$ 时间步的命题列命题完全一样,且互斥关系也完全一样,即规划图进入稳定状态,则此规划问题无解,否则执行(3)。

(3)选取所有能满足条件的操作生成对应动作,并把每一个新生成的动作添加到第 n 时间步的动作列,这样就得到了第 n 时间步的动作列;对于第 n 时间步动作列中的普通动作把其效果集中的所有命题添加到第 $n+1$ 时间步的命题列,对于第 n 时间步动作列中的有创建/删除对象的动作:①把其效果命题集的所有命题添加到第 $n+1$ 时间步的命题列,并添加相应的添加效果边与删除效果边;②把其新增对象集中的对象命题化,如果其没有在第 $n+1$ 时间步的命题列中则把其加到第 $n+1$ 时间步的命题列中,并添加相应的添加效果边;③对于其删除对象集中的每一个对象,添加相应的删除效果边。这样就得到了第 $n+1$ 时间步的命题列。

(4)对第 n 时间步的动作按动作的互斥判定规则,标明互斥关系,得到第 n 时间步的动作的互斥关系;先判定第 $n+1$ 时间步的命题列中对象命题的互斥关系,得到对象间的互斥关系,再根据命题判断规则,确定普通命题的互斥关系,这样就得到了第 $n+1$ 时间步的命题列的互斥关系,转(2)。

5. CDOGP 有效规划的搜索算法

(1)在规划图的最后一列,任取一个目标集中的命题,考察在时间步 $t-1$ 中以这个命题为添加效果的所有动作,从中取定一个动作,如动作1。在从目标集中选取一个没有被选过的命题,考察在时间步 $t-1$ 中以这个命题为添加效果的所有动作,从中取定一个动作,如动作2,要求动作1与动作2不互斥。如果动作1与动作2互斥,则换一个与动作1不互斥的动作来取代动作2。以此类推,直至最后一个目标命题也找到了支撑它的动作——动作 n,把动作1的所有前提,动作2的所有前提,$\cdots$,动作 n 的所有前提都放到一起构成一个次目标集,对该次目标集在时间步 $t-1$ 继续这一过程。

(2)如果某一步正好是初始条件的子集,则有效规划就被找到;如果到某一步排在前面的一个目标支持它的动作都与已经选定的动作相冲突,则要立即回溯。如果回溯到最后一列仍需回溯,则说明在时间步 t 内没有有效规划,则转到规划图扩张。

7.1.5 一个例子:关于火车运输问题

1. 问题描述

我们来看一个简单的规划问题:初始状态是在 A 地有火车头(head)H,火车尾

(tail)T,货物(cargo)C;给定的操作有 move(移动火车),train(创造一个新火车),
load(装载火车),unload-train(卸载火车);目标状态是货物 r 在 B 地。

转换成规划问题的描述如下。

初始条件集:{at $H\ A$,at $T\ A$,at $C\ A$,};

动作集:{move,train,load,unload,};

目标集:{ at　C　B};

其中的动作定义如下:

```
(operator Train
    (commParams(⟨p⟩ PLACE))
    (deciParams(⟨h⟩ HEAD)(⟨t⟩ TAIL))
    (PreConds(at ⟨h⟩ ⟨p⟩)(at ⟨t⟩ ⟨p⟩))
    (addProp(at ⟨train⟩ ⟨P⟩)(at ⟨train⟩ P)(has-fuel ⟨train⟩))
    (delPorp(at ⟨h⟩ ⟨P⟩)(at ⟨t⟩ ⟨P⟩))
    (addObj(⟨train⟩ TRAIN))
    (delObj(⟨h⟩ HEAD)(⟨t⟩ TAIL))
)
(operator move
        (commParams(⟨rocket⟩TRAIN)(⟨from⟩PLACE)(⟨to⟩PLACE))
    (perConds(has-fuel⟨rocket⟩)(at ⟨rocket⟩ ⟨from⟩)(neq⟨from⟩ ⟨to⟩))
    (addPorp(at ⟨rocket⟩ ⟨to⟩))
    (delProp(has-fuel ⟨rocket⟩)(at ⟨rocket⟩ ⟨from⟩))
)
(operator load
    (commParams(⟨t⟩ TRAIN)(⟨P⟩ PALCE)(⟨c⟩ CARGO))
    (preConds(at ⟨t⟩ ⟨P⟩)(at ⟨c⟩ ⟨P⟩))
    (addProp(in ⟨c⟩ ⟨t⟩))
    (delProp(at ⟨c⟩ ⟨P⟩))
)
(operator unload
        (commParams(⟨t⟩ TRAIN)(⟨p⟩ PLACE)(⟨c⟩CARGO))
    (preConds(at ⟨t⟩ ⟨p⟩)(in ⟨c⟩ ⟨t⟩))
    (addProp(at ⟨c⟩ ⟨p⟩))
    (delProp(in ⟨c⟩ ⟨t⟩))
)
```

2. CDOGP 的求解过程

按 CDOGP 的规划图生成算法：根据算法的第 1 步，生成 time 1 的命题列，第 2 步目标命题集没有出现，根据算法第 3 步，考虑在 time 1 能实例化的操作，发现只能把操作 train 实例化成{ train T,H }，并生成 time 2 的命题列，得到各个命题的互斥关系，以此类推生成规划图。在图 7.2 中，可以看到在 time 5 的命题列发现了目标命题 at $C B$，这样就转入到 CDOGP 有效规划的搜索算法：首先，目标集为{at $C B$}将找到支持它的动作为 unload $C B$，把 unload $C B$ 的前提 in C train1，at train1 B 放到一起就得到了次目标集{in C train1，at train1 B}；以此类推我们按 CDOGP 有效规划的搜索算法执行下去就会在第 1 层的命题列得到次目标集{at T A，at $H A$，at $C A$}，其正好是初始目标集的一个子集，这样就得到了有效规划。

第 1 时间步：train $T H$。

第 2 时间步：load C train1。

第 3 时间步：move $A B$。

第 4 时间步：unload $C B$。

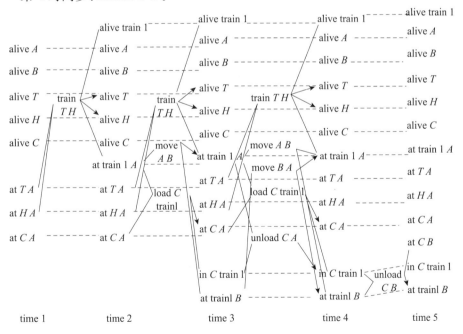

图 7.2   为箭问题 CDOGP 产生的解图

3. 结束的判定

根据生成算法可知，命题列中的命题是有限的，若在第 n 步如果与第 $n+1$ 步的命题完全一样，且互斥关系相同，则认为规划图已经达到稳定状态。如果此时仍无解，就可认为此规划问题无解。

7.1.6   算法分析

1. 空间有限性

命题 7.1.1   对于一个规划问题：初始状态有 n 个对象，p 个命题，m 个操作（每一个操作都包含有限个参数），每一个操作的添加对象与命题数量的和最大为 L，规划中创建的新对象最多为 N 个，则由 CDOGP 产生的这个规划的规划图，在 t 时间列相对于 n, p, m, L, N 是多项式的。

证明   设 k 为各操作的参数的最大值，由于规划中初始状态有 n 个对象，创建的对象最多为 N，所以每个操作实例化所生成的对象命题与普通命题最多是 $O(L(n+N)\exp k)$，所以在任意命题层的命题最多是 $O(p+L(n+N)\exp k)$。由于每一个操作在一层最多能被实例化 $O((n+N)\exp k)$ 次，所以在任意动作层的动作最多是 $O(m(n+N)\exp k)$。因此，CDOGP 产生的这个规划图在 t 时间列相对于 n, p, m, L, N 是多项式的。

2. 时间有限性

直观上讲，由于对象命题化思想的引入，CDOGP 的规划图生成算法、规划搜索算法与 Graphplan 基本相同。因此，CDOGP 的时间也是多项式的。下面来具体证明。

命题 7.1.2   CDOGP 算法创建一个命题层或一个动作层的时间对于当前层的节点数是多项式的。

证明   产生规划图的一个动作层和命题层的时间包括：

(1) 对于上一命题列上的所有命题，实例化所有可能的操作用的时间。

(2) 决定动作间的互斥关系用的时间。

(3) 决定下一命题列上命题的互斥关系用的时间。

很明显这些时间对于当前列上的节点是多项式的。

7.2   可创建/删除对象的快速前向规划

FF 将规划图结构和启发式搜索统一使用，获得第二届规划器比赛的冠军，规划图算法和启发式知识相结合的方法也被认为是可以得到更好规划解的技术方法。可创建/删除对象的快速前向规划（CDOFF）是对可创建/删除对象规划问题的一种处理方法。本节将详细介绍 CDOFF 的规划过程[3,4]。

7.2.1 CDOFF 中的基本概念及理论框架

1. 基本概念

在 CDOFF 中将涉及下面的九个基本概念。

(1)**有效规划** 设有动作集合的序列：A_1，A_2，A_3，A_4，…，A_n，其中每个 A_i（$i=1,2,…,n$）都是动作的有限集合，A_i 中的任何两个动作都不相冲突，如果实体在初始状态下依次执行该序列动作集合的所有的动作，实体就能够达到目标状态，那么这个动作集合的序列叫做一个有效规划。A_i 中的动作可并行执行。

(2)**操作** 在规划过程中，实体将要执行作用于对象上的一系列的动作。每个操作都有前提条件，操作的前提条件满足后，实例化为动作。操作是动作的抽象，动作是操作的实例。操作分为普通操作和创建/删除对象操作。

(3)**对象元件** 初始对象集合中，用于在规划过程中，执行某动作后产生新对象的对象。其他对象称为普通对象，动作执行后生成的对象也为对象元件。

(4)**目标距离** 从当前状态开始，采用部分放宽的对象元件命题化算法到达目标后所需要的时间步数。

(5)**对象使用率** 用于体现资源使用情况，规划过程中所有操作使用到的对象数量在对象集合中的比例。

(6)**对象命题化** 用一个命题表示一个对象在某一层是否存在。因此，在采用部分放宽的精简的可创建/删除对象规划图中有两种命题：普通命题和对象元件命题。

(7)**状态命题** 规划图中表示客观实体存在特性的命题为状态命题，如 at T A，该命题表示火车尾在 A 地。

(8)**对象元件命题** 按照对象命题化思想，由对象转化而来的命题称为对象命题，在 CDOFF 中均使用关键字 alive＋对象名[4]来表示一个对象命题。

(9)**较优解** 规划过程中，消耗的资源较少，通过对象使用率体现。对象使用率越小，资源消耗越少；从当前状态 s 开始，目标距离值较小。同时满足两个条件的规划解为较优解。

2. 理论框架

CDOFF 采用增强型爬山法作为主体搜索策略，使用有用动作作为剪枝技术，采用部分放宽的对象元件命题化算法和新构造的启发函数进行启发值的计算，计算得到的启发值引导状态空间搜索求得较优解。

CDOFF 的理论框架如图 7.3 所示。

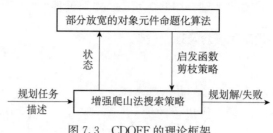

图 7.3　CDOFF 的理论框架

7.2.2　对象元件命题化算法

1. 规划问题描述

在 CDOFF 中,对于规划问题的问题描述由四个集合组成,根据前面提出的概念,集合中的元素如下。

(1)操作集合:包括两种操作,可创建/删除对象操作和普通操作。

(2)初始条件集合:集合中的元素为命题,由这些命题描述规划的初始状态信息。

(3)目标集合:集合中元素为命题,规划结束时命题为真。

(4)初始对象集合:普通对象和对象元件。

2. 对象元件命题化算法描述

在 CDOGP 中,第一个时间步的命题列是由初始对象集合中的所有对象转化为对象命题和初始状态命题集合中的命题一起构成,并从此命题列开始扩展规划图。当初始的对象集合中对象数量较多时,均需要转化为对象命题,按照图规划的算法,这些命题可以由 no-op 动作支持,并添加到下一个命题列中,直至规划图扩展结束。通常情况下,对于确定领域的规划问题,哪些对象可在规划过程中通过执行动作生成新的对象是确定的。因此,我们提出对象元件的概念。对象元件是指规划求解过程中用于产生新对象的初始对象集合中已有对象。在 CDOFF 中,把初始对象集合中的对象元件转化为对象元件命题添加到部分放宽对象元件命题化算法规划图中。

对象元件命题化算法(OCP)描述如下:

(1)初始对象集合中的对象元件通过对象命题化转化为对象元件命题;

(2)对象元件命题与初始条件集合中的命题构成规划图的第一个命题列;

(3)从第一个命题列出发,考察操作集合中的操作,并实例化前提条件满足的操作,普通操作实例化为普通动作后,添加到动作列,动作的添加效果添加至下一命题列;创建/删除对象操作实例化为创建/删除对象动作后,把新产生的对象转化为对象元件命题添加至下一命题列;

(4)考察当前命题列中命题是否包含目标集合中的所有命题,若包含目标集合中的所有命题,且命题之间不互斥,则算法结束;若未包含全部命题,则转至(3)。

下面列举一个实例进行说明。问题描述如下。

(1)初始条件集合:{at HA,at TA,at CA}。

(2)操作集合:{move, train, load, unload},其中, train 为可创建/删除对象操作。

(3)目标集合:{at CB}。

(4)初始对象集合:{A,B,C,T^*,H^*},其中 H 和 T 为对象元件。

上述四个集合描述的规划问题的初始状态是火车头 H 位于 A 地、火车尾 T 位于 A 地、货物 C 位于 A 地,目标是把货物 C 运送到 B 地,可执行的操作为运送 move,根据货物数量连接火车头尾的操作 train,装货 load,卸货 unload。

我们可以把按照 CDOGP 算法得到的规划图(图 7.2)与 CDOFF 中的算法得到的规划图(图 7.4)二者的规模进行比较:

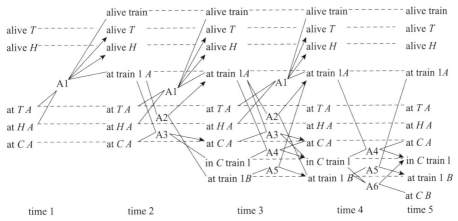

A1: train 1 TH; A2: move AB;A3: load C train 1;A4: unload CA;A5: move train 1 BA;A6: unload CB

图 7.4 CDOFF 中使用的对象元件命题化算法得到的规划图

由图 7.2 可以看出,初始对象集合中的普通对象 A 地、B 地、C 地经过对象命题化转化为对象命题后添加到规划图的第一个命题列,根据 CDOGP 算法中 no-op 动作的使用方法,将这些对象命题延续到规划图的最后一个命题列。而在规划的求解过程中,这些对象命题没有作为操作集合中操作的前提条件命题或添加效果命题。因此,这样的命题加大了规划图的规模,复杂化了规划过程中规划图的扩展和有效规划搜索的过程,增加了计算机系统的存储空间,降低了规划的速度。

CDOFF 算法中,互斥关系有三种:动作互斥、命题互斥和对象元件互斥。

1）动作互斥判断方法

（1）如果两个动作的前提互斥，或者一个动作删除另外一个动作的前提或效果命题，则两个动作互斥；

（2）一个动作删除一个对象，另外一个动作的前提或效果命题的参数中包含该对象，则两个动作互斥。满足上述两种方法中的一种，则两个动作互斥。

2）命题互斥判断方法

（1）产生两个命题的动作互斥；

（2）在该层中如果两个对象互斥，则对于所涉及所有该对象的命题都两两互斥，满足上述两种方法之一，则命题互斥。

3）对象元件互斥判断方法

在某一时间步 t 的命题列中，可创建/删除对象动作产生新对象，新对象经对象命题化转化为对象命题，添加到下一时间步 $t+1$ 的命题列中。用于生成该对象的新对象元件命题经 no-op 动作延续至下一时间步 $t+1$ 的命题列中，则对象元件命题与新对象命题在时间步 $t+1$ 互斥。

7.2.3　部分放宽方法

在 CDOFF 中，采用部分放宽的方法进行状态扩展，从当前状态 s 出发，按照 OCP 算法扩展规划图，得到下一个状态 s'。

部分放宽是指在扩展规划图的过程中，考虑到动作间、命题间及对象间的互斥关系。当两个操作得到实际参数时，即操作实例化为动作时，如果作为实际参数的命题之间互斥，则两个操作必然互斥。从而没有办法同时执行，即使达到目标状态，得到规划解，该规划解也不是一个有效规划。当扩展规划图达到目标状态，进行有效规划搜索则不再考虑互斥关系，一旦搜索到有效规划，那么该规划解的起始状态则为 CDOFF 进行前向状态空间搜索的当前状态，按照上述过程循环执行，直到当前状态为目标状态。

通过部分放宽方法，可以提高状态转移路径的有效性，避免很多不可达的后继状态的出现，很多当前时间步下互斥的动作在这个方法的限定下不被执行，这些动作的添加效果不会添加到下一命题列中。在搜索过程中不考虑互斥，为规划器的规划速度提供了保障。同时，该方法能够避免一些死亡状态的出现，保证规划解的有效性。

如图 7.5 所示，在时间步 3 出现了动作 unload CB 的前提条件，但是两个条件命题是互斥的，因此该动作不会执行，进而目标命题不会在时间步 4 出现。

部分放宽方法工作流程如图 7.6 所示。给定状态 s，将描述状态 s 的命题与对象元件一起构成命题列，考察操作集合中操作及命题列中命题的互斥关系，根据对

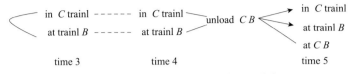

图 7.5 动作的前提互斥时动作不被执行

象元件命题化算法扩展规划图。当目标命题全部出现且不互斥,计算状态 s 的启发式值。

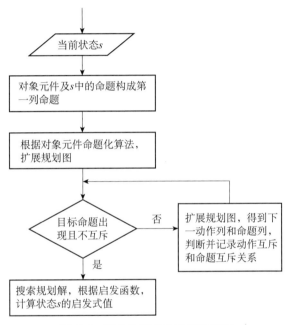

图 7.6 部分放宽方法工作流程图

7.2.4 启发函数的设计

在 HSP 和 FF 规划系统中,启发式值的计算方法是将当前状态 s 作为初始状态,用放宽的图规划作为估计器,得到目标距离值。其启发函数为

$$h_{FF} = \sum_{i=1,2,\cdots,m-1} O_i$$

此处对目标距离赋予了新的含义:从当前状态开始,采用部分放宽的对象元件命题化算法到达目标后所需要的时间步数,dist 表示目标距离。我们提出的启发函数是

$$h_{cdoff} = \text{dist} \times \alpha/\beta$$

其中,dist 为目标距离,从状态 s 到达目标状态所需要的时间步数。α/β 称为对象

使用率,反映的是从当前状态 s 到目标状态的规划解中动作消耗资源的情况。α 表示按照部分放宽的 OCP 算法扩展规划图,并在搜索过程中忽略互斥关系得到的有效规划所涉及的对象个数。当搜索有效规划时,有多个动作支持同一个命题,则选择动作前提中对象数目最少的一个动作作为支持动作。β 表示整个规划过程中对象个数的总和,包括普通对象、对象元件、动作产生的新对象,即使在产生新对象的同时消灭了对象元件,也并不在总和中减去删除对象的数量,以此来保证 β 规划过程中对象个数的最大值。

此启发函数的设计,不仅仅考虑到了规划解的长度,即目标距离,同时也考虑到资源的利用情况,对象使用率的值越小,说明达到同一个目标所要消耗的资源越少,得到的规划解的质量越优。按照此启发函数计算得到的启发式值为浮点型数据。

在 CDOFF 中,对于规划解优劣程度的评价标准是:资源消耗少,且目标距离值小的规划解为较优解。因此,通过启发函数的计算得到的状态的启发值 h_{cdoff} 越小,该状态作为下一个初始状态的概率越大。

以图 7.4 中的规划图为例子,初始状态为当前状态 s,目标出现在时间步 5,则到达目标状态的目标距离 dist 的值是 5,α 涉及的对象为 6,初始对象数为 5,新生成了一个对象,β 的值为 6,因此状态 s 的值为

$$S_{hcdoff} = dist \times \alpha/\beta = 5 \times 6/6 = 5$$

7.2.5 加强爬山法及剪枝策略

1. 加强爬山法

爬山法是指经过评价当前的问题状态后,限于条件,不是去缩小,而是去增加这一状态与目标状态的差异,经过迂回前进,最终达到解决问题的总目标。就如同爬山一样,为了到达山顶,有时不得不先上矮山顶,然后再下来,这样翻越一个个的小山头,直到最终达到山顶。可以说,爬山法是一种"以退为进"的方法,往往具有"退一步进两步"的作用,后退乃是为了更有效地前进。

加强爬山算法是爬山算法的一种变形,它的提出是基于对爬山算法搜索空间的简单结构的考虑。使用启发式前向状态空间搜索求解规划时,搜索空间由所有由初始状态可达的状态和这些状态的启发式估计组成。使用爬山算法时,搜索空间具有简单的结构,局部最小和高原的面积一般小。对于任一状态,它的具有严格的较好启发式估计的后继状态通常是在几步之内被找到。

在 CDOFF 中,使用 FF 规划系统中的搜索策略——加强爬山法。该搜索方法能够避开平原及局部极小的情况,最终得到较优解。在各种搜索策略中,该方法的性能更能够保证 CDOFF 规划器的搜索速度和质量。

加强爬山算法进行启发式搜索的流程图如图 7.7 所示。部分放宽的对象元件命题化算法扩展规划图达到目标状态后,根据启发函数计算下一状态 s' 的启发式值。选择启发式值最小的状态作为下一次规划图扩展的初始状态,调用部分放宽的对象元件命题化算法继续扩展。

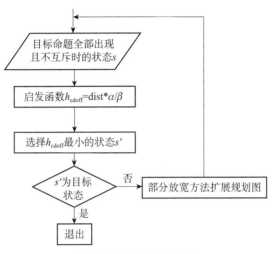

图 7.7 搜索算法流程图

2. 剪枝策略

剪枝是指按照某种算法去掉搜索过程中不需要的节点。很多学者根据处理的问题设计出适合问题本身的剪枝策略。在 FF 规划系统中采用两种剪枝策略,即选择最有希望的节点进行扩展和删除过早添加的目标。在 CDOFF 中采用帮助动作作为剪枝策略,选择最有希望的节点,根据帮助动作进行扩展。帮助动作指动作的某一添加效果在放松图规划模块根据状态 s 进行规划求解时,在放松规划图的第一命题列所生成的子目标。

删除过早添加的目标是指在 FF 规划系统中多个目标之间存在完成的先后顺序,在一个目标集合中有的目标应该在其他目标之前完成。如果一个子目标已经完成,但其后的目标在完成的过程中必须暂时删除这一目标,认为该目标应该被推迟完成。帮助动作又称为有用动作(helpful action),是剪枝策略的一种。在 FF 规划系统中,有用动作是指采用部分放宽图规划进行启发式状态估计时,以当前状态为初始状态,一个动作的添加效果命题中至少包含一个目标集合中的目标命题,这样的动作称为帮助动作。

状态 s 的有用动作定义形式为

$$H(s) \equiv \{a \mid \mathrm{pre}(a) \subseteq s, \mathrm{add}(a) \bigcap G_1(s) \neq \varnothing\}。$$

其中,$G_1(s)$ 表示在放松图规划模块根据状态 s 进行规划求解时在放松规划图的第一命题列所生成的子目标,如图 7.8 所示。

Actions:

        Name　(pre,add,del)

        $opA_1 = (\varnothing, \{A\}, \{B\})$

        $opA_2 = (\{P_A\}, \{A\}, \varnothing)$

        $opP_A = (\varnothing, \{P_A\}, \varnothing)$

        $opB_1 = (\varnothing, \{B\}, \{A\})$

        $opB_2 = (\{P_B\}, \{B\}, \varnothing)$

        $opP_B = (\varnothing, \{P_B\}, \varnothing)$

$I: \{B\}, G: \{A, B\}$

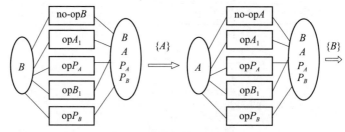

图 7.8　删除过早添加的目标 B

在 CDOFF 中采用帮助动作作为剪枝策略,当按照对象元件命题化算法扩展规划图时,一个动作向下一命题列中添加多个效果命题,若这些命题中包含一个或多个目标命题,则该动作即为帮助动作。

本节在可创建/删除对象规划问题和启发式搜索方法研究的基础上,对可创建/删除对象规划问题进行了深入的研究讨论,提出了采用前向状态空间搜索解决可创建/删除对象规划问题的新方法。本节的主要工作包括以下四个方面。

(1)首次提出了对象元件的概念,根据此定义对对象集合中的对象进行了分类,使实际问题更易于描述为 CDOFF 能够处理的可创建/删除对象的规划问题。

(2)提出了一种新的算法——对象元件命题化算法,该算法是 CDOFF 的一个重要部分,利用此算法可减少规划过程中产生的节点数目,减小状态转移时生成的规划图的规模,节省大量的存储空间。

(3)基于目标距离和资源耗费情况两个因素构造了新的启发式函数。新的启发式函数引导规划向较优解的方向进行。

(4)开发了处理可创建/删除对象规划问题的规划系统 CDOFF。实验结果证明,CDOFF 能够采用状态空间搜索处理可创建/删除对象的规划问题,实现了预期目标。

7.3 基于条件效果的对象动态可变图规划

7.1 节介绍了在规划图框架下可创建/删除对象的规划方法,该方法初步地解决了对象动态可变的规划问题。但是它采用的是前向图扩展与逆向搜索有效规划的方法,使得规划图规模庞大,无用节点过多。当初始状态中有大量无关事实时,问题会更加严重,求解效率会更低。我们在此基础上进行了扩展,提出了基于条件效果的对象动态可变的图规划(CECDOP),引入了描述能力更强的动作表示形式[5]。创建/删除的新对象依赖于上下文的描述,前提不同就会生成不同的新对象,即要处理的问题是基于条件效果的。同时采用了目标驱动方法,提出了基于条件效果的对象动态可变的规划图的扩展算法,并提出了新的前向搜索有效规划算法。

7.3.1 基于条件效果的对象动态可变的规划问题

1. CECDOP 问题描述

由于此处规划问题的动作所产生的效果是依赖于上下文的描述,我们在文献[6]的基础上引入了表达能力更强的动作描述形式,将带有条件效果的动作分解成元件,非条件效果的动作产生唯一一个元件,即将所有的动作都元件化。为了表述问题更清楚,我们把元件进行了分类,根据来源不同,可分成两类:相关元件和无关元件。

定义 7.3.1(相关元件) 来自同一动作实例的元件称为相关元件。

定义 7.3.2(无关元件) 来自不同动作实例的元件称为无关元件。

例如,动作 A 有前提 p,三个效果 e,when(q,f),when$((r \wedge s) \neg q)$。动作 B 有前提 q,两个效果 h,when(s,t)。

动作 A 分解成的元件如下。

(1)A_1 有前提 p,效果 e;

(2)A_2 有前提 $p \wedge q$,效果 f;

(3)A_3 有前提 $p \wedge r \wedge s$,效果 $\neg q$。

动作 B 分解成的元件如下。

(1)B_1 有前提 q,效果 h;

(2)B_2 有前提 $q \wedge s$,效果 t。

其中,元件 A_1,A_2,A_3 都来自动作 A,它们是相关元件。同样地,元件 B_1 和 B_2 都来自动作 B,它们也是相关元件。但是,A_1,A_2,A_3 与 B_1,B_2 之间是无关元件。动作 A 中,p 是主要前提,q 和 $(r \wedge s)$ 是次要前提,动作 B 中,q 是主要前提,s 是次要前提。

与文献[6]中的定义有所不同,我们对引致和元件抵制进行了改进。

(1)引致:i 层元件 C_m 引致元件 C_n 指 C_m 在 i 层的执行必然导致 C_n 的执行,如不执行 C_n,则 C_m 也无法执行。

具体要求:

(a)C_m 和 C_n 是相关元件,有相同的变量约束

(b)C_m 和 C_n 不互斥

(c)C_n 的否定前提在 $i-1$ 层不能被满足

(2)对元件的抵制:通过否定元件的次要前提条件来阻止元件的执行,这样可以减少很多不必要的循环。

2. CECDOP 中操作的表示

元件根据是否可以创建/删除对象分成两类:普通元件,可创建/删除对象的元件(CDO 元件)。

定义 7.3.3(CDO 元件实例)　一个元件可以创建/删除对象,称为创建/删除对象元件,对它们的实例化称为 CDO 元件实例。

定义 7.3.4(普通元件实例)　除了 CDO 元件都是普通元件,对它们的实例化称为普通元件实例。

表示方式如下:

```
Common component:
  Component + number{
   :the set of parameter{ … }
   :the set of precondition{ … }
   :the set of effect{the effect proposition}
        }
CDO  component:
  Component + number{
   :the set of parameter{
     {the set of common parameter}
     {the set of optional parameter}
        }
   :the set of precondition{ … }
   :the set of effect   {
     {the set of object added}
     {the set of object deleted}
```

```
{the effect propositions}
    }
        }
```

7.3.2 CECDOP 规划

1. CECDOP 问题的组成

(1)元件集(包括普通元件和创建/删除对象元件);

(2)对象集;

(3)初始条件集(由命题组成);

(4)目标集(由命题组成,经过一系列操作,在规划结束时这些命题为真)。

2. CECDOP 规划图

CECDOP 的规划图由两种边和两种节点组成。CECDOP 规划图的边由前提条件边、添加效果边组成,因为是基于目标驱动构建规划图,所以图中没有删除效果边。命题节点是由普通命题节点和对象命题节点组成,元件节点是由普通元件节点和创建/删除对象的元件节点组成。边用于连接命题节点和元件节点,表示它们之间的关系。添加效果边把元件在前一层命题列的效果和元件相连,前提条件边把元件和下一层的命题列的前提相连。

3. 逆向传播互斥

以目标驱动方法扩展规划图时,规划图逆向产生。这就要求逆向推理和传播互斥关系。在文献[7]中给出了逆向传播互斥关系的定义。

(1)两个动作逆向互斥,如果两个动作:

(a)静态互斥:如果一个动作的结果删除另一个动作的前提或"有效结果"(在规划图中动作的结果被用来支持命题);

(b)它们的有效结果集合完全相同;

(c)一个动作支持的命题与另一个动作支持的命题两两互斥。

(2)两个命题逆向互斥,如果一个命题支持的所有动作与另一个命题支持的所有动作两两互斥。

由于这里采用目标驱动图扩展方法,规划图由目标开始逆向产生,所以也要进行逆向推理和传播互斥。我们将处理三种互斥关系:动作元件互斥、对象互斥和命题互斥。

(1)动作元件逆向互斥。

两个动作元件 C_m 与 C_n 互斥:

(a)静态互斥,两个元件 C_m 与 C_n 是无关元件,且元件 C_m/C_n 的结果删除另一个元件 C_n/C_m 的前提或"有效结果"(在规划图中元件的结果被用来支持命题);

(b)它们有效结果集合完全相同；

(c) C_m 与 C_n 支持的命题两两互斥；

(d)引致互斥，如果 C_n 引致 C_k，C_k 与 C_m 互斥，则 C_n 与 C_m 也互斥。

（2）与对象命题有关的逆向互斥。

因为对象命题不支持元件，所以它们的互斥关系不能通过后向传播得到，因此可以退到前一步。当产生 i 层动作元件时，再判定 i 层的对象命题的互斥关系（目标出现的层是第1命题层，从目标往前扩展，接着是第1元件层，以此类推），i 层与对象命题 A 和 B 有关的逆向互斥。

（a）如果 i 层创建对象命题 A 的元件与创建对象命题 B 的元件通过逆向传播标记为互斥，则 i 层对象命题 A 与 B 互斥。

（b）如果 i 层中两对象命题 A 与 B 标记为互斥，且名字分别出现在 i 层的普通命题 P 和 Q 中，则普通命题 P 与 Q 互斥。

（3）普通命题逆向互斥。

如果 i 层命题 P 支持的所有动作元件与命题 Q 支持的所有动作元件两两互斥，则普通命题 P 与 Q 互斥，互斥关系如图7.9所示。

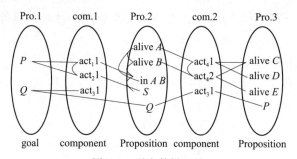

图 7.9　逆向传播互斥

4. 图扩展算法

CECDOP算法包括扩展规划图和搜索有效规划，这两部分交替进行。规划图是从目标开始的，逐步向前扩展。这种扩展方法可以去除许多与目标无关的命题与动作，规划图比较简单。

1）图扩展

以目标为导向进行规划图扩展，算法描述如下。

（1）所有目标命题构成第1命题层。

（2）构建第1层元件层：对于元件集中每一个元件，如果它的效果在目标集中出现，则把该元件实例化，并用上面判定互斥的方法检查互斥，然后用效果边把元件和其对应的效果相连。

（3）构建第 i 层命题层。

(a)往第i层中添加普通命题。首先通过持续边把$i-1$层的普通命题加入到i命题层,然后考察$i-1$层动作元件的前提,如果不在i命题层则加入,用上面判定互斥的方法检查互斥,并用前提条件边把元件和其对应的前提相连。

(b)往第i层添加对象命题。首先通过持续边把$i-1$层的对象命题加入到i命题层,然后考察,当i层已添加的普通命题涉及新对象A时,如果对象命题A不在i命题层则在i命题层中添加对象命题 alive A。

(c)如果在i命题层初始目标出现且不互斥,则开始搜索有效规划,否则继续扩展规划图。

(d)构建第i层元件层。对于元件集中每一个可行元件,如果它的效果在i层命题层出现,则实例化该元件。用上面判定互斥的方法检查互斥,并根据本层的互斥确定i层命题层中与对象命题有关的互斥,然后用效果边把元件和其对应的效果相连。

2)搜索有效规划

与以前的后向搜索有效规划不同,此处采用的是前向搜索有效规划,算法如下:

(1)i层为初始命题层,$\mathrm{SP}_i \leftarrow \{\ \}$,其中$\mathrm{SP}_i$是$i$层可用前提集,初始时,把初始命题加入$\mathrm{SP}_i$中。

(2)$\mathrm{SC}_{i-1} \leftarrow \{\ \}$,其中$\mathrm{SC}_{i-1}$是$i-1$层可执行元件集,对于$i-1$层可实例化(元件的前提在$i$层的可用前提集中)的元件$C_s$,如果它不与$\mathrm{SC}_{i-1}$中已选元件互斥,且不在$\mathrm{SC}_{i-1}$中,则把$C_s$加入$\mathrm{SC}_{i-1}$,并把$C_s$的效果加入$i-1$层可用前提集$\mathrm{SP}_{i-1}$中。

(3)对于SC_{i-1}中的每一个元件C_s和C_t,考查C_s的引致元件C_m和C_t的引致元件C_n,如果C_m与C_n互斥,则要选C_m和C_n之一进行抵制。

(4)如果$i=1$,则SC_{i-1},SC_{i-2},$\cdots$,SC_1构成规划解,否则$i-1$重复上面的步骤。

5. 例子

在A地有两个卡车车身(body),一组单排轮轮胎(single tire,ST),一组双排轮轮胎(double ttres,DT),一批木材(wood)和一批钢材(steel)还有一批石板(flagstone)。木材只需单排轮卡车就能运输,而钢材和石板则需双排轮的卡车才能运输,目标是把木材和钢材运到C地。

给出一些操作:move,truck(创建一辆卡车),load,unload。

对应的元件:

  move1:表示移动单排轮的卡车

  move2:表示移动双排轮的卡车

　　　　　　　truck1：表示组装单排轮的卡车

　　　　　　　truck2：表示组装双排轮的卡车

　　　　　　　load1：表示装木材

　　　　　　　load2：表示装钢材

　　　　　　　load3：表示装石板

　　　　　　　unload1：表示卸木材

　　　　　　　unload2：表示卸钢材

　　　　　　　unload3：表示卸石板

initial condition：{alive Body1, alive Body2, alive ST, alive DT, alive wood, a-live steel, alive flagstone, at Body1 A, at Body2 A, at ST A, at DT A, at wood A, at steel A, at flagstone A}

components：{move1, move2, truck1, truck2, load1, load2, load3, unload1, un-load2, unload3}

goals：{at wood C, at steel C}

　　规划图如图 7.10 所示。

　　其中，truckS 表示单排轮卡车，truckD 表示双排轮卡车。

　　到第 5 层时，初始目标出现且不互斥，开始前向搜索有效规划，最后的规划解如下。

　　Step1：truck1

　　　　　　truck2；

　　step2：load1

　　　　　　load2；

　　step3：move1

　　　　　　move2；

　　step4：unload1

　　　　　　unload2.

　　从上面这个关于 CECDOP 例子中可以看出，前提不同时创建的卡车也不同。以目标为导向，采用目标驱动方法扩展得到的规划图结构更为简单。

7.3.3　结论

　　本节在可创建/删除对象的基础上做了扩展，研究了基于条件效果的对象动态可变的规划问题，提出了把所有动作元件化的方法，给出了创建/删除对象动作元件的定义，提出了新的基于目标驱动的扩展规划图算法及前向求解有效规划的算法，并举例进行了说明。由于算法中的动作创建的效果依赖于上下文的描述，这更

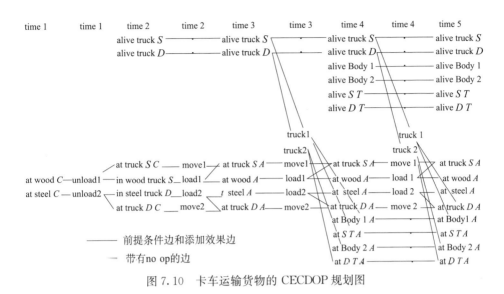

图 7.10 卡车运输货物的 CECDOP 规划图

加符合现实需要,使处理的问题更接近于真实的世界状态,因而此算法比以往的算法应用性更强,更具有现实意义。

7.4 对象集合动态可变的概率规划

7.4.1 算法背景

PGraphplan 算法利用图规划算法中的规划图结构进行概率规划问题求解,其求解环境的初始状态是已知的,处理的对象是动作结果不确定的规划问题。但是PGraphplan 算法却局限于只能处理带有 STRIPS 类型的概率规划问题,并且限制了每个时间步只允许执行一个非空动作,无法处理并行动作。随后的许多研究人员对 PGraphplan 进行了深入研究及改善,提出了 DT-Graphplan,MPGP 等规划器。

虽然概率规划问题在解决 STRIPS 问题上进行了扩展,但是规划问题中的对象仍然是静态的,即规划问题中的动作既不能创建对象,也不能消灭对象;而且对对象实施某一动作的结果必须是能被静态确定的人或事。不管是图规划还是概率规划都不能处理这种对象动态可变的规划问题,但是现实生活中的许多规划问题中的对象却都是动态可变的。例如,网络安全、机器人控制、智能游戏、智能接口等方面。

我们在 CDOGP 的基础上进行了扩展,提出了对象集合动态可变的概率规划算法(PCDOGP),使之能够处理可创建或删除对象的概率规划问题[8,9]。此处,我们沿用了对象命题化的思想,将对象转化为对象命题来处理。因为我们讨论的动作都是带有一定概率值的,这样也就不能确定执行一个动作后到底会添加或删除哪个效果,所以对互斥关系重新定义。同时还引入了并行动作集的概念,克服了经典的概率规划在每个时间步只能执行一个动作这个确定,实现了同一时间步可以有一个或多个动作并行执行,从而能够快速解决规划问题,并且减少了规划解的冗长。

7.4.2　基本概念

1. 互斥关系

我们将经典的互斥进行扩展,这里处理的互斥关系分为三种:动作互斥、对象命题互斥和普通命题互斥,分别定义如下。

(1)两个动作是互斥的,如果它们:

(a)一个动作删除了另一个动作的前提;

(b)一个动作删除了另一个动作某一可能的添加效果;

(c)它们的效果集完全相同;

(d)它们的前提条件互斥。

(2)两个对象命题互斥:如果第 i 层创建对象命题 A 的所有动作与第 i 层创建对象命题 B 的所有动作都互斥,那么第 i 层对象命题 A 和对象命题 B 标记为互斥。

(3)两个普通命题是互斥的,如果它们:

(a)产生一个命题的所有动作都与产生另一个命题的所有动作互斥,那么这两个命题互斥;

(b)两个命题是同一动作的效果,但具有不同的发生概率,则这两个命题互斥;

(c)如果第 i 层两个对象命题 A 与 B 互斥,并且它们的名字都分别出现在第 i 层的两个普通命题 p 和 q 中,则普通命题 p 与 q 也互斥。

2. 并行动作集

并行动作集,就是在某一时间步 i 上可以并行执行的所有动作的集合。很显然,并行动作集中任意两个动作间都是不互斥的,这一点我们可以通过标记动作间的互斥来实现。PCDOGP 中,并行动作集的生成是在搜索有效规划时进行的,在提取有效规划时,根据并行动作集选取每个时间步成功概率最大的并行动作。

3. PCDOGP 中对象的表达方式

与以往的概率规划有所不同,PCDOGP 处理的规划问题中动作是可以创建或删除对象的,这里我们对对象的处理方式沿用了文献[3]中的对象命题化思想。

4. PCDOGP 中的操作

因为此处研究的问题中对象是动态变化的,所以我们将操作分类,按照能否创建或删除对象分为两种:普通操作和可创建/删除对象操作,这里的动作都是带有一定概率分布的,分别表示如下。

普通动作:

操作名{

:参数集{······}

:前提条件集{······}

:带有概率分布的效果集{结果命题集}

}。

删除/创建对象的操作:

操作名{

:参数集{{普通参数集},{确定性参数集}}

:前提条件集{······}

:带有概率分布的效果集{{新增对象集},{删除对象集},{结果命题集}}

}。

例如,在火车运输上,有火车头(head)和火车尾(tail)的条件下,执行动作 train 就会生成一个新对象火车。但是,动作 train 的执行是有一定概率的,它以 0.9 的概率生成新对象火车,又有 0.1 的概率没有发生任何变化,即没有生成火车,具体定义如下:

```
(define  (operator train)
    :parameters({{(place ?p)},{(tail ?t)(head ?h)}})
    :precondition(:and( at ?t  ?p)( at ?h ?p))
    :effect
      (probabilistic
        9/10  {create-train$i$}{?h,?t }{:and( at ? create-train $i$ ?p)}
        1/10  (:and( at ?t  ?p)( at ?h ?p))
        )
)
```

7.4.3 对象动态可变的概率规划算法

对象动态可变的概率规划算法(PCDOGP)分两个阶段:第一个阶段是在一个给定的时间步内扩张规划图;第二个阶段是进行有效规划的提取。因为必须在限定时间步内找到规划解,并且该规划解的成功概率还要大于给定阈值,所以,就必须将规划图的扩张和有效规划的提取交替进行。同时,在提取有效规划时,使用了动态规划算法来计算每个动作到达目标状态的最大成功概率,并提出了并行动作集生成算法来产生每个时间步的最优并行动作集。

1. PCDOGP 中描述的规划问题

一个 PCDOGP 规划问题涉及以下六个部分:

(1)一个带有概率分布的操作集合(其中包括普通操作和删除/创建对象的操作)。

(2)一个对象集合。

(3)一个初始条件集合。

(4)一个目标集合。

(5)Tmax:给定的最大时间步。

(6)阈值。

2. 规划图扩张算法

首先是规划图的扩张部分,算法具体描述如下。

(1)从初始条件开始,按照对象命题化思想把初始对象集中的对象命题化,将得到的对象命题和初始条件中的普通命题一起作为第 0 时间步的命题列。

(2)由于初始条件中的命题不存在互斥关系,实例化所有前提条件为真的操作,普通操作实例化为普通动作,添加到动作列,并将动作的添加效果添加到第 1 时间步的命题列;创建/删除对象操作实例化为创建/删除动作后,添加到动作列并把新产生的对象转化为对象命题,同样也添加到第 1 时间步的命题列。同时按照动作互斥定义来判断动作间的互斥关系并加以标记。

(3)时间步 i 的命题列的生成:第 $i-1$ 时间步动作列中的所有动作,普通动作将其添加效果添加到第 i 时间步的命题列中,创建/删除对象动作将新产生的对象转化为对象命题添加到第 i 时间步的命题列中,并且添加带有概率值的添加效果边,按照命题互斥定义判断命题间的互斥关系并加以标记。

(4)时间步 i 的动作列的生成:若动作的前提条件在第 i 时间步的命题列中,并且其所有前提条件两两不互斥,则添加该动作到第 i 时间步的动作列,并且标记动作间的互斥关系。

(5)考察当前命题列中的命题是否包含目标集合中的所有命题,若包含目标集合中的所有命题,且命题间两两不互斥,则进行规划解搜索。若找不到大于给定阈值的规划解,则继续扩张,然后交替进行解搜索和图扩张,直到找到成功概率大于给定阈值的规划解,或达到给定的时间步,或是到达规划图稳定。

3. 有效规划提取算法

在规划图扩张的过程中,规划图到达某一时间步 $t(t<\text{Tmax})$,该时间步的命题列中的命题包含了目标集合中的所有命题并且两两不互斥,则开始提取有效规

划,有效规划的提取算法的主要步骤如下。

利用算法 1 从时间步 0 开始,计算每个动作到达目标的最大成功概率。

(1)初始化,将所有初始状态命题加载到一个数据结构中,并将每个时间步的非空动作导出。

(2)为每个目标命题标记,并根据规划图由后向前传递信息,标记每个节点支持的目标。

(3)从时间步 0 开始,为每个时间步选取成功概率最大的并行动作集。

(4)若找到规划解,则结束循环,输出规划解,算法结束;否则,找不到规划解,算法结束。

算法 1　计算每个动作到达目标状态的最大成功概率,用于生成并行动作集算法中。此处,我们将一个动作 a 到达目标的成功概率记为 $p(a)$,一个命题 s 到达目标的成功概率记为 $p(s)$,一个动作到达目标的成功概率是该动作的所有添加效果到达目标状态的成功概率值的加权平均,一个命题到达目标的成功概率定义为所有以该命题为前提的动作中其成功概率值最大的那个动作的概率值。

算法 2　计算所有动作到达目标的最大成功概率后,判断目标状态最早到达的时间步 t,即目标命题全部满足并且两两不互斥,则从时间步 t 的目标状态出发,搜索有效规划。对每一个时间步,都为目标状态中的所有目标命题选择支持动作构成最优并行动作集,找出每个时间步的最优并行动作集,具体如下。

(1)首先,为第一个目标命题选取最优动作(因为在动态规划算法中已经计算所有动作到达目标状态的最大成功概率),将该动作加进并行动作集中,并从该目标的支持动作中删除该动作。

(2)其次,为下一个目标命题选取最优动作,并判断其是否与并行动作集中的动作互斥,若互斥,则为此目标命题重新选择最优动作。

若不互斥,则将该动作也添加到并行动作集中,并从此目标的支持动作中删除该动作,然后再用同样的方法为其他目标命题选取最优动作。

(3)最后,如果目标命题中没有可用的支持动作,那么考察是否有可回退的目标。

若有,则返回到上一个目标命题,为上一个目标命题重新选择最优动作;否则会退到上一个时间步,为上一个时间步的最后一个目标重新选择最优动作。如果已经没有可回退的时间步,则返回无规划解。

PCDOGP 通过定义及使用并行动作集和互斥的概念,弥补了 PGraphplan 和 CDOGP 算法的不足,打破了以往概率算法中“每个时间步只允许执行一个非空动作”以及规划中对象静态不变的限制,从而可以找到成功概率最大同时长度最短的规划解,使得新的算法更适合于解决实际问题,具有理论研究价值。同时 PC-

DOGP 规划器的开发,促进了概率规划在实际应用方面的发展。

参 考 文 献

[1] Gu W X,Cai Z Y,Zhang X M,et al. Extending Graphplan to Handle the Creating or Destroying Objects Panning. ICMLC2005. Guangzhou,China,2005

[2] 蔡增玉. 图规划框架下创建/删除对象规划的研究及实现. 长春:东北师范大学,2006

[3] 孙明思. 可创建/删除对象的快速前向规划系统的设计与实现. 长春:东北师范大学,2008

[4] 谷文祥,孙明思,蔡敦波. CDOFF:Fast-Forward Planning For Creating Or Destroying Objects. Proceedings of 2007 International Conference on Machine Learning and Cybernetics, ISBN:1-4244-0972-1,EI/ISTP,2007

[5] 谷文祥,杨永娟,闫书亚. 基于条件效果的对象动态可变图规划. 智能系统学报,2007,2(3):12—18

[6] Anderson C R,Smith D E,Weld D S. Conditional Effects in Graphplan. Proc. AI Planning Systems Conference,AAAIPress,Melo Park,1998

[7] Kambhampati S,Parker E,Lambrecht E. Understanding and Extending Graphplan. proceedings of the 4th European Conference on Planning. Toulouse,France,1997

[8] Gu W X,Shao C F. Probabilistic planning for creating or destroying objects. IJCAI2009, 2009:421—424

[9] 邵长芳. 对象动态可变的概率规划的研究与实现. 长春:东北师范大学,2009

第8章 八届国际规划比赛综述

8.1 第一届国际规划竞赛 IPC-1

第一届国际规划竞赛[1]于 1998 年 6 月在卡耐基梅隆大学举行,此次大赛统一了规划领域内一些标准问题的描述,展现了规划研究的进展情况,建立了一套问题领域的标准描述方法,使得各种规划系统之间具有了可比性。

8.1.1 参赛规划器

此次大赛总共有五支代表队参加,他们分别是:美国的 Blackbox,SGP,德国的 IPP,委内瑞拉的 HSP,英国的 STAN。

8.1.2 比赛所用的语言及测试域

这次比赛采用了 Drew McDermott 撰写的规划领域定义语言 PDDL1.2,PDDL1.2[2]给出了如何定义规划问题的域及规划问题的语法标准,但没有给出规划的语义。这次大赛按照描述测试域的语言,把问题分成两类:STRIPS 型问题和 ADL 型问题。

8.1.3 比赛结果

所有参赛规划系统都参加了 STRIPS 型问题的竞争,其中 IPP 和 SGP 还参加了 ADL 型问题的比赛。比赛分两轮进行,在第一轮的比赛中,HSP 解决的问题最多,生成的规划质量上也比其他的规划系统高,Blackbox 在它所解决的问题上用的平均时间最短,而 IPP 在更多的问题上用的时间最短;在第二轮比赛中,IPP 解决的问题个数比其他规划系统多,STAN 解决的问题个数最少,但是它生成的规划质量最好,并且生成规划的速度最快,HSP 和 Blackbox 继续保持在第一轮比赛时表现出来的优势。

经过评委的认真分析、比较,最后评出 Blackbox 是 STRIPS 型问题域的冠军,而 IPP 则是 ADL 型问题域的冠军。

8.1.4 冠军介绍

Blackbox[3]在第一届智能规划系统竞赛中表现出了非凡的问题求解能力,一举夺魁,开辟了解决规划问题的新途径。Blackbox 综合了基于规划图的快速规划扩展和基于 SAT 的快速规划验证。Blackbox 的编译器把规划问题作为输入,猜测规划长度,并产生命题逻辑公式,如果逻辑命题公式是可满足的,就暗示着规划存在;符号表记录了命题变量与规划实例之间的对应。简化器运用加速技术来缩减 CNF 范式;求解器运用系统或统计的方法来寻找一个满足目标的赋值;解码器用符号表把赋值转换成规划解。如果求解器发现公式是不可满足的,则编译器就会产生一个新的反映一个更长规划长度的编码。Blackbox 是结合 SAT 和 Graphplan 的产物,这两种规划算法都是偏序的通用规划方法,此次比赛表明偏序方法在规划求解中具有举足轻重的地位。

8.2　第二届国际规划竞赛 IPC - 2

2000 年,第二届国际规划竞赛[4]召开,这次大赛共有 16 个规划系统参赛,包括全自动和允许手工参与的规划系统。在这次大赛中,偏序规划的思想得到了进一步验证,并且在规划过程中规划知识被人们广泛关注,在此次比赛中,采用启发式知识的规划系统表现出很强的问题求解能力。

8.2.1　参赛规划器

与第一届相比,第二届规划竞赛在规模上有了很大的扩大,参加比赛的规划系统有:Blackbox,MIPS,System R,FF,HSP2,IPP,PbR,PropPlan,SHOP,TokenPlan,STAN,BDDPlan,TALplanner,AltAlt,GRT,CHIPS 共 16 个规划系统。

8.2.2　比赛所用的语言及测试域

这次大赛使用了 STRIPS 域和 ADL 域,没有对规划语言进行进一步的扩展。采用的测试域有后勤规划问题、积木世界、调度世界、Freecell 世界和 Mic10 电梯世界。

8.2.3　比赛结果

此次比赛分成两组进行:一组是完全自动的 STRIPS 和 ADL 型规划,参加此类比赛的规划系统有 FF,GRT,R,MIPS,IPP,HSP2,PropPlan,STAN,Blackbox,AltAlt,TokenPlan,BDDPlan 等 12 个规划器;另外一组是允许手工调节的,参加此类比赛的规划系统有 SHOP,System R,PbR,TALplanner,CHIPS,TokenPlan,GRT,BDDPlan 共 8 个规划器。在参加比赛的 16 个规划系统中有 11 个采用了启发式知识,并且结果表明这些规划系统得到的规划解明显优于没有采用启发式知识的规划系统。

大赛最后评选出两个最优的规划系统,即 TALplanner 和 FF。STAN,HSP2,MIPS 和 R 排名其次。

8.2.4　冠军介绍

FF[5] 是本次大赛中表现得最出色的采用启发式估值的前向状态空间搜索的规划系统,它的求解速度比大部分规划系统都快,并且求得的规划解长度比较短,可以较好地解决复杂的规划问题。FF 系统由两个主要模块组成:放宽的图规划和加强型爬山。前者的主要任务就是为后者提供启发值,即从当前状态到目标状态距离的估计。而后者的主要作用是搜索有效规划,并利用动作互斥来减小搜索空间。

8.3　第三届国际规划竞赛 IPC‐3

2002 年,第三届国际规划竞赛[6] 召开,有 14 个规划系统参赛,值得注意的是,大赛集中考察了规划系统对时序和数值问题的解决情况,资源约束已经普遍出现在各种测试问题中。这时,McDermott 撰写的 PDDL1.2 的表达力已无法对涉及时间和资源的一些问题进行模型化,所以 PDDL 增加了新的表达能力,形成了 PD-DL2.1[7]。PDDL2.1 的表达能力超出了当时所有规划器所能处理的表达能力,给规划研究者提出了新的挑战。

8.3.1　参赛规划器

这次参赛的规划系统有 FF,IxTeT,LPG,MIPS,SHOP2,Sapa,SemSyn,Simplanner,Stella,TALPlanner,TLPlan,TP4,TPSYS 和 VHPOP 共 14 个规划系统。

8.3.2　比赛所用的语言及测试域

Fox 和 Long 在此次大赛中提出了 PDDL2.1,它去掉了 PDDL1.2 中不常使用的部分,增加了数值表达、规划尺度和持续动作等新的表达能力。PDDL2.1 的表达能力可分为五层:第一层是 PDDL2.1 的 STRIPS 部分;第二层是数值表达部分;第三层是离散的持续动作;第四层是连续的持续动作;第五层是 PDDL2.1 的所有扩展及能够支持自发事件和物理过程模型化的附加组件。

此次竞赛采用了一系列的测试域,主要分为三大类,即与运输相关的问题域、与太空应用相关的问题域和一系列零碎的问题域集合。与运输相关的问题域主要包含 Depots,DriverLog 和 ZenoTravel;与太空应用相关的问题域主要包含 Satellite 和 Rovers;零碎的问题域集合主要包含 FreeCell,Settlers 和 UMTranslog‐2。根据 PDDL2.1 描述能力的五个层次将比赛用例分为五组:在 STRIPS 语言上描述;在扩展度量因素后的 PDDL 语言上描述;在扩展较难的度量因素后的 PDDL 上描述;在扩展简单的时序因素后的 PDDL 上描述;在扩展复杂的时序因素后的 PDDL 上描述。除了零碎的问题域集合,比赛所用的大部分测试问题都包含 STRIPS,Numeric,SimpleTime,Time 四个版本。Numeric 对应于 metric 领域,SimpleTime 和 Time 都属于 Temporal 领域,而 STRIPS 版本是为了与以前的规划问题的描述形式相兼容。Numeric 版本可以在动作的前提和效果中处理函数以及数值之间加、减、乘、除等运算,SimpleTime 在动作中加入了常数级的执行时间,而 Time 版则加入了可变的执行时间。

8.3.3 比赛结果

与以往两次规划比赛相比,第三届规划竞赛在质量上有了明显的提高,测试的问题跟实际应用中所遇到的难题更加接近。与第二届比赛一样,这次规划系统比赛同样分为完全自动和允许手工调节两组。比赛从解决问题数量、尝试问题数量、成功率、规划能力等角度评比了各个规划器。

获奖情况如下:最优秀的全自动规划系统是意大利布雷西亚大学的 LPG,最优秀的手工调节的规划系统是加拿大多伦多大学的 TLPlan。另外相应两个表现优秀奖分别颁发给了德国弗赖堡大学的 MIPS 规划系统和美国马里兰大学的 SHOP2。

8.3.4 冠军介绍

LPG[8]是一个增量式的生成多重标准的规划系统,能够处理支持持续动作和数值变量的 PDDL2.1。该系统的核心是基于随机的局部搜索方法和基于时序动作图的表示方法。局部搜索是一种非常有效的搜索方法,虽然原则上这种方法并不能确保最优规划的获得,但在实际应用中却具有独特优势。LPG 的一般搜索方案是 Walkplan,一个类似于 Walksat 的随机局部搜索程序。在这次规划比赛中,在很多测试域上,LPG 从求解速度和规划解质量这两个角度展示了其良好的性能。

8.4 第四届国际规划竞赛 IPC‐4

2004 年的第四届国际规划竞赛[9]在前三届的基础之上从多方面做了扩展和修改。大赛第一次设立了概率规划器的比赛,因此竞赛被分为经典和概率两部分。

概率部分由 Michael Littman 和 Hakan Younes 共同组织,有 7 个概率规划系统参与了比赛,使用的语言是 PPDDL1.0[10,11]。这部分竞赛的主要目的是为概率规划器提出一个通用的表达语言,建立一个基准尺度和结果评定标准。经典部分由 Stefan Edelkam 和 Jorg Hoffmann 共同组织,有 19 个竞争系统参与了比赛。此次大赛采用的测试域更加接近实际应用,各个域的结构也有很大的变化。此次大赛还把可以获得最优解和次优解的规划器分开进行比赛,很明显这两种规划器目前可以达到的性能差距是非常大的,所以这样的分类是非常必要而公平的。19 个规划器中有 7 个可以获得最优解。

8.4.1　参赛规划器

SGPlan,LPG‑TD,Roadmapper,Fast Downward,Macro‑FF,YAHSP,Crikey,Optop,FAP,Marvin,Tilsapa,P MEP,CPT,TP4‑04,HSP* a,SATPlan04,Optiplan,Semsyn,BFHSP 等 19 个规划系统参加了经典部分的比赛。其中 CPT,TP4‑04,HSP* a,SATPlan04,Optiplan,Semsyn,BFHSP 这 7 个规划系统参加了经典部分的最优解规划器的比赛。NMRDPP,mGPT,FCPlanner,Probapop 等 7 个规划器参加了概率部分的比赛。

8.4.2　比赛所用的语言及测试域

此次大赛保留了 PDDL2.1 前三层的表达能力,并对它进行了扩展,新增了导出谓词和时间化初始文字两种表达能力,从而形成了 PDDL2.2[12],新语言的特点已经加入了大赛的测试域中。本次大赛使用的测试域有 Airport,Pipesworld,Promela,PSR,Satellite,Settlers 和 UMTS。

8.4.3　比赛结果

结果就运行时间和规划解质量进行了评估。

对于可以求出最优解的规划器,由 Kautz,Roznyai,Teydaye‑Saheli,Neth 和 Lindmark 设计的 SATPlan04 获得了冠军,CPT 获得了亚军。

对于可以求出次优解的规划器,在命题规划组中,由 Helmert 和 Richter 设计的 Fast Downward 获得了冠军,YAHSP 和 SGPlan 获得亚军;在数值时序规划组中,由 Chen,Hsu 和 Benjamin 设计的 SGPlan 获得了冠军,LPG‑TD 获得了亚军。

8.4.4　冠军介绍

SGPlan[13]−[15]可以将一个大问题分解成若干个子问题,每个子问题拥有它的子目标,然后通过扩展 saddle‑point 条件解决不一致的子规划解。这种策略是非常有效的,因为每个子问题的搜索空间都比原始问题小得多。SGPlan 采用一种方法来侦测子目标的合理顺序,利用一个中间目标议程分析来分等级地分解各个子目标,运用一个搜索空间缩减算法来消除子问题的不相关动作,并且使用一个调用最优规划器的策略来解决底层子目标。目前,SGPlan 支持 PDDL2.1 和导出谓词。

8.5   第五届国际规划竞赛 IPC‐5

2006 年,第五届国际规划竞赛[16]召开,与第四届相同,本次竞赛也分为经典和概率两部分。概率部分由 Bonet 和 Givan 共同组织,有 7 个规划系统参与了比赛,使用了 PPDDL,比赛主要关注规划器将实时决策传递给整体决策的能力,以便用于客户/服务器模型。经典部分由 Dimopoulos,Gerevini,Haslum 和 Saetti 四人共同组织,有 12 个规划系统参与了比赛。与以前的竞赛相比,此次比赛更接近于实际,这主要体现在经典部分的两个主要的创新之处:一个是更强调规划的质量,体现在新开发的语言 PDDL3.0[17]上;另一个是在测试域方面,使用了 5 个新的测试域,对于每个测试域,开发了不同的变量用于 PDDL3.0 的不同层次。

8.5.1   参赛规划器

参加这次竞赛的规划器共有 19 个,其中 CPT2,FDP,IPPLAN-1SC,Maxplan,MIPS-BDD,SATPlan06 这 6 个规划系统参加了经典部分的最优解规划器的比赛,Fast Downward-sa,HPlan-P,IPPLAN-G1SC,MIPS-XXL,SGPlan5,YochanPS 这 6 个规划系统参加了经典部分的次优解规划器的比赛;FOALP,sfDP,FPG,Paragraph 这 4 个规划系统参加了概率部分的概率规划器的比赛,Conformant-FF,t0,POND 这 3 个规划系统参加了概率部分的一致规划器的比赛。

8.5.2   比赛所用的语言及测试域

此次大赛使用了一种新的语言 PDDL3.0,它在 PDDL2.2 的基础上进行了扩展,新增了软目标和状态路径约束,增强了对规划质量的表达。其中强目标是在任何一个有效规划中必须被满足的目标,而软目标是可以不被满足的目标。规划路径约束是用来约束规划的结构,分为硬和软两种,硬路径约束用来表达对有效规划的控制信息或限制,而软目标和软路径约束并不限制有效规划集,只是用来表达能影响规划质量的偏好。每个偏好有一个处罚值,如果一个规划违背了一个偏好,那么将它的处罚值加与该规划。衡量规划的尺度是规划的处罚值。为了更好地测试规划器的性能,PDDL3.0 的表达能力分为下面六个层次:

(1)命题部分:ADL 域或 STRIPS 域。

(2)数值时序表达部分。

(3)简单偏好:把软目标加入命题域。

(4)定性偏好:把软路径约束加入命题域。

(5)约束:把强路径约束加入数值时序表达域。

(6)复杂偏好:把软路径约束与(或)软目标加入数值时序表达域。

PDDL3.0 已被广泛接受,对于参加经典部分比赛的规划器,有一半以上的规划器至少能支持一个新特性。其中,SGPlsan5 能很好地运行在 PDDL3.0 的各个层次。

本次大赛使用了 7 个测试域,分别为 TPP,Openstacks,Storage,Pathways,Trucks,Rovers 和 PipesWorld。其中后两个测试域分别来源于 IPC-3,IPC-4。使用这些测试域有不同的目的:

(1)为了实际应用,如 Storage,Trucks 和 Pathways。

(2)探测自动规划在新应用的适应性和有效性,如 Pathways。

(3)为了将规划应用于一些已知问题,这些问题已经出现在计算机科学的其他领域,如 TPP 和 Openstacks。

(4)为了改进自动规划,如 Rovers 和 PipesWorld。

8.5.3 比赛结果

比赛从成功次数、运行时间以及规划解质量这三个角度对规划器进行了评比。

对于参加经典部分的规划器,由 Xing,Chen 和 Zhang 设计的 Maxplan 与由 Hoffmann,Kautz,Neph 和 Selman 设计的 SATPlan06 同时获得了最优解规划器比赛在命题规划组的冠军。由 Wah,Hsu,Chen 和 Huang 设计的 SGPlan5 获得了次优解规划器比赛的冠军。

对于参加概率部分的规划器,在概率规划器的比赛中,由来自澳大利亚的 Buffet 和 Aberdeen 设计的 FPG 获得了冠军,其他规划器的名次依次为 FOALP,Paragraph,sfDP。在一致规划器的比赛中,由于参加比赛的团队中仅有一组有可以求出最优解的规划器,因此主要针对可以求出次优规划解的规划器进行评估。从成功次数来说,最好的规划器是 Conformant-FF,POND 和 t0;但是从平均时间来考虑,t0 所用的时间是最少的。经过综合评比,由来自西班牙的 Palacios 和 Geffner 设计的 t0 获得了冠军。

8.5.4 冠军介绍

在第四届规划竞赛中,SGPlan4 凭借其良好的性能在次优规划解规划器比赛的数值时序规划组一举夺魁。为了适应 PDDL3.0 的新特性,SGPlan5[18−20]在 SG-Plan4 的基础上,用多值形式来表达规划问题,这为解决目标偏好以及路径和时序约束提供了更有效的启发式。在这次竞赛中,SGPlan5 在 PDDL3.0 的各个层次都表现非常出色,获得了次优规划解规划器比赛的总冠军。

FGP[21,22]是一个概率时序规划器,能够处理大规模的概率时序规划问题。它与传统规划方法的不同主要表现在以下两个方面:一方面是利用局部最优化(决策梯度上升法)来直接搜索规划;另一方面是简化了规划表达,用每个动作的功能近似器来表示。FGP 的优点是它能使规划长度和概率最优化,并且能转化为并行规划。

8.6   第六届国际规划竞赛 IPC - 6

2008 年,第六届国际规划竞赛 IPC - 6 召开[23],规划大赛的目标是分析和推进先进的自动规划系统,提供新的数据集作为标准来评估,并应用于不同方法的自动规划,强调新的研究方法,促进规划技术的有效性和适用性。本届大赛分为三个部分:经典规划(确定规划)、不确定规划(概率动作在完全可观察、部分可观察或不可观察的域执行)、可学习的规划(规划器利用域的相关知识是通过离线训练期间自动获取的)。可学习规划是本届大赛新增加的部分,这里我们只介绍经典规划部分,该部分的竞赛由 Helmert,Do 和 Refanidis 三人共同组织。

8.6.1   参赛规划器

参加本次竞赛经典部分的规划器共有 24 个,分为三类:顺序类(sequential)、时序类(temporal)和净效益类(net benefit)。顺序类的目标是总代价最小,时序类的目标是总时间最短,净效益类的目标是净效益最大。其中,净效益是由实现目标的效用总和减去代价总和得到的。本次竞赛又将这三类细分为 6 个小组,但其中的 2 个小组都只有一个规划器参加比赛,因此只能遗憾地取消了比赛。剩下的 4 个小组分别是顺序次优解小组(sequential satisficing track)、顺序最优解小组(sequential optimization track)、时序次优解小组(temporal satisficing track)和净效益最优解小组(net benefit optimization track)。LAMA,FF(hsa),C₃ 等 9 个规划器参加了顺序次优解小组的比赛,Gamer,CFDP,CO-Plan 等 9 个规划器参加了顺序最优解小组的比赛,SGPlan6,baseline planner 等 6 个规划器参加了时序次优解小组的比赛,Mips-XXL 等 3 个规划器参加了净效益最优解小组的比赛。其中,Gamer,SGPlan6 和 baseline planner 参加了两个小组的比赛。

8.6.2 比赛所用的语言及测试域

大赛使用了新的规划语言 PDDL3.1,在原有 PDDL3.0 的基础上增加了动作代价和目标效用的表示,并将 single-agent 规划的问题描述分为两个部分:域的描述和问题的描述。域的描述包括域名称、需求列表、分类对象、约束和谓词动作列表,其中动作有输入参数和前提条件。问题的描述包括域名称、域的引用、所有对象列表、环境的初始状态和目标状态。

本次大赛使用了 11 个测试域,它们是 Crew planning, Cyber security (BAMS), Elevators, Model train, Openstacks, PARC printer, Peg solitaire, Scana-lyzer-3D, Sokoban, Transport 和 Woodworking,其中 Openstacks 来源于 IPC-5,其他都为新的测试域。

8.6.3 比赛结果

比赛从规划解的质量和运行时间等几个方面对规划器进行了评比。参加经典部分的规划器,由 Richter 和 Westphal 设计的 LAMA 获得了顺序次优解小组的冠军。由 Edelkamp 和 Kissmann 设计的 Gamer 分别获得了顺序最优解小组和净效益最优解小组两个组的冠军。由 Hsu 和 Wah 设计的 SGPlan6 获得了时序次优解小组的冠军。

8.6.4 冠军介绍

LAMA 是基于启发式搜索的命题规划系统。它的主要特点是应用了从 land-marks 推导出的伪启发式,且每个规划解中的命题必须为真。LAMA 建立在 Fast Downward 规划系统的基础上,应用了非二进制状态变量和多启发式搜索方法。在搜索终止前,规划器可以不断地搜索质量较好的规划解。

Gamer 分别获得了顺序最优解小组和净效益最优解小组两个组的冠军。该规划系统可以解决特定领域的动作规划成本优化问题,支持多动作,更容易处理条件效果和目标扩展。该算法的主要贡献是可以实现基于周边的双向加权图搜索和最优净效益的规划求解。

8.7 第七届国际规划竞赛 IPC - 7

2011 年,第七届国际规划竞赛 IPC - 7 召开[24],与第六届相同,本次竞赛也分为经典规划部分、可学习规划部分和不确定规划部分。本次竞赛强调了当前社会应用中边缘问题的形成,提出了新的研究方向,并提供了一个共同的标准和表示形式。经典规划部分由来自西班牙的 Olaya,Celorrio 和 López 共同组织。

8.7.1　参赛规划器

参加本次经典规划部分竞赛的规划器共有 55 个,参赛数量达到了历年之最。其中,LAMA - 2011 等 27 个规划器参加了顺序次优解小组的比赛,Fast Downward Stone Soup - 1 等 12 个规划器参加了顺序最优解小组的比赛,Arvand Herd 等 8 个规划器参加了 Multi-core 小组的比赛,DAEYAHSP 等 8 个规划器参加了时序次优解小组的比赛。

8.7.2　比赛所用的语言及测试域

本次经典规划部分的竞赛使用的语言依然是 PDDL3.1,共应用了 Barman,Elevators,Floortile,Nomystery,Openstacks,Parcprinter 等 19 个测试域,其中有 8 个是新增加的。

8.7.3　比赛结果

经过测试评比,由 Helmert 和 Hoffmann 等设计的 Fast Downward Stone Soup - 1 获得了顺序最优解小组的冠军,由 Karpas 等设计的 Selective Max 和 Nissim 等设计的 Merge and Shrink 并列获得了该小组的亚军。

在顺序次优解小组的比赛中,有 9 个规划器的竞赛成绩都优于第六届的冠军 LAMA-2008,但最终还是由 Richter 和 Westphal 等设计的 LAMA - 2011 获得了该组的冠军,由 Helmert 和 Karpas 等设计的 Fast Downward Stone Soup - 1 获得了亚军。

顺序 Multi - core 小组是本次竞赛中新增加的小组,由 Nakhost 和 Mueller 等人设计的 Arvand Herd 获得了该小组的冠军,由 Ernits 和 Gretton 设计的 ay-Also-Plan Threaded 获得了亚军。

最后一个小组是时序次优解小组,该组的冠军是由 Dreo 和 Schoenauer 设计的 DAEYAHSP,由 Vidal 设计的 YAHSP2-MT 和 Coles 等设计的 POPF2 并列获得亚军。

8.7.4　冠军介绍

参加顺序次优解小组的规划器数量最多,甚至高于第六届参加竞赛的规划器的总和。经过激烈的角逐,最后还是 LAMA - 2011 规划器获得了冠军,该规划器在 LAMA—2008 的基础上进行了改进,应用了著名的 FF 启发式和前向链接搜索方式,由转换、知识编译模型和搜索工程三个部分组成,通过顺序调用这三个部分来解决规划问题。

8.8　第八届国际规划竞赛 IPC - 8

2014 年,第八届国际规划竞赛 IPC - 8 召开[25],经典规划部分由 Chrp,Vallati 和 McCluskey 三人共同组织。与第七届相同,本次竞赛使用的语言还是 PD-DL3.1,没有任何扩展。比赛使用了 23 个测试域,其中有 9 个是新增加的。鉴于智能规划良好的应用前景,热衷该方向的研究人员逐年增多,来自 15 个国家的 67 个规划器参加了本次经典规划部分的竞赛,参赛数量远远高于第七届,并有一大批规划器都取得了喜人的成绩。

8.8.1　参赛规划器

本次竞赛分为三大类:顺序类、灵活类和时序类。其中的灵活类是新增加的类别,它的特点是具有动作代价和负的前提条件,目标是 CPU 运行时间最短。为了公平起见,竞赛又将这三大类细分为 8 个小组,由于其中的三个小组没有或只有一个参赛规划器,因此被取消了,最后只进行了 5 个小组的比赛,它们是顺序最优解小组、顺序次优解小组、顺序 multi - core 小组、灵活小组(Agile)和时序次优解小组。

参加各小组比赛的规划器情况:IBaCoP2,BFS(f)和 Fast Downward Cedalion 等规划器参加了顺序次优解小组的比赛;DPMPlan,SymBA* - 2 和 SymBA* - 1 等规划器参加了顺序最优解小组的比赛;ArvandHerd,IBaCoP 和 USE 参加了顺序 multi - core 小组的比赛;YAHSP3,Madagascar - pC 和 Madagascar 参加了灵活小组的比赛,YAHSP3 - MT、Temporal - FD 和 YAHSP3 参加了时序次优解小组的比赛。

8.8.2　比赛结果

除了灵活小组规划器的获胜标准是 CPU 的时间,其他小组的获胜标准都是求得规划解的速度和质量。经过综合评比,各小组的冠亚军都脱颖而出。

由 Torralba 和 Alcazar 等设计的 SymBA* - 2 获得了顺序最优解小组的冠军,Torralba 和 Alcazar 等设计的 cGamer 获得了该小组的亚军。由 Valenzano 和 Nakhost 等设计的 ArvandHerd 获得了顺序 multi-core 小组的冠军,Cenamor 等设计的 IBaCoP 获得了该小组的亚军。在灵活小组的比赛中,由 Vidal 设计的 YAHSP3 一举夺冠,Rintanen 设计的 Madagascar-pC 获得了亚军。顺序次优解小组的参赛规划器最多,竞争也最为激烈,冠军被 Cenamor 等设计的 IBaCoP2 夺得,Katz 等人设计的 Mercury 获得了亚军。时序次优解小组的冠军是由 Vidal 设计的 YAH-SP3-MT,亚军是 Eyerich 等设计的 Temporal Fast Downward。

本次竞赛还增设了一个最佳创新奖,荣获该奖项的标准是在规划器中应用了新技术,并在竞赛中表现出色。经过评选,由 Alcazar 等设计的 RPT 和 Katz 等设计的 Mercury 获得了此项殊荣。

8.9   智能规划中未解决的问题与展望

8.9.1   未解决的问题

以下给出两个难度大、价值高、意义深远的未解决问题。

1. 应对规划

长久以来,研究者主要关心的是单个智能规划系统在一个和它的能力及目标相适应的封闭环境中的反应、计划、推理和学习。然而随着网络技术和通信技术的发展,处于一个开放性的复杂环境中的规划系统,必然会和其他系统(包括其他规划系统)同时产生作用。这时,不考虑其他系统或过程的影响是不合理的,而这种影响对于我们的规划系统可能是帮助的、中立的,甚至敌意的。

例如,2003 年 1 月,美国总统布什下令制定了网络战略,以便在必要的情况下对敌方的计算机系统发动攻击,这里对系统的攻击性动作对于防范网络攻击的规划系统而言便是敌意的;而基于规划机制的协作型机器人之间由于存在着共同的规划目标,相互的动作则是互为友好的。

从本质上来讲,无论对方规划系统对于我们的规划系统是友好的还是敌意的,处理的基本方法应该只限于一种情况:根据对方的动作,做出相应的对策,最终达到自己的规划目标。针对应对对方具有敌意动作而产生的智能规划(应对规划)将是未来智能规划发展的一个重要方面。

由于系统间的相互作用是不可避免的,所以对应对规划的研究不仅对于计算机系统安全甚至国家安全具有重要意义,而且在系统分析和设计方法学上也具有重要的学术价值。

目前对应对规划的模型、算法、实现的研究尚处于初级的阶段,在后面的章节中我们会介绍一些在该方向的最新研究成果。

2. 对象集合动态可变的图规划

十几年来,人们在图规划框架下做了许多研究工作,取得很多突破,发表了一系列研究成果。但是,到目前为止,所有这些研究都不允许动作消灭现有对象,也不允许动作创建新的对象,即规划的对象集合是静态不变的。然而有许多实际规划问题都不满足这一条件,这就极大地限制了图规划技术的应用。打破这一限制,针对对象集合动态可变的规划问题进行研究,将会给图规划的理论与应用带来重大影响,使其获得更加广阔的发展空间。

8.9.2　展望

(1)关于资源约束的规划问题是智能规划领域中一类较难的问题,仍有很多国际难题尚未解决,有着巨大的研究空间,目前对于此类问题的解决都基于某些较强的假设,放宽、取消这些假设,或者开创新方法解决此类问题是目前以及未来一段时间智能规划学者研究的热点问题。

(2)未来规划的发展除了增强规划知识表达能力,与人的交互将是一个重要的研究方向,在规划过程中允许人的干预,以指导规划器的规划过程,将具有广阔的前景和强大的生命力。

(3)新一代的智能规划器应该是基于知识的。利用各种知识来提高规划的生成、执行和修复效率,以及规划选择的正确率;利用规划系统本身的规划知识,使规划系统具备学习的功能;利用知识,开发规划的启发式函数,用于控制搜索。充分利用知识,并且有效地挖掘蕴涵的隐含知识,开发基于知识的规划系统。

(4)未来的智能规划系统应该具有学习的功能。通过学习删除或完善规划领域理论:当一个智能体的动作怎样影响其所处世界的模型不可知时,可以通过学习进化它的领域理论,使领域理论与实际环境更一致;通过学习加速规划:避免搜索无希望的空间,向可能导致解决方案出现的方向搜索;通过学习提高规划质量:学习用户对规划的偏好,使规划器带有某种要求属性或衡量价值。规划系统具有学习的功能将使得规划的效率和质量有一个大的飞跃。

参 考 文 献

[1] http://www. zurich. ibm. com/~koe/pubilications/ipp/competition/aips. html

[2] Malik G,Howe A,Knoblock C,et al. PDDL-the Planning Domain Definition Language[R]. Technical Report CVC TR-98-003/DCS TR-1165,Yale Center for Computational Vision and Control,1998

[3] Kautz H,Selman B. BlackBox:a New Approach to the Application of Theorem Proving to Problem Solving[C]. Proceedings of the AIPS'98 Workshop on Planning as Combinatorial Search,1998:58—60

[4] http://www. cs. toronto. edu/aips2000

[5] Hoffmann J,Nebel B. The FF Planning System:Fast Plan Generation through Heuristic Search[J]. Journal of aritificial Intelligence Research,2001,14:253—302

[6] Hppt://planning. cis. strath. ac. uk/competition/

[7] Fox M,Long D. PDDL2. 1:an extension to PDDL for expressing temporal planning domains [J]. Journal of Artificial Intelligence Research,2003,20:61—124

[8] Gerevini A,Serina I. LPG:a Planner Based on Local Search for Planning Graphs[C]. Proceedings of the Sixth International Conference on Artificial Intelligence Planning and Scheduling,2002:13—22

[9] http://www. tzi. de/~edelkamp/ipc-4/

[10] Younes H L S,Littman M. PPDDL1. 0:an Extension to PDDL for Expressing Planning Domains with Probabilistic Effects[R]. Technical Report CMU-CS-04-167,Carnegie Mellon University,2004

[11] Younes H L S,Littman M. PPDDL1. 0:the Language for the Probabilistic Part of IPC-4 [C]. Proceedings of the International Planning Competition,2004:36—39

[12] Stefan E,Jorg H. PDDL2. 2:the language for the classical part of the fourth international planning competition[EB/OL]. http://www. research. ibm. com/icaps04/planning competition. html,2004

[13] Chen Y X,Hsu C W,Wah B W. System Demonstration:Subgoal Partitioning and Resolution in SGPlan[C]. Proceedings of the System Demonstration Session,International Conference on Automated Planning and Scheduling,2005:32—35

[14] Chen Y X,Wah B W,Hsu C W. Temporal planning using subgoal partitioning and resolution in SGPlan[J]. Journal of Artificial Intelligence Research,2006,26:323—369

[15] http://manip. crhc. uiuc. edu/programs/SGPlan/sgplan4. html

[16] http://zeus. ing. unibs. it/ipc-5/

[17] Alfonso G,Long D. Plan Constraints and Preferences in PDDL3[C]. Proceedings of the Fifth International Planning Competition,2006:7—13

[18] Hsu C W,Wah B W,Huang R,et al. Handling Soft Constraints and Preferences in SGPlan [C]. Proceedings of the ICAPS Workshop on Preferences and Soft Constraints in Planning, 2006:132—135

[19] Hsu C W,Wah B W,Huang R,et al. New Features in SGPlan for Handling Soft Constraints and Goal Preferences in PDDL3. 0[C]. Proceedings of Fifth International Planning Competition,International Conference on Automated Planning and Scheduling,2006

[20] Hppt://manip. crhc. uiuc. edu/programs/SGPlan/

[21] Buffet O,Aberdeen D. The Factored Policy Gradient Planner[C]. Proceedings of the Fifth International Planning Competition,2006

[22] Buffet O,Aberdeen D. The factored policy-gradient Planner. artiticial Intelligence,2009, 173(5-6):722—747

[23] http://ipc. informatik. uni-freiburg. de/HomePage

[24] http://www. plg. inf. uc3m. es/ipc2011-deterministic/

[25] http://helios. hud. ac. uk/scommv/IPC-14/

第9章 规 划 识 别

与智能规划相对应的是规划的识别,规划识别是人工智能中一个活跃的研究领域。规划识别问题是指从观察到的某一智能体的动作或动作效果出发,推导出该智能体目标/规划的过程[1]。早期的规划识别是基于规则推理的,研究者试图与推理规则保持一致,以此来掌握规划识别的特性。而如今很多推理技术都在规划识别中有所应用。

下面我们会详细介绍规划识别的发展、分类、技术及应用,并详细介绍 Kautz 规划识别、基于目标图的规划识别和基于回归图的规划识别方法。

9.1 规划识别综述

Schmidt,Sridharan 和 Goodson 在 1978 年第一次将规划识别作为一个研究问题提出[2]。他们把心理学实验与 Cohen 等提供人类行动证据的实验相结合,用于推理其他智能体的规划及目标。Charniak 和 McDemott 在 1985 年提出进行规划识别的最好方式是溯因[3]。他们认为这样才能推导出最合理的目标解释。1986年,Kautz 和 Allen 第一次形式化了规划识别理论[4],这是规划识别研究的一个里程碑。1990 年 Vilain 以 Kautz 理论为基础提出了一种基于语法分析的规划识别理论[5]。同年,Carberry 将 Dempster-Shafer 理论应用到规划识别中,通过多个证据来计算假设规划的联合支持度[6]。1991 年,Charniak 和 Goldman 构建了规划识别的第一个概率模型[7,8],并将贝叶斯网络应用到规划识别中,这使得规划识别方法有了更广泛的应用。1999 年,Goldman 等又提出了基于规划执行的规划识别方法,该方法从一个新的角度出发来解决规划的识别问题[1]。之后的几年里,Goldman 等对这种方法不断地修改,并将其应用到了多种领域,特别是敌对环境下的规划识别。

规划识别从提出到现在经过了近 30 年的发展历程,其方法日趋成熟。目前,规划识别已经成为人工智能中比较热门的研究方向之一[9,10]。

9.1.1 规划识别分类

规划识别有多种分类方法,概括起来有如下六种。

1. 根据智能体在规划识别中的作用

这是规划识别最常用的分类方法。Cohen,Perrault 和 Allen 在 1981 年提出了规划识别的这种分类方法[11],当时的分类中包括两种识别,分别为洞孔式规划识别和协作式规划识别。2001 年 Geib 和 Goldman 又在此基础上增加了对手式规划识别。

(1)洞孔式(keyhole)规划识别:智能体不关心或者不知道识别器在观察它的动作。在识别器识别的过程中,智能体不会为识别器提供帮助,也不会刻意阻碍识别器对它进行识别。

(2)协作式(intended)规划识别:智能体积极配合识别器的识别,智能体所做的动作有意让识别器理解。

(3)对手式(adversarial)规划识别:智能体所做的动作对识别方造成威胁,破坏识别方的正常规划,而且智能体还会阻止或干扰识别器对它的识别。

这三种规划识别都有其自身的特点,因此它们的应用领域也不尽相同。洞孔式规划识别主要应用在生产监控、智能用户接口等领域;协作式规划识别主要应用在机器人足球、故事理解等领域;对手式规划识别则应用在入侵检测、军事指挥等敌对的环境下。在这三种规划识别中,较为常用的是洞孔式规划识别。

2. 根据规划识别是否具有规划库

(1)有库的规划识别:用分层任务网络、事件层、知识图或其他方式预先描述规划,并用这些规划作为规划识别的依据。

(2)无库的规划识别:识别器不需要根据预先给定的规划就能给出识别结果。

目前大部分的规划识别方法都是有库的规划识别。该方法直观、易于理解,但用这种方法进行识别前,需要做大量的建立规划库的准备工作,在搜索过程中常常会消耗大量时间或空间。无库的规划识别打破了必须有特定规划库才能进行规划识别的限制,现有的基于无库规划识别的方法很少,主要是以 Jun Hong 的基于目标图分析的规划识别方法和殷明浩的基于回归图的规划识别方法为代表。无库规划识别方法可以识别出新的规划,因此很适合入侵检测、战术规划识别等智能体处于敌对状态的规划识别问题。但是,由于这种方法还不完善,不能判断规划假设的优劣,可应用领域还比较狭窄。

3. 根据规划识别是否有完整领域知识

(1)有完整领域知识的规划识别:识别器完全掌握动作的前提、效果或动作的执行概率等情况。

(2)无完整领域知识的规划识别:识别器不能完全掌握动作的前提、效果或动作的执行概率等情况。

由于无完整领域知识的规划识别复杂度较高,目前的规划器大都假设识别器具有完整的领域知识。

4. 根据所识别的规划是否有错误

(1)对无误规划的规划识别:识别器所识别的智能体在进行规划的过程中,所执行的每一个动作对于到达目标都是必要的。

(2)对有误规划的规划识别:识别器所识别的智能体在进行规划的过程中,执行了一些错误动作。这些错误动作,或者是智能体本身能力限制造成的,或者是智能体为了干扰识别器针对它的识别特意执行的干扰性动作。

所识别的规划是否是有误规划,还要依据识别背景和经验来判断。与实际情况更接近的是假设所识别的规划存在错误动作。但为了研究方便,目前大多数的规划识别方法都假设所识别的规划不存在错误动作。

5. 根据所识别的动作序列是否完全可观察

(1)完全可观察规划识别:识别器能够观察到所识别智能体的全部动作及动作的执行顺序。

(2)部分可观察规划识别:识别器不能观察到所识别智能体的全部动作。这可能是由于识别器遗漏了部分动作,也可能由于动作本身是不可观察的。这种情况通常用动作的效果来进行识别。

完全可观察的规划识别比部分可观察的规划识别要相对简单。通常情况下人们都是假设所观察的动作序列是完全可观察的,以降低识别的难度。但是我们知道,在现实生活中,很多情况是无法完全观察到的,尤其是识别方与被识别方是敌对关系的情况下,想要得到对方的全部动作信息更是无法做到,因此,部分可观察规划识别有更高的研究价值。从某种角度来看,完全可观察规划识别是部分可观察规划识别的特例。

6. 根据观察是否可信赖

(1)观察可信赖的规划识别:所观察到的动作就是实际发生了的动作,对这些动作所做的规划识别就是观察可信赖的规划识别。

(2)观察不可信赖的规划识别:在这种识别中,有些动作不能完全肯定是否真实发生了,它们的发生带有一种可能性。这种动作通常都被赋一个可信度,以确定该动作发生的可信赖程度。

由于识别器的疏忽或某些情况的干扰,识别器可能无法确定一些动作是否真实发生,因此导致了观察不可信赖。由于某些领域不存在不可信赖的动作,也为使问题求解更容易,所以通常的规划识别都假设观察是可信赖的。

9.1.2　规划识别方法

就规划识别方法而言,规划识别可分为基于一致的规划识别和基于概率的规划识别。"一致"主要是指与推理规则保持一致;而加入概率推理的规划识别即为基于概率的规划识别。下面介绍一些目前较为流行的规划识别方法。

1. 基于事件层的规划识别

1986 年 Kautz 和 Allen 提出了一种通用的规划识别模型[4]。这一模型几乎囊括了规划识别的所有子任务,是规划识别的第一个形式化理论。在该理论中,每一个被观察动作都是一个或多个高层规划的一部分,规划识别任务是最小化这些高层动作,并用这些高层动作来解释观察动作集合。

他们将动作和规划统称为事件,用事件层来表示已知的可能规划。在事件层中,根节点为高层动作、其他动作均依赖于高层动作。用 End 表示具有独立意义、不需要进一步推导的规划,抽象于 End 的事件都是 End 事件。事件层中包括:

(1)一元事件类型谓词集(H_E)。

(2)抽象公理集(H_A)。

(3)基本事件类型谓词集(H_{EB})。

(4)分解公理集(H_D)。

(5)通用公理集(H_G)。

该规划识别模型还包含四种假设:穷尽假设(EXA)、互斥假设(DJA)、使用部件假设(CUA)及最小基数假设(MCA)。前三种假设都是以 McCarthy 的限定理论为基础的。当观察到某一动作序列时,根据四种假设,识别器会对其中的每个动作都生成相应的解释图(解释图表示由某一动作推导出的各种事件及事件间的关系),并找出这些动作的所有可能的合并结果。最后,选择合并后 End 事件最少的解释图或解释图集合作为规划识别的输出。

这种规划识别方法具有丰富的表达能力,可以处理动作间的时序关系及不完全观察动作序列,并能够很好地识别偏序规划。但由于识别中采用了最小覆盖模型,并认为所有事件出现的可能性都是一样的,使得识别结果过于武断。该识别还要求所识别的智能体不能犯错误,识别所依据的规划库是完整的,因此也就缩小了该识别方法的应用范围[12,13]。

我们会在下一节中详细介绍 Kautz 的规划识别方法。

2. 基于限定理论的规划识别

限定理论[14,15]是一种非单调推理方法,也是研究最早的非单调推理方法之一,是 McCarthy 在 20 世纪 70 年代末提出的,这种方法并没有引入任何新的算子或逻辑符号,只是在经典逻辑的框架内研究适合于表示非单调性的特殊推理形式。限定理论的核心思想是:如果一个句子叙述一个命题,那么它叙述的仅仅是这个命题,不能扩展和延伸。例如,如果说船能渡河,那么就意味着只有船才能渡河,其他任何可能的渡河工具都不能被考虑。

限定理论是指从某一事实 A 推出的具有特定属性 P 的对象是满足 P 的所有对象。令 A 为包括谓词 $P(x_1,\cdots,x_n)$ 的一阶逻辑语句,将 $P(x_1,\cdots,x_n)$ 记作 $P(\bar{x})$,$A(\Phi)$ 指用谓词表达 Φ 代替 A 中 P 的所有发生事件,则限定理论的形式化定义为 $A(\Phi) \wedge \forall \bar{x} \cdot (\Phi(\bar{x}) \supset P(\bar{x})) \supset \forall \bar{x} \cdot (P(\bar{x}) \supset \Phi(\bar{x}))$ 该语句表示 $A(P)$ 中 P 的限定。

限定理论包括符号系统、句法、公理、推理及限定语义。其中公理由一阶逻辑和限定规则组成,包括谓词限定、领域限定和属性限定。限定理论是封闭世界假设的扩展,它形式化了多种非正式推理过程。

人类和智能计算机常常需要得出这样的一些结论:某些具有特定属性或关系的对象是仅有的满足这些关系的对象。McCarthy 的限定理论就形式化了这种推理。由于限定理论是在一阶逻辑上添加一些限定规则,所以,可以用传统的逻辑语言来形式化非单调逻辑。而规划识别问题通常为非单调的逻辑推理问题,因而可以将限定理论与规划识别问题相结合。

Kautz 的规划识别问题就是求解观察动作的最小规划集,这与限定理论的思想很相似。但由于限定理论包含二阶逻辑,计算十分复杂,所以,Kautz 只是基于限定理论提出了三个假设(穷尽假设、互斥假设、使用部件假设),并没有直接用限定的方法来求解规划识别问题。

由于 McCarthy 限定理论难于计算,许多学者在其计算方面做了深入的研究。Lifschitz 根据看待谓词最小化的角度不同,提出了逐点限定。Doherty 和 Lukaszewicz 提出了一种将二阶限定公理降为逻辑等效的一阶公式的新方法,用逐点限定的一阶形式直接计算限定,该方法简化了限定计算的难度。

2002 年,姜云飞和马宁在 Kautz 规划识别的基础上,结合以上两种方法,提出了基于限定的规划识别问题求解的新方法[16]。根据 Kautz 规划识别,姜云飞、马宁给出了分解和枚举的概念,并给出了限定求解规划识别问题的算法。以溯因理论为基础,他们给出了规划识别的模型,即一个规划识别问题是一个三元组 $\langle T, G, P \rangle$,其中 G 是原子集,叫做观察集;P 是原子集,叫做规划集;T 是背景理论。由一个观察 $g(g \in G)$ 识别出的规划 $D(D \subseteq P)$ 定义为

(1)$T \cup D \models g$。

(2)$T \cup D | \neq \text{false}$。

(3)D 是满足上述条件的极小集。

根据限定与规划识别的关系,他们给出定理,用以说明对观察到的现象做限定获得的解集与由观察到的现象求出的最小规划集是一样的。

姜云飞等借鉴 Kautz 的规划识别方法,首次提出了用限定直接求解规划识别问题,弥补了 Kautz 规划识别的不足,增强了规划识别的容错能力。

3. 基于规划知识图的规划识别

2002 年,姜云飞、马宁在 Kautz 规划识别的基础上提出了基于规划知识图的规划识别[17]。这种方法将 Kautz 的事件层改造为更简便、更直观、更易于操作的规划表示方法——规划知识图,如图 9.1 所示。规划知识图是一个非循环与或图,由代表规划的节点集合组成。节点间由连接符连接,表示事件之间的整体与部分、具体与抽象的关系。

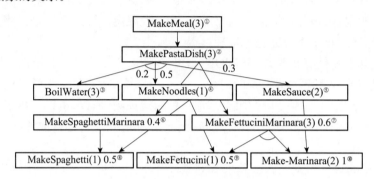

图 9.1　一个规划知识图实例

①做饭(3);②做面团(3);③烧水(3);④做面条(1);⑤做调味汁(2);⑥做大蒜番茄酱意大利面条 0.4;⑦做大蒜番茄酱白脱奶油面(3)0.6;⑧做意大利面条(1)0.5;⑨做白脱奶油面(1)0.5;⑩做大蒜番茄酱(2)1

这种方法在规划知识图中添加了支持程度的概念。支持程度是指一个规划(事件)的出现使另一个规划(事件)出现的可能性。由已观察到的动作可能推出多种结果。Kautz 会选择 End 事件最少的推理结果作为识别的最终结果;姜云飞等则认为,不同动作在满足条件的规划内的重要程度是不一样的,所以对规划出现可能性的支持程度也不同,因此,根据支持程度来判断识别的最终结果,会与实际情况更为接近。

由于该方法添加了支持程度的概念,所以,与 Kautz 规划识别相比,其结果更合理;方法中对知识图采用了宽度优先搜索,比 Kautz 规划识别更简捷。

在基于规划知识图的规划识别方法之上,我们又提出了一种带标记的反向搜索的规划识别算法[18]。该方法修改了规划知识图算法中对支持程度和可能性的部分计算,并采用了从下往上动态生成解图的方法。在有多个或节点存在时,对节点做了标记,使得动态增加新的观察现象时不用完全重新生成解图。该方法解决了动态增加新节点的问题。

4. 基于语法分析的规划识别

1990 年,Vilain 以 Kautz 理论为基础提出了一种基于语法分析的规划识别理论[5]。这种方法并没有真正采用语法分析来处理规划识别问题,而是通过减少规划识别的限制情况来进行语法分析,用以研究 Kautz 理论的复杂度。

2000 年,Pynadath 和 Wellman 提出了基于概率状态独立语法(probabilistic state-dependent grammar,PSDG)的规划识别方法[19]。该语法扩展了上下文无关语法(probabilistic context-free grammar,PCFG)。由于 PCFG 较同期的语法有更多的独立假设,所以能够支持更广泛的问题领域,并能支持有效的语法分析算法。PSDG 正是在继承了 PCFG 的这些优点之上,进一步要求产生式的概率要依赖于规划智能体内部和外部状态的确切模型,图 9.2 为一个简化交通域的 PSDG 表示。给定规划生成过程的 PSDG 描述,通过利用 PSDG 独立特性的推理算法,可以快速地识别出用户的提问,并给出回答。PSDG 模型的假设和推理算法缺乏一定的通用性,但是 PSDG 模型的约束限制保证了算法应用的独立属性,同时也可阻止推理复杂化。

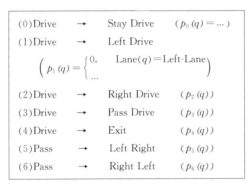

图 9.2 简化交通域的 PSDG 表示

2002 年,Moore 和 Essa 将上下文自由语法(CFG)扩充为随机上下文自由语法(SCFG)[20],并将该方法用于对视频中多任务活动的识别。Moore 和 Essa 为 CFG 中的每个产生式规则(如 $x \rightarrow \lambda$)添加了一个概率 p(记作 $p(x \rightarrow \lambda)$),用此概率及语言模型中的依赖关系,可以将语法分析分类,或删除不必要的分析。该方法特别适合基于规则活动的识别。Moore 和 Essa 采用 Earley-Stolcke 算法来决定最大可能的语义推理结果。他们将错误分为三种:替换错误、插入错误和删除错误,并提出新的分析策略来进行错误检测和恢复,以此来提高规划识别的成功概率。Moore 和 Essa 以二十一点牌为例,描述了对视频中多任务活动的识别过程,图 9.3 为二十一点牌游戏的 SCFG 表示。

利用 SCFG 方法进行规划识别能够从多个对象和任务的长期行为序列中有效地提取出高层行为。通过监控还可以对某一对象形成经验性评估,方便进一步地识别。

Production Rules		Description
S	→AB　　[1.0]	Blackjack→"play game""determine winner"
A	→CD　　[1.0]	play game→"setup game""implement strategy"
B	→EF　　[1.0]	determine winner→"eval. strategy""cleanup"
C	→HI　　[1.0]	setup game→"place bets""deal card pairs"
D	→GK　　[1.0]	implement strategy→"player strategy"
E	→LKM　　[0.6]	eval. strategy→"dealer down-card""dealer hits""player down-card"
	→LM　　[0.4]	eval. strategy→"dealer down-card""player down-card"
F	→NO　　[0.5]	cleanup→"settle bet""recover card"
	→ON　　[0.5]	→"recover card""settle bet"
G	→J　　[0.8]	player strategy→"Basic Strategy"
	→Hf　　[0.1]	→"Splitting Pair"
	→bfffH　　[0.1]	→"Doubling Down"
H	→l　　[0.5]	place bets
	→lH　　[0.5]	
I	→ffI　　[0.5]	deal card pairs
	→ee　　[0.5]	
J	→f　　[0.8]	Basic strategy
	→fJ　　[0.2]	
K	→e　　[0.6]	house hits
	→eK　　[0.4]	
L	→ae　　[1.0]	Dealer downcard
M	→dh　　[1.0]	Player downcard
N	→k　　[0.16]	settle bet
	→kN　　[0.16]	
	→j　　[0.16]	
	→jN　　[0.16]	
	→i　　[0.18]	
	→iN　　[0.18]	
O	→a　　[0.25]	recover card
	→aO　　[0.25]	
	→b　　[0.25]	
	→bO　　[0.25]	

Symbol	Domain-Specific Events(Terminals)
a	dealer removed card from house
b	dealer removed card from player
c	player removed card from house
d	player removed card from player
e	dealer added card to house
f	dealer dealt card to player
g	player added card to house
h	player added card to player
i	dealer removed chip
j	player removed chip
k	dealer pays player chip
l	player bets chip

图 9.3　二十一点牌游戏的 SCFG 表示(包括产生式规则、概率和描述)

5. 基于规划执行的规划识别

1999 年,Goldman,Geib 和 Miller 给出了一种规划识别的新模型——基于规划执行的规划识别[1]。该模型的主要用途是向用户提供智能辅助。

Kautz 的规划识别是以规划图为核心,它要求确定动作的最小集合,其最终是一个图覆盖的问题。对比 Kautz 的规划识别,Goldman 等提出的这一新模型是以规划执行为核心的,并加入了概率推理,用概率的方法替代了最小动作集合的方法,使识别结果更合理,增强了规划识别的准确性。

这一模型采用与或树作为规划库,相对于 Kautz 规划识别的事件层而言,更易于应用到计算机上。该模型可以处理规划识别中遇到的多方面的问题,包括:考虑世界状态的影响,利用否定证据,识别中采用干预理论,对偏序规划的识别,处理重载动作及由自身原因触发的动作,并能识别交错规划。

Goldman 等认为规划的执行是动态的,智能体可以选择执行任何已被激活的动作。因此,每一时刻智能体都会有一个装载着被激活动作的待定集合(pending set),智能体可以从当前待定集中选取任一动作来执行。随着事件的进行,智能体会反复执行一个操作,即从当前待定集中选取动作执行,并生成新的待定集,再从新生成的待定集中选取动作执行,同时生成新的待定集,如此反复,该过程如图 9.4 所示。不同的选取方式会产生不同的动作选取序列。一个解释对应一个待定集合的动作选择序列,即一个解释记录了每一时刻从待定集合中选择的动作及这些动作执行的先后顺序。由于待定集中待选动作的选取方式不唯一,在识别过程中会生成很多种解释,每种解释本质上是一种对智能体所执行规划的猜想。Goldman 等在他们的模型中加入了概率推理,这使得每种解释都具有一定的概率。给出适当的阈值,即可得到满足条件的解释,由此可以判断智能体所执行的规划。

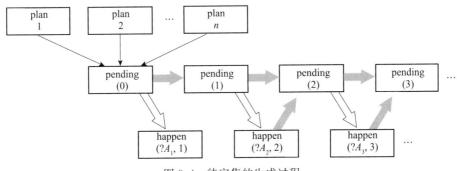

图 9.4 待定集的生成过程

这种方法从一个新的角度出发构建了基于规划执行的规划识别,加入概率推理使其结果更合理,更准确。不仅如此,Goldman 等还在该模型中加入了 Pearl 在 1994 年提出的干预理论,使得其智能辅助作用更大,效果更好。该模型可以很好地处理交错规划生成的动作序列、偏序规划,还可以利用背景进行推理。但在解释生成过程中不能排除空间按指数级增长的情况。Goldman 等认为该模型不能与周围环境交互,并且没有考虑到世界状态的改变。

Goldman 和 Geib 等将该方法进行了更深入的研究,对敌对智能体[21]和部分可观察规划进行了识别[22]。他们还将该方法应用到计算机智能辅助、入侵检测等领域[23]，并以该方法为基准，对规划识别的复杂度进行了评估[24]。

6. 基于目标图分析的目标识别

通常的规划识别都是建立在规划库基础上的。2000 年，Jun Hong 提出了一种不需要规划库的目标识别方法[25,26]。

给定观察动作集合，通常的规划识别方法会搜索可能的规划识别假设，作为候选规划和目标，以此来解释观察动作。这一搜索过程无疑会增加规划识别的时间及空间消耗，甚至使有些识别问题无法解决。因此，相对无库规划识别而言，有库规划识别有如下缺点：

(1)识别器不能识别规划库中没有的新规划。

(2)对复杂领域来说，手工编写的规划库需要消耗大量的时间，并且可能会导致这一工作无法完成，即使采用机器学习的方法，空间搜索有时也会产生指数级的消耗。

(3)在有些领域中，规划知识不容易获得，无法进行识别。

而 Jun Hong 提出的无库的规划识别方法与大多数规划识别不同。该方法没有规划库，因此可识别新规划；不立即搜索可能规划，而是先构建一个目标图，以此图来分析识别的目标和规划，因此不存在指数级空间消耗的问题；只保留与当前已观察动作一致的目标及规划，降低了识别结果的二义性。因此，与有库规划识别相比，该方法有着明显的优势。

Jun Hong 在 Blum 和 Furst 提出的图规划方法[27]及 Lesh 和 Etzioniy 的一致图方法[28]的基础上提出了目标图，该方法采用 ADL 域表示。一个目标识别问题包括：一个给定初始动作的动作概要集合；一个可由动作添加或删除的类型化对象的有限、动态领域；一个被称为初始条件的命题集合；一个说明可能目标的目标概要集合；一个在连续时间步观察到的动作集合。

目标图是一个直接的层次图，由命题层、动作层、目标层依次交错排列。目标图开始于时间步 1 的初始条件命题层，结束于当前所观察到的最后一个动作所在时间步的目标层。识别过程首先从初始状态出发，根据所观察到的动作，反复执行目标扩张及动作扩展，并对目标图进行分析，找到与观察动作一致的已完成或部分完成的目标。删除冗余目标，并选择具有最多相关动作的一致目标，即最一致目标，作为识别结果。

该方法突破了必须有特定规划库才能进行规划识别的限制，能够对新规划做出识别，所以很适合入侵检测等智能体处于敌对状态下的识别。但由于它还不够完善，只能解释过去的动作而不能预测未来的动作，因此，该方法目前适合应用在故事理解、软件咨询系统、数据库查询优化和客户数据挖掘等领域。

7. 基于动态贝叶斯网络的规划识别

贝叶斯网络又称信度网，是目前比较流行的一种不确定性推理方法，它用图形的方法来表达节点间的因果关系。贝叶斯网络是一种有向无环图，其节点与随机变量相对应。网络中的任意状态变量集合都可以用联合概率分布解释。节点间用箭头连接,表示因果关系,节点只受其父节点的影响。在这种连接下,节点间是独立的,因此相对联合概率分布来说贝叶斯网络所需指定的概率数目是指数级减少的。贝叶斯网络中每个节点都有条件概率值,用于联系该节点与其父节点。在概率分布中,没有前项的节点概率用其先验概率表示。对于网络中的所有节点,给定先验概率分布及条件概率分布,可以计算出后验概率分布。节点的后验概率即所谓的信度。观察到的节点的特定值称为证据。给定新的证据,重新计算后验概率分布,以此来更新信度。

近年来,学者将贝叶斯网络应用到动态领域,即贝叶斯网络随着时间的推移而逐渐扩大。构造动态贝叶斯网络至少需要三类信息:状态变量的先验分布 $P(X_0)$;转移模型 $P(X_{t+1}|X_t)$ 以及传感器模型 $P(E_t|X_t)$,其中 X_t 是状态变量,E_t 为证据变量。不仅如此,网络中还需要指定相邻时间片之间、状态变量与证据变量之间连接关系的拓扑结构。

以往通过手工编码来建立规划库的方法限制了规划识别的发展,而动态贝叶斯网络可以在训练过程中学习到领域特征,并能将所学应用到推理过程中。因此将动态贝叶斯网络应用到规划识别领域能有效地解决手工编码所带来的问题。

Albrecht 等利用动态贝叶斯网络来表示领域特征,用以在一种称为 MUD 的游戏中推导用户的规划及目标[29]。其网络结构是根据分析领域特征而确定的。网络中有三种节点,包括动作(action)、地点(location)和目标(quest),网络结构如图 9.5 所示,其信度更新方法如下:

初始第 1 步时,

$$P(L_1 = l_1 | q, a_0, l_0) = \sum_{q'} P(L_1 = l_1 | l_0, q') P(q'|q)$$

$$P(A_1 = a_1 | q, a_0, l_0) = \sum_{q'} P(A_1 = a_1 | a_0, q') P(q'|q)$$

$$P(Q' = q' | q, a_0, l_0) = P(Q' = q'|q)$$

更新第 $n+1$ 步时,

$$P(L_{n+1} = l_{n+1} | q, a_0, l_0, \cdots, a_n, l_n)$$
$$= \sum_{q'} P(L_{n+1} = l_{n+1} | l_n, q') P(q'|_q, a_0, l_0, \cdots, a_n, l_n)$$
$$P(A_{n+1} = a_{n+1} | q, a_0, l_0, \cdots, a_n, l_n)$$
$$= \sum_{q'} P(A_{n+1} = a_{n+1} | a_n, q') P(q'|q, a_0, l_0, \cdots, a_n, l_n)$$
$$P(Q' = q' | q, a_0, l_0, \cdots, a_{n+1}, l_{n+1})$$
$$= \alpha P(l_{n+1} | l_n, q') P(a_{n+1} | a_n, q') P(Q' = q' | q, a_0, l_0, \cdots, a_n, l_n)$$

其中,α 为常化因子。

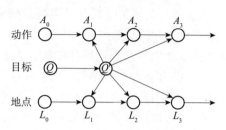

图 9.5　MUD 的动态贝叶斯网络

该方法在训练过程中确定条件概率分布,因此能够依据所观察到的行为动态构建概率分布。在训练和测试过程中允许不完整的、零散的或带有噪声的数据存在。Albrecht 等用大量数据进行的试验表明该方法具有很高的预测准确度。虽然该方法是在游戏领域进行的实验,但在具有相似特征的领域中,该方法也非常适用,并且能够取得很好的效果。

Horvitz 等也将贝叶斯网络应用到了规划识别中[30]。他们的 Lumiere 工程通过建立贝叶斯用户模型来推测用户的需求,并考虑用户的背景、动作及问题查询。Lumiere 工程的主要任务是构建贝叶斯用户模型,用于从所观察到的动作和查询上推理出计算机用户随时间变化的目标;从软件应用中获取事件流;开发可以将系统事件转化为贝叶斯用户模型中所表达的观察变量;开发持续简档(profile)以获取用户技能的变化;为智能用户接口开发一个总体结构。该工程是 office 助手的基础,其目的主要是观察程序状态、动作序列及用户所查询的词语,并根据这些观察结果识别出用户的需求或目标,辅助用户达到其最终目标。他们的决策模型包括用户的目标和需求,其中目标是指用户关注的目的任务或子任务;需求是指能减少用户完成任务的时间或工作量的信息或动作。该模型在规划识别的过程中能够推断用户需要帮助的可能性及需要帮助的类型。Horvitz 等还将用户的证据分为如下几类:搜索、专注、反省、非期待效果、非高效命令序列、域特征句法和语义。根据用户证据,可以识别出用户的目标以及是否需要帮助。

由于不确定性无处不在,而动态贝叶斯网络又是建立在概率方法基础之上的,因此,采用动态贝叶斯网络可以有效地诊断出用户的需求,并向用户提供有用的帮助。该方法在实际应用中效果很好。

8. 基于决策理论方法的规划识别

效用理论认为,任何状态对一个智能体而言都有一定程度的有用性,即效用。智能体会偏爱具有更高效用的状态。决策网络是贝叶斯网络的一个扩展,它将贝叶斯网络与行动以及效用的附加节点类型结合起来。

给定证据 E,某一行动 A 的期望效用 $\mathrm{EU}(A|E)$ 可以采用如下方法计算:

$$\mathrm{EU}(A|E) = \sum_i p(\mathrm{Result}_i(A)|\mathrm{Do}(A), E)U(\mathrm{Result}_i(A)), 其中 A 为某一非$$

确定行动,它具有可能的结果状态 $\text{Result}_i(A)$;i 为索引,它最大值不超过不同结果的个数。在执行 A 之前,智能体为每个结果赋以概率 $P(\text{Result}_i(A) \mid \text{Do}(A), E)$,其中 E 综合了智能体关于世界的可用证据,$\text{Do}(A)$ 是在当前状态下执行动作 A 的命题。而最大期望效用(MEU)原则指出,一个理性智能体应该选择能最大化该智能体的期望效用的那个行动[31]。

概率理论是在证据的基础上,描述一个智能体应该相信什么;而效用理论描述一个智能体想要什么;决策理论则将两者结合起来以描述一个智能体应该做什么。因此,将决策理论方法应用到规划识别领域中,从规划智能体的角度来进行决策分析,必将会得到更合理化的识别结果。

Wenji Mao 和 Jonathan Gratch 认为规划识别可以被看作是在为模型化另一个智能体的决策制定策略[32]。之前的方法只是向规划识别中添加概率,却缺少对效用值的应用。因此,他们提出了规划识别的一种新方法,即通过最大期望效用来判断某一智能体所执行的规划。例如,MRE 系统中的一个例子:一名儿童在事故中受伤了,这时该儿童的母亲看到部队经过,并推断部队的规划及随后的动作。识别部队规划的过程如图 9.6 所示,这种识别中加入了效用值理论,即考虑到部队在救助儿童和继续行军两种规划上会选择结果更为有利的规划。Wenji Mao 等的规划采用经典 STRIPS 的一种扩展表示,允许概率条件效果及抽象动作。其规划识别方法有两种效用值节点,分别为规划效用值节点和结果效用值节点。向贝叶斯网络中添加这两种节点,把计算出的结果作为证据来调整概率分布以便选择期待的结果。在规划识别过程中,遇到两个规划的先验概率及后验概率均相同的情况时,识别器可根据两个规划不同的效用值,即执行规划的智能体对两规划的偏好来选择出更合理的规划作为识别结果。而以往的概率规划识别由于没有考虑到状态的期望值,因此不能做出这种合理的区分。

图 9.6 不同效用值的两个规划

9. 基于变形空间的规划识别

变形空间(version space)方法是由 Tom Mitchell 在 1977 年提出的,主要用于

机器学习领域。变形空间是知识的一种层次表达,通过这些知识可以不用记住任何样例,就能掌握由学习样例序列提供的全部有用信息。变形空间方法是一个概念学习过程,在一个变形空间中,该学习过程是通过控制多个模型来完成的。变形空间的基本思想是:用两种可能假设来完成一个诱导学习任务。这两种假设是两种特殊的假设,分别为极大一般假设(对应结构的最顶端)和极大特殊假设(对应结构的最底端)。正例总是与极大一般假设相一致,与极大特殊假设相背离。因此加入正例后这种极大特殊假设就会更具一般性。反例与极大特殊假设相一致,但是与极大一般假设相背离,因此加入反例后这种极大一般假设就会更具特殊性。所以在训练序列的任意点,学习者都会具有两种假设,正确的假设会依赖于连接这两个假设的假设空间的某个区域。如果在某一点上极大一般假设与极大特殊假设相同,那么学习者就获得了概念的唯一定义。

Tessa Lau 等利用变形空间代数的方法,进行实例规划(programming by demonstration,PBD)——借助于用户的实例操作来识别出用户的操作目标[33]。他们通过扩展变形空间来学习任意函数,而不是局限于原有的概念学习。引入变形空间代数,将简单的变形空间组合成复杂的变形空间,即从复杂对象映射到复杂对象,由此映射出最终目标。他们将该方法应用到文本编辑领域,建立了 SMARTedit 系统,该系统可以通过实例来学习重复的文本编辑过程,即识别出用户的目标,并辅助用户完成目标任务。图 9.7 为 SMARTedit 中使用的变形空间,图上部的树是 Program 完整的变形空间,用左下角的 Action 的变形空间表示;右下角的变形空间为 Action 变形空间中的 Location 部分;斜体字为原子变形空间,边上的标记为转换操作。

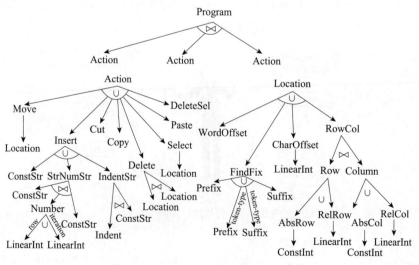

图 9.7　SMARTedit 中使用的变形空间

这种规划识别方法能够识别出新的规划,根据少量观察实例就能够推测出用户目标,并且能够感知噪声,但该方法要求所识别的对象是完全可观察的,因此其应用领域有一定的局限性。

10. 基于回归图的规划识别

回归图规划识别方法[34]与目标图规划识别方法一样,都属于无库规划识别方法。它的主体思想直接来源于图规划和目标图方法,主要通过回归的思想来完成对观察到的和未观察到的动作和目标的识别以及对未来可能发生的动作和目标的预测。回归图的结构与目标图的结构相似,均是由命题节点、动作节点以及目标节点组织成的层结构,其中这三种节点交替出现。这种方法通过将回归图中的节点分为确定的节点和可能的节点进行确定的目标和可能的目标的识别,其中确定的节点由观察到的动作生成,可能的节点通过领域知识生成。利用回归图的方法进行规划识别,首先识别器会根据观察到的动作以及领域知识构造回归图,每观察到一个动作就将其添加到图中,并且立即回退,以删除那些由领域知识生成的,但与观察到的动作有冲突的动作节点和命题节点,通过这样的回退来达到识别确定的目标和可能的目标。也就是说,它可以识别出确实发生的动作及目标,也可以预测未来可能发生的动作和目标。

回归图识别方法继承了 Jun Hong 目标图方法的优点,并且在弥补其不足的同时又具有自己特有的优势。它考虑了不可观察动作这一情况,这使回归图算法更符合客观事实,同时它也可以预测未来可能发生的动作及产生的目标。由于引入了互斥关系,回归图变得更为紧凑,在准确性、有效性以及可伸缩性等方面都有良好的表现。由于它属于无库识别方法,省去了对规划库的建立、管理和完善等繁杂工作。但是回归图识别方法在处理一些动作之间的关系上还存在着一定的问题,识别也只限制在 STRIPS 域,同时只有具有了较完整的领域知识才可以完成相关的识别工作。

11. 基于隐马尔可夫模型的规划识别

俄国统计学家安德烈·马尔可夫最早深入研究了满足马尔可夫假设的过程(当前状态只依赖于过去有限的已出现的状态历史)。马尔可夫假设最初是用来解决随机过程问题的。随着马尔可夫模型的不断完善与成熟,近些年来一些人工智能学者把马尔可夫模型引入到识别中,并将其发展成为解决识别问题的重要方法,其中以隐马尔可夫模型(hidden Markov model,HMM)为主要模型[35]。隐马尔可夫模型是用单一离散随机变量描述过程状态的时序概率模型,该变量的可能取值就是世界的可能状态。一个隐马尔可夫模型本质上是一个由系统的结构空间到小数量的离散状态连同状态之间的转移概率的量化过程,它等价于概率正规语法或概率有限状态自动机,可以看作是一种特定的贝叶斯网络,也可以用一种特定的神

经网络模型来模拟。一个隐马尔可夫模型（HMM）是一个五元组：$(\Omega_x, \Omega_o, A, B, \pi)$，其中 $\Omega_x = \{q_1, q_2, \cdots, q_N\}$ 是状态的有限集合，$\Omega_o = \{v_1, v_2, \cdots, v_M\}$ 是观察值的有限集合，$A = \{a_{ij}\}$，$a_{ij} = p(X_{t+1} = q_j | X_t = q_i)$ 是 t 时刻的状态 q_i 到 $t+1$ 时刻的状态 q_j 的转移概率，$B = \{b_{ik}\}$，$b_{ik} = p(O_t = v_k | X_t = q_i)$ 是输出概率，$\pi = \{\pi_i\}$，$\pi_i = p(X_1 = q_i)$ 是初始状态的概率分布。若令 $\lambda = \{A, B, \pi\}$ 为给定 HMM 的参数，令 $\sigma = O_1, \cdots, O_T$ 为观察值序列，隐马尔可夫模型（HMM）的三个基本问题如下：

（1）评估问题：对于给定模型，求某个观察值序列的概率 $p(\sigma | \lambda)$；

（2）解码问题：对于给定模型和观察值序列，求可能性最大的状态序列；

（3）学习问题：对于给定的一个观察值序列，调整参数 λ，使得观察值出现的概率 $p(\sigma | \lambda)$ 最大。

隐马尔可夫模型在识别问题上受到了很大的关注，在随后的研究中又根据不同的应用领域和情况发展了多种基于隐马尔可夫模型的方法。其中 N. Oliver, E. Horvitz 和 A. Garg 提出了一种层隐马尔可夫模型（layered hidden Markov model, LHHM）[36]，提出这种表示主要是想通过减少训练和调整需求来分解参数空间，LHHM 可以看成是对 HMM 的层叠。在这个层模型中，体系结构每一层都通过它推理出的结果与下一层相连接。这种表示把问题分割为不同的层，这些层可以运行在不同的时序粒度上，即允许从多个特定时刻的逐点观察到不同时序间隔的解释的时序抽象。Kevin Murphy 中提到了一种隐半马尔可夫模型（HSMM）[37]，它是一种类马尔可夫模型，它的主要特点是对于每个状态都可以忽略观察的序列。

隐马尔可夫模型主要应用在语音识别、机器视觉（人脸检测，机器人足球）、图像处理（图像去噪、图像识别）、人机交互系统中的人类行为的自动与半自动识别、生物医学分析（DNA/蛋白质序列分析）等方面。隐马尔可夫模型因其研究的透彻性以及算法的成熟性，使它在识别领域中具有很高的效率，识别效果好，同时也易于训练。但它也存在着一定的问题，比如缺乏结构性、参数过量、在用训练数据进行长而复杂的时序序列推理时，易产生数据过拟合（过拟合是指模型不能拟合未来的数据）。正因为 HMM 具有以上的缺陷才导致复杂贝叶斯网络在识别上的发展和应用。

12. 基于抽象策略的规划识别

抽象（abstraction）在智能体规划其行为的方式上起着非常重要的作用，特别是在复杂的规划领域中降低计算复杂度上，抽象显得尤为重要。有了抽象的规划方法，自然容易让人想到抽象在规划识别上的应用。H. H. Bui, S. Venkatesh 等提出了一种在有噪音和不确定性领域中识别智能体行为的方法[38]，它可跨越多层抽象,即在抽象概率推理中应用抽象马尔可夫策略(abstract Markov policies,AMP)作为智能体行为的模型,并在动态贝叶斯网络中应用概率推理,从一系列观察中推断出正确的策略。AMP 是马尔可夫决策过程(MDP)一个策略的扩展。原始的MDP 被模型化为两层:原始动作层和规划层(也就是策略)。而 AMP 是多层的,顶层是最抽象的策略(记为 π_K,t 时刻的高层策略记为 $\pi_K{}^{(t)}$),抽象程度依次下降,底层为策略层,即原始动作层。当执行上层的抽象策略时会引发下层抽象策略的执行,依次向下直到执行到底层策略[39]。给定当前的观察序列(状态系列),相应的策略识别问题可以形式化为计算当前策略的条件概率。在 t 时刻,给定观察序列,AMP 关心的是在当前状态下所有第 k 层策略的概率,这样就知道了从当前动作层($k=0$)到高层策略($k=K$)在所有抽象层上智能体行为的相关信息。策略识别问题的解决还建立在信度状态(belief state)和基于状态空间区域分解(state-space region-based decomposition)的基础上。

执行高层策略 π_K 的过程可以用一个动态贝叶斯网络 DBN 表示,如图 9.8 所示,这一过程可以命名为抽象马尔可夫模型(abstract Markov model,AMM)。当状态是部分可观察时,一个观察层可以附属于一个状态层,如图 9.8 所示。因为状态像 HMM 一样被隐藏,所以得到的结果称为抽象隐马尔可夫模型(abstract hidden Markov model)。AHMM 是 HMM 的扩展,HMM 中的单链由多层隐链代替,也可以说 AHMM 是动态概率网络(DPN,也称动态贝叶斯网络)的一种特殊形式,其中 DPN 是一种特殊的贝叶斯网络,可以处理具有时序动态变化的环境[40]。AHMM 的基础是多层贝叶斯动态结构,连续两层之间的连接是较高层较抽象路径向较低层改进路径的分解。智能体想要实现高层目标时,可以通过层层关系在不同的抽象层创建一系列子目标,直到底层状态层,以这样的过程来实现这个高层目标。实际上 AHMM 的识别与 AMP 的识别过程在本质上是没有区别的。

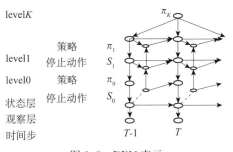

图 9.8 DBN 表示

策略识别和 AHMM 都适用在大规模的空间环境,这样的环境具有复杂的空间布局、大的状态空间等特点,它可以处理不满足马尔可夫假设的问题。但是策略识别与 AHMM 识别在信度状态上的计算量仍然很大,虽然也采取了一些方法降低计算复杂度,但仍不能从根本上解决计算复杂度的问题。

13. 基于因果网络的攻击规划识别

在安全管理中,安全警报的联系与分析是一项非常重要而又有挑战性的任务,之所以要进行这样的工作是要有效地识别攻击者的攻击目标、策略以及预测未来的攻击,以便及时有效地阻止攻击者对需要保护的网络和系统的攻击。Xinzhou Qin 和 Wenke Lee 提出一种名为因果网络(causal network)的方法来解决以上问题[41]。这种方法首先用攻击树[42]定义攻击规划库来联系孤立的警报集,然后把攻击树转化为因果网络,如图 9.9 所示为攻击树实例,与其对应的因果网如图 9.10 所示。在因果网络上,可以通过合并领域知识来估计攻击目标的可能性和预测未来攻击。

```
Steal_and_export_confidential_data


1. Get confidential data

1.1 Get data from Server directly(OR)

1.1.1 Get access to server

1.1.1.1 Get normal user privilege(OR)

1.1.1.1.1 Steal ID file and password file(OR)

1.1.1.1.2 Use Trojan program(OR)

1.1.1.1.3 Eavesdrop on the network

1.1.1.2 Get System Adminstrator's(root)privilege

1.1.1.2.1 Exploit Server's vulnerabilities

1.1.1.2.1.1 Identify Server's OS and active ports(OR)

1.1.1.2.1.1.1 Inspect Server's activeness

1.1.1.2.1.1.1.1 Identify Firewall access control policy

1.1.1.2.1.1.1.1.1 Identify Firewall IP address

1.1.1.2.2 Eavesdrop on the network(OR)

1.1.1.2.3 Brute force guess

1.2 Eavesdrop on the network


2. Export_confidential_data

2.1 Transfer data via normal method(OR)

2.2 Transfer data via covert channel

2.2.1 Setup covert channel
```

图 9.9 攻击树实例

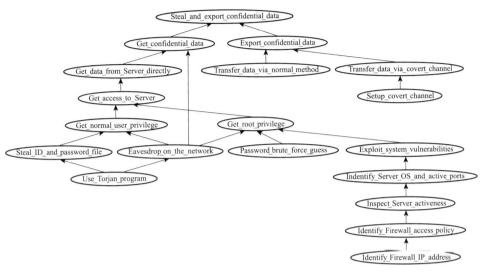

图 9.10 因果网实例

一个因果网络通常由一个有向无环图表示,它实际上也是一个与或图。图中每个节点表示一个变量,变量有一个确定的状态集合,有向边表示变量之间的因果或依赖关系。因果网络的根节点表示攻击规划的最终目标,内部节点表示子目标,叶节点表示收到的证据。每个节点有两个状态,即 0 和 1,1 表示节点所代表的目标或子目标得以实现,0 则表示失败。一个叶节点的状态值为 1 时,表示叶节点收到证据,否则值为 0。"AND"节点表示到达一个目标的不同攻击步骤,而"OR"节点表示实现目标的不同方式。为实现对攻击规划的识别,还需要两个参数,一个是父节点状态的优先概率,另一个是伴随每个子节点的一个条件概率表的集合 CPT。识别时,攻击分析系统会根据当前的警报集以及对其的分析,依据已经建立好的攻击因果网络来实现对攻击者目标和策略的识别以及对未来目标的预测。

网络攻击规划识别与传统的规划识别有着非常大的区别,所以传统的规划识别方法并不适用于识别网络攻击。基于因果网络的攻击规划识别可以针对网络识别的特殊要求,来实现源于底层警报的相关性分析,识别攻击者的高层策略和目标,并基于观察到的攻击行为预测潜在的攻击。与其他的网络规划识别方法相比,基于因果网络的攻击规划识别方法不但可以实现对孤立的警报集的相关性分析,重要的是它可以识别出攻击者的高层策略和目标。但是这种方法在应用上还存在着一定问题。首先因果网络是由攻击树转化而来的,而攻击树的定义和构造具有一定的难度,其困难程度相当于传统规划识别规划库的建立,虽然 O. Sheyner 等提出一种自动构造攻击树的方法[43],但仍存在着很多问题。其次,因果网络的构造目前还停留在比较简单的层次上,即单连接因果网络,以简化因果网络连接程度的方式来减少概率推理的时间代价。

14. 基于范例的规划识别

基于范例的推理(case-based reasoning,CBR)技术是由美国耶鲁大学的 Roger Schank 教授于 1982 年在他的论著 *Dynamic Memory* 中提出的,该技术是一种基于经验知识推理的人工智能技术,它是用案例来表达知识并把问题求解和学习相融合的一种推理方法。CBR 符合人类的思维活动,例如,在解决新问题时,人们往往会对新问题产生联想并将其归类,从而找到以往解决过的类似问题,并通过适当修改过去类似情况的处理方法来解决新问题。

范例推理的一般流程如下。

(1)问题描述:将待解决问题的特征向量,以范例的形式向系统进行表述。

(2)检索范例库:通过对范例进行索引与检索,在范例库中寻找与当前待解决问题最相似的范例集。

(3)重用或修正:若检索到的范例能够解决当前问题,则重用这些范例的解决方案,否则对这些范例进行完善和修改,得到当前问题的新的求解方案。

(4)保存范例:将新范例及其解决方案添加到范例库中,以备将来求解问题时使用。

Boris Kerkez 和 Michael T. Cox 在他们的规划识别中应用了基于范例推理技术。基于范例的推理技术具有自学习的特点,因此将该技术应用到规划识别中同样使规划识别的过程具有了自学习的特征。该特征可以解决很多现实问题,例如,一般的规划识别方法都假设规划库是完整的,而该假设在很多领域都是不现实的,比如在军事领域中,作战前我方对敌军的作战规划了解不多,因此只有很少信息来构建规划库,显然在这种情况下构建的规划库不可能是完整的。然而,当规划识别技术具有了自学习特征之后,就会在作战过程中根据学习到的规划逐步完善规划库。此外,由于基于范例推理的规划识别方法不要求待解决问题与当前问题精确匹配,所以对于一些相近问题也能够得以解决,该方法可以识别新规划。

当然这种方法也有其不足之处,如果规划库最初的信息很少甚至是空的,则在规划库完善过程之初,规划识别的准确率会很低;另外,该方法虽然可以识别新规划,但这些能识别的新规划也是有条件的,当一个与规划库中规划无关的全新规划问题出现时,该识别方法对其仍然是无法识别的。

规划识别的方法很多,除以上方法外,还包括基于 Dempster-Shafer 证据理论的规划识别[6],基于溯因理论的规划识别[44],基于语料库及统计方法的规划识别[45,46]等。在后面我们还会详细介绍一些规划识别方法。

9.1.3　规划识别的应用

规划识别经过近 30 年的发展,在很多领域中都有所应用。早期广泛应用在自然语言理解、智能用户接口及用户模型等方面。目前其应用已扩展到网络安全、入侵检测,战术规划识别及工业控制等领域。

1. 网络安全

入侵检测是当前网络安全中一个非常活跃的研究领域。而入侵检测系统想要更进一步发展,就必须加入人工智能方法。入侵检测系统(IDSs)要求从已发生的动作中预测出未来动作,而这一过程在人工智能领域中称为规划识别。规划识别可以预测入侵者的未来动作,并做出适当的回应。因此,规划识别方法必将是未来入侵检测系统的重要组成部分。

2001 年,Geib 和 Goldman 将规划识别应用到入侵检测领域,如图 9.11 所示。该方法采用了 Geib 等之前的基于规划执行的规划识别方法,该方法没有设置太多的限制性假设,因此,能够处理较广泛的规划识别问题。该方法着重处理了与以往识别环境不同的敌对环境下的规划识别问题,包括从已观察到的动作或状态改变中推理出未观察到的动作。这些能力的增加,极大地扩展了规划识别的应用领域。该方法可以从同一观察数据流中区分出多个智能体的攻击目标及规划。

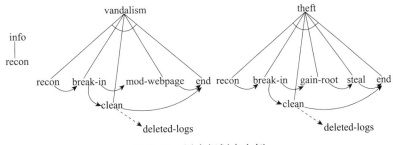

图 9.11 层次规划库实例

Qin 等认为 Geib 和 Goldman 提出的旨在识别网络攻击的规划识别方法,对规划库的定义过于细致,会增加推理的计算复杂度。2004 年,Xinzhou Qin 和 Wenke Lee 采用因果网络对网络攻击进行识别。他们认为,将传统的规划识别应用到安全领域必须解决以下问题。首先,传统的规划识别技术通常应用在非敌对的情况下,识别过程可以是辅助式的,也可以是不受所识别智能体干扰的。然而,在安全应用方面,攻击者试图消除或者干预对其入侵行动的识别。其次,在传统规划识别中应用的假设在对手式规划识别中已经不再适用。因此必须对原有方法加以改进,以适应应用领域的变化。他们研究了组织概率推理方式,使其能够联系和分析攻击方案。所提出的方法可以解决如下问题:怎样从低层的警报中识别出独立的攻击方案;怎样识别攻击者的高层方案及目标;怎样用观察到的攻击行为来预测潜在的攻击。

2. 军事指挥

战术规划识别需要能够处理不完全知识、动作的随机结果及不确定观察。在军事应用中,特别在利用感知数据进行决策时,采用规划识别方法有其重要的价值。战术规划识别的主要特点是快速、准确、高效。因为军事指挥者通常需要快速、准确、高效地判断战场状况及战争走势,并根据判断结果来做出战争部署。

早在 1986 年就已经有了战术规划识别方法,当时是 Jerome Azarewicz 等将规划识别的方法应用在了空运的战术决策制定中[47]。1989 年,他们又提出了基于模板的、应用于多智能体的战术规划识别方法,并将其应用在海军作战指挥中[48]。他们所设计的多智能体模板用来获取战略指挥者的知识,特别是战船协同作战方面的知识。Azarewicz 等提出的这一模板提供了一种灵活的知识表示方法。依据该模板构造的规划识别模型能够推理出多智能体规划方式所显露的不同情况的特征变量。模板实例能够根据智能体的行为对智能体的未来动作做出假设。这种规划识别方法通过处理特征机制来限制多智能体域中可能假设的增长。该方法能够解释敌方船只的活动,并预测敌军的规划及目标,可用于辅助海军指挥者进行战略决策。

1998 年,Mulder 提出了战术规划识别的一种通用任务模型[49]。他认为,在许多领域中对所观察到的人类行为进行识别都是非常重要的。Mulder 提出的通用任务模型主要用来识别敌方规划。该方法打破了早期方法只能识别敌方对象及智能体未经确认的观察结果的限制。Frank Mulder 和 Frans Voorbraak 在 2003 年又对战术规划识别进行了形式化描述[50],图 9.12 为在军事 C&C 系统中的规划和规划识别。他们认为战术规划识别中最重要的是对敌军被观察对象一致性的识别。因为在战术规划识别中,我们不知道所观察到的动作或行为是否出自于同一个对象。所以战术规划识别器不仅要生成规划假设,还要对规划假设进行赋值,根据假设赋值来判断观察到的动作是否属于同一对象。该方法主要应用于军事领域,对于相似的敌对智能体间的识别也有较好的应用。

Robert Suzic 在 2003 年采用统计模型对敌军策略的不确定性加以表示和识别[51]。他们采用网络结构将单一智能体问题扩展成在线多智能体随机策略识别问题。根据智能体之间的相互关系,Suzic 创建了一种与敌军组织相兼容的策略结构。通过这种方法利用已知的军事组织知识,减少了大量的假设空间。因此该方法可以降低问题复杂度,使得战术规划识别方法更加可行。同样地,通过在策略识别中应用统计模型,可以用一种相容的方式来处理不确定性,也就是说,提高了策略识别的健壮性。为了达到信息融合的目的,Suzic 的模型可以整合预处理的不确定动态感知数据,例如,可以将敌人的位置与地形数据和不确定先验知识结合在一起,以健壮、合理的方式推断出多智能体策略。

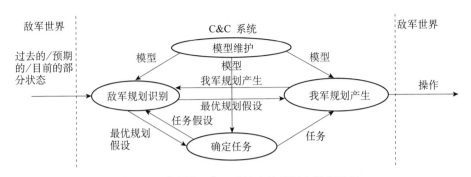

图 9.12　在军事 C&C 系统中的规划和规划识别

　　Suzic 在其自身研究的基础上又进行了深入研究。2005 年,他又提出了规划识别的一种通用模型[52],并将其用于威胁评估,如图 9.13 所示。他认为规划识别应该以一种统计的健壮方式,考虑尽可能多的战术情况和单位类型。Suzic 在其通用模型中加入了明确的效用值,并将多实体贝叶斯网络(multi-entity Bayesian networks,MEBN)作为设计灵活规划识别模型的主要方法。这种网络可以将网络片段组合成贝叶斯网络。通过使用多实体网络片段,这种模型能够扩展假设空间,并能表达多种多实体结构。

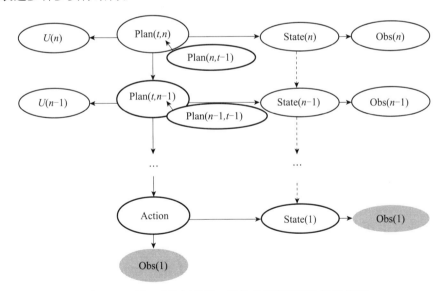

图 9.13　用于威胁评估的一种战术规划识别的通用模型

3. 对手规划/敌意规划/应对规划

　　多年来,规划识别的研究一直都聚焦在传统的规划识别领域和方法上,而规划识别的应用也仅限在传统领域,比如自然语言理解,智能帮助系统等。近些年来，一些学者把目光放在了具有对抗性质的研究领域上，如博弈策略、军事领域、网络入侵检测系统等，这些具有对抗性质的领域可以称为对手规划（adversarial plan）领域或敌意规划（hostile plan）领域，把应对对手规划或敌意规划的规划称为应对规划。具有对抗性质的规划领域与传统规划领域相比，具有多智能体、开放世界、智能体之间相互对抗等特点，尤其是在具有敌意的规划问题上，对手之间的攻击与破坏通常是无序的、离散的、模糊和不确定的。在这些问题领域上，智能体要应对对手的规划，首要的工作就是识别出对手现行的规划与目标并预测出对手未来潜在的规划与目标，然后再针对识别与预测内容进行有效的应对。

　　HTN（hierarchical task network）是目前应用在对手规划领域上较成功的一种模型，以 HTN 为模型的规划器为 UMCP，但是基于 HTN 系统的研究[53]主要集中在博弈策略领域上，要求智能体遵循一定的规则，并且对手之间应用的是相同的推理机制，所以 HTN 规划结构并不适合复杂领域中的敌意规划识别与应对。针对这样的问题，我们给出了敌意规划识别及应对的相关概念与形式化表示，提出了解决敌意规划识别与应对问题的模型[54]。曹春静首次针对信息安全问题给出了敌意规划、敌意动作、相对敌意动作、绝对敌意动作、动作向量及动作向量匹配标准等与敌意规划相关的重要概念，利用模糊技术中的隶属度给出了判断敌意动作敌意程度的度量标准——敌意系数，并给出了敌意规划识别系统结构图。敌意规划识别系统的输出作为下一步对敌意规划应对的输入，是敌意规划应对的基础。

　　针对复杂领域中多智能体敌意规划的特点，我们给出了敌意动作的形式化表示，引入危机系数与贴近度的概念并给出其计算方法[55]。这种方法通过构造基本敌意动作结构模型和敌意规划识别系统，采用动作驱动搜索树的方法，将敌意规划有效地应用于敌意规划识别系统平台上，并运用敌意知识库中的相关知识和敌意推理机的推理机制，对敌意规划进行分解，再将分解后的敌意规划动作与敌意规划库中的基本敌意动作项进行匹配，进而通过敌意动作结构模型确定出敌意动作的危机系数，以实现对敌意规划的有效识别。再在以上基础上，采取相应的应对规划方案，实现对执行敌意规划的智能体的有效防范和应对。

　　敌意规划的识别与应对在国家信息安全等计算机安全问题上有着非常重要的研究价值和应用前景，但是对这方面的研究却不是很多。我们给出了解决敌意规划识别与应对问题的完整系统结构模型，并针对此领域的特点提出了诸多度量敌意动作敌意程度的标准以及匹配规则。但是，由于敌意规划的识别与应对问题本身的复杂性，以及对此问题研究的时间较短等因素，关于敌意规划识别与应对的研究仍停留在比较浅的层面上，目前只给出了系统的结构模型，对一些具体的技术细节还需要进一步的完善,对敌意知识库以及敌意规划库的建立与管理仍依赖人工和专家的经验知识,需要进一步自动化,建立和丰富敌意知识库与敌意规划库仍是具有很大挑战性的工作,此领域的理论研究与实际应用还存在一定差距。

4. 其他应用领域

在多智能体协作领域中,智能体在其自身领域内与其他智能体合作时,需要了解其他智能体所做的工作,这就需要该智能体判断并构建其他智能体的目标和规划[56]。尤其是在不存在交互或交互代价昂贵的情况下,采用规划识别的方法来间接获取其他智能体的信息就显得尤为重要了。

早期的规划识别方法主要应用于自然语言理解。自然语言理解包括问答系统的谈话分析、故事理解等方面。在自然语言问答系统中,规划识别用于支持智能回答生成;理解语句片断、省略句和非直接语句行为;跟踪问答者的语句流;处理用户和系统的知识分歧,使问答具有正确性和完整性。在故事理解中,角色的大多数动作都会在故事中出现,根据描述的动作可以识别角色的目标和规划,这有助于更好地了解角色行为,理解故事内容。

如今,复杂的工业生产都是由机器自动完成的,如汽车、计算机等的组装,这些复杂的人工制品需要大量的零部件,在多种机器上进行多种操作。这样复杂的工作,用机器来操作也会有错误发生,因此就必须有一套监控系统来专门进行生产监控和错误诊断,及时更正错误操作,以避免更大错误的发生,减少经济损失。规划识别方法可以识别出机器操作的目标,根据该目标与初始目标的比较来判断生产过程是否有错误发生,以完成监控及诊断任务。

规划识别能够增强用户接口。从接口交互中对用户目标和规划进行识别,能更好地为用户提供智能辅助。规划识别增强了用户接口来辅助用户完成任务的能力,它能检测用户的错误,并给予修复。通过接口来监视用户的行为,推断出其目标和规划,以此决定用户所需的帮助,可以辅助用户完成任务。Microsoft 公司的 office 助手就是典型地利用了基于贝叶斯模型的规划识别方法来进行智能辅助的。

另外,规划识别在交通监控[19]、计算机辅助教学[57]、危机管理[1]等方面也有广泛的应用。

9.2　Kautz 的规划识别理论

前面介绍了很多规划识别方法,其中提到了一种具有里程碑意义的规划识别方法——Kautz 规划识别。本节将对该方法做详细介绍。

9.2.1 相关概念

(1)事件:规划和动作统称为事件。

(2)事件层:用于表示识别器知识的一阶状态集合,其中定义了抽象、具体、组件及函数关系。其中抽象、具体关系意为"is a""A is a B"指 A 事件是 B 事件的具体事件,B 事件是 A 事件的抽象事件,通常用灰色粗箭头表示事件的抽象关系,从某一事件指向该事件的抽象事件。图 9.14 表示黄瓜、白菜、萝卜三个事件都是蔬菜的具体事件,蔬菜是它们的抽象事件。组件关系意为"has part""A has part B"指 B 事件是 A 事件的组件,通常用细箭头表示组件关系,从某一事件指向该事件的一个组件。图 9.15 表示头痛、发烧、咳嗽三个事件都是感冒事件的组件。函数关系通常表示组件关系中事件的特定从属关系。

(3)End 事件:不是其他任何事件组件的事件称为 End 事件。

(4)Any 事件:任意事件都抽象于 Any 事件。

图 9.14　抽象关系　　　　　　　　图 9.15　组件关系

如图 9.16 所示,这是一个简单的事件层,共有四个 End 事件 Go Hiking、Hunt、Rob Bank 和 Cash Check。s_1,s_2 表示事件间的函数关系,此处的函数关系是事件执行的步骤,例如,Hunt 事件有两个组件,分别为 Get Gun 和 Go To Woods,函数关系分别为 s_1 和 s_2,表明完成 Hunt 事件第一步要 Get Gun,第二步要 Go To Woods。

图 9.16　一个简单的事件层

Kautz 采用一阶逻辑来对事件层进行描述,例如,图 9.16 所示的事件层用一阶逻辑表示如下:

$\forall x. \text{GoHiking}(x) \supset \text{End}(x)$

$\forall x. \text{Hunt}(x) \supset \text{End}(x)$

$\forall x. \text{RobBank}(x) \supset \text{End}(x)$

$\forall x. \text{CashCheck}(x) \supset \text{End}(x)$

$\forall x. \text{GoHiking}(x) \supset \text{GoToWoods}(s_1(x))$

$\forall x. \text{Hunt}(x) \supset \text{GetGun}(s_1(x)) \wedge \text{GotoWoods}(s_2(x))$

$\forall x. \text{RobBank}(x) \supset \text{GetGun}(s_1(x)) \wedge \text{GoToBank}(s_2(x))$

$\forall x. \text{CashCheck}(x) \supset \text{GoToBank}(s_1(x))$

$\forall x. \text{GoHiking}(x) \supset \text{End}(x)$ 表示了 GoHiking 事件和 End 事件之间的抽象关系，即对任意 x，若 x 是一个 GoHiking 事件，那么 x 是一个 End 事件。$\forall x. \text{Hunt}(x) \supset \text{GetGun}(s_1(x)) \wedge \text{GoToWoods}(s_2(x))$ 说明了 Hunt 事件及其组件之间的关系，表示对于任意的事件 Hunt，Hunt 事件的第一步是 GetGun 事件，Hunt 事件的第二步是 GoToWoods。即要完成打猎这件事，需要先拿枪再去树林。

在规划识别中，通常我们都是观察到事件层中的底层动作，并需要通过这些底层动作推出更高一层的动作。而上述的一阶逻辑表达式均是由高层动作推出低层动作，所以这些一阶逻辑表达式还不能直接用于推理，我们需要将它们做一定的转换，使其能够从低层动作推导出高层动作。转换过程是要有一定的合理性的，下面我们就根据实际的例子来寻找合理的转换方式。

因为"$\supset$"是单向推导符号，所以不能直接将式子反向推导，如果将"$\supset$"换成"$\equiv$"，那么当后面的事件发生时是否就可以直接推导出前面的事件也发生了呢？答案是否定的。我们通过一个具体的例子来说明该问题，根据上面的设想，假设我们已知 $\{\text{GetGun}(C), \text{GoToBank}(D)\}$ 且 $\forall x. \text{RobBank}(x) \equiv \text{GetGun}(s_1(x)) \wedge \text{GoToBank}(s_2(x))$，但很明显，从这两个已知条件是不能推出 $\exists x. \text{RobBank}(x)$ 的，因为这里我们不能肯定 $\exists x. C = s_1(x) \wedge D = s_2(x)$，比如有一个人 GetGun 而另一个人 GoToBank 的情况就与之矛盾。

再进一步加强对已知条件的限定，例如，我们可以将一阶逻辑表达式 $\forall x. \text{RobBank}(x) \equiv \text{GetGun}(s_1(x)) \wedge \text{GoToBank}(s_2(x))$ 强制性更换为 $[\exists x. \text{RobBank}(x)] \equiv [\exists y, z. \text{GetGun}(y) \wedge \text{GoToBank}(z)]$，该情况的含义是只要拿枪去银行就是抢银行，可以看到这种限定会无端地删除一些可能情况，比如一个人在打猎途中去银行兑换现金，并且这种推理需要为事件层中每个事件都提供充分的条件，所以用这种附加条件的方式进行推理也是不可取的。

如果我们对事件层应用封闭世界假设，那么从低层事件推出高层事件就变得容易多了。例如，从 GetGun 事件推出其抽象事件可以表示为

$$\forall x. \text{GetGun}(x) \supset \left[\exists y. \text{Hunt}(y) \land x = s_1(y) \right] \lor \left[\exists y. \text{RobBank}(y) \land x = s_1(y) \right]$$

这种表示方法弥补了上述方法的不足。例如,若 GetGun 事件的发生导致的是 Hunt 事件的发生,那么在打猎途中做什么,该表达式是不涉及也不干预的,因此这种表示方法的优点是支持几乎所有可能情况。

另外还需强调的是 Kautz 的规划识别方法要求识别器具有完整的领域知识,该方法是对正确规划的洞孔式识别。

9.2.2   事件层描述

1. 时间、事件、语言的表示

1)时间

Kautz 规划识别的时间采用 Allen 的时间代数表示,即每对时间区间用 Allen 的时间代数关系(如 Before,Meets,Overlaps,During 等)联系起来。如图 9.17 所示采用时间标尺方式对一些时间代数关系谓词进行了定义。有些谓词是由其他谓词组合而成的,如 BeforeMeets(T_1, T_2)是由 Before(T_1, T_2)和 Meets(T_1, T_2)析取合成的,即 BeforeMeets$(T_1, T_2) \equiv$ Before$(T_1, T_2) \lor$ Meets(T_1, T_2)。

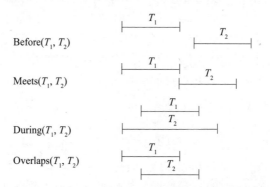

图 9.17   时间标尺定义的一些关于时间区间的谓词

2)事件

(1)事件类型(Event type):由一元谓词表示。

(2)事件实例(Event token):事件类型实例化后即为事件实例。

例如,前面例子中的 Hunt(C),其中 C 是一个 Hunt 事件,C 是事件实例,Hunt 是事件类型。

(3)角色函数(role function):应用在事件上的各种函数称为角色函数。角色函数可简称为函数,本节所指的函数均为角色函数。

例如,

$$\text{ReadBook}(C) \land \text{object}(C) = \text{WarAndPeace}$$

$$\wedge \, \mathrm{agent}(C) = \mathrm{Tom}$$
$$\wedge \, \mathrm{During}(\mathrm{time}(C), \mathrm{yesterday})$$

其中 ReadBook 为事件类型，object，agent 和 time 都是角色函数，During 是时间谓词。

3）语言

事件层的语言描述采用一阶谓词表达。上例中的一阶逻辑即语言的表示实例，其含义为：昨天，Tom 读了一本名为《战争与和平》的书。

2. 事件层的表示

事件层是限制形式公理的集合，也可以看作是语义网络的逻辑编码。

如图 9.18 所示为一个事件层的实例，该图主要描述的是烹饪的过程。PrepareMeal 和 WashDishes 是最上层的两个 End 事件，PrepareMeal 又包含两个具体的 End 事件，分别为 MakePastaDish 和 MakeMeatDish，其中 MakePastaDish 有三个具体事件，分别为 MakeFettuciniAlfredo，MakeSpaghettiPesto 和 MakeSpaghettiMarinara，这三个事件还有它们各自的组件，用相应的函数关系相连。MakePastaDish 还有三个组件，由函数关系 s_1 连接的事件是 MakeNoodles，MakeNoodles 有两个具体事件；由函数关系 s_2 连接的事件是 MakeSauce，MakeSauce 有三个具体事件；由函数关系 s_3 连接的事件是 Boil。在图中 MakeMeatDish 有一个具体事件为 MakeChickenMarinara，MakChickenMarinara 有一个组件 MakeMarinara，用函数关系 s_5 相连。图中的事件都抽象于 AnyEvent。该图的具体含义是：主要有做饭和洗碗两个事件，做饭有两种选择，一个是做意大利面条，另一个是做肉食品；做意大利面条需要做面条、做调味汁和煮面三个步骤，意大利面条还分为三类，可分别由不同的面条辅以不同的调味汁烹饪而成；该图中肉食品只有一类，即鸡肉大蒜番茄沙司，该肉食品的第五步是做大蒜番茄汁。下面我们将以该图为例说明事件层的各个组成部分。

事件层 H 包括 H_E，H_A，H_{EB}，H_D 和 H_G 五个部分，具体含义如下：

（1）H_E：一元事件类型谓词集。它是所有类型事件的集合，包括 Any 事件和 End 事件。

例，$H_E = \{\mathrm{PrepareMeal}, \mathrm{MakeNoodles}, \mathrm{MakeFettucini}, \cdots\}$。

（2）H_A：抽象公理集，其中每个公理形如：

$$\forall x. \, E_1(x) \supset E_2(x) \qquad\qquad E_1, E_2 \in H_E$$
$$E_2 \, \mathrm{abstracts} = E_2 \quad \text{表示 } E_2 \text{ 与 } E_1 \text{ 相同或 } E_2 \text{ 抽象 } E_1$$

例如，

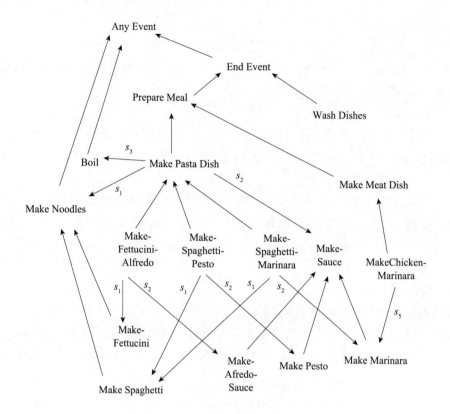

图 9.18 Cooking 事件层

$H_A = \{\, \forall\, x.\, \mathrm{MakeSpaghetti}(x) \supset \mathrm{MakeNoodles}(x),$

$\quad \forall\, x.\, \mathrm{MakePastaDish}(x) \supset \mathrm{PrepareMeal}(x),$

$\quad \forall\, x.\, \mathrm{MakeFettuciniAlfredo}(x) \supset \mathrm{MakePastaDish}(x),$

$\quad \cdots\cdots \,\}$

(3) H_{EB}:基本事件类型谓词集,是 H_E 中不抽象其他事件的成员集合。

例: H_{EB} = {Boil, MakeSpaghetti, MakeFettucini, MakeAlfredoSauce, MakePesto, MakeMarinara, MakeFettuciniAlfredo, MakeSpaghettiPesto, MakeSpaghettiMarinara, MakeChickenMarinara, WashDishes}

(4) H_D:分解公理集,其中每个公理可表示为

$$\forall\, x.\, E_0(x) \supset E_1(f_1(x)) \wedge E_2(f_2(x)) \wedge \cdots \wedge E_n(f_n(x)) \wedge \kappa$$

$E_0, \cdots, E_n \in H_E$; $f_1, \cdots, f_n$ 为角色函数; κ 中不含 H_E 成员的子公理,用于描述 E_0 上的约束; $E_1, \cdots, E_n$ 称作 E_0 的直接组件。用图形的方式表示如图 9.19 所示。

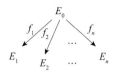

图 9.19　组件关系的图形化表示

例：$\forall x. \text{MakePastaDish}(x) \supset$

$$
\begin{array}{ll}
\text{组件} & \left\{ \begin{array}{l} \text{MakeNoodles}(\text{step1}(x)) \wedge \\ \text{MakeSauce}(\text{step2}(x)) \wedge \\ \text{Boil}(\text{step3}(x)) \wedge \end{array} \right. \\
\text{等价约束} & \left\{ \begin{array}{l} \text{agent}(\text{step1}(x)) = \text{agent}(x) \wedge \\ \text{result}(\text{step1}(x)) = \text{input}(\text{step3}(x)) \wedge \end{array} \right. \\
\text{时序约束} & \left\{ \begin{array}{l} \text{During}(\text{time}(\text{step1}(x)), \text{time}(x)) \wedge \\ \text{BeforeMeets}(\text{time}(\text{step1}(x)), \text{time}(\text{step3}(x))) \wedge \\ \text{Overlaps}(\text{time}(x), \text{postTime}(x)) \wedge \end{array} \right. \\
\text{前提} & \left\{ \begin{array}{l} \text{InKitchen}(\text{agent}(x), \text{time}(x)) \wedge \\ \text{Dexterous}(\text{agent}(x)) \wedge \end{array} \right. \\
\text{效果} & \left\{ \begin{array}{l} \text{ReadyToEat}(\text{result}(x), \text{postTime}(x)) \wedge \\ \text{PastaDish}(\text{result}(x)) \end{array} \right.
\end{array}
\tag{9.1}
$$

该式为 MakePastaDish 的分解公理的一部分，合取式的前三项是 MakePastaDish 的组件，后面的合取项均为形式化公理中的"κ"部分，包括等价约束、时序约束、前提和效果，后面我们会对这些约束做详细介绍。

（5）H_G：通用公理集，不含 H_E 的任何成员，包含对时序关系和事件无关事实的描述。

9.2.3　四种假设

假设的提出主要是使不可解决的问题可解决，使复杂的问题容易处理，但这也是需要一定代价的，例如，Kautz 规划识别假设所识别的规划是正确的规划，但不可能所有领域中的规划都是正确规划，因此，在这种假设基础上构造的识别器在某些领域中识别规划的能力就会有所下降。

但为了解决问题，适当且合理的假设是必需的。Kautz 提出了四种假设来辅助规划识别。

1. 穷尽假设（exhaustiveness assumptions，EXA）

为了说明该假设，我们首先来看一个问题：已知智能体在做某种汤，并且知道他不做 AlfredoSauce 和 Pesto，问智能体是在做什么汤。从图 9.18 可以发现

MakeSauce 有三种具体事件,分别为 MakeAlfredoSauce,MakePesto 和 MakeMar-
inara,并且图中只包含 MakeSauce 的这三种具体事件。根据这三种具体事件,一
种较为合理的答案是智能体在做 Marinara,该答案符合一般的推理方式。而该结
论恰是在一种假设之下得出的,即假设某事件类型已知的具体化方法就是该事件
类型的所有具体化方法。在问题中,即假设图中出现的 MakeSauce 的具体事件类
型 MakeAlfredoSauce,MakePesto 和 MakeMarinara 是 MakeSauce 的所有具体化
事件类型。简单地说就是在具体化事件时,事件类型在图中给出就假定该事件类
型存在,没有给出就认为不存在。

穷尽假设的形式化表示为

$$\forall x. E_0(x) \supset (E_1(x) \bigvee E_2(x) \bigvee \cdots \bigvee E_n(x))$$

其中 E_0 为 H_A 中的一个表示事件类型的谓词,$\{E_1, E_2, \cdots, E_n\}$ 都抽象于 E_0。

在上面的问题中,采用穷尽假设表示 MakeSauce 如下:

$$\forall x. \text{MakeSauce}(x) \supset \text{MakeAlfredoSauce}(x) \bigvee \text{MakePesto}(x) \bigvee \text{MakeMarinara}(x)$$

2. 互斥假设(disjointness assumptions,DJA)

在介绍互斥假设之前,我们先来了解"两事件类型相容"的概念。

两事件类型相容:两个事件类型都抽象或等于某一事件类型,则称两事件类型
相容或两事件类型是相容的。

已知有事件类型 A, B 和 C,则在图 9.20 中图形所表示的三种情况下,A, B 两
事件类型均相容。另外,事件类型自身也相容。

图 9.20　A, B 两事件相容

下面来介绍互斥假设,其形式化描述如下:

对于 H_A 中的所有事件,若 E_1 和 E_2 不相容,则有 $\forall x. \neg E_1(x) \bigvee \neg E_2(x)$。例
如:根据图 9.18 可以推出 MakePastaDish 与 MakeMeatDish 两事件类型不相容。
因此有

$$\forall x. \neg\text{MakePastaDish}(x) \bigvee \neg\text{MakeMeatDish}(x)$$

即　　$\forall x. \text{MakePastaDish}(x) \supset \neg\text{MakeMeatDish}(x)$

3. 使用组件假设(component/use assumptions,CUA)

使用组件假设简单地说就是:已知事件类型 A,B,且 A,B 相容,则拥有 A 作为其组件的事件以及拥有 B 作为其组件的事件都可以由 A 推导出来。

先举例说明该假设:若观察到 MakeSauce 事件,则可能是那些事件将其作为组件使用。根据图 9.18 可得如下表达式:

$$\forall x. \text{MakeSauce}(x) \supset$$
$$(\exists y. \text{MakePastaDish}(y) \wedge x = \text{step2}(y)) \vee$$
$$(\exists y. \text{MakeFettuciniAlfredo}(y) \wedge x = \text{step2}(y)) \vee \qquad (9.2)$$
$$(\exists y. \text{MakeSpaghettiPesto}(y) \wedge x = \text{step2}(y)) \vee$$
$$(\exists y. \text{MakeSpaghettiMarinara}(y) \wedge x = \text{step2}(y)) \vee$$
$$(\exists y. \text{MakeChickenMarinara}(y) \wedge x = \text{stcp5}(y))$$

MakeSauce 是 MakePastaDish 的组件,因此若观察到 MakeSauce 事件,一种情况是发生了 MakePastaDish 事件;另外,由于 MakeSauce 事件不是 H_{EB} 中的事件,因此,发生 MakeSauce 事件时,可能是发生了 MakeAlfredoSauce 或者 MakePesto 亦或是发生了 MakeMarinara。而 MakeAlfredoSauce 和 MakePesto 分别是 MakeFettuciniAlfredo,MakeSpaghettiPesto 的 组 件,MakeMarinara 是 MakeSpaghettiMarinara 和 MakeChickenMarinara 的组件。所以,MakeSauce 事件发生时,还可能发生了 MakeFettuciniAlfredo,MakeSpaghettiPesto,MakeSpaghettiMarinara 或 MakeChikenMarinara;因此可得出上面的一阶逻辑表达式。注意它们之间是析取的关系。

将以上过程用形式化的方法表示出来,如下。

对于任意的 $E \in H_E$,定义 $\text{COM}(E)$ 为 E 与之相容的事件集合,考虑 $\text{COM}(E)$ 中元素出现在右侧的分解公理,这种公理有如下形式:

$$\forall x. E_{j0}(x) \supset E_{j1}(f_{j1}(x)) \wedge \cdots \wedge E_{ji}(f_{ji}(x)) \wedge \cdots \wedge E_{jn}(f_{jn}(x)) \wedge \kappa$$

其中 $E_{ji} \in \text{COM}(E)$。假设这些公理的个数 $m > 0$,则对 E 的使用组件假设为

$$\forall x. E(x) \supset \text{End}(x) \vee$$
$$(\exists y. E_{1,0}(y) \wedge f_{1i}(y) = x) \vee$$
$$(\exists y. E_{2,0}(y) \wedge f_{2i}(y) = x) \vee \cdots \vee$$
$$(\exists y. E_{m,0}(y) \wedge f_{mi}(y) = x)$$

为了进一步说明该假设,我们用使用组件假设的形式化定义来说明上例中从 MakeSauce 事件出发的推导过程。

令形式化定义中的 E 为 MakeSauce,则

$\text{COM}(E) = \{\text{MakeSauce}, \text{MakeAlfredoSauce}, \text{MakePesto}, \text{MakeMarinara}\}$

$\text{COM}(E)$ 中事件出现在右侧的分解公理如下($\text{COM}(E)$ 中元素用黑体字标明):

$E_{1,0}$: MakePastaDish$(x) \supset$

$\qquad$ MakeNoodles$(s_1(x)) \wedge$ MakeSauce$(s_2(x)) \wedge$ Boil$(s_3(x))$

$E_{2,0}$: MakeFettuciniAlfredo$(x) \supset$

$\qquad$ MakeFettucini$(s_1(x)) \wedge$ MakeAlfredoSauce$(s_2(x))$

$E_{3,0}$: MakeSpaghettiPesto$(x) \supset$

$\qquad$ MakeSpaghetti$(s_1(x)) \wedge$ MakePesto$(s_2(x))$

$E_{4,0}$: MakeSpaghettiMarinara$(x) \supset$

$\qquad$ MakeSpaghetti$(s_1(x)) \wedge$ MakeMarinara$(s_2(x))$

$E_{5,0}$: MakeChickenMarinara$(x) \supset$ MakeMarinara$(s_5(x))$

根据以上公式可知,公理左边的事件均可由 E 即 MakeSauce 推导出来,因此得到了式(9.2)。

4. 最小基数假设(minimum cardinality assumption,MCA)

最小基数假设的最终目的是使结论中包含最少的 End 事件。例如,观察到 MakeSpaghetti 和 MakeMarinaraSauce,由此推断出智能体所做的事件类型。

由 MakeSpaghetti 可推断出

$$\exists x. [\text{MakeSpaghettiMarinara}(x) \vee \text{MakeSpaghettiPesto}(x)] \qquad (9.3)$$

由 MakeMarinaraSauce 可推断出

$$\exists y. [\text{MakeSpaghettiMarinara}(y) \vee \text{MakeChickenMarinara}(y)] \qquad (9.4)$$

式(9.3)和式(9.4)是合取的关系。上面的四个事件类型 MakeSpaghettiMarinara,MakeSpaghettiPesto,MakeSpaghettiMarinara 和 MakeChickenMarinara 都是 End 事件,而最小基数假设希望结论中有最少的 End 事件,为此

令 $x = y$,则

$$\exists x. [\text{MakeSpaghettiMarinara}(x) \vee \text{MakeSpaghettiPesto}(x)] \wedge$$
$$\exists x. [\text{MakeSpaghettiMarinara}(x) \vee \text{MakeChickenMarinara}(x)]$$

由此可得

$$\exists x. \text{MakeSpaghettiMarinara}(x) \vee$$
$$\exists x. [\text{MakeSpaghettiPesto}(x) \wedge \text{MakeChickenMarinara}(x)]$$

上式是一个析取式,表明有两种情况可能发生:智能体在 MakeSpaghettiMarinara 或者智能体同时在 MakeSpaghettiPesto 和 MakeChickenMarinara。再次应用最小基数假设,选择 End 事件最少的可能事件,即 MakeSpaghettiMarimara。所以可得出结论:智能体在 MakeSpaghettiMarinara。

最小基数假设的形式化描述如下:

$$\mathrm{MA}_0 : \forall\, x.\, \neg\mathrm{End}(x)$$
$$\mathrm{MA}_1 : \forall\, x, y.\, \mathrm{End}(x) \wedge \mathrm{End}(y) \supset x = y$$
$$\mathrm{MA}_2 : \forall\, x, y, z.\, \mathrm{End}(x) \wedge \mathrm{End}(y) \wedge \mathrm{End}(z) \supset$$
$$(x = y) \vee (x = z) \vee (y = z)$$
$$\cdots$$

也就是说,若有一个 End 事件存在,我们就试图假设没有 End 事件存在;若有两个 End 事件存在,就假设只有一个 End 事件存在;若有三个 End 事件存在就假设只有两个 End 事件存在;以此类推。需要注意的是,这种假设只在不推出矛盾的情况下成立。

9.2.4 举例

1. 实例一

上面我们介绍了 Kautz 理论的四种假设,这部分举例说明这些假设与事件层之间的相互作用。在给出例子之前,我们来介绍一个概念。

斯柯伦常量:在推理规则中用于存在性消除。为便于区分,斯柯伦常量用"*"标记,推理最后要用存在量化变量替换回来。

已知:如图 9.18 所示,智能体不做 AlfredoSauce,且对智能体的规划有两次观察结果:第一次观察时,智能体在做某种面条;第二次观察时,智能体在做大蒜番茄汁。则由这些已知条件我们可以推出什么结论。

我们可以将已知条件形式化为

$$\forall\, x.\, \neg\mathrm{MakeAlfredoSauce}(x) \wedge \mathrm{MakeNoodles}(\mathrm{obs}_1) \wedge \mathrm{MakeMarinara}(\mathrm{obs}_2)$$

由已知条件进行推理:

(1)(已知)
$$\mathrm{MakeNoodles}(\mathrm{obs}_1)$$

(2)(对(1)应用使用组件假设)
$$\exists\, x.\, \mathrm{MakePastaDish}(x) \wedge \mathrm{step1}(x) = \mathrm{obs}_1$$
(用斯柯伦常量替代存在量化变量)
$$\mathrm{MakePastaDish}(^*I_1) \wedge \mathrm{step1}(^*I_1) = \mathrm{obs}_1$$

(3)((2)中事件抽象化)
$$\mathrm{PrepareMeal}(^*I_1)$$

(4)((3)中事件抽象化)
$$\mathrm{End}(^*I_1)$$

(5)（由（2）预测）

$$\text{Boil}(\text{step3}(^*I_1)) \wedge \text{After}(\text{time}(\text{obs}_1), \text{time}(\text{step3}(^*I_1)))$$

(6)（已知）

$$\forall x.\ \neg\text{MakeAlfredoSauce}(x)$$

(7)（对（2）应用穷尽假设）

$$\text{MakeSpaghettiMarinara}(^*I_1) \vee$$
$$\text{MakeSpaghettiPesto}(^*I_1) \vee$$
$$\text{MakeFettuciniAlfredo}(^*I_1)$$

(8)（分解 & 全局实例化）

$$\text{MakeFettuciniAlfredo}(^*I_1) \supset \text{MakeAlfredoSauce}(\text{step2}(^*I_1))$$

(9)（对（6）（8）应用否定后件推理规则）

$$\neg\text{MakeFettuciniAlfredo}(^*I_1)$$

(10)（由（9）消除（7）中析取项）

$$\text{MakeSpaghettiMarinara}(^*I_1) \vee \text{MakeSpaghettiPesto}(^*I_1)$$

(11)（分解 & 全局实例化）

$$\text{MakeSpaghettiMarinara}(^*I_1) \supset \text{MakeSpaghetti}(\text{step1}(^*I_1))$$

(12)（分解 & 全局实例化）

$$\text{MakeSpaghettiPesto}(^*I_1) \supset \text{MakeSpaghetti}(\text{step1}(^*I_1))$$

(13)（由（10）（11）（12）预测）

$$\text{MakeSpaghetti}(\text{step1}(^*I_1))$$

(14)（已知）

$$\text{MakeMarinara}(\text{obs}_2)$$

(15)（对（14）应用使用组件假设）

$$(\exists y.\ \text{MakeSpaghettiMarinara}(y)) \vee (\exists y.\ \text{MakeChickenMarinara}(y))$$
（用斯柯伦常量替代存在量化变量）

$$\text{MakeSpaghettiMarinara}(^*I_2) \vee \text{MakeChickenMarinara}(^*I_2)$$

(16)（（15）中事件抽象化）

$$\text{MakePastaDish}(^*I_2) \vee \text{MakeMeatDish}(^*I_2)$$

(17)（（16）中事件抽象化）

$$\text{PrepareMeal}(^*I_2)$$

(18)((17)中事件抽象化)

$$\text{End}(^*I_2)$$

(19)(最小基数假设)

$$\forall x,y.\,\text{End}(x)\wedge\text{End}(y)\supset x=y$$

(20)(在(4)(18)(19)基础上应用全局实例化及肯定前件推理规则)

$$^*I_1=\,^*I_2$$

(21)(根据式(20)对(2)进行等价代换)

$$\text{MakePastaDish}(^*I_2)$$

(22)(互斥假设)

$$\forall x,\,\neg\text{MakePastaDish}(x)\vee\neg\text{MakeMeatDish}(x)$$

(23)(由(21)消除(22)中析取项)

$$\neg\text{MakeMeatDish}(^*I_2)$$

(24)(抽象 & 存在性实例化)

$$\text{MakeChickenMarinara}(^*I_2)\supset\text{MakeMeatDish}(^*I_2)$$

(25)(对(23)(24)应用否定后件推理规则)

$$\neg\text{MakeChickenMarinara}(^*I_2)$$

(26)(根据(25)消除(15)中析取项)

$$\text{MakeSpaghettiMarinara}(^*I_2)$$

由以上推导可知,智能体在做 SpaghettiMarinara。

2. 实例二

1)事件层描述

如图 9.21 所示,Rename 和 Modify 是两个最高层的 End 事件,Rename 有两个具体事件,分别为 RenameByMove 和 RenameByCopy。RenameByMove 有一个组件 Move,用函数关系 move-step 连接;RenameByCopy 有两个组件 Delete 和 Copy,分别用函数关系 delete-orig-step 和 copy-orig-step 连接。Modify 有三个组件 Delete,Copy 和 Edit,分别用函数关系 delete-backup-step,edit-step 和 backup-step 连接。此外与图 9.18 的不同之处在于,该事件层中的每个事件都有参数,如 Rename 有两个参数,分别为 old 和 new,它的两个具体事件也具有相同的参数;Modify 有一个参数为 file。

该图表示有两种文件处理方法,一种为重命名文件,一种为修改文件。有两种重命名的方法:通过移动的方式完成重命名和通过拷贝的方式来完成重命名。通过移动的方式来重命名只需要移动操作就可以完成,而通过拷贝的方式来重命名

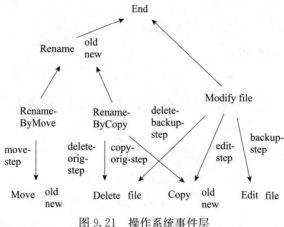

图 9.21 操作系统事件层

就需要先为源文件(old)备份出一个文件,我们称之为新文件(new),然后再删除源文件,以达到更名的目的。显而易见第一种重命名方式更简单、更可取。修改文件需要三步,首先要为源文件(old)拷贝出一个新文件(new),并将该新文件用于备份,以便于编辑过程中的回退,其次编辑源文件,即对文件进行修改,最后删除新文件,因为此时文件已经修改完毕,这个用于备份的新文件失去了存在的价值。为了更清楚地理解图 9.21,我们做了该图的两个子图,如图 9.22 和图 9.23 所示。将原图的函数关系用 S_n 表示,可以更明确执行的先后顺序。又将 RenameByCopy 和 Modify 事件的组件分开表示,从而明确 Delete 事件的参数是 new 还是 old。

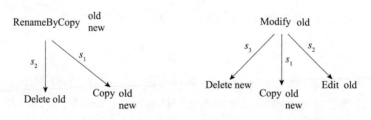

图 9.22 RenamebyCopy 事件   图 9.23 Modify 事件

对图 9.21 中事件层的形式化描述如下。

抽象关系:

$$\forall x.\,\mathrm{Rename}(x) \supset \mathrm{End}(x)$$
$$\forall x.\,\mathrm{Modify}(x) \supset \mathrm{End}(x)$$
$$\forall x.\,\mathrm{RenameByCopy}(x) \supset \mathrm{Rename}(x)$$
$$\forall x.\,\mathrm{RenameByMove}(x) \supset \mathrm{Rename}(x)$$

组件关系：

$\forall x. \mathrm{RenameByCopy}(x) \supset$

$\mathrm{Copy}(s_1(x)) \wedge$

$\mathrm{Delete}(s_2(x)) \wedge$

$\mathrm{old}(s_1(x)) = \mathrm{old}(x) \wedge$

$\mathrm{new}(s_1(x)) = \mathrm{new}(x) \wedge$

$\mathrm{file}(s_2(x)) = \mathrm{old}(x) \wedge$

$\mathrm{BeforeMeet}(\mathrm{time}(s_1(x)), \mathrm{time}(s_2(x))) \wedge$

$\mathrm{Starts}(\mathrm{time}(s_1(x)), \mathrm{time}(x)) \wedge$

$\mathrm{Finishes}(\mathrm{time}(s_2(x)), \mathrm{time}(x))$

$\forall x. \mathrm{RenameByMove}(x) \supset$

$\mathrm{Move}(s_1(x)) \wedge$

$\mathrm{old}(s_1(x)) = \mathrm{old}(x) \wedge$

$\mathrm{new}(s_1(x)) = \mathrm{new}(x)$

$\forall x. \mathrm{Modify}(x) \supset$

$\mathrm{Copy}(s_1(x)) \wedge$

$\mathrm{Edit}(s_2(x)) \wedge$

$\mathrm{Delete}(s_3(x)) \wedge$

$\mathrm{file}(x) = \mathrm{old}(s_1(x)) \wedge$

$\mathrm{backup}(x) = \mathrm{new}(s_1(x)) \wedge$

$\mathrm{file}(x) = \mathrm{file}(s_2(x)) \wedge$

$\mathrm{backup}(x) = \mathrm{file}(s_3(x)) \wedge$

$\mathrm{BeforeMeet}(\mathrm{time}(s_1(x)), \mathrm{time}(s_2(x))) \wedge$

$\mathrm{BeforeMeet}(\mathrm{time}(s_2(x)), \mathrm{time}(s_3(x)))$

2)问题求解

观察到用户输入如下命令,推断用户的操作意图。

(1)％ copy foo bar。

(2)％ copy jack sprat。

(3)％ delete foo。

下面我们对该问题进行形式化推理：

第一步：将(1)中 Copy 事件实例化为 C_1,则有

$$\mathrm{Copy}(C_1) \wedge \mathrm{old}(C_1) = \mathrm{foo} \wedge \mathrm{new}(C_1) = \mathrm{bar}$$

对 $\mathrm{Copy}(C_1)$ 应用使用组件假设得到

$$\mathrm{Copy}(C_1)\supset\mathrm{End}(^*I_1)\wedge$$
$$(\ (\mathrm{RenameByCopy}(^*I_1)\wedge C_1=s_1(^*I_1))\vee$$
$$(\mathrm{Modify}(^*I_1)\wedge C_1=s_1(^*I_1)))$$

第二步:将(2)中 Copy 事件实例化为 C_2,则有

$$\mathrm{Copy}(C_2)\wedge\mathrm{old}(C_2)=\mathrm{jack}\wedge\mathrm{new}(C_2)=\mathrm{sprat}\wedge\mathrm{Before}(\mathrm{time}(C_1),\mathrm{time}(C_2))$$

对 $\mathrm{Copy}(C_2)$ 应用使用组件假设得到

$$\mathrm{Copy}(C_2)\supset\mathrm{End}(^*I_2)\wedge$$
$$(\ (\mathrm{RenameByCopy}(^*I_2)\wedge C_2=s_1(^*I_2))\vee$$
$$(\mathrm{Modify}(^*I_2)\wedge C_2=s_1(^*I_2)))$$

第三步:在第一步和第二步中均产生了 End 事件,为使结果中的 End 事件最少,此时我们应用最小基数假设

$$\forall x,y.\ \mathrm{End}(x)\wedge\mathrm{End}(y)\supset x=y$$

令 $^*I_1=^*I_2$,将会使两个 End 事件合并为一个 End 事件,然而 $^*I_1=^*I_2$ 会导致 $C_1=C_2$,而 C_1 与 C_2 是两个不同的事件实例,不能相等,所以这两个 End 事件不能合并。

第四步:将(3)中 Delete 事件实例化为 C_3,则有

$$\mathrm{Delete}(C_3)\wedge\mathrm{file}(C_3)=\mathrm{foo}\wedge\mathrm{Before}(\mathrm{time}(C_2),\mathrm{time}(C_3))$$

对 $\mathrm{Delete}(C_3)$ 应用使用组件假设得到

$$\mathrm{Delete}(C_3)\supset\mathrm{End}(^*I_3)\wedge$$
$$(\ (\mathrm{RenameByCopy}(^*I_3)\wedge C_3=s_2(^*I_3))\vee$$
$$(\mathrm{Modify}(^*I_3)\wedge C_3=s_3(^*I_3)))$$

第五步:到目前为止出现了三个 End 事件,此时我们应用最小基数假设

$$\forall x,y,x.\ \mathrm{End}(x)\wedge\mathrm{End}(y)\wedge\mathrm{End}(z)\supset(x=y)\vee(x=z)\vee(y=z)$$

因此可假设 $^*I_1=^*I_2\vee^*I_1=^*I_3\vee^*I_2=^*I_3$。由于在第四步中我们得出结论 $^*I_1\neq^*I_2$,所以只存在两种合并 End 事件的可能情况,即 $^*I_1=^*I_3$ 或 $^*I_2=^*I_3$。

首先令 $^*I_2=^*I_3$,这意味着(2)和(3)两式同时是 RenameByCopy 的组件,或者同时是 Modify 的组件,因此有

$$\mathrm{End}(^*I_2)\wedge$$
$$(\quad(\mathrm{RenameByCopy}(^*I_2)\wedge C_2=s_1(^*I_2)\wedge C_3=s_2(^*I_2)\wedge$$
$$\mathrm{old}(s_1(^*I_2))=\mathrm{jack}\wedge$$
$$\mathrm{file}(s_2(^*I_2))=\mathrm{foo}\wedge$$
$$\mathrm{file}(s_2(^*I_2))=\mathrm{old}(s_1(^*I_2)))$$

$$\lor$$

$$(\text{Modify}(^*I_2) \land C_2 = s_1(^*I_2) \land C_3 = s_3(^*I_2) \land$$

$$\text{backup}(^*I_2) = \text{sprat} \land$$

$$\text{file}(s_3(^*I_2)) = \text{foo} \land$$

$$\text{backup}(^*I_2) = \text{file}(s_3(^*I_2)))$$

$$)$$

由上式可知,假设的两种情况都能推出矛盾。析取式的第一项是假设合并后的 End 事件 $^*I_2$ 的事件类型为 RenameByCopy,这种假设会推导出 $\text{file}(s_2(^*I_2)) = \text{old}(s_1(^*I_2))$,即 jack=foo,显然这里出现了矛盾,因此假设合并后的 End 事件的事件类型为 RenameByCopy 不成立;第二项假设 $^*I_2$ 的事件类型为 Modify,这种假设会推导出 $\text{backuP}(^*I_2) = \text{filc}(s_3(^*I_2))$,即 sprat=foo,此处也产生了矛盾,因此假设合并后的 End 事件的事件类型为 Modify 也不成立。两个析取项均不成立,所以(2)和(3)两式既不同时是 RenameByCopy 的组件,又不同时是 Modify 的组件,因此有 $^*I_2 \neq {}^*I_3$。

下面令 $^*I_1 = {}^*I_3$,这意味着(1)和(3)两式同时是 RenameByCopy 的组件,或者同时是 Modify 的组件,因此有

$$\text{End}(^*I_1) \land$$

$$(\quad (\text{RenameByCopy}(^*I_1) \land C_1 = s_1(^*I_1) \land C_3 = s_2(^*I_1) \land$$

$$\text{old}(s_1(^*I_1)) = \text{foo}$$

$$\text{file}(s_2(^*I_1)) = \text{foo}$$

$$\text{file}(s_2(^*I_1)) = \text{old}(s_1(^*I_1)))$$

$$\lor$$

$$(\text{Modify}(^*I_1) \land C_1 = s_1(^*I_1) \land C_3 = s_3(^*I_1) \land$$

$$\text{backup}(^*I_1) = \text{bar} \land$$

$$\text{file}(s_3(^*I_1)) = \text{foo} \land$$

$$\text{backup}(^*I_1) = \text{file}(s_3(^*I_1)))$$

$$)$$

由上式可知,析取式的第一项假设合并后的 End 事件 $^*I_1$ 的事件类型为 RenameByCopy,该假设未推出矛盾,因而假设成立;析取式的第二项假设 $^*I_1$ 的事件类型为 Modify,但该假设能推出 $\text{backup}(^*I_1) = \text{file}(s_3(^*I_1))$,即 bar=foo,产生矛盾,因此合并后的 End 事件不可能是 Modify。但由于析取式的第一项未产生矛盾,所以合并后的 End 事件的事件类型为 RenameByCopy。

根据上述推导,推理结论的形式化表示如下:

$$\text{End}(^*I_1)\wedge$$
$$\text{RenameByCopy}(^*I_1)\wedge \text{old}(^*I_1)=\text{foo}\wedge \text{new}(^*I_1)=\text{bar}\wedge$$
$$\text{End}(^*I_2)\wedge$$
$$(\ (\text{RenameByCopy}(^*I_2)\wedge C_2=s_1(^*I_2))\vee$$
$$\text{Modify}(^*I_2)\wedge C_2=s_1(^*I_2)))$$

观察用户输入的命令,经过上述的推导,可推断出用户的操作意图是要将文件 foo 重命名为 bar,且重命名的方式采用 RenameByCopy,由于前面我们已经分析这种重命名方式要比 RenameByMove 复杂,所以规划器会建议用户采用 RenameBy-Move 的方式进行重命名。另外还可推出该用户或者想将文件 jack 重命名为 sprat 或者想修改文件 jack 中的内容。

9.2.5　Kautz 规划识别算法

1. 解释图(e-graph)

图 9.24 即为解释图(e-graph),它包括三种节点、两种弧。解释图用图形的方法表示了动作的推理过程,下面来具体介绍解释图。

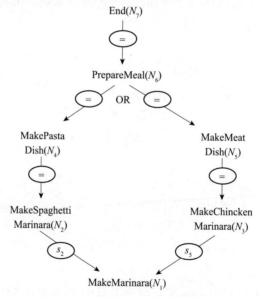

图 9.24　MakeMarinara(N_1)的 e-graph 图

1)三种节点

(1)事件节点:由一个事件实例和一个单一相连的事件类型组成。在解释图中,一个事件实例 N 最多只出现一次。在上面的图中,N_1 到 N_7 都是事件节点。

(2)专有名词:是对象的唯一名称。我们前面遇到的 object(C)＝WarAnd-

Peace 和％ copy foo bar 中的 WarAndPeace,foo 和 bar 都是专有名词。

(3)模糊时序约束:实数的四元组,表示为$\langle a,b,c,d\rangle$,且必须满足$a<b,c<d,a<d$。若时间区间T_1被$\langle a,b,c,d\rangle$约束,则T_1的开始时间应大于等于a,小于等于b;结束时间应大于等于c,小于等于d。

2)两种弧

(1)参数弧:从一个事件节点N出发,用一个角色函数fr标记,指向值V的弧,表示为$fr(N)=V$,其中V可以是事件节点、专有名词或模糊时序约束。如图 9.25所示。

(2)交替弧:用"="标记,从一个事件节点指向另一个更为具体的事件节点的弧。如图 9.26 所示。

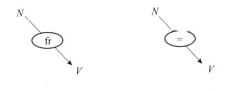

图 9.25　参数弧　　　　图 9.26　交替弧

2. 应用使用组件假设

use:是一个表示事件间组件关系的三元组,形如$\langle Ec,fr,Eu\rangle$,表示 Ec 是 Eu 在函数 fr 下的组件。

Uses:算法中涉及的所有 use 的集合。

use 间的抽象关系:已知$\langle Eac,r,Eau\rangle$和$\langle Ec,r,Eu\rangle$两个 use,当 Eac 抽象 Ec,Eau 抽象 Eu 时,称$\langle Eac,r,Eau\rangle$抽象$\langle Ec,r,Eu\rangle$。

use 表示可用于消除使用组件假设的冗余应用,删除算法中无用的参数弧。

例如,在图 9.18 中$\langle MakeNoodles,S_1,MakePastaDish\rangle$抽象$\langle MakeSpaghetti,S_1,MakeSpaghettiMarinara\rangle$,为简化 e-graph,在算法中会删除其中一个 use 以避免重复的表达。

3. 约束检查

在算法中需要检查三种约束:等价约束、时序约束和事实约束。如式(9.1)中的相关约束的例子。

(1)等价约束:一般指专有名词的等价。

(2)时序约束:用 Allen 的时间代数关系表示。时序约束与前面提到的模糊时序约束间的区别是,时序约束是对两个时间区间的限制,而模糊时序约束是对一个时间区间的限制。时序约束的一个更新规则如下:

如果时间区间T_1被$\langle a,b,c,d\rangle$约束、时间区间T_2被$\langle e,f,g,h\rangle$约束,并且满足

关系 started-by(T_1, T_2),那么 T_1 被 $\langle\max(a,e)\min(b,f)\max(c,g)d\rangle$ 约束。

(3)事实约束:包括事件的前提和效果,以及事件非组件参数的类型信息。

4. Kautz 规划识别算法的组成

Kautz 的规划识别算法包括三个子算法,分别是解释观察动作(Explain-observation)、图匹配(Match-graphs)和整体化(Group-observation)。具体算法参见附录。

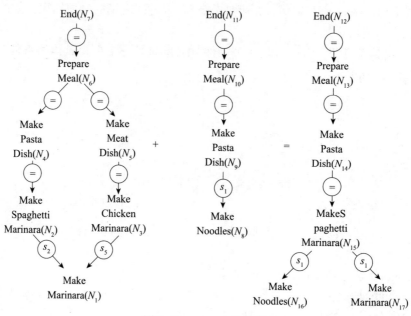

图 9.27　e-graph 匹配图

(1)解释观察动作

该子算法主要是生成某一动作的解释图,算法中主要处理了事件间的组件关系和抽象关系。例如,如果识别器观察到了 MakeMarinara 类型事件,它会生成图 9.24 所示的解释图。

(2)图匹配

该部分主要是将两个解释图合并,以减少 End 事件。从两个解释图的 End 节点出发,同步向下匹配,节点匹配的结果会添加到新图中。若将 MakeMarinara 和 MakeNoodles 的解释图匹配,则匹配过程如图 9.27 所示。

(3)整体化

上面的两个子算法分别是生成一个动作的解释图和两个动作的解释图匹配,没有说明对观察到的某一动作序列的处理,因此本算法要将前面的两个算法整合,使其能够处理观察到的动作序列,以获取最少的 End 事件作为识别该动作序列的结果。该算法的具体过程如图 9.28 所示(图中的 Hyphotheses 用于存储各种可能的合并结果)。

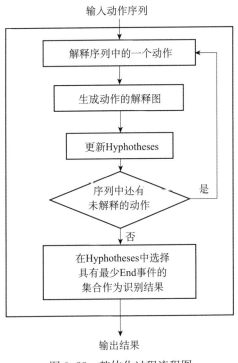

图 9.28 整体化过程流程图

9.3 基于目标图分析的目标识别

从 1978 年规划识别被当成是一个研究问题提出到现在,规划识别的方法一直在不断改进和发展,其应用也逐渐走出实验室。1986 年 Kautz 等第一次形式化了规划识别理论,这个里程碑式的发展将规划识别研究带到了一个新的高度。然而,同其他有库识别方法一样,Kautz 的基于事件层的规划识别方法的致命问题就是不能处理其类型未在规划库中出现的新规划。同时,规划库的建立、管理以及完善是一项浩大的在实际中几乎不可完成的任务,因此导致规划库常常是小而不完整的。尽管如此,由于在识别过程中可能的规划假设过多,使得搜索规划空间也变成了一项巨大的工程。Lesh 等希望可以通过机器学习的方法来处理规划表示,但在空间搜索上的时间代价仍是指数级的。

由于有库的规划识别方法具有上述种种问题,一些学者开始致力于无库规划识别方法的研究。2000 年,Jun Hong 提出了一种基于目标图的规划识别方法,这种方法不需要规划库即可完成识别任务。与以往的方法不同,目标图识别方法并不直接搜索候选规划,而是首先构造一个名为目标图的图结构,然后通过对所构造的图的分析来识别目标和对应的有效规划。

目标图识别方法的思想直接来源于图规划。由于不需要规划库,它摆脱了有库规划识别系统的限制,也避免了搜索所引起的时间代价指数级的问题。但是没有规划库导致目标图方法欠缺良好的对未来目标以及规划的预测能力,这大大限制了它的可应用领域。目前对无库识别方法的研究还不是很多,比较有代表性的就是 Jun Hong 的目标图方法以及殷明浩的回归图方法。在后续章节中,我们会对这两种方法加以详细介绍。

9.3.1 域表示

目标图用类 ADL 来描述规划识别问题,其中 ADL 是动作描述语言的缩写,我们在第2章中介绍了 ADL 的相关知识。类 ADL 与 ADL 相似,可以描述带有条件效果和全称量化的动作,也可以表示具有存在量词和全称量词的前提条件的动作或目标描述。

1. 规划识别问题

对目标图而言,一个规划识别问题由以下五个部分组成:

(1)一个动作概要集合。

(2)一个有限的动态的对象集合。

(3)一个初始状态集合,由表示初始世界状态的命题构成。

(4)一个目标概要集合。

(5)在连续时间步内,一个已观察到的动作集合。

动作概要是带有参数和变量的动作描述,类似于 STRIPS 域中的操作,通过实例化这些动作概要得到可实际执行的具体动作。目标概要的涵义与其相似,即一个动作是一个动作概要的实例化,一个目标是一个目标概要的实例化。

对象集合是动态的,因为对象在世界状态的转换中是动态变化的,其通过动作被添加到对象集合中或者从对象集合中被删除。如果一个动作创建了一个对象,那么在该动作的效果中就会有一个表示该对象的命题;如果一个动作删除了一个对象,则在该动作的效果中将与这个对象有关的命题用否定形式表示。

在连续时间步内,观察动作集合中的动作具有偏序关系。当提到一个观察动作时,就意味着这个动作已经被成功观察到并且成功执行。对于那些观察到了但没有成功执行或返回错误信息的动作,以简单的忽略来处理。

给出问题,自然需要求解。目标图方法最终要实现的目标有两个,即规划识别问题的解由两部分组成,一部分是与观察到的动作集合一致的部分或完全实现的目标集合,另一部分是对应已识别目标的有效规划,规划由观察到的动作构成。也就是说,识别的最终目的就要找到智能体所完成的目标以及为实现这个目标所执行的动作序列。

2. 问题描述

下面我们用扩展 BNF(EBNF)给出目标概要和动作概要的定义。

1)目标概要

目标概要由一个目标描述集合构成,具体定义如下:

```
<GD>::= <term>
<GD>::=(not <term>)
<GD>::=(neg <term>)
<GD>::=(and <Lerm>)
<GD>::=(imply <GD> <GD>)
<GD>::=(exist <term> <GD>)
<GD>::=(forall <term> <GD>)
<GD>::=(eq <argument> <argument>)
<GD>::=(neq <argument> <argument>)
<term>::=(<predicate-name> <argument>*)
<argument>::=<constant-name>
<argument>::=<variable-name>
```

其中〈term〉是一个原子表达式,由谓词及其参数构成,这里的参数可以是变量也可以是常量。从上面的定义可以看出,目标描述可以使用如 not(非)、neg(非)、and(与)、imply(蕴涵)、exist(存在量词)、forall(全称量词)、eq(等于)以及 neq(不等于)等逻辑连接词。

2)动作概要

动作概要由一个前提条件集合和一个效果集合组成,其中前提条件的定义与目标描述的定义相同,下面是效果的具体定义:

```
<effect>::= <term>
<effect>::=(neg <term>)
<effect>::=(and <effect>*)
<effect>::=(when <GD> <effect>)
<effect>::=(forall <term> <effect>)
<term>::=(<predicate-name> <argument>*)
<argument>::=<constant-name>
<argument>::=<variable-name>
```

在定义动作概要的效果时,可以使用 neg,and,when 以及 forall 等逻辑连接词,其中带有 when 的效果表示是条件效果。

需要注意的是,在定义目标概要时我们用了两个不同的否定连接词,即 not 和 neg,这两个否定词表达的意义是不相同的。(neg P)表示 P 的真值明确为假,(not P)表示 P 的真值或者显式地为假或者隐式地为假。只有当某一动作使 P 的真值明确为假时,P 才被显式地表示为假,即使用第一种表示方法;一般当知道 P 的真值为假而又不需要显式地表示出时使用第二种表示方法。

下面举一个简单的例子来说明这两种表示方法。假设一个动作概要的前提之一是(neg P),在当前世界状态下,已经知道这个动作的其他前提得到了满足,此时若要实例化这个动作概要,需要检查(neg P)是否被满足。只有当 ¬P 出现在当世界状态中,才可以确定(neg P)被满足,这个动作概要才可以被实例化。假设动作概要的前提之一是(not P),在世界状态中有 ¬P 出现,或者在世界状态中没有 P 出现,即可以隐式地认为 P 为假,此时若其他前提也被满足,则这个动作概要就可以被实例化。

有了以上两种表示否定的方法,封闭世界假设就能够以如下方式实现:在初始世界状态时,只显式地表示那些在初始条件中明确为真的命题,其他任何没有在世界状态中被显式地表示的命题都可以隐式地认为是假。

目标概要由一个目标描述集合构成,当一个目标的目标描述在当前世界状态中全部被满足时,称这个目标完全实现;当一个目标的目标描述在当前世界状态中部分被满足时,称这个目标部分实现。

3. 公文包转移问题

这一部分,我们将用一个公文包的例子来具体说明如何用类 ADL 描述一个规划识别问题。假设有一个公文包以及一本词典和一张支票簿,词典和支票簿可以放进公文包,也可以从公文包中取出,公文包可以从家里转移到办公室,也可以从办公室转移到家里。初始世界状态是公文包在办公室,词典和支票簿都在家里,在连续三个时间步内观察到三个动作,即将公文包从办公室带到家里,将词典放入公文包中,最后把公文包从家里带到办公室。我们将这个问题形式化表示如下:

(1)对象集合:{ special physical object:a briefcase B, physical objects:a dictionary D and a chequebook C, locations:home H and office O};

(2)初始状态集合:{(at $B\,O$),(at $D\,H$),(at $C\,H$)};

(3)观察动作集:{time1:(mov-b $O\,H$),time2:(put-in $D\,H$),time3:(mov-b H O)};

(4)动作概要集合:

```
{
  (:action mov-b    //将公文包从一个地方转移到另一个地方
    :paras(?l ?m - loc)
    :pre(and(neq ?l ?m)(at B ?l))
    :eff(and(at B ?m)(neg(at B ?l))
           (forall(?z - physob)
             (when( in ?z)
               (and(at ?z ?m)
                 (neg(at ?z ?l)))))))),
  (:action put-in    //将一个物理对象放入公文包
    : paras(?x - physob ?l - loc)
    : pre(and(neq ?x B)(at ?x ?l)(at B ?l))
           (forall(?z - physob)
                 (not( in ?z))))
    : eff( in ?x)),
  (:action take-out    //将一个物理对象从公文包中取出
        : paras(?x - physob)
        : pre( in ?x)
        :eff(neg( in ?x)))
}
```

(5)目标概要集合:

```
{
  (:goal move-object
    : paras(?x - physob ?l ?m - loc)
    :goal-des(and(neq ?l ?m)
             (neq ?x B)
             (imply(neg(at ?x ?l))
                   (at ?x ?m)))),
  (:goal keep-object-at
    :paras(?x - physob ?l - loc)
    :goal-des(and(neq ? B)
             (imply(at ?x ?l)
                   (not( in ?x))))),
  (:goal keep-object-in
```

```
         : paras(?x - physob)
         : goal-des( in ?x))
   }
```

在实际识别过程中,对象集合以及观察动作集合是动态变化的。随着时间步的向前推移,观察动作集合会不断有动作加入,对象集合则是有对象加入或被删除。由于对象域是动态改变的,所以对于域中的每个对象,在动作执行之前必须在当前时间步声明对象类型。

4. 动态扩展

动作概要带有全称量化前提、全称量化效果以及条件效果,在实际的目标识别算法中,需要消除量词及条件,生成等价的动作概要。处理的方法称为动态扩展,主要分为两个过程:首先考虑当前时间步的对象域,将动作概要中的全称量化前提以及全称量化效果动态编译到相应的 Herbrand 库;然后进一步消除条件效果。这里需要强调的是,必须是动态编译,因为对象域是动态变化的。

现在仍以公文包问题为例。假设在当前时间步,实例化动作概要 mov-b 之前,对象域包括三个对象,分别是 B, C, D。首先动态编译全称量化前提及效果,动作概要 mov-b 可以以如下方式动态编译为 mov-b-1:

```
(:action mov-b-1
    : paras(?l ?m - loc)
    : pre(and(neq ?l ?m)(at B ?l))
    : eff(and(at B ?m)(neg(at B ?l))
                (when( in B)
                    (and(at B ?m)
                        (neg(at B ?l))))
                (when( in C)
                    (and(at C ?m)
                        (neg(at C ?l))))
                (when( in D)
                    (and(at D ?m)
                        (neg(at D ?l))))))
```

然后从动态编译全称量化前提及效果后得到的等价结果中消除条件效果。假设在当前时间步,命题 $(at\ B\ H)$,$(at\ C\ H)$,$(at\ D\ H)$ 以及 $(in\ D)$ 都为真,删除当前没有得到满足的条件,得到 mov-b-2:

```
(:action mov-b-2
  : paras(?l ?m - loc)
```

```
: pre(and(neq ?l ?m)(at B ?l))
    :eff(and(at B ?m)(neg(at B ?l))
            (when( in D)
                (and(at D ?m)
                    (neg(at D ?l))))))))
```

因为假设命题(in D)为真,所以可以把条件效果的前项直接移到前提条件中,这样就得到了如下的动作概要 mov-b-3:

```
(:action mov-b-3
    : paras(?l ?m - loc)
    : pre(and(neq ?l ?m)(at B ?l)
            (in D))
    :eff(and(at B ?m)(neg(at B ?l))
            (at D ?m)(neg(at D ?l))))
```

经过以上几步,就可以消除动作概要中全称量化前提、全称量化效果以及条件效果。之前我们强调必须动态编译,原因是对象域是动态改变的。事实上,消除条件效果时需要检查条件效果的前件在当前时间步的世界状态中是否为真,也决定了消除量词以及条件必须采用这种动态处理的方式。

5. 假设

为简化问题的处理,目标图识别方法需要对规划识别问题作如下假设:

(1)在连续时间步内,观察动作构成一个集合,动作之间具有偏序约束关系。也就是说,在一个时间步内可以观察到多个动作,且同一时间步内观察到的动作之间没有时序约束。

(2)初始状态已知。在观察到动作之前,初始世界状态对识别器而言是已知的。

(3)具有领域知识。对识别器而言,每个观察动作的前提和效果以及每个可能目标的目标描述都是已知的。

9.3.2 目标图、有效规划和一致目标

1995 年,Blum 和 Furst 提出了基于规划图分析的快速规划方法,这种称为图规划的思想的提出成为智能规划研究发展的又一里程碑。同年,Lesh 同 Etzioni 提出一个称为一致图的图结构,用来处理规划识别问题。Jun Hong 利用目标图处理识别问题的思想实际上是源于图规划思想,它首先会构造一个图结构——目标图,然后通过对这个图结构的分析来实现对 agent 的可能目标和有效规划的识别。目标图与规划图、一致图都有相似之处,而又都有不同。

1. 目标图

目标图是一个有向层次图,由命题列、目标列以及动作列交替组成。命题列由表示当前世界状态的命题节点构成,每个命题节点表示一个肯定或否定的命题。目标列包含目标节点,每个目标节点表示一个完全实现或部分实现的目标。动作列包含动作节点,由观察动作构成,每个动作节点表示在当前时间步观察到的一个动作。

目标图起始于时间步 1 的命题列,由初始状态集合中的命题所对应的节点构成,结束于最后一个时间步的目标列,最后时间步的目标列包含所有由到目前为止观察到的动作完全实现或部分实现的目标。

目标图有三种边,分别为前提条件边、效果边以及目标描述边。前提条件边连接动作列 i 中的动作节点与它在命题列 i 中的前提,效果边连接动作列 i 中的动作节点与它在命题列 $i+1$ 中的效果命题节点,目标描述边连接命题列 i 中的目标描述节点与目标列 i 中的目标节点。有一种特殊的效果边被称为持续边,命题列 i 中的命题节点通过持续边持续到命题列 $i+1$,可持续的前提是该命题节点没有被动作列 i 中的动作所改变。

仍以之前所述的公文包问题为例,图 9.29 是此公文包问题的目标图。其中,动作列和目标列分别位于图的最上部和最下部,中间部分为命题列。在同一时间步连接命题节点与动作节点的边为前提条件边,在同一时间步连接命题节点与目标节点的边为目标描述边,在不同时间步连接动作节点与命题节点的边为效果边,在不同时间步连接命题节点之间的边为持续边。加粗的连接边表示因果链接路径,加粗的目标节点表示其为一致目标,斜体的目标节点表示部分实现目标,其余加粗节点表示完全实现的目标,用星号标记的目标节点表示识别出的目标。至于什么是因果链接路径、一致目标,我们会在后面介绍。

2. 有效规划

在说明什么是规划识别问题的有效规划之前,我们先给出因果链接的定义。

定义 9.3.1(因果链接)　设 a_i 和 a_j 分别是时间步 i 和 j 的观察动作,其中 $i<j$。a_i 和 a_j 之间存在因果链接,记为 $a_i \rightarrow a_j$,当且仅当 a_i 的一个效果满足的 a_j 的一个前提。

例如,图 9.29 中时间步 2 的动作(put-in D H)与时间步 3 的动作(mov-b H O)之间就存在因果链接,因为(put-in D H)的一个效果(in D)满足(mov-b H O)的前提之一。

事实上,目标可以看成以目标描述为前提条件、以空集为效果的特殊动作。因此,因果链接也可以在动作和目标之间建立。例如,图 9.29 中时间步 2 的动作(put-in D H)与时间步 3 目标列中的目标(keep-object-in D)之间就存在因果

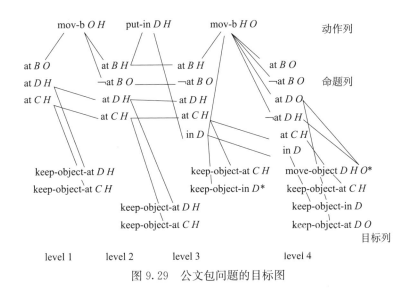

图 9.29 公文包问题的目标图

链接。

因果链接是构成有效规划的重要部分。有了因果链接定义的基础,就可以解释什么是规划识别问题的有效规划。

定义 9.3.2(有效规划) 设 g 是一个目标,$P = \langle A, O, L \rangle$,其中 A 是观察动作的集合,O 是建立在 A 上的时序约束关系集合,集合中元素形如 $a_i < a_j$,L 是建立在 A 上的因果链接集合,$\{a_i \rightarrow a_j\}$。设 I 是初始状态集合,给定 I,P 是目标 g 的有效规划,当且仅当 A 中的动作在满足 O 中约束的前提下可以以任意顺序在给定的 I 下执行,且执行后目标 g 完全实现。

对于图 9.29 所示的公文包问题,$I = \{(\text{at } B\ O), (\text{at } D\ H), (\text{at } C\ H)\}$,则 $P = \langle \{a_1 = (\text{mov-b } O\ H), a_2 = (\text{put-in } D\ H), a_3 = (\text{mov-b } H\ O)\}, \{a_1 < a_2, a_2 < a_3\}, \{a_1 \rightarrow a_2, a_1 \rightarrow a_3, a_2 \rightarrow a_3\} \rangle$ 就是目标 $(\text{move-object } D\ H\ O)$ 的一个有效规划。

3. 一致目标

之前我们曾多次提到过一致目标,目标图识别方法最终的目标也是要找到所有的一致目标及其对应的有效规划,并在此基础上尽可能地找到最一致目标。

定义 9.3.3(相关动作) 给定一个目标 g 以及一个已观察动作集 $\langle A, O \rangle$,其中 A 是动作集合,O 是建立在 A 上的时序约束集合 $\{a_i < a_j\}$,动作 $a \in A$ 与 g 相关,当且仅当存在一个因果链接 $a \rightarrow g$ 或者存在一个因果链接 $a \rightarrow b$,其中 $b \in A$,b 与 g 相关且 $a < b$ 与 O 一致。

定义 9.3.4(一致目标) $\langle A, O \rangle$ 是一个观察动作集,目标 g 与 $\langle A, O \rangle$ 是一致的,当且仅当 A 中的绝大部分动作与 g 是相关的。

命题 9.3.1(一致目标的有效规划) 设 $\langle A, O \rangle$ 是观察动作集,I 是 $\langle A, O \rangle$ 执行

前的初始状态集, g 是与 $\langle A,O\rangle$ 一致的目标。给定 I 且执行 $\langle A,O\rangle$ 后,当目标 g 完全实现时, $P=\langle A,O,L\rangle$ 是目标 g 的一个有效规划;当目标 g 部分实现时, $P=\langle A,O,L\rangle$ 是目标 g 部分实现的一个有效规划,其中 L 是建立在 A 上的因果链接集 $\{a_i \rightarrow a_j\}$ 。

命题 9.3.1 的结论是显而易见的,证明也非常简单。假设初始状态为 I ,当 g 完全实现时,根据定义 9.3.3 和定义 9.3.4 可知,存在一个 A 上的因果链接集合 $L=\{a_i \rightarrow a_j\}$,再根据定义 9.3.2 可知, $P=\langle A,O,L\rangle$ 是目标 g 的一个有效规划。当 g 部分实现时,设 g' 是 g 实现的那一部分,即可以认为在观察到动作集合之后 g' 被完全实现,则根据定义 9.3.2、定义 9.3.3 以及定义 9.3.4 可知,存在一个 A 上的因果链接集合 $L=\{a_i \rightarrow a_j\}$,且给定 I , $P=\langle A,O,L\rangle$ 是目标 g' 的一个有效规划。

例如,在图 9.29 中,时间步 2 的观察动作(put-in D H)分别与时间步 1 的观察动作(mov-b O H)和时间步 3 的观察动作(mov-b H O)相关。时间步 4 的目标(move-object D H O)是时间步 4 的一致目标,因为观察动作集中的三个动作(mov-b O H)、(put-in D H)以及(mov-b H O)都与它相关,所以它对应的有效规划就是 $\langle\{a_1=(\text{mov-b }O\ H),a_2=(\text{put-in }D\ H),a_3=(\text{mov-b }H\ O)\},\{a_1<a_2,a_2<a_3\},\{a_1 \rightarrow a_2,a_1 \rightarrow a_3,a_2 \rightarrow a_3\}\rangle$ 。

9.3.3 目标识别算法

目标识别可分为两个阶段:第一阶段是目标图构造算法根据观察到的动作以及领域知识构造目标图;第二阶段是目标图分析算法分析已构造的目标图,以识别与当前观察到的动作相一致的部分或完全实现的目标以及相应的有效规划。每个时间步都需要进行这两步,直到再也没有可观察到的动作。

1. 目标图的形式化表示

目标图可以用一个四元组 $\langle P,A_O,G_R,E\rangle$ 来表示,其中 P 是命题节点集合, A_O 是动作节点集合, G_R 是目标节点集合, E 是边集。在目标图中,一个命题节点、目标节点和动作节点分别可以表示为 $\text{prop}(p,i)$, $\text{action}(a,i)$ 以及 $\text{goal}(g,i)$,其中, i 表示一个时间步, p 表示一个肯定或否定的命题(文字), a 表示一个观察动作, g 表示一个目标。 E 表示边集,其中,前提条件边、效果边、目标描述边以及持续边分别表示为 $\text{precondition-edge}(\text{prop}(p,i),\text{action}(a,i))$, $\text{effect-edge}(\text{action}(a,i),\text{prop}(p,i))$, $\text{description-edge}(\text{prop}(p,i),\text{goal}(g,i))$, $\text{persistence-edge}(\text{prop}(p,i),\text{prop}(p,i+1))$ 。

2. 目标图构造算法

目标图构造算法由两部分构成:目标扩展算法和动作扩展算法。开始构造目标图时,目标图只包含表示初始世界状态的命题列 1,即形式化可表示为$\langle P,\varnothing,\varnothing,\varnothing\rangle$。

1)目标扩展算法

假设此时目标图扩展到命题列 i,目标扩展算法会将目标图扩展到目标列 i。算法会检查目标概要中的每个可能的目标实例,对于每个目标实例,首先获得目标描述集,然后利用动态扩展消除全称量词,得到一个等价的目标描述集。当一个目标至少有一个目标描述在当前命题列中得到满足时,添加该目标节点到目标列 i 中。根据目标的目标描述被满足情况判断目标是被完全实现或被部分实现。目标扩展具体算法如下:

Goal-Expansion($\langle P,A_O,G_R,E\rangle,i,G$)

对于每个 $G_k\in G$;G 为目标概要

对于每个实例 $g,g\in G_k$

获取 g 的目标描述集合 S_g,并消除全称量词得到等价的目标集合 S'_g;

对于每个 $p_g\in S'_g$,且 $p_g=\mathrm{not}(p'_g)$,

如果 $\mathrm{prop}(\mathrm{neg}(p'_g),\mathrm{i})\in P$,

则 $E=E\cup\{\mathrm{description\text{-}edge}(\mathrm{proP}(\mathrm{neg}(p'_g),i),\mathrm{goal}(g,i))\}$;

对于每个 $p_g\in S'_g$,且 $p_g\neq\mathrm{not}(p'_g)$,

如果 $\mathrm{prop}(p_g,i)\in\mathrm{P}$,

则 $E=E\cup\{\mathrm{description\text{-}edge}(\mathrm{prop}(p_g,i),\mathrm{goal}(g,i))\}$;

如果 g 的一个目标描述被满足,

则 $G_R=G_R\cup\{\mathrm{goal}(g,i)\}$。

返回$\langle P,A_O,G_R,E\rangle$。

目标扩展算法返回的是以目标列 i 结束的目标图,当有动作在时间步 i 被观察到时,动作扩展算法就会将以目标列 i 结尾的目标图扩展到动作列 i,即将观察动作添加到目标图中,同时将目标图扩展到命题列 $i+1$。

2)动作扩展算法

对于时间步 i 的每个观察动作,动作扩展算法首先会根据观察动作实例化动作概要以获得前提条件集和效果集,然后利用动态扩展消除全称量化的前提条件和效果以及条件效果,并且添加相应的前提条件边以及效果边。对于命题列 i 中那些没有被观察动作改变的命题,将不作任何改变持续到下一命题列,并用持续边连接。动作扩展具体算法如下:

Action-Expansion($\langle P,A_O,G_R,E\rangle,A_i,i,A$)

对于时间步 i 的观察动作集中的每个动作 a_i

$A_O=A_O\cup\{\mathrm{action}(a_i,i)\}$;

实例化 A 中 a_i 对应的动作概要以获取的前提条件集 S_P 以及效果集 S_E,消除全称量化前提、效果以及条件效果,得到等价的前提条件集 S_P' 以及效果集 S_E';

对于每个 $p_p \in S_P'$,且 $p_p = \text{not}(p_p')$,

如果 $\text{prop}(\text{neg}(p_p'), i) \in P$

则 $E = E \cup \{\text{precondition-edge}(\text{prop}(\text{neg}(p_p'), i), \text{action}(a_i, i))\}$;

对于每个 $p_p \in S_P'$,且 $p_p \neq \text{not}(p_p')$,

如果 $\text{prop}(p_p, i) \in P$,

则 $E = E \cup \{\text{precondition-edge}(\text{prop}(p_p, i), \text{action}(a_i, i))\}$;

对于每个 $p_e \in S_E$,

令 $P = P \cup \{\text{proP}(p_e, i+1)\}$,

且 $E = E \cup \{\text{effect-edge}(\text{action}(a_i, \text{proP}(p_e, i+1)))\}$;

对于每个 $\text{prop}(p, i) \in p$,

若 $\text{prop}(p, i+1) \notin P$,且 $\text{proP}(\neg p, i+1) \notin P$,

则 $P = P \cup \{\text{prop}(p, i+1)\}$,

$E = E \cup \{\text{persistence-edge}(\text{prop}(p, i), \text{prop}(p, i+1))\}$;

返回 $\langle P, A_O, G_R, E \rangle$。

对于公文包问题,给定初始状态 $I = \{(\text{at } B \, O), (\text{at } D \, H), (\text{at } C \, H)\}$,通过观察得到观察动集合作 $\{a_1 = (\text{mov-}b \, O \, H), a_2 = (\text{put-in } D \, H), a_3 = (\text{mov-}b \, H \, O)\}$ 以及时序约束 $\{a_1 < a_2, a_2 < a_3\}$,通过目标扩展算法以及动作扩展算法就可以得到如图 9.29 所示的目标图。

通过目标扩展以及动作扩展(含命题扩展)得到的目标图,是目标分析的基础,以上两个算法共同构成了目标图构造算法。可以证明,目标图构造所需要的时间和空间代价都是多项式级的,且算法具有合理性和条件完整性。

定理 9.3.1(多项式时间与空间)　设一个规划识别问题在 t 个时间步观察到 s 个动作,初始状态有 p 个命题,m 个目标概要,具有最多效果的动作概要的效果数为 l_1,具有最多目标描述的目标概要的目标描述数为 l_2,所有时间步最大的对象数为 n,则由目标图构造算法生成的具有 $t+1$ 层的目标图的时间和空间代价是 n,m, l_1, l_2 以及 s 的多项式。

证明　由目标图的构成可知,任何一个命题列的最大节点数为 $O(p + l_1 s)$。设 k 是任意一个目标概要的参数最大值,因为每个目标概要最多有 n^k 种实例化方式,任何目标列的最大节点和最大边数分别为 $O(mn^k)$ 和 $O(l_2 mn^k)$。显然,构造目标图的时间和空间代价是这些已知项的多项式。

定理 9.3.2(合理性)　目标图构造算法是合理的:即在时间步 i 添加到目标

图中的任何一个目标节点是时间步 i 一个完全实现或部分实现的目标。

证明   目标图构造算法通过仅添加时间步 $i-1$ 的观察动作的效果将目标图从命题列 $i-1$ 扩展到命题列 i,并将命题列 $i-1$ 所有真值没有改变的命题持续到命题列 i。因此,命题列 i 表示时间步 i 时的世界状态,即从表示初始世界状态的命题列 1 开始,由在时间步 1 到时间步 $i-1$ 的观察动作所改变的世界状态。若命题列 i 中的命题满足一个目标的目标描述,则将代表该目标的节点添加到目标图中,表示该目标在时间步 i 被完全实现或部分实现,即该目标在时间步 i 的世界状态中被完全或部分实现。

定理 9.3.3(条件完整性)   目标图构造算法是条件完整的:即在假设 agent 所有可能的目标都可由已知目标概要实例化的前提下,如果一个目标被时间步 $t-1$ 的观察动作完全实现或部分实现,则算法会在时间步 t 将该目标添加到目标图中。

证明   假设一个目标在时间步 1 到时间步 $i-1$ 被观察动作完全实现或部分实现,则这个目标在目标图的命题列 i 被完全或部分实现。因为目标列 i 包含了所有可能的在命题列 i 被完全或部分实现的目标概要实例,所以该目标是一个目标概要的一个实例,是在命题列 i 被完全或部分实现的目标实例。因此,算法将添加该目标到目标图的第 i 目标列。

实际上,单纯就目标图构造算法本身而言,它是不完整的。因为,如果领域知识是不完整的,即智能体可能要实现的目标并不是领域知识中任何一个目标概要的实例,则构造算法并不能将其添加到目标列中,这也就意味着目标图方法无法识别这样的目标。定理 9.3.3 是在添加了一个假设的前提下给出目标图构造算法是完整的结论的,这个假设即智能体所有可能的目标都是领域知识提供的目标概要实例。

3. 目标图分析算法

在一个时间步,目标图扩展结束,就会转而进行对目标图的分析,实现对一致目标以及对应有效规划的识别。需要强调的是,应用目标图分析算法时,需要假设观察动作集合中的绝大部分动作与智能体想要实现的目标是相关的。换言之,智能体想要完成的目标与观察动作集合是一致的。反之,如果一个目标与观察动作集合一致,则这个目标就有可能是智能体想要实现的目标。

要判断一个目标是否与观察动作集合一致,就需要识别观察动作之间或动作与目标之间的因果链接。

定义 9.3.5(动作与目标间的因果链接路径)   给定一个目标图,设 a_i 是时间步 i 一个观察动作,g_j 是时间步 j 完全实现或部分实现的目标,且 $i<j$,用一条效果边、零条或多条持续边以及一条目标描述边将 a_i 和 g_j 连接起来的路径就称作因果

链接路径。

由定义 9.3.1 以及定义 9.3.5 可知,如果 a_i 和 g_j 之间存在一条因果链接路径,则 a_i 和 g_j 之间存在因果链接,即 $a_i \to g_j$。例如,图 9.3.1 时间步 2 的观察动作 (put-in D H) 与时间步 4 的目标(keep-object-in D)之间就存在因果链接,因为这二者存在一条因果链接路径,该路径是通过(put-in D H)的效果(in D)建立起来的,由 effect-edge(action((put-in D H), 2), proP((in D), 3))、persistence-edge(proP((in D), 3), proP((in D), 4))以及 description(proP((in D), 4), goal((keep-object-in D), 4))构成。

定义 9.3.6(动作间的因果链接路径)　给定一个目标图,设是 a_i 和 a_j 分别是时间步 i 和 j 的两个观察动作,且 $i < j$,用一条效果边、零条或多条持续边以及一条前提条件边将 a_i 和 a_j 连接起来的路径就称作因果链接路径。

同样,根据定义 9.3.6 与定义 9.3.1 可知,如果 a_i 和 a_j 之间存在一条因果链接路径,则 a_i 和 a_j 之间存在因果链接,即 $a_i \to a_j$。

一个目标以及实现它的有效规划可以用三元组 $\langle g_t, \langle A_O, O, L_a \rangle, L_g \rangle$ 表示,其中 g_t 表示目标,L_a 表示建立在观察动作集合上的因果链接集合,A_O 是由观察动作构成的动作序列,O 是建立在 A_O 上的时序约束集,$\langle A_O, O, L_a \rangle$ 表示 g_t 或部分 g_t 的有效规划,L_g 是观察动作与目标之间的一组因果链接,会进一步解释一些观察动作。给定一个目标图,分析算法可以找出所有一致目标以及实现这些目标的有效规划,具体算法如下:

GoalGraphAnalyser($\langle P, A_O, G_R, E \rangle, t$)

对于目标列 t 中的每个目标 $g_t, g_t \in G_R$,

初始化:$A_O' \leftarrow \varnothing, A \leftarrow \varnothing, L_g \leftarrow \varnothing, L_a \leftarrow \varnothing$;

对于 A_O 中每个通过因果链接路径与 g_t 相连的动作 a_i,

$L_g = L_g \bigcup \{a_i \to g_t\}$, $A_O' = A_O' \bigcup \{a_i\}$, $A = A \bigcup \{a_i\}$;

如果 $A = \varnothing$ 且属于 A_O 的元素大部分也属于 A_O', 　　　　(＊)

则获取上 A_O 的时序约束 O,并将 $\langle g_t, \langle A_O, O, L_a \rangle, L_g \rangle$ 添加到目标规划集合中;

如果 $A \neq \varnothing$,

则　删除 A 中的一个动作 a_j;

对于 A_O 中每个通过因果链接路径与 a_j 相连的动作 a_i,

$L_a = L_a \bigcup \{a_i \to a_j\}$;

如果 a_i 不属于 A_O',

则 $A_O' = A_O' \bigcup \{a_i\}, A = A \bigcup \{a_i\}$,并转(＊)。

返回一个目标规划集合。

给定一个目标图,目标图分析算法会通过判断是否绝大多数观察动作都与目标相关来识别目标列 t 中的每一个一致目标,并且搜索实现每个一致目标的有效规划。当搜索一致目标的有效规划时,算法首先会通过动作与目标之间的因果链接路径找到与目标相关的观察动作,然后对于每一个已知的相关动作,再根据动作与动作之间的因果链接找到更多与目标相关的观察动作,最后再根据时序约束关系将观察动作组织成有效规划。

例如,给定目标图如图 9.29 所示,根据目标图分析算法可知,时间步 4 的目标节点(move-object D H O)就是一个一致目标,实现它的有效规划即〈$\{a_1$=(mov-b O H),a_2=(put-in D H),a_3=(mov-b H O)$\}$,$\{a_1<a_2,a_2<a_3\}$,$\{a_1\rightarrow a_2,a_1\rightarrow a_3,$ $a_2\rightarrow a_3\}$〉。

同目标图构造算法一样,目标图分析算法所需时间和空间代价也是多项式级的,并且算法也是合理的。

9.3.4 目标冗余以及最一致目标

目标识别算法识别出的一致目标可能有多个,其中可能既包括完全实现的目标也包括部分实现的目标。在众多的一致目标中,可能存在冗余目标,即那些目标描述集是同一时间步另外一个目标的目标描述集的子集的一致目标。

一个部分实现的一致目标可能随着观察动作的增加而被完全实现,这时,与部分实现的目标相比,完全实现的目标可以更好的解释观察动作。因此,可以将这种部分实现目标当作冗余目标而删除,并且删除这样的一致目标并不会影响它的一致性以及在未来可以被完全实现的可能性。

当一个完全实现的一致目标的目标描述集是同一时间步另一个完全实现的一致目标的目标描述集的子集,则称这个完全实现的一致目标在此时间步是冗余的。同样,当一个部分实现的一致目标的目标描述集是同一时间步另一个完全或部分实现的一致目标的目标描述集的子集,则称这个部分实现的一致目标在此时间步是冗余的。

例如,在时间步 4,(keep-object-at D O)的目标描述集合是(move-object D H O)的目标描述的子集,所以在时间步 4,(keep-object-at D O)就是冗余目标,可以从一致目标集中将其删除。

尽管通过检查目标冗余可以删除目标集中的一些一致目标,但目标集中很有可能还有多个一致目标。对于一个时间步的目标集,如果其中存在一个一致目标,观察动作集中与它相关的动作最多,则称这个一致目标为最一致目标。

显然,最一致目标很有可能就是智能体要实现的目标。例如,对于公文包问题,如果在时间步 4 观察到动作(take-out D),那么(move-object D H O)以及

(keep-object-at DO)就是时间步 5 的两个一致目标。通过目标冗余检查可知,这两个目标都不是冗余的。与(move-object DHO)相关的动作有 3 个,而与(keep-object-at DO)相关的动作有 4 个,那么(keep-object-at DO)就是时间步 5 的最一致目标。如果在观察到(take-out D)之后,没有观察到其他动作,那么(keep-object-at DO)就是时间步 5 的最一致目标。

目标识别不需要规划库,它解决了以往的规划系统因规划库而产生的问题。目标图分析识别的仅是与观察动作一致的完全或部分实现的目标,这样识别可以得到一个较小的目标集,有利于识别出最一致目标。同时,区别完全实现和部分实现的目标,降低了识别智能体目标的模糊性。但分析算法是不完整的,它无法在众多一致目标中确定哪个目标是智能体最想要实现的目标。尽管存在最一致目标,但仍不能肯定地说最一致目标具有是智能体想要实现的目标的最大可能性。识别算法虽然有时候可以识别出唯一的一个一致目标,但却无法使目标具体化。

目标识别的主要目的是解释观察到的动作,而不是预测未来的动作。因此,目标识别可以应用在故事理解、软件咨询系统、数据库查询优化以及用户数据挖掘等领域。这些领域都具有如下特征:

(1)大部分动作都是可观察到的。

(2)通过这些观察动作智能体的目标很有可能被完全或部分实现。

(3)识别目标的目的是解释观察到的动作,而不是预测未来的动作。

目标识别在处理目标能力以及速度上表现突出,但由于假设过多,且表示上的限制,使其不能进行不确定推理以及概率推理,也无法在目标还没有被部分或完全实现之前识别出一致目标。由于无库规划识别的难度较大,对无库识别的研究还比较少,在 Jun Hong 提出的目标图方法基础上,殷明浩以及欧华杰等人对无库的概率规划识别进行了研究,并取得了一定的成果。殷明浩在目标图方法的基础上提出了基于回归图的规划识别方法,实现了无库规划识别可预测等功能,提高了识别的速度、准确率以及有效性。

9.4　基于回归图的规划识别方法

基于目标图的规划识别方法开创了无库规划识别的先河,继目标图之后一个比较突出的无库规划识别系统就是基于回归图的识别系统。它的主体思想来源于图规划以及目标图方法,同样是首先构造一个图结构,然后通过对这个图结构的分析来实现对目标及相应有效规划的识别。回归图方法主要通过动态回归的思想来完成对观察到的和未观察到的动作和目标的识别以及对未来可能发生的动作和目标的预测。

由于回归图方法中的很多相关定义和概念与规划图和目标图的都相同,所以对一些定义和概念此处不再赘述。

9.4.1 域表示

回归图方法用类 STRIPS 语言来描述规划识别问题,在类 STRIPS 语言中,操作有前提条件、添加效果和删除效果(用命题的否定形式表示),操作不能创建或消灭对象,时间都是离散表示的。

对回归图而言,规划识别问题由以下几部分构成:

(1)一个操作集合。

(2)一个有限动态的类型化的对象域。

(3)一个初始状态集合。

(4)一个目标概要集合。

(5)一个观察动作集合以及一个推理动作集合。

(6)离散时间表示。

由于目标图方法在识别过程中需要把类 ADL 表示通过动态编译转化为类 STRIPS 表示,因此,这两种方法在表示没有本质的区别。在第 3 章我们曾举过火箭的例子,现在将扩展的火箭问题用类 STRIPS 简单表示如下:

```
(:operator move
    :paras(?r - rocket ?s ?d - location)
    :precondition(and(neq ?d ?s)(at ?r ?s)(has-fuel ?r))
    :effect(and(at ?r ?d)(not(at ?r ?s))(not(has-fuel ?r))))
(:operator load
    :paras(?r - rocket ?l - location ?c - object)
    :precondition(and(at ?r ?l)(at ?c ?l))
    :effect(and(not(at ?c ?l))(in ?c ?r)))
(:operator unload
    :paras(?r - rocket ?l - location ?c - object)
    :precondition(and(at ?r ?l)(in ?c ?r))
    :effect(and(not(in ?c ?r))(at ?c ?l)))
(:goal keep-object-at
    :paras(?r - rocket ?l - location ?c - object)
    :description(and(not(in ?c ?l))(at ?c ?l)))
(:goal move-object
```

```
    :paras(?d ?s - location ?c - object)
    :description(and(neq ?s ?d)(neg(at ?c ?s))(at ?c ?d)))
(:goal keep-object-in
    :paras(?r - rocket ?c - object)
    :description(in ?c ?r))
```

9.4.2   回归图

与目标图相似,回归图也是一个有向层次图,由命题列、动作列以及目标列交替构成。回归图有 6 种节点,涵义分别如下。

如果能肯定一个命题在命题列中为真,那么就称这个命题为确定的命题节点,记作 DPN(definite proposition node),如果不确定这个命题在命题列中为真,那么就称其为可能的命题节点,记作 PPN(possible proposition node)。

若一个动作已被观察到,则称这个动作为确定的动作节点,记作 DAN(definite action node),否则称其为可能的动作节点,记作 PAN(possible action node)。

若确定在某个目标列一个目标已实现,则称这个目标为确定的目标节点,记作 DGN(definite goal node),否则称其为可能的目标节点,记作 PGN(possible goal node)。

在实际构造回归图时,观察到的动作节点以及由观察动作确定和添加的命题节点为确定的节点,而其他由领域知识生成的则为可能的节点。如果一个目标的所有目标描述都是 DPN,则该目标为确定的目标节点,否则为可能的目标节点。

回归图同样包含三种边,分别为前提条件边,效果边以及描述边。三种边与六种节点之间的关系如图 9.30 所示。

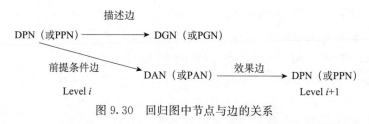

图 9.30   回归图中节点与边的关系

图规划之所以被称为规划领域革命性的方法,原因之一就是它的速度要远远优于其他同时代的规划系统,且空间和时间代价都是多项式级的,而互斥概念的引入在这一过程中起到了很大的作用。因此,回归图方法也引入了互斥的概念。在回归图中存在动作互斥和命题互斥,判定方法分别如下:

(1)干扰互斥:一个动作删除了另一个动作的前提条件或添加效果,则这两个动作互斥。

(2)竞争互斥:两个动作的前提条件在前一个命题列互斥,则这两个动作互斥。

(3)假设互斥:如果前一动作列的一个 PAN 的一个效果与当前动作层的一个 DAN 矛盾,则这个 PAN 与 DAN 是互斥的。

(4)命题互斥:当且仅当支持这两个命题的所有动作都互斥。

9.4.3 回归图算法

回归图算法主要分为两个过程,分别是回归图构造和识别目标以及搜索有效规划。

1. 回归图构造

回归图与目标图相似,都是由命题列、动作列以及目标列交替构成,最大的区别是回归图中每列都由两种节点组成,即确定的节点和可能的节点。对不同类型节点的处理很简单,在构造目标图时,分别用 d 和 p 对这两种节点进行标记。回归图构造过程如下。

首先把所有初始状态中的命题作为回归图的第一命题列,然后,对于每一个时间步 $i(i \geqslant 1)$:

1)生成目标列 i

对于目标描述在命题列 i 得到满足且目标描述之间不互斥的每一个目标,如果其所有目标描述都是 DPN,则插入一个 DGN,否则插入一个 PGN。同时,在 DPN,PPN 和 DGN,PGN 之间添加相应的描述边,这一过程可称为有向目标扩展(directed goal expansion)。

2)生成动作列 i

(1)如果 $i=1$,则简单地将观察到的动作以 DAN 的形式添加到回归图中;然后,根据命题列 1 的命题节点,实例化所有可实例化且与已存在 DAN 不存在互斥的操作,将实例化的结果以 PAN 的形式添加到回归图的动作列 1;最后,添加 DPN,PPN 和 DAN,PAN 之间的前提条件边。

(2)如果 $i>1$,对于每个当前列的 DAN,如果一个新观察到的动作与它们都不矛盾,则把这个观察动作以 DAN 的形式添加到当前动作列中(但标记它的时间步),这就意味着这个动作可以与前一时间步的动作并行。但是如果这个动作某个前提未得到满足,而且很明显是由前一动作列的 PAN 导致的,则回归图就会回溯到上一动作列,删除导致 DAN 的前提为假的 PAN,并且以生成动作列 1 同样的方式生成下一动作列。对于在时间步 i 所有与 DAN 矛盾的已观察到的动作,只需要把它们扩展入下一动作列。整个扩展过程称为回归动作扩展(regressive action expansion)。

经过上述的回归动作扩展这一过程,可以看出任何同列的两个 DAN 之间或每个 DAN 与 PAN 之间都不存在互斥关系,并且回归图构造方法会在以后的命题扩展中继续计算相同动作列的 PAN 之间的互斥关系。

3)生成命题层 $i+1$

只需简单地查看动作列 i 中每个动作(包括 DAN 和 PAN)的添加效果,然后把它们作为命题放在该命题列。同时,添加动作节点(DAN,PAN)和命题节点(DPN,PPN)之间的效果边,并且对于随后的回归动作扩展,计算命题节点之间的互斥关系。这个过程称为有向命题扩展(directed proposition expansion)。

构造回归图的过程中,没有观察到的动作会通过领域知识以 PAN 的形式添加到回归图中。随着观察动作的不断增加,如果在某个时间步的一个观察动作可以明确一个 PAN 是一个漏观察的动作,则在动态回归的过程中,将这个 PAN 改为 DAN,相应地,它的前提条件和效果都改为 DPN,与它相关的其他命题、动作、目标以及互斥关系都需要重新考察。在一个时间步,如果一个确定的节点与一个可能的节点相冲突,则删除这个可能的节点。回归图方法就是通过这样的动态回归,识别出漏观察动作,同时也实现了对未来要发生的动作和目标的预测。

例如,对于火箭问题,如果在以前的时间步没有观察到动作(load $B\,L$),而在后面的时间步却观察到动作(unload $B\,P$),则可以肯定(load $B\,L$)是一个漏观察的动作,在回归的过程需要将它改为确定的动作节点,与它相关的其他节点也需要重新考察。

由于引入互斥的概念,所以允许两个发生在相邻时间步且可以在同一时间步处理的动作同时存在于同一个时间步,用这种方法生成的回归图要比目标图小得多。同时,通过以上过程的扩展,所有与观察动作不矛盾的可能动作都保留了下来,保证所有可能目标都可以被识别出来。

2. 识别目标以及搜索有效规划

由于区分了确定的节点和可能的节点,相应地,有效规划也分为确定的有效规划 DVP(definite valid plan)和可能的有效规划 PVP(possible valid plan)。设 g 是识别出的目标,$P=\{A,O,L\}$ 是 g 的一个有效规划,其中是 A 是一个动作集合,O 是建立在 A 上的时序约束集合,L 是 A 上的因果链接集合。P 是 g 的一个有效规划,当且仅当在初始状态 I 的前提下以满足 O 的一个顺序执行 A,使得 g 完全实现。如果在前一时间步,一个目标的所有相关动作都已确定发生,也就是说所有的目标描述都是 DPN,那么就称这个目标的有效规划为 DVP;若无法确定所有的相关动作都已发生,则称这样的有效规划为 PVP。

回归图方法并没有把目标分为部分实现和完全实现两种,即所有目标列的目标都是完全实现目标。在最后一个时间步的目标列,如果一个目标是被标记为确定的目标,则该目标是智能体确定的实现目标,否则是智能体可能实现的目标。

给定一个回归图,回归图分析算法运用与图规划相同的逆向搜索策略逐列搜索有效规划。在时间步 t 以任意顺序选择一个目标,选择满足此目标描述的命题,再选择在时间步 $t-1$ 产生这些命题且不互斥的动作。因为可以把一个目标看成是具有空效果的动作,所以可以重复上述过程。在搜索中,利用递归的方法,也就意味着如果在时间步 $t-1$ 的动作,可以从初始条件开始实现这个目标,这样就为这个目标找到一个有效规划,否则如果递归返回失败,则尝试用另一个动作实现当前目标直到返回为真。然后,用 hash 表记录此目标的相关动作,称之为目标集。记录一个目标的有效规划,当下次这个目标在以后的目标列出现时,就无须再为它搜索有效规划了。因为很少有互斥的时间步,所以在最后几个时间步,通常不再存在互斥关系。

可以证明,构造回归图的空间和时间代价都是多项式级的,并且搜索有效规划的时间也是多项式级的。

基于回归图的规划识别方法引入了互斥关系的概念,使相邻时间发生的不互斥动作存在同一列,从而使图结构更紧凑,相应地也提高了搜索速度。在识别的准确性、有效性以及可伸缩性等方面都有良好的表现。同时,运用动态回归的方法,即便在相关动作并不完全的情况下也可以找到所有可能的目标。因为不需要规划库,也避免了有库规划识别存在的问题。但是回归图识别方法在处理一些动作之间的关系上还存在着一定的问题,识别也只限制在 STRIPS 域,表达能力较弱。同时,只有具有了较完整的领域知识才可以完成相关的识别工作。

9.5 基于规划知识图的概率规划识别算法的研究

由于规划知识图方法考虑到了规划在客观条件下出现的可能性及事件对规划的支持程度,所以它比 Kautz 方法所求得的解更可信。但是采用知识图方法不能很好地解释观察到的现象,并且无法处理不存在于规划表示中的新的规划类型。在阐述事件间整体与部分、具体与抽象的关系时,规划知识图方法也只是简单规定子节点对父节点的影响,而没有考虑父节点对子节点的影响。同时,在计算规划出现的可能性时,也只是单纯地计算可能性值,只在最后,当识别出的多个规划无关时,才利用可能性值的乘积进行最小规划的选取。

　　本节介绍的 KGPPR[58] 算法对事件间的相互关系作了修改,对支持程度作了不同于规划知识图的规定,并给出计算规划出现概率的方法和生成解图的算法。在计算规划出现的概率值的同时,进行解图的扩展,减少了冗余节点的生成,同时,生成的规划就是最终的规划解,而不需要再进行最小规划集的选取,提高了识别效率。

9.5.1　事件间的两种关系

　　基于知识图的规划识别算法通过计算各事件在现实生活中出现的可能性来判别候选规划。事件之间只有抽象与具体以及整体与部分这两种关系,对这两种关系下的规划(事件)之间的支持程度,文献[17]中只做了简单的规定,即具体类型规划的出现对抽象类型规划出现的支持程度为 1;所有部分规划的出现对整体规划出现的支持程度的和为 1。

　　显然,在文献[17]中只考虑到了两种影响:具体类型规划的出现对抽象类型规划出现的支持程度和所有部分规划的出现对整体规划出现的支持程度,即它只考虑了子节点对父节点的影响,并没有考虑到父节点对子节点的影响。事实上,如果一个整体规划发生了,那么组成这个整体规划的各个组成部分规划一定发生,这样才能实现该整体规划。如果一个抽象规划(事件)发生了,那么这个抽象规划的各个具体子规划则可能发生。

9.5.2　规划知识图算法存在的问题

　　在基于规划知识图的规划识别算法中,在对图进行搜索时,对知识图的解图 SG(solution graph) 有一些规定,可以很容易看到其中存在的一些问题。

　　(1)图 9.31 是观察到 Make-Fettucine 和 Make-Marinara 时得到的解图 SG,其中节点中的带括号的数字代表时间片。根据支持程度,计算规划 Make-Pasta-Dish 出现的可能性,Make-Fettucine-Marinara 抽象于 Make-Pasta-Dish,由抽象与具体的关系,计算得到 Make-Pasta-Dish 出现的可能性为 1;而 Boil-Water,Make-Noodles,Make-Sauce 是 Make-Pasta-Dish 的组成部分规划,由整体与部分的关系,计算得到 Make-Pasta-Dish 出现的可能性为 0.8。这样,规划 Make-Pasta-Dish 出现的可能性值就有两个,怎么确定这两个值,文献[17]中并未给出明确说明。

　　(2)在规划知识图的算法中规定,n 在 SG 中,如果 n 有一组 AND 后继节点,则所有的 n 的 AND 后继节点都在 SG 中。该规定只是指出若父节点 n 在 SG 中,则其所有的 AND 后继节点都在 SG 中。但如果只有一个或部分 AND 后继节点在 SG 中,对于其父节点是否在 SG 中,则没有给出确切的说明,只是在 SG 中给出了

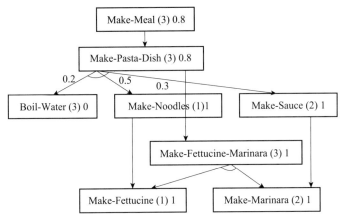

图 9.31 一个规划知识图产生的解图

父节点及父节点出现的可能性。例如,在图 9.32 中,观察到 F,根据算法,并不能完全确定 F 的父节点 C 是否在 SG 中,但在此种情况下,C 显然应该在 SG 中,不然将无法解释观察到的现象 F,同时,若观察到 G,对于 C,D 如何取舍,算法也未给出明确说明。

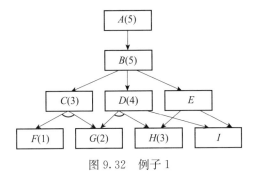

图 9.32 例子 1

(3)在规划知识图的算法中规定,n 在 SG 中,如果 n 有一组 OR 后继节点,那么有且只有一个 OR 后继节点在 SG 中。但在图 9.32 中,如果观察到 I,根据抽象与具体的关系,可知 D,E 在 SG 中。又根据算法中对 SG 的规定,可知 G,H 在 SG 中。此时,H 也是 E 的一个 OR 后继节点,解图如图 9.33 所示。这样,E 就有了两个 OR 后继节点在 SG 中,与算法中的"有且只有一个"矛盾。

(4)在规划知识图的算法中,对于一个节点 m,同时既是一些节点的 OR 后继节点,又是另一些节点的 AND 后继节点的情况,没有给出明确的处理方法。例如,在图 9.32 中,若观察到 H,则根据算法,知 E 在 SG 中,解图如图 9.34 所示。而对于 D 是否在 SG 中,算法没有给出说明。

基于上述原因,基于知识图的概率规划识别算法 KGPPR 不但能处理规划知

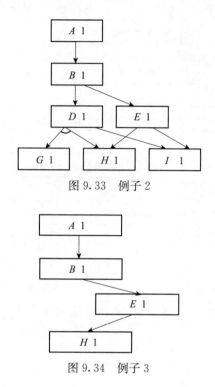

图 9.33　例子 2

图 9.34　例子 3

识图方法所能处理的问题,而且比规划知识图方法更完善。下面,我们将详细介绍该算法。

9.5.3　支持程度及 KGPPR 算法的解图描述

1. 支持程度

我们引入姜云飞等提出的支持程度的概念,即一个规划/事件的出现使另一个规划/事件出现的可能性[17]。对于支持程度,具体规定如下:

(1)$p'(B/A)$表示规划 A 对规划 B 的支持程度。在计算规划出现的可能性时:

(a)规划 B 共有 m 个的组成部分规划 A_i, $i=1,2,\cdots,m$, A_i 对 B 的支持程度 $p'(B/A_i) \leqslant 1$;且这 m 个组成部分规划一起对规划 B 的支持程度为

$$\sum_{i=1}^{m} p'(B/A_i) = 1 。$$

(b)规划 B 共有 m 个组成部分规划 A_i, $i=1,2,\cdots,m$,则规划 B 对 A_i 的支持程度为 $p'(A_i/B)=1$,即整体规划出现意味着其组成部分规划的出现。

(c)具体规划 A 对它的抽象规划 B 的支持程度 $p'(B/A)=1$。

（d）抽象规划 B 有 m 个具体子规划 $A_i, i=1,2,\cdots,m$，则 B 对 A_i 的支持程度为 $p'(A_i/B) \leqslant 1$，$\sum_{i=1}^{m} p'(A_i/B) = 1$。

（2）$p(A)$ 表示规划 A 出现的可能性，即规划 A 出现的概率值。

（3）$p(B/A)$ 表示在规划 A 出现的情况下，规划 B 出现的可能性。

在上述规定的基础上，我们给出如下计算规划出现的概率的方法：

（a）观察到的现象 A 出现的可能性 $p(A)=1$，其他所有规划出现的可能性初始化为 0。

（b）规划 B 共有 m 个的组成部分规划 $A_i, i=1,2,\cdots,m$，A_i 的出现使 B 出现的可能性为 $p(B) = p(B) + \sum_{i=1}^{m} p(A_i) * p'(B/A_i)$。

（c）抽象规划 B 有 m 个具体子规划 $A_i, i=1,2,\cdots,m$，A_i 的出现使得 B 出现的可能性为 $p(B) = p(B) + \max(p(A_i))$。

（d）对于一个规划，根据抽象与具体以及整体与部分的关系，计算得到的概率值会有所不同。具体的算法实现时，如果出现这种情况，我们取值最大者作为该规划发生的可能性。

2. 解图描述

规划知识图中有两类节点：与节点和或节点。每一个节点是与节点还是或节点是相对其父节点而言的。具体地说，如果一个父节点的后继是此父节点的具体化，即当此父节点与其后继节点之间是抽象与具体的关系时，这些具体化节点称为或节点。如果一个父节点的后继是一组组成部分节点，即当此父节点与其后继节点之间是整体与部分的关系时，这些组成部分节点称为与节点。在此基础上，我们给出如下定义。

定义 9.5.1（AND 父节点）　与节点的父节点称为该与节点的 AND 父节点，简记为 ANDF。

定义 9.5.2（OR 父节点）　或节点的父节点称为该或节点的 OR 父节点，简记为 ORF。

定义 9.5.3（解图）　由观察到的动作节点出发，推导出的能够解释观察节点并预测智能体目标及其规划的与或图，简记为 SG。

我们规定，在解图中不存在这样的节点，它的后继节点同时又是它的祖先，也就是说解图中不包含环。这样做的目的是避免在解图搜索时陷入死循环。

对于解图中的节点，可通过下述方法确定：

（1）观察到的现象节点在 SG 中。

（2）对于 SG 中的节点 m，如果 m 仅有 AND 父节点，则计算 m 的所有 AND 父节点出现的可能性，可能性最大者在 SG 中。同时，在 SG 中的这个节点的其他所有 AND 后继节点也在 SG 中。

(3)对于 SG 中的节点 m,如果 m 仅有 OR 父节点,则 m 的这些 OR 父节点在 SG 中。对于在 SG 中的这些 m 的父节点来说,若这些父节点有 AND 后继节点,则其所有的 AND 后继节点在 SG 中。

(4)对于 SG 中的节点 m,如果 m 既有 AND 父节点,又有 OR 父节点,则

(a)m 的 OR 父节点在 SG 中,这些 OR 父节点若有 AND 后继节点,则其所有的 AND 后继节点在 SG 中;

(b)计算 m 的所有 AND 父节点的出现的可能性,取可能性最大的值,若该值大于一个事先规定的阈值(可以根据经验确定),则 m 的这个 AND 父节点在 SG 中,并且该节点的其他的 AND 后继节点也在 SG 中。

(5)对于已在 SG 中的节点,重复(2)到(4)的过程。

(6)无其他的节点在 SG 中。

利用上述算法获得的解图,对所观察到的现象的解释更合理,更符合客观情况。根据观察到的现象,计算规划出现的可能性,选取出最有可能发生的规划,使得 SG 中的冗余节点减少。例如,在图 9.32 中,设 $p'(C/F)=0.6$,$p'(C/G)=0.4$,$p'(D/G)=0.7$,$p'(D/H)=0.3$。若观察到 G,经计算,$p(C)=0.4$,$p(D)=0.7$,$p(C)<p(D)$,故判断 D 在 SG 中,最终得到的解图如图 9.33 所示。如果采用文献[17]中生成解图的方法,则 SG 中会有节点 C 和 F,这样明显产生了冗余。又例,假定算法中所说的提前规定的阈值为 0.5,若观察到 H,则知 E 在 SG 中,而 $p(D)=0.3$,小于规定的值 0.5,因而 D 不在 SG 中,得到的 SG 如图 9.34 所示。但若采用文献[17]中的算法,SG 中会有 D,G,H,明显又产生了冗余。显然,KGPPR 算法在节点个数方面,优于规划知识图的算法。如果图的规模更大,文献[17]的方法产生的冗余节点就会更多。而 KGPPR 算法,在计算过程中就裁去了一部分发生可能性很小的节点,减少了节点数目。

9.5.4   KGPPR 系统的相关概念和算法设计

1. 相关概念

在规划识别中,通常根据时序约束检查来排除大部分不满足条件的规划。Kautz 的时序约束检查,采用的是 Allen[59] 的时间片逻辑的表示方法,而姜云飞和马宁采用了整数标记时间片的方法。此处,采用另一种时序约束方法表示事件发生的先后顺序,帮助我们进行规划识别,其具体定义如下。

定义 9.5.4(时序约束)   节点 A_1 与节点 A_2 之间存在约束关系,即若 A_1 不实现,则 A_2 无法实现。我们就说节点 A_1 与 A_2 具有时序约束关系,且 A_1 为 A_2 的时序约束前驱,简称 A_1 为 A_2 的前驱。

当进行规划识别的时候,时序约束可以帮助我们推理出未观察到但实际已经发生的动作。也就是说,若观察到某个动作 A,在 A 存在前驱的情况下,可以得出结论:A 的时序约束前驱已经被执行。这样做的意义在于,可以根据这些节点以及相关信息尽量合理地推导出智能体的目标。

关于规划库中规划的表示,这里采用最基本的层次规划表示方法,并对其进行扩展。同时,在表示中加入概率和时序约束的信息,分别见图 9.35 和图 9.36。下面我们通过例子来说明。

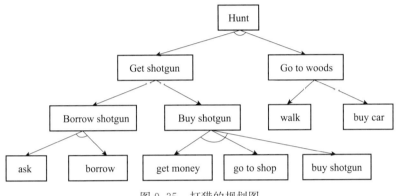

图 9.35 打猎的规划图

这是一个关于打猎的规划表示,它可以看作是一个与或图。图中的节点代表规划(事件),节点间由连接符连接,叶节点代表最基本的动作节点。其中,与节点与其后继子节点用无向圆弧标出,或节点不标注这样的圆弧。与节点与其后继节点之间的关系是整体与部分的关系,后继节点表示的就是该与节点的组成

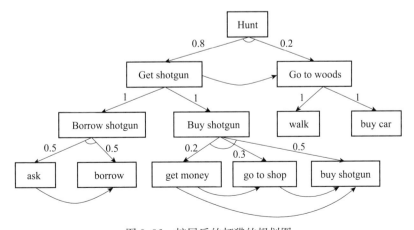

图 9.36 扩展后的打猎的规划图

部分规划。与节点表示高一层的目标，它要通过其后继节点的执行才可以
实现。

在程序中，称与节点的后继节点为"步骤"，即"steps"。或节点与其后继节点
之间是抽象与具体的关系，或节点表示高一层的目标。若它的后继节点实现，则该
或节点就可以实现。在程序中，我们称之为"方法"，即"method"。在规划表示图
中，为方便区分目标节点及基本的动作节点，对于基本的动作节点全部采用小写的
方式，而其他节点则采用首字母大写的方式。如 go to shop 表示基本的动作节点，
而 Get shotgun 则表示高一层的目标节点。

以图 9.35 为例，实现目标打猎（Hunt）需要两个步骤：获取猎枪（Get shotgun）
和去森林（Go to woods）。智能体必须要执行这两个步骤才能实现去打猎的目标。
而对于获取猎枪（Get shotgun）这个目标，它有两种实现方法，借猎枪（Borrow
shotgun）或者通过合法途径去买猎枪（Buy shotgun），二者选择其一即可实现目
标。对于借猎枪（Borrow shotgun）则有两个步骤，询问（ask）和借回（borrow）。对
于买猎枪（Buy shotgun）则有三个步骤，得到钱（get money）、去商店（go to shop）
和买猎枪（buy shotgun）。

图 9.36 中带箭头的弧线表示时序关系。得到钱（get money）、去商店（go to
shop）和买猎枪（Buy shotgun）之间有一个时序的约束关系，即得到钱（get money）
要在去商店（go to shop）和买猎枪（Buy shotgun）之前发生，去商店（go to shop）则
要在买猎枪（Buy shotgun）之前发生。如果观察到动作买猎枪（Buy shotgun），根
据前面时序约束的概念，我们可以推出动作得到钱（get money）和去商店（go to
shop）已经发生。

图 9.36 中箭头上的数字表示子节点对父节点的支持程度，是一个概率值。支
持程度是事先给定的，为了测试的方便，人为给定概率值，不代表现实生活中的实
际概率值。标记有时序关系和支持程度值的规划表示如图 9.36 所示。图 9.36 表
示的规划是我们进行规划识别时的规划库，也是程序在运行时输入文件所表示的
主要内容。

有时为了表达简单，当图中出现一个节点既是与节点又是或节点的情况时，可
通过增加图中节点的个数来分解问题。例如，9.1.2 节的图 9.1，节点 Make-Pasta-
Dish 既是与节点又是或节点，这时，我们可以对其进行分解化简，表示成如图 9.37
所示的形式。

2. 算法设计

算法的核心是根据观察到的动作推理智能体的目标，从而推断出智能体的规
划步骤。在推理智能体的目标的同时，计算相关目标节点出现的概率，最后得到识
别出的完整规划。具体的 KGPPR 算法如下。

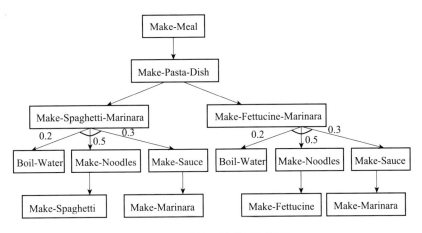

图 9.37　转换后的分层规划图

算法 1　KGPPR 算法

(1)检查观察动作 a 与解图(SG)中已有节点的时序约束。

(2)以观察动作 a 扩展解图 SG,调用 SG_Extending(SG,a),计算相关节点出现的概率。

(3)调用 Output_SG( ),输出最终的解图。

(4)算法结束。

算法流程图如图 9.38 所示。

算法 2　扩展算法 SG_Extending(SG,a)

(1)将 a 加入到 SG 中,并置标记位 flag 为 1,置概率 $P(a)=1$。

(2)将 SG 中的节点加入到 LGS 中。

(3)若 LGS 为空,则转(5);否则,转(4)。

(4)从 LGS 中选取出一节点 n 进行扩展,执行下述操作:

(a)若节点 n 在 SG 中,且标志位 flag＝1,则其前驱节点在 SG 中;n 的父节点在 SG 中;将新增节点加入到 LGS 中,并将这些节点的 flag 置为 1。

(b)计算概率值。

(c)返回语句 3。

(5)对于已经在 SG 中的 AND 父节点,如果它的子节点的 flag 值为 0,则置这些子节点的 flag 为 1。

(6)算法结束。

算法中的 LGS 表示待扩展节点集合,算法流程图如图 9.39 所示。

在扩展算法中,主要是解图的生长运算和概率的计算。在解图的生长运算中,

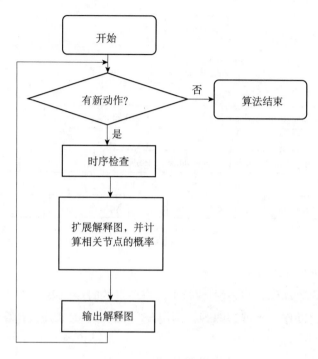

图 9.38　KGPPR算法流程图

通过节点的 flag 标志位、时序关系以及父子节点间的关系来逐步扩展解图。在概率的计算过程中,主要通过前面所述的概率计算公式来进行概率值的更新。

在算法的实现过程中,我们采用前面介绍的概率计算方法进行概率值的计算。为更清楚地理解概率值的计算方法,这里我们举例进行说明。

以图 9.36 为例,如果我们观察到动作 get money,由于它是观察到的动作,所以其概率值是 1,而根据图 9.36,我们可以看到 get money 对其父节点 Buy shotgun 的支持程度为 0.2,根据公式 $p(B) = p(B) + \sum_{i=1}^{n} p(A_i) * p'(B/A_i)$ 得知,Buy shotgun 发生的概率为 $p(\text{Buy shotgun}) = p(\text{Buy shotgun}) + p(\text{get money}) * 0.2 = 0 + 1 * 0.2 = 0.2$,同理可得到 Get shotgun 的概率为 $0 + 0.2 * 1 = 0.2$,最后得到 Hunt 发生的概率为 $0 + 0.2 * 0.8 = 0.16$。

在对国内外规划识别领域的分析和研究的基础上,我们提出了基于规划知识图的概率规划识别算法。在规划知识图的基础上,用分解和抽象两种关系来表示规划问题,并加入时序约束和概率信息,引入与或父节点等定义,对支持程度和可能性的计算则做出新的规定,使得到的解图更好的解释观察到的现象。在进行规划识别的过程中,充分利用时序约束信息和节点间的关系,计算概率的同时进行解

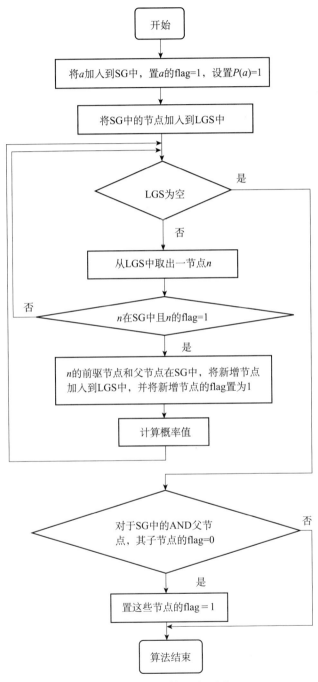

图 9.39 扩展算法流程图

图的扩展,也不需要再进行最小规划集的提取,而且产生的冗余节点少,提高了识别的效率。

9.6 基于灵活规划的规划识别算法

9.6.1 基于灵活规划识别算法的目的

如前面 3.7 节所描述的,灵活规划是在经典规划的基础上,嵌入了许多创新的思想和先进的技术,使得较之经典规划理论更能如实反映现实世界中的规划问题,并且处理现实世界的问题的能力更强。

考虑图 9.40 中所示的问题,如按经典图规划(Graphplan)方法只能得出一种解决方案,即只有一个规划解:LOAD-TRUCK p_1 → DRIVE-TRUCK c_1 c_2 → LOAD-TRUCK p_2 → DRIVE-TRUCK c_2 c_3 → UNLOAD-TRUCK p_1 → UNLOAD-TRUCK p_2。

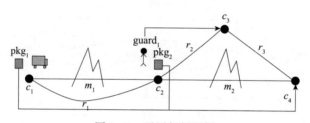

图 9.40　灵活规划图例

而用灵活规划器解决问题时,则会存在如下的三种规划,且每种规划解具有不同的满意度,如图 9.41 所示。

1. LOAD-TRUKC P_1 → DRIVE-TRUCK c_1 c_2 m_1 → LOAD-TRUCK p_2 → DRIVE-TRUCK c_2 c_3 r_2 → UNLOAD-TRUCK p_1 → UNLOAD-TRUCK p_2

2. DRIVE-TRUCK c_1 c_2 r_1 → GUARD-BOARDS-VEHICLE → DRIVE-TRUCK c_2 c_1 r_1 → LOAD-TRUCK p_1 → DRIVE-TRUCK c_1 c_2 r_1 → LOAD-TRUCK p_2 → DRIVE-TRUCK c_2 c_3 r_2 → UNLOAD-TRUCK p_1 → UNLOAD-TRUCK p_2

3. DRIVE-TRUCK c_1 c_2 r_1 → GUARD-BOARDS-VEHICLE → DRIVE-TRUCK c_2 c_1 r_1 → GURAD-LEAVES-VEHICLE → LOAD-TRUCK p_1 → GUARD-BOARDS-VEHICLE → DRIVE-TRUCK c_1 c_2 r_1 → LOAD-TRUCK p_2 → DRIVE-TRUCK c_2 c_3 r_2 → UN-LOAD-TRUCK p_1 → UNLOAD-TRUCK p_2

图 9.41　灵活规划解集举例

当初始条件集不变,目标集也同样是(at p_1 c_3, at p_2 c_3),已知观察到一个动作 DRIVE-TRUCK c_1 c_2 r_1,根据 Graphplan 建立目标图后,将会得到上述三个规划中满意度最高的第三组规划。而实际上,智能体可能同样选择第二组规划,当然还不止这两组规划可供选择。

　　根据上面的简单问题,在考虑灵活规划器处理问题时,使用原始目标图识别算法是不能有效地识别和区分规划的。在灵活规划框架下,考虑同时存在多个灵活规划解,并找到智能体可能做出的合理的规划解是非常有必要的。因此,我们提出了基于灵活规划器的识别算法(FPRA)[60]。

　　合理的规划是通过观察到识别出来的规划,它应该尽量与已观察的动作具有相近的满意度,即重视并充分利用智能体的已有选择。从现实问题出发,如果智能体已经选择了一个具有一定满意度的动作,并且这种选择不是通过臆断做出的,则有理由相信它的后续选择将维持已选动作的性质。例如,在上面的例子中,如果观察到智能体已经走了一条优质的道路,并在装货时有卫兵在场,则可以推断出以后选择的动作的满意度也会是相当高的。相应地,可以推断出运送的货物价值也是相当大的。

9.6.2　FPRA 算法思想

　　FPRA 算法的思想是:首先,在灵活规划的框架下建立类似于 Hong Jun 的目标图,称之灵活目标图。灵活目标图由初始条件集、目标集、灵活操作集和已观察到的动作集组成。然后对灵活规划图进行分析,识别出具有合理的规划解。

　　为使算法能够正确执行,且识别结果更具说服力,我们做出如下规划识别条件的限定:

　　(1)初始条件集与目标集是现实世界的如实反映,且不可能存在相互冲突的可能性。

　　(2)已观察到的动作对于识别合理的有效规划解而言是"足够的"。

　　(3)被观察的智能体制定的规划总是"合理的",即被观察的智能体总是根据初始条件和目标集选择合理的规划解。

　　在遵守以上限定的基础上,FPRA 算法由两个阶段组成:灵活规划目标图建立阶段,灵活规划目标图分析阶段。如图 9.42 所示。

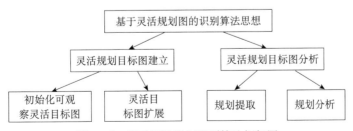

图 9.42　基于灵活规划识别算法框架图

9.6.3　FPRA 算法描述

类似目标图的表示方法把灵活目标图形式化为一个六元组 $\langle P, A_O, G_R, I_O, E, A\rangle$ 来表示,其中 P 是命题节点的集合, A_O 是已观察到的动作节点的集合, G_R 是目标节点的集合, E 表示边的集合, A 表示目标图中的所有动作节点集,令 A_i 表示第 i 层动作节点集。

1. 灵活目标图建立阶段

灵活目标图建立过程分为两个过程。

1)初始化可观察灵活目标图

(1)把 I_O 记入第一层的命题节点。

(2)确定 A_O 所包含的动作中具有最大层数的动作(也即观察的动作中最后执行的动作),记录层数 k。扩张规划图到第 k 层,并标记所有已观察的动作。

(3)如果发现已观察动作不是连续的,使用 E 中的边由因果连接关系恢复未观察到的信息。

因果连接:如果动作 a 的添加效果命题是动作 b 的前提条件命题,我们就认为 a 是 b 产生的原因。易得此关系满足传递关系,如果在加入未观察到的动作时,同时有多个可选择的动作,则选择该动作的满意度与因果动作的满意度的期望相差最小的动作,这种选择方法不会对最终识别规划的满意度产生大的波动。

(4)根据已观察到的动作节点和确定产生的命题节点对灵活目标图进行剪枝。冲突的定义同灵活规划图的冲突定义方法。

2)灵活目标图扩展

由第 k 层开始,用目标图方法扩展图直到第 g 层, g 层中包含所有的目标集,且目标集中的每个目标的满意度都不低于已观察动作的最小满意度,且它们是互不冲突的。

灵活规划满意度:在灵活规划中,有效规划满意度定义为目标集中目标的满意度与规划解中动作满意度的合取关系(下确界)。

因此,在本算法中可以认为只有达到某层,而这一层中包含所有目标集且目标集的满意度一定都大于等于观察到的动作集中具有最小满意度的动作时,这个目标集才是符合条件的目标集。

扩张过程有两种剪枝方法应用于灵活目标图。

(1)根据已经观察到的动作进行剪枝。

与已观察到的动作冲突的动作可以剪掉,与已经观察到的动作的前提和效果冲突的命题也可以剪掉。根据已观察动作的传递可以进行进一步剪枝:

(a)如果一个动作的前提有任何一个不可能命题,则此动作记为不可能动作,从规划图中易知,只要一个动作的前提不满足,则这个动作是不可达的。

(b)如果一个命题的所有前提都是不可能的,则标记这个命题为不可能命题。这是由于只要有一个动作能够到达这个命题,则这个命题就是可以生成。

(2)利用已观察到动作的最小动作的满意度进行剪枝,即在以后扩张过程中不再生成小于最小动作满意度的动作。

扩张终止条件:只要达到某层,而这一层中包含所有目标集,且目标集的满意度一定都大于等于观察到的动作集中具有最小满意度的动作就可以终止规划扩张。

2. 灵活目标图分析阶段

1)规划集提取

通过灵活目标图建立阶段,只要达到某层中包含目标集,且到达目标集的动作都人丁当前的最好的规划解的满意度就进行有效规划提取阶段。

(1)有效规划的提取与图规划中的规划提取方式相似,所不同的是经典规划一般只取得一个规划解,而由于我们的目标是在识别出智能体可能采用的规划,因而这里需要得到一个规划解的集合。

(2)如果找到规划解,则记录规划解。继续扩张灵活目标图,重复(1),直到找到的规划解的满意度达到最好,或经过重复的扩张没有新的命题产生且没有目标集出现。

2)规划分析

通过规划提取阶段后,得到了有效规划解的集合,进入有效规划解分析阶段。如果只存在一个有效规划解,则输出这个规划解,即是识别出的有效规划解。但在多数情况下存在多个规划解,就需要对规划解集进行分析找出合理的规划解,应该指出的是,规划解集合中的规划解都可能是被观察智能体可能采取的规划,这些有效规划具有如下的性质:

(1)集合中每一规划解的满意度都等于已观察的动作集中动作的最小满意度。

证明 由于规划解的满意度的计算是取动作和目标的合取,而在动作选择时总是选择动作的满意度不小于已观察动作中最小满意度的动作,所以合理规划集中的规划解的满意度就是已观察动作集中动作的最小满意度。

(2)它们都包含已观察动作集中的动作。

根据灵活规划图的满意度的计算方法,不能得出智能体倾向于选择以上哪个规划解。因此,这里我们提出两种启发式方法计算规划解的满意度:

(a)每个规划解的满意度改用公式一计算满意度 S_p,然后同样用公式一计算已观察动作集的期望 S_a,最后取 $|S_p - S_a|$ 最小的规划认为是最合理的规划。

$$E(X) = \frac{\sum_{i=1}^{c} Sp_i}{c}, \qquad \text{其中 } c \text{ 表示规划解中的动作总数。}$$

(b)在前一种方法中可以简单计算出规划解的合理性,但由于公式只考虑了规划解中的满意度一项,而对动作的数量和规划完成的层数是无知的。在灵活规划中认为在相同的层数下,满意度高的规划是最优的,同时灵活规划做出这种假设也符合 FPRA 算法的思想。

用规划的满意度、动作数和规划完成的层数构造立体空间模型,利用已观察到的动作序列的三个值标识出在空间中的点 P_a,最终计算所有规划解中的点到 P_a 的距离,距离较近的认为是较好的规划解,也即智能体最有可能采用的规划。

$$P_a = \sqrt{(E(X)_i - E(X)_a)^2 + L_i{}^2 + (C_i - C_a)^2},$$

其中 $E(X)_i$ 和 $E(X)_a$ 由公式一计算所得,L_i 表示规划的最大层数,C_i 表示第 i 个规划解中的动作总数,C_a 表示已观察规划中的动作数。

FPRA 算法根据已观察到某个规划的部分动作,便可以由因果关系和目标推断智能体可能采取的动作和整个规划。同时,用已观察到的动作的满意度进行剪枝,使预测到的规划解更具合理性。

9.7   关键问题与展望

9.7.1   关键问题

规划识别还存在一些尚未解决的关键问题,这些难题需要今后逐一攻克。

1. 如何解决语义鸿沟

低层处理输出和高层推理机制间存在很宽的语义鸿沟。例如,Kautz 规划识别中"做面条"是一个不可再分的原子动作,而在现实中该动作是可以分成更为具体的动作的,如可以将其分为面水混合、揉面、切面三个步骤,甚至还可以做更为细致的划分。因此,实际的原子动作与我们所选择的原子动作之间是有很大差距的,即语义鸿沟。所以在进行规划识别时,我们必须明确将动作分解到何种程度才是最合理的。而这一问题的解决是缩短语义鸿沟的关键。

2. 无库规划识别中如何添加不确定表示和概率推理

目前的无库规划识别还不能够处理不确定表示和概率推理,因此也就不能对规划假设做出评判,无法给出最佳识别结果。

3. 如何识别不包含在规划库中的规划

目前还不能识别有库规划识别中规划库以外的规划,而对这些规划的识别对于新规划出现较为频繁的入侵检测、军事指挥等领域却有着决定成败的作用。虽然在无库领域已经实现了对新规划的识别,但无库规划的识别还不够完善,并且目前适应领域较为广泛的规划识别大都是基于规划库的规划识别,其中虽然有一些规划识别方法可以处理新规划,但还需要对新出现的规划进行学习后才能识别,也就是说新规划第一次出现时仍是不可识别的。因此,对不包含在规划库中的规划的识别依然是规划识别必须解决的问题之一。

4. 如何将规划和规划识别统一起来

规划识别问题与规划问题息息相关。若能将规划与规划识别结合起来构建规划与规划识别的统一体,将会对智能体协作、战争指挥等方面有重要的影响。在该统一体中,规划应该不但能帮助规划识别器组建规划库,还能向规划库中不断添加新规划,以达到规划识别器自学习的目的;而规划识别器可以根据识别结果辅助规划器确定下一步规划目标。这样,两种方法相辅相成,能够发挥更好的作用。因此,将规划与规划识别统一起来不但是规划识别也是规划领域亟待解决的问题之一。但目前很少有这方面的研究。

9.7.2 展望

规划识别是人工智能研究领域的一个重要分支,它的重要性由其越来越广泛的应用而日益突显。目前许多著名的学者都专注于该领域,如美国华盛顿大学的Kautz,霍尼韦尔科技中心(Honeywell Technology Center)的 Geib 和 Goldman,南加利福尼亚大学的 Pynadath,密歇根大学的 Wellman 等。另外,很多推理技术在规划识别中也都有所应用,如马尔可夫模型、动态贝叶斯网络、决策理论等。因此,随着研究的不断深入,我们相信规划识别方法解决问题的能力会越来越强,其自身也会越来越完善。

参 考 文 献

[1] Goldman R P,Geib C W,Miller C A. A New Model of Plan Recognition[C]. Proceedings of the Conference on Uncertainty in Artificial Intelligence,1999:245—254

[2] Schmidt C F,Sridharan N S,Goodson J L. The plan recognition problem:an intersection of psychology and artificial intelligence[J]. Artificial Intelligence,1978,11(1—2):45—83

[3] Charniak E,McDermott D. Introduction to Artificial Intelligence[M]. MA:Addison Wesley, 1985

[4] Kautz H A,Allen J F. Generalized Plan Recognition[C]. Proceedings of the Fifth National Conference on Artificial Intelligence,1986:32—37

［5］ Vilain M. Getting Serious about Parsing Plans：A Grammatical Analysis of Plan Recognition［C］. Proceedings of the Eighth National Conference on Artificial Intelligence,1990：190—197

［6］ Carberry S. Incorporating Default Inferences into Plan Recognition［C］. Proceedigns of the Eighth National Conference on Artificial Intelligence,1990：471—478

［7］ Charniak E,Goldman R P. A Probabilistic Model of Plan Recognition［C］. Proceedings of the Ninth National Conference on Artificial Intelligence,1991：160—165

［8］ Charniak E,Goldman R P. A Bayesian model of plan recognition［J］. Artificial Intelligence, November 1993,64(1)：53—79

［9］ Kautz H A. Plan Recognition［EB/OL］. www. cs. washington. edu/homes/ kautz/talks/ PlanRecognition. ppt,2003

［10］ 刘日仙,谷文祥,殷明浩. 智能规划识别及其应用的研究［J］. 计算机工程,2005,31(15)： 169—171

［11］ Cohen P R,Perrault C R,Allen J F. Beyond Question Answering［C］. Strategies for Natural Language Processing,1982：245—274

［12］ Allen J F,Kautz H A,Pelavin R N. Reasoning About Plans［M］. San Mateo,CA：Morgan Kaufmann,1991

［13］ Kautz H A. A Formal Theory of Plan Recognition［D］,Rochester：University of Rochester, 1987

［14］ 蔡自兴,徐光祐. 人工智能及其应用［M］. 北京：清华大学出版社,2004

［15］ McCarthy J. Circumscription-A form of nonmonotonic reasoning［J］. Artificial Intelligence, 1986,13：27—39

［16］ 姜云飞,马宁. 基于限定的规划识别问题求解［J］. 计算机学报,2002,25(12)：1411—1416

［17］ 姜云飞,马宁. 一种基于规划知识图的规划识别算法［J］. 软件学报,2002,13(4)：686—692

［18］ 谷文祥,李杨,殷明浩. 带标记的反向搜索的规划识别算法［J］. 计算机科学(2004 增刊), 243—245

［19］ Pynadath D V,Wellman M P. Probabilistic State-Dependent Grammars for Plan Recognition ［C］. Proceedings of the Sixteenth Conference on Uncertainty in Artificial Intelligence, 2000：507—514

［20］ Darnell M,Irfan E. Recognizing Multitasked Activities from Video using Stochastic Context-Free Grammar［C］. Eighteenth national conference on Artificial intelligence, 2002： 770—776

［21］ Geib C W,Goldman R P. Probabilistic Plan Recognition for Hostile Agents［C］. Proceedings of the Fourteenth International Florida Artificial Intelligence Research Society Conference,2001：580—584

［22］ Geib C W,Goldman R P. Partial Observability and Probabilistic Plan/Goal Recognition［C］. Proceeding of the IJCAI workshop on Modeling Others from Observations,2005：25—30

［23］ Geib C W,Goldman R P. Plan Recognition in Intrusion Detection Systems［C］. DARPA Information Survivability Conference and Exposition,2001：46—55

[24] Geib C W. Assessing the Complexity of Plan Recognition[C]. The Nineteenth National Conference on Artificial Intelligence,2004:507—512

[25] Hong J. Graph Construction and Analysis as a Paradigm for Plan Recognition [C]. Proceedings of the Seventeenth National Conference on Artificial Intelligence,2000:774—779

[26] Hong J. Goal recognition through goal graph analysis [J]. Artificial Intelligence Research, 2001,15:1—30

[27] Blum A,Furst M. Fast Planning through Planning Graph Analysis[C]. Proceedings of the Fourteenth International Joint Conference on Artificial Intelligence,1995:1636—1642

[28] Lesh N,Etzioni O. Scaling up Goal Recognition[C]. Proceedings of the 5th International Conference on Principles of Knowledge Representation and Reasoning,1996:178—189

[29] Albrecht D W,Zukerman I,Nicholson A E. Towards a Bayesian Model for Keyhole Plan Recognition in Large Domains[C]. Proceedings of the 6th International Conference on User Modeling,1997:365—376

[30] Horvitz E,Breese J,Heckerman D. The Lumiere Project:Bayesian User Modeling for Inferring the Goals and Needs of Software Users[C]. Proceedings of the Fourteenth Conference on Uncertainty in Artificial Intelligence,1998:256—265

[31] Russell S,Norvig P. 人工智能———一种现代方法[M]. 姜哲,等,译. 北京:人民邮电出版社,2004

[32] Mao W J,Gratch J. Decision-Theoretic Approach to Plan Recognition[R]. ICT Technical Report ICT-TR-01-2004,2004

[33] Lau T,Wolfman S A,Domingos P. Programming by demonstration using version space algebra[J]. Machine Learning,2003,53:111—156

[34] Yin M H,Gu W X,Liu R X. Using regressive graph as a novel paradigm in plan recognition [C]. International Conference on Machine Learning and Cybernetics,2003,3:1636—1641

[35] Rabiner L R. A tutorial on hidden Markov models and selected applications in speech recognition[C]. Proceedings of the IEEE,1989,77(2):257—286

[36] Oliver N,Horvitz E,Garg A. Layered Representations for Recognizing Office Activity[C]. Proceedings of the Fourth IEEE International Conference on Multimodal Interaction,2002: 3—8

[37] Murphy K. Hidden Semi-Markov Models(segment models)[EB/OL]. http://www. cs. ubc. ca/~murphyk/Papers/segment. pdf,2002

[38] Bui H H,Venkatesh S,West G. On the Recognition of Abstract Markov Policies[C]. Proceedings of the Seventeenth National Conference on Artificial Intelligence,2000:524—530

[39] Sutton R S,Precup D,Singh S. Between MDP and Semi-MDPs:A framework for temporal abstraction in reinforcement learning [J]. Artificial Intelligence,1999,112:181—211

[40] Bui H H,Venkatesh S,West G. Tracking and surveillance in wide-area spatial environments using the hidden Markov model [J]. International Journal of Pattern Recognition and Artificial Intelligent,2001,65(1):77—106

[41] Qin X Z, Lee W. Attack Plan Recognition and Prediction Using Causal Networks[C]. Proceedings of The 20th Annual Computer Security Applications Conference, 2004:370—379

[42] Schneier B. Secrets and Lies: Digital Security in a Networked World[M]. New York: John Wiley& Sons, 2000

[43] Sheyner O, Haines J, Jha S. Automated Generation and Analysis of Attack Graphs[C]. Proceeding of the 2002 IEEE Symposium on Security and Privacy, 2002:273—284

[44] Lin D, Goebel R. A message passing algorithm for plan recognition[C]. Proceedings of the Twelfth International Conference on Artificial Intelligence, 1991, 1:280—285

[45] Blaylock N, Allen J. Corpus-based, Statistical Goal Recognition[C]. Proceedings of the Eighteenth International Joint Conference on Artificial Intelligence, 2003:1303—1308

[46] Blaylock N, Allen J. Recognizing Instantiated Goals Using Statistical Methods[C]. Proceeding of the IJCAI workshop on Modeling Others from Observations, 2005:79—86

[47] Azarewicz J, Fala G, Fink R. Plan Recognition for Airborne Tactical Decision Making[C]. Proceedings of the Fifth National Conference on Artificial Intelligence, 1986:805—811

[48] Azarewicz J, Fala G, Heithecker C. Template-based Multi-agent Plan Recognition for Tactical Situation Assessment[C]. Proceedings of the Sixth Conference on Artificial Intelligence Applications, 1989:248—254

[49] Mulder F W. A Generic Task Model of Tactical Plan Recognition [C]. Proceedings of the Fifteenth World Computer Congress, Vienna/Budapest, International Federation of Information Processing, 1998:156—162

[50] Frank M, Frans V. A formal description of tactical plan recognition [J]. Information Fusion, 2003, 4(1):47—61

[51] Robert S. Representation and Recognition of Uncertain Enemy Policies Using Statistical Models[C]. Proceedings of the NATO RTO Symposium on Military Data and Information Fusion, 2003:1—19

[52] Robert S. A Generic Model of Tactical Plan Recognition for Threat Assessment[C]. Proceedings of SPIE, 2005:105—116

[53] Wilmott S, Richardson J, Bundy A. An Adversarial Planning Approach to Go[C]. Computers and Games: Proceedings CG'98, 1999:93—112

[54] Gu W X, Cao C J, Guan W Z. Hostile Plan Recognition and Opposition [C]. Proceeding of 2005 International Conference on Machine Learning and Cybernetics, 2005:4420—4426

[55] Gu W X, Wang L, Li Y L. Research for Adversarial Planning Recognition and Reply in the Complex Domains and the More Agents Conditions[C]. Proceeding of fourth International Conference on Machine Learning and Cybernetics, 2005:225—230

[56] Conati C, Gertner A, VanLehn K. Using Bayesian networks to manage uncertainty in student modeling[J]. Journal of User Modeling and User-Adapted Interaction, 2002, 12(4):371—417

[57] Huver M J, Durfee E H, Wellman M P. The Automated Mapping of Plans for Plan Recogni-

tion[C]. Proceedings of the 10th Conference on Uncertainty in Artificial Intelligence,1994：344—351

[58] 闫书亚. 基于规划知识图的概率规划识别识别系统的研究及实现[D]. 长春：东北师范大学,2008

[59] Allen J F,Koomen J A. Planning using a temporal world model[C]. Proceedings of the IJ-CAI-83. Karlsruhe：Morgan Kanfmann,1983：741—747.

[60] 李晓峰. 基于灵活图规划的规划识别算法研究及其实现[D]. 长春：东北师范大学,2006

第 10 章　对手规划的识别与应对

对手规划对当前规划领域提出了一个新的挑战,该领域不仅包括规划识别相关内容,同时还包含规划的生成,即产生应对规划。对手规划是智能体在存在竞争或敌对等因素的对手领域中执行的复杂规划。首先,对手领域是存在竞争或敌对等因素的特殊领域,在对手领域中,规划器首先需要正确识别对手的规划,然后才能生成有效的应对规划。其次,对手总是试图隐藏自己的规划和目标,甚至执行一些迷惑、诱导性动作来误导识别过程。当没有完全识别对手动作时,需要随着规划的执行逐渐修改现有规划以适应新的局势。最后,执行的应对规划要考虑对手的应对,从而保证应对规划的有效性,因此,对手领域的规划问题与实际息息相关,却比以往任何规划问题都难于处理。

本章将从对手领域出发引入对手规划的相关内容,并简单介绍目前对手规划的发展状况,最后将详细介绍适合一定对手领域的对手规划识别和应对方法,虽然这些方法还没有形成成熟的理论,但却能解决对手领域中的一些问题。

10.1　对手规划简介

我们讨论的对手规划是规划中最为特殊的一部分。目前,对于对手规划的研究还处于非常初级的阶段,许多概念没有形成统一的定义。我们首先介绍对手规划定义,然后分析对手领域的特点,并简单介绍对手规划相关研究的发展现状。

10.1.1　对手规划

在现实世界的多智能体环境中,多智能体之间的关系可能是独立的、合作的、竞争的或者敌对的。在不确定领域中,一个智能体在世界状态的偏好用效用函数表示,世界状态中所有智能体的总效用称为社会福利。在完全合作的多智能体领域中,随着规划的执行将使社会福利不断增加;若规划在只包含竞争因素的领域中执行,则会保持社会福利不变或提高现有社会福利;在只包含敌对因素的领域中,随着规划的执行只会降低社会福利。然而,在现实世界一般不会存在纯粹的合作、竞争或敌对的关系,而是几种关系的混合。

对手领域双方的智能体显然是竞争的或者敌对的,并且我方内部智能体之间或是协作关系或是独立关系。比如,战争领域不仅包含敌对的关系,我方多智能体之间同时存在合作的关系。围棋领域一般只有纯粹的竞争关系,下棋双方都想通过自己的规划达到自己的目标,但是,无论是哪一方取胜或双方打成平局都不影响最后的社会福利,因为双方的成绩总和一直为零。

目前,对手规划仍没有形成统一的概念,但是对对手规划的理解是一致的,对手规划包含对手规划的识别和应对。

由于竞争、敌对等因素的存在,竞争双方(或敌对双方)A,B从初始状态各自寻找一系列动作,阻碍对方目标的完成,并实现自己的目标。B的这一系列动作叫做A的对手规划;A应对B产生的规划叫应对规划。这里需要对定义作以下四点说明:

(1)对手规划与应对规划是相对的。上述定义是从A的角度来定义的,对B来说,A产生的规划是对手规划,B应对A产生的规划是应对规划。

(2)竞争双方(或敌对双方)A,B,并非两个智能体,每一方都可能有一个或多个智能体,任意一方(如A)的所有智能体或是协作的关系,或是独立的关系,而与另一方(B)的智能体是对手关系。

(3)对于一方(如A),对手(B)执行的动作是不可决定的,不可控制的,但一定是阻碍这一方(A)达到目标的。

(4)通过执行这些动作,A产生的结果可能有以下三种情况:A完全达到目标,A部分达到目标,A没有达到目标、完全失败;与之对应的B的结果可能为:B没有达到目标、完全失败,B部分达到目标,B完全达到目标。

应对规划可以分为阻碍性应对规划和构造性应对规划。一方智能体的规划阻碍另一方智能体规划的执行和目标的实现,我们称该规划为阻碍性应对规划;如果一方智能体既要实现自己目标,同时还要反击阻碍它规划执行和目标实现的另一方智能体的规划,则该智能体执行的规划为构造性应对规划。但在这里,我们并不将应对规划进行区分。

正如定义所描述,对手规划包含竞争或敌对因素。战争领域和围棋领域都属于对手规划领域,但却是不同的:围棋领域包含的是竞争因素,而战争领域包含的是敌对因素。我们将包含敌对因素的对手规划问题称为敌意规划。

棋类游戏、机器人足球赛、桥牌以及外交或政治对抗等领域只包含竞争因素和协作因素,只是一般的对手规划,而不是敌意规划。网络信息对抗领域与战争领域相同,都包含敌对因素,因此属于对手规划中的敌意规划问题。也就是说,敌意规划是对手规划的特例,而对手规划是敌意规划的扩展。

10.1.2 对手规划领域的特点

经典规划领域是完全可观察的、静止的和确定的,此外,我们还假设规划知识是正确的和完备的。在这种情况下进行规划是简单的,只要对智能体事先求出有效规划,然后智能体执行该规划便可到达目标。而在一个不确定的环境中,智能体必须感知环境的变化,根据具体的情况生成或修改规划。

显然,对手领域是不确定的,正如棋类游戏、牌类游戏、机器人足球赛、战争以及网络信息对抗等领域,这些领域都包含竞争因素或是敌对因素,属于对手规划领域,因此都具有如下特点。

1)部分可观察

无论是像围棋这样的二人零和游戏,还是桥牌这样复杂的游戏,我们都无法了解对手全部的信息,以及对手的下一步动作。战争和网络信息对抗领域更为复杂,在这些领域中,对手甚至会执行一些具有欺骗性、诱导性的动作来迷惑正确的观察,或者总是试图隐藏自己的动作,使得我方无法完全准确地识别到对手的动作和目标。因此,观察对手的行为显得尤其困难。

2)随机性

对手领域中,下一个状态并不完全取决于当前的状态和智能体当前执行的动作,与之前执行的动作和状态也是相关的,同时还要取决对手执行的动作,所以说对手环境是随机的。虽然在围棋和桥牌领域中,对手当前的动作是完全可观察的,但是对手下一步动作是不可观察的。由于战争领域敌对性,对手的信息是未知的,因此无人可以精确预测战场的状况和未来的局势。

3)延续性

在对手领域中,当前的决策会影响到未来的决策,影响整个规划的效果和全局目标,即对手领域具有延续性。无论是围棋领域、桥牌领域还是战争领域,当前的决策或是短期的行动都会有长期的效果。因此,在对手领域中要处理好局部目标和全局目标的关系。

4)动态性

对手环境随着规划的执行实时变化,因此对手领域是动态不可控制的。战争领域中,如果智能体没有做出决策,状态也将会随时间而改变,因为即使我方没有执行任何动作,对手依然会执行一些动作,从而改变当前状态。围棋领域比赛的时候要计时,是半动态的。

5)多智能体

围棋领域是二人零和游戏,因此有两个智能体参与,二者之间是竞争的关系。战争领域则有两方参与,每一方有多个智能体参与,双方的智能体之间是敌对关系,而每一方内部智能体是合作的关系。甚至在某些对手领域包含多方参与,他们之间可能是竞争的关系或是合作的关系,一旦达成了或无法达成某种协议,则关系也可能会改变,比如外交领域。

由于对手领域存在这些特点,对手规划问题也比经典规划以及一般的不确定性规划复杂得多。

10.1.3 对手规划问题的发展

卡耐基梅隆大学在 1981 年较早地给出了基于策略的对手规划模型[1],并将对手规划的实施和应对应用到 POLITICS 框架。POLITICS 框架是基于意识形态决策理论的智能系统,由一个推理进程,一个决策库,一个语义丰富的语法库组成。它的推理进程把输入的信息和存储器已知的信息进行匹配推理,选出可用的策略,一般用在外交和政治对抗对手领域中。

下面从美国保守政权者的角度给出 POLITICS 框架分析一个政策事件。

一个关于美国和巴拿马签署巴拿马运河条约的例子几个问题:

Q1:美国会支持这项条约吗?

A1:不会,此条约对美国不利。

Q2:为何此条约对美国不利?

A2:美国将会把运河转让给巴拿马。

Q3:如果美国失去运河将会发生什么事?

A3:俄罗斯将控制运河。

Q4:为什么俄罗斯将控制运河?

A4:俄罗斯想扩张它的军事范围,而巴拿马运河具有很高的军事价值。

Q5:俄罗斯控制运河将会发生什么?

A5:美国不能阻止运河权转交,Torrijos 会让俄罗斯控制运河。

Q6:为何美国担心俄罗斯控制运河?

A6:因为俄罗斯想控制世界。

Q7:要阻止俄罗斯美国会怎么做?

A7:美国国会反对签署巴拿马运河条约。

从上面的回答中可以说明 POLITICS 系统基于目标的决策过程。在上面的例子中,相关的背景知识和巴拿马运河条约的主要条款都存在存储器中,POLITICS 只需把注意力集中在签署条约对美国目标的影响上。POLITICS 推断,如果签署条约,则美国的两个目标将受到威胁:军事力量将被削弱,阻止俄罗斯扩张的能力也将被削弱。

在回答问题 7 时,POLITICS 中的推理进程把输入的信息和存储器已知的信息进行匹配推理,得知俄罗斯接管巴拿马运河侵犯了美国的目标。由此选出可用的策略,即试图阻止俄罗斯接管巴拿马运河。

POLITICS 从概念上可以分成几个模型:

（1）自然语言理解和语义丰富的语法库。

（2）有一个能够处理基于政治思想体系的目标的进程。

（3）一个角本和推理规则器。

（4）一个基于应对规划启发式模型的规划系统。

POLITICS 系统能够使用相同的推理过程模拟不同的政权者的意识形态。推理过程主要考虑设计对手规划的启发函数。在实际的应用中，对手领域包含许多领域，因此要应用许多复杂的策略，推理系统也复杂得多。

下面给出早期应用于战争领域的对手规划的一种体系结构[2]，如图 10.1 所示。

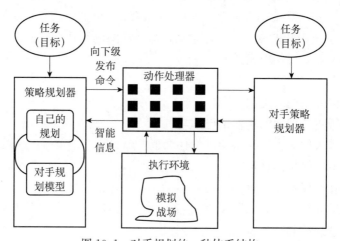

图 10.1   对手规划的一种体系结构

该对手规划体系结构模拟真实世界军事领域命令层次结构，随着规划的进行，上层命令层产生一系列动作命令，然后将这些动作命令分配给下层的执行层次，下属执行智能体根据这些命令执行规划。在规划执行的同时，上层命令层实时监控规划的执行情况，监控下属智能体的状态，并确定规划的执行是否会成功。根据观察的情况上层的命令层适当修改现有规划，产生新的命令。

如图 10.1 所示对手规划的体系结构只适用于战争领域。该体系结构满足对手规划需求，能够模拟智能体实时的对战场新环境做出反应，同时完成对战场的模拟。该对手规划体系结构由三个主要部件构成，分别为：策略规划器（strategic planner）、动作处理器（action managers）和执行环境（execution environment）。其中，策略规划器根据观察到对手的动作或状态的改变来预测对手的下一步动作，推理对手规划和其所有的目标，不仅如此，策略规划器要根据预测的对手的情况产生一系列应对动作，并将这些动作以命令的形式下达给战场的执行智能体。每个智能体由动作处理器控制，智能体之间的交互是双向的，智能体之间通过动作处理器相互传递信息,进行交互。动作处理器实时反馈战场上的消息,策略规划器及时调整现有规划来应对对手规划。在初始情况下,策略规划器向合适的动作处理器下达命令,动作处理器利用战场的局部观点,根据来自模型环境正在执行的行动,将当前的命令应用到当前的信息决策。执行环境模拟行动的实施,并报告每个动作处理器观察信息,动作处理器将这些实时反馈的信息发送给策略规划器。在模拟战争的任意时刻,策略规划器将不断发送新的命令给动作处理器,执行智能体基于新的命令改变局部规划,但要保证局部规划与全局规划一致,局部目标为全局目标服务。

以上有关对手规划问题的研究虽然没有形成完整的规划理论,却成为后来对手规划相关研究的基础。任何一个新的领域的出现,势必要经过一段时间发展成熟,对手规划领域也是如此,关于对手规划的研究目前还处于发展阶段。

抽象物理理论的通用推理方法(general reasoning using abStract physics,GRASP)[3]不再认为规划是由实时执行的原子动作形成,而是将规划看作由经验抽取而形成的通用解决框架,而将多个规划问题的联合降低到可执行的层次。能够避免通过使用模拟器模拟规划的执行来建立世界状态,从而避免了提前详细说明规划的效果。使用该方法不再需要事先详细说明状态边界,用临界点(critical points)标记状态边界,随规划的执行而动态产生。由 GRASP 构建的规划器是属于高层操作,而不需要产生规划的细节,这大大提升了规划器的性能,同时,规划器统一结合了智能体控制体系(hierarchical agent control,HAC),使规划器能处理失败的规划、不可预测的事件和资源的冲突。

随机中间结局分析方法(stochastic means-ends analysis)[4]是分层的规划方法,这种方法形成的工具(MEAGENT)使分析器和规划器在人工智能中导致了一种无背景知识的应用。中间结局法(means-ends)是目标驱动行为的推理方式,将规划逐层分解成前提和效果的子树,目标可以由带否定、连接等符号的布尔表达式来表示。该方法不一定产生规划问题的最优解,而是提供基于形成规划的比较直观的原则和较好预测功能。中间结局法通过记录随机效果,使用原始条件进行重新规划来处理不可预测的事件。在这里,智能体可能是事先分配任务,也可能是在规划执行过程中动态分配任务。该方法尝试根据各智能体的能力和任务的不同进行资源分配。利用该方法进行规划分为五步。

(1)构造一个标准的基础规划。

(2)用规划中各种可能的方法改变状态,并在执行每一个策略后,完成每个智能体的目标。

(3)推理由每个策略造成的破坏程度。

(4)构造能完成每个策略的应对规划,并计算相应代价。

(5)选择并完成最小代价的最优策略集。

这些规划步骤保证了规划的结构性和组织性,但是需要足够的时间考虑对手的规划。为了提高效率,消除冗余经验,一种方法是建立带有状态转移概率的马尔可夫状态模型;另一种方法是要求逻辑推理状态集对于某个应对策略产生一致的反应。

将基于目标驱动的 HTN 对手规划方法应用到对手领域[5],避免使用复杂的全局估价函数,有效地解决了空间代价大、状态复杂的围棋领域问题,并取得了不错的实验结果。许多研究者在此基础上进行了更深入的工作,提出了用角色值来区分不同的对手,将对目标的分解转换为对行动的分解,给出了基于目标标度的应对方法。

由于对手领域的特性,以往的识别方法显得脆弱无力,因此,出现了基于战术的规划识别方法,能够有效识别对手的不确定动作和目标。相关研究在战术规划识别的基础上构建了敌意规划识别系统,并尝试把免疫原理应用到规划领域,构造基于免疫原理的敌意规划识别与应对系统模型。

基于模型检测的规划在前文中已经进行详细的介绍,这部分内容在规划领域占有重要席位,在此基础上提出的基于 OBDD 强循环对手规划算法[6,7],是目前为止已知的较为完备的应用于对手领域的算法。

网络信息对抗领域是对手领域中的特殊领域,该领域具有很强的领域知识依赖性和偶然性。目前还没有成熟的应用于该领域的规划方法,但也存在一些值得进一步研究和探讨的方法。首先提出将基于待定集的规划识别方法[8]应用到入侵检测系统,奠定了网络信息对抗领域对手规划研究的基础。此后,出现很多网络信息对抗领域的相关研究,给出网络信息领域的有重要意义的相对敌意动作和绝对敌意动作的概念,通过动作匹配度来检验动作的敌意攻击度。

下面将具体介绍技术相对成熟的基于目标驱动的 HTN 对手规划方法、基于 OBDD 强循环对手规划方法和战术规划识别,以及基于完全目标图的对手规划识别与应对方法等。

10.2　对手规划的识别与应对

目前的一些相关研究还没有完全区分对手规划与应对规划,大部分研究都只针对规划识别,即主要针对如何识别对手的规划,而如何生成应对规划研究相对较少。因此,无论是关于对手规划识别方面还是应对规划方面的研究都存在一些不足:首先,目前有关规划识别的研究都是严格领域相关的,还没有一种对手规划识别方法适合于所有的对手领域;其次,关于应对规划的研究还不是很深入,还没有能解决所有对手规划的应对规划器;最后,对于对手规划的识别和应对规划还没有很好的结合。

因此,这里并不对对手规划和应对规划区别讨论,我们在描述对手规划的同时来介绍应对规划。

10.2.1　基于目标驱动的 HTN 规划方法

这里介绍的基于目标驱动的 HTN 规划方法[5],没有将对手规划的识别和应对分别进行讨论,而是一种将识别和应对相结合的方法。

1. 基本知识介绍

1)目标驱动与数据驱动

数据驱动与目标驱动是电脑游戏中确定动作的两种主要方法,而两种方法哪种更优越,取决于所应用的领域的特性。

数据驱动是基于 $\alpha\beta$ 搜索和估价函数的一种方法。在每一步,通过规则、模式和启发式来确定一些可能的动作,再根据估价函数和对手可能做出的反应在可能的动作中选出能获得最好结果的动作。

数据驱动方法在人工智能中是常见的确定下一步动作的方法。比如国际象棋游戏的平均分支数大约是 35,一盘棋一般每个游戏者走 50 步,搜索树大约有 35^{100} 或者 10^{154} 个节点,尽管复杂,但已经利用数据驱动的搜索方法开发了非常成功的程序,能够战胜人类冠军。现在计算机在西洋跳棋和翻转棋(也称黑白棋)的水平也已经超越了人类。然而目前主要例外的是围棋,围棋领域在计算机上实现仍然处于业余水平。数据驱动方法这里不进行详细介绍,有关内容读者可以查阅相关人工智能书籍。

与国际象棋这样的游戏相比,围棋游戏是复杂的。围棋游戏的搜索空间约为 10^{170} 个,动作约有 300 个,每个节点约有 235 个分支,因此,围棋的搜索空间比国际象棋或是西洋跳棋等棋类游戏大得多,如果在这样庞大的搜索空间仍然用数据驱动的方法来搜索每一个状态是令人畏惧的,因此便有了目标驱动方法来解决这个大空间搜索问题。

与数据驱动相对应的搜索方法便是目标驱动,该方法源于人工智能中的 HTN 规划(hierarchical task network)。利用分解的思想将一个大问题分解成若干个小问题,并将小问题再重复分解,直到得到小问题的解,再将解有机地结合起来,得到整个大问题的解。不同的是目标驱动方法在 HTN 规划中将动作的分解换成对目标的分解,HTN 对手规划方法将在下文进行详细的介绍。

在这里,目标驱动是指提取领域中的(近期、中期或远期)目标,将这些目标分解降低其抽象层,并将其扩展进规划中,重复这样的过程,并最终确定具体动作。

在前文中本书曾介绍过 HTN 规划方法,也就是原始的 HTN 规划方法。原始的 HTN 规划方法是对大的行动进行分解,这个方法结合了偏序规划的思想。在 HTN 规划中,用来描述问题的初始规划被看作对行动的非常高层的描述。例如,建造房屋,通过应用行动分解来改进规划,每一个行动分解将一个高层行动分解为一个低层行动的偏序集。建造房屋的 HTN 分解如图 10.2 所示。

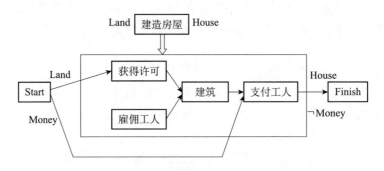

图 10.2　建造房屋行动的一个可能的行动分解

原始的 HTN 规划正是如图所示对行动进行分解,直到规划中只有原始动作,在对手领域中的 HTN 规划分解是对目标进行分解,称为标准的 HTN 规划。标准的 HTN 规划基于三种对象:目标(goal)、操作(operator)、规划分解概要(plan schema)。目标抽象地表达明确的目标,比如去火车站,这个目标是明确的,因为目的地火车站已经明确指出,但是何时去,如何去等问题都没有具体描述,因此该目标是抽象的。操作是指在世界状态中可以被执行的动作,操作不是抽象的,或者说是最低级别的抽象。假设给定以下前提条件:有足够的钱坐车,并且已经在公交车站点。那么坐公交车去火车站就可以直接执行了,因此是一个具体的操作。规划分解概要具体指出了上一层目标可分解的子目标,并且通过实现这些子目标能够实现上一层目标。

$G \rightarrow G_1 + G_2 + G_3$ 表示在满足子目标 G_1,G_2,G_3 时就能够实现上层目标 G。HTN 规划分解的过程如下:HTN 规划开始于初始世界状态和一个目标的集合,从目标集合中选出将要分解的目标 G,选择分解 G 的一个目标分解概要如$G \rightarrow G_1 + G_2 + G_3$,即将上层目标 G 分解为子目标 G_1,G_2,G_3,形成了一个子目标集 $\{G_1, G_2, G_3\}$。对于子目标集中的每一个目标 G_i,为其选择分解概要,并将子目标扩展进入目标集合,重复这样的过程,逐层向下分解,直至能够确定具体动作,从而得到规划问题的规划解。随着分解的进行,规划的不断扩展,目标中可能会出现相互作用,不兼容和冲突。这些相互作用可以通过回溯和约束来解决。

数据驱动与目标驱动有着本质的区别,由数据驱动推理而形成的搜索树的每个节点代表一种可能的游戏状态,每个分支代表一个合法的动作;由目标驱动推理方法产生的搜索树的分支代表对规划的进一步提炼,每个节点代表为了达到顶层目标的一个子规划。

2)对手规划框架

这里所介绍的对手规划框架是领域相关的,适合二人零和、全信息并且确定的博弈领域,对于其他复杂的对手领域显得力不从心。在这个对手规划框架中,双方共享同一个推理系统,并且交替使用。在交互过程中,只能选择我方的目标进行分解,一旦确定具体动作,控制权将转到另一方手中。在任一时刻,每一方都可能包含已经确定的动作和各抽象层次的抽象目标。推理机制可用图 10.3 表示。

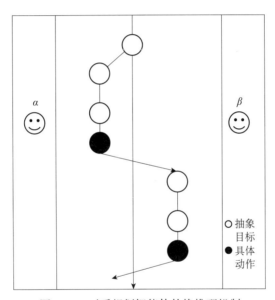

图 10.3 对手规划智能体轮换推理机制

在象棋游戏中,应用数据驱动方法能够推理到 14 层,即可以预测当前状态后面的 14 步棋,从而做出策略性的选择。在围棋领域使用目标驱动方法,最多只能预测当前状态后的 5 步。

由于在对手领域内智能体之间是竞争对立的,所以一个成功的规划既要满足自己的所有目标,同时也要阻止对手目标的实现。对弈双方使用相同的推理机制,将我方的抽象目标存储在自己的开放前提中,开放前提中存放的是各抽象层次的抽象目标,每一方都选择自己开放前提中的抽象目标进行分解。具体来说,一个抽象步包含两个阶段:一是选择一个待分解的抽象目标进行分解,二是在该目标的多个分解概要中选择一个合适的分解概要,其过程可以用图 10.4 表示。

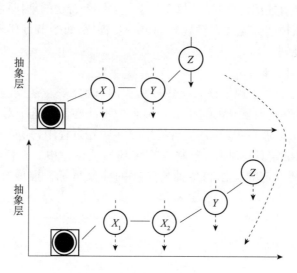

图 10.4　抽象目标分解过程

　　图 10.4 中实心圆表示已经在世界状态中执行的具体动作。X, Y, Z 是抽象目标,其中抽象目标 X 与抽象目标 Y 是同一抽象层的目标,而抽象目标 Z 的抽象层次高于目标 X 与目标 Y。当前,选定了待分解的抽象目标 X,然后选定了分解概要 $X \rightarrow X_1 + X_2$,那么,在下一个时间步,抽象目标 X 被分解为下一层目标 X_1 与目标 X_2,在这个时间步中,抽象目标 Z 的抽象层次高于抽象目标 Y,抽象目标 X_1 与抽象目标 X_2 是有同一个分解概要分解而来,因此它们是同一个抽象层次的抽象目标。依照这样的方法分解下去,直至将抽象目标扩展到最底层的具体动作,此时检验目标是否为真。一个最底层目标可能会有两种状态:一是此时目标已经为真,即在满足其他目标的同时已经使该目标为真;二是该目标为假,执行一个动作会使该目标的值为真。目标值的真假指的是该目标是否已经被实现,若目标已经被实现了,那么就说这个目标为真,否则认为这个目标为假。只有当一个目标逐层分解得到各层子目标均为真时,该目标的值为真。

　　当一个智能体意识到对手可以通过几个动作满足它的所有抽象目标时,这个智能体将被迫回溯。因为对手智能体能够实现其所有抽象目标,一方面是因为它执行了成功的规划,另一方面正是因为该智能体执行的规划没有达到它自身的目标,不能有效地阻止对手目标的实现。因此,为了能有效阻止对手规划,从而成功达到自己目标的规划,智能体不得不回溯。读者也许会对回溯产生疑问:在博弈领域,双方博弈的过程中一旦一方产生了具体的动作是不允许改变的。由于算法中通过世界状态模型来模拟双方博弈的过程,所以推断对方最可能执行的规划以及选择动作时的回溯是可能的。

3)世界状态模型

世界状态模型是用来模拟对弈双方博弈的推理过程的模型,是系统做出策略性选择的重要依据。模拟的敌对双方动作都要在世界状态模型中执行,所以世界状态模型能够具体地反映出动作之间的相互作用。

通过引入世界状态模型,确定后的动作马上在世界状态模型中执行,动作的效果以及对弈双方的交互作用很快在世界状态模型中呈现出来,有利于实现后续规划的策略性。该模型解决了以往系统无法有效的模拟高层策略(strategic)目标和低层(tactical)目标之间的相互作用,以及两种目标不协调的问题。从而可以实时观察各状态的变化,实时对当前规划做出调整。

同时,在世界状态模型中引入了规划监控(planning critics),目的是在当前推理过程中,能够监视世界状态,及时地发现世界状态中的有利机会和问题,而这些机会与问题是由于动作的交互作用产生的,因此有些是不可预测的。同时规划监控还能及时的在开放前提中插入抽象目标,这些抽象目标虽然不是由高层目标分解而来,但却有利于高层目标的实现。所以,规划监控一定程度上扩大了搜索空间,从而能够使智能体做出正确的选择。

4)回溯

回溯正是在世界状态模型中推理而产生的。若模拟的对手当前没有实现目标,那么在现实对弈的过程中,对手一定会执行对其本身最有利的规划。为了在真实世界中能够应对对手各种可能的动作,因此在模拟过程中要推断出对手所有可能的规划。

模拟对弈双方的交互过程可用图 10.5 表示。当目标被分解到最底层的具体动作时,就在世界状态模型中执行,并推测对手的目标和动作。当一方如 α 通过几个动作就能完成所有的目标时,对手 β 的目标没有实现,也就是说 β 没有有效地阻止对手 α 目标的实现。因为在这种没有合作的领域中,只能有一方取得胜利,而失败的原因可能是失败方错误地选择了目标或分解概要。因此失败的一方可以回退到先前的任意扩展规划步,试图找到其他能达到目标的规划,重新选择抽象目标或分解概要,而另外一方也不得不调整现有规划来应对对方新的对手规划。在这样的交互过程中,形成了规划树。去除规划树中的抽象目标,只保留具体的动作节点,便形成了如图 10.5 右侧所示的随机树。

随机树体现了双方交互的过程,对手 β 执行了一个动作后,α 执行动作进行应对,接下来 α 预测 β 可能的动作。这就要求 α 对 β 的预测是完整的,即随机树要具备完整性:在现实世界中对手 β 执行的动作都是被 α 预测到的,不存在对手实际执行了而我们却没有预测到的动作;同时,随机树要具备有效性:总是存在有效的动作能很好地应对对手的动作,阻止对手达到目标,从而完成自己的目标。

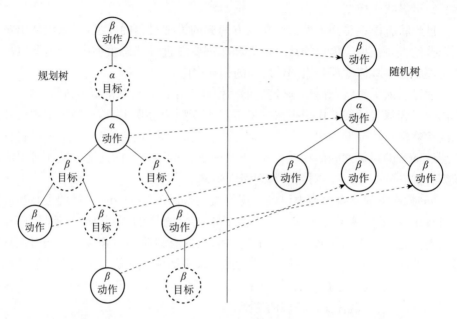

图 10.5　规划树与随机树

因此,基于目标驱动的 HTN 规划方法最终产生的是包含对对手规划动作的识别和应对的随机树。这里认为,对手规划不再是动作序列的集合,而是适合各种随机环境的随机树的集合。

5)HTN 规划算法

前面介绍了标准 HTN 规划,下面将详细介绍标准 HTN 规划目标分解算法,当开放前提集非空时循环执行以下步骤:

(1)从开放前提中选择一个抽象目标 G 进行分解。

(2)从目标概要集中选择抽象目标 G 的一个合适的分解概要 S。

(3)将抽象目标 G 从开放前提中移除。

(4)将由分解概要 S 得到的子目标插入到开放前提中。

每一步,在开放前提中选择一个目标进行分解,该算法并未指出具体子目标的分解顺序,因此,在每一步允许选择任意抽象层次的目标进行分解。这就导致了在每一个时间步,开放前提集中可能会存在各个抽象层次的抽象目标。标准的 HTN 算法统一产生动作并统一执行,动作之间可能是偏序也可能是全序的。

在对手领域,我们要推测对手可能的规划和目标,并且双方执行规划是同时的、实时的,要根据具体的情况及时调整规划,而标准 HTN 规划方法,将产生的动作统一在世界状态中执行,因此该方法并不适合实时的对手领域。

在标准的 HTN 规划算法基础上进行修改,得到适合对手领域的新的算法如下。

当开放前提非空时循环执行：

(1)从开放前提中选择一个抽象目标 G 进行分解,当该抽象目标没有分解到具体动作时反复执行(2)~(6)。

(2)从目标概要集中选择抽象目标 G 的一个合适的分解概要 S。

(3)将抽象目标 G 从开放前提中移除。如果分解概要 S 描述了具体的动作,则执行步骤(4)。

(4)在世界状态模型中执行该动作;否则,从分解概要 S 描述的子目标中选择一个子目标 G'。

(5)使这个子目标成为下一个要分解的抽象目标。

(6)插入分解概要描述的除 G' 以外的子目标。

步骤(1),(2),(3)决定了规划选择目标的顺序,修改后的 HTN 规划方法,更强调了动作的执行。一旦选定某个目标进行扩展,则规划器将会把该目标一直扩展下去,直至确定具体动作,才能选择下一个分解目标进行分解。当确定一个具体动作后,马上在世界状态模型中执行,动作的效果立刻能够显示出来,这样才能更好地显示对手领域中动作与动作之间复杂的相互作用。因此,修改后的 HTN 规划更适用于对手领域。

2. GOBI 系统

GOBI 系统是基于目标驱动方法并结合对手规划框架的一种围棋推理系统,但是 GOBI 系统并不能完整地运行于整个围棋游戏。GOBI 系统只是一个测试系统,用来测试目标驱动方法的可行性和有效性。

图 10.6 示例中,黑棋包围了白棋。在 GOBI 系统中,黑棋形成的抽象目标是杀死白棋,白棋形成的抽象目标是拯救白棋。现假设拥有黑棋的智能体为 α,拥有白棋的智能体为 β,智能体 α 获得控制权。智能体 α 将选择分解概要:

杀死白棋→包围群＋压缩空间＋阻止"眼结构"

包围群是指阻止对手群的扩张和连接;压缩空间的目的是缩小对手群的生存空间;阻止"眼结构"的形成防止对手群形成眼结构。

智能体 α 将选择其中一个子目标逐步地扩展下去,直至到达最底层,产生一个具体的动作,例如:"在 B 处下子"来满足底层的子目标"阻止白棋从位置 2 逃脱"。

智能体 α 在世界状态模型中执行一个动作的同时,产生一个新的世界状态。虽然智能体 α 满足了一个抽象目标,但是在其开放前提中,仍然存在各抽象层次的目标,只有实现了这些目标,才能完全实现智能体 α 的规划。

智能体 α 在 B 处执行一步动作后,智能体 β 将选择适合自己的分解概要如下:

拯救白棋→形成眼空间＋形成眼(尽量形成两个眼)

智能体 β 在当前世界状态模型中执行完一个动作之后,控制权会传递到对手手中。此时,智能体 α 试图满足其余抽象目标。双方智能体交替轮流实现抽象目标,直到某一方能实现自己全部的抽象目标时,对手被迫回溯,重新选择新的目标或新的分解方案,从而选择更好的规划。对于图 10.6 的例子,假设智能体 β 意识到智能体 α 通过几个简单的动作就能完成其所有的抽象目标,智能体 β 被迫回退。GOBI 系统返回如图 10.7 所示的局势,智能体 β 重新产生规划,试图在位置 1 处产生一个具体动作,破坏黑子的包围,在 2 处产生一个具体动作,使黑子处于危险状态。

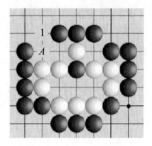　　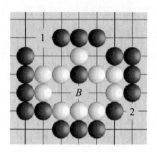

图 10.6　黑棋欲杀死白棋　　　　　图 10.7　GOBI 系统将产生的下步动作

经测试,GOBI 系统成功地解决了 74% 的测试问题,在已经被成功解决的测试问题中有 98% 的 GOBI 系统考虑了对手交互因素,一定程度上实现了计算机处理围棋这样大空间复杂领域的搜索问题。

3. 目标驱动对手规划的优缺点

目标驱动方法适用于围棋这样搜索空间大、状态复杂的复杂领域,有如下优点。

首先,目标驱动不再需要全局估价函数,而局部估价函数仍然可以用于目标驱动方法之中,当推断到底层时,结合局部估价函数产生具体动作,获得更快的速度和更高的效率。

其次,自动定义静止状态,有效地避免了地平线效应。

最后,基于目标驱动方法的规划,使规划具有很强的策略性,所以能体现一个动作的真实价值。

目标驱动并不是完美的,也存在一些不足。

目标驱动在向下分解的过程中,需要花费大量的精力来对状态进行分析解码。相比较,在数据驱动方法中,只要搜索树搜索的深度足够,便可以很好地实现游戏目标。目标驱动依赖于领域知识,而许多领域的领域知识很难形式化地表示出来,对于那些具有低分支、搜索空间小的游戏领域,数据驱动具有明显的优越性。

10.2.2　基于 OBDD 强循环对手规划方法

第 5 章详细介绍了 OBDD 规划方法,本节将继续扩展基于 OBDD 的规划方法[6,7],将其应用于对手领域,试图研究出可以产生最优应对规划的方法。

1. 基本概念简介

之前已经介绍了对手规划的描述性概念,这里给出对手规划的形式化定义。

$D=\langle S,2,\mathrm{As},\mathrm{Ae},T\rangle$ 是一个包含两个智能体的规划领域,这两个智能体是对手关系,分别叫做系统智能体和环境智能体;其中 S 为状态集合;As 与 Ae 分别为系统智能体和环境智能体的动作集合;T 为确定的状态转换关系集合。在领域 D 中,对手规划问题 P 是一个三元组 $\langle D,I,G\rangle$,其中 $I\subseteq S$ 是系统智能体的初始状态集合,$G\subseteq S$ 是系统智能体的目标。

我们认为,我方智能体为系统智能体,对手为环境智能体。

为了很好地理解基于 OBDD 强循环对手规划算法,我们要介绍一些定义。首先要明确的是这里的规划算法产生的规划不再是简单的动作序列,而是包含状态和动作的状态动作表的序列。

在领域 D 中的智能体 i 的状态动作表 Π_i 是一个序偶的集合 $\{\langle s,a_i\rangle\mid s\in S, a_i\in\mathrm{ACT}_i(s)\}$。其中,$a_i$ 表示智能体 i 的一个动作,$\mathrm{ACT}_i(s)=\{ a_i\in A_i\mid \exists\langle s,\langle\cdots,a_i, \cdots\rangle,\cdot\rangle\in T\}$,其中 T 是对手规划领域定义中的转移集合,"$\cdot$"为任意状态。Π_i 为智能体 i 的状态动作表,包含智能体 i 在各种世界状态下可执行的动作,并且在这些世界状态下执行这些动作会到达下一个可能的状态。

由每个智能体的状态动作表 $\Pi_{i=1,2,\cdots,n}$ 组成的连接状态动作表 Π 是一个序偶的集合,$\Pi=\{\langle s,\langle a_1,\ldots,a_n\rangle\rangle\mid s\in S,\langle s,a_i\rangle\in\Pi_i\}$。

连接的状态动作表是由所有智能体的状态动作表连接而成的。在一个特定的状态下,不同的智能体执行的动作是不同的,也可能是相同的。在对手领域,系统智能体和环境智能体的状态动作表联合,形成了这一特定环境下的连接的状态动作表。

一个状态动作表是完全的,当且仅当对于 $\forall s\in S$,在状态动作表中存在一个序偶 $\langle s,\cdot\rangle$,其中"$\cdot$"表示任意动作。

在一个领域中,对于每一个世界状态,都存在动作使这个世界状态转换到另一个世界状态,世界状态的改变是由动作的成功执行来实现的。

Π 是多智能体规划领域的一个连接状态动作表,由 Π 从一个初始状态集合 $I\subseteq S$ 导出的执行结构是一个元组 $K=\langle Q,R\rangle$,其中 $Q\subseteq S,R\subseteq S\times S$,归纳地概括如下:

(1)如果 $s\in I$,那么 $s\in Q$。

(2)如果 $s\in Q$,且存在 $\langle s,a\rangle\in\Pi,\langle s,a,s'\rangle\in T$,那么 $s'\in Q,\langle s,s'\rangle\in R$。

(3)一个状态 $s\in Q$ 是 K 的终结状态,当且仅当不存在 $s'\in Q$ 使 $\langle s,s'\rangle\in R$。

可见,导出的执行结构是状态转换关系的集合,其中的状态或者是初始状态,或者是终结状态,或者是通过执行结构中的状态利用转换关系集合中的转换而得到的中间状态。不包含在执行结构中的状态称为无用状态,因为这些状态不是从初始状态产生的,有效规划中不会包含这样的状态。

$K=\langle Q,R\rangle$ 是由状态动作表 Π 从初始状态 I 导出的执行结构,从 $s_0\in I$ 导出的执行结构 K 的执行路径可能是 Q 中的状态的无穷序列 $s_0,s_1,\ldots$,并且序列中的所有状态 s_i,或者 s_i 是序列中的最后一个状态,或者 $\langle s_i,s_{i+1}\rangle\in T$。状态 s' 对于状态 s 是可到达的,当且仅当存在一个执行路径满足 $s_0=s,s_i=s'$。

从执行结构引出了执行路径的概念,实际上执行路径就是执行动作后得到的一系列状态,在执行路径上任意两个状态都是可到达的。如果从初始状态到目标状态存在一条执行路径,那么我们说这个目标就是可以实现的。

利用如图 10.8 所示的走廊问题进一步解释前面所描述的概念。智能体 A 与智能体 B 同时存在于一条狭窄的走廊内,两个智能体的目标都是穿过走廊尽头的门,然后进入房间。但是,门也是狭窄的,每次只允许一个智能体穿过。每一个智能体都可以选择执行动作等待(W)或穿过门(G),执行动作等待(W)不会改变当前状态,如若执行动作穿过门(G)将会使状态"智能体不在房间($\neg A$ or B-in-room)"转换为状态"智能体在房间内(A or B-in-room)"。

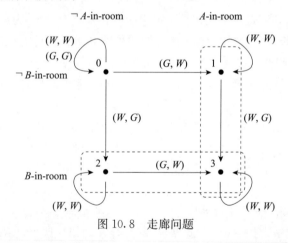

图 10.8　走廊问题

不难看出,这并非对手领域,只是一个普通的多智能体领域,在这里我们只是用其来进一步解释所描述的概念。

给出每个智能体的状态动作表,然后求出连接的状态动作表。并在给出的状态动作表下找出导出的执行结构。

在这个领域中,$S=\{0,1,2,3\}$;$A=\{G,W\}$;$I=\{0\}$。智能体 A 的目标为 $G_A=\{1,3\}$;智能体 B 的目标为 $G_B=\{2,3\}$。若给出的智能体的状态动作表如下:

$$\Pi_A=\{\langle 0,G\rangle,\langle 1,W\rangle,\langle 2,G\rangle,\langle 2,W\rangle,\langle 3,W\rangle\}$$

$$\Pi_B=\{\langle 0,G\rangle,\langle 0,W\rangle,\langle 1,G\rangle,\langle 2,W\rangle,\langle 3,W\rangle\}$$

则这两个智能体的连接状态动作表为

$$\Pi=\{\langle 0,\langle G,G\rangle\rangle,\langle 0,\langle G,W\rangle\rangle,\langle 1,\langle W,G\rangle\rangle,\langle 2,\langle G,W\rangle\rangle,$$
$$\langle 2,\langle W,W\rangle\rangle,\langle 3,\langle W,W\rangle\rangle\}$$

因此,在状态转换关系集合 T 中存在转换关系:$\langle 0,\langle G,G\rangle,0\rangle$、$\langle 0,\langle G,W\rangle,1\rangle$、$\langle 1,\langle W,G\rangle,3\rangle$、$\langle 2,\langle G,W\rangle,3\rangle$、$\langle 2,\langle W,W\rangle,2\rangle$、$\langle 3,\langle W,W\rangle,3\rangle$。

因为在当前状态转换关系集合 T 下,不存在到状态 2 的转换(状态自身的转换除外),因此状态 2 是无用状态,状态转换$\langle 2,\langle G,W\rangle,3\rangle$与$\langle 2,\langle W,W\rangle,2\rangle$是无用的状态转换。此状态转换表是完全的,因为世界状态中的每一个状态都存在转换,虽然从状态 2 出发的状态转换是无用的。

去掉无用状态 2 得到 $Q=\{0,1,3\}$ 及 $T=\{\langle 0,1\rangle,\langle 0,0\rangle,\langle 1,3\rangle,\langle 1,1\rangle,\langle 3,3\rangle\}$,从而可求得导出的执行结构。0,1,3 是由初始状态 0 导出的一条执行路径。这里,从状态 0 到状态 2 是不可到达的,因为不存在一条执行路径包含这两个状态。

实际上,介绍的这些概念不仅可以用在对手领域,同时也可以应用于所有的多智能体规划领域,下面介绍的概念则只适用于对手领域。

对手领域中,无论环境智能体执行怎样的动作,系统智能体都存在应对动作(可能是空动作),则对系统智能体而言是公平的,反之亦然。智能体总是试图选择那些能够应对的环境,也就是说在对手执行的动作改变了世界状态后,智能体总存在应对动作;相应地总是避免智能体无法应对的环境产生,即总是试图阻碍对手执行那些智能体无法应对的动作。

一个状态 s 对状态集合 V 而言是公平的,指对于每个可执行的环境动作在规划中总是存在一个系统动作,使得状态 s 到达 V 中的状态,则状态 s 称为公平状态(fair state),形式化表示为

$$\forall a_e\in ACT_e(s),\exists\langle s,a_s\rangle\in\Pi s,s'\in V,使得\ T(s,a_s,a_e,s')\wedge s'\in V$$

基于 OBDD 的强循环对手规划算法采用后向搜索方法。首先使 $V=\{G\}$,如果不属于集合 V 的状态 s,对于任意环境智能体的一个动作,总存在系统智能体的一个动作,使得连接动作到达集合 V 中的状态 s',那么将状态 s 添加到集合 V 中。其中,连接动作是指能够应用在一个状态下不同智能体动作的连接。

在图 10.9 所示的对手规划例子中,$S=\{I,F,U,G\}$,系统智能体的动作集合为 $As=\{+s,-s\}$,环境智能体的动作集合为 $Ae=\{+e,-e\}$。无论环境智能体在状态 F 下执行动作 $+e$ 或 $-e$,系统智能体总能执行动作 $-s$ 或 $+s$ 达到目标状态 G。因此,状态 F 为公平状态。直观上看状态 U 也是公平状态,但是,在状态 U 下,如果系统智能体选择执行动作 $-s$,环境智能体选择执行动作 $-e$,那么将会进入一个死节点 D。所谓死节点指的是在该节点表示的状态下,无论智能体执行怎样的动作都不能到达目标状态。在这里,状态 D 不存在到达任何状态的转移,所以更不能到达目标状态。我们执行动作的时候总是避免到达死点。实际上,用下文的公式计算我们知道状态 U 不是公平状态。

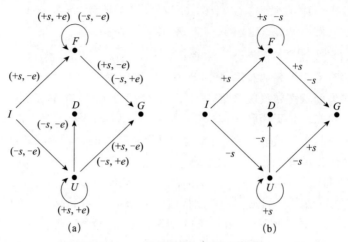

图 10.9　一个简单的对手规划例子

2. 基于 OBDD 的强循环对手规划算法

引入通用的规划算法 PLAN(I, G) 来求解规划,求得的规划解是状态动作对的集合。通用算法采用从目标状态到初始状态的后向宽度优先搜索。

```
function PLAN(I,G)
    SA←∅;V←G
    While I⊄V
    SAp←PRECOMP(V)
    if SAp=∅then return failure
    else
        SA←SA∪SAp
        V←V∪STATES(SAp)
    return SA
```

SA 表示求得的状态动作对的集合,STATES(SA)提取状态动作表中的状态,STATES$(SA)(s) = \exists a. SA(s, a)$。利用函数 PRECOMP$(V)$ 将得到一些状态动作对的集合,即 PRECOMP$(V)(s, a) = \exists s'. T(s, a, s'_{,}) \wedge V(s')$。

如果在还没有包含初始状态的某一步前件为空,则意味着不存在一个规划能够包含初始状态,返回失败;否则,V 中状态的前件所包含的状态将被添加到 V 中。强循环对手规划算法的基本思想与通用的规划算法的思想相似,都是通过后向宽度优先搜索来寻找集合 V 中状态的前件,只是两者求前件的方法不同。在介绍强循环对手规划算法前我们首先要区分与之相关的几个规划方法。

强规划(strong plan)的执行路径能够保证到达规划覆盖的所有状态,并且可以经过有限步到达目标状态。强循环规划(strong cyclic plan)的执行路径保证到达规划覆盖的状态且到达目标状态或无法到达目标状态。弱规划(weak plan)的执行路径可能到达规划包含的所有状态,可能到达目标状态。

这些算法适用于那些友好环境和难以解决不确定的、不可控制的对手领域。图 10.9 所示问题的一个有效的强规划为

$$\{\langle I,+s\rangle,\langle I,-s\rangle,\langle U,+s\rangle,\langle F,+s\rangle,\langle F,-S\rangle\}$$

执行这个规划仅仅能够到达规划所包含的那些状态。然而,如果存在对手环境智能体,在状态 F 处可能会出现无穷循环的可能。因为如果系统智能体执行动作 $-s$,环境智能体选择反复执行 $-e$,以及系统智能体执行动作 $+s$,环境智能体通过执行动作 $+e$,都会造成在状态 F 处出现无限循环。由此可见强循环规划在对手领域也是无效的。

在强循环规划的基础上提出了适合对手领域的强循环对手规划算法。为了更好地理解该算法,首先介绍算法中用到的一些基本公式。

连接动作前映像:

$$\mathrm{JPREIMG}(V)(s,a_s,a_e)=\exists\ s'.\ T(s,a_s,a_e,s')\land V(s')$$

系统动作前映像:

$$\mathrm{PREIMG(V)}(s,a_s)=\ \exists a_e.\ \mathrm{JPREIMG(V)}(s,a_s,a_e)$$

我们已经介绍了公平状态的基本概念,这里利用连接动作前映像给出公式表示。

公平状态:

$$\mathrm{FAIR}(SA,V)(s,a_s)=\mathrm{SA}(s,a_s)\land\ {}^{-}V(s)\land$$
$$\forall a_e,\mathrm{ACT}_e(s,a_e)\Rightarrow\ \exists a_s.\ \mathrm{SA}(s,a_s)\land$$
$$\mathrm{JPREIMG}(V)(s,a_s,a_e)$$

其中:$\mathrm{ACT}_e(s,a_e)\Rightarrow\exists a_s,s'.\ T(s,a_s,a_e,s')$;

剪枝函数:

$$\mathrm{PRUNE}(SA,V)(s,a_s)=\mathrm{SA}(s,a_s)\land{}^{-}V(s)$$

$\mathrm{PRUNE}(SA,V)$ 为剪枝函数,该函数除去那些在 V 中的状态,返回不在状态集 V 中的状态所构成的系统状态动作对。

基于 OBDD 的强循环对手规划算法的原理是不断搜索强循环对手前件,构成状态动作对的集合。其核心是在环境智能体完全了解规划域的情况下,系统智能体也能生成一个规划,而环境智能体无法阻止系统智能体目的实现。

下面介绍求得强循环对手前件的算法。

强对手前件的计算是通过反复扩展状态动作对的候选集,并且除去以下的状态动作对而生成的:

(1)不能到达现有规划中的状态或候选状态的状态动作对。

(2)现有规划中,不公平的状态动作对。

当候选集处于一种非空的、稳定的状态或无法再继续扩展时,算法结束。在后一种情况下,返回的前件集合为空集。状态集 V 的强循环对手前件由算法 SCAP(V) 计

算的状态动作对组成。

```
function SCAP(V)
1 wSA←Φ
2 repeat
3     OldwSA←wSA
4     wSA←PREIMG(V∪STATES(wSA))
5     wSA←PRUNE(wSA,V)
6     SCA←SCAPlanAux(wSA,V)
7 until SCA≠Φ∨wSA = OldwSA
8 return SCA


function SCAPlanAux(startSA,V)
1 SA←startSA
2 repeat
3     OldSA←SA
4     SA←PRUNEOUTGOING(SA,V)
5     SA←PRUNEUNFAIR(SA,V)
6 until SA = OldSA
7 return SA


function PRUNEOUTGOING(SA,V)
1 NewSA←SA\PREIMG(V∪STATES(SA))
2 return NewSA


function PRUNEUNFAIR(SA,C)
1 NewSA←Φ
2 repeat
3     OldSA←NewSA
4     FairStates←V∪STATES(NewSA)
5     NewSA←NewSA∪FAIR(SA,FairStates)
6 until NewSA = OldSA
7 return NewSA
```

函数 SCAPlanAux(startSA,V)的作用是除去一些状态动作对，其中包含函数 PRUNEOUTGOING(SA,V)与函数 PRUNEUNFAIR(SA,C)，前者用来除去不能继续扩展的状态动作对，后者用来除去那些不公平的状态动作对。

以图 10.9 为例进一步说明算法的过程，SCAP(G)作为第一候选集，运行算法，如图 10.10(a)所示。动作$-s$存在不能到达目标G的输出转换，则该动作不得

不从状态 U 中剪除。如果在状态 U 上执行动作 $-s$,则可能到达图 10.9 中的死点状态 D。图 10.10(b) 显示剪去了输出动作之后得到的新的局势,此时,在状态 U 处环境智能体执行动作 $+e$,则系统智能体无论执行任何动作都无法到达目标状态,即状态 U 不是一个公平状态,将不能到达目标状态 G 的状态 U 剪除,最后得到如图 10.10(c) 所示结果。保留的候选集是非空的,没有需要剪枝的状态动作对,形成了第一个非空的强循环前件,返回 $\{(F, +s), (F, -s)\}$。

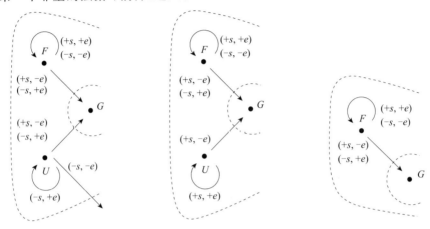

(a) SCAP(G)的第一个候选集   (b) 剪去有输出转换动作的分支   (c) 保留的最终结果

图 10.10   运行 SCAP(V)算法的状态变换情况

强循环对手规划算法具备正确性、有效性。强循环对手规划算法拥有与强循环算法相同的正确理论。有效性体现为三个方面:

(1)我们使用基于 OBDD 方法表示状态和变量。

(2)强循环对手规划算法建立在强循环规划方法的基础上。

(3)强循环对手规划算法能够迭代地剪去无效的分支。

3. 动作选择策略

尽管无穷的循环路径永远都不能到达目标,但是由系统智能体造成的这个局面也同样迷惑环境智能体,使其感到不知所措。给定假设系统在规划中随机地选择动作,我们可以证明强循环对手规划产生上述循环规划的概率为 0。

定理 10.2.1   对于对手规划问题 $P = \langle D, I, G \rangle$,随机地从强循环对手规划中选择动作,任意一条执行路径都能最终到达目标状态。

证明   因为在规划中所有不公平状态都已被剪枝,规划路径中包含的所有状态都是公平状态。假设为了产生规划而求得 n 个强循环规划前件,将规划所包含的状态划分为 $n+1$ 个有序的子集:$C_n, \cdots, C_0$,其中 $I \subseteq C_n, C_0 = G$,且 $C_i (0 < i \leqslant n)$ 为第 i 个前件所包含的所有状态。对于任意一个子集 C_i,为了求得该子集,假定在函数 PRUNEUNFAIR 中有 m 次迭代,将子集 C_i 再次划分为 m 个有序的子集 $C_{i,m}, \cdots, C_{i,1}$,其中 $C_{i,j}$ 是包含在函数 PRUNEUNFAIR 的第 j 次迭代中,并赋给变

量 NewSA 的状态动作对中的状态。根据公平状态的定义，$C_{i,j}$ 中所得到的状态对于规划 II 都是公平的，状态集 C 为

$$C=\bigcup_{k=1}^{j-1} C_{i,j} \cup \bigcup_{k=0}^{i-1} C_i$$

如果不考虑划分的子集 $C_n,\cdots,C_0$，以及这些子集所导致的进一步划分的子集的层次关系，不考虑任何的意外因素，我们得到总划分 $L_T,\cdots,L_0$，其中 $L_0=C_0$。从规划中选定动作集，由于规划中各层次状态的公平性，保证了从 L_i 中任意一个状态一定存在非零概率的转换到 $L_T,\cdots,L_0$ 中的一个状态，这也就保证了一条执行路径能到达规划所包含的所有状态，最终到达包含在 L_0 中的状态。

4. 实例

强循环对手规划算法的性能已经在两个领域得到应用。第一个领域是图 10.10 中例子的一个扩展，我们不再过多地描述，第二个领域是猎人与猎物的网格世界问题。

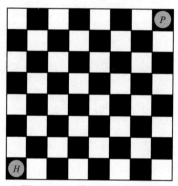

图 10.11　猎人与猎物领域

猎人与猎物领域问题，如图 10.11 所示。在棋盘上包含一个猎人和一个猎物智能体，初始状态是猎人的位置，在棋盘的左下角，猎物的位置在棋盘的右上角。

猎人的任务是捕捉到猎物。猎人与猎物同时移动，而在移动之前，他们彼此都无法意识到对方的动作。在每一步，他们执行移动动作或是停留在原处，或是像国际象棋中国王那样移动。如果猎物在棋盘的左下角，那么猎人的移动则如同国际象棋中的相（动作将只能在相同颜色的相邻格子移动），由于猎物只需要在与猎人相反颜色的格子中移动，这将会对游戏产生巨大的影响。因此，如果要确保猎人存在强循环对手规划，那么就要求猎物不能到达左下角位置。然而，强循环规划只考虑猎人的移动动作，不考虑移动方式，而只认为环境是友好的。我们分别用强循环规划方法和强循环对手规划方法来解决猎人与猎物领域问题，并对结果进行比较。

将棋盘的规格从 8×8 扩展到 512×512。图 10.12 显示了采用强循环算法与强循环对手规划算法进行规划所用的 CPU 时间和求得规划的大小。

在此领域中，强循环对手规划比强循环规划大得多，也花费了更多的执行时间。其中包含 28 个或更多布尔状态变量的规划问题，采用强循环对手规划算法解决需要花费超过 4000 秒，这也说明了对手领域的规划问题要比非对手领域的规划问题要复杂得多，要考虑更多的问题，花费更大的代价。

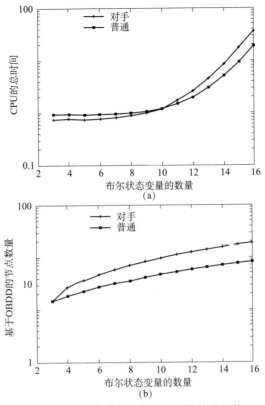

图 10.12　解决猎人与猎物问题的结果比较

10.2.3　基于完全目标图的对手规划的识别方法

我们在 9.3 节中介绍了基于目标图分析的目标识别方法,通过对目标图的扩展可以找到有效规划,并识别出目标,但这种方法不能对未来的动作进行预测。我们要介绍的完全目标图[8,9]是在经典规划图和目标图的基础上,针对对手领域的特性,构造完全目标图(complete goal graph,CGG),使动作直接与目标相关,并引入目标完成度的概念来区分对手执行规划的高层目标;进一步提出基于完全目标图的对手规划识别方法,该算法能够根据对手执行的动作来预测对手下一步动作,并识别其处于不同完成度的不同目标,能够为应对者有效地应对提供重要参考和依据。

1.知识库

对手领域是存在竞争或敌对等因素的特殊领域,在对手领域中,对手总是试图隐藏自己的规划和目标,甚至执行一些迷惑、诱导性动作来误导我方正确地识别。因此,规划器能否正确及时地识别出对手的规划,对于生成有效的应对规划是至关重要的。

　　传统的图规划方法采用 STRIPS 描述语言,通过对动作的前提条件和后果进行描述来构造规划图。在对手领域中,一旦识别到对手的动作则说明了动作的前提一定得到满足。因此,在识别过程中不需要获知动作的前提。这里假设对手执行的每个动作都是有目的的,为了便于识别对手的目标,在完全目标图中,动作的后果不再用状态表示,而是直接与目标相关。在构造目标图前,先要研究对手规划知识库,我们采用分层知识树的方法来表示背景知识。分层知识树采用目标分解的方法将高层抽象目标分解为低层目标,直到抽象目标可以用抽象的动作进行表示。分层知识树的结构如图 10.13 所示。

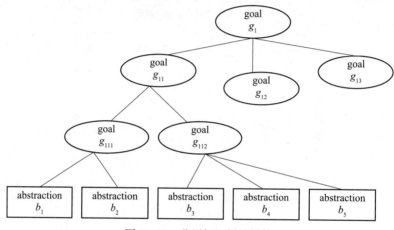

图 10.13　分层知识树的结构

　　图 10.13 表示高层抽象目标 g_1 分解为抽象目标 g_{11}, g_{12}, g_{13},即通过完成这三个子目标来达到目标 g_1。同理,完成目标 g_{111} 以及目标 g_{112} 即可达到目标 g_{11}。目标 g_{111} 和目标 g_{112} 是最低层的目标,它们分别通过执行动作 b_1, b_2 与 b_3, b_4, b_5 来完成。

　　定义 10.2.1(组成部件)　如果一个高层目标可以分解为多个低层目标,那么这些低层目标都是这个高层目标的组成部件。同理,能够完成底层目标的抽象动作是底层目标的组成部件。

　　分层知识树并不是完全独立无关的,一个低层动作可能是多个高层目标的组成部件,一个抽象目标也可能是多个底层动作的组成部件。

　　定义 10.2.2(抽象动作的值)　若一个抽象动作被执行,则该抽象动作的值为 1,否则该抽象动作的值为 0,用 $A(b)$ 表示,则

$$A(b) = \begin{cases} 1, & \text{抽象动作 } b \text{ 被执行} \\ 0, & \text{抽象动作 } b \text{ 未被执行} \end{cases} \tag{10.1}$$

定义 10.2.3（目标的完成度）　一个高层目标的完成度是指由该目标分解而成的子目标的完成情况,用 $A(g)$ 表示,$A(g)$ 的计算公式如下:

$$A(g) = \sum \frac{1}{n_i} \times A(g') \tag{10.2}$$

$$A(g_0) = \sum \frac{1}{n_0} \times A(b) \tag{10.3}$$

其中,i 为知识树的层,n_i 为目标节点 g 在当前知识树中可分解子目标的数,n_0 为知识树中目标 g_0 可分解的抽象动作节点数,g' 表示由抽象目标 g 分解的子目标,即目标 g 的组成部件。公式(10.2)表明一个高层抽象 g 的完成度 $A(g)$ 与目标 g 的组成部件 g' 的完成度相关;相应地,公式(10.3)表示最底层抽象目标 g_0 的完成度是与其组成部件(完成该底层目标的抽象动作)相关。

$A(g) \in [0,1]$,当 $A(g)=0$ 时,目标 g 没有被实现;当 $A(g)=1$ 时,目标 g 完全被实现;当 $A(g) \in (0,1)$ 时,则目标 g 被部分实现。

假设观察到对手已执行图 10.13 中的抽象动作 b_1,b_2 以及 b_3,即 $A(b_1)=1$,$A(b_2)=1$,$A(b_3)=1$,则通过目标的完成度可以求得

$$A(g_{111}) = \frac{1}{2} \times 1 + \frac{1}{2} \times 1 = 1, \quad A(g_{112}) = \frac{1}{3} \times 1 + 0 = \frac{1}{3}$$

从而可求得

$$A(g_{11}) = \frac{1}{2} \times 1 + \frac{1}{2} \times \frac{1}{3} = \frac{2}{3}$$

则最高层目标 G 的完成度为

$$A(g_1) = \frac{1}{3} \times \frac{2}{3} + 0 = \frac{2}{9}$$

定义 10.2.4（相关目标与相关动作）　高层目标组成部件是相关的,若这些组成部件是抽象目标(抽象动作),则这些目标为相关目标(相关动作)。

我们认为知识树中目标分解而成的子目标是无序的,动作之间的顺序关系我们在知识树中用时序边来标记,如图 10.14 所示。

在知识库(KB)中,分层知识树定义了抽象目标之间以及抽象动作与抽象目标的关系。由于将动作分为抽象动作与具体动作,因此知识库中还应定义抽象动作与具体动作之间的抽象关系。由于对手动作的隐蔽性,不能很好观察到对手动作的执行,而是根据观察到事件或状态的改变来推断对手执行的具体动作,因此,知识库还应保存观察事件与具体动作的关系。

2. 基于分层知识树的完全目标图

Hong 在规划图的基础上构建了目标规划图结构,并提出了基于目标图的规

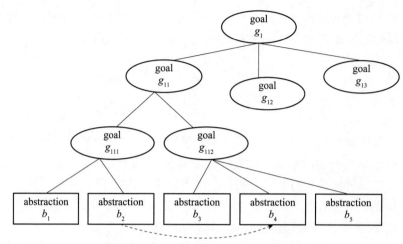

图 10.14　带时序边的分层知识树

划识别算法,该方法与传统规划识别方法不同,不需要显式地构造规划库。我们在目标规划图模型的基础上,针对对手领域识别问题的复杂性,在分层的知识树的支持下,对目标规划图进行改进,形成完全目标图(complete goal graph,CGG),使其能更好地应用于对手规划的识别。

定义 10.2.5(完全目标图)　完全目标图(CGG)定义为一个八元组 $\Gamma = \langle A, B, O, G, P_g, P_a, V, E \rangle$,其中:

A 为具体动作节点集合,时间步 i 的每个动作节点表示为 action(a, i),a 为一个具体动作;

B 为抽象动作节点集合,时间步 i 的每个抽象动作节点表示为 abstraction(b, i),b 为一个抽象动作;

O 为观察节点集合,时间步 i 的每个观察节点表示为 obsv(o, i),o 为一个观察事件实例;

G 为目标节点集合,时间步 i 的每个目标节点表示为 goal(g, i),g 为一个抽象目标;

P_g 为预测目标集合,时间步 i 的每个预测目标表示为 predgoal(p_g, i),p_g 为一个预测目标。

P_a 为预测的下一步动作集合,时间步 i 的每个预测动作表示为 predaction(p_a, i),p_a 为一个预测动作;

V 为抽象目标完成度的集合,时间步 i 的每个目标的完成度为 $A(g)$,g 为一个抽象目标。

E 为边的集合,包括如下七种不同类型的边。

观察边:observation-edge(obsv(o, i), action(a, i)),表示观察节点 obsv(o, i) 是具体动作节点 action(a, i) 的观察事件。

抽象边:abstraction-edge(action(a,i),abstraction(b,i)),表示具体动作节点 action(a,i)可抽象为抽象动作节点 abstraction(b,i)。

目标保持边:maintain-edge(goal(g,i),goal(g,$i+1$)),表示时间步 i 的目标节点 goal(g,i)保持到时间步 $i+1$,形成目标 goal(g,$i+1$)。

目标相关边:correlation-edge(goal(g,i),abstraction(b,$i+1$)),表示时间步 i 的目标 goal(g,i)可由抽象动作 abstraction(b,$i+1$)来完成。

目标延续边:persistence-edge(abstraction(b,i),goal(g,i)),表示通过执行抽象动作 abstraction(b,i)可以完成目标 goal(g,i)。

目标推测边:predgoal-edge(goal(g,i),predgoal(p_g,i)),表示由时间步 i 的目标节点预测目标 predgoal(p_g,i)。

动作推测边:predaction-edge(goal(g,i),predaction(p_a,i)),表示由时间步 i 的目标节点 goal(g,i)预测下一步动作 predaction(p_a,i)。

目标图是一个层次图,由命题层、动作层、目标层依次交错排列。目标图开始于时间步 0 的初始条件命题层,结束于当前所观察到的最后一个动作所在时间步的目标层。与传统规划图不同,完全目标图分为观察层、具体动作层、抽象动作层、目标层、预测动作层、预测目标层。完全目标图开始于时间步 0 观察到的对手动作,结束于最后一个动作所预测的带有不同完成度目标。

图 10.15 显示了一个完全目标图的示例。

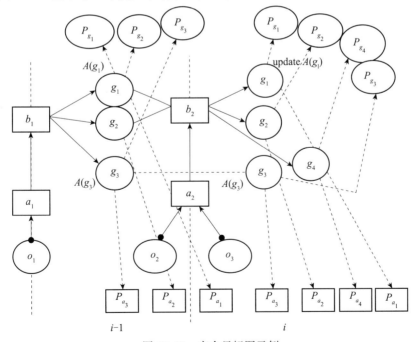

图 10.15 完全目标图示例

　　由于一个抽象动作可能是多个底层目标的组成部件,所以一个抽象动作可能存在多个延续边。一个低层抽象目标可能是多个高层目标的组成部件,因此,由一个低层目标可以推测出多个高层目标。

　　定义 10.2.6（对手规划识别）　对手规划识别是指根据当前观察,推测对手下一步动作及其完成的目标,并识别对手所执行的规划的过程。

　　对手规划识别不同于传统的规划识别,不仅要根据观察到对手的动作预测智能体执行的整个规划,更重要的是,在对手执行完整的规划达到目标之前识别对手的下一步动作,预测对手预达到的目标,从而能够有效地对对手规划进行应对。

　　定义 10.2.7（因果链）　假设 b_i 和 b_j 是分别在时间步 i 和时间步 $j(i<j)$ 发生抽象动作:

　　(1)定义 b_i 和 b_j 间存在因果链并记为 $b_i \rightarrow b_j$,当且仅当

$$\exists g \mid \text{persistence-edge}(b_i, g) \wedge \text{correlation-edge}(g, b_j)$$

　　(2)具体动作节点 a_i 和 a_j 间存在因果链并标记为 $a_i \rightarrow a_j$,当且仅当

$$\exists b_i, b_j \mid \text{abstraction-edge}(a_i, b_i) \wedge \text{abstraction-edge}(a_j, b_j) \wedge (b_i \rightarrow b_j),$$

即具体动作 a_i 和 a_j 存在各自的抽象动作节点 b_i 和 b_j,且 b_i 和 b_j 间存在因果链。

　　(3)具体动作节点 a_i 和目标节点 g_j 间存在因果链即 $a_i \rightarrow g_j$,当且仅当该动作 a_i 是底层目标 g_j 组成部件或是以 g_j 为组成部件的高层目标,以此类推到最高层目标,动作 a_i 称目标 g_j 的相关性动作。

　　定义 10.2.8（相关性观察）　给定一个目标 g 和一组观察节点 O,称观察节点 $o \in O$ 与目标 g 相关,当且仅当存在具体动作节点 a, observation-edge(o,a), 且 a 与目标 g 相关。

　　定义 10.2.9（一致性目标）　称目标 g 是观察集 O 的一致性目标,当且仅当存在观察集 O 的一个子集 O', O' 中的每个观察与目标 g 均相关。$\exists a$, observation-edge$(o,a) \wedge a_i \rightarrow g_j$。

　　定义 10.2.10（一致性规划）　给定一组观察 O,称规划与观察集一致当且仅当存在观察集 O 的一致目标 g,使得执行该规划能够完成目标 g。

　　定义 10.2.11（有效对手规划识别）　根据观察集 O,不仅能预测对手下一步动作和其抽象目标,而且能识别在观察集 O 下达到某一目标 g 的一致性规划。

　　在给定上述定义的基础上,我们来介绍基于完全目标图的对手规划识别方法。

　　3. 基于完全目标图的对手规划识别算法

　　基于完全目标图的对手规划识别算法在每个时间步分两阶段来处理。

　　(1)第一阶段为完全目标规划图的构建过程。该过程以前一个时间步的完全目标图、观察事件集中该时间步的观察事件以及知识库(KB)为输入,根据观察事

件对完全目标图进一步扩张,从而构建该时间步的完全目标图。

(2)第二阶段为规划识别过程,称为 Plan-Recognizer 算法。其目标是从新扩展的完全目标图中识别对手的高层目标,获得不同完成度的抽象目标,预测对手下一步可能的动作,并识别对手执行的规划。

完全目标规划图的构建过程分为两部分,分别为 CGG-Constructor 算法与 CGG-Predictor 算法。CGG-Constructor 算法的描述如图 10.15 所示。构造算法以第 $i-1$ 个时间步的完全目标图 Γ_{i-1},时间步 i 的观察集 O_i 及知识库 KB 作为输入。首先根据观察集 O_i 中的每个观察 o_i,将观察节点添加到时间步 i 的观察节点层,并将观察节点 o_i 根据知识转换为具体动作节点 a_i,将具体动作节点添加到时间步 i 的具体动作层,添加从观察节点到具体动作节点的观察边。对每个具体动作节点 a_i 进一步从知识库(KB)中查询与其拥有抽象关系的抽象动作节点 b_i,将每个抽象动作 b_i 添加入时间步 i 的抽象动作层。对于每个抽象动作查询知识库中的分层知识树获知以抽象动作 b_i 为组成部件的目标 g_i(g_i 为以抽象动作为组成部件的最底层抽象目标)。若抽象目标 g_i 已经存在于时间步 $i-1$ 的目标列中,则在 $i-1$ 时间步的基础更新目标的完成度;否则,计算该目标的完成度,并在抽象动作与目标间添加时间步 i 的延续边。若在时间步 $i-1$ 中,存在不以时间步 i 的抽象动作为组成部件的抽象目标 g_i,则添加从时间步 $i-1$ 到时间步 i 的保持边,将抽象目标 g_i 保持到时间步 i。算法最后返回构建完毕的完全目标图 Γ_i。

CGG-Predictor 算法(图 10.17)描述如下。

对于第 i 个时间步每个目标节点 g_i,若 $A(g_i)<1$,则根据知识库中分层知识树,将所有以目标 g_i 作为组成部件的上层抽象目标 p_{g_i} 添加到时间步 i 的预测目标层,并计算各目标的完成度;对完成目标 g_i 的抽象动作 b_i 在知识库中查询与该动作共同作为目标 g_i 的组成部件的抽象动作 p_{a_i},并将 p_{a_i} 添加到时间步 i 的预测动作层。若 $A(g_i)=1$,则根据知识库中分层知识树,将所有以目标 g_i 为组成部件的上层目标 p_{g_i} 添加到时间步 i 的预测目标层,计算抽象目标 p_{g_i} 的完成度,并逐步向上搜索直到得到最高层目标并计算其完成度,将其添加到预测目标层;根据知识库中的分层知识树查询发生在该抽象动作之后的抽象动作,若存在从抽象动作 b_i 出发的时序边,则通过时序边获得与之有时序关系的抽象动作 p_{a_i},否则,查询该抽象动作的相关动作 p_{a_i},并将抽象动作 p_{a_i} 添加到时间步 i 的预测动作层。

当完成完全目标图构建过程时,进入对手规划识别的第二阶段,对手规划识别阶段——Plan-Recognizer 算法(图 10.18),算法描述如下:算法输入新构建的时间步为 i 的完全目标图,找到该时间步预测的下一步动作,并根据应对需求,将完成度大于某一临界值 λ 的所有目标放入集合 G',对于 G' 中的每个目标 g,搜索完成该目标的一致规划。

```
CGG-Constructor(Γ_{i-1}:⟨A,B,O,G,P_g,P_a,V,
E⟩,O_i,KB):Γ_i
For every o_i∈O_i
  Add obsv(o_i,i)to O
  Get action a_i from o_i
  For every action a_i∈Ai
   Add action(a_i,i)to A
   Add observation-edge(obsv(a_i,i),
                        action(a_i,i))
  Get b_i from a_i
  Add abstraction(b_i,i)to B
  Add            abstraction-edge(action(a_i,i)
                 abstraction(b_i,i))
   For every b_i∈B_i
    Get goals G_i from b_i
    Add persistence-edge(abstraction(b_i,i),
                         goal(g_i,i))
    For every g_i∈G_i
     Add goal(g_i,i)to G
     Add persistence-edge(abstraction(b_i,i),
                          goal(g_i,i))
     If g_i∈G_{i-1} then
      Add correlation-edge(goal(g_i,i-1),
                           abstraction(b_i,i))
      Update A(g_i)
     Else calculate A(g_i)
If g_{i-1}∈G_{i-1} and g_{i-1}∉G_i
 Add maintain-edge(goal(g_{i-1},i-1),goal(g_{i-1},i))
 Keep A(g_{i-1})
Return with Γ_i:⟨A,B,O,G,P_g,P_a,V,E⟩
```

图 10.16　CGG-Constructor 算法描述

```
CGG-Predictor(Γ_i:⟨A,B,O,G,P_g,P_a,V,E⟩,i,
KB):Γ_i
For every g_i∈G_i
 If A(g_i)<1 then
  Get high-level goals set P_g
  For every p_{g_i}∈P_g
   Calculate A(p_{g_i})
   Get predict actions set P_a from b_i which can
   achieve goal g_i
   For every p_{a_i}∈P_a
      Add predaction(p_{a_i},i)
      Add        predaction-edge(abstraction(b_i,
                 i),predaction(p_{ai},i))
Else
 Get predict high-level goals set P_g from g_i
 For every p_{g_i}∈P_g
   Add predgoal(p_{g_i},i)
   Add predgoal-edge(goal(g_i,i),predgoal(p_{g_i},
i))
   Calculate A(p_{g_i})
   Get goals set P'_g from p_{g_i}
    For every p'_{g_i}∈P'_g
     Add predgoal(p'_{g_i},i)
     Add predgoal-edge(goal(p_{g_i},i),
                       predgoal(p'_{g_i},i))
     Calculate A(p'_{g_i})
     Get predict actions set P_a from b_i which be ex-
     ecuted after b_i
     For every p_{ai}∈P_a
       Add predaction(p_{a_i},i)
       Add predaction-edge(abstraction(b_i,i)
```

图 10.17　CGG-Predictor 算法描述

4. 算法分析

　　在任何时间步 i 加入完全目标图的任何目标节点(包括预测目标)一定是完全完成或部分完成的,即每个目标的完成度都大于 0。在所有可能的目标均由分层知识树描述的前提下,如果一个高层目标由时间步 i 之前观察到的动作完全实现

plan-Recognizer(Γ_i: $\langle A, A_b, O, G, P_g, P_a, V, E \rangle, i$)

For every $P_{g_i} \in P_{g_i}$

  If $A(P_{g_i}) \geq \lambda$ then

    Put P_{g_i} into G'

    For every $P_{g_i} \in G'$

      While $i \neq 0$ do

      Get $g_i \in G_i \mid \exists$ predgoal-edge(g_i, P_{g_i})

      Get $a_{bi} \in Ab_i \mid \exists$ persistence-edge(a_{bi}, g_i)

      Get $a_i \in A_i \mid \exists$ abstraction-edge(a_i, a_{bi})

      Add a_i to Plan

For every $P_{ai} \in Pa_i$

  Put P_{a_i} into A'

Return with plan and A'

图 10.18　Plan-Recognizer 算法描述

或部分实现,那么完全目标图构造方法一定将该目标加入完全目标图中,即完全目标图算法满足稳固性与完备性。

完全目标图构造算法是根据观察集 O 构建观察节点层,并根据观察节点构建具体动作层,因此,Plan-Recognizer 算法识别的具体动作都是与观察集相对应的。由 Plan-Recognizer 算法可知,对于某一完成度的目标 g,根据完全目标图可以找到该目标的底层目标,这样的目标是由抽象动作直接完成的。按照目标延续边或目标保持边可以获得与该目标相关的所有的动作,从而可获得达到该目标的规划。目标 g 与该规划中的每个抽象动作相关,抽象动作由观察集形成的具体动作推断得出,因此,目标 g 与观察集相关,是该观察集的一个一致性目标。

若 g 是在时间步 i 的一个完成度不为 0 的抽象目标,且与观察集 O 一致,则通过执行规划识别算法(Plan-Recognizer 算法)能够识别并获得达成目标 g 的一致规划。因为,在时间步 i 一个完成度不为 0 的抽象目标一定在完全目标图中,所以通过算法一定能找到完成该目标的一致规划。综上,规划识别算法(Plan-Recognizer 算法)是完备的。

5. 总结

基于目标驱动的思想,我们提出分层知识树的方法来表示对手规划的背景知识。并在此基础上,针对对手领域的特点,去除目标图的状态节点,添加不同抽象层次的目标,使得动作直接与目标相关,形成完全目标图(CGG)。

在完全目标图中,我们使用观察节点将观察到的事件或状态的改变转换为具体动作,将具体动作转换为抽象动作,并根据知识分层树,将与抽象动作相关的目标添加到图中,使得动作直接与目标相关。为了辨别对手目标的执行情况,以及准确地识别对手的目标,引入目标完成度概念。识别到的不同完成度的高层抽象目标可以作为应对者进行应对的重要依据。

10.2.4　基于多智能体的对手规划的识别与应对

多智能体问题一直是人们研究的热点,也是一个难点。下面将介绍一个基于多智能体对手规划的识别与应对的研究方法[10],该方法通过引入角色值与检测函数来进行识别,并可以根据识别的结果来选择应对策略,阻碍对手实现目标,从而达到自己规划目标的应对规划。根据给出的规划系统框架,有效地解决了像足球、战争等不确定以及不可控制领域的应对问题。

1. 对手规划的识别

由于对手的动作是不可控制的,在执行之前也不可知。因此,为了能准确实施规划方案,需要对对手规划进行预测,这里采用假设推理的方法,模拟对手形成规划,推理出对手的动作。

传统的游戏一般采用 $\alpha\text{-}\beta$ 树结合估值函数来选择下一步动作。将对手规划应用到游戏领域,采用目标驱动产生规划树,有效地解决了像 GO 这样搜索空间大的问题。这种规划树是由目标驱动产生动作回退形成的搜索树,不同于传统的游戏树,其叶子节点代表具体的动作。由于不确定对手的动作,所以在某一状态下,根据相同的推理机制,推测到对手动作可能有多个,每个动作的执行概率是不同的。我们将规划树中推测到具体的动作以数值标记,该数值是推测的对手动作发生的概率。

下面的图 10.19 为推测到的对手规划树,对手的目标 1 可分解为子目标 1,子目标 2,子目标 3。当完成这些全部的子目标时,即可完成目标 1。由图 10.19 可知,达到子目标 1 有三种方法:执行动作 1,执行动作 2,执行动作 3。并推测到对手执行这三个动作的概率分别为:80%,10%,10%。

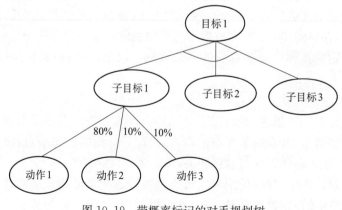

图 10.19　带概率标记的对手规划树

对手规划识别器将这些信息传给应对规划器,应对规划器根据这些信息产生相应的应对规划,并与对手交互形成新的状态,把相关信息传给对手规划识别器。

2. 识别检测

对手规划识别器根据反馈的信息,需要评估预测到的对手动作与实际是否一致。正如前面所述,对手领域是多智能体领域,假设动作 i 的执行者为 agent_i(ag_i,$i=1,2,3,\cdots$)。为了简化问题,我们不考虑一个智能体执行多个动作的情况。则引出"检测"函数如下:

$$Q_i = f(A_i),\text{其中 } A_i \text{ 为预测的 } \mathrm{ag}_i \text{ 的动作}$$

Q_i 的取值如下:

$$Q_i = \begin{cases} 1, \mathrm{ag}_i \text{ 的动作与预测一致} \\ 0, \mathrm{ag}_i \text{ 的动作与预测不一致} \end{cases}$$

为了能更直观地显示预测情况,我们引入"检测"函数表,该表的形式为 $[\mathrm{ag}_i,Q_i]$,易知表的行数为预测对手的智能体数量。实际上,在完成某一任务或达到某一目标的时候,只有部分的智能体参与。这样构造全部的"检测"函数表是浪费空间和时间的。另一方面,一个智能体执行多个动作的可能性是非常大的,对于不同的智能体预测的动作正确与否要求是不同的。这里,引入角色值的概念。

定义 10. 2. 12(角色值) 根据当前状态,用于刻画对手智能体在完成当前任务时所起到的作用大小和关键程度,我们用 δ 表示。

δ_i 表示 ag_i 的角色值,$\delta_i \in [0,1]$。

各智能体在完成当前目标起的作用与 δ 值成正比。即 δ 越大,在完成当前目标该智能体起的作用越大,δ 的划分是模糊的。

$\delta_i = 1$ 表示在完成当前目标 ag_i 起关键作用,我们称 ag_i 为主角。任意状态,主角最多只能有一个。$\delta_i = 0$ 表示 ag_i 没有参与执行当前任务或目标,一般情况下我们不加以讨论。

每产生一个新的状态,ag_i 的角色值通常会发生改变,不同的智能体角色值可能相同。

在某一状态下,可能只有一个主角($\delta = 1$),其余的智能体均不参与($\delta = 0$)完成下一状态。

通过引入角色值扩展"检测"函数:$Q_{ik} = \delta_i * f(A_K)$。其中,$\delta_i \in (0,1]$,$f(A_k) \in \{0,1\}$,$Q_{ik} \in [0,1]$。

对于"检测"函数这里做如下规定:

(1)对于主角的预测动作可有多个,即 $k=1,2,3,\cdots$。

(2)对于非主角的预测动作最多只能有一个,即 $k=0$。这种情况下的"检测"函数实际为: $Q_{i0}=\delta_i * f(A_0)$。

以上规定便于处理问题和比较结果,而且可以避免占有过大的空间,并可从直观上进行判断,也是最符合事实情况的。从"检测"函数可知:

(1)当 $\delta_i=1$, $f(A_k)=1$ 时, $Q_{ik}=1$。

主角 $agent_i$ 执行了预测的第 k 个动作,有两种情况:

(a)若 A_k 是预测主角发生概率最大的动作,则系统认为预测的动作与实际完全一致,忽略对其他智能体动作的检测。

(b)若 A_k 是预测主角的其他动作,则需要检测其他智能体的动作预测情况。此时,系统需要记忆当前状态,如果再遇到相同的情况,可以适当调整预测概率。

(2)当 $\delta_i=1$, $f(A_k)=0$ 时, $Q_{ik}=0$;主角 $agent_i$ 实际执行的动作并非预测动作中的任意一个。这种情况下,系统认为对对手智能体的动作预测错误,不需要检测其他智能体的动作。系统要调整策略重新对对手进行预测,并重新产生应对规划。当预测主角的动作只有一个时,就默认该动作是主角概率最大的动作。

(3)当 $\delta_i\in(0,1)$, $f(A_0)=1$ 时, $Q_{i0}\in(0,1)$;对非主角 $agent_i$ 的动作的预测是正确的。

(4)当 $\delta_i\in(0,1)$, $f(A_0)=0$ 时, $Q_{i0}=0$;对非主角 $agent_i$ 的动作的预测完全不正确。

由于只有在(1)之(a)的情况下才检测其他智能体,所以只有在这种情况下,才生成"检测"函数表。对于在图 10.19 的规划树中,假设每个智能体只执行一个动作,如表 10.1 所示。

表 10.1　图 10.18 预测对手动作检测函数表

智能体	检测值
$agent_1$	1
$agent_2$	0
$agent_3$	1

从表中得知,对于 ag_1 和 ag_3 的动作预测是正确的。而对 ag_2 的动作预测是不正确的。此时需要考虑是重新生成规划还是对现有规划进行修改。

定义 10.2.13(平均达标数)　指预测的对手动作中正确个数平均值,用 h 表示:

$$h=\frac{\sum\limits_{i=1}^{n}Q_i}{n}$$

（n 为"检测"函数表的行,即参与完成这一目标的智能体数量）

识别器需要根据平均达标数的不同来采取不同的处理方式,一般给定某一个临界值 ξ,根据 h 与 ξ 的关系,识别器和规划器可做如下处理.

(1)当 $h<\xi$ 时,需要调整策略重新预测对手的下一动作,重新生成应对规划。出现这种情况时,系统需要记忆对手的动作,如果未来再次遇到相同的情况时,可以根据经验预测。

(2)当 $h\geqslant\xi$ 时,只需要对原有规划加以补充或修改。对手规划识别器将预测的对手的相关信息传递给应对规划识别器,使其根据这些信息产生正确的规划。

3. 应对规划的生成

根据对手规划识别器提供的信息采取一定的策略形成规划,并最大程度的达到目标。完成这部分工作的是应对规划器。

产生应对规划的目的是达到最终的目标状态,这个目标就是系统的全局目标 G。全局目标可分解为一系列子目标 $G_1,G_2,\cdots,G_n$,通过实现这些子目标最终达到全局目标 G。因此,在双方交互的过程中,一般情况下都采取选择成功率最大的动作来实施,一步步完成各目标。

在当前状态下,形成的目标叫局部目标。系统不应该把注意力完全放在局部目标上,应该从全局目标出发。有时,局部目标的成功不一定会完成全局目标,反而有可能导致全局目标的失败。有时也有这样的情况,局部目标的失败反而有利于全局目标的实现。例如,战争领域中,A 方分配给 A_1 分队的目标包围 B 方的 B_1 分队,并歼灭 B_1(是全局目标重要的子目标)。A_1 在执行任务的途中遇见对手 B_2。为了完成全局目标,A_1 保存实力,避免与 B_2 的正面冲突,若不可避免,则 A_1 可以假装失败给 B_1 造成假信息,也许会有利于完成歼灭 B_1 这个子目标。

在某一状态下,可执行的动作可能有多个,要根据推测的对手信息选择成功可能性最大的动作。假设根据当前状态产生当前目标,该目标可分解为子目标 1、子目标 2 和子目标 3。如图 10.20 所示。

当前要完成子目标 1,有两种方案:

(1)执行动作 1 直接达到子目标 1。

(2)执行动作 1,动作 2,动作 3 完成子目标 11,从而达到子目标 1。我们根据下面引入的动作可执行度的概念来选择动作。

定义 10.2.14（动作可执行度） 根据预测的对手的阻碍动作,产生应对动作的可执行程度,用 P 表示。

若推测出阻止动作 i 完成的对手动作的发生概率为 P_i',则

(1)"或"分支的动作 i 的可执行度 $P_i=1-P_i'$。

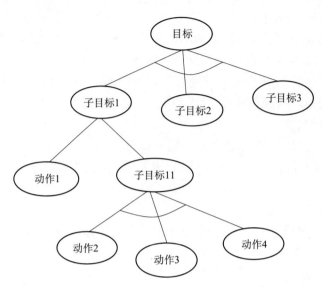

图 10.20　根据对对手动作的预测以及当前状态形成的规划树

（2）"与"分支的动作 i 的可执行度为 $P_i = 1 - \sum P_i'$，需要考虑"与"分支的所有动作的阻碍动作的概率，即为"与"分支的第一个动作 i 的可执行度。

在图 10.19 中，假设 $P_1' = 80\%$，$P_2' = 10\%$，$P_3' = 5\%$，$P_4' = 5\%$，则动作 1 的可执行度 $P_1 = 1 - 80\% = 20\%$。动作 2，动作 3，动作 4 的可执行度均为动作 2 的可执行度 $P_2 = 1 - (10\% + 5\% + 5\%) = 80\%$。那么，应对规划器应发出执行动作 2，动作 3 和动作 4 的命令。

但是，通常情况下，一个动作执行完才能判断与它相关的其他动作的执行度。如图 10.19 所示，若执行动作 2、动作 3、动作 4 是按照时间的顺序，并非同时完成，动作 3 与动作 4 的执行度是未知的，则只需考虑动作 1 与动作 2 的执行度。若 P_1 远小于 P_2，则执行动作 2，然后在接下来的状态中执行动作 3 与动作 4。

若在特殊情况下（比赛即将结束），应该适当采用冒险策略，在足球赛领域中，对于图 10.19 的情况，若只需完成子目标 1 就可达到目标，即使 P_1 远小于 P_2，也应该执行动作 1，也许会有成功的机会。

我们讨论的是多智能体的规划，所以在反馈当前信息给对手规划识别器时，要记录对手的每个智能体的情况。应对规划器在发布命令时，也需要记录各智能体的情况，因此，我们引入消息传递器。

4. 消息传递器

消息传递器是外界智能体与系统的接口，它由每个智能体的动作管理器构成。动作管理器的作用是限制每个智能体在遵从当前命令，对当前环境分析，并产生动作,将动作传递给相应的智能体。同时,记录每一个智能体返回的信息并将信息传递给对手规划识别器。识别器根据这些信息检测估计动作是否正确,并适当调整策略对对手下一步动作进行估测。将每个智能体的动作管理器集合在一起,构成了规划器产生命令和每个智能体实施动作的接口。

5. 多智能体对手规划交互系统

综上所述,我们给出规划系统的总的框架图,如图 10.21 所示。图中描述了对手双方交互系统,系统整体上是局势驱动的,而动作的产生是基于目标驱动的。

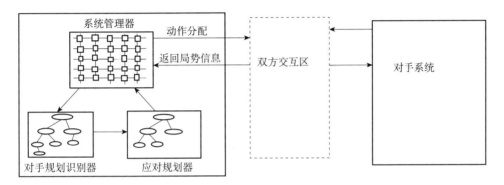

图 10.21 多智能体对手规划交互系统

在执行全局目标时,可能会出现未预料的局势,此时智能体的工作过程如图 10.22 所示。多智能体对手规划交互系统工作的全过程如图 10.23 所示。

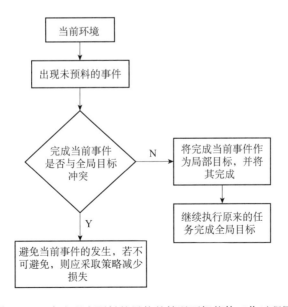

图 10.22 在出现未预料的局势的情况下智能体工作过程图

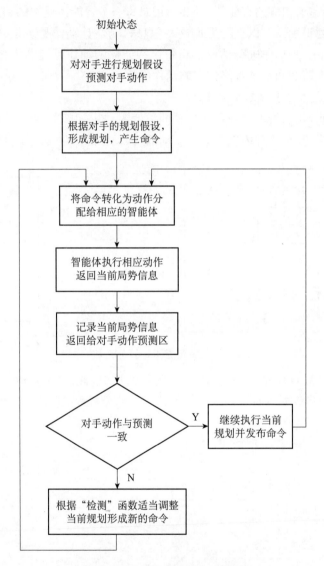

图 10.23　系统工作的全过程图

　　我们系统地给出了应对规划生成的全过程。产生应对规划的首要环节是对对手规划的识别,这里采用推理的方法来预测对手动作,然后根据预测信息采取一定的策略产生应对规划。我们用消息传递器将系统内部的应对规划器产生的命令传达给外界智能体,并记录外界智能体的返回信息,传递给对手规划识别器,来检测对对手的预测情况,从而适当调整应对规划。

10.3 对手规划领域存在的问题与展望

10.3.1 存在的问题

对手规划作为新的研究领域还不成熟,还处于研究的发展阶段,甚至仍然有人怀疑对手规划的有效性。对手领域中有许多细节问题需要深入考虑,需要深一步地探讨和研究。

(1)对手规划领域复杂性使得领域背景知识和目标难于形式化表示出来,因此,很难有完备的领域知识支持对对手规划的识别和应对。

(2)成熟的规划研究都是在产生的多个规划中选择最优的应对规划。一个成熟的应对规划应该不仅能很好地应对对手规划,还应该有最少的消耗和最高的回报。但是,目前应对规划的研究还不能满足这个要求。

(3)在对手领域中,对手总是试图隐藏自己的动作,甚至会执行一些欺骗性的动作来迷惑对方。这也是对手规划中难于处理的问题之一,要正确识别对手的诱导动作是困难的。

(4)对手执行下一步动作是不确定的,如果应对规划不能很好地应对对手规划,则需要对应对规划做适当的调整和修改。一旦选择了错误的规划,挽救工作是困难的。

(5)在对手领域中,总是存在多个正在执行的规划,这些规划有的是完成局部目标,有的是完成全局目标。因此,协调好局部目标和全局目标的关系至关重要。全局目标是规划的整体目标,因此,当局部目标与全局目标发生冲突时,要以全局目标为重,甚至要牺牲局部目标来保证全局目标完成。但是如何协调好局部目标和全局目标的关系却难于把握。

10.3.2 对手规划研究的展望

在现实世界里,许多领域都存在竞争、敌对等因素,对手规划的研究对于人工智能的发展起着重要的作用。由于对手领域的特殊性,对手或敌人技术的保密性,也许有些最新的成熟的研究我们还不得而知,因此,对手规划的研究对于一个国家具有极其深远的现实意义。

对手领域的研究将形成更成熟的理论框架,使得对手领域的相关问题能够在该框架得到解决。不仅如此,对对手规划的研究要考虑多技术的集成。任何一个复杂领域都不能只用领域相关的知识来解决,势必要集合其他领域或学科的技术。实现这一技术的集成面临许多挑战,除信息技术所需求的数字技术外,还包括计算机网络、数据库、计算机图形学、语音与听觉、机器人学。除此之外,对手领域不得不集成心理学、自动化、推理学等相关理论,对对手规划的研究不仅是技术的较量,也包含智力的较量。

应当有信心期盼研究出有效的包含对手规划识别器和应对规划器的对手规划系统,能够成功识别对手规划并生成有效的应对规划。

这里已经讨论了对手规划研究的重要性,但是目前对对手规划的研究还不能达到我们的要求,因此,对手领域的规划还有巨大的研究空间。对对手规划做出一步跨越性的工作也并非容易之事,但是相信克服一切困难一定会做出令人满意的研究成果。

参 考 文 献

[1] Carbonell J G. Counterplanning:a strategy-based model of adversary planning in real-world situations[J]. Artificial Intelligence,1981,16:295—329

[2] Applegate C,Elsaesser C,Sanborn D. An architecture for adversarial planning[J]. IEEE Transactions on Systems,Man and Cybernetics,1990,20(1):186—294

[3] Atkin M,Westbrook D L,Cohen P R. Planning in Continuous Adversarial Domains [C]. Proceedings of the Seventeenth National Conference on Artificial Intelligence,2000:68—73

[4] Rowe N,Andrade S. Counter Planning for Multi-Agent Plans Using Stochastic Means-Ends Analysis[C]. Proceedings of the IASTED Artificial Intelligence and Applications Conference,2002:405—410

[5] Wilmott S. Richardson J,Bundy A,et al. An Adversarial Planning Approach to Go [C]. Proceedings of the Computers and Games,1999:93—112

[6] Jensen R,Veloso M. OBDD-based universal planning for synchronized agents in non-deterministic domains[J]. Journal of Artificial Intelligence Research,2000,13:189—226

[7] Jensen R, Veloso M, Browling M. OBDD-based Optimistic and Strong Cyclic Adversarial Planning[C]. Proceedings of the Six European Conference on Planning,2001:265—276

[8] 尹吉丽. 基于完全目标图的对手规划识别方法[D]. 长春:东北师范大学,2008

[9] Jili Y,Ying L,Jinyan W,et al. A Recognition Approach for Adversarial Planning Based on Complete Goal Graph[C]. 2007 International Conference on Computational Intelligence and Security,2007

[10] Wenxiang G,Jili Y. The Recognition and Opposition to Multiagent Adversarial Planning [C]. Proceeding of 2006 International Conference on Machine Learning and Cybernetics,2006:2759—2761

第 11 章　敌意规划的识别与应对

敌意规划与对手规划非常相似,只是目标有一点不同:对手规划的目标只是分出胜负,而敌意规划的目标是要打击和破坏对方,甚至毁灭对方。可以说敌意规划是对手规划的一个特例,本章就介绍一些敌意规划的识别与应对方法。

11.1　基于目标驱动理论的应对规划

现有的一些敌意规划方法主要有综合运用启发式、估价函数和模式的数据驱动方法和基于标准 HTN Planning 的目标驱动方法。在目标驱动方法中,通过引入世界状态模型和线性化,实现了智能规划与规划识别相结合,提高了规划器的策略性[1]。

11.1.1　相关概念

1. 应对规划

针对某一敌意规划,阻止该敌意规划目标的实现,确保我方所有目标实现的规划称为应对规划。

敌意规划与应对规划是相对的,如智能体 α 与 β,从 α 的角度来定义,若 α 此时预测或识别出 β 正在执行某一规划 P_1,此规划能够阻止 α 的某一抽象目标 G 的实现,则 P_1 为 α 的敌意规划。确保目标 G 的实现,阻止 P_1 目标实现的规划 P_2 称为 α 的应对规划。

敌意规划是一个将智能规划与规划识别相结合的过程。敌意规划的关键是解决怎样合理地识别敌方规划,怎样根据敌方规划和当前世界状态来指导我方规划的制定与执行,从而在保证实现我方目标的同时,及时有效地阻止敌方目标的实现。

2. 同源目标

$\mathrm{OBJ}(P_i) = \{\mathrm{object}_k \mid \mathrm{object}_k \in B\}$,若 $\mathrm{OBJ}(P_j) = \mathrm{OBJ}(P_i)$,则 $P_i R P_j$。

其中,$\mathrm{OBJ}(P_i)$ 为目标 P_i 中所对应的对象集合;B 为敌意规划问题中所涉及的对象集合;R 表示同源关系。

若两个目标 P_i 与 P_j 所对应的对象集合相同,则称目标 P_i 与 P_j 具有**同源关系**,并称 P_j 为 P_i 的**同源目标**。目标可以分为已实现目标和待实现目标。为了简化问题和方便后面的表述,我们把当前世界状态中已存在的命题视为已实现的目标。

某一状态 s 下,当前规划中 P_i 与 P_j 的所有同源目标组成一类同源目标集,称为**第 i 类同源目标**。第 i 类同源目标是一个集合,集合中的每个目标称为一个 i 类同源目标。在规划的制定与执行过程中,会生成许多类同源目标集。同一类同源目标集中的任意两个目标具有同源关系,彼此互为同源目标。例如,为汽车 A 加油,P_1 代表汽车 A 油箱中油量为 0;P_2 代表汽车 A 油箱中加满油。P_1 与 P_2 所涉及的对象都相同,都是汽车 A 和油箱,则称 P_1 与 P_2 存在同源关系;在当前状态下,P_1 是 P_2 的同源目标;二者同属于某一类同源目标。

3. 基本防御树

基于 HTN Planning 的层次结构,在具体制定和执行规划之前,首先给定智能体 α(设 α 为我方,β 为敌方)一个顶层基本防御目标。一个顶层基本防御目标对于该智能体是至关重要的,是该智能体在敌意规划过程中必须实现的目标和必须保持的状态,否则便意味着失败。在系统给出的多个概要(schema)中,每次选出一个合适的概要对基本防御目标进行分解,分解出若干子目标。若这些子目标为基于当前世界状态中的同源目标,则将这些子状态作为上层抽象目标的子目标加入到树形层次结构中。按照事先给定的深度 n,逐层分解,得到一棵基于顶层基本防御目标的**基本防御树**:$\mathrm{defT}(\alpha)$。

例如,一个部队的当前状态为控制着总部以及 A—J 十个城市。基于当前状态下,给定确保总部安全为顶层基本防御目标。在目标"总部安全"所对应的多个概要中选择适当的概要进行分解,按照给定的深度(基本防御树的深度根据具体问题和情况事先给定,此处设为 2)和基本防御树的生成方法逐层分解,形成如下可能的防御树,如图 11.1 所示。若当前状态为控制着总部以及 A—F 六个城市,则按照所选概要描述和实现给定的深度生成树形结构,如图 11.2 所示,该树不是一棵基于当前状态下的基本防御树。原因在于"控制 G 城"与"控制 H 城"两个子目标并非基于当前状态,与事实不符。

图 11.1　是一棵基本防御树

图 11.2 不是一棵基本防御树

在规划制定之前,首先为智能体 α(我方)指定一个上层基本防御目标,其所对应的基本防御树是该防御目标的一种防御方案。同样根据当前的世界状态和已经掌握的有关 β 的信息,给出 β 的一个基本防御目标,按照一定的深度构造出基本防御目标的所有可能的基本防御树 defT(β)。敌对双方的基本防御目标和相应的基本防御树可以随着规划的执行,并可根据世界状态的改变以及敌意规划的识别进行动态的修改。

4. F/R 型目标

敌对过程中,重要的、必须实现的目标或必须一直保持为真的命题称为 F 型目标(规定一个智能体在基本防御树中的所有目标为 F 型目标),其余的目标为 R 型目标(可重复实现的目标)。

5. 同源目标的关键值与防御值

目标驱动方法是解决敌对领域问题的一种核心方法。在改进后的目标驱动方法中,给出了规划树和偶然树的结构[2],使该方法能够应用于较为复杂的敌对领域。从规划树的结构中不难发现以下特点:

(1)层数越小的子目标越接近于顶层抽象目标,与顶层抽象目标之间的关系就越密切。

(2)对于实现同一个子目标可能存在多个可能的规划,尤其是在复杂领域中,规划与规划之间势必存在着重叠与交叉的部分。例如,对于规划 p_A 与 p_B,目标 g 的实现既是规划 p_A 的一部分,同时也是规划 p_B 的一部分。

(3)当前状态下,α 预测出敌方 β 的三个可能规划 p_B, p_C, p_D。若 g_1, g_2, g_3 分别为规划 p_B, p_C, p_D 中的一个子目标,且 g_1, g_2, g_3 具有同源关系,即 g_1, g_2, g_3 同属于第 k 类同源目标集。由此可知 k 类同源目标为三个规划的交叉部分,无论 β 执行哪个可能的规划,都要涉及 k 类同源目标状态。

敌方规划中每类同源目标的关键值 在规划树的形成过程中,在每个当前状态 s 下,预测出 β 所有可能执行的规划,形成 β 在 s 状态下的可能规划集 P。对 P 中的每类同源目标求关键值:

$$k_\beta(s,j) = \sum_{r=0}^{m} \sum_{i=0}^{n} \frac{1}{c}$$

j 表示第 j 类同源目标；

n 为第 j 类同源目标在其所在规划树中出现的次数；

m 为当前状态下，针对于某一抽象目标，β 可能规划的个数；

c 为每个 j 类同源目标在其所存在的规划树中的层数；

s 为当前状态。

我方规划中某一类同源目标的关键值   在规划的执行过程中，在每一当前状态 s 下，求出当前规划中每类同源目标的关键值：

$$k_\alpha(s,j) = \sum_{i=0}^{n} \frac{1}{c}$$

j 表示第 j 类同源目标；

n 为第 j 类同源目标在当前规划树中出现的次数；

c 为每个 j 类同源目标在规划树中的层数；

s 为当前状态。

敌方基本防御树中某一类同源目标的防御值   在规划树形成之前，根据当前状态，先对敌方的基本防御目标进行预测。然后，针对预测出的一个基本防御目标，求出所有可能的基本防御树。在这些基本防御树中对每类同源目标求防御值：

$$d_\beta(s,j) = \frac{1}{m} \sum_{r=0}^{m} \sum_{i=1}^{n} \frac{1}{c}$$

j 表示第 j 类同源目标；

n 为每个 j 类同源目标在所有可能基本防御树中出现的次数；

m 为当前状态下，预测 β 可能的基本防御树的个数；

c 为每个 j 类同源目标在其所存在的规划树中的层数；

s 为当前状态。

通过求得的敌方可能基本防御树中同源目标的防御值，作为我方制定合理规划的一个重要依据，可以提高系统的策略性与规划的有效性。

无论是我方的还是敌方的基本防御目标，都不是固定不变的。智能体可以在敌对过程中根据每个当前世界状态动态地设定我方的基本防御目标，预测敌方的基本防御目标。

我方基本防御树中某一类同源目标的防御值   在当前状态 s 下，计算基本防御树中第 j 类同源目标的防御值：

$$d_\partial(s,j) = \sum_{i=1}^{n} \frac{1}{c}$$

j 表示第 j 类同源目标；

n 为每个第 j 类同源目标在基本防御树中出现的次数；

c 为每个 j 类同源目标在其所存在的基本防御树中的层数；

s 为当前状态。

6. 目标标度

一个目标标度是一些属性的集合：关键值、F/R 属性、防御值等。目标标度可以应用于树形结构中的每个目标，通过目标标度中的属性值来反映出目标在规划中的一些性质，从而解决敌意规划中的一些问题。

11.1.2 基于目标驱动的应对算法

智能体在敌对的过程中，往往会遇到很多偶然事件，尤其是在复杂领域中，但这些多偶然事件并不对当前的主体规划构成威胁。如果对每个出现的偶然事件智能体都放下当前的规划进行处理，那么智能体则频繁地回溯，花费大量的时间和精力处理一些并不很重要的琐事，而没有抓住规划的主体方向，没有将主要精力放在对当前规划的执行上，或是没有及时地应对一些重要的偶然事件。因此必须找到一个依据，提供一种方法来判断哪些目标及规划是更值得注意的，哪些偶然事件是需要放下当前执行的规划去处理的，哪些是不值得花费过多精力的。我们通过目标尺度和基本防御树，给出了解决的方法。

为了简化问题，便于说明，先做以下三点假设：

(1)在某一状态下，一个抽象目标存在一个或多个概要可对其进行分解。

(2)敌对问题为二人零和博弈问题。

(3)在当前状态下，参照世界状态模型，预测敌方多个可能规划和基本防御树，假设预测出的每个规划执行的概率相同。

11.1.3 应对算法描述

在状态 s 下，设集合 $K_\alpha(s)$ 中的元素为我方规划中每类同源目标集的关键值；集合 $K_\beta(s)$ 中的元素为敌方所有可能规划中每类同源目标集的关键值，则有

$$K_\alpha(s) = \{k_\alpha(s,i), k_\alpha(s,j), \cdots, k_\alpha(s,r)\}$$
$$K_\beta(s) = \{k_\beta(s,i), k_\beta(s,m), \cdots, k_\beta(s,t)\}$$

集合 $D_\alpha(s)$ 中的元素为我方基本防御树中每类同源目标集的防御值；集合 $D_\beta(s)$ 中的元素为敌方所有基本防御树中每类同源目标集的防御值，则有

$$D_\alpha(s) = \{d_\alpha(s,i), d_\alpha(s,j), \cdots, d_\alpha(s,r)\}$$
$$D_\beta(s) = \{d_\beta(s,i), d_\beta(s,m), \cdots, d_\beta(s,t)\}$$

p_α 是 α 在 S_0 下实现目标 G 的一个规划，G 为一个第 j 类同源目标。α 执行规

划中的一个动作,将世界状态由 s_0 变为 s,并在 s 下预测和识别 β 每个可能的规划 p_β,形成 β 在 s 状态下的可能规划集 P。β 执行一个具体的动作,实现了一个底层的抽象目标 g,将世界状态变为 s_1。

设集合 A 为待识别目标集,用于存放 β 执行的每个原始动作所实现的底层目标 g。它是智能体合理制定的规划以及准确识别敌意规划的重要依据。

步骤 1

当 $k_\beta(s,i) \in K_\beta(s)$,$\forall k_\beta(s,l) \in K_\beta(s)$ 时,都有 $k_\beta(s,i) > k_\beta(s,l)$,则取定第 i 类同源目标 G^i,令 $G' = G^i$。

若存在 $k_\beta(s,i) = k_\beta(s,l)$,$\alpha$ 基本防御树中存在 G^i 中目标的同源目标,且 α 基本防御树中不存在 G^l 中目标的同源目标,则取定 $G' = G^i$;否则,随机取定 $G' = G^i$ 或者 $G' = G^l$。

步骤 2

(1) p_α 的顶层目标为 G,G 为 β 的 F 型目标。

a:α 基本防御树中存在 G' 中目标的同源目标。即 $\exists g_1 \in \mathrm{def}T(\alpha)$,$\exists g_i \in G'$,$g_1 R g_i$。此时设 G' 为第 i 类同源目标。

若 $g \in p_\beta$,$p_\beta \in P$,则将 g 放入 A 中,察看 g 的目标标度,进一步确定 β 的可能规划集合 P,并根据情况适当地修改基本防御树。若 $d_\alpha(s,i) > d_\beta(s,j)$,则进入对 G' 的应对规划,否则继续当前的规划。

否则将 g 放入 A 中,察看 g 的目标标度,进一步确定 β 的可能规划集合 P,在状态 s 下重复步骤 1,得 G'。若 α 基本防御树中存在 G' 中目标的同源目标,且 $d_\alpha(s,i) > d_\beta(s,j)$,则进入对 G' 的应对规划,否则继续当前的规划。

b:α 基本防御树中不存在 G' 中目标的同源目标。

若 $g \in p_\beta$,$p_\beta \in P$,则将 g 放入 A 中,察看 g 的目标标度,进一步确定 β 的可能规划集合 P,并根据情况适当地修改基本防御树。继续当前规划。

否则将 g 放入 A 中,察看 g 的目标标度,进一步确定 β 的可能规划集。在状态 s 下重复步骤 1,得 G'。若 α 基本防御树中存在 G' 中目标的同源目标,且 $d_\alpha(s,i) > d_\beta(s,j)$,则进入对 G' 的应对规划,否则继续当前的规划。

(2) p_α 的顶层目标为 G,G 为 β 的 R 型目标。

c:α 基本防御树中存在 G' 中目标的同源目标。

若 $g \in p_\beta$,$p_\beta \in P$,则将 g 放入 A 中,察看 g 的目标标度,进一步确定 β 的可能规划集合 P,并根据情况适当地修改基本防御树,进入对 G' 的应对规划。

否则将 g 放入 A 中,察看 g 的目标标度,进一步确定 β 的可能规划集。在状态 s 下重复步骤 1,得 G'。若 α 基本防御树中存在 G' 中目标的同源目标,则进入对 G' 的应对规划,否则继续当前的规划。

d：α 基本防御树中不存在 G' 中目标的同源目标，此时设 G' 为第 i 类同源目标。

若 $g \in p_\beta, p_\beta \in P$，则将 g 放入 A 中，察看 g 的目标标度，进一步确定 β 的可能规划集合 P，并根据情况适当地修改基本防御树。若 $k_\beta(s,i) > k_\beta(s,j)$，则进入对 G' 的应对规划，否则继续当前的规划。

否则将 g 放入 A 中，察看 g 的目标标度，进一步确定 β 的可能规划集。在状态 s 下重复步骤1，得 G'。若 α 基本防御树中存在 G' 中目标的同源目标，则进入对 G' 的应对规划，否则继续当前的规划。

（3）p_α 的顶层目标为 G，G 为 α 的 F 型目标。

e：α 基本防御树中存在 G' 中目标的同源目标。此时设 G' 为第 i 类同源目标。

若 $g \in p_\beta, p_\beta \in P$，则将 g 放入 A 中，察看 g 的目标标度，进一步确定 β 的可能规划集合 P，并根据情况适当地修改基本防御树。若 $d_\alpha(s,i) > d_\alpha(s,j)$，则进入对 G' 的应对规划，否则继续当前的规划。

否则将 g 放入 A 中，察看 g 的目标标度，进一步确定 β 的可能规划集。在状态 s 下重复步骤1，得 G'，此时设 G' 为第 r 类同源目标。若 α 基本防御树中存在 G' 中目标的同源目标，且 $d_\alpha(s,i) > d_\alpha(s,j)$，则进入对 G' 的应对规划，否则继续当前的规划。

f：α 基本防御树中不存在 G' 中目标的同源目标。

若 $g \in p_\beta, p_\beta \in P$，则将 g 放入 A 中，察看 g 的目标标度，进一步确定 β 的可能规划集合 P，并根据情况适当地修改基本防御树，并继续当前规划。

否则将 g 放入 A 中，察看 g 的目标标度，进一步确定 β 的可能规划集。在状态 s 下重复步骤1，得 G'，此时设 G' 为第 r 类同源目标。若 α 基本防御树中存在 G' 中目标的同源目标，且 $d_\alpha(s,i) > d_\alpha(s,j)$，则进入对 G' 的应对规划，否则继续当前的规划。

（4）p_α 的顶层目标为 G，G 为 α 的 R 型目标。

g：α 基本防御树中存在 G' 中目标的同源目标。

若 $g \in p_\beta, p_\beta \in P$，则将 g 放入 A 中，察看 g 的目标标度，进一步确定 β 的可能规划集合 P，并根据情况适当地修改基本防御树。然后进入对 G' 的应对规划。

否则将 g 放入 A 中，察看 g 的目标标度，进一步确定 β 的可能规划集。在状态 s 下重复步骤1，得 G'。若 α 基本防御树中存在 G' 中目标的同源目标，则进入对 G' 的应对规划，否则继续当前的规划。

h：α 基本防御树中不存在 G' 中目标的同源目标。

若 $g \in p_\beta, p_\beta \in P$，则将 g 放入 A 中，察看 g 的目标标度，进一步确定 β 的可能规划集合 P，并根据情况适当修改基本防御树，并继续当前规划。

否则将 g 放入 A 中，察看 g 的目标标度，进一步确定 β 的可能规划集。在状态

s 下重复步骤 1,得 G'。若 α 基本防御树中存在 G' 中目标的同源目标,则进入对 G' 的应对规划,否则继续当前的规划。

11.1.4　算法的功能与特点

通过前面的介绍,我们可以看出:

(1)智能体可根据待识别目标集中的目标修改基本防御树,有效地识别敌方目标,及时有效地做出应对规划。因此待识别目标集是智能体合理制定的规划、准确识别敌意规划的重要依据。

(2)每一个当前状态下,比较敌方所有可能规划中不同类目标的关键值,找到多个可能规划的交叉部分,使智能体能够在敌对过程中及时地发现重点问题与机会,从而有效地预测、识别敌方规划,从一定程度上实现了提前防范,能够有效地指导我方规划的制定与执行。

(3)在敌对过程中一个智能体必然会遇到多个偶然事件(问题),这是不可避免的,也是必须面对的。该方法鉴于我方当前规划所要实现的目标,通过目标标度中的关键值、防御值及相关算法的运用,使智能体在遇到多个偶然事件的时候,可以有针对性地进行选择处理。即处理一些关系到大局的偶然事件,而不必盲目地处理所有出现的偶然事件,从而减少了代价与消耗,把握住了规划的主体方向。

11.2　复杂领域中多智能体条件下敌意规划的识别与应对

本节将介绍在公开的世界状态下,复杂领域中多智能体条件下敌意规划的识别与应对方法。该方法通过构造基本敌意动作结构模型和敌意规划识别系统,并采用动作驱动搜索树的方法,引入危机系数和贴近度等概念,将敌意规划有效地应用于敌意规划识别系统平台之上,实现对敌意规划的有效识别与应对。

11.2.1　相关知识

1. HTN 规划结构在复杂领域多智能体条件下的不足

虽然说 HTN 规划结构也可以在拓展至多领域的复杂状态下,应用于敌意规划当中,但 HTN 系统的研究前提是基于游戏策略(如 go,chess),并要求智能体遵循一定的游戏规则(两个智能体轮流控制推理设备)。然而,在复杂领域中[3]多个智能体系统条件下,对手之间的攻击与破坏通常是无序的、偶然的、离散的,并且在大多数情况下是模糊的和不确定的。这样 HTN 规划结构就无法处理多智能体情况下对推理设备的分配问题。

2. 敌意动作的一种形式化表示

对于被攻击智能体而言,表示敌意动作的三元组形式:$P^a = \langle A^a, G^a, \lambda^a \rangle (a \geqslant 1)$。

其中，'a'代表敌意规划的智能体的个数；'A'代表智能体发出的一系列攻击破坏性动作(动作集)；'G'代表此次由智能体发出的敌意规划所要攻击的目标或欲摧毁的对象(目标集)；'λ'叫做危机系数，表示三元组中对手智能体动作集对于被攻击智能体目标集的威胁程度，$\lambda \in [0,1]$。

11.2.2 敌意规划识别系统的组成

基于敌意规划识别与应对的特点，我们可以在此基础之上，通过构造一个敌意规划识别系统(APRS)的形式化模型，来实现对离散的、非连续性的敌意规划进行处理。该系统主要由三大部分组成：敌意规划库、敌意知识库和敌意推理机。

1. 敌意规划库

敌意规划库(APB)是 APRS 系统中最基本的敌意动作库。它以前面定义过的敌意动作形式结构存储记录，并且在 APB 中存储的每条记录的敌意目标项都是软、硬件系统中所最可能导致的被敌意智能体所攻击的敌意目标。它主要实现对当前规划(动)叶子节点与在 APB 中的记录进行匹配。当敌意指针在 APB 中按照危机级别进行分段搜索时，发现当前敌意搜索树中分解出的子节点与 APB 中的某一基本动作相匹配，则规划分解结束，并将匹配成功的动作所对应的目标项返回给 APRS 系统，同时，将该次匹配成功的 λ 值送给敌意知识库中，从而实现对敌意知识库的部分更新，如图 11.3 所示。

	基本敌意动作 (A)	敌意目标 (G)	危机系数 (λ)
	no-op	no-goal	0
$\lambda \in [0, 0.2]$	A_1	G_1	λ_1
	A_2	G_2	λ_2
	⋮	⋮	⋮
$\lambda \in (0.2, 0.4]$	⋮	⋮	0.2
	⋮	⋮	⋮
$\lambda \in (0.4, 0.6]$	⋮	⋮	0.4
	⋮	⋮	⋮
$\lambda \in (0.6, 0.8]$	⋮	⋮	0.6
			0.8
$\lambda \in (0.8, 1]$	⋮	⋮	
	A_n	G_n	1

图 11.3　敌意规划库(APB)结构示意图

2. 敌意知识库

敌意知识库(AKB)是 APRS 系统的核心之一。它主要存储两种类型的知识：一类是软件和硬件相关领域中的所谓公开性的敌意知识，如软件系统漏洞；IP 地址、硬件接口被攻击与破坏；网络入侵检测等一系列在相关领域中的相关定义、事实与理论。另一类是在该敌意规划所攻击或欲破坏的目标方面，一些该领域的知识工程师与领域专家的所谓个人知识与经验，这些经验是该领域专家经过多年长期的业务实践逐渐积累起来的。其中，很多被称作启发式信息。APRS 系统正是通过这样的知识库，来实现对那些有敌意规划的组合因素复合而成的模糊规划进行分解，从而使动作分解规划不断扩展下去，为最终敌意规划的识别提供可能。

3. 敌意推理机

敌意推理机（ARM）实际上是 APRS 系统中的一组推理知识模块。主要功能是协调整个系统的运作，决定如何选用知识库中的相关知识，对具体敌意规划进行分解，并对对手智能体所发出的各种敌意规划进行正确推理，使得规划分解不断进行下去，为最终搜索出基本敌意动作、完成敌意规划识别提供动力机制，如图 11.4 所示。

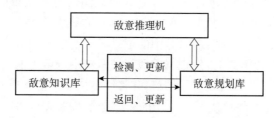

图 11.4　敌意规划识别系统（APRS）结构示意图

11.2.3　敌意规划的识别

在复杂领域多智能体条件下，敌意规划执行过程中对手之间的关系是比较多样的（可以是一对一，也可以是多对一等），且来自对手的敌意规划形式是不确定的、模糊的和复杂的。在敌意规划实施过程中，被攻击智能体往往预先无法确定敌意规划的攻击目标。换句话说，我们应该在目标未被彻底攻击之前，就能够确定敌方意图，进而采取有效的应对规划或反击规划[4]。所以，针对以上问题，我们构造了一种敌意规划识别的形式化理论[5]。

1. 危机系数值和贴近度的概念[6]

1）危机系数 λ

它表明此时敌意规划对于目标集的危机程度，$\lambda \in [0,1]$。其中，$\lambda \equiv 0$ 时，表示某一智能体危机程度为 0，即无敌意规划存在，系统正处于安全状态；相反，$\lambda \equiv 1$ 时，表示此次敌意规划危机程度最大（图 11.3），在同一时间步内的所有敌意规划队列当中应该优先分解处理。

在初始世界状态下，第一时间步内的敌意规划 λ 值可由

$$\lambda_i = 1 - m_i/n_i \quad (i=1,2,3,\cdots,n)$$

表示,其中,n_i 代表第 i 个对手智能体攻击系统的次数;m_i 则代表第 i 个对手智能体攻击系统过程当中,未成功的攻击次数。

2)贴近度 n

贴近度是指在将第 μ 层时间步中的敌意规划根据敌意推理机和敌意知识库中的相关知识分解成对应的子规划(子动作)后,诸多子规划(子动作)以及它前面那些时间步中未被处理过的敌意(子)规划相对于第 μ 层被分解的敌意规划的相近程度。子规划(动作)对于父规划(动作)的贴近度越大,就说明该子规划(动作)的危机程度越高,在同一时间步当中就越应该优先处理。

$$n(\lambda\mu,\lambda\mu+1)=1/2[\lambda\mu \cdot \lambda\mu+1+\overline{\lambda\mu \odot \lambda\mu+1}] = 1/2[\lambda\mu \cdot \lambda\mu+1+(1-\lambda\mu\odot\lambda\mu+1)]$$

其中,λ 代表危机系数值,μ 代表第 μ 层时间步。

2. 敌意规划的识别过程

(1)在初始世界状态下,对手智能体出于某种攻击性目的,向另一方智能体作出敌意规划,此时 APRS 系统察觉出两个敌意智能体所作出的敌意性行为(这里先假设有两个敌意智能体同时向该系统执行敌意规划,同理也可以扩展至多个智能体对多个智能体的情况),并通过 λ_i 初始求值表达式在多个离散的时间状态下,根据攻击次数分别计算出不同智能体对于该系统的危机系数值 λ。

(2)APRS 系统会根据比较函数 $C(\lambda_1,\lambda_2)$ 对两个智能体的危机系数 λ 进行比较,将 λ 值大的智能体规划动作作为优先处理的行为(这里假设 A_1 危机系数较大),而另一个智能体规划则在 A_1 处理完之后再重新按 λ 值排序处理。

(3)根据优先分解敌意规划方案为 A_1 的 λ 值在敌意规划库中的相应危机值段进行线性搜索。由于敌意规划库采用了分段安全级别处理,所以搜索速度会有很大提高。如果 A_1 只是一个敌意动作,且经过搜索发现与敌意规划库中某一值段的动作相匹配(使其动作真值度为真),则将该敌意基本动作所对应的敌意目标返回 APRS 系统,并将该次操作的日志文件及相关信息送入敌意知识库当中,以备采取相应的应对规划,到此完成了敌意规划的识别过程。

(4)如果 A_1 是一个组合因素复合而成的模糊规划,则系统自动调用敌意推理机和敌意规划库中的相关知识对它进行动作分解。这里假设根据敌意规划库中的相关知识方案将 A_1 分解成了两个子规划(动作),那么就面临着 A_{11} 和 A_{12} 以及上层未被处理的敌意规划 A_2 如何优先分解的问题。我们采用前面提到的贴近度的概念,APRS 系统通过计算 A_{11} 和 A_{12} 对于 A_1 的贴近度,将贴近度大的规划(动作)再优先分解处理(这里假设 A_{11} 相对于 A_1 的贴近度最大),则代表 A_{11} 这一规划(动作)在当前对于系统来讲是最危险的。如果 A_{11} 是最基本动作,则转(3);如果 A_{11} 也是组合因素复合而成的模糊动作,则再执行(4)。这样直到执行到对于上一层来讲贴近度最大且能在敌意规划库中找到最基本动作为止。到此就实现了对于复杂敌意规划的识别过程,如图 11.5 所示。

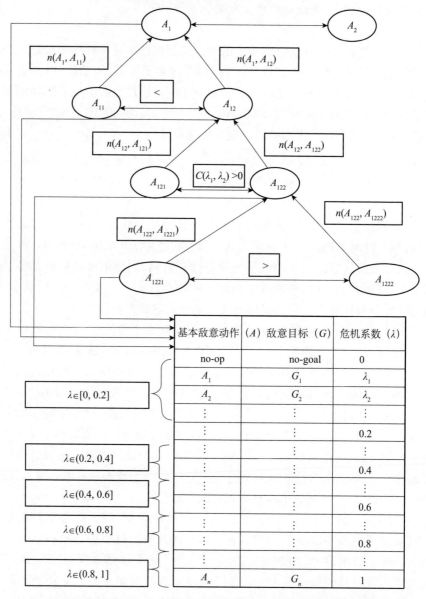

图 11.5　以两个智能体为例,敌意规划动作搜索树型结构示意图

(5)这样,在最底层的根节点就是敌意规划库中最基本的敌意动作,同时该动作所对应的敌意目标就是对手智能体在复杂领域开放式环境中所要真正攻击的目

标。在确定了目标受到威胁的前提下,就可以有针对性地对对手做出的敌意规划采取应对,从而执行一系列应对规划,如图 11.6 所示。

11.2.4 敌意规划的应对

通过前面对对手智能体敌意规划树的分解,可以很清晰地得知对手欲攻击的目标,这样就可以在现有系统基础之上对对手采取相应的应对规划。应对规划可以分为两种:一种是消极应对规划;另一种是积极应对规划。

所谓消极应对规划是指在明确了对手欲攻击的目标之后,通过采取一些方案,使该目标免受对手攻击的应对规划。而积极应对规划是指通过对对手智能体所做出的一系列敌意规划的分析,通过采取相应的应对策略,不仅要使被攻击智能体免受对手敌意规划的破坏,而且还要做出反对敌意规划的应对规划,从而使对手智能体受到攻击,自己处于不败之地。

这里,我们着重讨论积极应对规划,因为积极应对规划方案包含消极应对规划方案。在敌意规划识别过程结束后,APB 中匹配成功的基本敌意动作所对应的敌意目标被返回给 APRS 系统,并且敌意知识库将该次操作记录下来,并利用已有的专家知识及经验,对该目标所存在的漏洞和不足进行检测、修复和更新。当该目标在随后的敌意规划中受到对手智能体攻击时,APRS 系统就能够保证该目标的 λ 系数最小,然后再返回给敌意规划库,实现了对敌意动作危机系数的升级。

另外,在敌意规划识别的动作分解树中,敌意推理机允许回溯过程,在回溯中我们可以看出,与最低层最基本动作子节点相关的一些节点,在分解树中相对于同层来讲都是贴近度(威胁程度)最大的规划,所以我们可以将原有的动作分解树中每一层贴近度最大的规划节点提取出来,而重新生成的树型结构所组成的一列有效规划就是对敌意智能体采取的最为有效的应对规划,如图 11.7 所示。

同时,APRS 系统会将重新生成的线性动作规划树送入敌意知识库中,使 AKB 自动获得更新,为下一步更好地对复杂规划的分解和敌意目标的检测提供帮助,最终使 APRS 系统实现对敌意规划的积极应对。

11.2.5 结论

本节介绍了复杂领域中多智能体条件下敌意规划识别与应对的一种形式化理论。该理论是在 HTN 规划结构的基础上,针对于开放式环境中的许多现实情况提出的,它有许多可取之处:

(1)采用动作驱动的方法,针对敌意规划的攻击,利用分解搜索的树型结构得出敌意目标。

(2)将模糊数学的相关知识应用到了敌意规划中,解决了敌意规划的很多不确定性问题,还引入了危机系数和贴近度等概念。

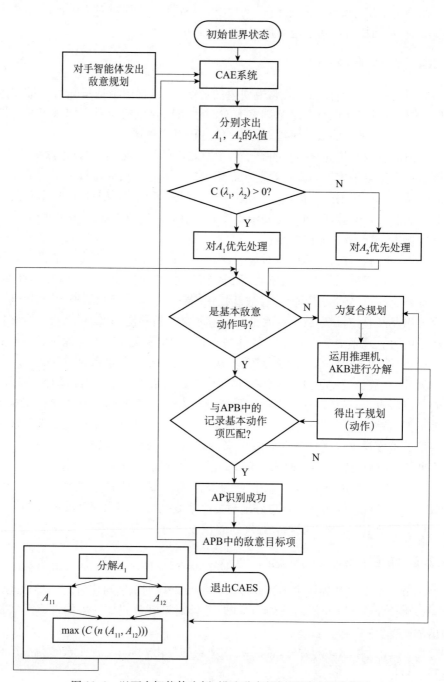

图 11.6　以两个智能体为例，描述敌意规划识别过程示意图

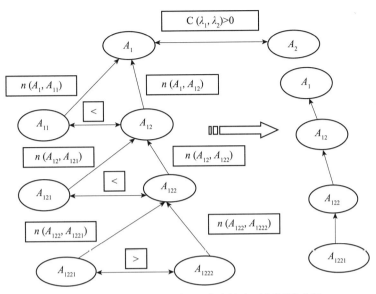

图 11.7　敌意规划过程中,生成有效应对规划示意图

(3)实现了专家系统在敌意规划中的应用问题,充分发挥出了专家系统以规则为基础、以问题求解为中心的特点,为后续的"敌意规划识别与应对"规划器的研究与开发提供了坚实的理论依据。

(4)由于将敌意规划库中的记录按危机系数值划分成了五个 λ 值段,从而可将不同的敌意动作在不同危机程度的区间进行针对性快速搜索,这样就大大缩短了搜索的时间;同时,由于采用了最大贴近度保留法,所以回溯时间缩短,提高了应对规划的能力。

11.3　基于规划语义树图的敌意规划识别

本节介绍在规划知识图表示法的基础上提出的一种规划语义树图表示法,该表示法通过引入的虚连接符弥补了规划知识图只能表示全序规划的不足,使它不仅能够表示全序规划,还能够表示偏序规划。随后通过引入相关动作与不相关动作、危机度和危险规划的定义设计了一种敌意规划识别算法——带标记的双向搜索的敌意规划识别算法[7]。

11.3.1　规划知识图和 Kautz 方法的不足之处

经研究,规划知识图表示法[8]和 Kautz[9]的识别方法存在以下五点不足。

(1)规划知识图表示中采用整数标记的时间片来表示时序约束,然而,无论是在敌意规划领域还是在其他现实领域中,实现一个规划的各个动作不都是全序关系,也存在偏序关系。例如,穿鞋子问题就是一个偏序规划,我们要穿上鞋子,可以先穿左脚的鞋子,也可以先穿右脚的鞋子,它没有严格的顺序。这样,我们仅仅用简单的时间片就不能对这样的时序关系进行很好地表达。

(2)基于规划知识图的规划识别算法对观察到的动作一次性产生整个解图,虽然它生成的节点数会比 Kautz 方法的少。但是,如果有新的观察动作和这个解图相关的时候,它又会重新生成解图,所以它不利于增加新的观察。

(3)基于规划知识图算法不能处理敌意规划世界中的并发性,规划知识图中认为大多数观察到的现象都存在着或多或少的联系。而现实生活中并不一定是这样,尤其是在敌意规划领域中,敌意智能体不希望其他人识别出它的意图,会采取几个规划同时进行的策略,如果仍然采用规划知识图算法,会大大降低识别的效率和准确性。

(4)基于规划知识图算法不能处理敌意规划世界中的部分可观察性。

(5)Kautz 方法在观察到很少的动作时,能识别出具体的规划,但却不能预测到被识别智能体接下来要执行的动作。例如,如果我们观察到智能体的 Make-Marinara 时,根据 Kautz 的算法结果如图 11.8 所示。从图中可以明显看出,这种算法不能预测到被识别智能体接下来要执行的动作。也许有些人会说,如果观察到的动作增加一个,我们就会预测到被识别智能体接下来要执行的动作。但在敌意规划领域中,也许第一个动作就会产生很严重的后果,如果没有预测智能体接下来的动作并且相应产生应对动作,那可能会造成重大的损失。

在规划识别问题所有的解决方法中,Kautz 方法是目前最著名、应用最广泛的一种方法,而规划知识图方法正是在 Kautz 方法的基础上提出的一种用非循环与或图来表示的框架,但还具有上述一些不足。因此,我们提出一种在规划知识图架构之上的规划语义树图表示,弥补了规划知识图表示的不足,并且应用一种带标记的双向搜索的敌意规划识别算法。该算法不仅能够保证识别的结果与 Kautz、规划知识图方法一致,而且更加适用于敌意规划识别领域。

11.3.2　规划语义树图表示

规划语义树图是一种非循环的与或图,它与树的唯一区别是:除根节点外,每个节点可以有不止一个父节点。因此,可以用树中根、父节点、内部节点来定义规划语义树图中的各节点。

规划语义树图从树的角度来看,节点可以分为三类:根节点、端节点和内部节点。根节点就是规划语义树图中没有前驱的节点;端节点是规划语义树图中没有后继的节点;内部节点就是规划语义树图中除根、端节点以外的节点。

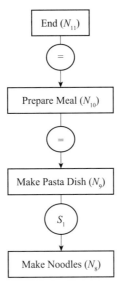

图 11.8 采用 Kautz 方法所得的结果

　　从与或图的角度来看,节点可以分为两类:与节点和或节点。每一个节点是与节点还是或节点是相对于其父节点而言的,即如果一个父节点的后继是此父节点的具体化,当此父节点与其后继节点之间是抽象与具体的关系时,这些具体化节点称为或节点。如果一个父节点的后继是一组组成部分节点,即当此父节点与其后继节点之间是整体与部分的关系时,这些组成部分节点称为与节点。各层次之间节点由实连接符连接,用来连接一个父节点和它的一组后继节点。实连接符可以表示事件之间整体和部分、具体和抽象的关系。同层次之间的与节点由虚连接符连接,虚连接符可以表示事件之间发生的先后次序,也就是表示时序约束。

　　规划语义树图与规划知识图最大的区别在于:规划知识图中的每个节点都代表规划,而在规划语义树图中端节点表示具体的动作,其余节点表示规划,也就是说,在规划语义树图中区分动作与规划。因为敌意规划领域的识别要求预测将要发生的动作,我们区别出动作和规划就可以在识别规划的同时标识出未来要执行的动作。另外说明一点,我们在不区别规划和动作时,把两者统称为事件。现在把基于规划知识图的规划识别算法中的 cooking 问题转换为规划语义树图,如图11.9 所示。

　　对支持度和可能性的计算仍部分采用知识图[8]中的计算方式:

　　(1)$P'(B/A)$表示事件 A 对事件 B 的支持程度;

　　(2)事件 B 有 m 个组成部分事件,则这 m 个组成部分事件一起对 B 的支持程度为 1;

　　(3)具体事件 A 对它的抽象事件 B 的支持程度为 1;

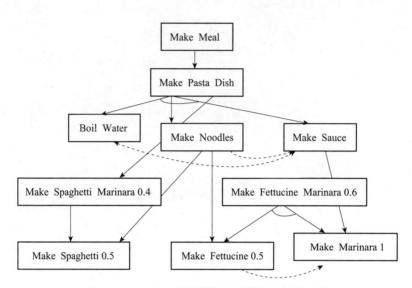

图 11.9　cooking 问题转换为规划语义树图表示

(4) $P(A)$ 表示事件 A 出现的可能性；

(5) $P(B/A)$ 表示在事件 A 出现的条件下事件 B 出现的可能性；

(6) $P''\left[B_i \Big/ \bigvee\limits_{j=1}^{n} B_j\right]$ 表示在 n 个事件 B_j（其中 $j=1,\cdots,n$）都有可能出现的情况

下，B_i 出现的可能性。

规划语义树图中事件出现的可能性根据下面的规定计算得出：

(1) 观察到的事件 A 出现的可能性 $P'(A)=1$，其他所有事件出现的可能性初始化为 0；

(2) 事件 A 是 n 个事件 B_i（其中 $i=1,\cdots,n$）的组成部分事件，A 出现则所有 B_i 都有可能出现。在这种情况下，$\sum\limits_{i=1}^{n} P''\left[B_i \Big/ \bigvee\limits_{j=1}^{n} B_j\right]=1$；

(3) 事件 A 是 n 个事件 B_i（其中 $i=1,\cdots,n$）的组成部分事件，在 A 出现的条件下 B_i 出现的可能性，$P(B_i/A)=P(B_i)+P'(B_i/A)*P''\left[B_i \Big/ \bigvee\limits_{j=1}^{n} B_j\right]$，当 $n=1$ 时，

$$P(B_i/A)=P(B_i)+P'(B_i/A)$$

(4) 具体事件 A 的出现使抽象事件 B 出现的可能性为 $P(B/A)=P(B)+P(A)$。

11.3.3　带标记的双向搜索的敌意规划算法

1. 基本概念

定义 11.3.1（相关动作和不相关动作）　如果观察到的动作 a 出现在由规划

识别算法生成的解图中,那么称动作 a 是解图中所有其他动作的相关动作,否则,动作 a 是解图中所有其他动作的不相关动作。

定义 11.3.2(危机度) 危机度也就是规划的危险程度,下面通过隶属函数给出其定义。

设论域 U 是全体规划的集合,那么敌意规划集合 A 显然是论域 U 上的一个模糊集,设 μ_A 为定义在 U 上的隶属函数,则 μ_A 是 U 到 $[0,1]$ 的一个映射:

$$\mu_A : U \rightarrow [0,1]$$
$$u \rightarrow \mu_A(u)$$

那么我们就称 $\mu_A(u)$ 为规划 u 对敌意规划集合 A 的隶属度且规定 $\mu_A(u)$ 为规划 u 的危机度。如果 $\mu_A(u)$ 达到了一定的阈值,即规划 u 的危机度达到了一定的阈值,则规划 u 就称为危险规划。$\mu_A(u)$ 越大,就表示危机度越大,该规划造成的危害也就越严重;$\mu_A(u)$ 越小,就表示危机度越小,该规划造成的危害也就越轻。

2. 算法的核心思想

敌意规划识别领域不同于其他领域的规划识别,其他领域的规划识别为了消除识别的二义性,采用信任度量等方法求得最优解,但对于敌意规划识别领域却不能仅仅采用这些方法,因为不管哪种敌意规划都能造成危害。所以,在敌意规划领域中要根据危机度和信任度相结合的方法,只要一个规划出现的可能性达到了一定的阈值并且危机度达到了另一个阈值,就输出敌意智能体执行的规划并预测敌意智能体接下来要执行的动作,并且把输出的规划的危机度取其相反数,以此来标记已识别出的规划。

具体实现方法用到了三个函数过程:

(1)加入解图:把相关动作加入解图。在这里为了减少非危险规划生成解图占用的空间,我们规定相关动作数如果大于 10 并且仍然未识别出危险规划,则把该解图置空,否则,按照危机度和信任度相结合的方法,输出识别出的规划——预测敌意智能体接下来要执行的动作。如果有多个敌意规划被识别出来,为了处理这种情况,我们把识别出来的敌意规划装入到按照危机度由大到小的顺序排列的队列中以便处理。

(2)搜索邻接表:用来标记将要发生的事件和已经发生的事件,在这里使用的策略是利用观察到的动作来推断未观察到而又实际执行的动作,这种策略适用于敌意规划识别领域部分可观察的特点。

(3)生成解图:由一个不相关的动作生成,在解图生成后,采用危机度和信任度相结合的方法判断。如果满足条件,则输出识别出的规划并预测敌意智能体接下来要执行的动作。

3. 算法中用到的假设

(1)敌意智能体执行的规划都是正确的规划。

(2)敌意智能体执行的动作中不存在误导动作。

(3)系统的规划库具有完备的领域知识。

4. 算法中用到的数据结构

(1)对于同一层次与节点的虚连接符,采用图的存储表示中邻接表表示法存储。

(2)对于不同层次的实连接符,采用树的存储表示中带左链的层次次序表示法存储。

5. 算法的具体描述

(1)加入解图 AddingtoSG(观察动作 m)

从解图 SG 作标记的节点内查找

  若 动作 m 是不相关动作

  则 转向 ProducingSG(动作 m)

  若 动作 m 是相关动作

  则 相关动作数$+1$

    若 相关动作数$\leqslant 10$

    则 把动作 m 的标记去掉

      重新计算各规划的可能性

      若 某一规划的可能性大于一定的阈值并且危机度大于另一个的阈值

      则 把这一规划插入到按危机度由大到小排列的队列中

        输出队列头指针所指向的规划并预测该规划的进一步动作

        把输出的规划从队列中去掉

        把该规划的危机度取相反数

      否则 转向 AddingtoSG(继续观察的动作 b)

  否则 恢复改变的规划的危机度并把 SG 置为空

[算法结束]

(2)搜索邻接表 SearchingAL(节点 m)

(i)在邻接表的顶点表中找到节点 m 对应的位置

  若 指向边表的头指针不为空

  则 循环 当指向边表下一条边的指针不为空时,反复执行

      沿着指针的方向查找,把找到的节点并且还未在解图 SG 中的节点加入到解图 SG 中,作上标记 ∗ //表示将要发生的动作

(ii)若 在邻接表的边表中找到节点 m 对应的位置

  则 把指向节点 m 的节点并且还未在解图 SG 中的节点加入到解图 SG

中,作上标记♯　//表示已经发生的动作

(iii)[算法结束]

(3)生成解图 ProducingSG(动作 a)

(i)把解图 SG 置空

(ii)把相关动作数赋为 1

(iii)把观察到的不相关动作 a 加入到解图 SG 中

(iv)若　端节点 a 是与节点

　　　则　转向 SearchingAL(节点 a)

(v)循环　在解图中有节点未考察,反复执行

　　　　若　该节点的父节点未在 SG 中

　　　　则　找到该节点的父节点并加入到解图 SG 中

　　　　若　该节点是内部节点并且没有儿子在解图 SG 中并且它是与节点

　　　　则　转向 SearchingAL(同组与节点中节点 a 的父节点)

(vi)循环　在解图 SG 中有没有儿子的带有标记的内部节点未考察,反复执行

　　　　若　该节点是与节点的父节点

　　　　则　把该节点的后继与节点加入到解图 SG 中,并把相应的标记下移

　　　　若　该节点是或节点的父节点

　　　　则　把可能性最大的或节点加入到解图 SG 中,并把相应的标记下移

(vii)去掉解图 SG 中内部节点的标记

(viii)查看各规划的可能性

　　　　若　某一规划的可能性大于一定的阈值并且危机度大于另一个的阈值

　　　　则　把这一规划插入到按危机度由大到小排列的队列中

　　　　　　输出队列头指针所指向的规划并预测该规划的进一步动作

　　　　　　把输出的规划从队列中去掉

　　　　　　把该规划的危机度取相反数

　　　　否则　转向 AddingtoSG(继续观察的动作 b)

(ix)[算法结束]

6. 算法举例

某一问题用规划语义树图表示如图 11.10 所示,如果观察到动作 M,按照我们提出的算法,所得的解图表示如图 11.11 所示。

在解图 11.11 中,如果规划 B 的可能性达到了一定的阈值并且危机度达到了另一个阈值,则把规划 B 放在按危机度由大到小的顺序排列的队列中。如果 B 的

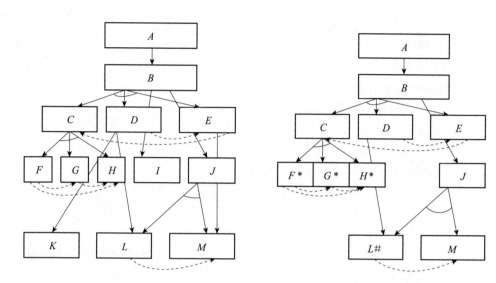

图 11.10　某问题用规划语义树图表示　　　　图 11.11　采用带标记的双向搜
索的敌意规划算法所得结果

危机度最大,则把规划 B 输出并预测该规划接下来将要执行的动作 $\{F,G,H\}$,然后把规划 B 的危机度取相反数。这个例子正是在部分可观察的条件下进行识别的,因而带标记的双向搜索的敌意规划算法适用于敌意规划识别世界中部分可观察的情况。如果已经由一个不相关的动作生成解图,那么相关动作加入解图与不相关动作生成解图可同时进行,所以,该算法具有敌意规划识别世界中规划并发执行的特点。

7. 算法分析

我们给出了规划语义树图表示法基础上的带标记的双向搜索的敌意规划识别算法,从形式上看,这种方法与 Kautz 方法、规划知识图方法都是采用抽象和分解表达式表示规划问题,都能处理抽象约束和时序约束。但此处采用的方法相对于Kautz 方法、规划知识图方法又具有其优越性。

(1)与 Kautz 方法相比:

(a)在观察到较少的动作时能够对识别出的规划预测智能体将要执行的动作。

(b)不需要区分具有独立意义规划的界限,即不用规定 End 节点。

(c)在生成解图时相同规划只会产生一个节点,避免了 Kautz 方法中大量重复节点的出现。

(d)根据规划出现的可能性和危机度识别,而不是 Kautz 方法中选择具有最少规划的规划集作为解集。

（2）与规划知识图方法相比：

（a）算法便于增加新的观察。

（b）利用虚连接符，能够更好地表示具有偏序关系的规划。

（c）可以不用假设观察是完全的。

（3）在敌意规划领域中的适用性：

（a）能够同时处理多个敌意智能体执行的规划，即它适用于敌意规划识别世界中规划并发执行的特点。

（b）能够在观察到较少的动作情况下，识别出规划并且预测智能体接下来将要执行的动作。

（c）支持敌意规划识别领域中的部分可观察的特点。

8. 总结

在规划语义树图表示法基础上带标记的双向搜索敌意规划识别算法的优点如下：第一，能够根据观察到的动作推测出未观察到而又实际执行的动作并对已执行的动作和将要执行的动作做上相应的标记；第二，对于新增加的观察动作所产生的解图的节点数目要比 Kautz 方法和规划知识图方法产生得少，提高了规划识别的效率。第三，在观察到较少的动作时就能够对识别出的规划预测智能体将要执行的动作。在算法的设计上考虑到了敌意规划领域识别的特点，使得它能够处理敌意规划领域识别的部分可观察性和并发性的特点。因此，这种带标记的双向搜索的敌意规划识别方法对于建设一套完整的信息防御体系有着十分重要的意义。

11.4 基于 DCSP 的敌意规划识别算法

本节我们介绍一种新的规划识别方法——基于 DCSP（dynamic constraint satisfaction problems）的规划识别算法[10]。在敌对领域中，智能体只有充分正确地识别敌方规划才能有效地制定我方的规划。因此，规划识别方法的运用是否得当直接决定了智能体的策略性。传统的识别方法存在着诸多的局限性，限制了其在敌对领域中的应用。基于 DCSP 的规划识别算法在给出已执行动作集、动态动作悬挂集和动态可能规划集的基础上，结合 DCSP 理论，更适用于敌对领域的规划识别。该算法不仅可以有效处理域的部分可观察问题和偏序规划及多规划交替执行等问题，还可以排除智能体的误导动作，这将在网络安全及入侵检测等许多领域都有广阔的应用前景。

11.4.1 传统的规划识别理论中的假设和应用条件

（1）这些传统的规划识别方法多是洞孔式和协作式的规划识别方法。智能体不介意自己动作被观察,甚至协助其他智能体识别已发生动作,完全排除敌对的情况。而敌对领域中,敌方尽可能地隐藏自己的动作不被发现,有时甚至做出一些虚假动作来掩饰自己的规划。

(2)规划识别过程中的多智能体问题没有得到很好地解决。传统的规划识别方法在某一时刻仅能对一个智能体进行识别,无法同时对多个智能体的规划进行预测。而通常情况下,可能同时存在多个敌对智能体进行多个敌意规划,因此必须要求智能体能够同时对若干个敌对智能体的多个敌意规划进行识别。

(3)在识别过程中,仅将已发现的动作作为识别依据,而不考虑未发现的动作。未发现动作不同于未执行动作,对于一个动作 a,系统没有观察到这个动作,但是并不意味着这个动作 a 没有执行。这种情况在入侵检测领域中十分常见,因为攻击者经常会成功地隐藏自己已经执行的动作。因此,要求应用在入侵检测系统中的规划识别能够通过相关信息来确定一些未发现动作。

(4)在传统的规划识别过程中,不考虑世界状态对智能体规划的影响。这一点严重地限制了规划识别理论在入侵检测中的应用。因为在敌对领域中,攻击者时常会根据实际情况(世界状态的变化)来及时地修改自己的规划。例如,在入侵检测领域中,攻击者规划的动作序列是:扫描端口,入侵主机 A,通过主机 A 入侵主机 C。但是当攻击者发现当前的世界状态为主机 B 未设置防火墙,且通过主机 B 也可间接地进入主机 A,那么,攻击者可能立即改变其规划:扫描端口,入侵主机 B,通过主机 B 入侵主机 C。

11.4.2　相关概念

(1)被激活动作(enable action):动作的所有前提条件都已经被满足,则该动作被激活。例如,动作"非法入侵"的添加效果为动作"破坏网页"的前提条件。也就是说,当"非法进入"执行之后,世界状态中出现了执行动作"破坏网页"的前提条件,此时"破坏网页"才有可能被执行。此时,我们称动作"破坏网页"为一个被激活动作。

(2)动态已观察动作集 A_d(active set of detected action):系统观察和推测到的世界状态中已执行动作的集合。不同于传统识别方法中的已观察动作集合,该集合中的动作分为两种:一种是智能体直接观察到的动作;另一种是智能体通过已观察到的动作,根据动作与动作之间的约束关系或者某些动作执行后世界状态的改变(动作的效果)推断出的一些动作,这些动作是在先前已经执行,但没有被智能体直接观察到的动作。

例如,在入侵检测中,攻击者只有在执行了"扫描"动作之后才能执行"进入"动作。因此,如果智能体在当前状态下发现了一个"进入"动作,那么根据动作间的约束关系可以推断,敌方在先前一定执行了一个或多个"扫描"动作。由此可见,在敌对领域中,智能体尽可能地收集一切有用的信息,从而发现和推断敌方已经执行的动作,并将确定的已执行动作放入已观察动作集合中。

世界状态是确定一个动作是否已经执行的重要依据。每一个动作都有它对应的前提条件和添加效果。攻击者可能成功地隐藏了某一个已执行动作,使其没有被入侵检测系统发现。但是无论如何隐藏,只要执行了这个动作,势必要引起世界状态的变化。世界状态能够直接体现出动作的执行状况。因此,智能体完全可以通过世界状态的变化来间接地推断动作,使其能够最大限度地发现敌方的隐藏动作。例如,检测系统目前并没有发现"清除"动作,但是发现审计记录或日志中的数据缺失,则可以通过这一世界状态的变化推断出攻击者先前必然执行了一个"清除"动作。此时,系统将"清除"动作作为一个已执行动作,添加到动态已观察动作集中。

A_d是一个动态集合。在敌意规划过程中,在每个世界状态下都能观察到、推断到敌意动作,因此它的产生过程是一个动态扩展过程。我们将A_d定义如下:

$$A_d = \bigcup_{r=0}^{i} A_d(s_i)$$

其中,s_i为当前世界状态;$A_d(s_i)$为智能体在当前世界状态 s_i 下观察或者推断到的动作集合。

(3)动态悬挂动作集合A_p(active set of pending actions)。Pending 集是规划选择的原始动作集合。敌意智能体会重复地执行某一悬挂动作并产生一个新的悬挂动作集合以从中选择未来要选择执行的动作。

当前世界状态 s_i 下新的动态 pending 集由之前的集合移除已执行动作和在 s_i 下的非激活动作、加入新的被激活动作生成。

A_p定义如下:

$$A_p = \bigcup_{r=0}^{i} A_p(s_i) - \widetilde{A}_p(s_i)$$

其中,s_i为当前世界状态;$\widetilde{A}_p(s_i)$表示在当前世界状态 s_i 下刚被执行完的动作和变成非激活动作的动作集合。

(4)动态可能规划集 $P(s_i)$ 和未来动作集合 FA(s_i)。$P(s_i)$是当前世界状态 s_i 下的可能规划集合,它是一个动态递减的集合。其中,规划随着 s_i 下观察到的动作的匹配失败而逐渐被移除。$P(s_i)$中的所有可能规划对应一个动作集合 PA (s_i),它由两个集合组成:A_d 和 FA (s_i)。

(a)如果动作 $a \in A_d$,则 $a \in$ PA (s_i);

(b)如果动作 $a \in A_d$,$a \in p_i$,并且 $p_i \in P(s_i)$,则 $a \in$ PA (s_i) 且 $a \in$ FA(s_i)。

敌对智能体会在 FA(s_i)中选择动作来继续它们的规划,因此集合 FA(s_i)对于执行智能体确立它将来的应对规划是一个很重要的信息。

PG(s_i)是将 $P(s_i)$ 中规划的所有目标作为目标状态的命题集合。

（5）变量优先策略（variable priority strategy，VPS）。在 DCSP 的后向搜索方法中，智能体搜索有效规划可以有很多种方法，如朴素回溯法、边一致法、动态变量排序法、由冲突引导的回溯、局部搜索等。为了使新的识别模型更加适用于敌意规划领域，这里提出一个新的策略。在这个策略下，智能体将把敌意动作和其他活跃动作区分开来并给出它们不同的优先级。然后每层的活跃动作（变量）以下面的顺序被选择和执行：

（a）A_d 中的动作要比 $\mathrm{FA}(s) \bigcap A_p$ 中的动作优先被执行；

（b）$\mathrm{FA}(s) \bigcap A_p$ 中的动作要比 A_p 中的其他动作优先被执行；

（c）A_p 中的动作要比其他被激活动作优先被执行。

11.4.3　基于 DCSP 的识别方法

算法的核心思想是：随着观察到的动作的增多，根据动作与动作之间的依赖关系以及世界状态的改变，逐步对敌意智能体的可能规划和目标进行剪枝与扩展，以精确敌方目标的范围。然后求得各目标的最大相对危机度，得到敌意智能体的最终可能目标，从而完成对敌意智能体的攻击行为的规划识别，并在敌意智能体实现其最终目标之前生成告警信息。基于 DCSP 的敌意规划识别过程，如图 11.12 所示，算法的描述如下。

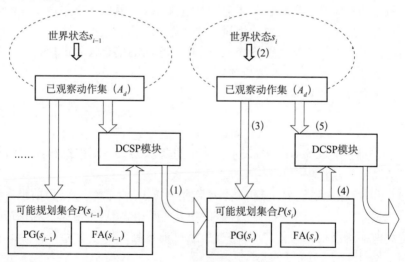

图 11.12　敌意规划识别过程

（1）$\mathrm{PG}(s_i)$ 由 DCSP 模块产生；　　　（2）A_d 由观察世界状态 s_i 产生；

（3）$\mathrm{PG}(s_i)$ 为 s_i 状态下由 A_d 调整；　（4）发送 $\mathrm{PG}(s_i)$ 和 $\mathrm{FA}(s_i)$ 的信息到 DCSP 模块；

（5）发送 A_d 的信息到 DCSP 模块

（1）在攻击者发起的一起攻击事件过程当中，攻击者会根据自己所拥有的若干受限的系统访问权限在目标系统(即我方系统)的初始状态基础上对目标系统发起攻击。此时目标系统初始状态的前提条件为空。

(2)攻击者在初始世界状态$s_{i-1}(i>1)$下,对我方系统发起攻击。

(a)在初始世界状态$s_{i-1}(i>1)$下,敌意规划识别器观察世界状态以通过新观察到的动作和推断的动作生成A_d。

(b)敌意规划识别器会根据已观察的攻击行为的作用效果预测出多种可能的目标状态节点,执行智能体将会得到一些可能的敌意规划组成$P(s_{i-1})$。

(c)查看A_d并扫描敌意规划库,得到能够解释A_d中的动作且符合相应约束的可能规划,然后智能体将通过移除那些无法解释A_d中的动作或者不符合A_d中的动作间约束的规划得到最终的$P(s_i)$,并更新$FA(s_i)$和A_p。

(d)敌意规划识别器会根据攻击者攻击行为的各种可能的目标状态节点的自身危机度,求出各可能的目标状态节点相对于攻击者欲实现的最终目的状态节点的相对危机度$P\left[\lambda_{G_n \atop \text{Line1}} \middle/ G\right]$。

(e)在求得相对危机度$P\left[\lambda_{G_n \atop \text{Line1}} \middle/ G\right]$的基础上,敌意规划识别器会得出攻击行为作用下具有最大相对危机度值的那一个可能的目标状态节点,并把它作为该列的最终目标状态节点G_1;而此时我们就完成了对一次攻击行为的识别过程。

(f)在当前世界状态s_i下,执行智能体以图规划为基础从$PG(s_{i-1})$开始后向搜索敌意智能体的有效规划来解决相应的 DCSP。DCSP 的后向搜索期间,智能体使用变量优先策略,EBL/DDB(3.6.3 节)回溯。

(3)重复(2),直到执行智能体掌握足够的信息来确定敌意规划,此时规划识别器的规划识别过程结束。

11.4.4 基于 DCSP 识别模型的特性

(1)新的基于 DCSP 的识别模型充分考虑了世界状态的改变,帮助执行智能体发现先前执行过的但没有被观察到的动作。因此,它可以获得更多的信息,加强了规划识别的正确率。

(2)以应用 EBL/DDB 的 DCSP 为基础,新模型中加入了一个新的策略。例如,在后向搜索过程中,被激活动作和其他动作被设定不同的优先级来选择执行。应用这个策略,新的模型可以使动作的执行更加的有针对性并且抓住重点来识别敌意规划。

(3)在后向搜索过程中,A_d中的动作能够在不同层重复执行,并且动态集合$P(s_i)$中的所有目标以命题形式组成目标状态。$P(s_i)$中的规划和$FA(s_i)$中的动作对于执行智能体确定它未来应对动作有很重要的作用。因此,这个新的模型可以识别多个且偏序的规划。

　　本节介绍了一种结合 DCSP 技术的新颖的规划识别方法。该方法考虑了智能体之间的敌对关系,并参照世界状态来识别动作,能够通过动作间的约束关系来进一步发现当前没有检测到的动作。通过已观察动作集合来指导 DCSP 中的变量赋值,使智能体能够更有效地识别敌方规划。通过动态可能规划集合中规划所涉及的动作,从而使智能体能够预测到今后敌方所采取的动作,进而指导我方规划的制定和执行。由此可见,该方法打破了传统规划识别方法应用于敌对领域时所存在的诸多局限性,使其能够适应敌对领域并提高智能体的策略性。

11.5　基于抢占式动作的敌意规划

　　本节介绍智能规划中一种新的动作——抢占式动作。在敌意规划中通过对资源的定义、分类以及值的定义,提出了实时抢占算法和准确抢占算法[11]。

11.5.1　相关定义

　　抢占式动作在敌意规划中应用,有别于以往"识别对手规划——产生应对规划"的模式,以抢占式动作终止规划的执行。"识别对手规划——产生应对规划"模式,关注敌意环境中对手"想要做什么",之后才给出应对。这种方法有两个缺陷:一是容易出现错误的识别结果;二是反应周期长。一旦无法正确识别对手的规划目标,应对规划也就失去了作用,整个应对过程失败。识别和产生规划,都需要一定时间,在某些情况下,错过最佳时机,即使正确识别对手规划并给出针对性的应对规划,都没有意义了。利用抢占式动作实现对敌意规划的应对,则不存在这些问题。抢占式动作关注对手正在做什么,规划最终结果并不关心;抢占式动作应对模式是对已执行或正在执行动作做出反应,具有一定的实时性。

　　通过对资源重新定义、分类、值的计算,完成对抢占式动作定义,最终提出抢占算法。

　　定义 11.5.1(资源)　规划中出现的所有命题都是资源,若该命题为某一动作前提,则称为该动作的相关资源。

　　相关资源分类:

　　(1)独占式非损耗资源:每次只允许一个动作占有,动作结束后该资源并不消失。

　　(2)独占式损耗资源:每次只允许一个动作占有,动作结束后该资源消失。

　　(3)非独占式资源:每次允许多个动作同时占有。

　　定义 11.5.2(抢占式动作)　抢占或删除规划正常执行所需的资源,以致规划无法正常执行的动作。

定义 11.5.3（抢占式动作的时态特征） 带有抢占式动作规划研究中包括了时态特征,采用 TGP 语言模型描述动作,即前提在开始(start)或是整个持续时间(overall)为真,效果在动作结束时为真。普通规划中并不强调动作的时态特征,但在实际情况中动作具有很强的时间属性,包括动作的持续时间、前提条件需要持续的时间等。

定义 11.5.4（相关资源不同类型的值） 独占式非损耗资源对应值为 2,独占式损耗资源对应值为 1,非独占式资源对应值为 0。

值定义的根据在于:非独占式资源的应用非常少,作为后续动作前提的可能性很小,所以将其定义为 0。独占式非损耗资源可能被多个后续动作使用,所以抢占这种资源对对手所执行规划造成的威胁较大,值设为最高。

定义 11.5.5（资源的值） 将当前世界中以该资源为相关资源的动作所对应的资源类型值累加,就是该资源的值。

定义 11.5.6（危险动作集） 根据领域知识定义一个动作集,动作集中的动作在该领域中有至关重要的作用。

一旦对方规划执行了危险动作集中动作,则将其标为"敌意",执行抢占式动作,阻止规划继续执行。

11.5.2 抢占算法在敌意规划中的应用

1. 实时抢占算法

实时抢占算法描述如下:

(1)计算当前世界中所有资源的值。

(2)对手执行危险动作,确定为敌意规划。

(3)在资源集合中屏蔽正在执行动作的相关资源。

(4)选出资源值最高的资源。转(6)。

(5)新资源出现,返回(4);否则,失败。

(6)针对选出资源,执行抢占式动作。成功,退出。

(7)选择次高值所对应的资源,成功,返回(6);否则,转(5)。

实时抢占算法,一旦确认对方为敌意规划,则立刻执行抢占式动作,以尽可能快的速度对敌意规划响应。

2. 实例

这里以机器人搬运世界为例,说明抢占式动作在敌意规划中的应用。机器人搬运世界包括两个地点 l, p,货物 a, b,机器人 r。包括三个操作:拿起(take)、放下(put)、搬运(carry)。

机器人搬运任务问题的操作集合包括三个操作,如图 11.13 所示。

机器人搬运任务包括了 10 个动作,其中用"〈 〉"标注相关资源的时态特征,如图 11.14 所示。

```
carry:
      :parameters((robot?r)(place?from)(place?to))
      :precondition(:and(:nep?from?to)(at?r? from))
      :effect(:and(at?r?to)(:not(at? r?from)))
unload:
      :parameters((robot?r)(place?p)(cargo?c))
      :precondition(:and(at?r? p)(in?c?r))
      :effect(:and(at?c?p)(:not(in? c?r)))
load:
      :parameters((robot?r)(place?p)(cargo?c))
      :precondition(:and(at?r? p)(at?c?p))
      :effect(:and(in?c?r)(:not(at?c?p)))
```

图 11.13　机器人搬运任务操作集合

```
carry－l－p:
      :precondition(at r l <start>)
      :effect(:and(at r p)(:not(at r l)))
carry－p－l:
      :precondition(at r p <start>)
      :effect(:and(at r l)(:not(at r p)))
put－a－p:
      :precondition(:and(at r p<overall>)(in a r<start>))
      :effect(:and(at a p)(:not(in a r)))
put－a－l:
      :precondition(:and(at r l<overall>)(in a r<start>))
      :effect(:and(at a l)(:not(in a r)))
put－b－p:
      :precondition(:and(at r p<overall>)(in b r<start>))
      :effect(:and(at b p)(:not(in b r)))
put－b－l:
      :precondition(:and(at r l<overall>)(in b r<start>))
      :effect(:and(at b l)(:not(in b r)))
take－a－l:
      :precondition(:and(at r l<overall>)(at a l<start>))
      :effect(:and(in a r)(:not(at a l)))
take－a－p:
      :precondition(:and(at r p<overall>)(at a p<start>))
      :effect(:and(in a r)(:not(at a p)))
take－b－l:
      :precondition(:and(at r l<overall>)(at b l<start>))
      :effect(:and(in b r)(:not(at b l)))
take－b－p:
      :precondition(:and(at r p<overall>)(at b p<start>))
      :effect(:and(in b r)(:not(at b p)))
```

图 11.14　机器人搬运任务问题的动作

如表 11.1 所示,当前世界中的资源为 at $r\,l$, at $r\,p$, in $a\,r$, in $b\,r$, at $a\,l$, at $b\,l$, at $a\,p$, at $b\,p$。以 at $r\,l$ 为相关资源的动作分别是 carry-l-p, take-a-l, take-b-l, put-a-l 及 put-b-l。动作 carry-l-p 中 at $r\,l$ 为独占式损耗资源, at $r\,l$ 的资源类型值为 1;动作 take-a-l 中 at $r\,l$ 为独占式非损耗资源, at $r\,l$ 的资源类型值为 2;动作 take-b-l 中 at $r\,l$ 为独占式非损耗资源, at $r\,l$ 的资源类型值为 2;动作 put-a-l 中 at $r\,l$ 为独占式非损耗资源, at $r\,l$ 的资源类型值为 2;动作 put-a-l 中 at $r\,l$ 为独占式非损耗资源, at $r\,l$ 的资源类型值为 2。因此 at $r\,l$ 的资源值经过累加为 9。

表 11.1　机器人搬运任务问题的资源

资源	隶属 1	类型	隶属 2	类型	隶属 3	类型
at $r\,l$	carry-l-p	独占式损耗	take-a-l	独占式非损耗	take-b-l	独占式非损耗
	put-a-l	独占式非损耗	put-b-l	独占式非损耗		
at $r\,p$	carry-p-l	独占式损耗	take-a-p	独占式非损耗	take-b-p	独占式非损耗
	put-a-p	独占式非损耗	put-b-p	独占式非损耗		
in $a\,r$	put-a-p	独占式损耗	put-a-l	独占式损耗		
in $b\,r$	put-b-p	独占式损耗	put-b-l	独占式损耗		
at $a\,l$	take-a-l	独占式损耗				
at $b\,l$	take-b-l	独占式损耗				
at $a\,p$	take-a-p	独占式损耗				
at $b\,p$	take-b-p	独占式损耗				

以 at $r\,p$ 为相关资源的动作分别是 carry-p-l, take-a-p, take-b-p, put-a-p 及 put-b-p。动作 carry-p-l 中 at $r\,p$ 为独占式损耗资源, at $r\,p$ 的资源类型值为 1;动作 take-a-p 中 at $r\,p$ 为独占式非损耗资源, at $r\,p$ 的资源类型值为 2;动作 take-b-p 中 at $r\,p$ 为独占式非损耗资源, at$r\,p$ 的资源类型值为 2;动作 put-a-p 中 at $r\,p$ 为独占式非损耗资源, at $r\,p$ 的资源类型值为 2;动作 put-a-p 中 at $r\,p$ 为独占式非损耗资源, at $r\,p$ 的资源类型值为 2。因此, at $r\,p$ 的资源值为 9。

以 in $a\,r$ 为相关资源的动作分别是 put-a-p, put-a-l。动作 put-a-p 中 in $a\,r$ 为独占式损耗资源, in $a\,r$ 的资源类型值为 1;动作 put-a-l 中 in $a\,r$ 为独占式损耗资源, in $a\,r$ 的资源类型值为 1。因此, in $a\,r$ 的资源值为 2。

以 in $b\,r$ 为相关资源的动作分别是 put-b-p, put-b-l。动作 put-b-p 中 in $b\,r$ 为独占式损耗资源, in $b\,r$ 的资源类型值为 1;动作 put-b-l 中 in $b\,r$ 为独占式损耗资源, in $b\,r$ 的资源类型值为 1。因此, in $b\,r$ 的资源值为 2。

以 at $a\,l$ 为相关资源的动作是 take-a-l。动作 take-a-l 中 at $a\,l$ 为独占式损耗资源, at $a\,l$ 的资源类型值为 1。由于以 at $a\,l$ 为相关资源的动作只有一个,所以 at $a\,l$ 的资源值为 1。

以 at $b\,l$ 为相关资源的动作是 take-b-l。动作 take-b-l 中 at $b\,l$ 为独占式损耗, at $b\,l$ 的资源类型值为 1,所以 at $b\,l$ 的资源值为 1。

以 at a p 为相关资源的动作是 take-a-p。动作 take-a-p 中 at a p 为独占式损耗资源,at a p 的资源类型值为 1,所以 at a p 的资源值为 1。

以 at b p 为前提的动作是 take-b-p。动作 take-b-p 中 at b p 为独占式损耗资源,at b p 的资源类型值为 1,所以 at b p 的资源值为 1。

智能体 ω 在当前世界可执行动作,如图 11.15 所示:

```
wcarry - l - p:
            :precondition(at w l <start>)
            :effect(:and(at w p)(:not(at w l)))
wcarry - p - l:
            :precondition(at w p <start>)
            :effect(:and(at w l)(:not(at w p)))
wput - a - p:
            :precondition(:and(at w p<overall>)(in a w<start>))
            :effect(:and(at a p)(:not(in a w)))
wput - a - l:
            :precondition(:and(at w l<overall>)(in a w<start>))
            :effect(:and(at a l)(:not(in a w)))
wput - b - p:
            :precondition(:and(at w p<overall>)(in b w<start>))
            :effect(:and(at b p)(:not(in b w)))
wput - b - l:
            :precondition(:and(at w l<overall>)(in b w<start>))
            :effect(:and(at b l)(:not(in b w)))
wtake - a - l:
            :precondition(:and(at w l<overall>)(at a l<start>))
            :effect(:and(in a w)(:not(at a l)))
wtake - a - p:
            :precondition(:and(at w p<overall>)(at a p<start>))
            :effect(:and(in a w)(:not(at a p)))
wtake - b - l:
            :precondition(:and(at w l<overall>)(at b l<start>))
            :effect(:and(in b w)(:not(at b l)))
wtake - b - p:
            : precondition(:and(at w p<overall>)(at b p<start>))
            : effect(:and(in b w)(:not(at b p)))
```

图 11.15　智能体 ω 的动作

假设机器人、货物都在 l,规划目标将其搬运到 p 地。机器人所执行规划的动作序列为 take-a-l,take-b-l,carry-l-p,put-a-p,put-b-p。此时智能体 ω 在 p 地。

　　规划依次执行 take-a-l, take-b-l, carry-l-p, put-a-p, put-b-p。当执行到动作 carry-l-p 时，由于 carry-l-p 是危险动作，确定其为敌意规划，根据实时抢占算法执行抢占式动作进行应对。规划的初始资源为 at r l, at a l, at b l。此时已执行了 take-a-l, take-b-l，正在执行 carry-l-p。此时资源为 in a r, in b r, at r l。carry-l-p 为危险动作，所以屏蔽其相关资源 at r l。资源集合包括了 in a r, in b r，它们的值为 2,2。选择 in a r 或 in b r，由于当前世界中 ω 没有可执行动作，进入等待状态。carry-l-p 动作执行完，出现新的资源 at r p。资源集合包括了 in a r, in b r, at r p，资源值分别为 2,2,9，首先选择 at r p，没有可执行的抢占式动作，降级依此选择 in a r, in b r，没有可执行动作，等待。规划继续执行，put-a-p 执行完，新的资源集合为 at r p, in b r, at a p，资源值分别为 9,2,1，首先选择资源值最高的 at r p，没有可执行动作，降级选择 in b r，没有可执行动作，降级选择 at a p。由于 ω 在 p 地，可执行动作 wtake-a-p，将其作为抢占式动作，抢占资源 at a p。实时抢占算法完成。

　　3. 准确抢占算法

　　准确抢占算法描述如下：

　　(1)计算当前世界所有资源的值。

　　(2)对手执行危险动作，确定为敌意规划。

　　(3)判断正在执行动作相关资源的时态特征。若存在时态特征为 overall 的相关资源，且该资源在危险动作中为非独占式资源，则执行抢占式动作，删除该资源。成功，退出。

　　(4)资源集合中选出值最高的资源，转(6)。

　　(5)新资源出现，返回(4)；否则，失败。

　　(6)执行抢占式动作，成功，退出。

　　(7)选择次高值所对应的资源，成功，返回(6)；失败，返回(5)。

　　准确抢占算法首先对使规划判定为敌意规划的危险动作的资源进行处理，针对性非常强，增加了抢占式动作的准确性。

　　实时抢占算法与准确抢占算法的区别在于，是否对使规划判定为敌意规划的危险动作的资源进行处理。实时抢占算法中，危险动作的相关资源直接屏蔽，不做处理，这主要是为了提高响应速度。准确抢占算法则是首先处理危险动作的相关资源。动作被确定为危险动作，正是由于它在所属领域内十分重要，或是敌意性很强，所以针对它的资源进行处理，所执行的抢占式动作更为有效。但是对于危险动作的相关资源进行处理，必须对其时态特征及资源类型进行分析，不同时态特征和资源类型处理不同，延长处理时间。这里采用了 TGP 语言模型，这种模型中动作的效果只在动作结束时为真，所以无须对资源做效果处理，只需判断其时态特征及资源类型，找到可以执行的抢占式动作。

设机器人、货物都在 l，规划目标将货物搬运到 p 地；智能体 w 在 p 地。动作序列 take-a-l, take-b-l, carry-l-p, put-a-p, put-b-p。由于 carry-l-p 是危险动作，当它执行时规划被判定为敌意规划。规划的初始资源为 at r l, at a l, at b l。已执行了 take-a-l, take-b-l，正在执行 carry-l-p。此时资源为 in a r, in b r, at r l。carry-l-p 为危险动作，首先处理其相关资源 at r l，由于 at r l 时态属性为 start，无法执行抢占式动作。依次选择 in a r, in b r，仍无法发出抢占式动作，规划继续执行。put-a-p 执行完，新的资源集合包括 at r p, in b r, at a p，资源值分别为 9,2,1，针对资源值最高的 at r p，没有可执行动作，降级选择 in b r，没有可执行动作，降级选择 at a p。由于 w 在 p 地，可执行动作 wtake-a-p，将其作为抢占性动作，抢占资源 at a p。

准确抢占算法难点在于执行怎样的抢占式动作，打破危险动作相关资源的限制，使其应用更为广泛。由于带有抢占式动作规划研究是一个全新的研究内容，所以还有许多需要完善的地方，但是通过上述工作，已经验证了抢占式动作在敌意规划中的优秀表现。

11.6 敌意规划的识别与应对系统

11.6.1 敌意系数与敌意动作

1. 敌意系数

为了更好地描述敌意动作的特征，我们为规划中的每一个动作设置一个敌意系数 $p(p \in [0,1])$，用其来表示敌意动作的攻击强度。

设 X 是动作的论域，A 是给定论域 X 上的一个模糊子集，表示敌意非常大，大到能对系统构成严重威胁的动作的集合。

我们构造这样的映射来表征 A：

$$\mu : X \rightarrow [0,1]$$
$$x \mapsto \mu A(x)$$

对于任意的 $x \in X$，都有一个实数 $\mu A(x) \in [0,1]$ 与之对应，那么我们就称 $\mu A(x)$ 为 x 对集合 A 的隶属度，且有 $p = \mu A(x)$

$$p \in [0, 0.5] \qquad 正常动作$$
$$p \in (0.5, 0.8] \qquad 可疑动作$$
$$p \in (0.8, 1] \qquad 敌意动作$$

假设：因为在规划中的同一个时间步执行的所有动作具有相近的性质，所以在敌意规划中的同一个时间步内执行的敌意动作的敌意系数差别很小，可以认为近似相同。

2. 相对敌意动作与绝对敌意动作

根据性质的不同,我们把敌意动作划分为两类:相对敌意动作和绝对敌意动作。

1)相对敌意动作

有些动作只有将其放进某个具体的规划中,当这个规划是具有敌意的,我们才将这些动作称为敌意动作。同一个动作,可能在规划 A 中是敌意动作(如果 A 是敌意规划),在规划 B 中就不能称为敌意动作(如果 B 不是敌意规划),我们把具有这种性质的动作叫做相对敌意动作。相对敌意动作是介于正常动作与敌意动作之间的一类动作,也称之为"可疑动作",初始化时敌意系数为 $(0.5, 0.8]$。当其被确定为正常动作时,敌意系数 p 在 $[0, 0.5]$ 之间变化;当其被确定为敌意动作时,它的 p 值会在 $(0.8, 1]$ 之间变化. 所以相对敌意动作的敌意系数是可变的。其实在敌意规划中,相对敌意动作是大量存在的。

2)绝对敌意动作

有些动作,本身就具有强烈的攻击性和破坏性,只要它一发生就能导致极其严重的后果。例如,未经授权改写操作系统内容的非法操作,我们将这样的动作称为绝对敌意动作,它的敌意系数 $p \equiv 1$,是固定不变的。

3. 敌意规划与敌意动作的关系

敌意规划中的敌意动作可能是绝对敌意动作,也可能是相对敌意动作。敌意规划中一定包含绝对敌意动作,却不一定包含相对敌意动作。包含绝对敌意动作的规划一定是敌意规划,包含相对敌意动作的规划却不一定是敌意规划。

11.6.2　敌意规划识别系统

敌意规划的识别沿用了传统的规划识别中的一些方法,但它又具有一些区别于传统识别方法的特点。这里提出的敌意规划识别系统[12]由五部分组成:敌意规划库、实体活动记录库、动作向量分析与形成系统、实体动作库和敌意规划匹配器。

1. 敌意规划库

敌意规划库中记录了各种可能的敌意规划,我们要求敌意规划库应该是完备的,但是目前还只是一个理想。实际中的敌意规划库的建立是一个不断完善的过程,对于新出现的不在敌意规划库中的敌意规划需要识别系统经过不断地学习和信息反馈,逐渐获得对这种敌意规划的识别能力,使敌意规划库逐渐趋于完备。

2. 实体活动记录库

识别系统记录实体的活动情况。例如,动作发生的时间、地点、动作的对象、上一个动作节点、软硬件相关度、产生的前提条件、产生的效果等。

3. 动作向量分析与形成系统

从实体活动记录库里提取实体的活动记录,并对其中的数据进行综合分析和检测,形成实体在每一个时间步所执行的具体动作,并为该动作生成一个对应的动作向量 $U(a_1, a_2, a_3, \cdots, a_n)$,将动作和与之对应的动作向量输出到实体动作库中。

4. 实体动作库

实体动作库包含了一段时间内识别系统观察到的实体的动作和动作向量,实体动作库负责检查实体的每一个动作,对每一个动作结合活动记录库中的有关该动作的大量的数据分析为每一个动作设置敌意系数 p。

5. 敌意规划匹配器

将实体动作库中的动作与敌意规划库中的敌意动作进行匹配,识别出能解释观察到的敌意动作的敌意规划。图 11.16 给出了敌意规划识别系统的结构图。

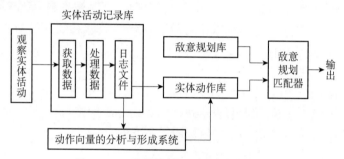

图 11.16 敌意规划识别系统的结构图

11.6.3 敌意规划识别算法

1. 算法中涉及的相关概念

1)动作向量

规划中的每个动作可以表示成一个 n 维动作向量,记为 $A(a_1, a_2, a_3, \cdots, a_n)$ 向量中的每个元素 a_i 表示动作的一个特征。例如,动作发生的时间(时间步)、发生的地点(命题列)、产生的前提条件、产生的后果、指向上一个时间步动作节点的指针、数据流量、软硬件相关度等。其中,最重要的五个分量是时间、地点、产生条件、产生后果和指向前一个时间步中动作节点的指针。特别是指向上一个时间步动作节点的指针,我们在后续的识别算法中会多次提到它。

2)判断两个动作向量是否匹配

设实体动作库中的观察到的敌意动作的特征向量为 $X(x_1, x_2, x_3, \cdots, x_n)$;敌意规划库中的敌意动作的特征向量为 $Y(y_1, y_2, y_3, \cdots, y_n)$。

(1)检查两个动作向量中的各个分量是否匹配。设 X 是动作向量中分量二元组 (x_i, y_i) 的论域,A 是给定论域 X 上的一个模糊子集,表示两个分量的相似程度非常大——大到可以认为是同一个分量的分量二元组的集合。

构造这样的映射来表征 A:

$$\mu: X \rightarrow [0,1]$$
$$(x_i, y_i) \mapsto \mu A((x_i, y_i))$$

对于任意的 $(x_i, y_i) \in X$，都有一个实数 $\mu A((x_i, y_i)) \in [0,1]$ 与之对应，那么就称 $\mu A((x_i, y_i))$ 为 x 对集合 A 的隶属度。将 $\mu A((x_i, y_i))$ 记为 $D(x_i, y_i)$。

$$D(x_i, y_i) \in [0, 0.85] \quad x_i \neq y_i$$
$$D(x_i, y_i) \in (0.85, 1] \quad x_i = y_i$$

（2）计算两个动作向量的匹配度，$\mathrm{Match}(x_i, y_i) = \dfrac{\sum D(x_i, y_i)}{n}$ （$i=1,2,\cdots,$ n；其中 n 为动作向量的维数）

（3）匹配规则

$$\mathrm{Match}(r_i, y_i) \in [0, 0.7] \quad 不匹配，舍弃$$
$$\mathrm{Match}(x_i, y_i) \in (0.7, 1] \quad 匹配$$

2. 算法中用到的三个假设

三个假设如下。

（1）时间可以被离散地表示成若干个时间步。

（2）每个时间步观察到的实体执行的所有动作与敌意规划库中的同一个敌意动作相匹配，具有相同的匹配度（认为差别小到可以忽略），反过来也成立。

（3）如果识别出一个时间步中执行的一个动作就等价于识别出了该时间步执行的所有动作。

3. 算法的具体步骤

具体步骤如下。

（1）从实体动作库中选取一段时间内敌意系数最大的敌意动作 Uan，与敌意规划库中的敌意动作匹配，计算匹配度，寻找与之匹配的敌意动作（$\mathrm{Match}(x_i, y_i) \in (0.7, 1]$）。满足条件的敌意动作可以有一个或多个，将这些满足条件的敌意动作放入后备敌意动作队列中，并将其按照匹配度从大到小排列。

（2）若后备敌意动作队列为空，则退出，该规划不是敌意规划。否则，从后备敌意动作队列中取出首部的动作 Lan。

（3）从实体动作库中取出 Uan。

（4）通过 Lan 动作向量的指向前一个时间步中动作节点的指针向前找到该敌意动作的前一个动作 Lan−1。

（5）通过 Uan 动作向量的指向前一个时间步中动作节点的指针向前找到该敌意动作的前一个动作 Uan−1。

（6）判断：若 Lan−1＝Uan−1＝null，则找到匹配的敌意规划，计算它的规划识别度 Recogniton,算法结束。

(7)将 L 与 U 作匹配比较,计算匹配度。

若 Match(Uan－1,Lan－1)∈(0.7,1],则转(4),否则转(2)。

4. 规划识别度的计算

设从规划开始到观察的动作为止实体一共进行了 m 步动作,第 i 步动作的匹配度为 Match(x_i,y_i),识别度为

$$\text{Recognition} = \frac{\text{Match}(x_i, y_i)}{m} \quad (i=1,2,3,\cdots,m)$$

识别度越大,表明识别出的敌意规划越接近于敌意规划库中的敌意规划。

11.6.4 敌意规划的应对

1. 应对动作与敌意动作的消解

1)应对动作

应对动作是针对敌意动作而言的。它能够与敌意动作发生作用,破坏敌意动作向量中的某些特征分量,从而改变了敌意动作的性质,使敌意动作的攻击强度大大削弱,甚至转化成正常动作。应对动作的目的就是设法阻止敌意动作的发生或是将其产生的攻击后果削减到最小,不至于对系统造成太大的危害。

注意,这里说的敌意动作在很大程度上指的是绝对敌意动作。因为相对敌意动作的敌意系数不大,也就是说它的敌意特征不太明显,这样就很难产生相对敌意动作的应对动作。另外,相对敌意动作对系统可能造成的危害也不是很大,在必要的时候可以将其忽略。

2)敌意动作的消解

我们将通过应对动作与敌意动作的相互作用,使敌意动作转化为正常动作或是对系统不会产生太大影响的动作的过程称为敌意动作的消解。

应对动作与敌意动作相互作用的结果有两种:

(1)敌意动作完全被转化成正常动作;

(2)敌意动作的攻击强度大大减小,它对系统的影响达到系统可以容忍的程度。

3)假设定理

在理想状态下,对于任何一个敌意动作都能找到一个或若干个应对动作,可以将该敌意动作消解,也就是说不可以消解的敌意动作是不存在的。

Blum 和 Furst 教授在图规划中提出动作是操作的实例化,只有当一个动作所需的全部前提条件都满足时,该动作才可以产生。动作发生后,会导致一些新的状态产生。那么我们设想,如果应对动作破坏了敌意动作的产生条件,那么敌意动作

就无法正常完成。如果应对动作破坏了敌意动作产生的后果状态,那么也就破坏了敌意动作在整个敌意规划中的作用,从而也能间接地导致整个敌意规划不能按预期目标完成。

敌意动作的特征向量已经准确地描述了敌意动作的所有特征(包括产生该动作的前提条件和产生的破坏状态等)。由此看来,如果应对动作破坏了敌意动作向量中的某一个或某几个特征分量,都能够导致敌意动作的消解。因此敌意动作向量是应对动作的切入点。

2. 主分量与次分量

1)主分量

如果应对动作破坏了敌意动作向量中的某一个特征分量,就能直接导致敌意动作的消解,我们就把这样的特征分量称为敌意动作向量的主分量,简称主分量。

2)次分量

如果应对动作只有同时破坏敌意动作向量中的某几个特征分量,才能导致敌意动作的消解,我们就把这样的每一个分量叫做敌意动作向量的次分量,简称次分量。

应对动作单独破坏次分量是无法达到敌意动作消解的目的的。

3)组合主分量

当应对动作只有同时破坏几个次分量才能导致敌意动作的消解时,我们将综合这几个次分量的特征而形成的主分量叫做组合主分量。为了简便起见,我们将主分量和组合主分量统称为主分量。

3. 应对动作发生器

根据假设定理,我们可以设计这样的应对动作发生器。它由输入端、输出端、应对动作发生器和发生条件满足库四部分构成,如图 11.17 所示。

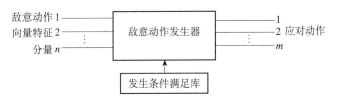

图 11.17 应对动作发生器

输入端用来输入敌意动作向量中的若干特征分量;输出端用来输出敌意动作的应对动作;发生条件满足库为发生器提供生成应对动作时所需的一些外加条件。应对动作发生器通过分析特征分量和外加条件生成敌意动作的应对动作,应对动作是动态生成的。

4. 敌意规划的失败

敌意规划由在若干时间步内执行一系列的敌意动作来完成。在任何一个时间步出现问题,即任何一个时间步的无法正常完成都会导致敌意规划不能完成它所预想的目标,从而造成敌意规划的失败。

5. 应对规划

应对规划就是通过执行一个应对动作的序列来破坏敌意规划的一个或多个时间步的完成,从而达到使敌意规划失败的目的。

6. 敌意规划中的时间步攻击力度

在敌意规划中的每个时间步执行若干个敌意动作,每个时间步执行的敌意动作不同,那么各个时间步对系统的破坏作用也各不相同。实际上,并不是每个时间步对系统都会产生很大的破坏作用的,有些时间步中的敌意动作对系统可能会有致命的摧毁作用,而有些时间步的破坏作用要相对弱一些。甚至有的时间步的产生仅仅是为下一个时间步的生成打基础,这样的时间步中的敌意动作对系统是不具有杀伤力的。

我们为敌意规划中的每一个时间步设置一个因子,用它来反映该时间步对系统的破坏程度,称之为时间步攻击力度,记为 $Attack(t) \in [0,1]$(t 为敌意规划中的第 t 个时间步)。

设 T 是敌意规划中时间步的论域,A 是给定论域 T 上的一个模糊子集,表示对系统具有很大破坏性的时间步的集合。

构造这样的映射来表征 A:

$$\mu: X \to [0,1]$$
$$t \mid \to \mu A(t)$$

对于任意的 $t \in T$,都有一个实数 $\mu A(t) \in [0,1]$ 与之对应,那么就称 $\mu A(t)$ 为 t 对集合 A 的隶属度,且有 $Attack(t) = \mu A(t)$。

如果 $Attack(t) \in [0,0.5]$,该时间步可以允许发生,它不会对系统造成严重的影响,也就是在系统可以容忍的范围之内。

如果 $Attack(t) \in (0.5,1]$,该时间步攻击力度足够大,系统不能容忍其发生,需要采取应对措施。

其实 $Attack(t) \in [0,0.5]$ 的时间步是由大量的相对敌意动作完成的,这个时间步的攻击作用很小,它往往只是下一个时间步的铺垫而已。

7. 应对规划的搜索

1)应对树

应对树是一棵层数为 5 的与或树,树中节点之间的关系是与和或的关系,如图 11.18 所示。相互之间具有与关系的节点称为与节点,在树中用○表示;具有或关

系的节点称为或节点,在树中用□表示。将具有与关系的相关节点及其边用一条
弧线来标识,或关系不用加以标志。

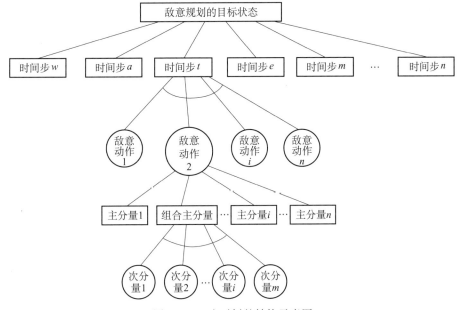

图 11.18　应对树的结构示意图

　　应对树的根节点表示已被识别出的敌意规划所要达到的目标状态。将根节点所
在的层记为应对树的第一层。第二层节点是或节点,表示敌意规划中的时间步,称为
时间步节点。第三层节点是与节点,表示敌意规划中在每一个具体的时间步所要执
行的敌意动作,叫做敌意动作节点。第四层节点是或节点,表示敌意动作向量中的主
分量节点。第五层节点是与节点,表示形成组合主分量的次分量节点。

　　2)应对规划算法思想分析

　　我们通过分析应对树各层节点之间的与或关系来解析应对规划算法。第二层
时间步节点之间的关系是或的关系,敌意规划在任何一个时间步的无法完成都将
导致整个敌意规划的失败。因此,我们的应对规划只需破坏敌意规划的任何一个
时间步,就能截断敌意规划,达到目的。这样就可以将敌意规划的应对转化为敌意
规划中某一个时间步的应对,自然就使应对规划的工作难度大为减小。但是值得
注意的是,截断的时间步应该越早越好,这样能够避免在截断之前的时间步中敌意
规划对系统造成的损失。

　　在前面已经提到了产生相对敌意动作的应对动作的难度是很大的,所以相应
地当一个时间步中包含的敌意动作全部是相对敌意动作时,那么对于该时间步的
应对也是一件很不容易的事情。但是,我们发现这种时间步的 Attack(t) ∈

$[0,0.5]$，因此它不会对系统造成太大的威胁，可以让它发生而不去管它。

第三层敌意动作节点之间的关系是与的关系，只有将一个时间步需要执行的所有敌意动作全部消解，才能导致敌意规划在这个时间步的失败。第四层主分量节点之间的关系是或关系，如果应对动作破坏了敌意动作向量中的任何一个主分量节点，都能导致敌意动作的消解。第五层次分量节点之间的关系是与的关系，只有应对动作破坏了所有的次分量节点才会对主分量节点发生作用。

由此可见，应对动作是针对第四层和第五层的主分量节点和次分量节点产生的。应对规划也是在应对树的最低两层产生的。

3) 应对代价

每一步应对动作的生成，都是要付出一定代价的，称之为应对代价。

对于同一个敌意动作向量，应对动作要削弱和破坏的特征分量不同，采取的应对动作也不同，当然应对代价也就不相同，有时候甚至差别很大。因此，在应对规划能够顺利完成的前提下，如何将应对代价降低到最小，也是应对算法所应考虑的问题，我们总希望花费最小的代价来完成最圆满的工作。

4) 应对代价的传播

因为应对动作是针对应对树的叶子节点发生的，所以只有叶子节点会有实际意义上的应对代价。但是为了计算整个应对规划所付出的代价，我们采取应对代价回溯传播的方法来计算分支节点的传播代价。

设节点 x 是节点 $y_1,y_2,y_3,\cdots,y_n$ 的父节点，且每一个子节点 y_i 的应对代价为 $H(y_i)$。

(1) 若 x 是或节点，则 $H(x)=\min\{H(y_i)\}$。

(2) 若 x 是与节点，则 $H(x)=\sum\{H(y_i)\}(i=1,2,3,\cdots,n)$。

8. 应对规划的搜索算法

我们通过应对树来搜索应对规划。算法中，在生成每一个子节点的同时设置子节点指向其父节点的指针，用于应对代价的回溯传播。

1) 算法中用到的数据结构

时间步应对代价表：时间步和与之对应的该时间步的应对代价。

敌意动作节点列表：存放敌意动作节点。

动作向量分量表。

敌意动作向量次分量表。

应对动作表：包含应对动作及其应对代价。

应对规划表文件：包含时间步和该时间步对应的应对规划表，应对规划表存放应对规划中的一系列的动作。

2)搜索算法

假设在敌意规划的第 t_1 个时间步识别出敌意规划,也就是敌意规划已经执行了 t_1 个时间步,尚未执行的时间步还有 $n-t_1$ 个(假设敌意规划一共有 n 个时间步)。

变量 t 表示时间步,初始化时 $t=t_1+1$。

(1)将敌意规划的目标状态设为根节点。

(2)若 $t>n$,则

(a)检查时间步应对代价表,根据 Attack(t)估计每一个时间步的敌意动作对系统造成的损失。如果该时间步的应对代价远远超出它对系统造成的损失,那么将该时间步的应对代价从应对代价表中删除并同时删除与该时间步对应的应对规划表。注意,我们不是对这种被删除的时间步置之不理,相应地我们会采取一些合理的代价相对小的办法来对系统的损失进行恢复。

(b)选取应对规划表中最小的时间步和其对应的应对规划,那么也就得到了我们要采取行动的时间步和采取的应对规划,问题得解,退出。

否则 计算 Attack(t):
    若 Attack(t)∈[0,0.5],
    则 $t=t+1$,转(2);
    否则,执行(3)。

(3)生成根节点的子节点——时间步 t 节点。

(4)扩展时间步 t 节点,将敌意规划中在时间步 t 中执行的所有敌意动作都作为该时间步节点的子节点——敌意动作节点,并且按照生成次序放入敌意动作节点列表中。

(5)若敌意动作列表为空,则进行节点的代价回溯传播计算,将计算的代价放入应对代价表中,$t=t+1$ 转(2)。

(6)从敌意动作列表首部选取一个敌意动作节点,扩展该节点,将其动作向量中的每一个分量都作为该节点的子节点——动作向量分量节点,给每一个分量节点都配置一个标志 FLAG,若为主分量,FLAG$=T$;若为次分量,FLAG$=F$。按生成次序放入动作向量分量表中。清空应对动作表。

(7)若动作向量表和动作向量次分量表同时为空,则在应对动作表中将应对动作按照应对代价排序,选取代价最小的应对动作,插入应对规划表文件中与该时间步对应的应对规划表的尾部,转(5)。否则,若动作向量分量表为空,则将动作向量次分量表中的能够生成组合主分量的次分量节点生成组合分量,且标记它的 FLAG$=T$,将其插入到动作向量分量表中,然后清空动作向量次分量表。

(8)从动作向量分量表的首部选取一个分量。若它的 FLAG$=T$(主分量),将其输入到应对动作发生器,生成该分量的应对动作且计算它的代价,将应对动作及其代价存入应对动作表中。否则,将该分量插入此分量表,转(7)。

11.7　应对规划器模型

本节我们将介绍一种对敌意规划进行识别和应对的应对规划器模型[13,14]。该模型可以对敌意规划进行识别,并根据相应的策略产生应对规划,用以抵制敌意规划的执行,实现主动识别、主动防御。

11.7.1　基本概念及敌意规划分类

1. 基本概念

敌意规划是智能规划比较新的研究内容,我们对敌意规划及相关问题给出了一些定义。

定义 11.7.1（敌意环境）　在一个特定的环境中,智能体或系统之间的利益、目标是相互威胁的,或者对于资源的利用是相互冲突的、竞争的。智能体或系统之间的关系是不协作、非友好的,那么就将这个环境称为敌意环境。

定义 11.7.2（敌意智能体）　在敌意环境中,与我方智能体或系统处于对立、冲突、敌对位置的智能体,称为敌意智能体。

定义 11.7.3（应对规划）　针对敌意智能体实施的敌意规划,采取一个动作序列来阻止、破坏敌意规划的执行,进而使我方系统不受到破坏或者将所受损失降到最小,这样的动作序列就称为应对规划。通常应对规划是针对敌意规划而言的。

定义 11.7.4（应对规划器）　应对规划器是一种应用软件,用于在敌意环境中产生应对规划,去阻止敌意智能体敌意规划的执行,从而实现对我方系统安全的维护。

为描述上的方便,在本文中敌意智能体用符号 HA 表示,我方智能体用符号 OA 表示,敌意规划用符号 Ph 表示,应对规划用符号 Pc 表示。

2. 敌意规划分类

智能体执行任何一个规划都必须做出一定的努力,付出一些代价,占取一定的资源;敌意规划的执行结果是对我方系统造成一定的破坏,干扰系统的正常运行。因此,可以根据敌意规划的目标、所造成的破坏程度以及执行敌意规划时所需要的代价,将敌意规划分为以下两类:

1)低级敌意规划

这种敌意规划的目标是破坏对方系统的部分组成,干扰对方系统的正常运行,所造成的破坏及损失不大,并且可以在一定时间内得到修复,完成该敌意规划所需的执行代价较小。

　　2)高级敌意规划

　　这种敌意规划的目标是全面的破坏对方系统,对其进行摧毁性打击,使其系统崩溃,完全丧失工作能力,所造成的破坏程度较大,需要很长的时间和资源进行修复,完成这种敌意规划所需的执行代价较大。

11.7.2　模块组成及功能

　　应对规划器的研究目标是对敌意规划进行识别和应对,因此它的功能在逻辑上分为敌意规划识别和应对规划产生两个部分,这些功能是由多个模块相互协作完成的,其体系结构如图 11.19 所示。

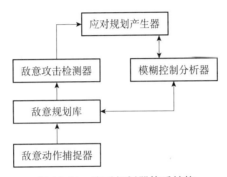

图 11.19　应对规划器体系结构

　　需要指出的是,应对规划器模块组成只是一个初步版本,它与最终实现的、应用于具体环境的系统可能存在差别,可以说该系统结构是一个概念模型。

　　1. 敌意动作捕捉器

　　敌意动作捕捉器通过各种方式检测到敌意动作,是整个应对规划器系统的最基础部分,它为系统中的其他模块提供最原始的信息,它的运行对整个系统的敌意规划识别的速度、准确率具有重要的作用。

　　实际的敌意环境通常是很复杂的,有些敌意动作的执行具有很好的隐蔽性,不容易被直接观察到。因此,基于敌意动作是否可以被直接观察到,敌意动作捕捉器中对敌意动作的获取有两种方式。对于可直接观察的动作,采取直接观察的方式进行动作信息的获取。对于隐藏的、不可直接观察的动作,采取通过动作效果推导动作的方式来获得,因为动作的执行可能是隐蔽的、不被发现的,但是动作所造成的效果却是实际存在的、不易销毁和隐瞒的。例如,在网络安全领域中,检测得到效果 deleted_logs,虽然没有被直接观察到,但依然可以由此效果推断发生了动作 clean。

　　2. 敌意规划库

　　敌意规划在执行时通常执行一定的动作序列,这种动作序列构成了具有一定行为特征的敌意规划模型。敌意规划库由所有已知的敌意规划组成,为了提高识别的准确率和工作效率,要求敌意规划库中包含尽可能多地敌意规划模型。敌意规划库的建立可以有以下两种方式:

(1)由我方智能体设置“假想敌”,即从敌意智能体的角度出发,结合环境等因素,尽可能多地提出敌意智能体可能采取的敌意规划。

(2)在系统运行期间,由于新的敌意规划被发现,可以对敌意规划库不断进行补充和完善,从而实现动态更新以识别新类型的敌意规划。

在一些实际应用领域中,例如,军事对抗环境中,还可以通过侦察、间谍等手段获取敌方的敌意规划模型,从而使敌意规划库不断完善,取得更好的识别效率。

在系统运行过程中,敌意规划库主要与两个模块进行数据通信:敌意攻击检测器和模糊控制分析器。向敌意攻击检测器提供已有的敌意规划的信息,用于识别敌意规划;接受由模糊控制分析器得到的新的敌意规划,更新、补充敌意规划库,避免敌意规划库的滞后性。

3. 敌意攻击检测器

敌意攻击检测器是对敌意规划进行识别的模块,采用的方法主要是相似度。相似度是概率统计中的相关系数,用来刻画两个随机变量的相似程度,其在计算机图像处理、生物基因科学、工业生产等许多领域都有很好的应用。这里使用相似度来描述两个动作向量的相似程度,用以判断检测到的动作是否属于已知的敌意规划。

1)动作的向量表示

我们从以下三个方面对动作实行向量表示:①在规划中的时间步;②动作名;③动作的对象。对于任何一个动作 A_i,它的向量表示为

$$\mathrm{Vector}(A_i) = (e_1, e_2, e_3),$$

简记为 VA_i,其中三个元素分别表示动作 A_i 在规划中的时间步,它的动作名及操作对象。对于敌意规划库中的动作 e_2 和 e_3 的值为 1,e_1 为该动作在规划中的时间步;对于检测到的、用于敌意规划识别的动作,如果动作的名称和操作对象都是系统中已知的,否则为 0;e_1 则直接表示为该动作是第几个被检测到的。

2)动作向量相似度

n 维向量 $V = (V_1, V_2, \cdots, V_n)$ 的模为

$$|V| = \mathrm{sqrt}(V_1 * V_1 + V_2 * V_2 + \cdots + V_n * V_n)$$

两个向量 U, V 的点积为

$$U * V = U_1 * V_1 + U_2 * V_2 + \cdots + U_n * V_n$$

两个向量 U 和 V 的相似度计算为

$$P = (U * V) / (|U| * |V|)$$

3)规划相似度

对规划相似度进行计算之前需要定义一个概念:动作对规划的支持。如果动作 A_i 是规划 Plan 某一时间步的一个动作,则称动作 A_i 支持规划 Plan,support(A_i) 为动作 A_i 支持的所有规划。

规划相似度的计算分为以下两种情况:

(1)规划 Plan 只有一个支持动作 A_i,则规划 Plan 的相似度 P(Plan)为动作 A_i 的相似度;

(2)规划 Plan 有多个动作支持,则每当出现一个支持动作 A_i,规划 Plan 的相似度 P(Plan)都在原有相似度的基础上增加 A_i 的相似度乘以常数 E,其中 $E\in[0,1]$。

4)敌意规划识别

在本模块中设定了两个相似度阈值,分别是动作相似度阈值 P' 和规划相似度阈值 P,敌意规划识别过程为:

(1)检测到动作 A_i,将动作 A_i 进行向量表示并在敌意规划库的动作中进行相似度计算,如果 A_i 与某一敌意动作的相似度大于阈值 P',则将该敌意动作支持的规划作为候选敌意规划,并计算该敌意规划的相似度。

(2)继续检测动作并更新候选敌意规划的相似度。

(3)比较候选敌意规划的相似度和阈值 P,如果大于 P 则识别出敌意规划,将结果输入下一模块进行应对规划产生。

本模块中敌意规划识别算法的输入是检测到的动作 A_i,输出为候选敌意规划集 planset,planset 初始为空,算法描述为

```
convert Ai to vector VAi, subset={};
if subset={}   //第一次检测到动作
     for each Ax in hostile plan library
          {calculate Pir;
          if Pir>P′
               sebset=sebset∪support(Ax);}
else
     {for each Am in subset calculate Pir;
      update P(plani), plani∈subset;
        if P(plani)>P
             add plani to planset;}
if planset≠{}
     return planset;
```

4. 应对规划产生器

应对规划产生器模块是根据识别出的敌意规划激活相应的应对规划,以维护系统的安全。在应对规划产生器中存储有两个数据结构:应对规划库和应对规划关联表。

1)应对规划库

应对规划库是由应对规划组成的,这些应对规划都是根据已知的敌意规划而相应制定的,用于阻止敌意规划的执行,对系统进行修复。应对规划的建立需要依据一定的策略,从而有效地阻止、防御敌意规划,这些策略可以简单地归纳如下。

(1)策略 1。

对于敌意智能体 HA 的敌意规划 Pa,我方智能体 OA 采取应对规划 Pr 进行应对,其中,对于敌意智能体 HA 而言,规划 Pr 所造成的损失大于规划 Pa 执行后所带来的利益,这样,敌意智能体 HA 就会停止执行敌意规划 Pa,而转向采取措施去应对规划 Pr,由此敌意规划 Pa 的威胁就会消除。

对于智能体而言,执行规划必须使用一定的资源,因此只要对敌意规划所使用的资源进行抢占、破坏就可以有效地抑制敌意规划的执行。

(2)策略 2。

对于敌意智能体 HA 的敌意规划 Pa,我方智能体 OA 采取应对规划 Pr 进行应对,其中,应对规划 Pr 能够对敌意规划 Pa 执行时所需要的、不可替代的资源进行抢占、破坏,从而使敌意规划 Pa 无法继续执行,敌意规划 Pa 的威胁就会消除。

(3)策略 3。

对于敌意智能体 HA 的敌意规划 Pa,我方智能体 OA 装作采取应对规划 Pr 进行应对,使敌意智能体 HA 误以为我方智能体 OA 正使用规划 Pr 进行基于策略(1)或(2)的应对,从而放弃敌意规划 Pa 的执行,敌意规划 Pa 对我方智能体 OA 的威胁就会解除。

2)应对规划关联表

基于敌意规划库和各种策略建立好应对规划库之后,需要将敌意规划与相应的应对规划进行关联,以及时激活应对规划的执行。为到达快速、高效的激活目标,这里使用应对规划关联表实现敌意规划和应对规划的对应,对于识别出的敌意规划通过应对规划关联表的查找就能够找到阻止它执行的应对规划,如图 11.20 所示。

在许多实际敌意环境中一些敌意规划具有某些相似性,可以通过一个应对规划来阻止它的执行,所以在本文的应对规划关联表中采用两种关联方法:哈斯函数关联和直接关联。对于多个敌意规划可以通过一个相同的应对规划进行应对的情况采用哈斯函数关联的方式,定义一个哈斯函数 $H(\ \ )$,它的定义域是多个相似的敌意规划

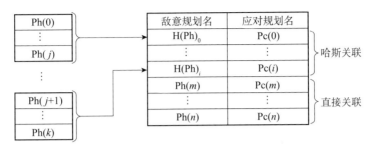

图 11.20 应对规划关联表

的名字,值域是一个应对规划的名字,通过哈斯函数可以快速激活同一个应对规划。对于必须执行专用应对规划才能阻止的敌意规划采用直接关联的方式激活应对规划,这类敌意规划的名字和应对规划的名字在表中直接关联。

5. 模糊逻辑控制分析器

1)模糊逻辑控制

模糊控制是以模糊数学为理论基础,应用语言规则表达方式和计算机技术,用模糊推理进行判断的一种高级控制策略。在模糊控制系统中,会利用领域专家经验建立模糊集、隶属函数和模糊推理规则等,以此来实现对非线性、不确定复杂系统的智能控制。

2)敌意规划的模糊性

很多敌意环境中的系统在设计之初都会具有一定的稳定性、鲁棒性,即能够容忍一些来自内部的错误操作,或者来自外部的简单敌意行为,可以将这种性质称其为容侵性。这些能够被系统容忍的敌意规划不能简单地说它们的执行使系统陷入不安全的状态,可以看出敌意规划本身就具有模糊性,因此在应对规划器中加入模糊控制原理能够更好地解决敌意规划的识别和应对问题。

3)安全系数

应对规划器中设定一个安全函数 $S(\ )$,它是到 $[0,1]$ 的映射用于计算系统当前的安全系数,安全系数分析过程如图 11.21 所示。任何一个系统都是由有限个对象组成的,系统的状态可以通过组成它的对象的状态得到表达。系统的安全系数通过系统中各对象的安全函数值求得。例如,系统中的对象 O_1 在安全函数 S 的作用下,得到安全系数 $S(O_1) \in [0,1]$。而整个系统的安全系数 S 由组成它的对象的安全系数经过计算得到

$$S = \sum S(O_i)/n, \quad i = 1, \cdots, n$$

其中 O_i 为系统中的对象,n 为系统中对象的个数。对于对象个数较多的系统,可以只选择其中比较重要的、对系统安全有影响的对象来计算系统的安全系数。

　　模糊逻辑控制分析模块通过控制经验和安全控制规则归纳成安全系数定性描述的一组条件语句,然后运用模糊集合理论将其定量化,使控制器得以接受人类的安全经验,从而模仿人类的操作策略,期望能够以此达到较好的控制效果。我们将系统的安全系数分为三个模糊集合。

　　(1)安全状态:系统安全系数 $S \in [1, 0.7)$。

　　(2)警戒状态:系统安全系数 $S \in [0.7, 0.5)$。

　　(3)危险状态:系统安全系数 $S \in [0.5, 0]$。

　　4)各状态分析

　　系统处于安全状态表示系统运行正常、安全稳定,没有敌意规划威胁到系统的正常运行。

　　系统处于警戒状态表示系统发现了敌意规划,且敌意规划的执行可能对系统的部分组成造成破坏,并在此基础上对整个系统的安全造成了威胁,需要采取措施保障系统的安全性,并将检测到的动作序列添加到敌意规划库中,同时再制定相应的应对规划,更新应对规划表。

　　系统处于危险状态表示系统正在受到敌意规划的入侵,个别组成部分已经被破坏,系统的正常运行被打乱,需要立即采取措施保障系统安全性,并将检测到的动作序列添加到敌意规划库中,同时再制定相应的应对规划,更新应对规划表。

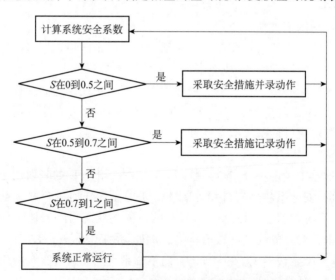

图 11.21　安全系数分析过程

　　该应对规划器每隔固定的时间就要对系统的安全系数进行计算,进而弥补敌意攻击检测器由于敌意规划库滞后无法识别新型敌意规划所造成的漏洞。在这种处理过程中,无论检测到哪一种动作序列,只要违反了系统中预先定义的安全规则就视其为敌意规划,将动作记录添加到敌意规划库中,并采取应对措施以维护系统的安全性。例如,在网络安全领域,无论检测到哪一种数据流,只要其违反了安全规则,将立即终止此次连接,并将这个数据流添加到敌意规划库中。

应对规划器中通过这种模糊控制机制,可以自动地对系统的安全状况变化做出反应,保证系统的安全性和系统正常功能的运行。

11.7.3 运行流程图及系统特点

1. 系统运行流程图

基于前面的描述,应对规划器的运行流程可以简要的表示,如图 11.22 所示。

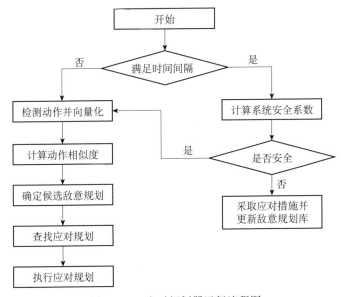

图 11.22 应对规划器运行流程图

2. 系统特点

对系统的逻辑功能、各模块进行分析和总结,该系统在结构和功能上具有如下特点:

1)灵活性

应对规划器在体系结构上具有一定的灵活性,它的灵活性主要表现在两个方面:一个方面是文中的应对规划器采用了模块化设计思想,每个模块都有自己的逻辑功能,并且模块之间能够进行通信,当其中的一个模块需要修改时,不会影响到其他的模块;另一个方面表现在信息的重利用上,由敌意规划识别模块得到的信息可以应用到应对规划的产生部分。

2)可扩展性

应对规划器的可扩展性是相对于整体而言的,在应对规划器中可以随时方便的加入新的功能模块来扩展系统功能,如可以加入用户交互接口等,扩展系统的交互性和功能。

11.8 基于战术的敌意规划识别

在战场这样复杂敌对环境中,作战双方所执行的都是敌意规划。因此,本节将具体介绍基于战术的敌意规划识别方法[15]。

11.8.1 战术规划识别应用领域的特点

由于对手领域的特殊性,传统的规划识别方法并不能很好地识别对手规划,因此,具有策略性和战略性的识别方法显得尤其重要。

战争领域中,观察者不仅要观察多个智能体,以及这些智能体的位置和关系,同时也要观察敌对双方的对象,如交通工具、飞机、军事基地、传感器和武器。为了能更好地识别明显的或隐藏的对手规划,也要观察当前环境,如桥、路、城镇、城市等,同时也要关注小河、山地等自然物体以及他们在战争领域的作用。

战争领域除了包含我们前文所介绍的全部特点,还具有如下特点:

(1)战争领域中包含多个智能体,这些智能体可能是相互独立,也可能是交互的。双方智能体之间存在敌对因素,同一方的智能体存在协作因素。

(2)战争领域中存在多个独立的规划或者相关的规划。战争领域可能同时执行多个规划,这些被执行的规划可能是一个大的(全局)规划的一部分,也可能是一个独立的局部规划。

(3)战争领域存在隐蔽性,敌方总是试图隐藏自己的动作和目标,因此,传感器和观察器对敌方的观察是有限的,这也导致了各种形式的不确定性。

(a)对观察的不一致识别。不同的观察器对同一对象或智能体产生不唯一的识别结果,很难断定哪一个观察器的识别是正确的。

(b)观察真实性的不确定。观察本身包含一定程度的信任度:确定、可能、不可能、确认,其中确认表示观察被另外可靠的来源所确认。

(c)观察的参数不确定。参数可能为被观察目标的属性,如雷达所显示的横截面、形状等;也可能是目标的状态向量(位置,速度);或是有目标执行的动作的参数。

(4)观察来源于多个不同的传感器或是观察器。规划识别不得不融合各种传感器和观察器的信息,因此需要应用相关数据融合技术,而多数据源的融合可能会出现一些误差或偏差,影响正确地识别和判断。

(5)敌方总是试图执行一些伪装或假的动作来误导我方的规划识别,正确辨别这些诱导动作是战争领域的又一研究难题。

(6)由于可能存在错误的信息传递和对对手规划的错误识别,将导致智能体可能执行错误的规划。

(7)规划执行后,目标可能被完全实现,可也能被部分实现。

目前还没有一个系统可以完全解决上面提到的所有问题,本节介绍的方法能够很好地解决来源于多个观察器的各种不确定的观察,并且能够从失败中吸取教训,通过模拟来处理敌方伪装的动作和部分实现的目标。但是,选择错误的规划执行在这里不能得到解决。

将观察到的对手动作作为输入,结合知识对对手的下一步动作和规划做出预测,这一部分工作由规划识别器完成。在这里背景知识和规划以模板的形式给出。

11.8.2　规划与规划模板

采用规划模版来描述被识别的规划,用一个简单的例子来介绍规划模板。

例如,存在航班(Flight)从 Frankfurt 到 Heathrow,途经 Amsterdam。利用规划模版表示为

$$\forall (\text{Flight}(KL175, x) \Leftrightarrow (\text{Fly}(\text{Frankfurt}, \text{Amsterdam}, x)$$

$$\wedge \text{Stop}(\text{Amsterdam}, x) \wedge \text{Fly}(\text{Amsterdam}, \text{Heathrow}, x))$$

由于对手规划包含对手规划的识别和对手规划的应对,后者又称应对规划。因此,对手领域的规划器由规划识别器和应对规划器组成。规划识别器的作用是识别对手规划,而应对规划器则要根据识别器的识别结果产生应对规划。

规划世界决定了在该领域实施的规划类型,而规划又决定了规划识别器的类型,下面介绍两种规划识别器的分类。

(a)按所识别规划的数量分为:单规划识别器和多规划识别器。其中单规划识别器是指所观察的动作都来源于一个规划。而多规划识别器观察到的多个动作可能来源于多个不同的规划。

(b)按所识别的规划是否为层次规划分为:层次规划识别器和非层次规划识别器。

而现实世界中经常是多个层次规划同时执行,因此,理想规划识别器应该可以识别多个规划任务以及可以识别层次规划。但是,本节介绍的规划识别器无法识别层次规划。

在背景知识完备的情况下,如果规划域中描述了动作被执行的所有方式,则存在两种关于动作的封闭世界假设:

(a)已知执行动作的方式是执行这个动作的唯一方式。

(b)所有动作都是有目的。

通常规划模板只是部分的,没有完全具体的表示一个规划,因此它能表示很大规模的规划。同时,部分的规划模板不仅包含规划执行的合理变量,也包含观察动作的合理变量,其中正是这些动作导致可能的观察、不可能的观察和未被识别的观察。部分的规划模板所表示的规划假设,包含的动作序列是部分的或不完全的,即动作的变量可能是部分的。随着规划的进行,输入对对手的观察,规划模板逐渐实例化这些规划假设,实例化过程如下:

(a)当一个新的观察进入规划识别系统,如果模板中的算子和观察是可合一的,那么就替换变量使之有效。

例如,现有观察 $At(R, L)$ 与模板中的算子 $At(R, x)$,那么该观察与算子是可匹配的,将模板中的变量 x 用 L 替换。

(b)当一个新的观察进入规划识别系统,如果观察与已得到的规划假设不能匹配或观察的部分因素与算子变量顺序不符,那么,规划假设将拒绝该观察。

如果规划领域不那么复杂,则可以完全实例化规划假设。完全实例化的规划假设若与观察匹配,则能保证规划假设是正确的。而且应用完全实例化的规划假设不需要插入约束和规划间的相互关系。但是,完全实例化的规划假设没有很好的灵活性和动态性。

我们要决定规划假设是部分的还是完全的,同时也要决定规划和规划识别如何交错地进行。由于这里只是选择简单的例子来说明问题,所以使用完全实例化的规划模板。

11.8.3 规划识别的形式化定义

由于敌对环境的敌对特性,对手总是试图隐藏自己的动作和目标,所以对手领域的规划识别是洞孔式规划识别。我们首先给出传统的规划识别的形式化定义,然后逐渐引入对手规划识别的形式化定义。

1. 基本规划识别的定义

一个规划识别问题是一个二元组 (O, Γ),O 代表形式化的观察集合,Γ 代表形式化的背景知识集合。假设观察并非由背景知识产生,即 $o \in O, \Gamma \not\models o$。

规划识别问题 (O, Γ) 的一个解是 Φ,满足下面两个条件的规划假设:

(1)Φ 同观察和背景知识是一致的,形式化表示为 $\Gamma \cup O \not\models \bot$。

(2)Φ 解释了基于背景知识的观察,形式化表示为

$$o \in O, \Gamma \cup \{\Phi\} \models o$$

下面以一个简单的例子来说明该规划识别定义的合理性。

已知所有的乌鸦都是黑色的($\forall x(R(x) \Rightarrow B(x))$),假设观察到一只鸟 b 是黑色的 $B(b)$,那么可能存在推测: b 是一只乌鸦 $R(b)$。在这个问题上,背景知识 Γ 为

$$\{\forall x(R(x) \Rightarrow B(x))\}$$

而观察集 O 是 $\{B(b)\}$,且形式化观察 $B(b)$ 与背景知识一致,并且解释了在当前背景知识下的观察。该规划假设 $R(b)$ 符合规划识别问题解的定义的第一条,

$$\{\forall x(R(x) \Rightarrow B(x))\} \bigcup \{B(b)\} \not\models \overline{R(b)}$$

也就是说,从观察"一只鸟是黑色的",我们不能推测出这只鸟一定不是乌鸦,同时,该规划假设满足规划识别问题解的定义的第二条,

$$B(b) \in O, \quad \{\forall x(R(x) \Rightarrow B(x)) \bigcup R(b) \models B(b)\}$$

在当前背景知识下,已知所有的乌鸦都是黑色的且一只鸟是乌鸦,那么这只鸟一定是黑色的。

通常对于一个观察将得到多个规划假设,如在上述例子中,公式 $B(b) \wedge F(b)$,代表 "b 是黑色的且 b 能飞",原则上也是一个合法的推测。为了能够很好地使观察与模板表示的背景知识一致,一种限制存在多种规划假设的方法是严格限制规划假设的语法格式,规划识别的解可以限制为规划假设。因此,背景知识包含一系列规划模板,描述了被识别的规划以及领域相关知识的形式化表示。

2. 观察和规划执行中的不确定性

规划将规划世界从初始状态转换到给定的目标状态,智能体的观察关注世界中的实际状态或由执行动作造成的世界状态的实际改变。一个观察可以涉及一个动作,如: Go(KL174, Heathrow) 表示观察到 KL174 航班的飞机正飞往 Heathrow;同样,一个观察也可以涉及一个状态,如: At(KL174, Heathrow) 表示观察到航班 KL174 的飞机在 Heathrow 处。

一个动作观察指某一个被识别规划的一个观察步,一个状态观察指在某一被识别的规划在执行时被观察智能体和对象的状态。

一个规划由动作构成,因此,状态观察可以转换为导致这些状态改变的动作观察。然而,如果一个目标状态的不确定性可以通过随机变量来模拟,那么状态观察对于估计规划假设的概率值是十分有用的。

当一个规划的所有动作都可以被观察到时,则认为这个规划是完全可观察的。然而在对手领域这是不可能的,由于对手总是试图隐藏自己的动作,所以总存在没有观察到的对手动作。在观察的过程中要考虑两种不确定性,一是测量噪音,由观察器引入的观察不确定性;二是过程噪音,被观察者规划执行过程中引入的不确定。

观察可以分为四种类型,分别为被识别的观察、未被识别的观察、概率观察和不确定的观察。

（1）被识别的观察：这里动作所包含的目标是可识别的，不仅如此，每一个对象都能被识别，而且识别器能辨别来自于不同的识别器观察的对象。还是以 KL174 航班正飞往 Heathrow 为例。在此观察下，观察器不仅能读出该航班的班次，还知道该航班飞行的路线，而且对于相关事实的所有相关内容都是可识别的，该观察形式化表示为：Fly(KL174, Heathrow)。

（2）未被识别的观察：在这种观察下，识别器将不能读出航班的班次，仅可以看到一架飞机飞往目的地，如果观察器在 Heathrow 附近，可以推断出该飞机的目的地 Heathrow。如果只观察到有一架飞机正飞往 Heathrow，或者我们并不知道该飞机的目的地，也就是说一些观察的目标可能是未知的，在这种观察下该例子可被形式化表示为

$$\exists x\{Fly(x, Heathrow)\} \text{ 或 } \exists x, y\{Fly(x, y)\}$$

（3）概率观察：在这种观察中，观察器可以估计被观察目标的变量值。例如，观察器观察到一架飞机正沿航线 KL174 飞行，并且估计该飞机的速度约为 200（km/h）。我们可以模拟不确定速度的概率分布，如用高斯概率密度函数：$v \sim N$（200(km/h), 30(km/h)），形式化表示为

$$Fly(KL174, Heathrow, v)，其中，v \sim N(200(km/h), 30(km/h))$$

（4）不确定的观察：在这种观察下，观察器的观察是否正确是不能确信的，这些观察具有一定的可信度。观察的信任度可以被定义为：确信（95％），可能（70％）与不可能（25％）。通常不确定的观察表示方法是在确定的观察上添加一些符号，如果确定某一观察为 o，那么相应的不确定的观察就为 o'。形式化该不确定观察为

$$P(Fly(KL174, Heathrow) | Obs(Fly(KL174, Heathrow))) = Confirmed = 95\%$$

或表示为

$$P(o/o') = Confirmed$$

战术规划识别器应该能够处理所有这些观察状况，总结见表 11.2。

表 11.2

观察类型	事例	事例的形式化表示
被识别的观察	飞机 KL174 正飞往 Heathrow	Fly(KL174, Heathrow)
未被识别的观察	有一架飞机正飞往 Heathrow	$\exists x\{Fly(x, Heathrow)\}$
	有一架飞机正飞往目的地	$\exists x, y\{Fly(x, y)\}$
概率观察	飞机 KL174 正以大约 200(km/h)	Fly(KL174, Heathrow, v),
	速度飞往 Heathrow	$v \sim N(200(km/h), 30(km/h))$
不确定的观察	确定观察到飞机 KL174 正飞往	$O_1 = Obs(Fly(KL174, Heathrow))$
	Heathrow	$P(Fly(KL174, Heathrow) | O_1) = 95\%$

四种不同类型的观察进入规划识别器，识别器将做不同的处理。一个完美的

规划识别器应该能处理对手领域中的所有这些观察,这里介绍的方法还不能处理第四种观察,即不确定观察。

接下来我们将讨论两种规划识别器,一种是确定的规划识别器,这种规划识别器的输入是确定的背景知识和被识别或未被识别的观察,输出是一系列的规划假设。另一种规划识别器是概率规划识别器,这一种规划识别器的输入除了确定的背景知识,还包括被识别的、未被识别的或概率观察,这种规划器的输出是一些规划假设的分配假设,每一个分配假设带有相应的概率值。

3. 确定的规划识别

传统的规划识别定义只关注一个智能体执行单个规划的问题,是最简单的规划识别。

一个单规划识别问题是一个二元组(O,Γ),O代表形式化观察的集合(关于一个简单规划),Γ代表形式化的背景知识集合,给定假设:观察不是由背景知识产生的,也就是$o \in O,\Gamma \not\models o$。规划识别问题$(O,\Gamma)$的一个解是同背景知识一致的规划假设$\Phi$,而且$\Phi$解释了基于背景知识的观察。

规划识别器的输入可以是被识别的观察或未被识别的观察,但我们假设这些观察都来源于同一个对手规划。在单智能体规划中,任意规划假设Φ能够成功地解释所有的观察,但是,如果是多个智能体执行多个独立的规划,一个规划假设仅能解释来源于同一个规划的观察。

对于多规划的情况,我们需要提出针对当前多个观察的多个规划假设,当接收到多个新的观察时,我们要将这些观察与已经存在的规划假设进行匹配或提出新的规划假设。为了达到这个目的,我们定义从观察到规划假设的分配假设。

给定一系列观察集合O和已经产生的规划假设集合Φ,分配函数Ψ_h是一个满射函数$\Psi_h:O \rightarrow \Phi$,实际上是一个观察的集合到规划假设的满射。分配假设是分配函数作用于规划假设后所得的结果。

一个分配函数的原象包含来源于同一对象的观察。Ψ_h仅由观察产生的规划假设组成,而不是由所有可能的规划假设组成,因此,函数Ψ_h是满射。更进一步,我们可以使$\Psi_h(O)$表示由观察集O产生的规划假设。给定分配函数Ψ_h,观察集O被分成关于一个规划的等价类,我们用$\|o\|_h$表示观察o的等价类,即

$$\|o\|_h = \{ o' \in O \mid \Psi_h(o') = \Psi_h(o)\}$$

基于等价类的方法,使多独立规划的识别可以被看作多个单规划的识别问题,其中每个单规划识别被限制在一个观察等价类内的识别。

多独立规划识别问题是一个二元组(O,Γ),O代表形式化的观察集合(不一定是关于一个单规划),Γ代表形式化的背景知识集合,并假定观察不是由背景知识产生的,也就是$o \in O,\Gamma \not\models o$,背景知识不包含可能规划之间的约束,规划识别问题

(O,Γ)的一个解是规划假设 Φ 的集合和一个分配函数 $\Psi_h:O\to\Phi$,并对于 $\forall o\in O$
满足下述两个条件:

(1)$\Psi_h(o)$同分配给 $\Psi_h(o)$ 的观察和背景知识是一致的,形式化表示为

$$\Gamma\bigcup\|o\|_h\not\models\neg\Psi_h(o)$$

(2)$\Psi_h(o)$解释了基于背景知识分配给 $\Psi_h(o)$ 的观察,形式化表示为

$$o\in\|o\|_h,\Gamma\bigcup\{\Psi_h(o)\}\models o$$

如果多个规划是独立的,那么规划一定与背景知识和所有的观察一致,然而,
每个规划假设只能解释分配给这个规划假设的观察。

一个多相关规划识别问题是一个二元组(O,Γ),O 代表形式化的观察集合(不
一定是关于一个单规划),Γ 代表形式化的背景知识集合(可能包含多个可能规划
之间的约束),并假定观察不是由背景知识产生的,也就是$o\in O,\Gamma\not\models o$,规划识别问
题(O,Γ)的一个解是规划假设 Φ 的集合和一个分配函数 $\Psi_h:O\to\Phi$,对于 $\forall o\in O$
满足下述两个条件:

(1)所有分配假设的联合 $\wedge\{\Psi_h(o)\,|\,o\in O\}$同所有的观察和背景知识是一致
的,形式化表示为$\Gamma\bigcup O\not\models\neg\wedge\{\Psi_h(o)\,|\,o\in O\}$。

(2)$\Psi_h(o)$解释了基于背景知识分配给 $\Psi_h(o)$ 的观察,形式化表示为

$$o\in\|o\|_h,\Gamma\bigcup\{\Psi_h(o)\}\models o$$

多相关规划识别问题同多独立规划识别问题是极其相似的,不同点在于由于
多个规划是相关的,所以背景知识包含多个规划间的约束。

下面我们就一个例子来区分这些不同类型的规划识别。假设两架飞机 S
("Swaen")和 Z("Zwaluw")可以用来飞两条航线:从 KL174 H(Heathrow)到 F
(Frankfurt),KL175 从 F 到 H。这两架飞机都可以在 A(Amsterdam)处着陆。从而
导致了四种规划:Flight(KL174,S),Flight(KL174,Z),Flight(KL175,S)和 Flight
(KL175,Z)。则背景知识为:$\forall x$(Flight(KL174,x)$\Leftrightarrow$Fly(H,A,x)$\wedge$Stop(A,x)$\wedge$
Fly(A,F,x)),$\forall x$(Flight(KL175,x)$\Leftrightarrow$Fly(F,A,x)$\wedge$Stop(A,x)$\wedge$Fly(A,H,x))。

(1)假设观察到 $o_1=$Stop(A,S)。观察 o_1 可以分配给 Flight(KL174,S)或者
Flight(KL175,S),这两个规划同 $\Gamma\bigcup\{o_1\}$ 是一致的,同时解释了基于背景知识的
观察 o_1。由于这只涉及一个简单规划的情形,所以分配函数是不必要的。

(2)假设观察是 $o_1=$Stop(A,S),$o_2=$Stop(A,Z),这两个观察能被分配给
Flight(KL174)或者 Flight(KL175),这就导致了四种多规划:

(a)Flight(KL174,S),Flight(KL175,Z);

(b)Flight(KL175,S),Flight(KL174,Z);

(c)Flight(KL174,S),Flight(KL174,Z);

(d)Flight(KL175,S),Flight(KL175,Z)。

　　后两种多规划通过在可能的规划间添加约束被排除,在规划间可添加约束:$\forall x \forall y(\text{Flight}(x,y) \Rightarrow \forall z(\text{Flight}(x,z) \Rightarrow y=z))$,每条航向至多同时被一架飞机执行。

　　(3)假设观察是 $o_1 = \text{Stop}(A,S)$,$o_2 = \text{Stop}(A,Z)$ 和 $o_3 = \text{Fly}(A,F,S)$。对于 o_1 和 o_3 唯一可能的分配是 $\text{Flight}(KL174,S)$,对于 o_2 在 Flights 间没有约束的情况下,可以被分配给 $\text{Flight}(KL174,Z)$ 或者 $\text{Flight}(KL175,Z)$,如果考虑上面的约束,只有 $\text{Flight}(KL175,Z)$ 是可能的。

　　(4)假设有一个未被识别的观察 $o_1 = \exists x \, \text{Stop}(A,x)$,这个观察可以被分配给所有四个规划:$\text{Flight}(KL174,S)$,$\text{Flight}(KL175,S)$,$\text{Flight}(KL174,Z)$ 和 $\text{Flight}(KL175,Z)$。

　　(5)假设有两个未被识别的观察 $o_1 = \exists x \, \text{Stop}(A,x)$ 和 $o_2 = \exists x \, \text{Fly}(A,F,x)$,背景知识包含约束,即一条航线同时至多只能被一架飞机执行,形式化表示为:$\forall x \forall y(\text{Flight}(x,y) \Rightarrow \forall z(\text{Flight}(x,z) \Rightarrow y=z))$。那么下面四种多规划是可能的:

　　(a)$\text{Flight}(KL174,S)$,$\text{Flight}(KL175,Z)$。其中,观察 o_1 被分配给 $\text{Flight}(KL174,S)$,观察 o_2 被分配给 $\text{Flight}(KL175,Z)$。

　　(b)$\text{Flight}(KL175,S)$,$\text{Flight}(KL174,Z)$。其中,观察 o_1 被分配给 $\text{Flight}(KL175,S)$,观察 o_2 被分配给 $\text{Flight}(KL174,Z)$。

　　(c)$\text{Flight}(KL174,S)$。观察 o_1 与 o_2 均被分配给 $\text{Flight}(KL174,S)$。

　　(d)$\text{Flight}(KL174,Z)$。观察 o_1 与 o_2 均被分配给 $\text{Flight}(KL174,Z)$。

　　在实际问题中,观察是有时序关系的,因此,一个传感器扫描得到的是观察的序列,而不是简单的集合。假定 k 个传感器扫描得到的观察序列是互斥的,它们构成如下形式:$O = [O_k] = [\{O_{1v},\cdots,O_{nv}\}, \cdots, \{O_{1k},\cdots,O_{mk}\}]$。

　　当前第 k 个传感器扫描获得的观察序列的分配函数是一个满射函数,$\Psi_{h,k}$:$O_k \to \Phi_{k-1,h} \bigcup \{NP_k\}$,即是从当前扫描的观察集合 O_k 到之前扫描观察的规划假设的一个满射。之前扫描观察的规划假设为:$\Phi_{k-1,h} = \bigcup_{i=0}^{k-1}(NP_i - DP_i)$,函数值随 k 的新规划集 NP_k 而改变。这里,NP_i 表示第 i 个传感器扫描获得的观察对应的新的规划集,DP_i 表示第 i 个传感器扫描获得的观察对应的终结规划。

　　全部的分配假设由当前扫描的分配假设 Ψ_h 和之前的扫描的规划假设 Ω_g^k:$(\Psi_h : \Omega_g^{k-1})$ 组成。这一系列规划假设可以分为在之前的扫描中已经存在的规划假设减去终止的规划假设和来源于当前扫描的新观察对应的新的规划假设。对于每个被观察的目标,如果每个扫描器的每次扫描仅得到一个观察,在这种情形下,每个扫描器的当前扫描的分配函数成为一个双射函数。

　　4. 概率规划识别

　　前一小节只讨论了以被识别的观察和未被识别的观察作为输入的确定的规划

识别,识别器输出的是一系列规划假设或分配假设,由于它们都解释了观察,而导致这些观察不能用来直接的区分规划假设与真实规划的近似程度。在概率规划识别方法中,可以计算每一个规划假设的概率值,因此不同的规划假设可以由各自的概率值来表示与真实情况的近似程度。

对于被识别的观察,规划识别器给出规划假设对$(\Phi, P(\Phi))$。其中,Φ是规划假设,$P(\Phi)$是规划假设的概率,由于规划假设Φ是穷尽的而且它的元素针对于某个传感器是互斥的,所以所有的规划假设的概率和为 1,即$\sum P(\Phi)=1$。

对于未被识别的(不确定的/概率)观察,规划识别器给出分配假设对$(\Psi_h, P(\Psi_h))$,其中Ψ_h是分配假设,$P(\Psi_h)$是它的概率,由于分配假设也是穷尽的和互斥的,因此,所有分配假设的概率和为 1,即$\sum P(\Psi_h)=1$。

在规划识别中,最糟糕的情况是存在指数级数量的观察。双射的分配函数要比满射的分配函数易于处理,在多个分配函数中前者更容易选择最优的分配函数,而且双射函数更好地模拟了一个传感器的扫描或人类的观察。

然而,目前还没有一致的概率推理方法,这里通过产生一些规划假设和对这些假设分配概率值来解决概率和不确定的观察。该技术在跟踪领域的应用很有价值,在敌对领域用来识别对手的规划也是比较有效的。

跟踪算法对未被完全识别的飞机、船只或其他工具的观察进行跟踪,这些观察来自于一个或更多的传感器,又叫雷达测绘,这些雷达测绘来源于相同的目标。最正确的、最成功的跟踪算法是来自 Reid 的多假设跟踪算法(MHT),这一算法的基本思想是:基于以前扫描步的分配假设形成对每次新扫描数据的分配假设,分配假设与真实规划的相似度由 Reid 公式实现。该公式给出了由之前扫描的分配函数Ω_g^{k-1}、当前扫描k的分配假设Ψ_h和给定的所有扫描的雷达测绘Z组成的分配假设的概率值P,该公式通过贝叶斯公式和条件概率链式法则计算求得结果。

下面给出单传感器或无重叠的多传感器的 Reid 公式:

$$P(\Omega_g^{k-1}, \Psi_h \mid Z) = \frac{1}{C} P_D^{N_{DT}} (1-P_D) N_{TGT} - N_{DT} \beta_{FT}^{N_{FT}} \beta_{NT}^{N_{NT}} (\prod g_{xy}) P(\Omega_g^{k-1})$$

其中,C是标准的常数。

P_D是目标在传感器范围内的传感器的检测概率。

N_{TGT}表示之前扫描的被跟踪系统所识别的目标的数量。

N_{DT}表示与之前扫描目标相关的当前扫描的雷达测绘的数量。

N_{FT}表示与错误目标相关的当前扫描的雷达测绘的数量。

N_{NT}表示与新目标相关的当前扫描的雷达测绘的数量。

$\beta_{FT}=N_{FT}/V_{sensor}$表示传感器每次扫描的错误报警率。

$\beta_{\mathrm{NT}} = N_{\mathrm{NT}}/V_{\mathrm{sensor}}$表示传感器每次扫描的新目标密度。

Ψ_h是对之前目标、错误目标和新目标的当前扫描的雷达测绘的分配假设。

$Z = \bigcup\limits_{i=0}^{i=k} Z_k$，其中 Z_k 是当前扫描的雷达测绘的集合 $M_k = N_{\mathrm{DT}} + N_{\mathrm{FT}} + N_{\mathrm{NT}}$。

g_{xy}表示雷达测绘 x 与跟踪 y 之间的相关可能值，

$$x \in [1, \cdots, N_{\mathrm{DT}}], y \in [1, \cdots, N_{\mathrm{TGT}}]$$

非重叠传感器的跟踪情况是上述公式的简单应用，对于重叠的传感器的情况，就要在分配假设上加以额外的限制。公式如下：

$$P(\Omega_g^{k-1}, \Psi_h \mid Z) = \frac{1}{C} \prod_{se=1}^{N_{\mathrm{sensor}}} \Big\{ P_{se,\mathrm{DT},D}^{N} (1 - P_{se,D})_{\mathrm{TGT}se,\mathrm{DT}}^{N} -N}$$
$$\times \beta_{se,\mathrm{FT}}^{N_{se},\mathrm{FT}} \beta_{se,\mathrm{NT}}^{N_{se},\mathrm{NT}} \big(\prod g_{se,xy} \big) \Big\} P(\Omega_g^{k-1})$$

其中，$se \in [1, \cdots, N_{\mathrm{sensor}}]$是传感器的索引。

为了应用于战术规划识别的情况，将 Reid 公式稍做修改以适用于概率或不确定的观察。修改后的公式如下：

$$P(\Omega_g^{k-1}, \Psi_h \mid O) = \frac{1}{C} P_D^{N_{\mathrm{DT}}} (1 - P_D)_{\mathrm{TGT}}^{N} -N_{\mathrm{DT}} \beta_{\mathrm{NT}}^{N_{\mathrm{NT}}} \big(\prod g_{xy} \big) P(\Omega_g^{k-1})$$

前面曾介绍了两种类型的观察，分别为动作观察和状态观察，这两种观察都适用于相应的规划假设。一个动作观察和一个规划假设相关，则检查被观察的动作是否适合由规划假设产生的动作序列，如果适合，则相关概率为 1，否则概率为 0。

我们曾指出状态观察可以转换成引起该状态变换的动作的观察，而状态观察在这里是有用的。状态观察被用来计算相关可能 g_{xy} 的近似值，它给出了在观察时间步中的规划假设预测的状态和被观察状态之间的距离。

下面我们来看如图 11.23 所示战争环境的例子，符号的意义如图 11.24 所示。图 11.23 中间的线表示双方战场，战场将双方分为左侧的红方和右侧的蓝方，双方不同的装备都用数字标示。

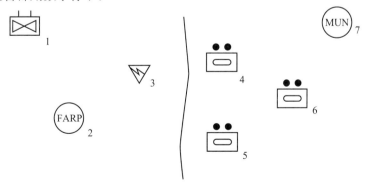

图 11.23　战术规划识别例子

图 11.24 符号的含义

图 11.23 所示例子中主要关注在战场附近的敌对军队的行动。红方规划可能包含如下动作：

(1)红方的飞机由空军基地或前方的燃料站飞往蓝方的通讯部队。

(2)从通信部队收到目标信息。

(3)进入、攻击或离开前方的燃料站或空军基地。现在的任务是识别红方的规划。

图 11.25 表示在时间 T_1 的第一个观察 O_1 的情况,箭头表示飞机飞行的方向。针对第一个观察得到两个规划假设:①飞机 H_1 袭击通信部队:$A(H_1, \text{MUN})$；②飞机 H_1 袭击战车部队 5:$A(H_1, \text{TK}_5)$,最终的规划假设用图 11.28 所示的规划假设树表示。

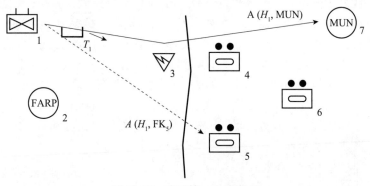

图 11.25 表示第一个观察 O_1

图 11.26(a)中的 T_2 表示当第二个观察 O_2 进入识别系统后结合第一次观察时,规划假设发生的改变。这里观察得到的飞机可能是第一次观察中的飞机 H_1,也可能是另外一架飞机 H_2,根据观察到飞机飞行的情况,第二次观察的飞机将会攻击坦克部队 5:$A(H_2, \text{TK}_5)$。因此,形成的规划假设可能是:①图 11.26(a)两次观察到的不同的飞机,两架飞机有不同的目标,则形成的规划假设为:$A(H_1, \text{MUN})$,$A(H_2, \text{TK}_5)$；②图 11.26(b)两次观察到的不是同一架飞机,但是两架飞机的目标是相同的,形成规划假设:$A(H_1, \text{TK}_5)$,$A(H_2, \text{TK}_5)$；③若两次观察

都是飞机 H_1，则有规划假设：$A(H_1, TK_5)$，如图 11.26(b)虚线所表示。这些规划假设也可由图 11.28 规划假设树表示。

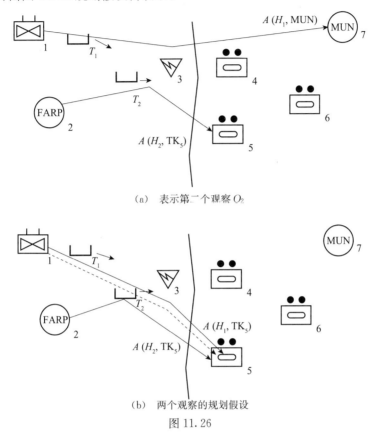

(a) 表示第二个观察 O_2

(b) 两个观察的规划假设

图 11.26

当第三个观察进入识别器时，情况如图 11.27 所示，这时能推出确定的规划：飞机 H_1 正欲袭击战车部队 5。在这种观察下，其他假设就不能得到有效的支持，最终得到规划假设 $A(H_1, TK_5)$。

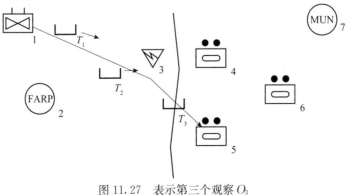

图 11.27 表示第三个观察 O_3

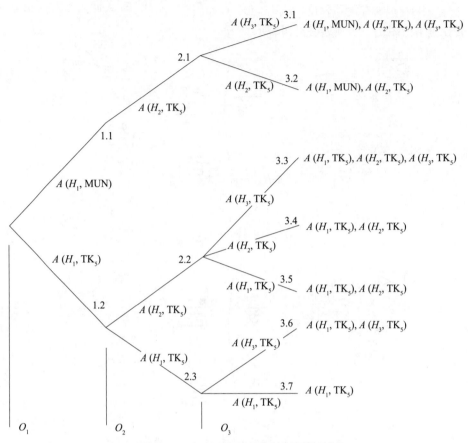

图 11.28 各次观察所形成的规划假设树

表 11.3 给出各种规划假设及其分配假设,以及用公式求得分配假设的概率。
假设表 11.3 中变量值给定如下:

$$\beta_{NT} = N_{NT}/Area = 1/(4(km^2)) = 2.5 \times 10^{-7}; \quad PD = 0.9$$

$g_{xy} = N(v, B)$ 是 (v, B) 的正规分配,其中 $v = [dx, dy]$;

B 表示 v 的笛卡儿协方差矩阵;

对于给定下面的相关可能值: $g_{xy21} = g_{xy31} = g_{xy32} = g_{xy33} = 5.86 \times 10^{-8}$, 有

$$(v, B) = \left([1000, 1000], [100^2, 10^2, 10^2, 100^2] \right)$$

对于给定下面的相关可能值: $g_{xy34} = 1.47 \times 10^{-7}$, 有

$$(v, B) = \left([500, 100], [100^2, 10^2, 10^2, 100^2] \right)$$

在接收到第一个观察 O_1 后,建立两个分配假设,哪个比较接近实际对手规划很难辨别。当有第二个观察 O_2,则能很好地与袭击战车部队 5 匹配,在这一阶段这个规划假设具有较高的概率值。第三个观察 O_3 存在时,也是与原始规划假设的袭击战车部队 5 匹配。因此在接收到最终的观察后,该规划假设最终获得最高的概率值,也就是说该规划假设与实际对手规划最为相近。

表 11.3

分配	规划假设	概率	值
O_1			
$\Psi_{1.1}$	$A(H_1, MUN)$	$(1/C)\beta_{NT}$	0.5
$\Psi_{1.2}$	$A(H_1, TK_5)$	$(1/C)\beta_{NT}$	0.5
O_2			
$\Psi_{2.1}$	$A(H_1, MUN), A(H_2, TK_5)$	$(1/C)\beta_{NT}(1-P_D)P(\Psi_{1.1})$	0.24339
$\Psi_{2.2}$	$A(H_1, TK_5), A(H_2, TK_5)$	$(1/C)\beta_{Ni}(1-P_D)P(\Psi_{1.2})$	0.24339
$\Psi_{2.3}$	$A(H_1, TK_5)$	$(1/C)P_D g_{xy21} P(\Psi_{1.2})$	0.51322
O_3			
$\Psi_{3.1}$	$A(H_1, MUN), A(H_2, TK_5)$ $A(H_3, TK_5)$	$(1/C)\beta_{NT}(1-P_D)^2 P(\Psi_{2.1})$	0.007380
$\Psi_{3.2}$	$A(H_1, MUN), A(H_2, TK_5)$	$(1/C)P_D g_{xy31}(1-P_D)P(\Psi_{2.1})$	0.015562
$\Psi_{3.3}$	$A(H_1, TK_5), A(H_2, TK_5)$ $A(H_3, TK_5)$	$(1/C)\beta_{NT}(1-P_D)^2 P(\Psi_{2.2})$	0.007380
$\Psi_{3.4}$	$A(H_1, TK_5), A(H_2, TK_5)$	$(1/C)P_D g_{xy32}(1-P_D)P(\Psi_{2.2})$	0.015562
$\Psi_{3.5}$	$A(H_1, TK_5), A(H_2, TK_5)$	$(1/C)P_D g_{xy33}(1-P_D)P(\Psi_{2.2})$	0.015562
$\Psi_{3.6}$	$A(H_1, TK_5), A(H_3, TK_5)$	$(1/C)\beta_{NT}(1-P_D)P(\Psi_{2.3})$	0.155616
$\Psi_{3.7}$	$A(H_1, TK_5)$	$(1/C)P_D g_{xy34} P(\Psi_{2.3})$	0.782939

参 考 文 献

[1] 董轶群. 一种基于目标驱动理论的应对规划方法[D]. 长春:东北师范大学,2007

[2] Willmott S, Richardson J, Bundy A, et al. An Adversarial Planning Approach to Go//van den Herik H J, lida H, ed. Computers and Games: Proceedings CG'98, number 1558 in Lecture Notes in Computer Science. Tsukuba: Spring Verlag, 1999: 93—112

[3] Willmott S, Bundy A, Levine J, et al. Adversarial Planning in Complex Domains. Submitted to ECAI 98 January 20, 1998

[4] Carbonell G. Counterplanning: a strategy-based model of adversarial planning in real-world situations. Artificial Intelligence, 1981, 16(3): 295—329

[5] Gu W X, Wang L, Li Y L. Research for Adversarial Planning Recognition and Reply in the Complex Domains and the More Agents Conditions. Proceeding of 2005 International Conference on Machine Learning and Cybernetics, 2005: 225—230

[6] Cao X D. Fuzzy Information Processing and Application. Beijing: Science Press, 2003

[7] Gu W X,Zhou J P. A Hostile Plan Recognition based on Plan Semantic Tree-Graph. Proceedings of the Sixth IEEE International Conference on Control and Automation,2007:2411—2416

[8] 姜云飞,马宁. 一种基于规划知识图的规划识别算法[J]. 软件学报,2002,13(4):686—692

[9] Henry,Kautz A. A Formal Theory of Plan Recognition. Rochester:University of Rochester, 1987

[10] 宋凤麒. 基于 DCSP 的敌意规划识别方法[D]. 长春:东北师范大学,2008

[11] 李冰. 带有抢占式动作规划的研究与实践[D]. 长春:东北师范大学,2009

[12] Gu W X,Cao C J,Guan W Z. Hostile Plan Recognition and Opposition. Proceeding of 2005 International Conference on Machine Learning and Cybernetics, 2005:4420—4426

[13] 刘莹,邵铁君,谷文祥. 应对规划器模型研究[J]. 东北师大学报(自然科学版),2008,(2): 30—33

[14] 邵铁君. 应对规划器的基本研究[D]. 长春:东北师范大学,2007

[15] Frank M,Frans V. A Formal Description of Tactical Plan Recognition[J]. Information Fusion,2003,4(1):47—61

第 12 章　网络信息对抗领域的敌意规划的识别与应对

2003 年 1 月,美国总统布什下令制定了网络战略,以便在必要的情况下对敌对国家网络系统发动攻击。这一网络战略与第二次世界大战中美国制定的核武器战略类似。美国军方试图在不用出动任何部队的情况下,就可以悄无声息地入侵敌国的网络系统,将敌人的雷达关闭,造成其电子系统的失灵或失效。互联网将成为新的战场,真正的网络战争带来的损失将是灾难性的。以一个国家的名义组织的网络攻击不再是以往普通的网络入侵,而是形成了网络信息对抗。

敌人欲攻击一个国家的网络系统,必定会执行一系列动作来达到其目标。敌人欲执行破坏性的敌意规划来达到攻击敌方网络的目的。为了保障信息的安全性,我们势必要识别敌人的规划和意图,及时地执行应对规划阻止敌人的规划执行和目标完成。

12.1　网络信息对抗领域

网络信息对抗领域是存在敌对因素的对手领域,但是,网络信息对抗领域是更复杂的对手领域。在网络信息对抗领域中,存在特殊的对手或敌人——网络黑客、网络入侵者。网络入侵者通过执行一些敌意动作达到破坏作用,不同的敌意动作有不同的攻击强度。

1. 网络信息对抗领域的特点

网络信息对抗领域与军事战争领域都具有环境复杂、包含敌对因素等共同点。网络信息对抗领域可以认为是特殊的战争,但是这种战争的战场是隐蔽的,敌人的动作不是直观可观察的,而是强烈依赖于领域知识。因此,网络信息对抗领域也存在动态性与不确定性的特点,即敌人的行动是动态的,观察以及对敌人的预测是不确定的。此外,网络信息对抗领域还有如下特点。

(1)存在来自不同敌人的多种攻击方法。这些攻击方法可能相同,即采用相同的敌意规划,并达到相同的目的。也可能采用不同的攻击方法,采用不同的敌意规划,达到相同或者不同的目标。以两个敌意规划为例,分别用图 12.1(a),图 12.1

(b),图 12.1(c)表示它们之间的特殊关系。

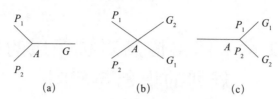

图 12.1　两种敌意规划的关系图

敌人欲进行攻击,势必会采用某一个敌意规划,完成一系列敌意动作而达到其目标,将其动作序列用一条线表示,相交点即为两个规划采用的相同动作。图 12.1(a)表示规划 1(P_1)与规划 2(P_2)从动作 A 后以相同的动作序列达到目标 G。图 12.1(b)表示规划 1(P_1)与规划 2(P_2)仅有动作 A 相同,并分别到达目标 1,目标 2。图 12.1(c)表示规划 1(P_1)与规划 2(P_2)执行相同的动作序列,从 A 后开始产生分支,并分别达到目标 1(G_1),目标 2(G_2)。当观察到动作 A 时,很难识别敌人究竟执行的哪个规划。相对而言,图 12.1(a)的情况相对简单,因为两个规划无论识别出哪一个规划,都能确定其后要执行的动作和目标,而后两种情况则难以识别和处理。

(2)敌人总是试图隐藏自己的操作。由于敌人的动作具有隐蔽性,所以一定存在没有观察到的动作,因此,观察到的动作可能是非连续的,所以不能通过简单的对观察到的动作与现有已知规划进行线性匹配。另外,在信息对抗领域要想正确识别敌人的动作,必须依靠相关领域知识。

(3)对整个网域攻击时,信息传递困难,不易整体识别和应对。当敌人对整个网域进行攻击时,很难从高层角度策略性地识别敌意规划。

将对手规划方法应用到网络信息对抗领域,目的是在入侵者执行绝对敌意动作达到目标之前能够识别对手规划和目的,从而阻止入侵者的规划执行和目标完成。

2. 规划识别与入侵检测

规划识别问题是指从观察到的某一智能体的动作或动作效果出发,推导出该智能体目标/规划的过程。入侵检测通过收集操作系统、系统程序、应用程序、网络包等信息,发现系统中违背安全策略或危及系统安全的行为。从两者的概念来看,都是根据特定的动作或行为判断动作执行者的目的在应用环境、系统输入、系统输出、判定依据等方面都有很大的相似性,如表 12.1 所示。因此,规划识别方法能够进行有效的入侵检测。已有的研究成果表明,规划识别在入侵检测领域具有独特的优势,已经逐渐成为最重要的入侵检测方法之一[1]。

表 12.1 规划识别与入侵检测的关系

	规划识别	入侵检测
应用环境	特定的领域环境	网络环境或主机系统环境
系统输入	智能体的行为	用户命令或网络信息包,即用户行为和网络节点行为
判定依据	领域知识	网络安全知识和网络安全策略
系统输出	智能体的目标	用户的目标(是否有入侵企图)

12.2 基于行为状态图的入侵检测问题

智能规划的过程就是在不同的时间步中通过命题列和动作列的交替出现以及规划图的扩张算法使得规划图最终达到稳定状态,进而搜索其有效规划的过程。那么,在特定的入侵检测问题中,恶意攻击者对于目标系统最终目标状态的攻击过程,是否也可以看作是不同状态变化的过程,并且通过某种行为和状态图的形式来表示呢?

在黑客攻击问题中,最令有效用户(effective user id)头疼的一大问题就是无法判别或很难判别是否存在非法用户的恶意攻击行为。而在这一过程中,既包含了大量的不安全因素,也有可能使系统授权(合法或有效)用户失去合法权限,从而导致拒绝服务攻击事件的发生。下面,我们首先以简单的攻击事件为例进行分析,提出"行为状态图"的概念,进而了解行为状态图在攻击过程中的表示以及攻击事件复杂的可能性目标状态[2]。

12.2.1 研究前提与基本原则

1. 研究前提

我们通过对多个特定入侵检测问题实例的抽象分析发现,在一起入侵检测攻击事件中,通常整个攻击事件会由若干次攻击过程构成,因为攻击者通过实施攻击行为欲实现的最终目的状态并不是一蹴而就的,而是通过若干次攻击行为步骤在前一次所实现的最终目标状态基础上,以最终目的状态为目标而逐列递近的,如系统漏洞攻击和后门攻击等实例。

在此基础上,我们就可以很容易地知道基于行为状态的特定入侵检测问题的研究前提对攻击事件来说是可分的,而且下一次攻击过程的开始是建立在上一次攻击过程已确定的最终目标状态基础上的。目的状态是恶意攻击者在试图入侵前所欲实现的最终状态。而我们所要实现的,就是在恶意攻击者实现目的状态之前,尽可能地在最小时间步内通过对最终目标状态的判断来识别攻击者的攻击行为,并向安全管理员发出相应的报警信息。然而,在一次攻击过程中,基于攻击行为作用所产生的可能性目标状态又会有多种情况。这就要求我们必须对攻击行为所产生的各种可能性目标状态进行分析,而这一判断的过程从某种意义上来讲,就实现了对攻击者的敌意规划进行识别的过程。

2. 行为状态图的基本原则

通过对特定入侵检测问题的研究发现,在一次简单的攻击过程中,包含了两种状态和一种行为,即起(初)始状态、可能性目标状态和攻击行为。它们之间又可以通过某种因果关系来表示,即攻击行为作用的前提条件必须具有起始状态,而攻击行为作用的动作效果则导致了可能性目标状态的产生。在这里所产生的可能性目标状态又可以分为很多种情况,在后面我们会通过实例再进行详细讨论。在此基础上,我们提出了"行为状态图"的方法。利用该方法解决特定入侵检测问题中攻击行为可能导致多种可能性目标状态产生的问题,并在最小时间步内,发现攻击者的攻击行为和所要达到的最大可能性的目标状态(最终目标状态)。

我们的工作就是要对攻击者的攻击行为在其实现最终目的状态之前,尽可能地在最小时间步内完成对最终目标状态的识别,进而实现对攻击者敌意攻击行为的识别,并针对不同程度的识别过程采取适当的响应措施。

12. 2. 2　行为状态图的组成与抽象表示

1. 行为状态图的组成

行为状态图由三种基本节点以及两种边构成,如图 12.2 所示。三种节点分别为:表示攻击过程初始状态的起始状态节点(S),表示攻击行为的行为节点(A),表示通过行为节点的作用欲达到最终目标状态的可能性目标状态节点(G)。两种边分别为:前提条件边和动作效果边。

在一个完整的行为状态图中,通常包括初始状态节点、各攻击过程所实现的最终目标状态节点、攻击行为步骤,以及其引起的中间状态和引起攻击行为动作发生的前提条件边和导致可能性目标状态集产生的动作效果边。

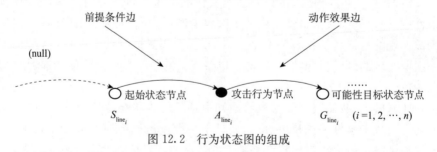

图 12.2　行为状态图的组成

2. 行为状态图的抽象表示

首先,我们来了解一下图中各相关组件的含义。

定义 12. 2. 1　初始状态节点表示的是从整个攻击事件状态转移过程开始,所有攻击者在实施攻击前,所拥有的若干受限的系统访问权限。也就是说,其初始状态节点并不需要任何的前提状态条件,即此时的初始状态节点＝起始状态节点,亦即初始状态节点的 precondition＝null。

定义 12.2.2(起始状态节点)　起始状态节点表示受攻击行为作用的状态节点。

定义 12.2.3(最终目标状态节点)　最终目标状态节点表示攻击者在对起始状态节点进行攻击行为作用后所实现的最大可能性目标状态节点。

定义 12.2.4(目的状态节点)　在整个攻击事件过程中,从初始状态经过若干次攻击行为作用后,实现了若干次中间目标状态的转移,并且在此过程中,系统都没能实现对攻击行为所欲实现的最大可能性目标状态的有效判断,从而导致行为状态图在多次攻击行为作用下连续扩张,进而实现了攻击者在试图进行攻击操作前所欲实现的最终状态。我们把最终所达到 $line_n$ 列的最终目标状态节点 G_{line_n} 定义为攻击者欲达到的最终目的状态节点 Goal,即此时攻击者获得了对系统进行随意操作的根权限,亦即 euid＝root。

那么,我们现在就可以了解攻击事件与攻击过程的区别了。

定义 12.2.5(攻击事件)　攻击事件指从初始状态节点开始,经过若干次攻击行为作用后,经过若干个中间状态的转移,最终实现目的状态节点的过程。

定义 12.2.6(攻击过程)　攻击过程指在同一列上的起始状态节点和攻击行为节点所组成的一次攻击操作的实例化。

从定义 12.2.5 和定义 12.2.6 中我们可知,在一次攻击事件过程中,它包含了若干次攻击过程,而每一次攻击过程又都是由同一列中起始状态节点和攻击行为节点共同作用的一次操作的实例化。即攻击事件(event)、攻击过程(process)、攻击次数(n)之间的关系为

$$Event＝process×n \qquad (n=1,2,3,\cdots,m)$$

下面我们再来看一下在一起攻击事件中,第 i 列目标状态节点和第 $i+1$ 列的起始状态节点之间的关系。

命题 12.2.1　在第 i 次攻击过程中,此时的最终目标状态节点又成为了下一次(即第 $i+1$ 次攻击过程)攻击行为欲作用的起始状态节点;亦即 $G_{line_i}＝S_{line_{i+1}}$。

命题 12.2.2　一次攻击行为操作的实例化必须包括前提条件边和动作效果边,即 action∈{precondition, opeeffect};亦即各种状态节点与攻击行为节点之间构成了因果的关系。

因为攻击行为节点必须在同一列的起始状态节点基础上才能够构成攻击过程的发生,而目标状态节点又是攻击行为节点产生的状态结果,所以在一次攻击过程当中,起始状态节点与攻击行为节点就构成了同列次的一次攻击过程。而在包含多次攻击过程的攻击事件中,当前攻击过程的最终目标状态节点又作为下一次攻击过程起始状态节点的攻击行为的前提条件而构成了下一次攻击过程。

命题 12.2.3　基于前提条件边和动作效果边的作用,在所有行为状态列构成的攻击过程当中,各列目标状态节点两两不相容,两两不互斥,并且呈现逐列递进的趋势。

因为从整个攻击事件的初始状态开始,在前提条件边和动作效果边的作用下,各列目标状态节点都是在前一列起始状态节点基础上逐列递进的,而最终的递进结果就实现了恶意攻击者所要达到的最终目的状态,即 Goal(root)。

为了说明各列最终目标状态节点以最终目的状态节点为目标呈逐列递进的过程描述,我们不妨引入"危机系数"的概念,并用 λ 来表示。而对于每一列的最终目标状态节点相对于本次攻击事件的最终目的状态节点的相对危机度我们用 $P(\lambda)$ 来表示。

命题 12.2.4　设在一起攻击事件的第 i 次攻击过程中,第 i 列的最终目标状态节点 G_{line_i} 相对于最终目的状态节点 Goal(root) 的最大相对危机度为 $P\left(\lambda_{G_{\text{line}_i}}\right)_{\max}$;那么

$$P\left(\lambda_{G_{\text{line}_i}}\right)_{\max} \to 1 \qquad \left(P\left(\lambda_{G_{\text{line}_i}}\right)_{\max} \in [0,1]\right) \tag{12.1}$$

亦即

$$\neg P\left(\lambda_{G_{\text{line}_i}}\right)_{\max} = 1 - P\left(\lambda_{G_{\text{line}_i}}\right)_{\max} \quad \left(P\left(\lambda_{G_{\text{line}_i}}\right)_{\max} \in [0,1]\right) \tag{12.2}$$

从而不难看出,

(1)当 T_1 时,$P\left(\lambda_{G_{\text{line}_i}}\right) \equiv 0$;

(2)当 T_n 时,$P\left(\lambda_{G_{\text{line}_i}}\right) \equiv 1$。

下面我们就可以很容易地将前面提到的"行为状态图"抽象表示为以下有向图的形式,如图 12.3 所示。

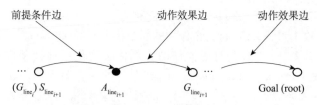

图 12.3　行为状态图的抽象表示

12.2.3　基于行为状态图的登录问题描述

下面我们就以一个简单的例子对行为状态图的表示进行描述。

例如,一位匿名登录者企图在目标系统上进行"非法"登录。从某种意义上来

讲,该匿名登录者(anonymous user id)已经危及系统资源的机密性、完整性与可用性。该名登录者可能具备以下三种身份:

(1)外部入侵者的非授权用户。

(2)企图超越合法权限的系统授权用户。

(3)企图在计算机系统上执行非法活动的合法用户。

就其特征而言,在行为状态图中,以上的一次完整的非法登录过程如图12.4所示,假设本次登录事件的尝试攻击次数 $A_n(n \leqslant 3)$。

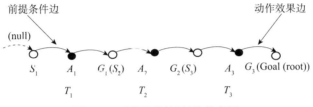

图 12.4 "登录事件"行为状态图

图12.4表示的是该非法登录者在不同时间步中,企图通过多次尝试动作(A_1,A_2,A_3)登录目标系统操作的实例化。具体攻击事件过程如下。

(1)在本次攻击事件中,首先攻击者欲在初始状态条件下通过攻击行为 A_1 实现目标状态 G_1,而此时的目标状态 G_1 的可能性情况对规划识别器来说是透明的,即完全不可知的。这样,就要求规划识别器能够对该攻击行为可能产生的若干结果状态进行分析,从而识别出攻击者通过攻击行为 A_1 作用后最可能实现的最终目标状态。而在本实例中,根据专家经验及相关领域知识,我们不难得知目标状态 G_1 可能有以下两种情况:

(i)尝试进行非法登录。

(ii)攻击者的恶意训练。

(2)通过规划识别器的分析与处理,我们得知,该名非法登录者的最终企图是要实现对目标系统的登录。时间步为 T_1 时,情况(i)下的最大相对危机度值最大。此时,我们就识别出了攻击者最终欲实现的最终目标状态,就可以根据该时间步中的判断程度向安全管理员发送相应的告警信息,从而实现了对攻击者尝试登录目标系统的攻击事件的识别与响应过程。

(3)另外,上面的攻击事件为了更容易说明问题,只考虑了包含一次攻击过程的情况。但在实际问题中,一起攻击事件中可能会包含有多次攻击过程。这样,就要求规划识别器必须对每一次的攻击过程分别进行识别与响应,直到规划识别器能够识别出攻击行为欲实现的最终目标状态为止。但能够使多次攻击过程持续识别下去的最重要的前提就是上一次攻击过程所导致的各种可能性目标状态,还有就是针对最终目的状态的自身危机度值设置必须相等。因为只有各列所有可能性目标状态的自身危机度相等,规划识别器才无法在该时间步识别出当前攻击行为的真正目标状态,才有可能将行为状态图继续扩张下去而不是立刻执行报警动作。这样,才会对下一次攻击行为所实现的可能性目标状态继续进行分析和扩张,直至 $P\left(\lambda_{G_{\text{line}_i}}\right)\approx1$,有限次接近攻击者欲实现的目的状态为止。

当然,在本例中由于假设尝试登录次数最大为 3,所以最终规划识别器的解释行为可能有以下两种情况:

(1)auid 在尝试登录动作 $n=3$ 时,识别成功,系统产生告警信息,并向安全管理员发送了相应的告警信号。

(2)auid 在有限尝试次数内登录不成功,则系统根据安全管理员预先进行的安全配置采取相应的防范措施,终止 auid 的进程操作等。

上面的例子足以说明在特定入侵检测问题中,"行为状态图"能够很好地表示出攻击者当前的攻击状态,并且结合算法的应用,能够对攻击者的攻击行为进行有效的识别与响应。与基于对审计记录流分析的传统的入侵检测方法相比,该方法的识别与响应速度要更快、更准、更及时。

12.2.4　基于行为状态图的规划识别算法

下面具体介绍基于行为状态图的规划识别算法(ASGPR)以及详细的识别过程。

1. ASGPR 算法操作项的抽象表示

首先,介绍一下在攻击事件过程中各操作项的抽象表示,在一次攻击过程中,攻击过程的操作项由行为状态图的相关要素组成,如图 12.5 所示。

```
攻击过程操作项｛
        起始状态节点          ：：起始状态集｛……｝
        攻击行为节点          ：：攻击行为集｛……｝
        攻击行为时间步        ：：时间步集　｛……｝
        可能性目标状态节点     ：：可能性目标状态集｛……｝
                ｝
说明：在时间步 $T_1$ 时,起始状态节点即为初始状态节点,亦即起始状态为初始状态。
```

图 12.5　操作项的表示

2. ASGPR 算法操作单元的抽象表示

前面已经对攻击过程中的各操作项进行了表示,那么下面给出基于操作项的表示攻击过程操作单元的抽象表示方法,如图 12.6 所示。

```
攻击过程操作单元{
                    {
                     :起始状态项
                    :攻击行为项
                     :时间步项
                    :可能性目标状态集{……}
                    }
                    :可能性目标状态项
                    }
说明:在时间步 T₁ 时,起始状态项即为初始状态项。
```

图 12.6　攻击过程操作单元的表示

　　通过对特定入侵检测问题的分析,了解到起始状态在攻击行为作用后可能会有多种可能性目标状态与之相对应,而我们所要实现的工作就是对出现的多种可能性目标状态进行识别,从而在系统受到危害之前在最小时间步内就识别出攻击者的企图。在图 12.6 中就可以体现出这一点,目标状态不是单一的目标状态项,而是目标状态集。也就是说,目标状态项是根据攻击过程的操作单元得出的,是在起始状态项和攻击行为项的基础上,进行分析所得出的结果。

　　3. ASGPR 算法操作事件的抽象表示

　　因为攻击者发起的攻击事件就是对 ASGPR 操作事件的实例化,所以下面我们根据行为状态图的攻击事件过程继续给出攻击事件的表示,如图 12.7 所示。

　　4. 危机系数与自身危机度的提出

　　定义 12.2.7(危机度)　指的是攻击者的攻击行为所引起的多个可能性目标状态节点中的任意目标状态节点的自身危机度。

　　对于每一列的各种可能性目标状态节点自身所表示的危机度用 $P\left(\lambda_{G_{n_{\text{line}_i}}}\right)$ 来表示。在攻击事件中,通过对一次攻击行为的预测可能会预测到多个可能性目标状态的实现。例如,通过攻击者对目标主机及系统 IP、端口的扫描这一攻击事件,我们就可能会预测到攻击者的最终目的状态是要进行系统漏洞攻击或进行后门攻击等操作。要想及时准确地完成对某一攻击行为可能引起的多种可能性目标状态的识别,就需要引入危机系数 λ,并完成对相对危机度的计算。为了便于大家理解,首先我们先来详细了解两个定义。

　　定义 12.2.8(危机系数)　危机系数表示在攻击行为作用下实现的目标状态节点与攻击者所要实现的最终目的状态节点之间的关系,记作 λ。

　　定义 12.2.9(自身危机度)　在当前时间步中的当前攻击行为作用下,可能实现的多个可能性目标状态节点具有多个危机度值,我们就把这种危机度称为该行为状态列可能性目标状态节点的自身危机度。记作 $P(\lambda_{G_n})$。特殊情况下,当 T_1 时,$P\left(\lambda_{G_{\mathrm{line}_1}}\right)\equiv 0$;当 T_n 时,$P\left(\lambda_{G_{\mathrm{line}_n}}\right)\equiv 1$。

攻击事件{ 攻击过程 1{ {:初始状态 S_1

　　　　　　　　　　:攻击行为 A_1

　　　　　　　　　　:时间步 T_1

　　　　　　　　　　:可能性目标状态集{……}}

　　　　　　　　　　:最终目标状态 G_1}

　　　　攻击过程 2{ {:最终目标状态 G_1(起始状态 S_2)

　　　　　　　　　　:攻击行为 A_2

　　　　　　　　　　:时间步 T_2

　　　　　　　　　　:可能性目标状态集{……}}

　　　　　　　　　　:最终目标状态 G_2}

　　　　攻击过程 n{ {:最终目标状态 G_{n-1}(起始状态 S_n)

　　　　　　　　　　:攻击行为 A_n

　　　　　　　　　　:时间步 T_n

　　　　　　　　　　:可能性目标状态集{……}}

　　　　　　　　　　:最终目标状态 $G_n(\mathrm{Goal(root)})$}

　　end }

图 12.7　攻击事件的表示

在实际问题中,需要通过概率的方法求得该危机度相对于攻击者最终目的状态节点的相对危机度,最后再取多个可能性目标状态节点中具有最大相对危机度值的那个目标状态节点作为该列的最终目标状态节点 G_{line_i},即为通过概率计算进行比较后的结果。

危机度是一个相当重要的概念,它直接决定着攻击过程中规划识别的成败。所以,下面我们详细地分析一下各种危机度之间的区别。

5. 三种危机度的区别

前面已经介绍了自身危机度的概念,下面我们就来看一下相对危机度和最大相对危机度的含义,并分析一下这几种危机度之间的区别,后面再对相对危机度值的计算方法以及最大相对危机度的表示方法进行介绍。

(1)自身危机度是我们根据专家经验以及领域知识获得的可能性目标状态的危机程度,它是被定义好的阈值,可以直接拿来使用,但是它并不是一成不变的,它会根据实际情况的变化或需要重新被赋值。

(2)相对危机度,是指在攻击行为作用下实现的所有可能性目标状态的自身危机度值,经计算后所得到的可能性目标状态相对于攻击者试图实现的最终目的状态的危机程度,记作 $P\left[\lambda_{G_{n_{\text{line}_i}}}\Big/G\right]$。

(3)最大相对危机度,指的是对同一列中的所有可能性目标状态节点的相对危机度值取补后所得到的危机度值。其中,我们把具有最大相对危机度值的那个可能性目标状态节点作为该列的最终目标状态节点;记作 $P\left[\lambda_{G_{n_{\text{line}_i}}}\Big/G\right]_{\max}$。

6. 相对危机度的计算

通过前面的介绍已经知道,相对危机度是通过对可能性目标状态节点自身危机度进行某种概率计算后而得出的。那么,下面我们就通过行为状态图的形式来研究一下相对危机度公式的推导过程以及计算方法。

在一起攻击事件当中,攻击事件可由多次攻击过程构成。而每次攻击过程又包括起始状态节点、攻击行为以及由攻击行为所导致的多个可能性目标状态节点(最终目标状态节点)。那么,该次攻击过程就可以通过行为状态图的形式很容易的将其表示出来,如图 12.8 所示。

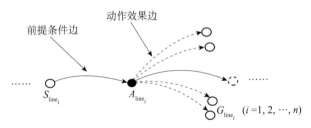

图 12.8　攻击过程的行为状态图

图 12.8 中实线部分表示的是一起攻击事件过程中,起始状态节点、攻击行为节点以及攻击行为作用下所产生的最终目标状态节点;而虚线部分则表示的是在攻击行为作用下,所产生的 n 种可能性目标状态节点 $G_{n_{\text{line}_i}}$ $(n=1,2,\cdots,m)$ 之间的关系。我们通过对各种可能性目标状态节点相对危机度的分析,从中选取具有最大相对危机度值的那一个可能性目标状态节点作为最后的最终目标状态节点。

通过对攻击行为和它所产生的目标状态之间的一对多关系的分析,我们发现通过攻击行为不能确定的最终目标状态之间彼此是独立的,且逻辑上是完备的,它们之间存在着某种因果关联,可以用概率的方法来描述。如图 12.8 中,攻击行为 A_{line_i} 在第 i 列所实现的目标状态有 n 种独立的状态,即 $n=1,2,\cdots,m$。

定理 12.2.1　设攻击过程中攻击行为作用下所实现的所有可能性目标状态分别为 $G_{1_{\text{line}_i}}$,$G_{2_{\text{line}_i}}$,$\cdots$,$G_{n_{\text{line}_i}}$ 满足:

(1)两两互不相容,即当 $x\neq y$ 时,有 $G_{x_{\text{line}_i}}\bigcap G_{y_{\text{line}_i}}=\varnothing$;

(2) $P\left(\lambda_{G_{x_{line_i}}}\right) > 0$ $(1 \leqslant x \leqslant n)$；

(3) $D = \bigcup\limits_{x=1}^{n} G_{x_{line_i}}$，

则对攻击事件的最终目的状态 G 有下式成立：

$$P(G) = \sum_{x=1}^{n} P\left(\lambda_{G_{x_{line_i}}}\right) \times P\left(G \middle/ \lambda_{G_{x_{line_i}}}\right)$$

亦即

$$P\left(G \middle/ \lambda_{G_{x_{line_i}}}\right) = \frac{P(G)}{\sum\limits_{x=1}^{n} P\left(\lambda_{G_{x_{line_i}}}\right)} \tag{12.3}$$

定理 12.2.2　设攻击过程中攻击行为作用下所实现的所有可能性目标状态分别为 $G_{1_{line_i}}$，$G_{2_{line_i}}$，$\cdots$，$G_{n_{line_i}}$ 满足定理 12.2.1 中的条件，则对攻击事件的最终目的状态 G 也有下式成立：

$$P\left(\lambda_{G_{x_{line_i}}} \middle/ G\right) = \frac{P\left(\lambda_{G_{x_{line_i}}}\right) \times P\left(G \middle/ \lambda_{G_{x_{line_i}}}\right)}{\sum\limits_{y=1}^{n} P\left(\lambda_{G_{y_{line_i}}}\right) \times P\left(G \middle/ \lambda_{G_{y_{line_i}}}\right)} \tag{12.4}$$

我们可以将公式(12.3)代入公式(12.4)中，即得

$$P\left(\lambda_{G_{x_{line_i}}} \middle/ G\right) = \frac{P\left(\lambda_{G_{x_{line_i}}}\right) \times \dfrac{P(G)}{\sum\limits_{x=1}^{n} P\left(\lambda_{G_{x_{line_i}}}\right)}}{\sum\limits_{y=1}^{n} P\left(\lambda_{G_{y_{line_i}}}\right) \times \dfrac{P(G)}{\sum\limits_{y=1}^{n} P\left(\lambda_{G_{y_{line_i}}}\right)}} \tag{12.5}$$

对上面的公式(12.5)进行化简后得到定理 12.2.3，即为相对危机度的公式。

定理 12.2.3　在一次攻击过程中，攻击行为作用下所产生的一个可能性目标状态，相对于攻击者最终欲实现的最终目的状态的相对危机度，为该可能性目标状态节点的自身危机度与该攻击行为作用下产生的所有可能性目标状态节点自身危机度的和之比。

$$P\left(\lambda_{G_{x_{\text{line}_i}}}/G\right) = \left(\frac{P\left(\lambda_{G_{x_{\text{line}_i}}}\right)}{\sum_{x=1}^{n} P\left(\lambda_{G_{x_{\text{line}_i}}}\right)}\right) \tag{12.6}$$

7. 最大相对危机度的表示

在整个攻击事件中,我们通过对所有可能性目标状态相对于攻击者最终目的状态的相对危机度值的比较,把发现最大相对危机度值的过程称为对最大相对危机度的表示。

定义 12.2.10(可能性目标状态) 在攻击者发起的攻击行为中,通过预测可能会产生的多种目标状态,而这些被预测出的目标状态又是导致实现攻击者欲实现的最终目的状态的若干中间攻击行为步骤。那么我们就把这些被预测的可能发生的目标状态称为可能性目标状态。而这些可能性目标状态相对于最终目的状态的最大相对危机度就记作 $P\left(\lambda_{G_{n_{\text{line}_i}}}/G\right)_{\text{max}}$。

命题 12.2.5 在同一时间步,即同一列的所有可能性目标状态中,我们把具有最大相对危机度值的可能性目标状态定义为该列中攻击者欲实现的最终目标状态;在行为状态图中,就把这一状态定义为该时间步的最终目标状态节点,即 G_{line_i}。

命题 12.2.6 最终目标状态是通过对当前列中的所有可能性目标状态的相对危机度的值取补,经过比较得出的具有最大值的那个状态,即

$$\left[P\left(\lambda_{G_{n_{\text{line}_i}}}/G\right)_{\text{max}}\right]_{\text{max}} = \left[\left(1 - P\left(\lambda_{G_{n_{\text{line}_i}}}/G\right)_n\right)\right]_{\text{max}} \tag{12.7}$$

$$P\left(\lambda_{G_{n_{\text{line}_i}}}/G\right)_{\text{max}} \in [0,1], \quad P\left(\lambda_{G_{n_{\text{line}_i}}}/G\right) \in [0,1] \ (i=1,2,3,\cdots,n; \ n=1,2,3,\cdots,m)$$

因为

$$\forall P\left(\lambda_{G_{n_{\text{line}_i}}}/G\right), \exists P\left(\lambda_{G_{n_{\text{line}_i}}}/G\right) \in [0,1] \quad 且 \quad i=1,2,3,\cdots,n; n=1,2,3,\cdots,m$$

所以

$$\left[\left[\left(1 - P\left(\lambda_{G_{1_{\text{line}_i}}}/G\right)\right), \left(1 - P\left(\lambda_{G_{2_{\text{line}_i}}}/G\right)\right), \cdots, \left(1 - P\left(\lambda_{G_{m_{\text{line}_i}}}/G\right)\right)\right]\right]_{\text{max}} \in [0,1]$$

即最终目标状态的最大相对危机度计算公式为

$$\left[P\left(\lambda_{G_{x_{\text{line}_i}}} / G \right)_{\max} \right]_{\max} = \left[\frac{P\left(\lambda_{G_{x_{\text{line}_i}}} \right)}{\sum_{x=1}^{n} P\left(\lambda_{G_{x_{\text{line}_i}}} \right)} \right]_{\max}$$

即

$$\left[P\left(\lambda_{G_{x_{\text{line}_i}}} / G \right)_{\max} \right]_{\max} = \left[1 - \frac{P\left(\lambda_{G_{x_{\text{line}_i}}} \right)}{\sum_{x=1}^{n} P\left(\lambda_{G_{x_{\text{line}_i}}} \right)} \right]_{\max} \tag{12.8}$$

通过对危机系数、自身危机度、相对危机度以及最大相对危机度的概念和计算方法的全面了解，下面对 ASGPR 算法进行分析。

12. 2. 5　ASGPR 算法描述

在基于行为状态图的规划识别过程中，首先应该了解组成攻击事件的攻击过程的算法描述，因为只有对攻击过程的算法有了全面的了解，才能更系统地对整个攻击事件的算法流程进行把握。

1. 攻击过程的算法描述

在一次攻击过程中，各要素之间的关系可以通过图 12.9 表示如下。

```
process{{:preStat
          :action
           :time
          :effects{……}}
          (:action  name
               :preState     (S_{n-1})
               :preConds     (and(action))
               :effect       (S_n))
               :max(P (λ_{G_{n_{line_i}}} /G)_{max})
                :[P (λ_{G_{n_{line_i}}} /G)_{max}]_{max}→G_n
          :G_n→target}
```

图 12.9　攻击过程的算法描述

（1）在第 i 次攻击过程执行开始时，所有攻击者会在实施攻击前，在若干受限的系统访问权限基础上针对某种目标状态集 effects 采取相应的攻击行为 action。

（2）首先，攻击者在 T_i 时间步时，对起始状态 preState 实施攻击行为 action，在该攻击行为作用下实现了多种可能性目标状态 effects。

(3)通过对多种可能性目标状态自身危机度 $P\left(\lambda_{G_{\text{line}_i}}\right)$ 的计算,得出攻击行为作用下多种目标状态节点相对于攻击者欲实现的最终目的状态节点的相对危机度 $P\left(\lambda_{G_{n_{\text{line}_i}}}\middle/G\right)$;

(4)根据各种可能性目标状态节点的相对危机度值,求出所有可能性目标状态节点的最大相对危机度值 $P\left(\lambda_{G_{n_{\text{line}_i}}}\middle/G\right)_{\max}$。我们把这时具有最大相对危机度值的那个可能性目标状态节点 $G_{n_{}}$ 就作为该列的最终目标状态节点 G_{line_i}。从而完成了本次攻击过程中,对攻击者攻击行为的识别过程。

2. 攻击事件的算法描述

攻击过程的算法分析,就是要在攻击过程操作单元的基础上推导出攻击事件的算法描述。那么,在一起攻击事件过程中,规划识别系统如何对多次攻击过程进行规划识别呢? 具体算法描述如下。

(1)我们对攻击者攻击行为进行规划识别的前提是攻击事件必须是可分的。即在一起完整的攻击事件过程中,任何最终目的状态的实现都不是一蹴而就的,而是一个过程,并且这个过程是以攻击者的一个特定目标为目的状态而逐列递进的。

(2)在攻击者发起的一起攻击事件过程当中,首先攻击者会根据自己所拥有的若干个受限的系统访问权限在目标系统的初始化状态基础上对目标系统发起攻击。此时目标系统初始状态的前提条件为 null。

(3)攻击者在起始状态 iniStat 作为前提条件边的基础上,在第 1 时间步对目标系统发起攻击,通过攻击行为 action1 的作用,规划识别器会预测到可能产生多种可能性目标状态节点,即动作效果集 effects1。此时仍然处于第 1 时间步状态。

(4)规划识别器会根据攻击者攻击行为的作用效果预测出多种可能性目标状态节点,并根据各种可能性目标状态节点的自身危机度以及公式(12.6),求得各可能性目标状态节点相对于攻击者欲实现的最终目的状态节点的相对危机度 $P\left(\lambda_{G_{n_{\text{line}1}}}\middle/G\right)$。

(5)在求得相对危机度 $P\left(\lambda_{G_{n_{\text{line}1}}}\middle/G\right)$ 的基础上,规划识别器又会根据最大相对危机度的表示方法,最终表示出攻击行为作用下具有最大相对危机度值的那一个可能性目标状态节点,并把它作为该列的最终目标状态节点 G_1;此时,我们就完成了对一次攻击行为的识别过程。那么,我们就可以通过前面对第 1 时间步攻击行为的判断及对它可能攻击目标状态的预测,实现对该攻击行为的识别过程。这样,就可以在它实现最终目的状态之前起到提前预警的作用。

(6)上面介绍的是在第 1 时间步中,我们就可以完成对攻击者攻击行为的预测。而在一些实际问题当中,攻击事件往往是由若干次攻击过程组成的。那么,这就说明在第 1 时间步中,规划识别器未能对攻击行为可能实现的若干目标状态节点的相对危机度进行有效识别。也就是说,可能导致这种现象的唯一原因是各目标状态节点相对于最终理想目的状态节点的自身危机度值设置相等,这样就使规划识别器无法做出对最终目标状态节点的有效识别。

(7)所以,此时规划识别器就进入了对第二次攻击过程的识别过程,并且在当前的目标状态的基础上,对攻击者的第二次攻击行为继续进行识别,此时识别步骤就跳转到(3)。

(8)根据实际情况的需要,规划识别器会对攻击者的攻击行为进行最小时间步的有效时别,规划识别器一旦发现攻击行为作用下具有最大相对危机度值的可能性目标状态节点,那么,识别过程就将结束。规划识别器就会根据对攻击行为的判断程度向安全管理员发送相应的报警信息。

(9)规划识别器的规划识别过程结束,即进入 end 状态。

基于攻击事件的规划识别算法流程图,如图 12.10 所示。

12.2.6　一个规划识别算法的实例

下面就以一个简单的攻击过程为例,讨论一下在该种情况下利用行为状态图的规划识别算法过程。

1. 问题描述

这个例子[3]代表了 Windows 环境下的一起攻击事件,并且该攻击事件只由一次攻击过程组成。但这足以说明在入侵检测问题中的大部分问题,因为在攻击者发起的攻击过程中,很多攻击事件都包含了对 IP 和端口进行扫描,所以对该攻击事件的分析就显得尤为重要。

假设我们已经重构了攻击者的攻击场景 A_1:Probe→A_2:VulnerableToBOF,但攻击者最终欲实现的目的状态不详。即 A_1={IPsweep,Portscan};

那么,在这起攻击事件过程中,攻击者就是欲通过对 IP 和 Port 的扫描,来实现自己的最终目的,即获得对目标系统的访问权限。具体的攻击步骤如下。

(1)攻击者在所拥有的若干受限的系统访问权限基础上(即:前提条件成立),对目标系统的初始化状态 S_1 实施攻击行为 A_1;在本例中,即对目标系统的 IP 和 Port 进行扫描操作。

(2)规划识别器会根据攻击行为的作用,预测出在该时间步可能出现的若干种可能性目标状态;本例中,根据专家经验及相关领域知识,它的目标可能有三个: G_1,获得一般用户权限(GainRootAcess); G_2,获得根权限(GainUserAcess); G_3,进行 DoS 攻击(DoSAttackLaunched);即 G={UserVulnerableToBOF,RootVulnerableToBOF,DoSVulnerableToBOF}。

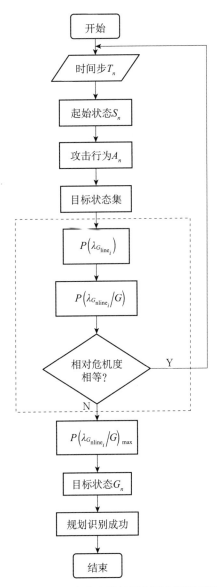

图 12.10　基于攻击事件的规划识别算法流程图

(3) 根据各种目标状态 G_1, G_2, G_3 所具有的自身危机度,计算出该目标状态相对于攻击者欲实现的最终目的状态节点的相对危机度。

(4) 比较出相对危机度的大小,并求出具有最大相对危机度值的那一个可能性目标状态节点,作为该列最终目标状态节点 G_2;至此,我们在第 1 时间步中就完成了对攻击过程的识别过程,即我们发现攻击者通过对 IP 和 Port 扫描的目的就是企图获得系统的某种访问权限。至此,规划识别成功。

(5)通过以上的操作,识别出了该攻击行为最终欲实现的目标状态,这样就可以根据识别出的该目标状态的判断程度向安全管理员发送报警信息,使攻击者在实现最终目的状态之前就被识别。这里,最终目的状态可能是包含有很多次攻击过程的攻击事件,而通过该例中的攻击过程,攻击者可能会企图获得对目标系统的访问权限,也可能是网络攻击者的恶意训练等情况。但不管怎样,规划识别器都完成了对攻击行为的规划识别,实现了目标系统在受到危害之前就识别和响应入侵的目的。

2. 基于该实例的 ASGPR 算法描述

在一个行为状态图中,一起攻击事件可能由若干次攻击过程及其引起的若干中间状态和不同攻击行为所产生的不同时间步组成;而在攻击过程中又必须包含起始状态、攻击行为以及在攻击行为作用下所可能实现的多种可能性目标状态。

通过前面的例子,我们已经对攻击事件的全过程有了一个全面的了解,下面再来看一下在行为状态图中的这些行为关键点所引起的行为状态图的状态变化。在前面已经提到了状态 S_1 是不需要任何前提状态条件的,因此其 precondition＝null;而最后所导致的最终状态 S_n 是获得了根权限,即 euid＝root。经过上面的分析,该例的行为状态图如图 12.11 所示,该过程的算法描述如图 12.12 所示。

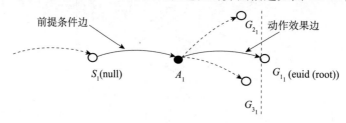

图 12.11　基于该实例的行为状态图

```
event｛:process｛｛:preStat
            :action
              :time
          :effects{G_{1_1},G_{2_1},G_{3_1}}}
          (:action   probe
              : preState   (null)
              : preConds   (and(IPsweep)(Portscan))
              : effect    (and(G_{1_1})(G_{2_1})(G_{3_1}))
          :max(P(λ_{G_{1inc}}/G)_{max},P(λ_{G_{1inc}}/G)_{max},P(λ_{G_{1inc}}/G)_{max})
          :P(λ_{G_{1inc}}/G)_{max}→G_2
          :G_2→target(euid＝root)}    end}
```

图 12.12　基于该实例的算法描述

3. 结论

目前,国内外对于该领域的研究都还只停留在初级阶段。我们将规划识别技术应用于特定的入侵检测问题中,使规划识别器的规划识别过程达到事半功倍的效果。没有运用规划识别技术的入侵检测系统只能在入侵行为发生后发出报警,这样就导致用户来不及采取措施。本节介绍的规划识别模型可以在特定的入侵检测问题中,根据一些已观察到的动作或其他可怀疑的行为对最终目标状态进行判断,并决定是否有入侵发生,这样就可以在入侵行为发生之前进行响应和拦截,以便保证网络用户的安全。

12.3 基于应对规划的入侵防护系统的设计与研究

12.3.1 基于应对规划的入侵防护系统框架设计

基于应对规划的入侵防护系统[4]通过分析网络数据包,实现对网络的动态防护。基于应对规划的入侵防护系统主要由数据包处理模块、入侵检测模块、入侵响应模块、规划库和安全策略库构成,如图 12.13 所示。

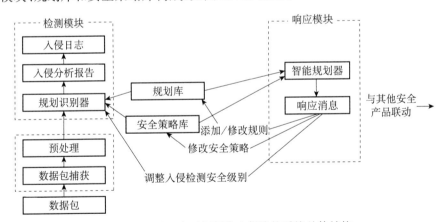

图 12.13 基于应对规划的入侵防护系统总体结构

1. 数据包处理模块

数据包处理模块主要功能是从捕获到达网卡的数据包中提取有用的信息,并进行规范化处理,使输出的数据满足入侵检测模块的输入格式要求,主要有数据包捕获和数据预处理两个步骤。

2. 入侵检测模块

入侵检测模块主要功能是对输入的数据进行分析,判断是否有威胁存在,生成入侵分析报告,预测下一步的可能动作,并把入侵信息发给入侵响应模块,同时写入入侵日志。入侵检测模块主要由规划识别器、入侵分析报告生成器和入侵日志构成,其中规划识别器是该模块的核心。规划识别器根据规划库和安全策略库的知识,判断预处理模块发来的信息是否为入侵信息。在此,规划识别器可以是通用规划识别器,也可以是专门设计的识别器,由于入侵检测的特殊性,要求规划识别器为对手式规划识别和部分可观察规划识别。

3. 入侵响应模块

入侵响应模块主要功能是根据入侵检测分析报告和可能发生的下一步动作,依据规划库和安全策略库,生成响应动作,并把响应消息发给相应的模块。响应消息主要有发给规划库的添加或修改规划知识的消息、发给安全策略库的修改规划策略消息、调整入侵检测安全级别的消息和发给防火墙的联动消息。智能规划器是该部分的核心,其产生的规划决定了入侵响应模块的质量。

4. 规划库

规划库主要存储规划识别和智能规划所需的基本网络安全知识,其构成和采用的规划识别和规划方法有关。如果使用的是无库规划识别和无库规划,则不需要该模块。

5. 安全策略库

主要存储入侵检测的检测规则、入侵响应模块的响应策略和其他安全设备的安全策略,如防火墙的检测规则。安全策略库和规划库的知识完备性对于入侵检测的识别率和响应的智能性有重要的影响。

12.3.2　一种系统应用方案

下面给出一种在局域网的简单应用方案,如图 12.14 所示。IPS 部署在防护墙内侧,内部终端、服务器、Internet 之间的相互通信信息都要经过 IPS,这样免去了信息采集器的分布式部署。Internet 的入侵者 B 要对内网的普通主机或服务器攻击时不仅需要经过防火墙,也要经过 IPS;内网的入侵者 A 对服务器攻击的数据也要经过 IPS,因此本系统也能够防御内网用户对重要区域的攻击。由于入侵防护系统采用了应对规划技术,因此 IPS 和防火墙能够实现有机联动,相互补充,发现外部入侵时及时修改防火墙的安全规则。

12.3.3　技术特色

基于应对规划的入侵防护系统,融合了智能规划和规划识别的优点,在检测入侵的同时能够及时响应,具有响应智能性、学习自主性、响应针对性等特征。

1. 知识共享性

基于应对规划的入侵防护系统能够实现高度的知识共享。知识共享分多个层

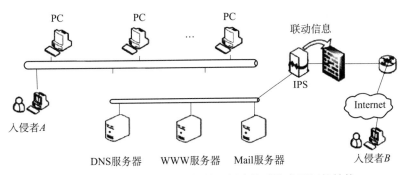

图 12.14　一种基于应对规划的入侵防护系统应用拓扑结构

次：智能规划器和规划识别器共享规划库、安全策略库是最初步的信息共享，容易实现；智能规划器和规划识别器共享中间规划状态甚至共享推理结构，能够实现知识的中级共享；入侵防护系统和防火墙等其他安全设备共享安全策略等信息是更高级的知识共享。

2. 响应针对性

普通的入侵防护只有设备防火墙和入侵安全级别、断开特定的连接等响应功能，针对性不强。规划识别器作为入侵分析引擎，不仅能够识别入侵信息，具有预测功能的规划识别器，还能够预测入侵者的下一个动作，因此基于应对规划的入侵防护系统能够针对入侵者可能的动作，采用相应的响应动作，具有更高的响应效果。

3. 学习自主性

智能规划器能够产生对规划库和安全策略库的动态智能修改，从而使规划库的知识不断丰富，安全策略库趋于完善，完成自主学习，提高系统的自主性、适应性和学习性。

4. 防护立体性

安全策略库包含其他安全设备的安全规则描述，智能规划器产生的响应信息包含防火墙的规则修改等与其他安全模块的联动，因此基于应对规划的安全防护系统能够与其他安全设备共享安全信息、及时联动，形成立体的安全防护体系。

12.3.4　开放的问题

规划识别已在入侵检测中有了初步的应用，但是关于智能规划和应对规划在入侵防护的研究还非常少。本书提出了一个完整的基于应对规划的入侵防护系统模型，是应对规划在网络安全领域中应用的初步尝试，在实际应用之前，还有大量的工作需要研究。

1. 适合入侵防护的智能规划器的设计

智能规划器作为入侵响应动作的产生源，对于入侵防护系统的防护效果起着决定性的影响。已有的智能规划研究大多是对通用的智能规划器和应用于智能控制领域的规划器的研究,已有的智能规划算法能否适合入侵防护还需要深入的研究,设计适合入侵防护的智能规划器将是未来研究的热点之一。

2. 如何实现多层次的知识共享

多层次的知识共享是基于应对规划的入侵防护系统的重要优势,初步的知识共享相对容易实现,如何实现多层次的知识共享需要进一步研究。

3. 规划识别算法的研究

已有的规划识别算法能够实现对一定的入侵的检测功能,但是为了更好地进行入侵响应,必须能够预测攻击者的下一步动作。因此,具有预测功能的规划识别算法的研究非常关键。

4. 高效的响应机制

规划识别器产生入侵分析报告后,应该能够及时或实时响应,因此需要高效的响应机制,如何实现高效的响应机制也是重要的研究方向。

12.4　基于待定集的入侵检测方法

基于待定集(pending set)[5]的规划识别方法在第 11 章已有介绍,该方法应用于入侵检测系统,属于网络信息对抗领域。在这里再次进行简单介绍。首先,将预测的对手规划集形成原始的待定集,随着一个事件的进行,智能体反复执行待定集中的动作,然后将进一步要执行的动作形成新的待定集。敌人为达到目标而执行的敌意动作产生一些效果,这些效果是另一些动作的前提,因此,这些动作将被激活。新的规划待定集是由旧的待定集除去刚刚执行的动作再添加新激活的动作而形成的。

该过程可用图 12.15 表示。直观地说,一系列待定集可以被看作是马尔可夫链,伴随着不可观察动作的执行,这一系列待定集可以被看作是隐马尔可夫链。

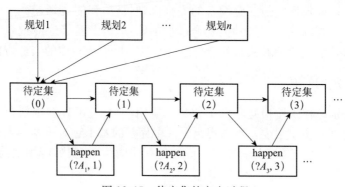

图 12.15　待定集的产生过程

使用该模型可以来进行概率规划识别,我们通过观察对手动作来推断对手的执行路径。通过沿着对手执行路径逐步扩展,可以预测对手的目标,一旦到达执行路径的尽头,我们将得到最终的待定集,即由观察到的动作以及与这些动作匹配的假设目标构成的集合。一旦对这些目标建立概率分配,我们就可以知道对手最有可能执行哪个目标。

由于敌对性,总会存在未被观察到的动作,因此,我们需要根据已观察到的动作或状态的改变来推断没有被观察到的动作。如果存在一个已被观察的动作,但在规划库中先于它执行的那些动作没有被观察到,则我们可以推断出那些动作已经被执行了,正是这些动作的执行才保证了观察到的动作的执行。通过状态的改变也能为具有明显效果的没有观察到的动作提供证据,同时又能将状态的改变作为以前观察到的动作的确认信息。

当发现对手执行了对手规划,识别系统构造一个可能的执行路径的集合,通过时序约束,插入不可观察的动作,来估计对手执行规划的目标。其中,要除去不完全包含所有观察的动作和不服从时序约束的路径,直至推断出敌人的最终目标。

既要用规划理论研究网络信息对抗问题,并利用规划识别理论检测多个入侵者的多个入侵,预测其下一步动作,识别其目标,并根据识别信息分析当时环境,采用策略及时的应对以及反击,同时又要实现对多个入侵者的检测以及应对问题,由高层策略决策全局目标与局部目标的关系。目前,对手规划在网络信息对抗领域的研究还不是很成熟,没有形成成熟的理论,因此,该领域具有非常广阔的研究空间。

参 考 文 献

[1] 蔡增玉,谷文祥,甘勇,等. 基于规划识别的入侵检测研究[J]. 计算机工程与科学,2010,32(12):22—26

[2] 王雷. 基于行为状态图的规划识别模型的研究与实现[D]. 长春:东北师范大学,2007

[3] 罗守山. 入侵检测[M]. 北京:北京邮电大学出版社,2004:34—35

[4] 蔡增玉,甘勇,谷文祥,等. 基于应对规划的入侵防护系统设计与研究[J]. 东北师范大学学报(自然科学版),2010,42(3):43—47

[5] Goldman R P,Geib C W,Miller C A. A New Model of Plan Recognition[C]. Proceedings of the Fifteenth Conference on Uncertainty in Artificial Intelligence,1999:245—254

附录 A 相关项目与会议

1. 美国国防部高级研究计划局 DARPA(Defense Advanced Research Projects Agency)和 Rome 实验室的 APRI(DARPA-Rome Planning Initiative)计划。在 1991 年 2 月该计划正式启动,主要针对军事中空军规划问题进行研究,现在已进行到第六阶段,到目前为止总投资额已经超过七千万美元,同时该项计划产生了巨大的社会经济效益,据 1994 年美国政府的一份商业报告称:仅后勤支援计划 DART(ARPI 的一部分)这一子项目在沙漠风暴行动中的应用价值就足以抵上政府在 AI/KBS 研究中过去 30 年所投资的总额。美国一流的科研机构和著名的公司都参加了该计划,主要有布朗大学、卡耐基梅隆大学、ISX 公司、Kestrel 学院、西北大学、洛氏国际(Rockwell)、SRI 国际、斯坦福大学、夏威夷大学、马里兰大学、俄勒冈大学和华盛顿大学等。

2. 欧洲 PLANET 计划。此项计划开始于 1998 年 10 月 1 日,是由 Esprit 基金资助的,目前已经有 14 个国家共 58 个高校、科研所和企业参加了这一计划,在欧洲这是一个非常庞大的计划,目前参加的国家包括:比利时、塞浦路斯、法国、德国、希腊、匈牙利、意大利、荷兰、挪威、葡萄牙、西班牙、瑞典、瑞士和大不列颠联合王国。这些国家著名的高等学府、科研机构大都参加了这一计划。

3. 美国国家航空和宇宙航行局投入了大量的人力、物力,开展关于规划理论及其应用的研究,并且将之应用于航天器"Deep Space One"上,使得规划研究从实验室向实际应用迈出了重要的一步,标志着规划的研究步入了实用阶段。

4. 英国的国家航空和宇宙航行局赞助了 EUMETSAT 项目。

5. 我国的国家自然科学基金委员会批准了三个国家自然科学基金项目,分别为应对规划研究、对象集合动态可变的图规划及其数学模型的研究和开放式规划研究。

以上这些项目有力地推动了规划理论和应用的研究,世界上关于智能规划的专题会议等活动也逐渐地增多起来,目前比较重要的会议有:两年一届的 AIPS 会议、ECP 欧洲规划会议、美国国家航空和宇宙航行局举办的 NASAPS,IJCAI 中也有专门针对规划问题的专题讨论等。

越来越多的大学和研究机构,如英国诺丁汉大学 ASAP 研究组以及美国亚利桑那州立大学 Yochan 研究组、康奈尔大学、香农实验室,我国的中山大学、东北师范大学、复旦大学、吉林大学等都针对智能规划技术和相关理论开展了研究。

附录 B　主要智能规划器

时间	规划器	作者
1956	Logic Theorist	Newell,Shaw,Simon
1959	Gelerntner's Geometry Theorem-Proving Machine	Gelerntner
1957—1969	GPS	Newell,Shaw,Simon
1969	QA3	Green
1971	STRIPS	Fikes,Nilsson
1973	HACKER	Sussman
1973	WARPLAN	Warren
1974	INTERPLAN	Tate
1974	ABSTRIPS	Sacerdoti
1975	Waldinger's Planner	Waldinger
1975	NOAH	Sacerdoti
1977	NONLIN	Tate
1979	OPM	Hayes-Roth,Hayes-Roth
1980	MOLGEN	Stefik
1983	SIPE	Wilkins
1980—1987	TWEAK	Chapman
1989	Prodigy	Manuela Veloso, Jaime Carbonell
1991	ABTweak	Woods S G, Yang Qiang
1991	SNLP	Soderland,Weld
1991	O-PLAN	Currie,Tate
1992	SATPlan	Weld
1992	UCPOP	Penberthy,Weld
1993	ABTWEAK	Steven Woods,Qiang Yang, Josh Tenenberg
1994	HTN planner(Hierarchical Task Network Planning)	University of Maryland
1994	UMCP(Universal Method Composition Planner)	University of Maryland
1995	GraphPlan	Avrim Blum,Merrick Furst, John Langford
1995	FF	J. Hoffmann,B. Nebel
1996	APS (Adaptive Problem Solver)	NASA

续表

时间	规划器	作者
1997	IPP	Albert Ludwigs University
1997	MEDIC	Dan Weld
1997	BlackBox	B. Selman, H. Kautz
1998	STAN	University of Durham
1998	SGP	Dan Weld, Smith D E
1999	TGP	Dan Weld, Smith D E
1999	TALPLAN	Patrick Doherty, Jonas Kvarnstr
2000	TlPlan planner	F. Bacchus, F. Kabanza
2000	O-Plan	Austin Tate, Brian Drabble, Jeff Dalton
2002	LPG	Alfonso Gerevini, Ivan Serina
2002	TLPLAN	Fahiem Bacchus, Michael Ady
2002	MIPS	Stefan Edelkamp
2004	SATPLAN'04	Henry Kautz, David Roznyai, Farhad Teydaye-Saheli, Shane Neth, Michael Lindmark
2004	Fast(Diagonally)Downward	Malte Helmert, Silvia Richter
2004	SGPlan	Yixin Chen, Chih-Wei Hsu, Wah B W
2006	Maxplan	Zhao Xing, Yixin Chen, Weixiong Zhang
2006	FPG	Olivier Buffet, Douglas Aberdeen
2008	LAMA-2008	Richter, Westphal
2008	Gamer	Edelkamp, Kissmann
2011	LAMA-2011	Richter, Westphal
2011	Fast Downward Stone Soup-1	Helmert, Hoffmann
2014	SymBA*-2	Alvaro Torralba, Vidal Alcazar
2014	IBaCoP2	Isabel Cenamor
2014	YAHSP3-MT	Vincent Vidal

附录 C   Kautz 规划识别的算法描述

Explain – observation
/* explain – observation
  Ec:type of observed event
  parameters:list of role/value pairs that describe the observation
returns
  G:explanation graph
*/
function explain-observation(Ec,parameters)is
  Let G be a new empty graph
  G: = explain(Ec,parameters,∅,{Up,Down})
  return G
end build – explanation – graph

/* explain
  Ec:type of event to be explained
  parameters:list of <role value> pairs that describe the event
  visited:set of event types visited so far in moving through abstrac-
tion hierarchy
  direction:direction to move in abstraction hierarchy;subset of {Up,
Down}
returns
  N:node that represents the event of type Ec
  newVisited:updated value of visited
*/
function explain(Ec,parameters,visited,direction)is
  visited: = visited⋃{Ec}
  if G has a node N of type Ec with matching parameters then
    return <N,visited>
  Add a new node N of type Ec to G

Add the parameters of N to G

if Ec = End then return <N, visited>

Propagate constraints for N

if constraints violated then return <N, visited>

for all <Ec, r, Eu> ∈ Uses do

　　　if <Ec, r, Eu> does not abstract or specialize a use

　　　　　　for any member of visited then

　　　　　　　　　explain(Eu, {<r, N>}, ∅, {Up, Down})

if Down ∈ direction then

　　　for all Esc ∈ direct − specializations(Ec)

　　　　　　<M, visited> : = explain(Esc, parameters, visited, {Down})

if Up ∈ direction then {

　　Eac: = direct − abstraction(Ec)

　　p: = the role/value pairs for N restricted to those roles defined

　　　　for Eac or higher in the abstraction hierarchy

　　<M, visited> : = explain(Eac, p, visited, {Up})

　　Add <M, = , N> to G}

　　return <N, visited>

end explain

Match − graphs

/* match − graphs

　　　G1, G2 : graphs to be matched

returns

　　　G3 : result of equating End nodes of G1 and G2 or FAIL if no match possible

*/

function match − graphs(G1, G2) is

　　Great a new empty graph G3

　　　Initialize Cache, a hash − table that saves results of matching

event nodes

　　if match(End − node − of(G1), End − node − of(G2)) = FAIL

　　　then return FAIL

　　　else return G3

end match – graphs

/* match

　　　n1, n2 : nodes to be matched from G1 and G2 respectively

returns

　　　n3 : node in G3 representing match or FAIL if no match

* /

function match(n1, n2) is

　　　if n1 and n2 are proper names then

　　　　　if n1 = n2 then return n1 else return FAIL

　　　else if n1 and n2 are fuzzy temporal bounds then {

　　　　　⟨a b c d⟩ : = n1

　　　　　⟨e f g h⟩ : = n2

　　　　　⟨i j k l⟩ : = ⟨max(a, e) min(b, f) max(c, g) min(d, h)⟩

　　　　　if i > j or k > l or i > l then return FAIL else return ⟨i j k l⟩ }

　　　else if n1 and n2 are event nodes then {

　　　　　if Cache(n1, n2) is defined then return Cache(n1, n2)

　　　　　if type(n1) abstracts = type(n2) then n3 Type : = type(n2)

　　　　　else if type(n2) abstracts type(n1) then n3Type : = type(n1)

　　　　　else { Cache(n1, n2) : = FAIL

　　　　　　　return FAIL }

　　　　Add a new node n3 of n3Type to G3

　　　　Cache(n1, n2) : = n3

　　　　for all roles r defined for n3Type or higher do {

　　　　　　Let V1 be the value such that ⟨n1, r, V1⟩ ∈ G1 (or undefined)

　　　　　　Let V2 be the value such that ⟨n2, r, V2⟩ ∈ G2 (or undefined)

　　　　　　if either V1 or V2 is defined then {

　　　　　　　　if V1 is defined but not V2 then V3 : = match(V1, V1)

　　　　　　　　else if V2 is defined but not V1 then V3 : = match(V2,

V2)

　　　　　　　　else V3 : = match(V1, V2)

　　　　　　　　if V3 = FAIL then { Cache(n1, n2) : = FAIL

　　　　　　　　　　　　　　　return FAIL}

　　　　　　　　Add ⟨n3, r, V3⟩ to G3} }

　　　　Propagate constraints for n3

```
            if constraints violated then { Cache(n1,n2): = FAIL
                                              return FAIL }
        alts1: = {A1| <n1, = ,A1>∈G1}
        alts2: = {A2| <n2, = ,A2>∈G2}
        if alts1∪alts≠Øthen {
            if alts1 = Øthen alts1: = {n1}
            if alts2 = Øthen alts2: = {n2}
            noneMatched: = TRUE
            for all a1∈alts1 do
                for all a2∈alts2 do {
                        A3: = match(A1,A2)
                        if A3≠FAIL then {
                            Add <n3, = ,A3> to G3
                            noneMatched: = FALSE} }
                if noneMatched then { Cache(n1,n2): = FAIL
                                        return FAIL } }
        return n3}
    else return FAIL
end match.
```

```
Group – observations
global Hypoths
/* A set(disjunction)of hypotheses, each a set(conjunction)of explanation
graphs.
Each hypothesis corresponds to one way of grouping the observa-
tions. Different hypotheses may have different cardinalities. */
function minimum – Hypoths is
    smallest: = min{|H| | H∈ Hypoths}
    return {H | H∈Hypoths∧card(H) = smallest}
end minimum – Hypoths


procedure group – observations is
    Hypoths: = {Ø}
    while more observations do {
```

Observe event of type Ec with specified parameters

Gobs: = explain – observation(Ec, parameters)

for all H∈Hypoths do {

    remove H from Hypoths

    for all G∈H do {

        Gnew: = match – graphs(Gobs, G)

        if Gnew≠FAIL then

            Add(H – {G})∪Gnew to Hypoths } } }

end group – observations